国外油气勘探开发新进展丛书

GUOWAIYOUQIKANTANKAIFAXINJINZHANCONGSHU

QUANTITATIVE METHODS IN RESERVOIR ENGINEERING

SECOND EDITION

油藏工程定量方法

（第二版）

【美】Wilson C．Chin 著

詹盛云 邓九果 孙一丹 译

石油工业出版社

内 容 提 要

本书介绍了笔者研究达西流流体动力学几十年中所沉淀的精辟见解和经验,从基本假设出发,指出了一些常用的流体评价方法的瑕疵,在油藏流体分析和模拟领域是独树一帜的。本书推崇严谨的、科学的油藏模拟方法体系,以精确的物理假设为基础,提供了一系列疑难问题的分析和数值求解过程。

本书适用于广大油藏工程工作者阅读参考。

图书在版编目(CIP)数据

油藏工程定量方法：第二版／（美）威尔森·秦（Wilson C. Chin）著；詹盛云,邓九果,孙一丹译.
—北京：石油工业出版社,2021.11
(国外油气勘探开发新进展丛书.二十二)
书名原文：Quantitative Methods in Reservoir Engineering,Second Edition
ISBN 978－7－5183－4824－4

Ⅰ.①油… Ⅱ.①威…②詹…③邓…④孙… Ⅲ.①油藏工程－定量分析－研究 Ⅳ.①TE34

中国版本图书馆 CIP 数据核字(2021)第 222057 号

Quantitative Methods in Reservoir Engineering, Second Edition
Wilson C. Chin
ISBN: 9780128105184
Copyright © 2017 Elsevier Inc. All rights reserved.
Authorized Chinese translation published by Petroleum Industry Press.

《油藏工程定量方法》(第二版)(詹盛云、邓九果、孙一丹译)
ISBN: 9787518348244
Copyright © Elsevier Inc. and Petroleum Industry Press. All rights reserved.
No part of this publication may be reproduced or transmitted in any form or by any means, electronic or mechanical, in-cluding photocopying, recording, or any information storage and retrieval system, without permission in writing from Elsevier (Singapore) Pte Ltd. Details on how to seek permission, further information about the Elsevier's permissions policies and arrangements with organizations such as the Copyright Clearance Center and the Copyright Licensing Agency, can be found at our website: www.elsevier.com/permissions.
This book and the individual contributions contained in it are protected under copyright by Elsevier Inc. and Petroleum Industry Press (other than as may be noted herein).

This edition of Quantitative Methods in Reservoir Engineering, Second Edition is published by Petroleum Industry Press under arrangement with ELSEVIER INC.
This edition is authorized for sale in China only, excluding Hong Kong, Macau and Taiwan. Unauthorized export of this edition is a violation of the Copyright Act. Violation of this Law is subject to Civil and Criminal Penalties.

本版由 ELSEVIER INC. 授权石油工业出版社有限公司在中国大陆地区(不包括香港、澳门以及台湾地区)出版发行。
本版仅限在中国大陆地区(不包括香港、澳门以及台湾地区)出版及标价销售。未经许可之出口,视为违反著作权法,将受民事及刑事法律之制裁。
本书封底贴有 Elsevier 防伪标签,无标签者不得销售。

北京市版权局著作权合同登记号:01－2021－4904

出版发行:石油工业出版社
　　　　　(北京安定门外安华里 2 区 1 号楼　100011)
　　　　　网　址:www.petropub.com
　　　　　编辑部:(010)64523537　图书营销中心:(010)64523633
经　销:全国新华书店
印　刷:北京中石油彩色印刷有限责任公司
2021 年 11 月第 1 版　2021 年 11 月第 1 次印刷
787×1092 毫米　开本:1/16　印张:31.25
字数:780 千字
定价:190.00 元
(如发现印装质量问题,我社图书营销中心负责调换)
版权所有,翻印必究

《国外油气勘探开发新进展丛书(二十二)》
编　委　会

序

"他山之石，可以攻玉"。学习和借鉴国外油气勘探开发新理论、新技术和新工艺，对于提高国内油气勘探开发水平、丰富科研管理人员知识储备、增强公司科技创新能力和整体实力、推动提升勘探开发力度的实践具有重要的现实意义。鉴于此，中国石油勘探与生产分公司和石油工业出版社组织多方力量，本着先进、实用、有效的原则，对国外著名出版社和知名学者最新出版的、代表行业先进理论和技术水平的著作进行引进并翻译出版，形成涵盖油气勘探、开发、工程技术等上游较全面和系统的系列丛书——《国外油气勘探开发新进展丛书》。

自 2001 年丛书第一辑正式出版后，在持续跟踪国外油气勘探、开发新理论新技术发展的基础上，从国内科研、生产需求出发，截至目前，优中选优，共计翻译出版了二十一辑 100 余种专著。这些译著发行后，受到了企业和科研院所广大科研人员和大学院校师生的欢迎，并在勘探开发实践中发挥了重要作用。达到了促进生产、更新知识、提高业务水平的目的。同时，集团公司也筛选了部分适合基层员工学习参考的图书，列入"千万图书下基层，百万员工品书香"书目，配发到中国石油所属的 4 万余个基层队站。该套系列丛书也获得了我国出版界的认可，先后四次获得了中国出版协会的"引进版科技类优秀图书奖"，形成了规模品牌，获得了很好的社会效益。

此次在前二十一辑出版的基础上，经过多次调研、筛选，又推选出了《寻找油气之路——油气显示和封堵性的启示》《油藏建模与数值模拟最优化设计方法》《油藏工程定量方法》（第二版）《页岩科学与工程》《天然气基础手册（第二版）》《有限元方法入门（第四版）》等 6 本专著翻译出版，以飨读者。

在本套丛书的引进、翻译和出版过程中，中国石油勘探与生产分公司和石油工业出版社在图书选择、工作组织、质量保障方面积极发挥作用，一批具有较高外语水平的知名专家、教授和有丰富实践经验的工程技术人员担任翻译和审校工作，使得该套丛书能以较高的质量正式出版，在此对他们的努力和付出表示衷心的感谢！希望该套丛书在相关企业、科研单位、院校的生产和科研中继续发挥应有的作用。

中国石油天然气股份有限公司副总裁　

前　　言

　　大部分关于油藏流体分析的书会提供包括达西定律、单相径向流模型、简单试井模型、相渗曲线、毛细管压力曲线等在内的基本方程,阐明有限差分方法和建模的基础概念,并向读者介绍商业模拟器和油藏分析实例。在给学生们介绍基础方法和油藏实例方面,这些书和相关课程是有效的,但它们很少基于必要的物理和数学视角去开发新一代模型或评估现有模拟工具的局限性,其中涉及的不少看似常用的油藏评价分析技术和计算方法甚至根本是错误的,实在不够严谨。

　　笔者硕士就读于加州理工学院,之后在麻省理工学院获得博士学位,致力于高速空气动力学和波动传播研究,主要使用应用数学和非线性微分方程方法,注重针对实际问题的精确求解。就读麻省理工学院期间,笔者加入了 Boeing 在西雅图的著名计算流体动力学研究团队,三年后,笔者主持了普惠联合技术公司关于发动机流体分析的研究,该公司开发了世界上最强大的喷射发动机。

　　原本笔者应为发表了高速空气动力学论文并参加了相关顶尖会议而感到兴奋,但却对此失去了兴趣,因为笔者被石油工业带来的激情和诸多机会深深吸引。于是从业五年后,笔者便投身于这一全新领域,开始重新学习和思考石油工业中地下储层内的流体动力学。时至今日,笔者深度参与油田的科研和开发工作已有三十年,与多个世界领先的运营和服务公司合作过,如英国石油、斯伦贝谢和哈里伯顿。而且,在科研实践中,不断有数学方面和操作方面的新问题,这些挑战使笔者一直感到兴奋。

　　这本关于油藏流体分析和模拟的书是独树一帜的,它呈现了笔者在研究达西流流体动力学的几十年中所沉淀的精辟见解和经验,从基本假设出发,指出了一些常用的流体评价方法的瑕疵。本书推崇严谨的、科学的油藏模拟方法体系,以精确的物理假设为基础,提供了一系列疑难问题的分析和数值求解过程。一些常规的工业方法本书中并未赘述,因为一旦建立了准确的模型,利用如今丰富的分析工具都能完成求解。另外,本书重点关注地层信息提取的方法,即用新的解决方法或更聪明的方法获取尚未揭示的物理性质。

　　很幸运的是,理解书中内容并不需要高深的数学和数值分析基础,为了使本科生们阅读通畅,笔者从简单视角诠释高级方法,使复杂方法更通俗易懂。例如对于保角变换的学习,一般要求诸多背景知识,包括复变函数、流线函数和在均质介质中的流线跟踪,其中任意一个都晦涩难懂,但是奇妙的推导方法只需读者有一定微积分背景即可,且并非都要在直角坐标系中进行保角变换,研究的对象也更多地变成非均质介质。书中介绍了分析多类复杂液相流和气相流性质的有效方法,包括裂缝流体、页岩储层流体、多分支水平井产出流体、复杂井组流体等的分析,一些问题虽不常出现在文献中,但和现代油藏工程息息相关。而且,对于有些工业界推崇的极度简化的方法,在书中不做介绍。

笔者的研究重点是精确地定义数学问题并利用现代分析方法对其进行求解。其中包括经典差分方程模型和奇异积分方程,因为当 Morris Muskat 撰写他的达西流分析著作时,这些问题还没有像今天这样清晰。笔者介绍的技术不仅限于单纯的分析层面,例如,针对存在井间干扰的非均质层状介质中的复杂流体建模的准确性问题,虽然非相邻的网格连接效率低,但书中第 15 章也对此问题给出了很好的解答(此研究成果获 1991 年英国石油公司董事长创新奖,并在 2000 年促成了由埃克森美孚、雪弗龙和壳牌共同资助的能源工业教育项目)。

本书第 8 章讨论了边界约束的曲线网格,开发了能够有效解决复杂油藏流体问题的准确、快速的网格生成算法。假设一口"休斯敦井"在形如得克萨斯州的油藏内生产,它的生产曲线形态类似径向坐标中的对数曲线,便可利用这种类对数特征在定压边界或封闭边界条件下分析液相流或气相流特征。若有一口"达拉斯井"在油藏中生产呢?同样能得到其相应的流体特征。这项工作是笔者和美国能源部第一次科研合作时完成的,并在 2000 年赢得美国能源部享有声望的小型企业创新研究奖,且之后又继续与其有四次合作。

书中还介绍了开启裂缝、复杂页岩储层、溶洞、常规非均质储层、地层侵入和时间延迟测井的相关内容,在技术方面,介绍了奇异积分方程、广义积分、高级保角变换、微扰理论、数字网格生成、人工黏性、边界迁移、交替方向松弛等方法中的前卫思想,这些都将在书中结合问题的物理属性进行阐述。这些方法若是被空气动力学家和相关工作者用于弹性理论研究,显然是有一定难度的。

然而,书中的论述方式相对是通俗易懂的,有基本微积分知识背景的学生都能掌握书中所有内容,可能的话,会提供相关 Fortran 源代码,方便学生们测试和评价自己的一些想法,免去一些程序调式的烦琐过程(免费的 Fortran 程序可在网上的多种第三方资源中自由下载)。

对于老问题的新解法值得关注,例如,空气动力学家如何转变为油藏工程师的视角看待物理世界呢?如同凝视着正在升空的火箭的尾部在想:那是带有稳定翼的机身吗,还是带有径向裂缝的圆形井筒?又如打开典型喷气式发动机的维修箱而思考:那些是翼型叶片吗,还是页岩层的随机分布?还有,描述脆性变形的方法是否能用于建立裂缝模型?天然裂缝系统如何影响水平井钻进?一些使用最快的计算机都难以解决的问题,可能可以在其他科学领域中找到很好的解决办法,这并不少见。

在此第二版的前言中,很重要的是说明该版对比之前版本补充的新内容,之前的内容当然都还是正确的,因为各类业务活动拓宽了眼界,故有些新的补充,其中地层测试和多分支井储层建模是全新的内容,以下将简要介绍。

地层测试仪是一种测井仪器,其下入井筒提取储层流体进入封闭器,在取样过程中能够记录流场的压力变化以供后续分析。一些地层测试仪装备单个测试器,也有的配有两个或多个测试器,这些附加的测试器用于被动观测。20 世纪 60 年代,基于稳定压降值的压力分析方法问世,能够利用单测试器得到储层有效渗透率,90 年代之后,利用双测试器的稳定压降分析可分别得到储层的水平渗透率和垂向渗透率。地层测试方法很受欢迎，因为这种方法不仅能采集储层流体供实验室分析，进而直接评价油藏流体的性质，还能得到储层动态渗透率（影响生产计划及资金流）。因此，地层测试是石油工业中的重要内容，当然也就成为油服公司的重要业务方向。

然而，新探区油藏储层流体的渗流能力降低，实现稳态压力测试的时间相应变长，测试时间不再像原来能用分钟计了，可能需要数小时甚至数天，这不仅增加了钻井和测井成本，还增大了落鱼的风险，所以，地层测试技术急需有所突破。2004年，由美国能源部牵头的小型企业创新研究项目启动了200个能源类攻关项目，包括风能、海洋能、地热能、核能等，其中4项与化石能源有关，且半数由Stratamagnetic公司负责，这2项都是关于地层测试研究的。自那时起，笔者已出版了2本关于地层测试的专著，主要是探讨利用地层测试数据实时得到低渗透层的水平渗透率和垂直渗透率，这些方法将储层中的圆柱型流动理论拓展至椭球型流动，之前的版本对此也有阐述，使用这些方法能够有效降低油藏开发风险和成本。

第一版在第15章讨论了水平井和多分支井分析中的一些问题和局限性，介绍了一种通用且有效的方案，不过之前只给出了初步的模拟结果，如今则有所提高，能够在低端硬件上实现快速计算并保证模拟的稳定性，新方法可在非均质层状储层中应用，不受相态、井别的影响，关井操作也不会影响模拟结果，更重要的是，压力及其变化率可在模拟过程中修改，也可在模拟过程中加入复杂井，并首次介绍了模拟过程中的钻井模拟内容。

2000年，三家主要运营公司资助启动了的休斯敦能源工业教育项目，旨在向阿尔丁独立学区幼儿园至十二年级的学生介绍石油工业相关科学知识，Stratamagnetic公司以一个简单但不可抗拒的提议击败超过八成的对手赢得竞标：开发一个学习平台及相关课程，基于开发的软件让老师和学生们了解水平井和多分支井的生产及复杂油藏流体的模拟过程。笔者研究团队研发的油藏流体模型已被多家企业商业化，此版书也增加了对新方法核心功能的阐述。

当下，石油工业正面对企业裁员、研究经费减少、有经验的员工被过多的一线工作束缚的窘迫环境，高效的技术显得格外重要。笔者希望这些新的成果能够对油气开发效率的提高有所帮助，激励年轻的工程师们加入石油工业领域，促进其持续创新发展。笔者研究团队提出的水平井和多分支井模型的相关新方法将对经济方案制订起到至关重要的作用，地层测试的新方法为岩石物理今后的发展奠定了基础，另外，笔者研究团队对裂缝模型的研究成果也会对裂缝储层相关研究起到推进作用，并减少工业用水量。总之，笔者会继续深入此领域的研究，在探索的道路上不断前行。

Wilson C. Chin 博士，麻省理工学院

美国得克萨斯州·休斯敦 & 中国·北京

致　　谢

　　笔者特此感谢斯伦贝谢、哈里伯顿、贝克休斯、英国石油、通用石油天然气等公司的同行们多年来的真知灼见和有益建议,从而促成了笔者的油藏工程和模拟器开发新方法,特别感谢高级策划编辑 Katie Hammon 女士,为笔者提供了专业领域中重要想法的交流平台。书中内容如此编排,使读者能够利用最新的技术模型来解决一些急需处理的重要问题,不过,各类方法并非放之四海而皆准,如奇异积分方程、高级有限差分法、特殊保角变换、边界约束的网格生成方法等,都需要针对具体工区具体分析,本书难以对所有问题解释得面面俱到,完成问题的计算才是掌握相应方法的最佳手段。近些年来,油田的科研成果在水平井(多分支井)设计、地层测试、非均质储层中裂缝流体的分析等方面并无明显经济或实用意义,而基于此第二版阐述的石油工程领域开创性的模拟方法体系,将把设计和建模成本降低几个数量级。再次感谢 Katie,以及爱思唯尔,使笔者能有机会把过去几年很多新的想法与广大读者分享,敬请各位专家及年轻读者对本书内容提出宝贵意见,这势必将促进方法的完善和技术进步。

目　　录

第1章　问题提出及控制方程

石油工业第一个流体流动数学模型是通过类比静电学和传热问题得到的(Muskat,1937；van Everdingen and Hurst,1949；Carslaw and Jaeger,1946,1959)，相关解法在学者间有很好的反响，那时的研究者们积极学习以往科研中成功的经验，如单相流方程的形式与经典椭圆型方程、抛物线型方程一致，这些相似性也有助于实验内容和规模的设计，特别是基于电学和温度类比的实验。

对于油藏工程和试井分析的研究，目前形成了两个不同的发展方向。一种致力于寻找简单的闭环解法，这自然限于简化的几何形式及边界条件，分析过程中常用图像法，也会涉及复杂无穷级数的应用。另一种，更现代的瞬时压力分析使用拉普拉斯变换和傅立叶变换，倾向于更多的定量计算：它们需要复杂的且往往不准确的数值反演，所以并不深入物理本质。

貌似所有可推导的解析解都已被求解，故上述的第二个发展方向适用于超级计算机、高性能工作站和数值分析：油藏模拟是一门科学，或者更恰当地说是一门艺术，它需要整个行业的项目研究来验证。解决困难问题的有效解法没有中间地带，解决方案需要揭示物理本质且本身是有用的，可用于校准目的的模型才能保证数值解的真实性。现实有效实例的缺乏使人们经常相信高速计算机，这项当今时代的杰作只会让工程师们更快、更大规模地犯错。

尽管有大量的计算声称能够模拟裂缝中的瞬态流动，但是仍然没有满足实际边界条件的更简单的稳态极限解析解，因此假设不一致的稳态渐近物理条件有时会得到错误的过渡解。虽然研究者们对储层非均质性很有兴趣，但对于页岩透镜体或断裂带中的流体并没有很好的表征方式，显然，更多的工作、深入的思考和基础的研究是亟须的。

类似 Muskat、Hurst 及其他学者的研究，本文中的方法源自一些其他学科，特别是空气动力学和弹性理论，如此可以相对容易地建立一个有趣且实用的解析解库，这些适用于特低渗透页岩流体、裂缝流体和断裂带中的流体，特定情况下满足变流速和压力边界条件。在数值分析领域，利用现代曲线网格生成方法，可以更好地构造问题的求解方程，避免"简单粗暴"的方法，所得的模型在需要的地方提供了更好的物理分辨率，并最小化了计算机存储和数据处理量，这些是很重要的，如在数值试井中，精确处理裂缝和地层界面十分关键。这些所谓的新技术如今已有近 30 年的历史，它们源自航天航空工业，直至最近才被应用于石油工业。

但是这些方法产生的不仅仅是有效的数据，定量计算与定性分析结合的综合分析方法能在提高求解精度的同时最小化硬件需求，基于这些技术建立模型的智能计算机能够产生比现有的大规模模型更好地解决方案，本书建立了大量此类混合模型。例如，本书将展示如何将径向流的经典对数压力分布模式推广到任意油藏。以"得克萨斯油藏"为例，通过简单计算能得到不同生产井的基本解，这同样可用于针对不同混合压力、流量边界条件或具有不同热力学剖面的流体等一系列油藏工程问题的解析解和数值解求解。

本书介绍了稳态解类型，感兴趣的读者可以进行总结和扩展，对于那些相对稳定的高产油藏来说,它们尤其有意义,这些方法可用于非均质流体、水力裂缝、非线性气流、水平钻井、加密钻井和地层评价等方面,文中将详细描述这些分析技术并应用于流体分析问题。另外,在每一章末尾的"问题和练习"都会列出相关的一些扩展内容。

1.1 错误问题示例

本书中数学公式具有明确物理基础并进行严谨推导,假设陈述清楚,并避免使用特设分析方法。为了阐明公式的严谨性,需要理解现有文献和软件中错误的模型和求解方法。复习这些公式对学好数学很有好处,对于负责采购油田开发和财务软件的油藏工程师而言,这也是很重要的。基于这些原因,笔者将阐述常见错误及其后果,准确起见,以下只列出和讨论本书中真正解决了的问题。

1.1.1 速度奇异点

研究天然裂缝和大量人工诱导缝中的流体运动规律,以及页岩和断裂带对流体的阻碍作用都具有重要经济意义。商业模拟器可以用来模拟这些影响,这需要利用数小时的计算来得到能用于经济预测的数据,然而由此获得的准确性是存疑的。速度在裂缝的末尾是"奇异的"(当采用定压边界时),即使用于计算总流量的积分是有限且有界的,速度仍难以确定。同理,页岩内流体也具有类似的奇异性。任何试图通过细网格离散化方法建立正确流动模型的尝试都将导致数值不稳定性,这种不稳定性源自流动梯度最高的点——因为物理速度本身很大,所以显然这种不稳定性影响很大(见第 2 章和第 3 章)。过度计算是弄巧成拙的,使用简单的分析方法就能准确表征裂缝和页岩中的流体。

1.1.2 裂缝流体

在很多模拟器中,裂缝流体模型是用离散点源来构建的,其模拟结果是粗糙的,结果中出现错误的端点奇点、"块状"流场和分散源点之间的假想通道,许多情况下,大间距的网格会让模拟结果变得更糟。基于裂缝流体的连续线源分布可以很容易消除这些不良影响,相关公式可用经典的积分方程进行求解,基于点源的离散奇异方法在一个世纪前最早用于空气动力学,但该方法自那时起就已过时。

1.1.3 定流速裂缝模型

如上所述,定压边界条件下裂缝末端的速度是奇异的——这是应用于裂缝面本身压力模型的准确结果(因为稳态流动中平衡是瞬时的,故压力恒定)。研究人员引入了一个补充的"定流速"模型,即垂向速度保持恒定(其在裂缝面上的积分为总流速),然而,该模型不适用于没有支撑剂的"清洁裂缝","定流速"(法向速度)模型常用于模拟非理想支撑效果,该问题的求解在第 2 章中也有阐述。

1.1.4 滤饼的形成

钻井过程中,采用高压钻井液能够有效降低井喷风险。伴随流体进入地层,井壁上留下滤饼,其随时间不断增大,造成流量不断减小。侵入流体和地层流体具有不同的流动特性和电性,准确的电磁测井解释需要井筒附近围岩的准确信息,这样才能准确预测真实地层性质。因为滤饼对流体运动的物理特性有显著影响,故使用准确的滤饼过滤模型是解释过程中的关键因素,但模拟器一般会调用并不常用的$\sqrt{t}$法则:它只适用于地层渗透率远大于滤饼渗透率的线性岩心单相流动情况(而不是径向流),因此这样的计算是无用的。例如,在小井眼或致密、低渗透储层中(滤饼不会一直随着时间增大),流体运动和地层性质对滤饼形成有明显的影响,为建立正确的物理模型,必须将达西流在滤饼增大和地层流体侵入过程中的运动进行动态耦合,并作为一个整体进行求解。该内容将在下文阐述。

1.1.5　几何网格

基于曲线网格系统(角点网格方法)获得油藏几何细节的重要性在油藏模拟中得到了很好的诠释,这些常规映射通常在变换后的流动方程中引入不可忽略的二阶导数交叉项。然而,由此引入了数值的低效性和不稳定性,很多矩阵反演程序都忽略了这一点。在很多应用中,控制系数矩阵受到实际条件和网格化的约束,但为了计算方便,这些约束被忽略了。因此,一些石油公司的油藏工程部门向用户发出了警告,指出角点模拟的结果是存疑的,甚至可能是错误的。适当使用本书开发的边界约束的曲线网格可以避免这些问题。

1.1.6　平均方法

电路中简单的等效电阻计算是基于对总体和平均特性的适当使用。如图1.1所示,在大学一年级物理课程中使用的串联和并联等效电阻公式的基本假设为稳定单向条件。为了提高计算速度,油藏工程中必然使用平均计算,但在一些常用的模拟器中,平均技术被大量地滥用,在恒定密度、单相、稳态、定尺寸假设下推导的线性流公式(相对于柱形或球形)被不加区别地用于处理瞬态、可压缩、多相、可变网格条件的问题,从而得到不严谨的计算结果。

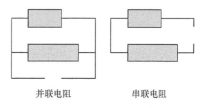

图1.1　电阻连接示意图

1.1.7　粗化技术

在电路中,等效电阻取决于电阻器的连接方式和电源位置,如图1.1所示,相同的电阻器由于串联或是并联的差异会有不同的等效电阻。简而言之,流体运动方向是必须事先知晓的,在适用条件下使用相关公式大大减少了计算时间并简化了数据处理过程。

除去减少网格数量的需求,类似的粗化技术在实践中是非常重要的。但是,如果油藏由包含油气井或注入井的不同井网生产,由于流体的流动方式会发生变化,任何储层的等效渗透率都会发生变化,粗化比例并不只与地层性质有关,生产关系的影响也需要考虑。此外,在岩石物理录井中,一些局部各向同性的非均质流体可能很大程度上表现为各向异性(这一点在第7章以交错层理砂岩储层为例进行了说明)。然而,一些模拟器将粗化属性当作真实属性,还错误地进行了生产应用。

1.1.8　层状介质中的井

考虑一口生产井开发一个层状油藏,为了简单起见,忽略井筒中的摩擦力和重力,生产情况只受一种物理条件控制:无论是直井、水平井、斜井还是多分支井,整个井壁的压力都是相同的。在这种情况下,井的压力是受限的,压力本身可能是确定的,当生产井的产量受到限制,总流量又是一定的,受整个井筒单一未知压力的持续影响,其值必须作为压力完整解的一部分来确定。

这种数学描述是准确的,但分析这种受限的井是特殊的挑战。虽然垂直于砂体界面的达西压力梯度促进流动运动,但边界值问题并不是一个标准的纽曼(Neumann)公式,其中规定了局部法向压力梯度 $\partial p/\partial n$。相反,它必须是井筒附近及包括端部效应在内的全井段指定 $\partial p/\partial n$ 值的积分,针对多分支井情况,所有分支都需要考虑。受砂体界面未知压力的影响,其值需要纳入求解方程(当摩擦力和重力不能忽略时,情况将大为不同),这显然会破坏控制系数矩阵的对称性,而这些对称性可能是高效求解所必需的——因为司钻或油藏工程师可以自由指定他认为合适的井身结构,也难怪几十年来严谨的求解一直未被揭晓,取而代之的是未经验证的、错误的"渗透率分配"方法,据此得到局部注入速度与"渗透率—厚度"成比例,本书将会提供此问题的近似解,以避免困难的数学问题。

严谨的分析需要基于第 15 章阐述的特殊算法,因为井中不同部分之间的非相邻连接破坏了许多快速矩阵反演算法的对称性。许多模拟器依据储层局部渗透率—厚度、水平渗透率和产量来确定生产井的流量,这似乎是一个合理的开始,当储层渗透率趋于 0,它显然是正确的;然而,所谓的水平渗透率分配方法并没有真正的数学基础。许多模拟器也在一开始就排除了层间窜流的可能性,这是一个先验假设,除了绝对的非渗透层都是不切实际的。虽然地层分布都有一定范围,但为了计算简便,通常假设地层为无限大。

1.1.9　井筒模型

油藏模拟器的网格规模达数千英尺,输入属性与值取决于岩心样品,岩样大小从英寸级到英尺级次不等。单个计算模块可能包含多口井,典型的井径一般不超过 1ft,特殊的井模型用于模拟真实生产井,并通过产能指数来表征表皮损伤和射孔情况。石油工业仍然受困于矩形网格无法表征所有区域的难题,但进行多井模拟的曲线网格(即计算流体环境中的"翼型")在航空航天工业已有应用,如图 9.12 所示是模拟两口井的网格示意图。局部的井筒缺陷可通过详细的局部模拟来建模,小规模和大规模的流体模拟使用 Dyke(1994)经典书目中提到的严谨匹配内部和外部的展开方法来实现全面综合表征,详细内容见修订后的第 15 章末。

1.1.10　多相流地层测试器

在油藏工程中,若无量纲流量很大,则毛细管力的影响在开始时并不重要,这个常用的 Buckley – Levertt 极限并不适用于其他情况。在地层评价中,只有钻井液侵入油藏时流速才会很高,滤饼的堆积会在几分钟内迅速减缓侵入速度。因此,毛细管压力的影响非常重要,需要在侵入模型中考虑毛细管力,任何非混相两相流模型也必须考虑毛细管力。另外,尽管滤饼(滤饼渗透率远小于地层渗透率)会控制流体的整体流动速度,但在致密区和某些特低渗透的两相流中,情况也许有所不同。针对此类问题,地层中和滤饼相关的非混相达西流与此是动态相关的,与"移动边界"有关的边界值问题亟须解决。由于滤饼和毛细管力间关系复杂,该问题常被忽略,然而,本书解决了此问题。该问题的数值解与地层测试器的"清理"应用有关,它可预测出不受钻井液滤液污染的现场流体样品回收所需的时间。地层测试器,或所谓的"测试器",即从井下提取储层流体样品的仪器,它为油藏工程提供了新的研究主题,包括下文将要讨论的用于预测压力的压力瞬变解释方法。

1.1.11　地层测试器的压力瞬变解释

如前言中所述,20 世纪 60 年代的单探针地层测试仪通过对实测数据进行稳态压降公式计算可得到储层水平渗透率和垂直渗透率,或更准确地说是"球形渗透率",在 20 世纪 90 年代,服务公司开发了双探针工具,并引入了类似的稳态方程来预测储层水平渗透率和垂直渗透率,这些数据对加密井钻井、水力压裂、井筒稳定性及其他储层应用具有重要意义。由于勘探目标油藏渗透率及流体渗流能力的下降,地层测试中达到稳定平衡状态的时间明显增长,一般为数小时或数天,这必然增加了钻井成本,当然也增加了卡钻和落鱼的风险。对于单探针工具而言,哈里伯顿公司在 20 世纪 90 年代推出了针对低渗透油藏设计的压力预测工具,其 GeoTap 程序是与笔者共同参与开发的。最初使用的是经验数学模型,该模型与标准压降—压力恢复程序结合,能在几秒钟内给出储层水平渗透率和垂直渗透率。但是,为什么这种方法有效,最初是不清楚的,后来,笔者通过以封闭解析形式求解完整的球形流动瞬态方程,并展示了"指数方程"作为更完整的特定极限是如何产生的,从而为该技术奠定了良好的分析基础。该方法消除了在试井中经常遇到的不确定性,取决于储层渗流能力的"早、中、晚"定性概念不再是解释人员的困扰。早期的成功令人振奋,更多详细的内容可参阅最近的两本地层测试书(Chin,2014a,b;2015a,b)。相对于上一版,本书第 18 章完全重新编写,阐述了一些新的、重要的研究成果,其中关于地层测试的发展是重点内容。

1.1.12 波及系数和流线跟踪

去除毛细管力项的饱和度方程描述了理想非扩散条件下单相流体在非均质油藏中的运动,计算结果对理解储层连通性和波及效率有一定指导意义。在这个框架中流体是不混相的:若在初始状态就将流体染成红色和蓝色,那么数学能够证明(稍后给出)红色流体一直保持红色、蓝色流体则保持蓝色。在商业模拟器中,出现了让用户眼花缭乱的整个颜色序列,包括没有物理意义的所有颜色结果,在没有真正扩散情况下,由于截断误差较大才会出现混合的结果。

1.1.13 本书目标概论

本书介绍了奇异积分方程的幂次、线性叠加、保角变换、现代曲线网格生成、移动边界值问题、常规摄动理论、高级源汇理论等,以及相关的难以准确解决的问题:实际问题在书中被提出并给予了解答。在研究这些问题之前,了解基本的油藏工程方程及其他物理科学中的类比是很重要的,只有这样,才能利用跨学科文献中已有的丰富技术和解决方案,还能在某种程度上加深对油藏工程中基础物理理论的理解。对跨学科文献的理解需要扎实的学术基础和大量的时间投入,换句话说,这需要比研究生学习阶段负担更重的课程和作业压力,即使不要求掌握空气动力学、微分几何和拓扑学等相对深奥的理论,高等数学则是基础的要求。虽然有不少困难存在,但此书也不仅是简单引进一些技术而已,其目的在于将现有的有效技术"翻译"成与复杂油藏流动相关的实用术语,本书将只考虑核心物理问题,以相对简单、易读的方式引入那些必要的数学概念。只要可能,会提供 Fortran 源代码来指导关键算法的实现,这样书中介绍的模型就有了直接的价值。

1.2 多孔介质中的达西方程

科学及工程中的物理现象满足偏微分方程,它通过空间及时间域的偏导数,将压力或速度等可测量的量的变化联系起来,而常微分方程的积分常数是由函数及其在一个点或多个点上的导数的特定值确定的,偏微分方程除了需要曲线边界上的函数信息外,还需要确定演化方程的初始条件。边界可以是外在的,也可以是内在的,可以是静止的或是移动的,辅助条件应用的确切方式取决于问题的物理性质,并反映在所研究的偏微分方程"类型"的分类中。

1.2.1　微分方程和边界条件

偏微分方程可分为椭圆型(例如 $\partial^2 U/\partial x^2 + \partial^2 U/\partial y^2 = 0$)、抛物线型(例如 $\partial^2 U/\partial x^2 + \partial^2 U/\partial y^2 = \partial U/\partial t$)和双曲线型(例如 $\partial^2 U/\partial x^2 + \partial^2 U/\partial y^2 = \partial^2 U/\partial t^2$)。若试井分析中一个压力方程是抛物线型的,基于历史缘由,有时会被称作"热力方程",因为试井方法源于热扩散方程的类比。本书默认读者熟悉,或至少是了解这些类型的偏微分方程及其相关数据基础(Hildebrand,1948;Tychonov and Samarski,1964,1967;Garabedian,1964)。

椭圆型方程是基于与函数本身($\partial^2 p/\partial x^2 + \partial^2 p/\partial y^2 = 0$ 中的压力 p)或沿曲线的法向导数($\partial p/\partial n$ 与正常流速成正比)相关的边界条件求解的,在前一种情况下,存在 Dirichlet 边界值问题,而对于后者,公式变为纽曼形式。包含压力和流量的混合问题也可能会遇到,例如,在一个定压边界内部开放的油藏,一口流量受限的生产井可能会因附近的注入井作用而有所变化。在石油工程中,椭圆方程描述了可压缩气体的一般等密度流和稳态流,边界条件的设置十分关键:一个不恰当的公式可能在数值上收敛,但会产生错误的信息。

在没有"孔"的区域流场是单连通的,如无钻井的非均质砂岩储层中的达西流,双连通域和多连通域包含一个或多个"孔",如石油钻井(如环形油管悬挂器是双重连接的)。边界条件的设定必须考虑所有内、外边界,在等密度流体边界条件下的椭圆型问题中,时间可能会显性出现,如在自由表面的流动中、在时变产量的生产井中或滤饼不断增大的恒压钻井过程,同时,时间 t 的显式存在并不意味着该问题是抛物线型的、双曲线型的或是可压缩流体。在地层侵入过程中,不稳定性与速度远低于声速的锋面运动有关,其控制方程通常为椭圆型。

抛物线方程描述了瞬态可压缩效应,包括试井中压力恢复和压力降落建模,这也需要上述的边界条件,且它们必须与初始条件一起求解。例如,油藏在早期到底有多活跃?瞬态能揭示物理本质吗?还是需要在稳态流动条件下?也许它是静止的,在恒压下会保持不变吗?边界条件可能与井和流线的表皮阻力以及存储有关,笔者将制订边界的辅助约束条件,并在下文提供精确的压力扩散解。

双曲线和抛物线方程一样,也是演化方程。虽然稳定流动在空气动力学中可以是椭圆型,也可以是双曲线型(分别表示亚音速和超音速流),除了以惯性为主的非混相两相流,后者在油藏模拟中并不常见。这些方程也能描述地震波的传播,但这是另外一个话题了,本书不做讨论。这些方程的分类只适用于方程的数学分类。周期扰动引起的地震波和试井瞬态在时域上分别为双曲线型和抛物线型,而在频域上,它们满足椭圆型方程。

本书虽然严谨地交代数学问题,但并没有全面地解释偏微分方程,也不对用于边界值分析的大量方法进行分类,相反,在物理条件允许的情况下,本书以精确的术语阐述油藏流体问题,并提供基于高等分析得到的严谨的解决方案,避免了行业模型中常见的特殊假设。同时,也强调很多问题不是从零开始解决的。现有的一些方法和技术将被有效应用,如类比传热、电动力学和空气动力学问题,高级方法将会从逻辑上进行解释,若对其详细探讨,则会归纳其求解的核心方法。考虑到精简,有时详细的推导过程会被省略。因为要考虑多种类型流体的问题,故排版会比较灵活，大写字母、小写字母、希腊字母和斜体字母在不同情况下表示不同维度量、无量纲数、积分变量、变换坐标中的物理参数等，在特定的章节中的一些约定是贯穿全书的。

1.2.2　达西定律

在几本经典的书中给出了控制油藏流体运动的基本方程（Muskat，1937；Collins，1961；Aziz and Settari，1979），故不再重新对基本方程进行推导，读者可查阅参考文献。本节中，这些基本公式都会列出以供参考，并进一步讨论其对后续研究的作用。这些不仅仅是总结：Navier - Stokes 方程的具体内容以及空气动力学的重要类比都会介绍。

$K_x(x,y,z)$、$K_y(x,y,z)$、$K_z(x,y,z)$ 分别表示非均质储层 x,y,z 方向上各向异性的渗透率，若牛顿流体在恒定黏度 μ 的叠加压力场 $p(x,y,z,t)$ 中运动，其速度可通过偏导数获得：

$$u(x,y,z,t) = -(K_x/\mu)\partial p(x,y,z,t)/\partial x \tag{1.1}$$

$$v(x,y,z,t) = -(K_y/\mu)\partial p(x,y,z,t)/\partial y \tag{1.2}$$

$$w(x,y,z,t) = -(K_z/\mu)\partial p(x,y,z,t)/\partial z \tag{1.3}$$

其中 u,v,w 分别为 x,y,z 方向上的速度，方程（1.1）至方程（1.3）就是著名的达西公式，由经验丰富的法国工程师 Henri Darcy 提出，它们是空间中不动点上的欧拉速度，而不是流体单元下的拉格朗日速度。在油藏中，每个位置的压力和运动都会相互影响，这种流动的动力学方程是由 $p(x,y,z,t)$ 的偏微分方程耦合成的，需要根据流量、压力和初始边界条件的辅助约束来求解。

上文阐述的只是动量方程，因为质量守恒尚未引入，并没有描述完整的物理图像，以 $\phi(x,y,z)$ 表示储层孔隙度，$c(x,y,z)$ 表示岩石骨架和流体的有效压缩系数，当流体微可压缩时，质量守恒要求瞬态流动满足经典抛物线热方程：

$$\partial\{K_x(x,y,z)\partial p/\partial x\}/\partial x + \partial\{K_y(x,y,z)\partial p/\partial y\}/\partial y + \partial\{K_z(x,y,z)\partial p/\partial z\}/\partial z = \phi\mu c\partial p/\partial t$$

$$\tag{1.4}$$

若液体为不可压缩或可压缩液体达到稳定流动条件时，时间导数项消失，那么控制方程则是椭圆型的：

$$\partial\{K_x(x,y,z)\partial p/\partial x\}/\partial x + \partial\{K_y(x,y,z)\partial p/\partial y\}/\partial y + \partial\{K_z(x,y,z)\partial p/\partial z\}/\partial z = 0 \tag{1.5}$$

气体的描述不同于液体，必须使用状态方程，多变性问题在热力学中已有研究（Saad，1966），从本质上讲，pV^n 为常数，可以用 C 表示，其中 V 为体积，指数 n 的取值区间为 $-\infty$ 至 $+\infty$。恒压条件下，$n=0$；理想气体的等温条件下，$n=1$；等温绝热条件下，$n = C_p/C_V$，其中 C_p 是恒压条件下的比热，C_V 是在定容条件下得到的数值；定容条件下，$n = \infty$。

Muskat（1937，1949）认为气体的密度 ρ 与压力的 m 次幂成正比，$\rho = \gamma_0 p^m$，那么 $p = \gamma_0^{-\frac{1}{m}}\rho^{\frac{1}{m}}$，这些参数的意义与前文论述相同。联立方程 $pV^n = C$ 和 $V = \dfrac{1}{\rho}$ 可得 $p = C\rho^n$，所以，$C = \gamma_0^{-\frac{1}{m}}$，其中 $m = 1/n$。本书中 Muskat 方程中替代 n 的参数 m 描述气态属性和热动力过程属性，可压缩气体方程与之前给出的类似，瞬态流动条件的方程（1.4）和方程（1.5）被式（1.6）替换：

$$\partial\{K_x(x,y,z)\partial p^{m+1}/\partial x\}/\partial x + \partial\{K_y(x,y,z)\partial p^{m+1}/\partial y\}/\partial y + \partial\{K_z(x,y,z)\partial p^{m+1}/\partial z\}/\partial z$$

$$= \phi\mu c^* \partial p^{m+1}/\partial t \tag{1.6}$$

稳态流动情况,方程如下:

$$\partial\{K_x(x,y,z)\partial p^{m+1}/\partial x\}/\partial x + \partial\{K_y(x,y,z)\partial p^{m+1}/\partial y\}/\partial y + \partial\{K_z(x,y,z)\partial p^{m+1}/\partial z\}/\partial z = 0 \tag{1.7}$$

在方程(1.6)和方程(1.7)中,Muskat 使用的气体指数 m 满足:

$$\begin{cases} m = 1,\text{等温膨胀} \\ m = C_V/C_p,\text{绝热膨胀} \\ m = 0,\text{定容条件} \\ m = \infty,\text{定压条件} \end{cases} \tag{1.8}$$

$$c^* = \frac{m}{p(x,y,z,t)} \tag{1.9}$$

瞬态方程(1.9)中的 c^* 表示类压缩量,至少在数值上是可以表示的,方程(1.6)中的函数形式在表面上类似于 $p^{m+1}(x,y,z,t)$ 的线性方程,并且它降低了对线性流开发的算法进行非线性拓展的难度。

当然,方程(1.6)是非线性的,在非近似情况下它的解不能被叠加,只有当小的线性化扰动达到很大的平均压力时,可通过线性化 $c^*(p)$ 来考虑恒定的平均压力,将它写成类似方程(1.4)的形式,正如研究人员所做的,将有助于它的数值积分。在本书中,将方程(1.6)作为单向流动最一般的方程,其中液态中 $m=0$ 且 $c^*=c$,气态中 $c^* = \dfrac{m}{p(x,y,z,t)}$,$m$ 为非零值。显然方程(1.6)是复杂的,为了数学上处理方便,通常会对其进行简化,当 $K_x(x,y,z) = K_y(x,y,z) = K_z(x,y,z) = K(x,y,z)$ 时,也就是说储层是各向同性的,瞬态流动的非线性抛物线方程为:

$$\partial\{K(x,y,z)\partial p^{m+1}/\partial x\}/\partial x + \partial\{K(x,y,z)\partial p^{m+1}/\partial y\}/\partial y + \partial\{K(x,y,z)\partial p^{m+1}/\partial z\}/\partial z = \phi\mu c^* \partial p^{m+1}/\partial t \tag{1.10}$$

若 $K(x,y,z)$ 是定值,则方程(1.10)可简化为:

$$\partial^2 p^{m+1}/\partial x^2 + \partial^2 p^{m+1}/\partial y^2 + \partial^2 p^{m+1}/\partial z^2 = (\phi\mu c^*/K)\partial p^{m+1}/\partial t \tag{1.11}$$

这个方程依然是非线性的,只有当液态条件 $m=0$ 时,方程(1.11)才是线性的,也只有当压缩系数和孔隙度保持不变时它才满足经典分析(例如,使用 Laplace 变换和 Fourier 变换分离变量,或通过 Duhamel 积分进行叠加)。

气体的稳态运动和液体的恒密度流动相对简单,在稳态流中,方程变为:

$$\partial\{K(x,y,z)\partial p^{m+1}/\partial x\}/\partial x + \partial\{K(x,y,z)\partial p^{m+1}/\partial y\}/\partial y + \partial\{K(x,y,z)\partial p^{m+1}/\partial z\}/\partial z = 0 \tag{1.12}$$

$$\partial^2 p^{m+1}/\partial x^2 + \partial^2 p^{m+1}/\partial y^2 + \partial^2 p^{m+1}/\partial z^2 = 0 \tag{1.13}$$

这些方程在 p^{m+1} 下是线性的,方程(1.13)是所有数学模型中最简单的,其为压力函数 $p^{m+1}(x,y,z)$ 的 Laplace 线性方程,为了简便,压力的辅助条件可写成 p^{m+1}(而不是 p)。需要再次强调的是,本节中的偏微分方程必须根据需要增加适当的边界条件和初始条件。

1.3 对数解

上述的压力方程是复杂的,而且考虑到边界条件通常是在近场和远场边界上规定的,那么经常求助于数值模型是在情理之中了,分析方法通常停留在压力的经典对数解上,它仅限于纯径向流动,并没有更深入的进展。但是,此处介绍的两种简单解法能用于裂缝和页岩储层中流体的分析。各向同性介质中液体的简单径向流动模型在多数书籍中都有介绍,它是基于抛物线型和椭圆型方程的:

对于瞬态流, $$\partial^2 p/\partial r^2 + (1/r)\partial p/\partial r = (\phi\mu c/K)\partial p/\partial t \tag{1.14a}$$

对于稳定流, $$\partial^2 p/\partial r^2 + (1/r)\partial p/\partial r = 0 \tag{1.14b}$$

这两个经典方程当然有对应的解(Carslaw and Jaeger,1946,1959),其中最有名的是方程(1.14b)的稳态对数解:

$$p(r) = A + B\lg r \tag{1.15}$$

其中 A 和 B 都是常数,r 的值为:

$$r = \sqrt{x^2 + y^2} \tag{1.16}$$

当然,径向坐标“r”对于具有径向对称性的流动是自然的,因此,目前没有必要重新考虑方程(1.15)的形式:

$$p(x,y) = A + B\lg\sqrt{x^2 + y^2} \tag{1.17}$$

但这种创新思维在处理一般问题时有很好的效果,具体内容将在第 2 章阐述。正如对数对于径向流动是自然的一样,可通过笛卡儿坐标将对数解的效用拓展到一般的裂缝和裂缝流动中。

坐标系统是本书的重要内容,选择正确的坐标系,能帮助找到建模的最佳方案,理解相关属性和潜在用途。下一节中,将向极坐标中的 Laplace 方程引入一个新的基本解,即与上述对数互补的“反正切”或“θ”模型。这一解决方案对非渗透页岩层建模非常关键。很多人过于简单地理解 Laplace 方程,给出简单的类比,简单地讨论分离变量和线性变换,然而,空气动力学和达西流间的联系及 Laplace 方程的不同解是值得进一步研究的。本书的相关油藏工程理论是基于空气动力学及其基本原理而发展出的,这对读者日后研究工作将会有所益处。另外,若读者忽略下一节内容,并不影响对全书的理解。

1.4 类比空气动力学

多孔介质中的达西流模型和空气动力学理论只有一个相似之处:它们都是由控制黏性流

体的 Navier – Stokes 方程推导出来的(Milne – Thomson,1958;Schlichting,1968;Slattery,1981),笔者之所以强调这一点,是因为笔者绝大多数新的巧妙的解决方案都源于经典空气动力学文献。简单而言,油藏的压力势满足 $\partial^2 p/\partial x^2 + \partial^2 p/\partial y^2 = 0$,与满足 Laplace 方程的空气动力学流场 $\partial^2 \phi/\partial x^2 + \partial^2 \phi/\partial y^2 = 0$ 类比,其中 ϕ 是一个相似的速度势,这种情况并不常见,以下对其原因进行分析。

1.4.1 Navier – Stokes 方程

在之前的推理中有些模糊的地方:虽然就方程而言是正确的,但在应用程序中使用的基本解的类型是不同的,其原因能用空气动力学给予解释。可以肯定的是,Navier – Stokes 方程对牛顿黏性流动是适用的,可用方程(1.18)和方程(1.19)表示稳定的、恒定密度、平面液态流动:

$$\rho(u\partial u/\partial x + v\partial u/\partial y) = -\partial p/\partial x + \mu(\partial^2 u/\partial x^2 + \partial^2 u/\partial y^2) \tag{1.18}$$

$$\rho(u\partial v/\partial x + v\partial v/\partial y) = -\partial p/\partial y + \mu(\partial^2 v/\partial x^2 + \partial^2 v/\partial y^2) \tag{1.19}$$

这里的 u 和 v 是 x 和 y 方向的欧拉速度,μ 和 ρ 分别为液体的黏度和密度,这些方程含有 3 个未知量,分别为 u,v 和压力 p,为了确定这些量,需要如下的连续方程:

$$\partial u/\partial x + \partial v/\partial y = 0 \tag{1.20}$$

这些方程内的变量含有不同的量纲,而且可能存在误导形式,所以通常引入无量纲变量 $p' = p/\rho U^2, u' = u/U, v' = v/U, x' = x/L, y' = y/L$,其中 L 为长度,U 为流体流速,ρU^2 为动压头,调整后的无量纲方程为:

$$u'\partial u'/\partial x' + v'\partial u'/\partial y' = -\partial p'/\partial x' + Re^{-1}(\partial^2 u'/\partial x'^2 + \partial^2 u'/\partial y'^2) \tag{1.21}$$

$$u'\partial v'/\partial x' + v'\partial v'/\partial y' = -\partial p'/\partial y' + Re^{-1}(\partial^2 v'/\partial x'^2 + \partial^2 v'/\partial y'^2) \tag{1.22}$$

其中的无量纲数 Re 称为雷诺数:

$$Re = \rho U L/\mu \tag{1.23}$$

雷诺数为惯性力与黏性力的比值(Schlichting,1968;Slattery,1981),以下将阐述 Laplace 方程在不同雷诺数下的形式。

1.4.2 达西流

在油藏工程中,方程(1.1)和方程(1.2)是著名的达西公式(Muskat,1937),它是由法国工程师 Henri Darcy 提出的,他注意到无黏性高雷诺数模型并没有描述水动力问题,达西公式并不能直接从方程(1.21)和方程(1.22)中得到,但可以在低雷诺数条件下通过孔隙空间的平均过程推导出来(Batchelor,1970)。若将方程(1.1)和方程(1.2)式代入方程(1.20)且假设黏度不变、渗透率是各向同性的,则得到储层压力 $p(x,y)$ 的 Laplace 方程 $\partial^2 p/\partial x^2 + \partial^2 p/\partial y^2 = 0$。基于空气动力学的 Laplace 方程推导过程如下。

1.4.3 空气动力学

通过对比极大雷诺数条件下无黏流体空气动力学,可得方程:

$$u'\partial u'/\partial x' + v'\partial u'/\partial y' = -\partial p'/\partial x' \tag{1.24}$$

$$u'\partial v'/\partial x' + v'\partial v'/\partial y' = -\partial p'/\partial y' \tag{1.25}$$

在翼型理论中,无黏假设(在分层可压缩流体中有几个例外,Yih,1969)要求所有最初是"无旋"的流体在没有黏性的条件下仍然是无旋的,也就是说,由于黏性剪切力作用,它们不像原来那样绕轴旋转,这种运动方式可以用方程(1.26)表示:

$$\partial u'/\partial y' - \partial v'/\partial x' = 0 \tag{1.26a}$$

$$\partial u/\partial y - \partial v/\partial x = 0 \tag{1.26b}$$

方程(1.26a)和方程(1.26b)对达西流也同样适用,例如,将方程(1.1)和方程(1.2)代入方程(1.26b)中是成立的,联立方程方程(1.24)和方程(1.26a)可得 $\partial\left[p' + \frac{1}{2}(u'^2 + v'^2)\right]/\partial x = 0$。

联立方程(1.25)和方程(1.26a)可得 $\partial\left[p' + \frac{1}{2}(u'^2 + v'^2)\right]/\partial y = 0$。第一个结果表明大括号中的式子与 y 无关,第二个结果说明大括号中的式子与 x 无关,所以 $p' + \frac{1}{2}(u'^2 + v'^2)u/U$ 在整个流场中一定是一个由上游条件决定的常数,重新考虑不同量纲的变量,Berbouli 方程可以把压力和速度联系起来:

$$p(x,y) + \frac{1}{2}\rho\left[u(x,y)^2 + v(x,y)^2\right] = 常数 \tag{1.27}$$

这不适用于达西流(后者满足 $\partial^2 p/\partial x^2 + \partial^2 p/\partial y^2 = 0$)。

在所谓的"分析"问题中,当机翼的形状是确定的且表面速度已知情况下,压力是用于计算机翼升力或涡轮机械扭矩的量,但速度 u 和 v 依然是未知的,基于(1.26b)可以写出:

$$u(x,y) = \partial\phi(x,y)/\partial x \tag{1.28}$$

$$v(x,y) = \partial\phi(x,y)/\partial y \tag{1.29}$$

将方程(1.28)和方程(1.29)代入方程(1.26b)中,会得到 0=0 的结果,若将方程(1.28)和方程(1.29)代入描述质量守恒的方程(1.20)中,能得到如下表示速度势 $\phi(x,y)$ 的 Laplace 方程:

$$\partial^2\phi/\partial x^2 + \partial^2\phi/\partial y^2 = 0 \tag{1.30}$$

方程(1.28)和方程(1.29)类似于方程(1.1)和方程(1.2),方程(1.30)则类似于达西方程 $\partial^2 p/\partial x^2 + \partial^2 p/\partial y^2 = 0$。有人可能会把 $p(x,y)$ 看作一个压力势并进行类比,但在空气动力学中会有很不一样的性质,笔者将从三维角度去讨论它们,在密度恒定的稳态无旋流中,$u = \frac{\partial\phi}{\partial x}$,$v = \frac{\partial\phi}{\partial y}$,$w = \frac{\partial\phi}{\partial z}$,则有 $\partial^2\phi/\partial x^2 + \partial^2\phi/\partial y^2 + \partial^2\phi/\partial z^2 = 0$,且 $p' + \frac{1}{2}(u^2 + v^2 + w^2)$ 为常数,该系统和对应的边界条件用于模拟低速不可压缩流体中与非黏性流相关的升力和诱导阻力。

1.4.4 Laplace 方程的有效性

达西流动中压力的 Laplace 方程(1.13)和非黏性空气动力势的 Laplace 方程(1.30)的物

理约束不一样,所以很有必要去研究近似模型什么时候适用以及适用的原因,这种理解对于前面提到的转换过程至关重要,因此,空气动力学中使用的"修正"(可能与达西流不相适应)可在它们出现时去除,这一点是很关键的,非专业人员使用的类比有时根本就不相似。

图1.2为一处渗流屏障下达西流典型的流线,该模式图是基于"单鞋跟"模式和"鞋跟加脚趾"模式的砂岩物理模拟实验得到的(Muskat,1937),完整的流线模式能用平面液态流方程(1.13)很好地预测出来,该方法甚至适用于流线角度达180°的流体分析(详细内容可参考Muskat 的专著)。方程(1.13)对所有低雷诺数流动都是普遍有效的,图1.3展示了一个与迎面而来的流体呈一定流动倾角的平板机翼模型,模拟结果显示后缘产生的涡流随角度的增大而增大。

流体   前缘

A

机翼后缘

弯曲状的达西流线   B

C   D

滞止流线   流动分离

图1.2 渗流屏障下的达西流线   图1.3 无黏性流体流经薄层翼型

图1.3 中的黏度效应需要使用非稳定 Navier – Stokes 方程进行分析,它们不能用方程(1.30)进行建模,但方程(1.30)对于小于10°的小角度倾斜是有意义的。在这种情况下,它有无穷多个解,每一个对应于驻点 C 的不同位置,这个位置是固定的,若使驻点 C 与后缘位置 D 重合,则可使解唯一。基于 Kutta – Joukowski 定理可使方程(1.30)模拟更严格的 Navier – Stokes 模型的解。习惯于使用对数解的油藏工程师可能不知道 Laplace 方程的解不是唯一的,这里的不唯一性和 θ 解的存在性通常是在高等数学课程中讲述的,一些基本的解决方案会在第2章和第3章中进行简要讨论,这些解法对非渗透层的建模十分重要。

1.4.5 不同的物理解释

将空气动力学的研究结果引入油藏工程时需要注意几点:第一,关于上文的讨论,必须减去与 Kutta 条件有关的额外"循环"流才能将翼型的解应用于页岩储层中的流体分析;第二,并非所有的空气动力学解都包括 Kutta 条件,例如在第5章中推导裂缝相关计算结果则需考虑不需要循环求解的细长体横流理论;第三,在空气动力学中,翼型表面流线具有支持可变压力的、恒定的流线函数值,在裂缝达西流中,裂缝面并不是流线,而压力是(或可能是)恒定的。另一方面,尽管 Kutta 条件不适用,页岩表面确实可以代表流线,所以对物理本质的重视是很必要的。

达西压力 p 和空气动力学势 ϕ 从表面上看是相似的,因为它们经过推导都能得到速度,从这个意义上说,它们至少在数学上属于势,但关键的区别还是显著的:势 ϕ 并非像是压力或速度一样的物理量,它是一个抽象的多值实体,定义它是为了模拟升力的作用。其次,压力是基于 Bernouli 方程(1.27)得到的,该方程并不适用于达西流。本书中的其他解决方案也有类似的问题,例如类似的嵌入式绝缘体热传递解决方案,允许双值温度通过的薄面以及允许双值电场的电动力学界面。了解跨学科文献的读者应该意识到,"翻译"并非易事,对物理本质的深刻理解是关键。现在介绍空气动力学中双值函数的概念,在第 3 章中,将经常使用反正切奇异性来模拟页岩中的流体,其对 lg$r$ 而言也同样重要。

1.4.6 多值解的意义

笔者对一些结果进行了总结,首先,空气动力学中的速度是通过求解速度势的 Laplace 方程得到的,满足运动学"无流动表面"的边界条件与 $u,v,\phi(x,y)$ 和尾源的 Kutta 条件有关,之后,由方程(1.27)求得压力,其中积分常数由之前已知的辅助条件求得,空气动力学家研究的无量纲压力系数方程如下:

$$C_{\mathrm{p}} = (p - p_\infty)/(1/2\rho U_\infty{}^2) \qquad (1.31)$$

其中 U_∞ 为自由流速,x 是平行于水平翼型的坐标,速度势 $\phi(x,y)$ 通常在自由流条件下扩大,如式(1.32)所示:

$$\phi(x,y) = U_\infty x + \phi^{(0)}(x,y) + 高阶项 \qquad (1.32)$$

其中 $U_\infty x$ 为均匀流动的影响,对于足够薄的翼型,扰动势和压力系数满足式(1.33):

$$\partial^2\phi^{(0)}/\partial x^2 + \partial^2\phi^{(0)}/\partial y^2 = 0 \qquad (1.33)$$

$$C_{\mathrm{p}} = (p - p_\infty)/\left(\frac{1}{2}\rho U_\infty{}^2\right) \approx -2[\partial\phi^{(0)}(x,y)/\partial x]/U_\infty \qquad (1.34)$$

升力(或是说使飞机离开地面向上的力)与上下机翼表面的压力系数的线积分呈正比,但是 $\int \dfrac{\partial\phi^{(0)}(x,y)}{\partial x}\mathrm{d}x$ 仅仅是 $\phi^{(0)}(x,y)$,由于积分变量 x 从左到右,再从右到左,回到起点,则积分也会消失,有人会因此过早地得出升力是不存在的这样的错误结论。

理解这种一致性的方法是在柱坐标中重写方程(1.27),如下所示:

$$p + \frac{1}{2}\rho\left[(\partial\phi/\partial r)^2 + 1/r^2(\partial\phi/\partial\theta)^2\right] = 常数$$

考虑上升流流经一圈,并可以流经任何机翼,若 ϕ 独立于角 θ,则 $\phi = \phi(r)$:由此产生的流动对此意味着没有合力作用,所以,使用 Laplace 方程的多值 θ 解是升力建模的关键。起初的观念认为达西径向流方程可能具有的对数解[$\phi^{(0)}(x,y) = $ lg$r$]是唯一正确的解,但这是错误的。若意识到方程(1.33)能在柱坐标系写成如下形式:

$$\partial^2\phi^{(0)}/\partial r^2 + (1/r)\partial\phi^{(0)}/\partial r + (1/r^2)\partial^2\phi^{(0)}/\partial\theta^2 = 0 \qquad (1.35)$$

那么显然另一个势的解就是如下形式了:

$$\phi(0) = \theta = \arctan(y/x) \qquad (1.36)$$

这个反正切解是多值的:当所需线性积分的 x 回到起点,角 θ 的取值从 0 到 2π,就能得到所需的非零升力积分。

总之,空气动力学家和数学家使用两种基本解,即对数解和反正切解,后一个函数在 Kutta 条件约束(Milne - Thomson,1958;Yih,1969)下模拟尾缘的平滑流动,好像 Navier - Stokes 方程本身已经被解出来了。所以,在达西压力分析中使用空气动力学模型时,"循环"(即一个合适

的 θ 倍数,这并不适用于达西流)必须减去。

1.4.7 逆问题的类比

上文增加了"分析"一词以强调在特定翼型几何形状和获得压力情况下的气动类比,除了分析问题外,空气动力学家还在给定表面压力和几何形状的情况下研究逆问题,流函数 Ψ 作为控制变量在简单约束条件下也满足 Laplace 方程,如前文所述,对数解和反正切解也与反问题有关。为了利用现代空气动力学理论提供的一整套公式,需要了解何如构造反演解,以及如何在油藏分析中还原反演解。

重新考虑方程(1.30),并把它写成如下守恒形式 $\partial(\partial\phi/\partial x)/\partial x + \partial(\partial\phi/\partial y)/\partial y = 0$,那么便可以引入满足 $\dfrac{\partial\phi}{\partial x} = \dfrac{\partial\Psi}{\partial y}$ 和 $\dfrac{\partial\phi}{\partial y} = -\dfrac{\partial\Psi}{\partial x}$ 的函数 Ψ。将其代回可得 $\partial^2\Psi/\partial x\partial y = \partial^2\Psi/\partial y\partial x$,这些定义还意味着 $\partial^2\Psi/\partial x^2 + \partial^2\Psi/\partial y^2 = 0$,所以,与势相关的是一个补充的流函数。流线是由一个简单的运动学规范来定义的:它的斜率与局部速度向量相切,即 $\mathrm{d}y/\mathrm{d}x = v/u$,等式右边还能写成 $\dfrac{\partial\phi}{\partial y}/\dfrac{\partial\phi}{\partial x}$,进一步简化为 $-\dfrac{\partial\Psi}{\partial y}/\dfrac{\partial\Psi}{\partial x}$,则全导数满足 $\mathrm{d}\Psi = \dfrac{\partial\Psi}{\partial x}\mathrm{d}x + \dfrac{\partial\Psi}{\partial y}\mathrm{d}y = 0$,参数 Ψ 为流线常数。由于机翼表面本身是个流线,所以可能会得出结论认为 Ψ 必须是稳定对数类型的单值函数。

许多情况下,这种认识是正确的,但使用双值反正切函数 Ψ 会使模型效果更好。若这样求解,任何计算的上表面和下表面都必须表示不同的流线,当尾缘打开,大量物质进入下游流动,则模型的假设是能够实现的。实际过程中,是不会有意设计翼型关闭和"溢出"流的,但是这样的模拟确实能够模拟厚翼型或高角度薄翼型留下的厚黏性尾迹,这些往往是机翼的物理扩展(Chin,1979,1981,1984;Chin and Rizzetta,1979)。空气动力学逆问题求解为油藏工程提供了新的思路,但想要获得具有物理意义的油藏工程结果,必须仔细分析它们自身的特征。

问题和练习

1. 考虑关于 $F(x,y)$ 的 Laplace 方程 $\partial^2 F/\partial x^2 + \partial^2 F/\partial y^2 = 0$,通过微分来验证以下函数是它的解:

(1) $\lg\sqrt{x^2+y^2}$;(2) $\arctan(y/x)$;(3) $\lg\sqrt{(x-\xi)^2+(y-\eta)^2}$;(4) $\arctan[(y-\eta)/(x-\xi)]$。

其中 ξ 和 η 是常数,解释这些常量的物理意义,它们的数学特性是什么? 为什么这些函数称为"基本奇点"? 为什么这些解的任意线性组合(或叠加)也是解? 这些如何应用于油藏模型中?

2. 若如下双重积分的常数范围已设定,验证其也是 Laplace 方程 $\partial^2 F/\partial x^2 + \partial^2 F/\partial y^2 = 0$ 的一个解,这个积分在远场中的意义是什么? 这个结果的意义是什么? 这个解在存在局部裂缝的三维建模中该如何应用?

$$\iint f(\xi,\eta)\lg\sqrt{(x-\xi)^2+(y-\eta)^2}\mathrm{d}\xi\mathrm{d}\eta$$

3. 密度恒定情况下,流体在岩心中的一维流动满足 $\dfrac{\mathrm{d}^2 p}{\mathrm{d}x^2} = 0$,考虑流体经过两个不同长度、不同渗透率岩心的串联流动,左侧的压力为 p_{left},右侧压力记为 p_{right},由于压力的一阶导数不连续,所以微分方程在岩心界面处失效,需要什么样的边界约束条件来定义唯一解? 这些条件的物理意义是什么? 写出完整边界值问题的解,并说明其在油藏工程中的意义及其与有效性质分析的相关性。定义系统的有效渗透率,用解析形式推导出它的值,并说明推导过程中使用的所有假设。这个有效值对瞬态问题、非混相流或气态流有用吗?

4. 重新推导练习 3 中的解,使 $K(x)$ 连续分布,并展示该解如何降低到恒定渗透率。

5. 假设在上述问题中岩心的孔隙度也不同,当模型中生产速率很重要时,哪些问题对有效属性是重要的? 何时加入示踪剂到达时间? 某点处的欧拉速度和拉格朗日速度有何不同?

6. 练习 3、练习 4、练习 5 在柱状径向流中满足 $\dfrac{\mathrm{d}^2 p}{\mathrm{d}r^2} + \dfrac{\frac{1}{r}\mathrm{d}p}{\mathrm{d}r} = 0$,这些解和有效属性在瞬态可压缩流或气态流中是否适用?

第 2 章 裂缝流体分析

基于不同的边界条件,将几种新的数学方法引入单裂缝的渗流模型中,这些方法可以模拟大规模水力压裂裂缝和天然裂缝系统中水平井的流量,裂缝中的流动常采用数值方法处理,本章将使用奇异方程来获得液体和气体的封闭形式的解。之后介绍常规扰动技术,并将其用于处理小规模裂缝以解决厚度问题,得到基本解,并对其进行解释和推广,第 5 章将讨论更复杂的断裂系统的流动。

2.1 示例 2.1 含不可压缩流体的各向同性圆形储层中的单裂缝

考虑到问题的实际意义及其几何属性,之前没有提供封闭解很让人惊讶。沿着裂缝可以给定任意压力值,因此,该结果可用于模拟大规模水力压裂增产过程中可能出现的不理想支撑剂诱导效应,也可以用于模拟水平井和斜井相关的沿成岩裂缝流动的非达西流,分析结果揭示了裂缝末端的速度奇异性,这些空气动力学和弹性力学中经典的边缘奇异性揭示了流动的复杂性,并强调理解数值的严谨性。

2.1.1 公式

若不可压缩流体沿长度为 $2c$ 的单裂缝流动,如图 2.1A 所示,该裂缝位于半径为 R 的圆形储层中部,设沿裂缝的压力 $p(X,Y)$ 为 $p_{ref}p_f\left(\dfrac{X}{c}\right)$,其中 p_{ref} 是基准级,p_f 是无量纲量,边界压力是一个常数 p_R。对于各向同性介质,$p(X,Y)$ 满足 Laplace 方程的 Dirichlet 问题:

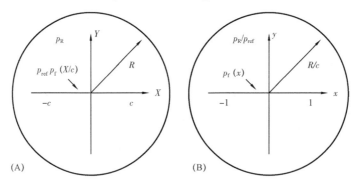

图 2.1 储层中部单裂缝公式

$$\partial^2 p/\partial X^2 + \partial^2 p/\partial Y^2 = 0 \tag{2.1}$$

$$p(X,0) = p_{ref}p_f(X/c), \ -c \leqslant X \leqslant c \tag{2.2}$$

$$p(X,Y) = p_R, X^2 + Y^2 = R^2 \tag{2.3}$$

由于 $p_f\left(\dfrac{X}{c}\right)$ 是变量,保角变换方法(见第 5 章)并不方便,需要寻找其他简易的解法。关于模拟

的文献中认为 $p_f\left(\dfrac{X}{c}\right)$ 是满足达西定律的,在一维上,达西定律的压力控制方程简化为 $\dfrac{d^2 p_f}{dX^2}=0$,对于特定的流体类型,这可能是正确的,但为了得到更一般的求解,不应该限制 p_f 与 X/c 的关系。

Muskat(1937,1949)使用无限细的狭缝进行裂缝流动建模,准确地描述了其中的物理现象,空气动力学的类比是薄翼型理论,其中边界条件是沿直线给定的(Ashley and Landahl,1965;Bisplinghoff et al.,1955),狭缝模型适用于典型的薄裂缝,这个模型在翼型理论中实际用处不大,因为局部修正必须用来解释钝前缘。

将在示例 2.3 中考虑非零厚度的影响,对厚度进行高阶校正(更准确地说是裂缝开发效应),这里只考虑了基础的裂缝解,为了方便,以下介绍无量纲变量 x,y 和 p:

$$x = X/c \tag{2.4}$$

$$y = Y/c \tag{2.5}$$

$$p(X,Y) = p_{ref}p(x,y) \tag{2.6}$$

无量纲压力 $p(x,y)$ 是基于圆 $x^2+y^2=\left(\dfrac{R}{c}\right)^2$ 和裂缝 $-1\leqslant x\leqslant 1,y=0$ 定义的(图 2.1B),方程(2.1)至方程(2.3)可转化为:

$$\partial^2 p/\partial x^2 + \partial^2 p/\partial y^2 = 0 \tag{2.7}$$

$$p(x,0) = p_f(x),\ -1\leqslant x\leqslant 1 \tag{2.8}$$

$$p(x,y) = p_R/p_{ref},x^2+y^2 = (R/c)^2 \tag{2.9}$$

考虑到 $p_f(x)$ 的变化和油藏规模的有限性,采用数值方法是可以理解的,但其实没有这个必要。

2.1.2 奇异积分方程

使用薄翼型理论(Ashley and Landahl,1965)和奇异积分方程(Muskhelishvili,1953;Gakhov,1966;Carrier et al.,1966)可得到一个封闭的解析解,以 $r=\sqrt{x^2+y^2}=0$ 为中心的对数解能解出方程(2.7)。所以,以 $x=\xi,y=0$ 的 $\lg\sqrt{(x-\xi)^2+y^2}$ 满足 Laplace 方程,其中 ξ 表示原点选择的变化。

ξ 可以看作一个点源位置,基于此可总结众多来源的影响,但本文不研究多个离散点源,而是通过沿裂缝分布的连续线源来表示它,这显然是物理问题,许多模拟器使用点源来模拟裂缝,允许点与点之间的虚拟流动,考虑叠加:

$$p(x,y) = \int_{-1}^{1}f(\xi)\lg\sqrt{(x-\xi^2)+y^2}d\xi + H \tag{2.10}$$

积分得到的压力满足方程(2.7),因为控制方程是线性的,方程(2.10)在物理上表示连续分布线源上的压力,其中 H 是积分常量。

问题转化为找到 H 和源强度 $f(x)$ 的解,从而使压力满足方程(2.8)和方程(2.9),联立方

程(2.8)和方程(2.10)得到:

$$\int_{-1}^{1} f(\xi) \lg | x - \xi | \, \mathrm{d}\xi = p_{\mathrm{f}}(x) - H \tag{2.11}$$

此时还是假设 H 是未知的,若裂缝压力是给定的,则方程(2.11)就是未知源强度 $f(x)$ 的积分奇异方程。需要注意的是,在离散井 $p = A\lg r + B$ 条件下,不把它转换为奇异方程是无法评价 $r = 0$ 处压力的。然而对于连续分布的源,由于干涉效应,能得到的结果是有限的。

正如微分方程(2.7)所示,积分方程包含被积函数中的未知函数(Garabedian,1964;Hildebrand,1965;Mikhlin,1965),这种情况在 $x = \xi$ 时内核(函数与未知项相乘)具备对数奇异性,方程(2.11)称为奇异积分方程。

因为只使用基本解的叠加,方程(2.7)和方程(2.11)是等价的,不需要额外的假设,能够保持普遍性。积分方程对 Muskat 及他同时代的人来说是不可行的,因为积分方程方法是在 Muskat 的经典著作出版后,才在空气动力学和弹性力学领域发展起来的。方程(2.11)最大的优点是实用:可以得到完全解析解,称作 Carleman 公式(Carrier et al. ,1966;Estrada and Kanwal,1987),如下所示:

$$\int_{-1}^{1} f(\xi) \lg | x - \xi | \, \mathrm{d}\xi = g(x) \tag{2.12}$$

Carleman 使用复变方法得到了精确的解:

$$f(x) = \left\{ PV \int_{-1}^{1} \left[g'(\xi) / (\xi - x) \right] \sqrt{1 - \xi^2} \mathrm{d}\xi - (1/\ln 2) \int_{-1}^{1} g(\xi) / \sqrt{1 - \xi^2} \mathrm{d}\xi \right\} / (\pi^2 \sqrt{1 - x^2}) \tag{2.13}$$

其中 $g'(\xi)$ 是 $g(\xi)$ 的导数。

方程(2.13)的第一个积分项是奇异的,因为其在 $\xi = x$ 时为异常,微积分教科书中将其解释为 Cauchy 主值(Thomas,1960),下文将用示例进行解析。自然对数中的下标 e 仍会保留以起强调作用,本书中所有的对数都是自然对数。第二个积分项比较复杂,是一个标准的查找积分。

2.1.3 裂缝流的 Carleman 结果

针对提出的问题,使用方程(2.11)和方程(2.12)可得到源强度:

$$g(x) = p_{\mathrm{f}}(x) - H \tag{2.14}$$

$$f(x) = \left\{ PV \int_{-1}^{1} \left[p_{\mathrm{f}}'(\xi) / (\xi - x) \right] \sqrt{1 - \xi^2} \mathrm{d}\xi - (1/\ln 2) \int_{-1}^{1} p_{\mathrm{f}}(\xi) / \right.$$

$$\left. \sqrt{1 - \xi^2} \mathrm{d}\xi \right\} / (\pi^2 \sqrt{1 - x^2}) + H / (\pi \ln 2 \sqrt{1 - x^2}) \tag{2.15}$$

这仍然包含未知常数 H,要确定它,需回到方程(2.10)中压力的完整表达式,并应用方程

(2.9)的边界条件,有:

$$p(x,y) = \int_{-1}^{1} f(\xi) \lg \sqrt{(x-\xi)^2 + y^2} \, d\xi + H$$

$$= \int_{-1}^{1} f(\xi) \lg \sqrt{x^2 + y^2 - 2x\xi + \xi^2} \, d\xi + H \qquad (2.16a)$$

与裂缝长度 $2c$ 相比距离是比较大的,以 $|\xi| \leqslant 1$ 为边界,近似的结果是:

$$p(x,y) = \int_{-1}^{1} f(\xi) \lg \sqrt{x^2 + y^2} \, d\xi + H$$

$$= \int_{-1}^{1} f(\xi) \, d\xi \lg r + H \qquad (2.16b)$$

其中 $\sqrt{x^2 + y^2}$ 是传统的径向坐标。

方程(2.16b)表明流场呈放射状,如同由点源产生,其累计强度

$$\int_{-1}^{1} f(\xi) \, d\xi \qquad (2.16c)$$

相当于线源。若这是一个离散点,则 $f(\xi)$ 与 Dirac 函数 $\delta(\xi)$ 呈正比,因为积分

$$\int_{-1}^{1} \delta(\xi) \, d\xi \qquad (2.16d)$$

为 1(Lighthill,1958;Garabedian,1964),式(2.16b)的积分是一个常量,这是径向流理论中常用的积分,这重现了经典的单井结果。联立方程(2.9)和方程(2.16b)可得:

$$P_R / P_{ref} = H + \lg(R/c) \int_{-1}^{1} f(x) \, dx \qquad (2.17)$$

其中将积分变量由 ξ 变为 x,接着将式(2.15)中的 $f(x)$ 代入式(2.17),可得:

$$P_R / P_{ref} = H + \lg(R/c) \int f(x) \, dx$$

$$= H + \lg(R/c) \left\{ \int PV \left[p_f'(\xi)/(\xi - x) \right] \sqrt{1-\xi^2} \, d\xi / (\pi^2 \sqrt{1-x^2}) \, dx \right.$$

$$- \int (1/\ln 2) \int p_f(\xi) / \sqrt{1-\xi^2} \, d\xi / \{ \pi^2 \sqrt{1-x^2} \} \, dx$$

$$\left. + \left[H/(\pi \ln 2) \right] \int dx / \sqrt{1-x^2} \right\} \qquad (2.18)$$

为了显示方便,省略了积分的上下限(-1,1),式(2.18)中每一个双重积分都表示一个常数,为了简化符号,引入式(2.19)和式(2.20):

$$I_1 = \int PV \left[p'_f(\xi) / (\xi - x) \right] \sqrt{1 - \xi^2} \mathrm{d}\xi / (\pi^2 \sqrt{1 - x^2}) \mathrm{d}x \qquad (2.19)$$

$$I_2 = \int (1/\ln2) \int p_f(\xi) / \sqrt{1 - \xi^2} \mathrm{d}\xi / (\pi^2 \sqrt{(1 - x^2)}) \mathrm{d}x \qquad (2.20)$$

求包含参数 H 的积分:

$$P_R / P_{ref} = H + (\lg R / c)(I_1 - I_2 + H / \ln2) \qquad (2.21)$$

则得到:

$$H = \left[P_R / P_{ref} - (I_1 - I_2) \lg R / c \right] / \left[1 + (\lg R / c) / \ln2 \right] \qquad (2.22)$$

源强度 $f(x)$ 和常数 H 都已固定,H 取决于所有流体参数,包括无量纲的 $\dfrac{p_R}{p_{ref}}$ 和 R/c,由式 (2.11)还可知 $f(x)$ 的确定离不开 H,也就是说 $f(x)$ 取决于油藏完整的几何形态和边界压力。还需要指出的是,常数 H 在式(2.10)中是不可缺少的。

2.1.4 $f(x)$ 的物理意义

下文转而去考虑 $f(x)$ 的几个性质,了解 $f(x)$ 及其与局部速度的关系有助于改进复杂裂缝系统的数值公式,并有助于解决受其他边界条件控制的裂缝问题。回到式(2.10)中压力的表达式,并对垂直于裂缝方向的 y 坐标求导:

$$\partial p(x,y) / \partial y = \partial / \partial y \left\{ \int_{-1}^{1} f(\xi) \lg \sqrt{(x - \xi)^2 + y^2} \mathrm{d}\xi + H \right\} \qquad (2.23)$$

$$= y \int_{-1}^{1} f(\xi) / \left[(x - \xi)^2 + y^2 \right] \mathrm{d}\xi \qquad (2.24)$$

依据 Yih(1969)的极限法,引入坐标变换:

$$\eta = (\xi - x) / y \qquad (2.25)$$

可得:

$$\partial p(x,y) / \partial y = \int_{\eta^-}^{\eta^+} f(\xi) / (1 + \eta^2) \mathrm{d}\eta \qquad (2.26)$$

对于参数 y,基于式(2.25)(写成 $x = \xi - \eta y$ 的形式)可以发现其垂向上的导数满足:

$$\partial p(x, 0^+) / \partial y = \int_{-\infty}^{+\infty} f(\xi) / (1 + \eta^2) \mathrm{d}\eta = \pi f(x) \qquad (2.27)$$

同样地,对于 $-y$,可以得到:

$$\partial p(x, 0^-) / \partial y = -\pi f(x) \qquad (2.28)$$

即:

$$\partial p(x,0^+)/\partial y - \partial p(x,0^-)/\partial y = 2\pi f(x) \tag{2.29}$$

联立式(2.27)和式(2.28)可得:

$$\partial p(x,0^+)/\partial y = -\partial p(x,0^-)/\partial y \tag{2.30}$$

垂向达西速度在狭缝两边是反对称的,这种反对称性是物理学的一个推论:速度相等且相反,流线则关于 x 轴对称。式(2.30)表示当假设对数奇点的分布如式(2.10)所示时,函数的法向导数在狭缝处不连续。压力本身不发生跳跃,因为当 $y=0$ 时,式(2.10)在 x 轴上有一个单值 $p(x,0)$。

基于达西定律,因为导数 $\dfrac{\partial p(x,0^+)}{\partial y}$ 与裂缝垂向速度呈正比,那么源强度则直接在 $y=0$ 时与速度在 y 方向上的分量成正比,所以可以写出一个简单的公式,将无量纲源强度 $f(x)$ 与流出(或流进)裂缝的总流量 Q 联系起来。以下介绍各向同性地层渗透率 K、流体黏度 μ 和深度 D,很明显:

$$Q = D \int_{X=-c}^{X=c} 2(-K/\mu)\partial P(X,Y=0^+)/\partial Y \mathrm{d}X \tag{2.31}$$

在整个长度为 $2c$ 的裂缝两侧均有影响因子, $\dfrac{\partial P(X,Y=0^+)}{\partial Y}$ 垂直裂缝方向的达西速度,基于式(2.4)至式(2.6)并联立式(2.27)可得:

$$Q = D \int_{x=-1}^{x=1} 2(-K/\mu)(P_{\mathrm{ref}}/c)\partial p/\partial y(x,0^+) c\mathrm{d}x$$

$$= -P_{\mathrm{ref}}(DK/\mu) \int_{x=-1}^{x=1} 2\partial p/\partial y(x,0^+) \mathrm{d}x = -2P_{\mathrm{ref}}(DK\pi/\mu) \int_{x=-1}^{x=1} f(x)\mathrm{d}x \tag{2.32}$$

另一个问题规定在特定总容积流量 Q 情况下,在沿裂缝方向施加恒定压力,产生一个参数 $Q = Q(P_{\mathrm{f}})$ 来进行后续插值将解决一系列问题,式(2.32)将三维体积流量与源强度 $f(x)$ 随裂缝长度的无量纲积分联系起来,其中 $f(x)$ 由式(2.13)可知。另外,在裂缝中,垂向的达西速度 $v(X,Y=0^+)$ 和源强度的关系是:

$$v(X,Y=0^+) = (-K/\mu)\partial P(X,Y=0^+)/\partial Y$$

$$= (-K/\mu)(P_{\mathrm{ref}}/c)\partial p/\partial y(x,0^+)$$

$$= (-\pi K/\mu)(P_{\mathrm{ref}}/c)f(x) \tag{2.33}$$

式(2.33)使用了式(2.27)。

2.1.5 Muskat 方法的评价

上文已经给出了封闭解,但是仍需进一步讨论一些细节,第一是使用式(2.32)计算 Q 的问题,裂缝半长 c 和储层压力 P_{R} 并没有直接出现在公式中,但它们的影响通过对积分常数 H 的求解是能显现出来的,也就是说,所有的近场效应和远场效应都可以用式(2.22)和式(2.15)中确定的 H 和 $f(x)$ 来解释。

假设式(2.10)中不考虑 H 的存在,由式(2.11)可知,源强度 $f(x)$ 只依赖于裂缝压力 $p_f(x)$,因为 c 没有在式(2.11)中出现,由式(2.32)可知,总流量 Q 也与 c 值无关,若是不考虑 H,则会出现这样错误的结果。二阶自由度的丧失本质上是两点边界值问题,实际上使远场边界条件难以得到满足。

研究人员难以只使用 $P(r) = A \lg r$ 解决 $\dfrac{d^2 P}{dr^2} + \dfrac{1}{r}\dfrac{dP}{dr} = 0$,$P(r_{well}) = P_{well}$ 和 $P(r_{farfield}) = P_{farfield}$ 问题,正确的选择是 $P(r) = A \lg r + H$,其中 A 和 H 都来自边界条件约束的双值方程,与其说是一个积分常数处理近场问题,另一个积分常数处理远场问题,还不如认为是它们同时交互处理近场和远场问题。

Muskat 的方法是难以解决上述问题的。他的方法以 z 为复杂解析函数的实部,得到满足裂缝恒定压力的压力公式(见第 4 章 4.6 节)。但远场边界条件被忽略,导致得到的压力解和体积流量不完全,即与裂缝长度无关,然后 Muskat 以特设的方式重新处理这个不正确的体积流量,以显示对压降的某种依赖关系。R 的压力解问题需要以两点边界值约束来求解,但是,Muskat 可以正确地在圆形场中对离散井群进行建模。

2.1.6 裂缝末端的速度奇异性

由式(2.33)可知,裂缝处垂直速度与局部源强度成正比,这在数值上是很重要的,由于式(2.15)在裂缝的两端产生了一个 $f(x)$ 的平方根奇点,因此这两个末端的速度都是局部无穷大的。由于平方根奇点是可积的,式(2.32)中的积分仍然存在(Thomas,1960),局部无穷大并不一定导致积分发散,如从 $x=0$ 至 $x=1$,曲线 $y = 1/\sqrt{x}$(在 $x=0$ 时为无穷大)包络的面积就是 2。

准确地说,任何数值方法都必须能够预测这种无限的压力梯度(计算过程见第 7 章),但这是不可能的,任何此类预测必然会导致数值的不稳定,因此,前人将精细网格化的裂缝尖端打开来进行模拟,或者做相反的事情来保持数值稳定。这一难题意味着精度的上限限制了计算的应用效果,裂缝瞬变流模拟也是如此,这在试井中非常重要,因为它也存在类似的边缘奇点。这些都没有在文献中讨论过,当然也没有现成的模型。空气动力学家是了解这种边缘奇异性的,在机翼设计中,因为前缘是圆形的,这种奇点实际上并不存在(曲率半径虽小,但与弦 c 相比不可忽略),空气动力学家基于匹配渐近展开式(van Dyke,1964)得到的局部边缘修正来修正虚拟奇点。但在油藏流体中,线型裂缝和奇点是确实存在的。

2.1.7 流线方向

对局部流线方向进行分析,远离裂缝的渐进 $\lg r$ 扩张表明当 $R \gg c$ 时流体表现出放射状(式 2.16b)。在第 4 章中,证明了流线和等压线是正交的,因此,当裂缝压力为规定的常数时,除了末端处,裂缝里的流动处处垂直于压力。但是,当 $p_f(x)$ 随 x 变化时,这种正交性就消失了,任何局部正交性的假设都是不正确的。当然,上述解可以用来预测局部流动倾斜度,这样的结果即使在邻井、裂缝和边界存在的情况下也能定性地应用,相关影响因素将在下文分析。

2.2　示例2.2　含不可压缩液体和可压缩气体的各向异性储层中的线裂缝

在论述了分布式线源和积分奇异方程的强大功能后,现在考虑一个稍微复杂的例子,涉及稳态流动条件下各向异性油藏中的不可压缩液体和可压缩气体。这个例子将说明薄翼型技术的灵活性,也将揭示分析方法固有的弱点,以及阐述一种严谨的数值方法的必要性。

2.2.1　一般性公式

在一个半径为$R(R \geq c)$的圆形储层中部有一长度为$2c$的裂缝(图2.1),考虑流进(或流出)裂缝的流体,假设位于$-c \leq X \leq c, Y = 0$的裂缝压力$P(X,Y)$是函数$P_{ref}p_f\left(\dfrac{X}{c}\right)$,其中$P_{ref}$是常量,$p_f$是无量纲量。假设椭圆场的边界压力恒为$P_R$,在各向异性介质中,$P(X,Y)$满足Dirichlet问题:

$$\partial(K_x \partial P^{m+1}/\partial X)/\partial X + \partial(K_y \partial P^{m+1}/\partial Y)/\partial Y = 0 \tag{2.34}$$

$$P(X,0) = P_{ref}p_f(X/c), \quad -c \leq X \leq c \tag{2.35}$$

$$P(X,Y) = P_R, X^2 + (K_x/K_y)Y^2 = R^2 \tag{2.36}$$

其中K_x和K_y分布平行和垂直于裂缝方向。该方法需要使用椭圆型模型,除此之外,还有不需要使用椭圆型模型的更通用的技术,之后将会讨论。流体为液态时,$m=0$,当流体为气态时,m取非零值。

为了进一步分析,认为渗透率恒定(lgr函数在非均质储层中不适用),这使得方程简化为如下形式:

$$K_x \partial^2 P^{m+1}/\partial X^2 + K_y \partial^2 P^{m+1}/\partial Y^2 = 0 \tag{2.37}$$

为了方便,引入无量纲变量x,y和p,它们的定义如下:

$$x = X/c \tag{2.38}$$

$$y = \sqrt{K_x/K_y}Y/c \tag{2.39}$$

$$P(X,Y) = P_{ref}p(x,y) \tag{2.40}$$

$p(x,y)$在$x^2 + y^2 < \left(\dfrac{R}{c}\right)^2$范围内,模型中的裂缝为$-1 \leq x \leq 1, y = 0$,方程(2.34)至方程(2.36)变换为:

$$\partial^2 p^{m+1}/\partial x^2 + \partial^2 p^{m+1}/\partial y^2 = 0 \tag{2.41}$$

$$p(x,0) = P_f(x), \quad -1 \leq x \leq 1 \tag{2.42}$$

$$p(x,y) = P_R/P_{ref}, x^2 + y^2 = (R/c)^2 \tag{2.43}$$

除了m是非零值外,方程(2.41)至方程(2.43)与方程(2.7)至方程(2.9)类似,方程(2.38)和方程(2.39)中x的取值范围仍是$(-1,1)$,这一规定是为了使现有的结果可以在不重新标准化的情况下使用,这个问题虽然涉及压强的幂,但不是非线性问题,压强边界条件很容易可以写成压强的幂函数,这就成为了一个p^{m+1}线性Dirichlet问题。

2.2.2 奇异积分方程分析

以 $r = \sqrt{x^2 + y^2}$ 为中心的对数解能为方程(2.41)提供封闭的解,同理,当 $x = \xi$,$y = 0$ 时,$\lg \sqrt{(x - \xi)^2 + y^2}$ 满足 Laplace 方程,其中 ξ 是一个常数。ξ 可以被看作一个点源的位置,但把它看作线源也是很有意思的,研究叠加的积分:

$$p^{m+1}(x,y) = \int_{-1}^{1} f(\xi)\lg \sqrt{(x - \xi)^2 + y^2}\mathrm{d}\xi + H \tag{2.44}$$

也满足方程(2.41),因为它是线性的。在物理上,式(2.44)是与连续线源有关的一个压力方程,注意其中的 f 和 H 不要与示例 2.1 节弄混,它们的物理尺度是有差异的。

这个问题简化为找到 H 和 $f(x)$ 的值,从而得到满足方程(2.42)和方程(2.43)的压力解,类似示例 2.1,首先将式(2.42)和式(2.44)联立:

$$\int_{-1}^{1} f(\xi)\lg | x - \xi | \mathrm{d}\xi = p_{\mathrm{f}}^{m+1}(x) - H \tag{2.45}$$

其中假设 H 未知,所以,若裂缝压力是给定的,则式(2.45)是一个关于 $f(x)$ 的积分方程。之前在方程(2.12)和方程(2.13)中应用了 Carleman 公式,令:

$$g(x) = p_{\mathrm{f}}^{m+1}(x) - H \tag{2.46}$$

可得:

$$f(x) = \left\{ PV\int_{-1}^{1} \left[p_{\mathrm{f}}^{m+1}(\xi)/(\xi - x) \right] \sqrt{1 - \xi^2}\mathrm{d}\xi \right.$$
$$\left. - (1/\ln 2)\int_{-1}^{1} p_{\mathrm{f}}^{m+1}(\xi)/\sqrt{1 - \xi^2}\mathrm{d}\xi \right\}/(\pi^2 \sqrt{1 - x^2})$$
$$+ H/(\pi\ln 2 \sqrt{1 - x^2}) \tag{2.47}$$

其中 $p_{\mathrm{f}}^{m+1}(\xi)$ 为裂缝压力 $p_{\mathrm{f}}(\xi)$ 的 $m + 1$ 次幂,式 $p_{\mathrm{f}}^{m+1}(\xi)$ 这种表示方式是函数一阶导数的意思,与 $(m + 1)\dfrac{p_{\mathrm{f}}^{m}(\xi)\mathrm{d}p_{\mathrm{f}}}{\mathrm{d}\xi}$ 相同。

方程(2.47)中依然包含未知常数 H,为了确定 H,回到方程(2.44)并基于比裂缝长度更大的距离进行评估,则压力的准确表达式为:

$$p^{m+1}(x,y) = \int_{-1}^{1} f(\xi)\lg \sqrt{(x - \xi)^2 + y^2}\mathrm{d}\xi + H$$
$$= \int_{-1}^{1} f(\xi)\lg \sqrt{x^2 + y^2 - 2x\xi + \xi^2}\mathrm{d}\xi + H \tag{2.48a}$$

可近似为:

$$p^{m+1}(x,y) \approx \int_{-1}^{1} f(\xi) \lg \sqrt{x^2 + y^2} d\xi + H \approx \int_{-1}^{1} f(\xi) d\xi \lg r + H \qquad (2.48b)$$

因为 $|\xi| \leqslant 1$,其离裂缝较远,无量纲的 $r = \sqrt{x^2 + y^2}$ 描述了椭圆点的轨迹,联立方程(2.43)和方程(2.48b)得:

$$(P_R / P_{ref})^{m+1} = H + (\lg R / c) \int_{-1}^{1} f(x) dx \qquad (2.49)$$

将积分变量由 ξ 变为 x ,再将方程(2.47)中的 $f(x)$ 代入式(2.49),可得:

$$(p_R / p_{ref})^{m+1} = H + (\lg R / c) \int f(x) dx$$

$$= H + (\lg R / c) \left\{ \int PV \int \left[p_f^{m+1,}(\xi) / (\xi - x) \right] \sqrt{1 - \xi^2} d\xi / (\pi^2 \sqrt{1 - x^2}) dx \right.$$

$$- \int (1/\ln 2) \int p_f^{m+1}(\xi) / \sqrt{1 - \xi^2} d\xi / (\pi^2 \sqrt{1 - x^2}) dx$$

$$\left. + \left[H / (\pi \ln 2) \right] \int dx / \sqrt{1 - x^2} \right\} \qquad (2.50)$$

为了显示简便,将积分上下限 $(-1,1)$ 隐去,每一个双重积分代表一个常量,为了简化符号,可以写成:

$$I_3 = \int PV \int \left[p_f^{m+1}(\xi) / (\xi - x) \right] \sqrt{1 - \xi^2} d\xi / (\pi^2 \sqrt{1 - x^2}) dx \qquad (2.51)$$

$$I_4 = \int (1/\ln 2) \int p_f^{m+1}(\xi) / \sqrt{1 - \xi^2} d\xi / (\pi^2 \sqrt{1 - x^2}) dx \qquad (2.52)$$

求包含 H 的积分:

$$(P_R / P_{ref})^{m+1} = H + (\lg R / c)(I_3 - I_4 + H / \ln 2) \qquad (2.53)$$

即:

$$H = \left[(P_R / P_{ref})^{m+1} - (I_3 - I_4) \lg R / c \right] / \left[1 + (\lg R / c) / \ln 2 \right] \qquad (2.54)$$

现在 $f(x)$ 和 H 都确定了, H 取决于所有流体参数,包括无量纲的 $\dfrac{P_R}{P_{ref}}$ 和 R/c ,基于方程(2.45),离开 H 还是不能确定 $f(x)$: $f(x)$ 取决于油藏几何形态和边界压力。积分常量 H 在方程(2.44)中的作用在此处与在示例2.1中同样重要。

2.2.3 $f(x)$ 的物理意义

此处转而去考虑拟源强度 $f(x)$ 的几个性质。了解 $f(x)$ 及其与局部速度的关系有助于改进复杂裂缝系统的数值公式,并有助于解决受其他边界条件控制的裂缝问题。回到式(2.44)中压力的表达式,并对垂直于裂缝方向的 y 坐标求导:

$$\partial p^{m+1}(x,y)/\partial y = \partial/\partial y \Big[\int_{-1}^{1} f(\xi) \lg \sqrt{(x-\xi)^2 + y^2} d\xi + H \Big]$$

$$= y \int_{-1}^{1} f(\xi)/[(x-\xi)^2 + y^2] d\xi \qquad (2.55)$$

遵循示例 2.1 中的限制过程,有:

$$\eta = (\xi - x)/y \qquad (2.56)$$

$$\partial p^{m+1}(x,y)/\partial y = \int_{\eta^-}^{\eta^+} f(\xi)/(1+\eta^2) d\eta \qquad (2.57)$$

对于参数 y,基于式(2.56)(写成 $x = \xi - \eta y$ 的形式)可以发现其垂向上的导数满足:

$$\partial p^{m+1}(x,0^+)/\partial y = \int_{-\infty}^{+\infty} f(\xi)/(1+\eta^2) d\eta = \pi f(x) \qquad (2.58)$$

同理,对于参数 $-y$,有:

$$\partial p^{m+1}(x,0^-)/\partial y = -\pi f(x) \qquad (2.59)$$

即:

$$\partial p^{m+1}(x,0^+)/\partial y - \partial p^{m+1}(x,0^-)/\partial y = 2\pi f(x) \qquad (2.60)$$

若在方程(2.58)和方程(2.59)中消除 $f(x)$,可得:

$$\partial p^{m+1}(x,0^+)/\partial y = -\partial p^{m+1}(x,0^-)/\partial y \qquad (2.61)$$

对压力进行微分并去掉幂指数,有:

$$\partial p(x,0^+)/\partial y = -\partial p(x,0^-)/\partial y \qquad (2.62)$$

如示例 2.1 所示,压力的法向导数是反对称的,这意味着垂直于裂缝的达西速度大小相等方向相反,这种反对称性在物理上是关于 x 轴对称流线的结果,如果规定的裂缝压力是可变的,由于沿狭缝存在一个流动分量,整个速度矢量一般不垂直于狭缝。

当流体为液态时,$m=0$,$f(x)$ 与狭缝的垂向达西速度呈正比(见示例 2.1),而方程(2.58)的差异导致:

$$\partial p(x,0^+)/\partial y = \pi f(x)/[(m+1)p_f^m(x)] \qquad (2.63)$$

基于方程(2.42)有 $p(x,0) = p_f(x)$,$\dfrac{\partial p(x,0)}{\partial y}$ 和 $f(x)$ 之间的比例取决于局部裂缝压力,这是对式(2.27)所得结果的推广。

将无量纲源强度 $f(x)$ 与流出(或流进)裂缝的总流量 Q 联系起来。首先引入地层渗透率 K、流体黏度 μ 和深度 D。尽管裂缝附近的流线一般不垂直于裂缝,但垂向速度分量仍然对 Q 有贡献,Q 的表达式为:

$$Q = D \int_{X=-c}^{X=c} 2(-K_y/\mu)\partial P(X, Y=0^+)/\partial Y \mathrm{d}X \tag{2.64}$$

式中的"2"表示裂缝两侧的意思,积分范围从 $-c$ 到 c,$\dfrac{\left(-\dfrac{K_y}{\mu}\right)\partial P(X, Y=0)}{\partial Y}$ 是垂直裂缝方向

的达西速度,使用式(2.38)至式(2.40)和式(2.63),$\dfrac{\partial P}{\partial Y} = \dfrac{P_{\mathrm{ref}}}{c}\sqrt{\dfrac{K_x}{K_y}}\dfrac{\partial P}{\partial y}$,有:

$$Q = D \int_{x=-1}^{x=1} 2(-K_y/\mu)(P_{\mathrm{ref}}/c)\sqrt{K_x/K_y}\partial p/\partial y(x, 0^+)c\mathrm{d}x$$

$$= -2P_{\mathrm{ref}}(DK_y/\mu)\sqrt{K_x/K_y}\int_{x=-1}^{x=1}\partial p/\partial y(x, 0^+)\mathrm{d}x$$

$$= -2P_{\mathrm{ref}}(D\sqrt{K_x/K_y}/\mu)\int_{x=-1}^{x=1}\partial p/\partial y(x, 0^+)\mathrm{d}x$$

$$= -2P_{\mathrm{ref}}D\sqrt{K_x/K_y}\pi/[(m+1)\mu]\int_{x=-1}^{x=1}f(x)/p_{\mathrm{f}}^m(x)\mathrm{d}x \tag{2.65}$$

当 $m=0$,$K_x = K_y = K_z$ 时,针对各向同性介质中的等密度液体重新使用方程(2.32),在方程(2.65)中,若 $p_{\mathrm{f}}^m(x)$ 是个常数,则可以从积分中移出。关于 Q 的边界值问题满足恒压裂缝,该问题如示例2.1一样,如此可简单地解决。式(2.65)将三维体积流量与源强度 $f(x)$ 随裂缝长度的无量纲积分联系起来。另外,在裂缝中,垂向的达西速度 $v(X, Y=0^+)$ 和源强度的关系是:

$$v(X, Y=0^+) = (-K_y/\mu)\partial P(X, Y=0^+)/\partial Y$$

$$= (-K_y/\mu)(P_{\mathrm{ref}}/c)\sqrt{K_x/K_y}\partial p/\partial y(x, y=0^+)$$

$$= -[P_{\mathrm{ref}}\sqrt{K_xK_y}/(\mu c)]\pi f(x)/[(m+1)p_{\mathrm{f}}^m(x)] \tag{2.66}$$

2.2.4 裂缝末端的速度奇异性

基于方程(2.33)拓展的方程(2.66)说明裂缝的垂向速度与源强度呈正比。当裂缝压力和分析函数限定后,方程(2.47)说明裂缝两个端点都存在平方根速度的奇异性,$\sqrt{1-x^2}$ 在分母上,造成了末端速度无限大。式(2.65)的积分是存在的,因为弱的奇异性是可积的,局部无穷大并不一定导致积分发散,这种奇异性在数值模型中是值得关注的。准确地说,任何数值方法都必须能够预测这种无限的压力梯度,但这是不可能的,任何此类预测必然会导致数值的不稳定性。因此,如同示例2.1前人将精细网格化的裂缝尖端打开来进行模拟,或者做相反的事情来保持数值稳定。这一难题意味着精度的上限限制了计算的应用效果,裂缝瞬变流模拟也是如此,这在试井中非常重要,因为它也存在类似的边缘奇点。这些都没有在其他文献中讨论过,当然也没有现成的模型。

2.3 示例2.3 非零厚度裂缝

接下来将讨论非零厚度且弯曲的实际裂缝分析方法。将要阐述对于具有一定厚度、关于 $y=0$ 对称的裂缝,如何使用之前方程的简单扩展对其进行分析。考虑与示例2.2相同的边界值问题,在该问题的讨论中,$m=0$ 或者为非零,对应各向同性的储层或各向异性储层。然而,假设压力沿着以无量纲厚度函数 $\epsilon\sqrt{\left(\dfrac{K_y}{K_x}\right)T\left(\dfrac{X}{c}\right)}$ 为特征的对称半裂缝的边缘施加(其中 ϵ 为一个正的无量纲数):

$$K_x \partial^2 P^{m+1}/\partial X^2 + K_y \partial^2 P^{m+1}/\partial Y^2 = 0 \tag{2.67}$$

$$P(X,0) = P_{ref} p_f(X/c), Y = \pm \varepsilon \sqrt{(K_y/K_x)cT(X/c)}, -c \leqslant X \leqslant c \tag{2.68}$$

$$P(X,Y) = P_R, X^2 + (K_x/K_y)Y^2 = R^2 \tag{2.69}$$

式(2.68)是对示例2.2中唯一的修改,为了简便,无量纲参数 x,y 和 p 的定义见式(2.38)至式(2.40),得到以下结果:

$$\partial^2 p^{m+1}/\partial x^2 + \partial^2 p^{m+1}/\partial y^2 = 0 \tag{2.70}$$

$$p^{m+1}(x,y) = p_f^{m+1}(x), y = \pm \varepsilon T(x), -1 \leqslant x \leqslant 1 \tag{2.71}$$

$$p^{m+1}(x,y) = (P_R/P_{ref})^{m+1}, x^2 + y^2 = (R/c)^2 \tag{2.72}$$

假设裂缝长度远远大于其厚度,即 $\varepsilon \ll 1$。这是经典空气动力学中的薄翼型约束,或用于裂缝建模的薄裂缝约束。基于此假设应用示例2.2的结果,主要任务是写出在 ϵ 为零或非零的较小值时的准确数学表达式。

因为这个原因,在式(2.71)中专门介绍了 ϵ,那么压力边界值问题可以表示为 ϵ 的一个幂级数(这在数学上是合理的,但必须严格地建立精确解的收敛性)。笔者的理论来自微扰理论,特别是"正则展开"(van Dyke,1964;Ashley and Landahl,1965)。比起考虑扩展 $p(x,y)$,从整体考虑 p^{m+1} 则更简单。关于式(2.73)中的上标,大于0的上标是对示例2.2中零阶解 $p^{m+1(0)}(x,y)$ 的高阶校正,有:

$$p^{m+1}(x,y) = p^{m+1(0)}(x,y) + \varepsilon p^{m+1(1)}(x,y) + \varepsilon^2 p^{m+1(2)}(x,y) + \cdots \tag{2.73}$$

由于 p^{m+1} 在式(2.70)中的线性性质,每一个带上标的函数都满足 Laplace 方程,对于每一个问题,都给定边界条件,首先考虑近场裂缝,在 $y=0$ 时将 p^{m+1}(无上标)扩展到 Taylor 级数:

$$p^{m+1}[x, \pm \varepsilon T(x)] = p^{m+1}(x,0) \pm \varepsilon T(x) \partial p^{m+1}(x, \pm 0)/\partial y + O(\varepsilon^2) \tag{2.74}$$

其中 $O(\varepsilon^2)$ 表示的高阶项在这并没有考虑。只保留式(2.73)的前部分项:

$$p^{m+1}[x, \pm \varepsilon T(x)] = p^{m+1(0)}(x,0) + \varepsilon p^{m+1(1)}(x,0) \pm \varepsilon T(x) \partial p^{m+1(0)}(x, \pm 0)/\partial y \tag{2.75}$$

如果将式(2.75)与式(2.71)中的边界条件 $p^{m+1}(x+y) = p_f^{m+1}(x)$ 对比,与 ϵ 的幂级次类似:

$$p^{m+1(0)}(x,0) = p_f^{m+1}(x) \tag{2.76}$$

$$p^{m+1(1)}(x,0) = -[\pm \varepsilon T(x)]\partial p^{m+1(0)}(x, \pm 0)/\partial y \tag{2.77}$$

式(2.76)与式(2.42)都有零阶的问题,较难理解的式(2.77)已在前文进行了解释,式(2.61)的零阶问题表明正常的导数是反对称的,式(2.77)中的"±"相应地表示等式左边的单值,所以只有压力 p^{m+1} 中的 x 能随意赋值。

远场边界条件也能同样地处理,零阶问题支持整个 $\dfrac{P_R}{P_{ref}}$,将"0"留给更高阶的校正。但系数 ε 确定后,以下边界问题即可解决,第一个是示例2.2中的问题:

$$\partial^2 p^{m+1(0)}/\partial x^2 + \partial^2 p^{m+1(0)}/\partial y^2 = 0 \tag{2.78}$$

$$p^{(0)}(x,y) = p_f(x), y = 0, -1 \leqslant x \leqslant 1 \tag{2.79}$$

$$p^{(0)}(x,y) = (P_R/P_{ref}), x^2 + y^2 = (R/c)^2 \tag{2.80}$$

第二个问题则是:

$$\partial^2 p^{m+1(1)}/\partial x^2 + \partial^2 p^{m+1(1)}/\partial y^2 = 0 \tag{2.81}$$

$$p^{m+1(1)}(x,0) = -[\pm \varepsilon T(x)]\partial p^{m+1(0)}(x, \pm 0)/\partial y, -1 \leqslant x \leqslant 1 \tag{2.82}$$

$$p^{m+1(1)}(x,y) = 0, x^2 + y^2 = (R/c)^2 \tag{2.83}$$

这个问题与第一个问题类似,可以使用同样的解法。

上文中给出的公式,包括示例2.2中的式子,都相对复杂,如式(2.15)和式(2.47)中的源强度需要不同的积分项,这并不是说简单的结果就难以产生,如 van Dyke(1956)所述,针对不同的裂缝压力将会给出不同的解。但是需要强调,基于递归代数的象征性操作方法已在不同的计算平台上实现,如 MathCad, Maple 和 Mathematica 平台,它们可以用来分析推导公式,然后评价、绘制计算结果,其结果的主要好处是准确且易于理解,没有一个数值解能像式(2.47)那样完美地揭示奇点及其代数结构,但是,并不是所有的实际问题都能适用于此方法,为了获得封闭解,此过程中使用了限制假设,例如:(1)圆形或椭圆的储层边界满足 $R \gg c$;(2)均匀的渗透率值;(3)无法处理混合流量压力边界条件。不能忽视计算方法的重要性,但是解析解不仅能帮助正确地表述数值问题,也有助于校准计算。

2.4 示例2.4 流量边界条件

在实际生产应用中,裂缝流动常有确定的压力分布,例如,沿无限大裂缝的恒定压力与井筒裂缝内的流体压力相同,如此,便有了示例2.2中的方程,在给定压力条件下,源强度和流量是需要的。对于其他问题,可以限定与裂缝垂直的局部流量,这在水力压裂中很常见,假定对法向速度的形式有一定的控制,然后,确定沿裂缝和整个物理平面的压力,这个问题也可以直接解决。为了简便,回到示例2.1中的流配置,不可压缩液体的无量纲压力再次满足式(2.7),有:

$$\partial^2 p/\partial x^2 + \partial^2 p/\partial y^2 = 0 \tag{2.84}$$

和原来一样,假设线源分布的压力形式类似式(2.10),为:

$$p(x,y) = \int_{-1}^{1} f(\xi) \lg \sqrt{(x-\xi)^2 + y^2} \mathrm{d}\xi + G \tag{2.85}$$

其中 G 是一个常数。当然,式(2.8)不再适用,必须确定 $p(x,y)$ 和 $p_f(x)$,为了确定它们,考虑式(2.27),法向导数满足 $\dfrac{\partial p(x,0)}{\partial y} = \pi f(x)$,则:

$$f(x) = (1/\pi) \partial p(x,0^+)/\partial y \tag{2.86}$$

在给定达西速度的情况下(式2.33)等式右边是已知的,故该问题的解为:

$$p(x,y) = (1/\pi) \int_{-1}^{1} \partial p(\xi,0^+)/\partial y \lg \sqrt{(x-\xi)^2 + y^2} \mathrm{d}\xi + G \tag{2.87}$$

基于式(2.16a)和式(2.16b),求距离裂缝一定距离的解为:

$$p(x,y) = (1/\pi) \int_{-1}^{1} \partial p(\xi,0^+)/\partial y \mathrm{d}\xi \lg r + G \tag{2.88}$$

其中 $r = \sqrt{x^2 + y^2}$,而 G 是不能确定的,在式(2.9)中使用远场边界条件:

$$P_R/P_{ref} = (1/\pi) \lg(R/c) \int_{-1}^{1} \partial p(\xi,0^+)/\partial y \mathrm{d}\xi + G \tag{2.89}$$

或

$$G = P_R/P_{ref} - (1/\pi) \lg(R/c) \int_{-1}^{1} \partial p(\xi,0^+)/\partial y \mathrm{d}\xi \tag{2.90}$$

基于输入值,式(2.90)中的积分是已知的,即流量问题得以解决,联立式(2.87)和式(2.90)得:

$$p(x,y) = (1/\pi) \int_{-1}^{1} \partial p(\xi,0^+)/\partial y \lg \sqrt{(x-\xi)^2 + y^2} \mathrm{d}\xi + P_R/P_{ref} - (1/\pi) \lg(R/c) \int_{-1}^{1} \partial p(\xi,0^+)/\partial y \mathrm{d}\xi$$

$$\tag{2.91}$$

2.5 示例 2.5 沿裂缝方向的均匀垂向速度

示例2.4解决了符合 $\dfrac{\partial p(x,0)}{\partial y}$ 液体流入的速度变化问题。如上所示,式(2.91)中第一行的积分描述了压力的空间变化,其余部分提供了近场和远场的整体压力分布。对于一个简单的流量分布,裂缝压力与 x 的关系如何?

在示例2.1和示例2.2中,介绍了包含无穷积分的奇异或反常积分,大多数书籍中都有不错的讨论,如 Thomas 在1960年的著作。在这个示例中,基于裂缝处均匀的速度变化去求解积

分,对于 x 有常数 $\dfrac{\partial p(x,0)}{\partial y}$:

$$\partial p(x,0^+)/\partial y = \beta \tag{2.92}$$

对于式(2.91),这个简化问题的解是:

$$p(x,y) = (\beta/\pi)\int_{-1}^{1}\lg\sqrt{(x-\xi)^2+y^2}\,\mathrm{d}\xi + P_{\mathrm{R}}/P_{\mathrm{ref}} - (2\beta/\pi)\lg(R/c) \tag{2.93}$$

对于 $y=0$,裂缝压力满足:

$$p(x,0) = (\beta/\pi)\int_{-1}^{1}\lg|x-\xi|\,\mathrm{d}\xi + P_{\mathrm{R}}/P_{\mathrm{ref}} - (2\beta/\pi)\lg(R/c) \tag{2.94}$$

从式(2.94)可以看出,积分奇异性为:

$$I(x) = \int_{-1}^{1}\lg|\xi-x|\,\mathrm{d}\xi \tag{2.95}$$

依据 Thomas(1960)的方法,首先考虑 $I(x)$ 的求解:

$$I(x;\varepsilon) = \int_{\varepsilon=-1}^{\xi=x-\varepsilon}\lg(x-\xi)\,\mathrm{d}\xi + \int_{\xi=x+\varepsilon}^{\xi=1}\lg(\xi-x)\,\mathrm{d}\xi \tag{2.96}$$

然后考虑以 ε 为邻域(图2.2),式(2.96)中的对数函数在标准表中可以查得。

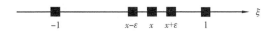

$$\begin{array}{ccccccc} & & & & & & \xi \\ -1 & & & x-\varepsilon & x & x+\varepsilon & 1 \end{array}$$

图2.2　柯西主值极限问题

后续的过程需要应用 Hospital 法则对 $\varepsilon\lg\varepsilon$ 进行求解:

$$I(x) = -2 + \lg\left[(1+x)^{1+x}(1-x)^{1-x}\right] \tag{2.97}$$

式(2.97)关于 $x=0$ 对称,如将 x 变为 $-x$ 对计算结果没有影响,联立式(2.94)和式(2.96)可得:

$$p(x,0) = p_{\mathrm{f}}(x) = (\beta/\pi)\left\{-2 + \lg\left[(1+x)^{1+x}(1-x)^{1-x}\right]\right\}$$
$$+ P_{\mathrm{R}}/P_{\mathrm{ref}} - (2\beta/\pi)\lg(R/c) \tag{2.98}$$

函数 $I(x)$ 在图2.3中以表格展示,其关于 $x=0$ 对称是很明显的,对于匀速边界条件,由于没有奇异点,压力计算结果较好。

本节讨论了恒定压力和均匀速度的裂缝模型,该模型在

x	$I(x)$
-0.99	-0.62
-0.95	-0.85
-0.90	-1.01
-0.80	-1.26
-0.70	-1.46
-0.60	-1.61
-0.50	-1.74
-0.40	-1.84
-0.30	-1.91
-0.20	-1.96
-0.10	-1.99
-0.00	-2.00
.	.
.	.
0.90	-1.01
0.95	-0.85
0.99	-0.62

图2.3　压力函数 $I(x)$ 的取值

哪使用? 当裂缝中产生的流体是"干净的"时,它的压力几乎立即相等,则恒定压力模型适用。另一方面,均匀速度的裂缝模型也描述了滤饼或低渗透材料遗留在表面的问题,这控制了局部体积注入速率。

2.6 示例 2.6 沿裂缝方向的均匀压力

本节介绍示例2.5的一个补充解法,考虑在恒定压力p_f下定密度液体在裂缝中的运动,导数$p'_f(\xi)$同样会消失,式(2.15)可以写成:

$$f(x) = \left\{ PV\int_{-1}^{1} \left[p'_f(\xi)/(\xi - x) \right] \sqrt{1 - \xi^2} \mathrm{d}\xi \right.$$

$$\left. - (1/\ln2)\int_{-1}^{1} p_f(\xi)/\sqrt{1 - \xi^2}\mathrm{d}\xi \right\}/(\pi^2\sqrt{1 - x^2}) + H/(\pi\ln2\sqrt{1 - x^2})$$

$$= -(p_f/\ln2)\left(\int_{-1}^{1}\mathrm{d}\xi/\sqrt{1 - \xi^2}\right)/(\pi^2\sqrt{1 - x^2}) + H/(\pi\ln2\sqrt{1 - x^2})$$

$$= (H - p_f)/(\pi\ln2\sqrt{1 - x^2}) \tag{2.99}$$

$f(x)$在$(-1,1)$上的积分等于$(H - p_f)/\ln2$,当$C_0 = p_f$且$C_2 = C_4 = 0$时,其结果与式(2.113)一致:

$$I_1 = \int PV\int \left[p'_f(\xi)/(\xi - x) \right]\sqrt{1 - \xi^2}\mathrm{d}\xi/(\pi^2\sqrt{1 - x^2})\mathrm{d}x = 0 \tag{2.100}$$

$$I_2 = \int (1/\ln2)\int p_f(\xi)/\sqrt{1 - \xi^2}\mathrm{d}\xi/(\pi^2\sqrt{1 - x^2})\mathrm{d}x = p_f/\ln2 \tag{2.101}$$

基于式(2.22),有:

$$H = \left[P_R/P_{ref} - (I_1 - I_2)\lg R/c \right]/\left[1 + (\lg R/c)/\ln2 \right]$$

$$= \left[P_R/P_{ref} + (p_f/\ln2)\lg R/c \right]/\left[1 + (\lg R/c)/\ln2 \right] \tag{2.102}$$

整体流量Q的公式在式(2.114)中给出,其中$C_0 = p_f$且$C_2 = C_4 = 0$。因为此时H已经确定,式(2.99)中的源强度即可确定,式(2.27)表明垂直裂缝的达西速度与$f(x)$是成正比的,从式(2.99)看这是明显的,在$x = \pm 1$处表现出奇异性,且在$(-1,1)$区间流量积分是存在的。将H和$f(x)$代入式(2.10)可得压力解,对压力进行了数值计算,经过联立式(2.65)和式(2.99)可得Q的表达式,下面是一个简单的关于p_f和Q的方程,它可以方便地解决参数Q的问题(受到均匀的裂缝压力)。

2.7 示例 2.7 裂缝压力分布模式

示例2.1和示例2.2中复杂压力$p_f(x)$是可能得到封闭解的,这需要用到 Cauchy 主值积分计算,如同式(2.96)中的计算。幸运的是,这并不是必需的,因为最有用的奇异积分在航天航空工业界已经得到解决,相关的材料在美国国家航空和宇宙航行局的出版物中就能找到。例如,van Dyke(1956)列出 30 多种常用积分,而 Gradshteyn 和 Ryzhik(1965)则提出了更多。从示例2.1 和示例2.2 中的式(2.19)、式(2.20)、式(2.51)、式(2.52)有:

$$I_5 = \int p_f^{m+1}(\xi)\,\mathrm{d}\xi/\sqrt{1-\xi^2} \tag{2.103}$$

$$I_6 = PV\int p_f^{m+1,}(\xi)\,\sqrt{1-\xi^2}\mathrm{d}\xi/(\xi-x) \tag{2.104}$$

积分常有压力问题,考虑到书写简便,这里的积分上下限(-1,1)被省略,简单的解可基于 $p_f^{m+1}(\xi)$ 多项式形式获得:

$$p_f^{m+1}(\xi) = C_0\xi^0 + C_1\xi^1 + C_2\xi^2 + C_3\xi^3 + C_4\xi^4 \tag{2.105}$$

它描述了沿着裂缝的非达西效应,这是一个直接性的问题,使用标准积分表:

$$I_5 = \pi\left(C_0 + \frac{1}{2}C_2 + \frac{3}{8}C_4\right) \tag{2.106}$$

方程(2.104)中的主值积分需要更多的计算,可以简化为:

$$PV\int\xi^0\,\sqrt{1-\xi^2}\mathrm{d}\xi/(x-\xi) = \pi x \tag{2.107}$$

$$PV\int\xi^1\,\sqrt{1-\xi^2}\mathrm{d}\xi/(x-\xi) = \pi\left(x^2 - \frac{1}{2}\right) \tag{2.108}$$

$$PV\int\xi^2\,\sqrt{1-\xi^2}\mathrm{d}\xi/(x-\xi). = \pi x\left(x^2 - \frac{1}{2}\right) \tag{2.109}$$

$$PV\int\xi^3\,\sqrt{1-\xi^2}\mathrm{d}\xi/(x-\xi) = \pi\left(x^4 - \frac{1}{2}x^2 - \frac{1}{8}\right) \tag{2.110}$$

然后:

$$-I_6/\pi = -\left(C_2 + \frac{1}{2}C_4\right) + \left(C_1 - \frac{3}{2}C_3\right)x + 2(C_2 - C_4)x^2 + 3C_3x^3 + 4C_4x^4 \tag{2.111}$$

这些结果能帮助求解更多的复杂积分,考虑各向异性介质中恒定密度液体体积流量 Q 的表达式,参考式(2.47)有:

$$f(x) = \Bigg\{ PV\int_{-1}^{1}\left[p_f^{m+1}(\xi)/(\xi-x)\right]\sqrt{1-\xi^2}\mathrm{d}\xi$$

$$- (1/\ln 2)\int_{-1}^{1}p_f^{m+1}(\xi)/\sqrt{1-\xi^2}\mathrm{d}\xi\Bigg\}/(\pi^2\sqrt{1-x^2})$$

$$+ H/(\pi\ln 2\sqrt{1-x^2})$$

$$= \left[-1/\left(\pi \sqrt{1-x^2} \right) \right] \left\{ \left[(C_0 - H) + \frac{1}{2}C_2 + \frac{3}{8}C_4 \right]/\lg 2 \right.$$

$$\left. - \left(C_2 + \frac{1}{2}C_4 \right) + \left(C_1 - \frac{3}{2}C_3 \right)x + 2(C_2 - C_4)x^2 + 3C_3 x^3 + 4C_4 x^4 \right\} \qquad (2.112)$$

经过积分可得:

$$\int_{-1}^{1} f(x)\,\mathrm{d}x = -\left[(C_0 - H) + \frac{1}{2}C_2 + \frac{3}{8}C_4 \right]/\lg 2 \qquad (2.113)$$

令 $m = 0$,使用式(2.65)有:

$$Q = -2P_{\mathrm{ref}} D \sqrt{K_x K_y}\,\pi / \left[(m+1)\mu \right] \int_{x=-1}^{x=1} f(x)/p_{\mathrm{f}}^m(x)\,\mathrm{d}x,$$

$$Q = 2P_{\mathrm{ref}} D \sqrt{K_x K_y}\,\pi \left[(C_0 - H) + \frac{1}{2}C_2 + \frac{3}{8}C_4 \right]/(\mu\lg 2) \qquad (2.114)$$

这便提供了相应的公式,在式(2.12)中假设 $p_{\mathrm{f}}(\xi) = C_0\xi^0 + C_1\xi^1 + C_2\xi^2 + C_3\xi^3 + C_4\xi^4$,便能描述之前讨论的平方根速度奇异性问题。

2.8   示例 2.8 气态流的速度条件

当 m 为非零值时,将示例 2.5 中的讨论扩展至气态流,从式(2.44)和式(2.63)开始:

$$p^{m+1}(x,y) = \int_{-1}^{1} f(\xi)\lg \sqrt{(x-\xi)^2 + y^2}\,\mathrm{d}\xi + H \qquad (2.44)$$

$$\partial p(x,0^+)/\partial y = \pi f(x)/\left[(m+1)p_{\mathrm{f}}^m(x) \right] \qquad (2.63)$$

将式(2.63)代入式(2.44),在 $y = 0$ 的条件下求解,得:

$$p_{\mathrm{f}}^{m+1}(x) = \left[(m+1)/\pi \right] \int_{-1}^{1} p_{\mathrm{f}}^m(\xi)\,\partial p(\xi,0^+)/\partial y\,\lg \sqrt{(x-\xi)^2 + y^2}\,\mathrm{d}\xi + H \qquad (2.115)$$

假设函数 $\dfrac{\partial p(\xi,0)}{\partial y}$ 已知,垂向速度是给定的,式(2.115)给出了裂缝压力 $p_{\mathrm{f}}(x)$ 的非线性积分方程,若 $m = 0$,式(2.115)准确地给出了 p_{f},也没有需要求解的积分方程了,若是非零情况,可使用迭代方法。一些细节将会在练习部分给出。

2.9   示例 2.9 决定性的速度场

最后,通过压力的积分表达式来求解速度场问题。考虑示例 2.2 中 m 为非零值时的任意流体:

$$p^{m+1}(x,y) = \int_{-1}^{1} f(\xi)\lg \sqrt{(x-\xi)^2 + y^2}\,\mathrm{d}\xi + H \qquad (2.44)$$

强度 $f(x)$ 和积分常量 H 假定已知，与裂缝平行的水平速度可由式（2.44）中第一个关于 x 的微分得到，则：

$$\partial p^{m+1}(x,y)/\partial x = \partial/\partial x\left[\int_{-1}^{1}f(\xi)\lg\sqrt{(x-\xi)^2+y^2}d\xi+H\right] \tag{2.116}$$

$$\partial p(x,y)/\partial x = \{1/[(m+1)p^m]\}\int_{-1}^{1}f(\xi)(x-\xi)/[(x-\xi)^2+y^2]d\xi \tag{2.117}$$

式（2.117）等式右边的 p^m 是基于式（2.44）得到的，对于 $y=0$ 的裂缝：

$$dp_f(x)/dx = \{1/[(m+1)p_f(x)^m]\}PV\int_{-1}^{1}f(\xi)/(x-\xi)d\xi \tag{2.118}$$

式（2.118）中的积分是一个 Cauchy 主值积分，且能利用示例 2.5 中的方法求解，若裂缝压力 p_f 是常量，那么 $\dfrac{dp_f}{dx}=0$，且不存在沿着裂缝方向的流动。基于 van Dyke（1956）的方法，这将与式（2.99）代入式（2.118）后得到的积分是一致的：

$$PV\int_{-1}^{1}1/\sqrt{(1-\xi^2)(x-\xi)}d\xi = 0 \tag{2.119}$$

为了获得垂向达西速度，考虑：

$$\partial p(x,y)/\partial y = \{1/[(m+1)p^m]\}\int_{-1}^{1}f(\xi)y/[(x-\xi)^2+y^2]d\xi \tag{2.120}$$

使用式（2.24）和式（2.27），有：

$$\partial p(x,0^+)/\partial y = \pi f(x)/[(m+1)p_f^m(x)] \tag{2.63}$$

该导数用于计算狭缝处的法向达西速度，上述示例说明了积分方程的强大功能，在第 3 章中将采用类似方法对页岩中的流体进行分析，第 4 章介绍了现代流线追踪问题和复变量的基本原理，这些背景有助于第 5 章的理解，第 5 章中考虑了更复杂的情况。

问题和练习

1. 通过相关参考资料复习 Cauchy 主值和反常积分问题。自己手算或使用代数计算软件计算公式（2.95）、公式（2.107）至公式（2.110）中的主值积分。代数计算软件可选择 Math-Cad，Maple 或 Mathematica 等，不过有些计算软件的输出结果是错误的。

2. 编写并验证一个通用的数值程序来计算 Cauchy 主值积分。出现了哪些网格化问题？将计算结果与之前的分析结果进行比较，使用你设计的子程序作为裂缝流模拟的基础。

3. 利用油藏流体模拟软件求解直裂缝中的流体问题。裂缝末端的速度奇异性如何表现？体积流量与分析结果比较如何？末端的误差对总流量的影响是什么？对于不同的假设参数，使用不同的网格进行重复计算。

4. 设计两个间距固定的平行裂缝的边界值问题。对一系列平行裂缝重复这个练习。当涉及大量裂缝时,如何利用周期边界条件简化公式? 说明你将如何使用这些公式计算天然裂缝储层或水平井压裂裂缝储层的产能。

5. 本章讨论了对数奇点线分布的性质,如积分及其法向导数,并说明了其在裂缝流动建模中的作用。仿照第 1 章探讨线分布的反正切及 θ 解,如何利用这些特性对页岩相关流体进行建模?

6. 式(2.10)中介绍了积分上下限 $(-1,1)$ 间的连续线源分布 $p(x,y) = \int f(\xi)\lg \sqrt{(x-\xi)^2+y^2}\mathrm{d}\xi + H$,并获得了封闭解,使用离散点源更新模型,则有 $p(x,y) = H + \sum f_n(\xi_n)\Delta\xi_n\lg\sqrt{(x-\xi_n)^2+y^2}$,其中 ξ_n 描述了源坐标并对 N 个奇点进行求和,这便避免了奇异积分方程和复杂的 Cauchy 主值,但也带来了其他困难。写一个计算程序:(1)选择个数 N 及点源位置 ξ_n 和观察点 (x,y) 的位置;(2)使用合适的耦合线性方程系统解决源强度 $f_n\Delta\xi_n$ 问题。你如何定义这个线性系统的系数矩阵? 这个矩阵的结构如何? 对于 $y=0$ 的给定压力的裂缝,你遇见了什么样的问题? (提示:0 的对数是奇异的。)你会建议什么数值修正? 运行你的计算机程序,并将压力解与本章给出的结果进行比较。你的速度解决方案在点源之间的节点上表现如何? 选择一个你可以访问的油藏流体数值模拟程序,并使用离散源和汇设计一个类似的裂缝流模型。得到的结果与你的相比如何? 连续源法和离散源法在裂缝流分析中的相对优缺点是什么? 你将如何修改之前的源公式来处理弯曲裂缝?

第3章 页岩流体分析

第 2 章中，从众所周知的点源压力解开始，拓展到连续线源分布，并展示了如何使用积分奇异方程来直接解决复杂问题，这其中也看到了正常的压力导数是如何"跳跃"的，通过裂缝表现出不连续性质，这并不奇怪：因为裂缝两端的局部速度（基于达西定律，与 $\frac{\partial p}{\partial y}$ 成正比）大小相对，方向相反。同时，通过狭缝的压力本身是单值且连续的，对数解是 Laplace 方程多种奇异性中的一种，其他常用有偶极子、涡、源环和马蹄涡（Thwaites，1960）。第 2 章说明了如何用对数的分布或叠加构造实际的解，另一个有用的奇异性是反正切（Yih，1969），本章将探讨它在固体页岩中流体建模的作用。了解了对数奇点和反正切奇点背后的基本物理和数学概念后，在第 4 章和第 5 章，模拟方法将更具一般性，考虑抽象问题，开发复杂物理流动的有效数学模型，如同第 2 章一样，借用简单的示例一步一步发展思想。

3.1 示例 3.1 均质流中的直线型页岩段

在油藏模拟中，油藏工程师通常不使用数学奇点来模拟流体，而使用含有非均质孔隙度和渗透率的数值模拟器，例如，可以通过局部取极小的孔隙度和渗透率来模拟页岩。另一方面，生产裂缝可以用成排的离散井或点源来模拟，这些方法有时是可以接受的，但是它们不能提供精确数学建模的物理本质。一个例子是裂缝末端存在平方根速度奇点，对细节的把握有助于更好地理解流体运动及建立更准确的数值模型。有趣的是，流过页岩的流体也具有类似的奇异性，这些奇异性可以通过类似的分析来发现和研究。

3.1.1 定性问题

假设在不可压缩的均匀液体流场中有一坐标为 $(-c,c)$ 的非渗透页岩，其倾角为 $-\alpha$（图 3.1），认为页岩体处于无限大的储层中，页岩能够完全阻隔流体，这一限制在后续有所改变，各向同性介质中的压力满足 Laplace 方程：

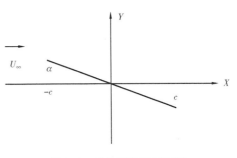

图 3.1 直线型非渗透页岩

$$\partial^2 P/\partial X^2 + \partial^2 P/\partial Y^2 = 0 \qquad (3.1)$$

3.1.2 反正切解

虽然式（3.1）是正确的，但它并不是表征思想的数学模型，为了更好地表征，将式（3.1）写在极坐标系下：

$$X = r\cos\theta \qquad (3.2)$$

$$Y = r\sin\theta \qquad (3.3)$$

方程满足：

$$P(X,Y) = P(r,\theta) \tag{3.4}$$

其中非斜体的 P 表明转换后的方程与斜体表示的式子是不同的,应用链式法则(Hildebrand,1948),依据式(3.5)和式(3.6)对第一个和第二个"X"求偏导:

$$P_X = P_r r_X + P_\theta \theta_X \tag{3.5}$$

$$P_{XX} = P_r r_{XX} + r_X(P_{rr}r_X + P_{r\theta}\theta_X) + P_\theta\theta_{XX} + \theta_X(P_{\theta r}r_X + P_{\theta\theta}\theta_X) \tag{3.6}$$

同样求"Y"的偏导数,在式(3.5)和式(3.6)中,下标用作表示偏导数:

$$\partial^2 P/\partial X^2 + \partial^2 P/\partial Y^2 = (r_{XX} + r_{YY})P_r + (\theta_{XX} + \theta_{YY})P_\theta + 2(r_X\theta_X + r_Y\theta_Y)P_{\theta r}$$
$$+ (r_X^2 + r_Y^2)P_{rr} + (\theta_X^2 + \theta_Y^2)P_{\theta\theta} \tag{3.7}$$

将式(3.2)和式(3.3)写成

$$r = \sqrt{X^2 + Y^2} \tag{3.8}$$

$$\theta = \arctan Y/X \tag{3.9}$$

若将(3.8)和式(3.9)代入方程(3.7)中,并使用式(3.1)进行简化,即在柱坐标中获得 Laplace 方程:

$$P_{rr} + (1/r)P_r + (1/r^2)P_{\theta\theta} = 0 \tag{3.10}$$

3.1.3 基本涡流解

本书使用的基础奇点可以由式(3.10)推导出来,用作说明对数解的产生。有人可能会认为圆形储层中心的井的压力并不取决于角 θ,若在式(3.10)中设定 θ 的导数项为零,则 $P_{rr} + (1/r)P_r = 0$ 它的基本解是众所周知的 $\lg r$ 形式。另一方面,有人可能会问"消失的 r 的导数对应的流体是什么?"基于这个约束可得 $P_{\theta\theta} = 0$,它有解:

$$P(r,\theta) = \theta = \arctan Y/X \tag{3.11}$$

这个解在油藏工程相关书籍中并未讨论过,但是它有重要的物理意义。与 $\frac{\partial P}{\partial X}$ 以及 $\frac{\partial P}{\partial Y}$ 在 X 和 Y 方向上与达西速度呈正比一样,$\frac{\partial P}{\partial r}$ 以及 $\frac{\left(\frac{1}{r}\right)\partial P}{\partial \theta}$ 在径向及 θ 方向与达西速度呈正比,因此,式(3.11)与径向速度的消失和在非零周向速度的衰减有关:因为这个原因,它在空气动力学中被称为点涡解(Ashley and Landahl,1965)。

式(3.11)的重要性能够被凸显,因为基于数学语言,$P(r,\theta) = \theta$ 是一个双值空间函数,在空间任意一点 (X,Y),压力能够用 θ 值或 $\theta + 2\pi$ 表示,由于连续砂体中任意一点的压力只有唯一的定义值,许多油藏工程师认为,式(3.11)给出的解是无物理基础的。页岩流体模型建模的关键是把握"连续的"一词,在连续的砂体中,压力一定是一个单值函数。但是,若引入一个固体的渗流屏障(如本示例中的非渗透页岩),很明显,这个渗流屏障将支持其上下两侧之间的压差。在这个无限薄的页岩上的任何一点,压力的数学表达式都有两个值:一个数值略高,一个数值略低,两个值完全不同,所以为双值函数。因此,式(3.11)和之前的 lgr 对裂缝流体的建模一样,对经过渗流屏障(页岩)的流动进行建模,当然,式(3.11)所述的页岩点是没有意义的:它是局部涡流的一个来源,没有实际应用,只有这种奇点的连续分布才具有油藏模拟的实际应用价值。

3.1.4 数学表达

基于式(3.1),必须给定边界条件,在远场中,假设一个水平达西速度 U_∞(图3.1),这个速度会受一定距离的水层或是注水井的影响,在页岩的表面,如需达到非渗透的要求,局部速度与水平速度的比值必须在运动学上等于 $-\tan\alpha$,在数学上 $[-(K/\mu)\partial P/\partial Y]/[-(K/\mu)\partial P/\partial X] = -\tan\alpha$。对于倾角较小的情况,方程左边的分母可用 U_∞ 近似表示,而 $\tan\alpha$ 与 α 近似相等,在这种小干扰的约束下,接触条件是沿着 $Y=0$ 轴执行:

$$\partial P/\partial Y(X, \pm 0) = (\mu/K)U_\infty\alpha, \quad -1 \leqslant X/c \leqslant 1 \tag{3.12}$$

$$\partial P/\partial X = -(\mu/K)U_\infty, \quad X^2 + Y^2 = \infty \tag{3.13}$$

这就暂时完成了薄翼型的数学公式,以下利用小倾角约束来研究积分方程解的边界奇异性和非唯一性,第5章中给出了不受此限制的一般解。定义无量纲变量 x, y 和 $p(x, y)$:

$$x = X/c \tag{3.14}$$

$$y = Y/c \tag{3.15}$$

$$P(X, Y) = -(\mu c U_\infty/K)p(x, y) \tag{3.16}$$

无量纲 $p(x, y)$ 的边界值问题如式(3.17)至式(3.19)所示:

$$\partial^2 p/\partial x^2 + \partial^2 p/\partial y^2 = 0 \tag{3.17}$$

$$\partial p(x, \pm 0)/\partial y = -\alpha, \quad -1 \leqslant x \leqslant 1 \tag{3.18}$$

$$\partial p(x, y)/\partial x = 1, \quad x^2 + y^2 = \infty \tag{3.19}$$

考虑到储层近场不规则的"狭缝形状",采用数值方法是可以理解的,幸运的是,并没有这个必要。

3.1.5 奇异积分方程的解

不使用第2章中的对数解,也可以得到这个问题的解析解,以下从两个方面分析:第一,如式(2.27)和式(2.28)所示,在 $y=0$ 时的对数分布的法向微分从一侧到另一侧是不连续的,这将会在页岩表面违反运动学的切线条件,事实上,式(3.18)包含 $y=0$ 时的单值 $\dfrac{\partial p}{\partial y}$;第二,对数分布的使用要求从一边到另一边的压力是连续的,在这个问题中,由于固体页岩表面支持非零压力,因此期望压力不连续,故应去寻找基于奇点而不是对数的分布。为了做到这点,论证了式(3.11)的可能性,同第2章,考虑这个点为涡奇点,但将 $(x=0, y=0)$ 替换为 $(x=\xi, y=0)$:

$$p(x, y) = \arctan y/(x-\xi) \tag{3.20}$$

这个解满足 Laplace 方程(见式3.17),分布连续的涡线为:

$$p(x,y) = \int_{-1}^{1} g(\xi)\tan^{-1}y/(x-\xi)\mathrm{d}\xi + x + H \qquad (3.21)$$

这是在连续页岩模型中所预期的。其中 x 处理无穷远处的边界条件(见式3.19), $g(\xi)$ 为涡流强度,参数 H 与第 2 章出现的 H 不同,可证明包含 ξ 线性叠加的式(3.21)满足式(3.17)。

式(3.21)是求解式(3.17)至式(3.19)定义的边界问题的假设,其中 $g(\xi)$ 未知,为了证明这一点,论证以下满足式(3.18),利用表征公式针对 y 进行微分,可得:

$$\partial p(x,y)/\partial y = \int_{-1}^{1} g(\xi)\{(x-\xi)/[(x-\xi)^2+y^2]\}\mathrm{d}\xi \qquad (3.22)$$

在 $y=0$ 时求解式(3.22)并代入式(3.18),有:

$$PV\int_{-1}^{1} g(\xi)/(x-\xi)\mathrm{d}\xi = -\alpha \qquad (3.23)$$

这个包含 Cauchy 核 $\dfrac{1}{x-\xi}$ 的单值积分方程控制着涡强度 $g(\xi)$,主值说明积分是反常的,且需使用示例 2.5 中的约束过程才能进行求解。

3.1.6 奇异方程的解

读者并不需要了解求解如式(3.23)的积分方程的原理,方程:

$$PV\int g(\xi)/(x-\xi)\mathrm{d}\xi = -h(x) \qquad (3.24)$$

的一般解为:

$$g(x) = -(1/\pi^2)\sqrt{(1-x)/(1+x)}PV\int[h(\xi)\sqrt{1+\xi}/[(\xi-x)\sqrt{1-\xi}]\mathrm{d}\xi + \gamma/\sqrt{(1-x^2)}$$

$$(3.25)$$

其中积分的上下限($-1,1$)被省略,这个解在数学教材中有详细的推导和讨论(Muskhelishvili,1953;Mikhlin,1965;Carrier et al.,1966),式(3.25)中的 $\dfrac{\gamma}{\sqrt{1-x^2}}$ 项代表式(3.24)解的非唯一性, γ 在空气动力学中称为流循环,之后将讨论循环的多种可能性。

3.1.7 结果应用

对于角的常数值 $h=\alpha$,可以得到简单的结果,若将式(3.25)中的奇异积分写成:

$$PV\int(\sqrt{1+\xi})/[(\xi-x)\sqrt{1-\xi}]\mathrm{d}\xi = \pi \qquad (3.26)$$

式(3.20)并不依赖 x 的值,涡流强度为:

$$g(x) = -(\alpha/\pi)\sqrt{(1-x)/(1+x)} + \gamma/\sqrt{1-x^2} \qquad (3.27)$$

该阶段的循环 γ 依然无法确定,还需考虑其他的物理参数。为此,参考式(3.21),页岩附近的压力表现为双值特征,但从远视角看压力必须为一个单值,这个条件是必要的,这样产生局部流的奇点就不会使速度旋涡进入远场,也就是在远场不会出现点涡流,这一要求在涡强度消失的情况下得到保证:

$$\int_{-1}^{1} g(x)\,\mathrm{d}x = 0 \tag{3.28}$$

将式(3.27)代入式(3.28)并求反常积分的结果,循环采用唯一的定义值:

$$\gamma = \alpha/\pi \tag{3.29}$$

相应的涡流强度为:

$$g(x) = (\alpha/\pi)x/\sqrt{1-x^2} \tag{3.30}$$

其解决了式(3.21)中的问题,由于式(3.21)中的边界条件,可以将式(3.21)中的常数 H 取为零而不失一般性,式(3.18)和式(3.19)中只包含压强的导数。

3.1.8　涡流强度的物理意义

在式(3.21)中对 x 求导,有:

$$\partial p/\partial x = -\int_{-1}^{1} g(\xi)y/\big[(x-\xi)^2 + y^2\big]\mathrm{d}\xi \tag{3.31}$$

在式(2.24)至式(2.28)中已研究过上面的积分,当 $y=0$ 时,基于之前的结果:

$$\partial p(x,0^+)/\partial x = -\pi g(x) \tag{3.32}$$

$$\partial p(x,0^-)/\partial x = \pi g(x) \tag{3.33}$$

因为平行页岩方向的达西速度与 $\dfrac{\partial p}{\partial x}$ 成正比,垂直页岩的切向速度不连续,其大小与 $g(x)$ 成正比,式(3.32)和式(3.33)说明切向导数满足:

$$\partial p(x,0^+)/\partial x - \partial p(x,0^-)/\partial x = -2\pi g(x) \tag{3.34}$$

从式(3.30)至式(3.33)可知页岩端部的切向速度是奇异的,可表示为 $\dfrac{1}{\sqrt{1-x^2}}$,这种速度奇异性表明现有的数值模型可能产生不准确的结果,该无穷大可能导致发散,网格分布需偏粗才能实现数值稳定,从而限制了模型精度。式(3.30)还说明了 $g(x)$ 和水平速度的结果是如何反对称的,即 $g(x) = -g(-x)$,式(3.21)中沿狭缝的压力是双值的,式(3.18)中的法向导数为单值。

3.2　示例3.2　均质流中的弯曲页岩

如果将 α 改为 $\alpha(x)$,则可将上述结果用于弯曲页岩的情况,严格按照运动学规律来考虑,将式(3.23)和式(3.24)进行对比,有:

$$h(x) = \alpha(x) \tag{3.35}$$

代入式(3.25)有:

$$g(x) = -(1/\pi^2)\sqrt{(1-x)/(1+x)}PV\int[\alpha(\xi)\sqrt{1+\xi}]/[(\xi-x)\sqrt{1-\xi}]\mathrm{d}\xi + \gamma/\sqrt{1-x^2}$$

$$\tag{3.36}$$

使用式(3.28)中的要求,有:

$$\gamma = (1/\pi^3)\int\sqrt{(1-x)/(1+x)}PV\int[\alpha(\xi)\sqrt{1+\xi}]/[(\xi-x)\sqrt{1-\xi}]\mathrm{d}\xi\mathrm{d}x \tag{3.37}$$

则 $g(x)$ 和 $p(x)$ 都已确定。

　　循环 γ 在不同的行业、不同应用中有不同的作用(见第 5 章的示例 5.9)。第 1 章已讨论过,在经典空气动力学中,选择了循环(用于描述提升气流通过翼型的"直接"速度势)去移动所有尾部流线到尾缘,这模拟了黏性和非稳定"启动涡流"的全局效应,只有对 Navier – Stokes 方程进行充分的分析,才能对其进行处理。本质上,γ 的选择是模仿一个更完整的物理模型的影响,空气动力学的反问题决定了机翼的几何形状,导致一个确定的表面压力,一系列文献中(Chin,1979,1981,1984;Chin and Rizzetta,1979)阐述了流函数如何将逆问题转换为直接的数学公式。该应用程序中产生的循环控制着后缘厚度,也就是说,许多机翼虽然有不同的尾缘厚度和形状,但可以具有相同的表面压力,利用尾缘喷出的物质来模拟黏性尾迹和流动分离的影响。

3.3　示例 3.3 封闭断层、各向异性和气态流

　　到目前为止,已经考虑了具有连续压力、切向速度和非连续法向速度的裂缝模型,以及非连续压力、切向速度和连续法向速度的页岩模型,特殊的流动可以由这两种模型的线性组合叠加而成。有时会出现第三类流动,即对生产不利的封闭断层和条带相关的流体运动,这些是与裂缝相切的速度,但裂缝两侧速度不同,这可以通过一个连续均质且渗透率为 K 的砂体模型进行可视化,其中狭窄、孤立的狭缝的渗透率 $K_{\text{streak}} \gg K$。假设一个近水平的断层,若这个断层封闭,则不会出现大小相等、方向相反的法向速度,排除对数奇点分布后,法向速度是连续的,但液体会沿着狭缝流动,它的宏观效应是切向速度不连续。在满足式(3.28)的条件下,直接规定式(3.34)中 $g(x)$ 的分布,可以对狭缝的影响进行建模,$g(x)$ 的确切结果将取决于实验室实验的结果。最后,对含液体或一般气体的地层在 x 和 y 方向上的渗透率 K_x 和 K_y 的各向异性问题提出了看法。如第 2 章所示,对两种长度维数进行简单的重新标度,就可得到均匀介质中压力至 $(m+1)$ 次幂的 Laplace 方程,然后,对示例 3.1 和示例 3.2 的方法稍做修改。在考虑复杂裂缝和页岩相关流体分析之前,将回顾流线追踪的一些现代问题,并在第 4 章中介绍复变函数方法。

问题和练习

　　1. 利用第 2 章介绍的重标方法,推导各向异性介质中不可压缩液体流过直页岩段的积分解,对具有一般 m 指数的气体流动重复此练习。

2."流线"是一个局部斜率与速度矢量相切的曲线,倾角较小时有 $dy/dx \approx -[(K/\mu)\partial P(X,Y)/\partial Y]/U_\infty$。在空间中的任意一点,方程 $dy/dx = f$ 可依据 $y_{new} \approx y_{old} + f_{old}$ 进行积分,其中 Δx 为给定网格宽度。在示例 3.1 的页岩模型中,使用此积分方法绘制从前缘和后缘出现的典型流线,解释其几何特性。你认为最大的数值误差在哪里? 这种流线追踪方法有什么问题? 这种方法的起始点(x_{start}, y_{start})可以决定解决方案的准确性,结果表明,离页岩较远且从起始点向内积分比从奇异点向外积分更精确(后者包含大量的初始错误,这些错误会破坏后续积分的完整性),你将如何设计一个通用的流线追踪实用程序? 编写并调试这样一个算法,用于第 7 章给出的压力输出。

3. 使用任何油藏模拟器,以一个大型计算框为中心计算独立裂缝和页岩的流场,数值解在很大程度上取决于网格的选择,你的计算结果满足导出的压力和法向速度的对称性和反对称性吗? 在无限介质中,单个直页岩段具有完全反对称扰动压力场,通过使用不对称网格证明这种反对称性是不正确的,从而导致不正确的流动模拟结果。假设你的流动区域同时包含裂缝和页岩,你建议使用哪种网格生成方法?

4. 推导两段平行页岩的边值问题,这两段页岩之间有一定的距离,且相对于流动方向有一定的倾斜度,当涉及大量页岩时,如何利用周期边界条件简化公式? 该问题能够单独使用 θ 求解解吗?

5. 在这一章中,利用 20 世纪 40 年代发展起来的奇异积分方程的精确结果得到了封闭形式的解,早些时候,由 Glauert(Thwaites,1960)引导,空气动力学家使用直观设计的三角级数求解积分方程,它类似于傅立叶展开式,但可以解释边缘奇点。参考基本的空气动力学教科书,开发一个基于三角级数的简单页岩流的解决方案。

第4章　流线追踪和复变函数

石油工程书籍讨论流函数通常局限于均质各向同性介质中的二维恒定密度液流,讨论范围有限,比如 Muskat(1937)的著作、Collins(1961)的著作或 Bear(1972)的著作。其正式分析通常仅限于简单论证流函数沿流线如何保持恒定以及给出一个无穷大介质中放射状流线穿过单个井的示例。流函数与压力几乎同等重要,但公布的应用案例很少;Muskat 甚至将讨论内容仅限于这个关键函数,一个与流体压力可能同样重要的函数。本章系统阐述和归纳了流函数这个概念,证明合理表达的流函数公式是油藏工程师的模拟工具库中有效的武器。本章的最终目标很大:应用流函数理论与流线追踪方法处理涉井或不涉井实际流中任意非均质和各向异性的液体或可压缩气体。通过研究各种物理问题来得到特殊的数理方法。阐述了复变量的作用,但同时也指出复变量在分析非均质流过程中效果有限。此外还指出对流动进行解释时压力与流函数能够提供彼此互补的观点,在不采用高级数学的情况下得出两个函数间的某些双重本性。阅读本章内容不需要复变量知识,但本章得到的研究成果适用于非常广泛的问题范畴。

4.1　传统的流函数

本节介绍流函数的概念并阐述其物理性质。通常,在假定读者熟悉复变量的基础上,流体教科书中会对基本概念进行详细阐述。它们一般会介绍复流势,从一开始即确定复流势的实部和虚部分别与压力和流函数有关。随后定义柯西—黎曼(Cauchy – Riemann)条件并用以说明每个函数是和谐函数的原因。该数学理论颇为精简,但对本科生来说望而生畏,缺少实际感受。

有关复变量的深入讨论,读者请参见 Churchill(1960)的著作、Hildebrand(1961)的著作和Carrier 等人(1966)的著作。本书内容完整,其中所提供的基础数学理论对于解决问题绰绰有余。笔者不强调复变函数分析,因为复变函数分析无法用来模拟现实世界中的流体流动。首先,无法借助复变函数分析处理通常的非均质性:均质各向同性流中所假定的常见柯西—黎曼条件并不适用。其二,分析经常局限于不可压缩液体。非均质介质中有哪些可压缩气体属于这种呢? 其三,包含有井油藏的流线追踪问题非常重要,但却无法处理。由于这些原因,求流函数根本不用复变量。在笔者阐述的过程中,假定读者只懂初等微积分并对偏导数有所熟悉。这并不意味着最终研究成果会有局限性;恰恰相反,最终研究成果精确且非常有效。

先来看一下均质各向同性介质中液体的二维恒密稳定流。这种情况下,该达西流满足拉普拉斯方程:

$$\partial^2 P/\partial X^2 + \partial^2 P/\partial Y^2 = 0 \tag{4.1}$$

其中,$P(X, Y)$为压力,X 和 Y 为笛卡儿坐标,P、X 和 Y 为有量纲量。X 和 Y 方向上的欧拉速度为:

$$U = - (K/\mu)\partial P/\partial X \tag{4.2}$$

$$V = - (K/\mu)\partial P/\partial Y \tag{4.3}$$

其中,K 和 μ 分别为恒定的地层渗透率和液体黏度。现在,将方程(4.1)写成如下较为烦琐的形式:

$$\partial(\partial P/\partial X)/\partial X + \partial(\partial P/\partial Y)/\partial Y = 0 \tag{4.4}$$

根据方程(4.4),可定义如下这样一个函数 $\Psi(X,Y)$:

$$\partial P/\partial X = \partial \Psi/\partial Y \tag{4.5}$$

$$\partial P/\partial Y = - \partial \Psi/\partial X \tag{4.6}$$

方程(4.5)和方程(4.6)毕竟是简单的关系式,未做其他假设;比如,代入方程(4.4)后为 $0 = 0$(零解)。不过,Ψ 函数或流函数有某些有趣的性质。

首先,看一下流线的运动学定义。流线是指垂直方向上无流体运动的流线轨迹;流体沿流线切线方向流动。因此,其局部斜率必等于垂向速度与水平速度之比:

$$dY/dX = V/U \tag{4.7}$$

将方程(4.2)和方程(4.3)代入方程(4.7),然后将方程(4.5)和方程(4.6)代入方程(4.7),依次得方程如下:

$$dY/dX = (\partial P/\partial Y)/(\partial P/\partial X) = (- \partial \Psi/\partial X)/(\partial \Psi/\partial Y) \tag{4.8}$$

即:

$$(\partial \Psi/\partial X)dX + (\partial \Psi/\partial Y)dY = 0 \tag{4.9}$$

通过微积分计算,任意双变量函数的全微分为:

$$d\Psi = (\partial \Psi/\partial X)dX + (\partial \Psi/\partial Y)dY \tag{4.10}$$

对照方程(4.9)和方程(4.10),得:

$$d\Psi = (\partial \Psi/\partial X)dX + (\partial \Psi/\partial Y)dY = 0 \tag{4.11}$$

因此,流函数 $\Psi(X,Y)$ 沿单个流线恒定不变。流函数沿不同流线必有不同恒定值,因此,空间内任意两点流函数测量值的差,显然应该可以衡量两点间的非零体积流速。后续会讨论这个关系。那么,流函数满足什么样的偏微分方程呢? 方程(4.5)对 Y 求导,方程(4.6)对 X 求导,然后减去两个求导结果。得方程如下:

$$\partial^2\Psi/\partial X^2 + \partial^2\Psi/\partial Y^2 = 0 \tag{4.12}$$

这个简单的证明说明流函数,比如方程4.1中的 $P(X,Y)$,也是和谐函数;也就是说,这个流函数也满足拉普拉斯方程。假定方程(4.5)和方程(4.6)成立,则只要方程(4.1)成立,方程(4.2)也成立。在复变量中,这个关系有形式上的呈现;P 和 Ψ 属于共轭和谐函数,因为二维和谐函数始终成共轭对出现。带这两个函数的方程(4.5)和方程(4.6)叫作柯西—黎曼条件。笔者没有使用复变量就得出了传统流函数理论,显然,该证明方式可推广至非均质流! 现在,指出另一个重要性质:流线垂直于恒压线。这个容易证明。根据矢量分析(比如 Hildebrand 于 1948 年的矢量分析),任何面的单位法线 $F(X, Y)$ 等于常数与梯度函数 $\partial F/\partial X_i + \partial F/\partial Y_j$ 成比例,其中,i 和 j 为沿 X 和 Y 方向的单位矢量。因此,带常量 Ψ 和 P 的流线的单位法线与 $\partial \Psi/\partial X_i + \partial \Psi/\partial Y_j$ 和 $\partial P/\partial X_i + \partial P/\partial Y_j$ 成比例。现在,计算这两个法线间的点积或标量积,并利用方程(4.5)和方程(4.6)简化结果。得方程如下:

$$(\partial \Psi/\partial X_i + \partial \Psi/\partial Y_j) \cdot (\partial P/\partial X_i + \partial P/\partial Y_j) = (\partial \Psi/\partial X)(\partial P/\partial X) + (\partial \Psi/\partial Y)(\partial P/\partial Y)$$

$$(4.13)$$

由于标量积为零,两个法线呈垂直状态;如果法线垂直,则各自水平面也垂直。重要的是,需要强调此结果是利用方程(4.1)得到的,此方程仅对各向同性均质介质中的恒密液体有效。在这个限制里,假定进出恒压裂缝的流局部垂直的常用近似解实际上是精确的。对于纵向上压力有所改变的出流裂缝,其流动并非局部正交,因为明显存在着与裂缝平行的流。这些成果不适用于瞬态可压缩液体,就算是各向同性均质介质中的瞬态可压缩液体也不适用,因为方程 (4.10)中的全微分只含与时间有关的项 $(\partial \Psi/\partial t) \mathrm{d}t$。就算适用,也无法得到类似结果,因为全导数 $\mathrm{d}\Psi$ 不是零。不稳定流线叫"纹线"。

4.2 非均质各向异性地层中流体的流函数

再做一遍上述分析,并将流函数概念应用于非均质各向异性地层中的液体和可压缩气体稳定流。笔者强调,鉴于本书讨论的流有各种可能性,Ψ 的物理维度依应用场合不同而不同,即:整个过程采用不同定义,与恒定标量因子相比其中或有变化。但是,彼此类似的应用场合是一致的。研究起点是压力方程,同样采用守恒形式,即:

$$\partial(K_x \partial P^{m+1}/\partial X)/\partial X + \partial(K_y \partial P^{m+1}/\partial Y)/\partial Y = 0 \qquad (4.14)$$

其中,$K_x(X, Y)$ 和 $K_y(X, Y)$ 分别为 X 和 Y 方向上的渗透率函数,这两个函数存在空间上的差异,且有依赖性。同样,对于液体来说,常数 m 为零,对于气体来说,常数 m 为非零。如果 μ 代表流体黏度,则欧拉速度 U 和 V 可由达西定律得到:

$$U = -(K_x/\mu) \partial P/\partial X \qquad (4.15)$$

$$V = -(K_y/\mu) \partial P/\partial Y \qquad (4.16)$$

与 4.1 节类似,根据方程(4.14),可定义如下 $\Psi(X, Y)$ 函数:

$$K_x \partial P^{m+1}/\partial X = \partial \Psi/\partial Y \qquad (4.17)$$

$$K_y \partial P^{m+1}/\partial Y = -\partial \Psi/\partial X \qquad (4.18)$$

将方程(4.17)和方程(4.18)代入方程(4.14),得恒等式 $0 = 0$,说明未引入其他假设。首先,确定 Ψ 沿流线是如何变化的。描述流线运动状态的方程(4.7)仍然成立。这样有:

$$\mathrm{d}Y/\mathrm{d}X = V/U = (K_y \partial P/\partial Y)/(K_x \partial P/\partial X) \qquad (4.19)$$

现在,如果对方程(4.17)和方程(4.18)进行求导,则 $\partial P/\partial X$ 和 $\partial P/\partial Y$ 的最终表达式为:

$$\partial P/\partial X = (\partial \Psi/\partial Y)/(K_x(m+1)P^m) = 0 \tag{4.20}$$

$$\partial P/\partial Y = -(\partial \Psi/\partial X)/(K_y(m+1)P^m) = 0 \tag{4.21}$$

代入方程(4.19)得:

$$dY/dX = -(\partial \Psi/\partial X)/[(m+1)P^m]/(\partial \Psi/\partial Y)/[(m+1)P^m] = -(\partial \Psi/\partial X)/(\partial \Psi/\partial Y)$$
$$\tag{4.22}$$

即同前:

$$(\partial \Psi/\partial X)dX + (\partial \Psi/\partial Y)dY = 0 \tag{4.23}$$

通过微积分计算,任意双变量函数的全微分为:

$$d\Psi = (\partial \Psi/\partial X)dX + (\partial \Psi/\partial Y)dY \tag{4.24}$$

比较方程(4.23)和方程(4.24),得沿流线的方程:

$$d\Psi = (\partial \Psi/\partial X)dX + (\partial \Psi/\partial Y)dY = 0 \tag{4.25}$$

因此,由方程(4.17)和方程(4.18)定义的流函数 $\Psi(X,Y)$ 沿非均质各向异性液体流和气体流的流线保持恒定不变。

这样的流线是否同恒压线垂直? 答案是"否"。带常量 Ψ 和 P 的流线的单位法线分别与 $\partial \Psi/\partial X_i + \partial \Psi/\partial Y_j$ 和 $\partial P/\partial X_i + \partial P/\partial Y_j$ 成比例。这些法线所形成的内积或标量点积为:

$$(\partial \Psi/\partial X)(\partial P/\partial X) + (\partial \Psi/\partial Y)(\partial P/\partial Y) = (\partial \Psi/\partial X)(\partial \Psi/\partial Y)/[K_x(m+1)P^m]$$
$$-(\partial \Psi/\partial Y)(\partial \Psi/\partial X)/[K_y(m+1)P^m]$$
$$= (\partial \Psi/\partial X)(\partial \Psi/\partial Y)(1/K_x - 1/K_y)/[(m+1)P^m] \tag{4.26}$$

其中,用到了方程(4.20)和方程(4.21)。方程(4.26)中的点积为零时,相互垂直是唯一的可能。局部 K_x 和 K_y 相等时任意一点 (X,Y) 处都是这种情况。只要 K_x 和 K_y 相等,方程(4.26)中的积同样为零。这样,即使是渗透率有空间变化的非均质但各向同性流,其流线和压力曲线也是垂直的。如4.1节所述,对于瞬态可压缩流则无法得到类似结果。接着,确定据此定义的流函数所满足的偏微分方程。将方程(4.17)除以 K_x,将方程(4.18)除以 K_y,得:

$$\partial P^{m+1}/\partial X = (\partial \Psi/\partial Y)/K_x \tag{4.27}$$

$$\partial P^{m+1}/\partial Y = -(\partial \Psi/\partial X)/K_y \tag{4.28}$$

使方程(4.27)对 Y 求导,方程(4.28)对 X 求导,然后减去两个求导结果,得所需的非均质各向异性流微分方程:

$$\partial[(\partial \Psi/\partial X)/K_y]/\partial X + \partial[(\partial \Psi/\partial Y)/K_x]/\partial Y = 0 \tag{4.29}$$

在均质各向同性流范围内,有4.1节得到的结果。然而一般来说,方程(4.29)也适用;但这里不是均质各向同性流,则必须强调用 Ψ 代替方程(4.14)中的 P^{m+1}。不过,也可以采取其他方法得到类似结果,具体选择要看个人偏好。笔者强调,方程(4.14)和方程(4.29)都是椭圆形曲线,因此可采用相同的椭圆算法解压力和流函数,其中要记住几个重要细微差异,后续对此会有讨论。

4.3　压力和流函数方程的细微差异

4.1 节中提到,均质各向同性介质中恒密液体的压力 $P(X,Y)$ 和流函数 $\Psi(X,Y)$ 满足拉普拉斯方程,即:

$$\partial^2 P/\partial X^2 + \partial^2 P/\partial Y^2 = 0 \qquad (4.30)$$

$$\partial^2 \Psi/\partial X^2 + \partial^2 \Psi/\partial Y^2 = 0 \qquad (4.31)$$

同样在 4.2 节得到了类似结果。方程(4.30)提供了一个观察压力梯度影响的富有意义的方法,利用流线法则可将流场轻松可视化。这两种方法在描述物理现象方面互补而等效。可以断定,一旦依照某个长方形计算模型确定 $P(X,Y)$ 数值,则可通过解方程(4.31)直接得到流函数,边界条件采用正常导数边界条件,其书写形式为长方形计算模型边界的 $\partial\Psi/\partial X$ 和 $\partial\Psi/\partial Y$,即:因为假定 $P(X,Y)$ 已知而可采用方程(4.5)和方程(4.6)中的柯西—黎曼条件。由于这个纽曼方程只涉及导数,所以,Ψ 的准确值就可以通过将其初始值设为零而确定下来。这个简单的方法仅当排除了注入井或生产井的情况下有效:在石油行业,这就排除了大部分可观的商业油气流。因此,该办法尽管有助于解决地下水水文问题(Cherry and Freeze,1979),但油田应用场合没有用处。但是,如果对基本公式做些重大修改,则可采用这个基本方法。为了准确理解问题的性质,翻过来看基本面:最终结果在流线追踪方面将非常有效。方程(4.30)和方程(4.31)的相似性属于表象;P 和 Ψ 之间存在很大差异,这一点必须先行考虑。通过重新审查第 2 章和第 3 章中所述的特殊性而研究这些细微差别。

4.3.1　其他流函数性质

为呈现这些细微差别,比较方便的做法是将方程(4.30)和方程(4.31)转换成以径向极坐标形式表示的等效形式。即通常设:

$$X = r\cos\theta \qquad (4.32)$$

$$Y = r\sin\theta \qquad (4.33)$$

然后确定以下等式满足的方程:

$$P(X,Y) = P(r,\theta) \qquad (4.34)$$

$$\Psi(X,Y) = \Psi(r,\theta) \qquad (4.35)$$

利用链式法则进行微分运算。这样,像一阶和二阶 X 导数根据式(4.36)和式(4.37)进行转换:

$$P_X = P_r r_X + P_\theta \theta_X \qquad (4.36)$$

$$P_{XX} = P_r r_{XX} + r_X(P_{rr}r_X + P_{r\theta}\theta_X) + P_\theta \theta_{XX} + \theta_X(P_{\theta r}r_X + P_{\theta\theta}\theta_X) \tag{4.37}$$

为方便起见，其中用下标表示偏微分。然后，得方程：

$$\partial^2 P/\partial X^2 + \partial^2 P/\partial Y^2 = (r_{XX} + r_{YY})P_r + (\theta_{XX} + \theta_{YY})P_\theta + 2(r_X\theta_X + r_Y\theta_Y)P_{\theta r}$$
$$+ (rX^2 + rY^2)P_{rr} + (\theta X^2 + \theta Y^2)P_{\theta\theta} \tag{4.38}$$

解方程（4.32）和方程（4.33）求 r 和 θ，然后将结果代入方程（4.38），则得（设拉普拉斯算子为零）：

$$P_{XX} + P_{YY} = P_{rr} + (1/r)P_r + (1/r^2)P_{\theta\theta} = 0 \tag{4.39}$$

这样，压力满足拉普拉斯方程（极坐标），形式如下：

$$P_{rr} + (1/r)P_r + (1/r^2)P_{\theta\theta} = 0 \tag{4.40}$$

同样，流函数满足：

$$\Psi_{rr} + (1/r)\Psi_r + (1/r^2)\Psi_{\theta\theta} = 0 \tag{4.41}$$

正如第 3 章所指出，在许多初步处理过程中，未考虑 P 对 θ 的依存性。但笔者指出，$\lg r$ 的解对于模拟连续砂体中压力无突变的流是有效的，而 θ 对于模拟无压力差的较大规模流中固体阻碍物的影响非常理想。

4.3.2 传统的流线追踪问题

笔者提出的新概念并不复杂，也不令人迷惑，流函数 Ψ 也有 $\lg r$ 和 θ 的解。但其物理含义是什么？其与压力参数有着怎样的关系？由于最终目标是在有压力场数值的情况下确定流函数的分布，所以，首先想确定对源解或汇解具有补充作用的流函数表达式：

$$P_{source} = \lg\sqrt{X^2 + Y^2} \tag{4.42}$$

为此，回顾一下方程（4.5）和方程（4.6）给出的柯西—黎曼条件。简单积分显示，相应的流函数由以下表达式给出：

$$\Psi_{source} = \theta = \arctan Y/X \tag{4.43}$$

因此，函数 $\lg r$ 和 θ 提供了对点源的等效描述，具体取决于是使用压力方程还是流函数方程，但它们之间有一个关键差异。$\lg r$ 属于单值空间函数，即给定点 (X, Y) 的情况下，压力有唯一单值，但流函数 Ψ 属于双值函数。这实际上意味着什么呢？前文指出，空间内任意两点流函数值的差反映的是点与点间的非零净流。设圆形油藏中心位置有一圆井令方程（4.43）成立，设两条彼此无穷接近的径向流线夹角为零，两点间的流忽略不计。通过绕源点旋转 360° 获得整个非零流。方程（4.43）中的双值性是数学中描述产液获得量的方式，产液获得量随 θ 增加而增加，射线最终返回接触位置。方程（4.42）中点源始终与双值流函数有关，因为物质由此产生。在数学中，"绕原点封闭回路旋转一周，则流函数（方程 4.43）从 0 增加到 2π"（在无井区域，流函数绕封闭回路的变化是零）。对描述源流质量守恒性质很有必要的双值性，同时也带来解流函数时明显的问题。大多数数值模拟模型假定因变量（通常为压力）在任意一点为唯一单值为前提条件。因此,流函数没法通过此类直接算法或标准数值来解。当然,例外情况是没有井的流,这种情况在地下水水文学研究中常见。这是使得用流函数分析投产油藏不切实际的流线跟踪问题,但可做些简单修改克服这个困难。笔者将在讨论与涡流特殊性(第3章介绍过)相对应的流函数后解决这个问题(4.4节)。

4.3.3 涡流解

石油工程师通常忽略压力的 θ 解,但已经看到,压力的 θ 解对于模拟流经页岩的流动有多么重要。在航空航天同事的指引下,考虑以下初步涡流解:

$$P_{\text{vortex}} = \theta = \arctan Y/X \qquad (4.44)$$

同样,采用方程(4.5)和方程(4.6)给出的柯西—黎曼条件,具补充作用的流函数解为:

$$\Psi_{\text{vortex}} = \lg \sqrt{X^2 + Y^2} \qquad (4.45)$$

致密页岩中的压力是双值的,而有意思的是对应的流函数却是单值函数:页岩段是流中的一个流线。这也是明显的,因为页岩段并不是产生或破坏流体的源或汇。因此,针对连续砂体中压力场或无嵌入绝缘体热传导问题中稳态温度场的数学方法,可直接用于页岩流模拟。对于此类问题,不存在流线跟踪问题。总之,方程(4.42)和方程(4.43)是用于模拟源汇(生产井或注水井)的初步解决方案。相反,考虑特殊性的方程(4.44)和方程(4.45)用于模拟绕页岩阻挡层的流。此外,需要重申使用方程(4.43)时存在的流线跟踪问题。由于井必须只能采用双值流函数进行描述,所以,带生产井和注水井的油藏流无法直接使用方程(4.31)解决。即:将控制方程离散化(有限差分或有限元)的努力注定是徒劳的,除非采用脱离本书讨论范围的特殊双值算子,否则,用此类方法均隐含假定离散函数在每个节点最多有一个流函数值。

笔者曾提出空气动力学领域所用的多值流函数解法(Chin,1979,1981,1984;Chin and Riz-zetta,1979),当时是为了求具有规定表面压力机翼的形状。这里,流函数的突变与期望后缘的形状(或闭合程度)有关。笔者在多层介质三维电磁模拟研究中也提出过类似概念,当时推导出双值有限差分算子并列成表格(Chin,2000,2014a)。在航空航天领域,处理双值特性的有限差分方法当然可用。比如回顾第1章,为了模拟升力必须将速度势多值化。然而,出于实际原因无须提出类似方法。在石油行业,若有非常好的压力求解方法能够充分处理有井的问题,是会得到推广的,因此有理由继续采用压力方程。目前只希望能够解方程(4.31),该方程用作流线后处理方程,从中可得富有意义的可视化信息,这些信息能够扩大数模压力场。当然,诀窍在于对需要双值性的方程进行正确的后处理。这个问题后续会有讨论,其中,通过线性叠加解决双值问题,由此给出一个单值 Ψ 的补充方程。此方程采用标准差分或有限元方法来解。

4.4 多井情况下的流线跟踪

4.3节指出,油藏有自喷井时,已知的压力解,不管是数值解还是解析解,均包含方程(4.42)给出形式的局部源解。表示井间相互影响的效应也会存在。必须为每个源关联一个具有方程(4.43)给出形式的补充性双值流函数。因此,无法规定长方形计算模型边界的正常边界条件(通过 $\partial\Psi/\partial X + \partial\Psi/\partial Y$,这是根据已知压力通过方程(4.5)和方程(4.6)给出的柯西—黎曼条件得到的),也无法盲目地解方程(4.31)求 Ψ,即采用第7章讨论的单值数值方法。实际步骤需要做一些修改。多井情况下流线追踪(准备步骤)的关键是需要去掉这个麻烦的双值性。解释细节前,先考虑一下稳定径向流,先研究一下石油工程方面研究的各向同性压力解。假定井径 $r = r_W$ 位置保持压力 P_W 不变,油藏外径 $r = r_R$ 位置维持压力 P_R 不变。在无自变量 θ 的情况下,方程(4.40)的解如下:

$$P = P_W + (P_R - P_W)[\lg(r/r_W)]/\lg(r_R/r_W) \tag{4.46}$$

结果表明,去掉边界压力 P_R 并且以井的净体积流量 Q 为函数将方程(4.46)重写会更为简便。如果 D 为进入深度,则流量 Q 由方程(4.47)确定:

$$Q = 2\pi r D(-K/\mu)\partial P/\partial r = -2\pi(KD/\mu)(P_R - P_W)/\lg(r_R/r_W) \tag{4.47}$$

这样,方程(4.46)变成:

$$P = P_W - (Q\mu/2\pi KD)\left[\frac{1}{2}\lg(X^2 + Y^2) - \lg r_W\right] \tag{4.48}$$

满足方程(4.5)和方程(4.6)中柯西—黎曼条件的对应流函数表达式为:

$$\Psi = -(Q\mu/2\pi KD)\arctan Y/X \tag{4.49}$$

4.4.1 简单方法

假定压力场有数值解,比如第 7 章后面给出的有限差分解,此解可包含任意含水层和非流动边界条件的影响;此外,还假定此压力解含多口生产井和注水井的影响。如何提出使用 Ψ 时不处理多值函数时的流线追踪问题? 解决过程显而易见:去掉双值影响,然后用标准方法处理余下的单值方程。假定坐标 (X_n, Y_n) 位置有 N 口井,根据压力解得井的体积流量 Q_n。其中,下标 n 由 1 到 N。然后,根据方程(4.49)很显然有,完整流函数 $\Psi_{total}(X,Y)$ 含表井影响的问题部分 $\Psi_{multivalued}(X,Y)$ 以及表井干扰和远场相互影响的无问题的单值部分。根据方程(4.49)的提示,可将前者写成:

$$\Psi_{multivalued}(X,Y) = -(\mu/2\pi KD)\sum_{n=1}^{N} Q_n\arctan[(Y - Y_n)/(X - X_n)] \tag{4.50}$$

其中,(X_n, Y_n)、Q_n 和 N 已知。这样,还剩下无问题的单值部分:

$$\Psi_{single-valued}(X,Y) = \Psi_{total}(X,Y) - \Psi_{multivalued}(X,Y) \tag{4.51}$$

由于线性性质,该部分也满足方程(4.31),即:

$$\partial^2 \Psi_{single-valued}/\partial X^2 + \partial^2 \Psi_{single-valued}/\partial Y^2 = 0 \tag{4.52}$$

同样,$\Psi_{single-valued}$ 的相关边界条件通过叠加得到。根据方程(4.5)和方程(4.6)中的柯西—黎曼条件,方程写成:

$$\partial \Psi/\partial Y = \partial P/\partial X \tag{4.53}$$

$$\partial \Psi/\partial X = -\partial P/\partial Y \tag{4.54}$$

其中,$P(X,Y)$ 数值已知,其中仍含所有流动效应。将

$$\Psi_{\text{total}} = \Psi_{\text{single-valued}}(X,Y) + \Psi_{\text{multivalued}}(X,Y) \tag{4.55}$$

代入式(4.53)和式(4.54),得:

$$\partial \Psi_{\text{single-valued}}/\partial Y = \partial P/\partial X - \partial \Psi_{\text{multivalued}}(X,Y)/\partial Y \tag{4.56}$$

$$\partial \Psi_{\text{single-valued}}/\partial X = - \partial P/\partial Y - \partial \Psi_{\text{multivalued}}(X,Y)/\partial X \tag{4.57}$$

此二方程分别用作长方形计算模型水平和垂直边缘的纽曼条件。如前所述,由于边界值问题只涉及 Ψ 的导数,可任意确定某点 Ψ 值,原点位置为0。这对速度没影响;如此选择便可使解成为唯一。然后根据方程(4.55)求得 Ψ_{total}。

4.4.2　最终的流线追踪方案

总而言之,问题在于如何在有 N 口井且给定远场边界条件下、压力 $P(X,Y)$ 已知的条件下,求得流函数 $\Psi_{\text{total}}(X,Y)$。流线依旧是通过将有近似 Ψ_{total} 值的线连接起来获得。解法如下:(1)创建方程(4.50)给出的解析表达式,其中下标已知(比如,通过对压力结果进行后处理确定 Q_n);(2)由于 $P(X,Y)$ 已知,使用方程(4.56)得 $\partial \Psi_{\text{single-valued}}/\partial Y$ 数值,然后将此数值用作沿长方形模型顶部和底部的正常导数(纽曼)边界条件;(3)类似地,使用方程(4.57)得 $\partial \Psi_{\text{single-valued}}/\partial X$ 数值,然后将此数值用作沿长方形模型左右两侧的正常导数(纽曼)边界条件;(4)由于该问题属于纽曼类型,故任意确定某点的 $\Psi_{\text{single-valued}}$ 值,利用标准的有限差分方法(比如第7章)解决单值函数 $\Psi_{\text{single-valued}}(X,Y)$ 的这个边界值问题;(5)一旦收敛的 $\Psi_{\text{single-valued}}(X,Y)$ 值可用,则按方程(4.55)的要求将多值部分加回来,以得参考完整的流函数 $\Psi_{\text{total}}(X,Y)$;(6)最后,画出流函数 $\Psi_{\text{total}}(X,Y)$ 值恒等的线,得到流线。如此得到的流线将根据需要呈现是离井或入井。

最后一个步骤采用商用等值线绘制软件完成。构建这个算法时,须小心操作,对过井点的 $\partial P/\partial X$ 和 $\partial P/\partial Y$ 不能做微分运算,因为压力的一阶导数在这些点上是不连续的;应使用适当的单侧差分公式。此外有一点很重要,即在最终的流函数打印输出清单中不要列出注水井和生产井井位处的 Ψ_{total}。同样,这也是多值的,任何单个打印数字都有可能得到错误的解释。相反,在井点位置,有字母加数字的名字可能更为恰当。

4.5　分布式线源和涡流的流函数表达式

在第2章和第3章中,为模拟裂缝和页岩介绍了源汇分布。其中,得到了明确的压力场解和达西流速。本节将从总体上确定与这些压力解有关的流函数。为简便起见,推导得出恒密液体公式。

(1)似源流动。

同样,仍采用前面的原则。看一下与源强密度为 $f(x)$ 的分布式线源对应的压力的一般形式,即:

$$p(x,y) = \int_{-1}^{1} f(\xi) \lg \sqrt{(x-\xi)^2 + y^2} \, \mathrm{d}\xi + H \tag{4.58}$$

坐标采用方程(2.10)给出的无量纲坐标。直接求导得:

$$\partial p(x,y)/\partial x = \int_{-1}^{1} f(\xi)(x-\xi)/[(x-\xi)^2 + y^2]\mathrm{d}\xi \qquad (4.59)$$

$$\partial p(x,y)/\partial y = \int_{-1}^{1} f(\xi)y/[(x-\xi)^2 + y^2]\mathrm{d}\xi \qquad (4.60)$$

根据方程(4.42)和方程(4.43)定义的共轭对,对方程(4.58)中源解起补充作用的流函数 $\Psi(x,y)$ 应采取以下形式:

$$\Psi(x,y) = \int_{-1}^{1} f(\xi)\arctan y/(x-\xi)\mathrm{d}\xi \qquad (4.61)$$

为证明这是正确的解,只需将其求导,看其是否满足方程(4.4)和方程(4.5)中的柯西—黎曼条件。直接求导得:

$$\partial\Psi(x,y)/\partial y = \int_{-1}^{1} f(\xi)(x-\xi)/[(x-\xi)^2 + y^2]\mathrm{d}\xi \qquad (4.62)$$

$$\partial\Psi(x,y)/\partial x = -\int_{-1}^{1} f(\xi)y/[(x-\xi)^2 + y^2]\mathrm{d}\xi \qquad (4.63)$$

因此,根据方程(4.59)和方程(4.62)有 $\partial p(x,y)/\partial x = \partial\Psi(x,y)/\partial y$,根据方程(4.60)和方程(4.63)有 $\partial p(x,y)/\partial y = -\partial\Psi(x,y)/\partial x$,与方程(4.5)和方程(4.6)完全吻合。这样便推导出方程(4.61)中的表达式,作为源强分布 $f(x)$ 的流函数。

(2)涡流分布。

下面看一下涡流分布,涡流分布是用于模拟通过页岩的流动的线奇异性,以支持压力差。看一下存在强度为 $g(x)$ 的线涡流的压力场;根据方程(3.21),压力表达式为:

$$p(x,y) = \int_{-1}^{1} g(\xi)\arctan y/(x-\xi)\mathrm{d}\xi \qquad (4.64)$$

直接求导得:

$$\partial p(x,y)/\partial y = \int_{-1}^{1} g(\xi)(x-\xi)/[(x-\xi)^2 + y^2]\mathrm{d}\xi \qquad (4.65)$$

$$\partial p(x,y)/\partial x = -\int_{-1}^{1} g(\xi)y/[(x-\xi)^2 + y^2]\mathrm{d}\xi \qquad (4.66)$$

现在,根据方程(4.4)和方程(4.5)推导得:

$$\Psi(x,y) = -\int_{-1}^{1} g(\xi)\lg\sqrt{(x-\xi)^2 + y^2}\mathrm{d}\xi \qquad (4.67)$$

然后计算导数:

$$\partial \Psi(x,y)/\partial x = -\int_{-1}^{1} g(\xi)(x-\xi)/[(x-\xi)^2 + y^2]\mathrm{d}\xi \tag{4.68}$$

$$\partial \Psi(x,y)/\partial y = -\int_{-1}^{1} g(\xi)y/[(x-\xi)^2 + y^2]\mathrm{d}\xi \tag{4.69}$$

比较方程(4.66)和方程(4.69)得 $\partial p(x,y)/\partial x = \partial \Psi(x,y)/\partial y$,比较方程(4.65)和方程(4.68)得 $\partial p(x,y)/\partial y = -\partial \Psi(x,y)/\partial x$。因此,同样满足柯西—黎曼条件,故方程(4.67)中的流函数对方程(4.64)中的涡流压力有补充作用。这些结果提供了分布有特殊点时的流线追踪表达式。一般地,如第5章所述,通过任意实体的流可通过线源 $f(x)$ 和涡流 $g(x)$ 叠加表示。净压力场通过叠加方程(4.58)和方程(4.64)求得,而净流函数通过叠加方程(4.61)和方程(4.67)求得,同时再加上任何存在的远场流[比如方程(3.21)中的 x 项]。

4.6 用复变量方法解流函数

压力和流函数的性质前面讨论过,现在重新简单推导一下基本概念。同样,新方法依旧不适用于非均质介质中的流,但却可为轻松构建解开辟新的道路,这个解可进一步加以扩展(第5章讲到保角映射时)。为了这个目的,介绍一下复变量。

$$z = x + \mathrm{i}y \tag{4.70}$$

其中,i 表示虚数 $\sqrt{-1}$。此外,令 $w(z)$ 为 z 的复"解析"函数,比如 $\sin z$、$\lg z$ 或 $\exp(z)$。一般来说,$w(z)$ 会包含实部和虚部,将其分别用 $p(x,y)$ 和 $\Psi(x,y)$ 表示。

$$w(z) = p(x,y) + \mathrm{i}\Psi(x,y) \tag{4.71}$$

需要强调的是,$p(x,y)$ 和 $\Psi(x,y)$ 为实函数,而非虚函数。现在,求方程(4.71)对 x 的偏导。利用链式法则得:

$$w'(z)\partial z/\partial x = \partial p/\partial x + \mathrm{i}\partial \Psi/\partial x \tag{4.72a}$$

或者,根据方程(4.70)得 $\partial z/\partial x = 1$,故:

$$w'(z) = \partial p/\partial x + \mathrm{i}\partial \Psi/\partial x \tag{4.72b}$$

如果类似的求 y 的导数,则得:

$$w'(z)\partial z/\partial y = \partial p/\partial y + \mathrm{i}\partial \Psi/\partial y \tag{4.73a}$$

由于根据方程(4.70)有 $\partial z/\partial y = \mathrm{i}$,方程(4.73a)两侧除以 i 后变成:

$$w'(z) = \partial \Psi/\partial y - \mathrm{i}\partial p/\partial y \tag{4.73b}$$

由于方程(4.72b)和方程(4.73b)均描述 $w'(z)$ 的量,所以,令实部和虚部相等后得:

$$\partial p/\partial x = \partial \Psi/\partial y \tag{4.74}$$

$$\partial p/\partial y = -\partial \Psi/\partial x \tag{4.75}$$

注意观察,方程(4.74)和方程(4.75)与方程(4.5)和方程(4.6)相同,是柯西—黎曼条件!根据4.1节,函数 $p(x,y)$ 和 $\Psi(x,y)$,即压力和流函数,均必为和谐函数,满足拉普拉斯方程。这些结果实际上说明了什么?这些结果说明,对于任意给定的复变函数 $w(z)$,取其实部 p 和虚部 Ψ[如方程(4.71)所述]。这些实函数每一个都自动满足拉普拉斯方程。因此,如果合理选择 $w(z)$,使流函数可以反映具有实际意义的流线,则在这个过程中得到的函数 $p(x,y)$ 和 $\Psi(x,y)$ 便可成为所需的完整解!当然,求函数 $w(z)$ 过程中会有难度,函数在 (x,y) 平面内要生成具有实际意义的流。幸运的是,20世纪,空气动力学、热传递和静电学领域的研究人员已经研究出众多解决办法并进行了编目。这些内容将在第5章涉及石油背景下得到重新解释。

(1)求速度分量。

最后,指出达西流速直角坐标分量与复变函数导数 $w'(z)$ 的关系如何。根据方程(4.72b)和方程(4.75),显然有:

$$\mathrm{d}w(z)/\mathrm{d}z = \partial p/\partial x + \mathrm{i}\partial \Psi/\partial x = \partial p/\partial x - \mathrm{i}\partial p/\partial y \tag{4.76}$$

$$\propto u - \mathrm{i}v \tag{4.77}$$

其中,方程中的 $\propto$ 表示比例性。相关常数为流度 K/μ,其中,K 表示渗透率,μ 表示流体黏度,比如,$u(x,y) = -K/\mu \partial p/\partial x$,其中,$x$ 和 y 有量纲。

(2)各向同性介质中的气体流动。

尽管之前考虑的只是液体($m=0$),但复变量概念很容易扩展到稳态可压缩气体。与4.2节不同,现在看一下均质各向同性介质中的气体流。根据4.2节给出的方程(4.17)和方程(4.18)有:

$$w(z) = p^{m+1} + \mathrm{i}\Psi \tag{4.78}$$

方程(4.78)中并没有打字排版错误;$m+1$ 仅适用于压力。利用与(4.72a)、式(4.72b)、式(4.73a)和式(4.73b)中所用方法类似的方法,得到与4.2节一致的柯西—黎曼条件,即:

$$\partial p^{m+1}/\partial x = \partial \Psi/\partial y \tag{4.79}$$

$$\partial p^{m+1}/\partial y = -\partial \Psi/\partial x \tag{4.80}$$

各向同性介质中的流可进行类似处理,首先对 x 和 y 进行再次归一化处理,使所得方程具有各向同性均质形式。然后,这部分结果直接应用。前述压力和流函数的推导过程提供了复变量两个强大用途中的第一个。第二个用途第5章有介绍,叫保角映射,可将简单的小的流动转换成通过复杂形状的精确流解。在集中讨论这些应用之前,先介绍一个叫作圆定理的强大工具,空气动力学家利用该定理将看似人工创建的过圆流转换成通过机翼的实际流。

4.7　圆定理:拉普拉斯方程的精确解

对于油藏模拟来说,非均质流经过圆形物的流动本身意义不大,但经过笔直或弯曲页岩或一个或多个裂缝段的流却很有用:裂缝和阻挡物的效应通常极为重要。圆流可保角映射成后者,进而形成具有近似形状的精确解(见第5章)。因此,若给定的非均质流通过在原点引入一个圆加以改变,则其复势便有用处。通过 Milne - Thomson(1940,1958,1968)的发展,圆理论假定流场是无旋流的:速度分量可通过对势进行求导得出,速度分量是势的导数。在Milne -Thomson 的应用案例中肯定是如此情况,即第 1 章中简单描述的无黏度机翼流。但该理论也适用于达西流,因为压力场是真正的势。比如,速度实际被计算成压力的导数。此外也假定没有刚性边界。实际上,这是通过将分析局限于无远场流障碍物效应的较小空间内实现的。

令 $f(z)$ 表示无圆源流的复势。如果将圆 $|z| = c(x^2 + y^2 = c^2)$ 引入流动,且半径 c 范围内无其他特殊点,则根据 Milne - Thomson 圆定理,复势变成:

$$w(z) = f(z) + F(c^2/z) \tag{4.81}$$

其中,F 表示用 -i 代替 i 并用 c^2/z 代替 z 得到的函数。证明过程简单:沿圆 $|z| = c$,由方程(4.81)定义的复势为纯实数。这样,流函数为零,表示圆 $|z| = c$ 实际上为流的一个流线;这个针对密实不渗透岩体的结果在厚页岩流模拟过程中是有用的。鼓励读者通过选择各种不同复势证明这个性质。有个叫 Butler 定理的类似结果适用于三维轴对称流(Milne - Thomson,1968;Yih,1969)。这个定理不是以复变量为基础;相反,是按照未受扰动的流函数给出的转换。Butler 定理是用于飞船设计的,与石油领域应用无关。

笔者曾对 Milne - Thomson 的研究成果进行过一次简单扩展(Chin,1978d),研究成果适用于裂缝和井的油藏流模拟。假定希望在现有的流动引入同样的圆,不过边界压力为零(即恒定),其目标是构建描述新复合流的复势。为此,定义扩展的复势如下:

$$g(z) = - if(z) = \Psi - ip \tag{4.82}$$

与方程(4.82)一致的柯西—黎曼条件为 $\partial p/\partial x = \partial\Psi/\partial y$ 和 $\partial p/\partial y = - \partial\Psi/\partial x$,与之前方程(4.74)和(4.75)给出的条件完全相同。根据与前述论证类似的论证,考虑函数:

$$w(z) = g(z) + G(c^2/z) \tag{4.83}$$

方程(4.83)中 $w(z)$ 的虚部在边界 $|z| = c$ 处为零,表示压力满足 $p = 0$,这是圆形边界处的常数。因此,该压力描述的是一口自喷井,$w(z)$ 为所求的复势。此结果在加密钻井领域有用。钻各种井的过程中,模拟含水层驱动的油藏时要规定确定沿长方形边界的压力。对于大型含水层,可采用如此做法。实际上,新井会影响原有压力,甚至会影响沿模型边界保持恒定的压力。上述压力结果允许有压力变化。如果某个重要流有初始复势数值,则该流因钻新井而有所变化时其复势可利用方程(4.83)求得,而无须额外计算工作! 这个过程可无限重复,一口井跟一口井的叠加,而干扰压力的持续变化则自动得到。后续会给出使用方程(4.81)和方程(4.82)的实例。

4.8 常见流线追踪和体积流速综合计算

本节讨论平面流内的流线追踪和体积流速计算;讨论内容同时涵盖液体和气体,涵盖非均质各向异性地层。达西流速如下:

$$- q = (K_x/\mu) \partial p/\partial x i + (K_y/\mu) \partial p/\partial y j \tag{4.84}$$

其中,i 和 j 分别为 x 和 y 方向上的单位矢量。根据方程(4.27)和方程(4.28)有:

$$K_x \partial p/\partial x = 1/[(m + 1)p^m] \partial\Psi/\partial y \tag{4.85}$$

$$K_y \partial p / \partial y = -1 / [(m+1) p^m] \partial \Psi / \partial x \tag{4.86}$$

将方程(4.85)和方程(4.86)代入方程(4.84)得:

$$-\boldsymbol{q} = 1 / [(m+1) p^m \mu][\partial \Psi / \partial y \boldsymbol{i} - \partial \Psi / \partial x \boldsymbol{j}] \tag{4.87}$$

这样,深度为 D 时的总体积流速由方程(4.88)给出:

$$Q_w = -D \int_C \boldsymbol{q} \cdot \boldsymbol{n} \mathrm{d}S$$

$$= D / [(m+1) p_w^m \mu] \int_C (\partial \Psi / \partial y \boldsymbol{i} - \partial \Psi / \partial x \boldsymbol{j}) \cdot \boldsymbol{n} \mathrm{d}S \tag{4.88}$$

其中,假定 $p = p_w$ 沿井轮廓 C 为常数($\boldsymbol{n}$ 为垂直于沿 C 增量长度 $\mathrm{d}S$ 的单位矢量)。用 I 表示的方程(4.88)中围线积分的意义是什么呢?

$$I = \int_C (\partial \Psi / \partial y \boldsymbol{i} - \partial \Psi / \partial x \boldsymbol{j}) \cdot \boldsymbol{n} \mathrm{d}S \tag{4.89}$$

为理解 I 的含义,图4.1中的通用曲线可分成一系列曲线,每个曲线的形式由 AC 给出。沿线段 AB 和 BC 的单位法线如图4.1所示。求图中开放曲线积分,得:

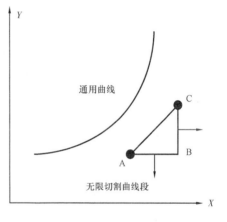

图4.1 井的总体轮廓

$$I_{AC} = \int_{AB} (\partial \Psi / \partial y \boldsymbol{i} - \partial \Psi / \partial x \boldsymbol{j}) \cdot (-\boldsymbol{j}) \mathrm{d}x + \int_{BC} (\partial \Psi / \partial y \boldsymbol{i} - \partial \Psi / \partial x \boldsymbol{j}) \cdot \boldsymbol{i} \mathrm{d}y$$

$$= \int_{AB} \partial \Psi / \partial x \mathrm{d}x + \int_{BC} \partial \Psi / \partial y \mathrm{d}y = \Psi_B - \Psi_A + \Psi_C - \Psi_B = \Psi_C - \Psi_A = [\Psi]_{AC} \tag{4.90}$$

其中,方框号表示 A 与 C 间的流函数突变。因此,对于均质各向同性流而言,如果 Ψ 通过简单的 θ 解得,则所围图形的积分 I 绕井周闭合回路将增加 2π。利用方程(4.90),方程(4.88)简化成:

$$Q_W = D[\Psi] / [(m+1) p_w^m \mu] \tag{4.91}$$

若轮廓 C 开放而非闭合,则测量 A 与 C 间的比例流。对于 $m=0$ 的液体来说,方程(4.91)变成:

$$Q_W = D[\Psi] / \mu \tag{4.92}$$

(1)边界值问题类型。

在稳定流中,总体积流速为一个常数。有时候,希望对压力和流速做出规定,而不是对井和远场边界的压力—压力边界条件做出规定。通过观察可知,方程(4.91)表示 Q_W、P_W 和 P_R 间的函数关系,因为 Ψ 的压力—压力问题中总是含有 P_R。既然方程(4.91)可用,那么如果指定 Q_W 和 P_R,则 P_W 可显式计算出来;同样,如果给出 Q_W 和 P_W,则可计算出 P_r。这样就能够减少已解决的压力—压力问题的压力和流速指定工作量。这套方法非常有效,第6章讲同心流和第9章讲任意平面流时会对此有所阐述。

(2)多井情况下的流线追踪。

4.4节中流函数与 θ 类似,即对于生产井和注水井而言均有双值性,这使得标准的有限差分模拟比较困难。当时,这个问题是通过引入一个双值函数解决的,利用该双值函数将有问题的井效应部分分离出去,然后利用简单直接的数值方法解余下的单值干扰流函数。之前有给出令人鼓舞的论证。现在,将前述方法扩展到各向异性介质中的液体和气体。为了实现当前的目的,注意观察井的初等压力函数:

$$P^{m+1}(x,y) = A \lg \sqrt{x^2/K_x + y^2/K_y} \tag{4.93}$$

满足 $K_x \partial^2 p^{m+1}/\partial x^2 + K_y \partial^2 p^m + 1/\partial y^2 = 0$,根据方程(4.27)和方程(4.28)中的柯西—黎曼条件,该函数有流函数:

$$\Psi(x,y) = A \sqrt{K_x K_y} \arctan(\sqrt{K_x/K_y} y/x) \tag{4.94}$$

根据方程(4.91)得:

$$[\Psi] = (m+1) p_W{}^m \mu Q_W/D \tag{4.95}$$

因此,以参数 P_W、Q_W 和气体指数 m(对液体来说为0)为特征的生产井或注水井流函数为:

$$\Psi(x,y) = (m+1) p_W{}^m \mu Q_W/(2\pi D) \arctan(\sqrt{K_x/K_y} y/x) \tag{4.96}$$

当有 N 口井时,整个流函数中有问题的双值部分为:

$$\Psi_{d.v.}(x,y) = [(m+1)\mu/(2\pi D)] \times$$

$$\sum_{n=1}^{N} p_{W,n}^m Q_{W,n} \arctan[\sqrt{K_{x,n}/K_{y,n}}(y-y_n)/(x-x_n)] \tag{4.97}$$

整个流函数 $\Psi_{total}(x,y)$ 满足:

$$\Psi_{total}(x,y) = \Psi_{s.v.}(x,y) + \Psi_{d.v.}(x,y) \tag{4.98}$$

其中,s. v. 指单值部分,适合用简单直接的数值法解。d. v. 指双值部分。由于整个流函数满足:

$$\partial(1/K_y \partial \Psi_{total}/\partial x)/\partial x + \partial(1/K_x \partial \Psi_{total}/\partial y)/\partial y = 0 \tag{4.99}$$

显然,单值干扰流函数满足:

$$\partial(1/K_y \partial \Psi_{s.v.}/\partial x)/\partial x + \partial(1/K_x \partial \Psi_{s.v.}/\partial y)\partial y = -\partial(1/K_y \partial \Psi_{s.v.}/\partial x)/\partial x - \partial(1/K_x \partial \Psi_{s.v.}/\partial y)/\partial y$$

$$\tag{4.100}$$

其中,方程(4.100)右侧采用方程(4.97)中的数列求得。然后,利用方程(4.27)和方程(4.28)给出的柯西—黎曼条件以及 $p(x,y)$ 的解定义长方形计算模型的顶部、底部、右侧和左侧的纽曼边界条件。

$$\partial \Psi_{s.v.} / \partial y = K_x \partial p^m + 1/\partial x - \partial \Psi_{d.v.}/\partial y \qquad (4.101)$$

$$\partial \Psi_{s.v.} / \partial x = -K_y \partial p^m + 1/\partial y - \partial \Psi_{d.v.}/\partial x \qquad (4.102)$$

由于边界值问题属于纽曼类型的问题,解并非唯一;在不损失普适性的情况下,假设无井情况下任何一点处 Ψ_{total} 的值为0(详细内容参见4.4节)。

4.9 三维流中的流线追踪

到目前为止,已经介绍了各种不同类型的流函数,并阐述了其在流线追踪中的应用。遗憾的是,这些方法均无法扩展应用到三维问题。但就三维流而言,有另外一种三维流函数或矢量势,至少有形式上的存在。这是因为对于任意矢量 Ψ 有矢量恒等式“Ψ 的旋度的散度 $=0$”。因此,如果质量守恒条件“q 的散度 $=0$”成立,且对于不可压缩流也成立(q 为达西流速),则此恒等式保证可写出“$q = \Psi$ 的旋度”,在此限制范围内,就简化成平面上的 Ψ。然而,与采用三个速度函数(二维问题中只用流函数即可)相比,利用三维 Ψ 并不能将迹线跟踪变得更加容易。因此不做进一步讨论。但流线或迹线作为局部与速度矢量平行的切线这个概念仍有吸引力,从运动学上讲,希望沿 $dx/dt \sim u$、$dy/dt \sim v$ 和 $dz/dt \sim w$ 线给出定义,其中,$\sim$ 表示成比例。考虑一下位于流内任何位置的界面(即标记为红色的面),并以点的位置对其描述。

$$f(x,y,z,t) = 0 \qquad (4.103)$$

该界面通过无液体穿过这个特性加以界定。因此,与界面垂直液体的速度必等于与其垂直的界面的速度。通过矢量计算,一个界面的法向速度等于 $-f_t / \sqrt{f_{x^2} + f_{y^2} + f_{z^2}}$,而液体的法向速度通过 $(uf_x + vf_y + wf_z)/(\phi \sqrt{f_{x^2} + f_{y^2} + f_{z^2}})$ 给出。这些参数相等的条件是:

$$\partial f/\partial t + u/\phi \partial f/\partial x + v/\phi \partial f/\partial y + w/\phi \partial f/\partial z = 0 \qquad (4.104)$$

但方程(4.104)的左边只是导数,也叫质点的矢量导数或物质导数。通常用 df/dt 算子表示,即:

$$df/dt = \partial f/\partial t + u/\phi \partial f/\partial x + v/\phi \partial f/\partial y + w/\phi \partial f/\partial z = 0 \qquad (4.105)$$

这样,就证明了界面上的质点仍在界面上。为求方程(4.105)的积分,通过计算全导数满足:

$$df = \partial f/\partial t dt + \partial f/\partial x dx + \partial f/\partial y dy + \partial f/\partial z dz \qquad (4.106)$$

除以 dt 得:

$$df/dt = \partial f/\partial t + dx/dt \partial f/\partial x + dy/dt \partial f/\partial y + dz/dt \partial f/\partial z \qquad (4.107)$$

比较方程(4.105)和方程(4.107)有:

$$df/dt = 0 \qquad (4.108)$$

即,只要符合以下轨迹,f 即为常数:

$$dx/dt = u(x,y,z,t)/\phi \qquad (4.109a)$$

$$dy/dt = v(x,y,z,t)/\phi \qquad (4.109b)$$

$$dz/dt = w(x,y,z,t)/\phi \qquad (4.109c)$$

因此,给定起点坐标(x_0,y_0,z_0),则可通过方程(4.109a)至方程(4.109c)对时间求积分,求得后续空间轨迹,时间步长可任意小。以不同起始位置重复这个过程,形成迹线(也叫纹线)。在稳定流中这些迹线简化成流线。此外,方程(4.109a)至方程(4.109c)具有普适性,适用于不可压缩流(满足压力的椭圆方程)和可压缩流(满足通用的以时间为自变量的热方程)。尽管上述方法简单直接,但直接使用可能会导致很大数值误差。比如,在一口井附近启动流线追踪时,只需一个时间步长,高的局部流速可将液体质点推出长方形计算模型。就算不是这样,截断误差也会迅速累积,从而破坏最终解的完整性。这个问题可通过精细插值纠正。先假定中粗筛眼的速度场可通过收敛的压力解(比如第7章)求得,然后以速度分量$u(x,y,z)$为例加以考虑。用星号表示单元块中心值。现在,偏导数u_x^*、u_y^*、u_z^*、u_{xx}^*、u_{xy}^*、u_{xz}^*、u_{yx}^*、u_{yy}^*、u_{yz}^*、u_{zx}^*、u_{zy}^*和u_{zz}^*可通过标准差分公式求得。如果Δ表示标准的网格尺寸,且$\Delta_x,\Delta_y,\Delta_z \ll \Delta$,则根据二阶泰勒展开式得如下算子形式的方程:

$$u = u^* + (\Delta_x \partial/\partial x + \Delta_y \partial/\partial y + \Delta_z \partial/\partial z)u^* + \frac{1}{2}!(\Delta_x \partial/\partial x + \Delta_y \partial/\partial y + \Delta_z \partial/\partial z)2u^* + \cdots$$

$$(4.110)$$

其中,所有导数均为已知。因此,任何网格块内部u的值都能计算得到。如果将上述流线跟踪算法应用于更为精细的维度,则可提高计算精度。方程(4.110)内插值法可脱离流线追踪单独使用,如果期望有更高的分辨率,则将其用于压力$p(x,y,z,t)$。提高精度的第二种方法需要在低压梯度位置取初始位置(x_0,y_0,z_0),以此减少大的累积误差影响。然而无法保证一定如此,比如,油藏有多口井时,则无法保证从特定起点会流到期望的井。

利用方程(4.109a)至方程(4.109c)计算的迹线和前面描述的流线(流函数为恒定值的轨迹)密切相关:稳定流中两者相同。当然,直接计算路径轨迹可提供更多的信息,因为随着流体移动,它们能够标记出各个流体质点。因此,此类计算对示踪剂、污染物和质点跟踪分析是有用的。另一方面,流线仅产生形状信息,但相邻流线间的质量流量可快速计算出来。此值与流函数值之差成比例;此外,流线间的狭小区域内流速高。在所有上述追踪模型中,忽视了分子扩散的影响;在应用过程中,这个物理限制必须予以考虑。当物理模型加入扩散影响时,便不能使用方程(4.109a)至方程(4.109c)给出的这类简单算法。须采用考虑实际扩散的微分方程方法,但遗憾的是,由于数值方面会出现模拟黏度影响,这会增加出现额外误差的概率。第21章流内分子扩散部分将讲到这些内容。

4.10 三维油藏中的示踪剂移动

油藏连通性对生产各阶段的波及系数很重要。地层孔隙空间的连通效率通过示踪剂分析确定,分析时在注水井引入化学或放射性示踪剂,在生产井进行监测。这个概念简单:生产井获得的示踪剂越多,注水井与生产井间的连通性越好。油藏模拟过程中确定油田渗透率和孔隙度分布,通常通过反复试验确定,但也可以利用生产井和试井数据进行历史拟合确定。在单相流油藏中,稳态生产剖面完全通过压力方程和达西定律确定,这两者均不依赖于孔隙度。试井过程中,压力升高和降落取决于孔隙度和压缩率,但这两个参数不直接用于稳态产量计算。经验示踪剂测试可提供有关孔隙度的进一步信息,即通过示踪剂运移时间计算出孔隙度值,此孔隙度值可以代入稳态流方程(其中压缩率并不重要)。因此,这三种流动测试提供了良好的独立检测点,这些检测点对实现良好的油藏描述非常必要。

如前所述,空间内任意流体标记可通过轨迹方程 $dx/dt = u/\phi$、$dy/dt = v/\phi$ 和 $dz/dt = w/\phi$ 跟踪。这些方程对稳态和瞬态可压缩流(不管液体还是气体)都适用,可用于直接估算示踪剂突破和示踪剂历史拟合所需的传播时间。尽管操作上重视示踪剂试井和分析,但会因不必要的数值干扰而影响质点轨迹和时间历程的模拟。研究人员经常利用计算出来的两相饱和度推导流线和质点轨迹,将局部饱和度变化与质点动态关联起来。然而,许多此类基于欧拉方程的方法会因不必要的截断误差和扩散而效果变差。实际上,这个问题比许多人想得要简单。对于给定的恒密或可压缩液体或气体流,如果欧拉速度 u、v 和 w 已知,则 $f(x,y,z,t) = 0$ 所描述的面满足一阶方程 $\partial f/\partial t + (u/\phi)\partial f/\partial x + (v/\phi)\partial f/\partial y + (w/\phi)\partial f/\partial z = 0$,其中 ϕ 为孔隙度。该方程是精确的,它是 Lord Kelvin 一个世纪前通过合并方程(4.107)和方程(4.108)得到并针对无孔隙流而导出的,其拉格朗日解含流的完整运动动态。遗憾的是,Kelvin 方程用于除了石油行业以外的各行各业。但有个商业集团解出了这个方程,不过,这个商业集团错误地将其标记定为简化的饱和度方程,其中未考虑单位流度流的毛细管压力。该公司使用明确的 IMPES 差分方法,其中,压力暗解,饱和度明解。特别是,这利用不同差分方法解出了拉格朗日函数 f。

$$(f_{i,j,k,n} - f_{i,j,k,n-1})/\Delta t = (u_{i,j,k,n-1}/\phi_{i,j,k})(f_{i+1,j,k,n-1} - f_{i-1,j,k,n-1})/(2\Delta x)$$

$$+ (v_{i,j,k,n-1}/\phi_{i,j,k})(f_{i,j+1,k,n-1} - f_{i,j-1,k,n-1})/(2\Delta y)$$

$$+ (w_{i,j,k,n-1}/\phi_{i,j,k})(f_{i,j,k+1,n-1} - f_{i,j,k-1,n-1})/(2\Delta z) \quad (4.111)$$

由于这个表达式非常不稳定,故引入专有的阻尼项,以抵消数值误差。此结果属于考虑到有严重计算扩散的方案。在后续三维可视化过程中,随着饱和度沿轨迹发生变化(明显不满足 $df(x,y,z,t)/dt = 0$),作为示踪元素引入的饱和度前缘从最初的单一颜色演化成多色持续变化的状态,结果造成单相应用场合有多相流的错觉。

当然,Kelvin 方程的正确解绝不会产生此种结果。由于其轨迹方程要求 f 随质点移动而变化并保持不变,红色的水必须保持红色,蓝色的水必须始终是蓝色。解 Kelvin 方程有精确的方法。比如形式为 $W_t + [F(W)]_x = 0$ 的守恒定律,其中 W 为 x 和 t 的矢量函数,该定律适合用精确的高阶 Lax - Wendroff 方法及其扩展(比如参考 Ames 的 1977 年论文)来解。然而,除非 W 的实际应用需要各种时间情况下各节点的值,否则,可采用下述笔者提出的精确不扩散算法。为构建出简单准确的方案,笔者观察到,沿 $dx/dt = u(x,y,z,t)/\phi(x,y,z)$、$dy/dt = v(x,y,z,t)/\phi(x,y,z)$ 和 $dz/dt = w(x,y,z,t)/\phi(x,y,z)$ 确定的每个轨迹,函数 $f(x,y,z,t)$ 必须保持不变,因为 $df/dt = 0$,观察到这一点也就足够了。正如之前所述,这暗示着红色的水仍为红色。通过用轨迹方程更新路径坐标 $x(t)$、$y(t)$ 和 $z(t)$ 来利用这个特性。出于展示目的,将 $f(x,y,z,t)$ 初始化为零,但一旦示踪元素进入特定网格块,则其 f 将永远标记成相同颜色,后续便不用理会。这仍局限于网格分辨率所引起的简单截断误差,而并没有引入扩散。对于这个方案,某些 Fortran 功能可派上用场。在 Fortran 中,函数 f 的"开或关"性质可编码成逻辑变量。不过在图4.2中,选择使用整数数组 MARK(i,j,k),其数组元素为0或1。整个流场最初标记为0,至少在各网格块被质点穿过之前为0。质点穿过网格块时,Fortran 开关会将 MARK(i,j,k)中的特定元素永远地变成1。新的与时间有关的指数通过 Fortran 整数语句定义,比如 I = X/DX +1,这会跟踪质点至最近的网格块。质点跟踪过程中任意一点的扩散时间保存在值 T 内,T 可根据需要重写成数组。这个精确算法背后的计算引擎如图4.2所示。

```
      .
      .
C     Define maximum dimensions (imax,jmax,kmax) of grid, and block
C     sizes dx, dy, dz.  Also, define Eulerian velocities u(i,j,k),
C     v(i,j,k), and w(i,j,k) from analytic solutions, or calculated
C     single or multiphase results. Then provide the initial tracer
C     particle coordinates, Xstart,Ystart, and Zstart.
      .
C     Mark each 3D node by "0", indicating that it has not yet seen
C     tracer activity, using MARK(i,j,k) integer array.
      DO 100  I = 1,IMAX
      DO 100  J = 1,JMAX
      DO 100  K = 1,KMAX
      MARK(I,J,K) = 0
  100 CONTINUE
      .
C     Initialize position vector (x,y,z) and time.
      X = XSTART
      Y = YSTART
      Z = ZSTART
      T = 0.
      .
C     Start marching in time, for NMAX time steps.
      DO 400  N = 1,NMAX
      .
C     Define new initial (i,j,k) indexes.
      I = X/DX +1
      J = Y/DY +1
      K = Z/DZ +1
      .
C     Select time step, e.g., using
      TOP = MIN(DX,DY,DZ)
      BOT = MAX(U(I,J,K),V(I,J,K),W(I,J,K))
      DT  = 0.1 * ABS(TOP/BOT)
      .
C     If particle moves, then (i,j,k) changes.  Mark change at the
C     new coordinate with "1" (if there is no change, marking same
C     (i,j,k) repeatedly with "1s" is harmless.
      MARK(I,J,K) = 1
      .
C     Calculate new position coordinates, and update time.
      X = X + U(I,J,K)*DT
      Y = Y + V(I,J,K)*DT
      Z = Z + W(I,J,K)*DT
      T = T + DT
      .
  400 CONTINUE
      .
C     Store array of "1's" traced by particles  in "MARK.DAT" file.
C     In 3D graphics cube, "color" if "1", but do not color if "0".
C     Include header information for plotting.
```

图4.2　快速而精确的流线示踪剂算法

　　上文描述的这个 Fortran 引擎重新被编码成离散的示踪剂质点输入集的子程序。子程序连续调用不断地将数组 MARK(i,j,k) 标记为 1(只要检测到有示踪剂活动),而那些没有受示踪剂影响的网格块保留为 0。因此,完整的质点路径描述通过简单的整数阵列 MARK(i,j,k) 体现,然后后者可利用现成的软件绘制。

　　以下是一个简单但精确的实验。图 4.3 中右侧立方体显示出球对称独立点源压力场的八分之一,这里提供了两个旋转视图,一个是侧面,一个是正面。左侧立方体显示出最初置于立方体侧面的示踪元素的径向轨迹(如图左上方所示)。很明显,里面没有数值扩散;在个人电脑上质点得到以秒计的精确跟踪,在工作站上也不是以小时计,无须担心出现数值扩散或不稳定。实际上,实际扩散的影响可能很重要,比如,污染物随流运移和扩散的环境问题。有篇题目为"Modeling of Subsurface Biobarrier Formation"的论文展示了达西流与浓差扩散的共生

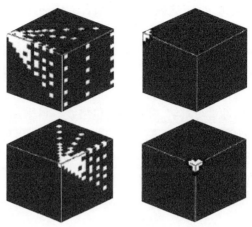

图 4.3　来自球形源的示踪剂轨迹

关系,其中调查研究了现代数值方法及其局限性(Chen – Charpentier and Kojouharov,2001)。

　　在推导解析结果和准备流线模式方面,数学家们经常求稳定解。然而,这些解不管现实是否存在,都不明显:所产生的基本问题形成了流体动力学家称之为稳定性理论的课题。比如,流经旗子的与风向一致的空气流。稳定流解为 U_∞ = 常数,其中 U_∞ 为恒定风速,假定旗子完全静止并与直线流保持一致。相应的(空气动力学)流函数便为 $\Psi(x,y) = U_\infty y$。当然,实际上风中的旗子始终是飘动的,因此形成众所周知的飘动的旗子不稳定这个认知。油藏中的流也可能是不稳定的,比如三次采油中用黏稠流体顶替另一种流体时有可能存在的黏性指进。当不稳定性发生时,就不存在稳定跟踪的流线。在基于线性稳定性理论的最简单例子中,迹线和界面呈正弦曲线形状来回变化。在临界波长,中性稳定性可能因为指数增长、紊流过渡或其他形式的层流破坏而消失。为模拟稳态流的线性稳定性及其存在,几乎总是采用小干扰理论。

　　按照第 17 章所述的单相段塞流顶替模型容易阐明这种方法,此模型研究两种液体通过无滤饼线性岩心的流(见 17.6 节)。从中得到描述侵入前缘 $x_{f,1}(t)$ 的方程(4.112):

$$(\mu_1/\mu_2 - 1)x_{f,1} + L = + \{[(\mu_1/\mu_2 - 1)x_{f,o} + L]^2 + [2K(P_1 - P_r)/(\phi\mu_2)](\mu_1/\mu_2 - 1)t\}^{1/2}$$

$$(4.112)$$

　　其中,为方程(17.13)中的 $x_f(t)$ 加了一个下标 1,以帮助讨论。这样,驱替前缘可能加速或减速,具体加速还是减速取决于 μ_1 和 μ_2 的相对值。为解决稳定性问题,参照原方程:

$$dx_f/dt = -[K/(\phi\mu_1)](\mu_1/\mu_2)(P_1 - P_r)/[L + xf(\mu_1/\mu_2 - 1)] \qquad (4.113)$$

　　原方程尚未局限于满足初始条件 $x_{f,1}(0) = x_{f,o}$ 的解。利用这个限制较少的方程,考虑一下范围更广的一类解 $x_f = x_{f,1} + x_{f,2}$,其中,$|x_{f,2}| \leqslant |x_{f,1}|$,$x_{f,1}$ 满足方程(4.112)和方程(4.113)。即研究对方程(4.112)中定义的原始流的干扰 $x_{f,2}$。将 $x_f = x_{f,1} + x_{f,2}$ 代入方程

(4.113)并减去中间项,可得干扰微分方程:

$$dx_{f,2}/dt \approx [K/(\phi\mu_2)](P_1 - P_r)/[L + x_{f,1}(\mu_1/\mu_2 - 1)]^2 x_{f,1}(\mu_1/\mu_2 - 1) \quad (4.114)$$

由于 $P_r - P_1$ 为负数,$x_{f,1}$ 为正数,所以,当 $\mu_1 > \mu_2$ 时有 $dx_{f,2}/dt < 0$,当 $\mu_1 < \mu_2$ 时有 $dx_{f,2}/dt < 0$。这说明,如果驱替液体的流度比被驱替的液体流度高,则对前缘的小干扰会造成不规则性快速增加。另外,如果驱替液体流度较低,则对前缘的干扰会随时间延长而减弱。实际上,在不稳定流动界面处会形成小规模的黏性指进。笔者已经给出一个简单的流体动力稳定性分析示例。在更复杂的问题中,该方法基本是一样的:得到简单的平均解,将该解和总体干扰代回完整的控制系统(问题不同,方程也不同),得到描述干扰流的差分方程,最后,对干扰属性进行求解,确定稳定包络线。可采用不同的数学方程,比如,层状牛顿管流在雷诺数为2000(稳定流和不稳定流的分界线)时会出现典型的 Eigen 值问题。Marle 于 1981 年曾研究过关于两相达西流的早期文献,而 Chin 写的书(1994,2014b)讨论了流体动力稳定性理论中的运动波一般性质。

问题和练习

1. 不对 $dy/dx = v/u$ 直接做数值积分而是利用 $\Psi(x,y)$ 进行流线追踪有哪些好处? 与对 $dy/dt = v/\phi$ 和 $dx/dt = u/\phi$ 直接做数值积分相比呢? 其他方法的最大误差在哪里? 最小误差在哪里? 哪些初始流积分域精度最高? 哪些初始流积分域精度最低? 即离井近好还是离井远好?

2. 通过直接微分验证方程(4.42)和方程(4.43)与方程(4.44)和方程(4.45)满足柯西—黎曼条件。对于方程(4.58)和方程(4.61)与方程(4.64)和方程(4.67),重复此练习。

3. 修正第 7 章有限差分求解方程,使均匀流通过三口井,然后计算相应压力场。按 4.4 节所给步骤构建此流流线。

4. 确定各向异性介质中任意流度气流的复势,验证柯西—黎曼条件满足方程(4.17)和方程(4.18)。

5. 假定一个无穷大各向同性均质油藏中有两口体积流速相同的井。画出以下两种情况下两口井的流线模式:(1)两口均为生产井;(2)一口为生产井,另一口为注水井。然后令两口井体积流速不同,重复这个练习过程。找出所观察到的所有对称性。如何利用这些信息简化油藏数值模拟?

6. 设无穷大各向同性均质油藏内有四口井位于正方形顶点,所有井流速相同。画出以下两种情况下的流线图案:(1)四口均为生产井;(2)有两口对角布置的为生产井,另两口为注水井。找出所观察到的所有对称性。

第5章 复杂几何形状流

在第2章和第3章里,介绍了积分方程在模拟单个裂缝和页岩流过程中的用法。对于这些简单的几何形状,顺利得到了非常常见的边界条件下的解析解。然而,为了得到更复杂形状条件下的类似结果,则必须采用保角映射方法。保角映射通常属于复变量方面的研究内容,是研究生层次的数学课程。一旦求得拉普拉斯方程的简单解(比如前面章节求得的那些),变换即产生更复杂的解。大多数初等教科书(Hildebrand,1948;Churchill,1960)中有描述标准的保角映射,比如,将有限条映射到无限域或将角域和多边形映射到几何形状较简单的半平面。但在理论空气动力学领域,复变量和保角映射的应用和成果最多。这些年来,飞机与导弹设计人员不断研究出许多将简单流映射成复杂流的绝佳变换方法;但遗憾的是,这些映射方法除航空航天工程设计人员以外无人知晓。本章中,将对油气藏流动采用这些方法。幸运的是,无须为得到有用结果而掌握围线积分和留数计算方面的复变量理论或相关方法。首先在第4章讨论基础上仅利用简单的大学数学解释保角映射的基本要素。然后,将新的变换方法运用到流经复杂几何形状的达西流上,并提供有用公式供实际使用。最后,就仍较为通用的解析解提供通用、有效和简单易懂的求得方法,此外,还在积分方程方法基础上提供更多的解。

5.1 什么是保角映射?

保角变换背后的理论巧妙而精简,实践证明,只采用大学数学即可导出基本概念。为使概念简单易懂,先看一个简单的流体模型。设均质各向同性介质中有一恒密稳定的二维平面液体流,该流满足拉普拉斯方程:

$$\partial^2 P/\partial x^2 + \partial^2 P/\partial y^2 = 0 \tag{5.1}$$

其中,$P(x,y)$ 为压力,x 和 y 为笛卡儿坐标。X 和 Y 方向上的欧拉速度 u 和 v 分别为:

$$u = -(K/\mu)\partial P/\partial x \tag{5.2}$$

$$v = -(K/\mu)\partial P/\partial y \tag{5.3}$$

其中,K 和 μ 分别为渗透率和黏度。如第2章和第3章所述,当有相关流承载实体(比如裂缝或页岩透镜体)大致沿坐标线分布时,坐标 x 和 y 可派上用场。这种情况不属于最符合实际问题的那种情况。因此,求广义坐标以期获得有用结果。

(1)一般变换。

为实现一般变换,考虑以下变换对:

$$\xi = \xi(x,y) \tag{5.4}$$

$$\eta = \eta(x,y) \tag{5.5}$$

并以一种不同但完全等效的方式表示方程(5.1)。利用链式法则(Thomas,1960),对 x 求导得:

$$P(x,y) = p(\xi,\eta) \tag{5.6}$$

$$\partial P/\partial x = (\partial p/\partial \xi)(\partial \xi/\partial x) + (\partial p/\partial \eta)(\partial \eta/\partial x) \tag{5.7}$$

$$\partial^2 P/\partial x^2 = (\partial p/\partial \xi)(\partial^2 \xi/\partial x^2) + (\partial p/\partial \eta)(\partial^2 \eta/\partial x^2)$$

$$+ (\partial \xi/\partial x)(\partial^2 p/\partial \xi^2 \partial \xi/\partial x + \partial^2 p/\partial \xi \partial \eta \partial \eta/\partial x)$$

$$+ (\partial \eta/\partial x)(\partial^2 p/\partial \eta \partial \xi \partial \xi/\partial x + \partial^2 p/\partial \eta^2 \partial \eta/\partial x) \tag{5.8}$$

类似地,对 y 求导得:

$$\partial P/\partial y = (\partial p/\partial \xi)(\partial \xi/\partial y) + (\partial p/\partial \eta)(\partial \eta/\partial y) \tag{5.9}$$

$$\partial^2 P/\partial y^2 = (\partial p/\partial \xi)(\partial^2 \xi/\partial y^2) + (\partial p/\partial \eta)(\partial^2 \eta/\partial y^2)$$

$$+ (\partial \xi/\partial y)(\partial^2 p/\partial \xi^2 \partial \xi/\partial y + \partial^2 p/\partial \xi \partial \eta \partial \eta/\partial y)$$

$$+ (\partial \eta/\partial y)(\partial^2 p/\partial \eta \partial \xi \partial \xi/\partial y + \partial^2 p/\partial \eta^2 \partial \eta/\partial y) \tag{5.10}$$

因此,添加方程(5.8)和方程(5.10)后有:

$$\partial^2 P/\partial x^2 + \partial^2 P/\partial y^2 = (\partial p/\partial \xi)(\partial^2 \xi/\partial x^2 + \partial^2 \xi/\partial y^2) + (\partial p/\partial \eta)(\partial^2 \eta/\partial x^2 + \partial^2 \eta/\partial y^2)$$

$$+ 2(\partial^2 p/\partial \eta \partial \xi)(\partial \xi/\partial x \partial \eta/\partial x + \partial \xi/\partial y \partial \eta/\partial y)$$

$$+ (\partial^2 p/\partial \xi^2)[(\partial \xi/\partial x)^2 + (\partial \xi/\partial y)^2]$$

$$+ (\partial^2 p/\partial \eta^2)[(\partial \eta/\partial x)^2 + (\partial \eta/\partial y)^2] \tag{5.11}$$

小写 p 表示,其对 (ξ,η) 的函数依赖性通常不同于 P 对 (x,y) 的依赖性。目前,方程(5.4)和方程(5.5)十分通用,正如方程(5.11)复杂右式显示的那样。

(2)保角映射。

可对方程(5.11)做一个重要简化,该简化实际上也是有用的。假定有约束条件:

$$\partial \xi/\partial x = \partial \eta/\partial y \tag{5.12}$$

$$\partial \eta/\partial x = - \partial \xi/\partial y \tag{5.13}$$

如果对方程(5.12)两边对 x 求导,对方程(5.13)两边对 y 求导,然后去掉得到的项 $\partial^2 \eta/\partial x \partial y$,则得:

$$\partial^2 \xi/\partial x^2 + \partial^2 \xi/\partial y^2 = 0 \tag{5.14}$$

同样,如果方程(5.12)两边对 y 求导,方程(5.13)两边对 x 求导,然后去掉得到的项 $\partial^2 \xi/\partial x \partial y$,则得:

$$\partial^2 \eta/\partial x^2 + \partial^2 \eta/\partial y^2 = 0 \tag{5.15}$$

这样,方程(5.11)前两行均为零。接着,方程(5.11)第三行也为零;根据方程(5.12)和方程(5.13)这是显而易见的,因为直接代入有:

$$\partial \xi/\partial x \partial \eta/\partial x + \partial \xi/\partial y \partial \eta/\partial y = (\partial \eta/\partial y)(- \partial \xi/\partial y) + \partial \xi/\partial y \xi \partial \eta/\partial y = 0 \tag{5.16}$$

现在,用表达式(5.17)定义变换的雅可比行列式 $j(x,y)$:

$$j(x,y) = (\partial\xi/\partial x)(\partial\eta/\partial y) - (\partial\xi/\partial y)(\partial\eta/\partial x) \tag{5.17}$$

利用方程(5.12)和方程(5.13),得到等效形式:

$$j(x,y) = (\partial\xi/\partial x)^2 + (\partial\xi/\partial y)^2 > 0 \tag{5.18}$$

$$= (\partial\eta/\partial x)^2 + (\partial\eta/\partial y)^2 > 0 \tag{5.19}$$

即:

$$(\partial\xi/\partial x)^2 + (\partial\xi/\partial y)^2 = (\partial\eta/\partial y)^2 + (\partial\eta/\partial x)^2 = j(x,y) \tag{5.20}$$

因此,假定方程(5.11)中的方程(5.12)和方程(5.13)成立,显然有以下结果:

$$\partial^2 P/\partial x^2 + \partial^2 p/\partial y^2 = j(x,y)(\partial^2 p/\partial\xi^2 + \partial^2 p/\partial\eta^2) \tag{5.21a}$$

方程(5.21)左边因方程(5.1)成立而等于零,又因为 $j > 0$,故有:

$$\partial^2 p/\partial\xi^2 + \partial^2 p/\partial\eta^2 = 0 \tag{5.21b}$$

式(5.21b)没有一阶和二阶导数交叉项。因此,当方程(5.12)和方程(5.13)中出现保角约束条件时,原本在 (x,y) 坐标中满足拉普拉斯方程的任何谐函数 $P(x,y)$,现在都在 (ξ,η) 坐标中满足相同的方程。

用数学语言表示即拉普拉斯方程在保角变换后保持不变,也即谐函数仍为谐函数。此外,其他研究人员也有讨论与方程(5.12)和方程(5.13)有关的几何解释,比如 Churchill(1960)。这种方法巧妙、精简、有效、实用:当 $P(x,y)$ 有封闭解或数值解时,如果可以找到满足方程(5.12)和方程(5.13)的变换 $\xi = \xi(x,y)$ 和 $\eta = \eta(x,y)$,则轻松生成另一个自由解 $p(\xi,\eta)$。$p(\xi,\eta)$ 确定时,则可得映射 $P(x,y)$。

注意:(ξ,η) 和 (x,y) 均为笛卡儿直角坐标,在任何应用中系统均可表示物理平面。任何情况下,这个概念都是要额外选定 $\xi = \xi(x,y)$ 和 $\eta = \eta(x,y)$,以便保证 ξ/η 线沿着对解决当前实际问题有用的几何边界分布(比如,弯曲裂缝或油气藏不规则的外部边界)。倘若如此,则以 (ξ,η) 坐标表示的难题之解就变换为纯粹简单拓扑形式的问题之解。注意:沿曲线分布的谐函数恒定值变换后继续出现在变换曲线上,同样,该函数的法向导数为零。这两个边界条件可直接用于具有固定压力的井、裂缝或边界,也适用于无流约束条件的非渗透页岩。当函数沿曲线发生变化时,变换后函数值也发生变化;不过,映射平面内的准确变化取决于映射细节。对于函数的变化值,保角映射方法不太直接;如果同之前所用一样,当前问题允许进行几何简化,则最好采用第2章和第5章所述的积分方程方法。

这些条件综合起来对工程设计人员要求很多。实践证明,可采用两种非常有效方法解决上述拓扑问题。第一种方法采用复变量,接下来会有所讨论;第二种方法是笔者最近想出来的,该方法采用基于数值网格生成器的结果,将在第9章和第10章进行讨论。最后,讨论之前提到的二阶导数交叉项,比如 $\partial^2 p/\partial\xi\partial\eta$。这些交叉项未出现在方程(5.21b)中,因为方程(5.12)和方程(5.13)引入了限制条件(幸运的是这些条件有用),本章将对限制条件予以说明。然而,更为通用的非保角映射通常会将交叉项引入变换后的偏微分方程,偏微分方程可将解新方程的过程变得复杂。在石油行业,此类通用变换叫作角点方法,但由于数值稳定性问题,许多模拟器都忽略变换方程中的交叉项,结果造成没有效果。然而,可采用中心差分表示法构建稳定方案,用有限差分渐进法表示 $\partial^2/\partial\xi\partial\eta$。比如,笔者近年计算流变学方面的著作(Chin,2000;2012a,b),即利用此类算法计算(非线性)高度堵塞的非循环型管线和偏心环空中的非牛顿流场。

5.2 采用简单的复变量

准备保角映射所需基本知识时无须围线积分、留数分析、分支切割等深奥专业内容。实践证明,关键概念都是只采用初等微积分的简单处理。以常用表示法 $i = \sqrt{-1}$ 表示虚数,并引入复坐标:

$$z = x + iy \tag{5.22}$$

此外,考虑任意单变量函数 $w(z)$,比如 $\sin z$、$\cosh z$ 或 $\exp(z)$。一般地,函数 $w(z)$ 显然必须为复变函数。这样,应该可以将其融入实部 $\xi(x,y)$ 和虚部 $\eta(x,y)$:

$$w(z) = \xi(x,y) + i\eta(x,y) \tag{5.23}$$

现在,在方程(5.23)两边对 x 求导。利用链式法有:

$$w'(z)\partial z/\partial x = \partial\xi(x,y)/\partial x + i\partial\eta(x,y)/\partial x \tag{5.24}$$

其中,一阶导数为对 z 所取的寻常导数。但根据方程(5.22)有 $\partial z/\partial x = 1$,故方程(5.24)变成:

$$w'(z) = \partial\xi(x,y)/\partial x + i\partial\eta(x,y)/\partial x \tag{5.25}$$

同样,如果在方程(5.23)两边对 y 求导,并根据方程(5.22)有 $\partial z/\partial y = i$,则有:

$$iw'(z) = \partial\xi(x,y)/\partial y + i\partial\eta(x,y)/\partial y \tag{5.26}$$

如果接下来用 $-i$ 乘以方程(5.26),则有:

$$w'(z) = \partial\eta(x,y)/\partial y - i\partial\xi(x,y)/\partial y \tag{5.27}$$

注意方程(5.25)和方程(5.27)描述的是相同导数 $w'(z)$。设这两个表达式等效,令实部和虚部相等后:

$$\partial\xi/\partial x = \partial\eta/\partial y \tag{5.28}$$

$$\partial\eta/\partial x = -\partial\xi/\partial y \tag{5.29}$$

但方程(5.28)和方程(5.29)与方程(5.12)和方程(5.13)完全相同!这样,就找到一种生成满足方程(5.12)和方程(5.13)的映射的简单有效方法:只需写出 $z = x + iy$ 的解析函数 $w(z)$,然后取其实部和虚部[见方程(5.23)]。

上一节结尾时提到的拓扑问题现在就简化成较为简单的寻找 z 的适当函数的问题,即找出那些其 $\xi(x,y)$ 等于常数和 $\eta(x,y)$ 等于常数的阶层曲线刚好与相关几何边界吻合的 $w(z)$

函数。经典的黎曼定理(比如参考 Carrier 等人的 1966 年著作)展示了大多数的保角变换形式,即保证将简单连接的域映射到圆的变换以及将双连接环形空间映射到同心环形空间的变换。遗憾的是,其中未讲述实现方法。不过,对许多问题可采用 Schwarz – Christoffel 变换,该变换将常见 N 边形的内部变换成半平面。这需要利用多个直线段序列逼近拟合成平滑曲线;当线段较多时,该过程可能导致难以积分以及代数方面难以处理,这个逼近过程可能会产生与实际不相吻合的结果。找有用的变换成了经验与见解问题;幸运的是,石油行业以外的文献中有可加以利用的映射。Hildebrand(1948)的著作、Kober(1957)的著作和 Spiegel(1964)的著作中有讲到标准映射;Ashley 和 Landahl(1965)的著作、Thwaites(1960)的著作、Woods(1961)的著作和 Carrier 等人(1966)的著作中有讲到不太常规的映射。

5.3 示例 5.1 经典的径向流解

在第一个例子中,重现径向流的对数压力解,径向流以辅助面内均匀平凡流为起始。为此,考虑对数映射:

$$w(z) = \lg z \tag{5.30}$$

其中,对数为自然对数。从几何形态上看,有 $x = r\cos\theta$ 和 $y = r\sin\theta$,其中 (r,θ) 为柱面坐标。这样,可将方程(5.22)写成极坐标形式 $z = x + \mathrm{i}, y = re^{\mathrm{i}\theta}$,故有 $\lg z = \lg r + \mathrm{i}\theta$。应用方程(5.23)得:

$$w(z) = \xi(x,y) + \mathrm{i}\eta(x,y) = \lg r + \mathrm{i}\theta \tag{5.31}$$

结果有:

$$\xi(x,y) = \lg r = \lg \sqrt{x^2 + y^2} \tag{5.32}$$

$$\eta(x,y) = \theta = \tan^{-1} y/x \tag{5.33}$$

现在,确定在上述给定映射情况下边界围线变换的方式。根据方程(5.32),直线 $\xi = \lg R_{\mathrm{well}} =$ 常数映射成圆 $x^2 + y^2 = R_{\mathrm{well}}^2 =$ 常数;线 $\xi = \lg R_{\mathrm{ff}} =$ 常数映射成 $x^2 + y^2 = R_{\mathrm{ff}}^2 =$ 常数。其中,下标 well 和 ff 指井筒半径和指定的远场位置。根据方程(5.33)有:恒 η 线映射成恒 θ 或恒 y/x 的径向线。这些结果的总结如图 5.1 所示,其中显示了 $x – y$ 平面和 $\xi – \eta$ 平面间的对应。

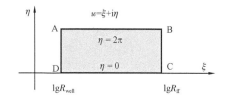

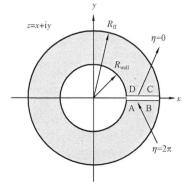

图 5.1　同心油藏的映射

为说明非平凡流的结果是如何从简单平凡流的结果中获得的,看一下压力场:

$$p(\xi,\eta) = p_{\mathrm{well}} + (p_{\mathrm{ff}} - p_{\mathrm{well}})(\xi - \lg R_{\mathrm{well}})/(\lg R_{\mathrm{ff}} - \lg R_{\mathrm{well}}) \tag{5.34}$$

该压力场满足:$\xi = \lg R_{\mathrm{ff}}$ 时 $p(\xi,\eta) = p_{\mathrm{ff}}$;$\xi = \lg R_{\mathrm{well}}$ 时 $p(\xi,\eta) = p_{\mathrm{well}}$。在 $\xi – \eta$ 平面中,方程(5.34)是关于具有多个速度分量的均匀平凡流,其速度分量分别与压力梯度 $\partial p/\partial \xi = (p_{\mathrm{ff}} - $

$p_\text{well})/(\lg R_\text{ff} - \lg R_\text{well})$ 和 $\partial p/\partial\eta = 0$ 成比例。注意,方程(5.34)是一个仅取决于 ξ 的简单函数。现在,根据上一节所得结果,通过将方程(5.32)代入方程(5.34)构建满足方程(5.1)的谐压力函数,结果有:

$$P(x,y) = p_\text{well} + (p_\text{ff} - p_\text{well})(\lg \sqrt{x^2 + y^2} - \lg R_\text{well})/(\lg R_\text{ff} - \lg R_\text{well})$$

$$= P_\text{well} + [(p_\text{ff} - p_\text{well})/(\lg R_\text{ff}/R_\text{well})](\lg \sqrt{x^2 + y^2}/R_\text{well}) \tag{5.35}$$

该解为著名的对数解,即通常以较熟悉的 $\lg r$ 形式表示的径向流的解:

$$p(r) = R_\text{well} + [(p_\text{ff} - R_\text{well})/(\lg R_\text{ff}/R_\text{well})](\lg r/R_\text{well}) \tag{5.36}$$

从这个示例中可以看到方程(5.30)这样看似简单的变换背后所具有的巧妙与效果。需要强调的是,将解 $p_{\xi\xi} + p_{\eta\eta} = 0$ 的压力函数变成直角坐标形式 $P_{xx} + P_{yy} = 0$ 的压力函数,而不是直接解 $p_{rr} + (1/r)p_r + (1/r^2)p_{\theta\theta} = 0$。

5.4　示例5.2　有径向对称裂缝的圆形井眼

设半径为 $R \geqslant c$ 的各向同性均质圆形油气藏中心有一个直线裂缝($-c \leqslant X \leqslant c, Y = 0$),进出该裂缝的液体或气体流为稳态流。此外,还假设恒压 P_f 沿裂缝分布,而远场边界位置有不同的恒压 P_R。这个问题的解析解看似是第2章得到的公式 $P_\text{ref}^{m+1} p^{m+1}(x,y)$ 的特殊极限。与第2章相同,这里也是所有大写变量均为有量纲的,而所有小写变量均为无量纲的。

出于方便起见,用函数 $P_\text{ref}^{m+1} p^{m+1}(X/c, Y/c)$ 表示示例2.2的极限解,其中强调了参数对裂缝半长 c 的依赖性。此外,注意这个函数是谐函数,满足拉普拉斯方程:

$$\partial^2 P_\text{ref}^{m+1} P^{m+1}(X/c, Y/c)/\partial X^2 + \partial^2 P_\text{ref}^{m+1} P^{m+1}(X/c, Y/c)/\partial Y^2 = 0 \tag{5.37}$$

此方程以直角坐标(X, Y)表示,因此使得保角映射可以采用。换算因数 P_ref^{m+1} 为恒定值,抵消掉了,但故意保留此换算因数,以强调要利用坐标(X, Y)。

问题简单描述如下:是否可以将直线的这个极限解(可解析)变成描述有两对称径向裂缝圆形井眼的出流的解?答案是"可以"。为此,先定义一个新的函数:

$$G^*(X,Y) = p_\text{ref}^{m+1} p^{m+1}[X/(s + R_\text{w}^2/s), Y/(s + R_\text{w}^2/s)] \tag{5.38}$$

此函数通过用量 $s + R_\text{w}^2/s$ 代替 $P_\text{ref}^{m+1} p^{m+1}(X/c, Y/c)$ 中的半长 c 求得,其中 R_w 为圆井半径,此做法的意图后续会清楚。现在证明,在裂缝长度如此定义的情况下,该解适用于具有相交对称等长径向裂缝的井眼。证明过程采用空气动力学领域的 Joukowski 映射方法(Milne - Thomson,1958):

$$Z = \xi + R_\text{w}^2/\xi \tag{5.39}$$

其中:

$$Z = X + iY \tag{5.40}$$

$$\xi = \xi(X,Y) + i\eta(X,Y) \tag{5.41}$$

如果接着将方程(5.40)和方程(5.41)代入方程(5.39)，并令实部和虚部相等，则有：

$$X = \xi + R_w^2\xi/(\xi^2 + \eta^2) \tag{5.42}$$

$$Y = \eta - R_w^2\eta/(\xi^2 + \eta^2) \tag{5.43}$$

现在观察以下变换结果：(1)圆井 $\xi^2 + \eta^2 = R^2$ 映射成直线(或狭缝) $X = 2\xi, y = 0$；(2)线 $\eta = 0$ 映射成第 2 章所述的狭缝 $Y = 0$；(3)顶点 $(\xi = -s, \eta = 0)$ 和 $(\xi = s, \eta = 0)$ 分别映射成点 $(X = -s - R_w^2/s, Y = 0)$ 和 $(X = s + R_w^2/s, Y = 0)$。注意，方程(5.39)确保无穷大处事件不发生变化，因为远场 $Z = \xi$。这些结果如图 5.2 所示。因此，可利用方程(5.38)中的解 $G^*(X, Y)$ 生成半径为 R_w 的有对称径向裂缝圆井的解，后者以坐标 (ξ, η) 表示，顶点到顶点的距离为 $2s$。将方程(5.42)和方程(5.43)代入方程(5.38)求得解 $P^{m+1}(\xi, \eta)$。

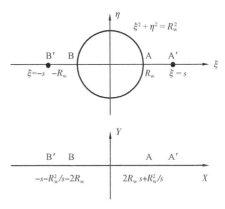

图 5.2　有对称径向裂缝的圆形井眼

$$P^{m+1}(\xi, \eta) = G^*[\xi + R_w^2\xi/(\xi^2 + \eta^2), \eta - R_w^2\eta/(\xi^2 + \eta^2)] \tag{5.44}$$

其中，斜体 P 表示该函数有别于 $p(x, y)$。需要强调的是，$P^{m+1}(\xi, \eta)$ 满足拉普拉斯方程以坐标 (ξ, η) 表示的笛卡儿形式。最后，令 $\Psi(X/c, Y/c)$ 为与 $p^{m+1}(X/c, Y/c)$ 有关的流函数；从压力解求取流函数的方法见第 4 章。可类似地引入一个函数：

$$H^*(X, Y) = \Psi[X/(s + R_w^2/s), Y/(s + R_w^2/s)] \tag{5.45}$$

与该函数对应的流函数为：

$$\Psi(\xi, \eta) = H^*[\xi + R_w^2\xi/(\xi^2 + \eta^2), \eta - R_w^2\eta/(\xi^2 + \eta^2)] \tag{5.46}$$

在保角变换情况下，函数(比如压力)的恒定值变成如前所述新平面内的相同恒定值，因此，对函数 $p^{m+1}(x, y)$ 的这个应用是约定俗成的。但对 $\Psi(x, y)$ 的应用并不是约定俗成的，因为 Ψ 沿裂缝并非恒定：净流由裂缝各个部分构成。不过，如果假定 $\Psi(X/c, Y/c)$ 已经求得，则方程(5.46)便为变换后正确的流函数。此示例中的映射最初由 Spreiter(1950)给出，用以描述绕双翼导弹弹体的横向流动。此外，Ashley 和 Landahl(1965)的著作在谈到高速飞行器中细长体理论时也讨论过这个内容。此类流经常通过空气动力学公式计算，但石油行业通常采用需要更多资源且精确度较低的高速计算机进行计算。

5.5　示例 5.3　有两条相对不均匀径向裂缝或单条径向裂缝的圆形井眼

现在，考虑相同的圆形井眼，但有两条相对的不均匀径向裂缝。按照示例 5.2，重新思考示例 2.2 中的函数 $P_{ref}^{m+1}p^{m+1}(X/c, Y/c)$，就会发现，此解适用于线段 $-1 \leqslant X/c \leqslant 1$ 或 $-c \leqslant X \leqslant c$。但不考虑方程(5.38)中的函数，而考虑 X 变换的函数：

$$G^*(X,Y) = P_{\text{ref}}^{m+1} + P^{m+1}\big[(X-\delta)/(s+R_w^2/s),Y/(s+R_w^2/s)\big] \tag{5.47}$$

该函数仍满足以坐标(X,Y)表示的拉普拉斯方程。方程(5.47)表示的直线裂缝位于$-1\leqslant(X-\delta)/(s+R_w^2/s)\leqslant1$,即沿$-s-R_w^2/s+\delta\leqslant X\leqslant s+R_w^2/s+\delta$分布。

再考虑一下方程(5.39)至方程(5.43)定义的保角映射。如前所述,有以下两个变换结果:(1)圆井$\xi^2+\eta^2=R_w^2$映射成直线(或狭缝)$X=2\xi,y=0$;(2)线$\eta=0$映射成第2章的狭缝$Y=0$。但现在只有狭缝平面内位于点$(X=-s-R_w^2/s+\delta,Y=0)$和$(X=s+R_w^2/s+\delta,Y=0)$的裂缝顶点没有映射成$-s$和$s$。为确定$(\xi,\eta)$平面内对应的顶点位置,根据方程(5.43)发现,$\eta=0$仍变换成$Y=0$。沿$\eta=0$评价方程(5.42)得出结果$X=\xi+R_w^2/\xi$或者$\xi^2-X\xi+R_w^2=0$,结果,从二次方程式得到的两个$\xi$值对应于任意规定的$X$。当$X=-s-R_w^2/s+\delta$时,所选的$\xi^2+(s+R_w^2/s-\delta)\xi+R_w^2=0$的解为:

$$\xi = \big[(-s-R_w^2/s+\delta)-\sqrt{(s+R_w^2/s-\delta)^2-4R_w^2}\big]/2 \tag{5.48}$$

当$X=s+R_w^2/s+\delta$时,所选的$\xi_2+(-s-R_w^2/s-\delta)\xi+R_w^2=0$的解为:

$$\xi = \big[(s+R_w^2/s+\delta)+\sqrt{(s+R_w^2/s+\delta)^2-4R_w^2}\big]/2 \tag{5.49}$$

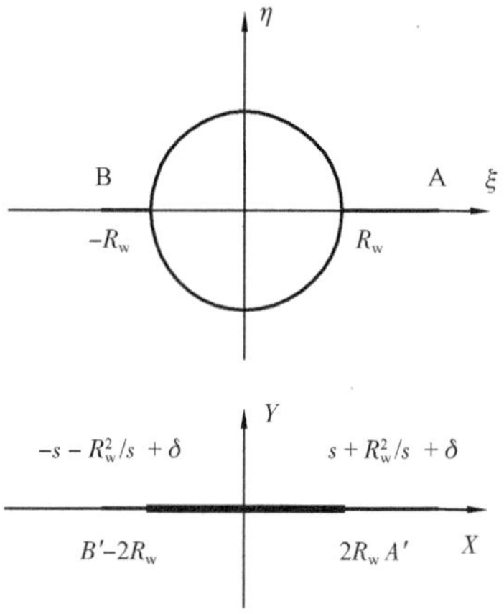

图5.3   具有非对称径向裂缝的圆形井眼取代双裂缝。

选择这些符号目的是为了当端点到端点的裂缝长度超过井眼半径很多时方程(5.48)和方程(5.49)在$R_w=0$范围内简化成:

$$\xi = \big[(-s+\delta)-\sqrt{(s-\delta)^2}\big]/2 = -s+\delta \tag{5.50}$$

$$\xi = \big[(s+\delta)-\sqrt{(s+\delta)^2}\big]/2 = s+\delta \tag{5.51}$$

最终示意图如图5.3所示。在额外的极限范围$\delta=0$内,得到仅针对单裂缝的结果:前述横坐标现在变成$\xi=-s$和$\xi=s$,结果出现裂缝位于中心时的结果。此外,可选择X变换δ,以便用单径向裂缝。

5.6   示例5.4 有多条径向裂缝的环形井眼

在示例5.2和示例5.3中,考虑了具有双径向裂缝或单径向裂缝的环形井眼。此外,也可考虑具有多条等长径向裂缝的圆形井眼。此类多条裂缝通常会在共轭裂缝组地质研究中遇到,有时会在水力压裂工艺过程中观察到。考虑图5.4所示的压裂井眼。圆通过$x^2+y^2=1$或$|z|=1$定义,通过$\arg z=\arg re^{i\theta}=\theta=(2k+1)\pi/N,1<|z|<a,k=0,1,\cdots,N-1$定义的$N$条径向投影画出,其中参数$a>1$。这个表达式描述了相关的裂缝方位。

此处强调,此类井眼偶尔会观察到。然而,图5.4所示的裂缝图案也有可能表示来自互相

交叉的共轭裂缝组的流,即通过 $N=4$ 和 $a \geqslant 1$ 定义的流。定义辅助量:

$$b = (a^N + a^{-N})/2 \tag{5.52}$$

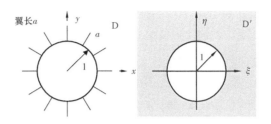

图 5.4　具有多条径向裂缝的井眼

然后,以下有 $0 < \text{arg}z < 2\pi$ 的变换:

$$\xi = (b+1)^{-N} \{ z^N + z^{-N} + b - 1 + [(z^N + z^{-N} + 2b)(z^N + z^{-N} + 2b)(z^N + z^{-N} - 2)]^{1/2} \}^{1/N} \tag{5.53}$$

将 z 平面内的域 D 映射成 ξ 平面内由 $|\xi| > 1$ 给出的外部圆形域 D'。

该映射用于研究火箭横断面上多条稳定器叶片的空气动力学性质[参考 Ashley 和 Land-ahl(1965)的著作]。接着,需要以变换坐标表示的主压力解。从径向流的经典对数解(以笛卡儿坐标 ξ 和 η 表示)开始。该解根据方程(5.35)已经可求;用这个解的原因是此解的 $R_{\text{well}} = 1$ 恒定不变,与前述变换一致。因此,主压力方程为:

$$p(\xi,\eta) = p_{\text{well}} + [(p_{\text{ff}} - p_{\text{well}})/(\lg R_{\text{ff}})] \lg \sqrt{\xi^2 + \eta^2} \tag{5.54}$$

如果现在将 $\zeta = \xi + i\eta$ 和 $z = x + iy$ 代入方程(5.53)并令实部和虚部相等,给出 $\xi = \xi(x,y)$ 和 $\eta = \eta(x,y)$ 的表达式,然后将函数代入方程(5.54),产生以坐标 (x,y) 表示的压力 P(斜体),则有:

$$p(x,y) = p_{\text{well}} + [(p_{\text{ff}} - p_{\text{well}})/(\lg R_{\text{ff}})] \lg \sqrt{\xi(x,y)^2 + \eta(x,y)^2} \tag{5.55}$$

当然,方程(5.53)的复杂性意味着前述步骤通常将以数值方式进行。

5.7　示例 5.5　呈任意角的页岩直线段

本节为不渗透页岩,即不渗透固态线型对象。在第 3 章中,得出了局限于小流动角度的解析方法。此处的解对大迎角更为适用。

再次展示如何利用保角映射生成流经复杂结构的流场。显然,首先得到以任意迎角流经圆柱体的流。这个初始步骤可通过两种不同方法来完成,下面予以说明。

5.7.1　方法 1

传统的大学生所用方法是通过变量分离。从柱面坐标表示的压力方程入手:

$$p_{rr} + (1/r)p_r + (1/r^2)p_{\theta\theta} = 0 \tag{5.56}$$

然后求具有以下形式的可分离解:

$$p(r,\theta) = G(r)H(\theta) \tag{5.57}$$

代入方程(5.56)有：

$$r^2 G''/G + rG'/G = -H''/H = \sigma^2 > 0 \tag{5.58}$$

其中，σ^2 为正常数。方程(5.58)暗含两个普通的微分方程，即 $r^2 G'' + rG' - \sigma^2 G = 0$ 和 $H'' + \sigma^2 H = 0$。对于 $\sigma = 0$，这些解没有实际意义，因为与 θ 成正比的 H 暗含离圆很远的连续砂体内有一个双值压力场。因此，考虑非零的 σ^2，其解为 $G_\sigma(r) = A_\sigma r^\sigma + B_\sigma r^\sigma$ 和 $H_\sigma(\theta) = C_\sigma \sin\sigma\theta + D_\sigma \cos\sigma\theta$。因此，解呈现的形式为 $p_\sigma(r,\theta) = G_\sigma(r)H_\sigma(\theta) = (A_\sigma r^\sigma + B_\sigma r^\sigma)(C_\sigma \sin\sigma\theta + D_\sigma \cos\sigma\theta)$。

用 $\sigma = 1$ 时的解解决问题。在这个简单极限范围内，发现有 $p_1(r,\theta) = (A^r + B^{r-1})(C\sin\theta + D\cos\theta)$。现在选择常数 A、B、C 和 D，使满足：

$$p(r,\theta) = -(U_\infty \mu/K)(r + c^2/r)(\cos\alpha\cos\theta + \sin\alpha\sin\theta) \tag{5.59a}$$

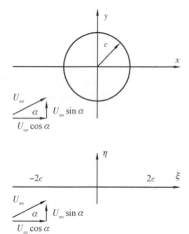

图 5.5　流经直线页岩的流

显然，$\partial p/\partial r$ 与因数 $(1 - c^2/r^2)$ 成比例；因此，径向达西速度在圆 $r = c$ 上为零。接下来，在 r 接近无穷大的远处，方程(5.59a)类似于 $p(r,\theta) \approx -(U_\infty \mu/K)r(\cos\alpha\cos\theta + \sin\alpha\sin\theta)$；即以笛卡儿坐标表示为 $p(x,y) \approx -(U_\infty \mu/K)(x\cos\alpha + y\sin\alpha)$。这样，垂向达西速度满足 $-(K/\mu)\partial p/\partial y = U_\infty \sin\alpha$，而横向速度满足 $-(K/\mu)\partial p/\partial x = U_\infty \cos\alpha$。因此，方程(5.59a)给出了产生流经该圆的流的压力场，但在无穷远处倾角为 α。该流如图 5.5 所示。

5.7.2　方法 2

第二种方法巧妙地运用了 4.6 节描述的圆定理。按照 4.6 节给出的方法，首先写出单个均匀流的复势；即：考虑简单函数 $w(z) = -(U_\infty \mu/K)e^{-i\alpha}z$，其中，$z = x + iy$。为了证明其正确性，直接相乘得 $w(z) = -(U_\infty \mu/K)[(x\cos\alpha + y\sin\alpha) + i(y\cos\alpha - x\sin\alpha)]$。由于 $w(z)$ 实部只是压力，所以发现它满足表达式 $p(x,y) = -(U_\infty \mu/K)(x\cos\alpha + y\sin\alpha)$，正如方法 1 中那样。

接下来，按照方法的第二个部分，用 $-i$ 代替 i，用 c^2/z 代替 z，以此形成扩大表达式，然后将结果加到最初的复势上，得：

$$w(z) = -(U_\infty \mu/K)(e^{-i\alpha}z + e^{i\alpha}c^2/z) \tag{5.59b}$$

这样就给出了经圆均匀流的复势。为了证明其正确性，将 $z = re^{i\theta}$ 代入方程(5.59b)，并采用角求和法公式扩展结果。如此得方程(5.59a)。令方程(5.59b)采取复变形式，则得到更为巧妙的方程。由于 $z = re^{i\theta}$，可将方程(5.59b)写成以下形式：

$$w(z) = -(U_\infty \mu/K)[re^{i(\theta-\alpha)} + c^2/re^{i(\alpha-\theta)}] \tag{5.59c}$$

其实部(压力)完全等同于所得方程(5.59a)的实部，但后者通过变量硬分离获得。即：

$$p(x,y) = -(U_\infty \mu/K)(r + c^2/r)(\cos\alpha\cos\theta + \sin\alpha\sin\theta)$$

$$= -(U_\infty \mu/K)[1 + c^2/(x^2 + y^2)](x\cos\alpha + y\sin\alpha) \tag{5.60}$$

5.7.3　流经直线页岩段的流

为获得流经直线页岩段的流,考虑 Joukowski 映射:

$$\xi = z + c^2/z \tag{5.61}$$

其中,

$$z = x + iy \tag{5.62}$$

$$\xi = \xi(x,y) + i\eta(x,y) \tag{5.63}$$

如果接着将方程(5.62)和方程(5.63)代入方程(5.61),并令实部和虚部相等,则有:

$$\xi = x + c^2 x/(x^2 + y^2) \tag{5.64}$$

$$\eta = y + c^2 y/(x^2 + y^2) \tag{5.65}$$

现在注意以下变换结果:(1)圆形井眼 $x^2 + y^2 = c^2$ 映射成直线或狭缝 $\xi = 2x, \eta = 0$;(2)在无穷远处有 $\xi = z$,两个远场流相同。在进一步讨论前,先将方程(5.61)写成 $z^2 - \xi z + c^2 = 0$ 形式,然后用二次方程式解 z。取无穷远处保持 $\zeta = z$ 的根,则有:

$$z = (\xi + \sqrt{\xi^2 - 4c^2})/2 \tag{5.66}$$

或者

$$z = (\xi + i\eta + \sqrt{\xi^2 - \eta^2 - 4c^2 + i2\xi\eta})/2 \tag{5.67}$$

然后得到:

$$2x = \xi + [(\xi^2 - \eta^2 - 4c^2)^2 + 4\xi^2\eta^2]^{1/4}\cos\left\{\frac{1}{2}\tan^{-1}[2\xi\eta/(\xi^2 - \eta^2 - 4c^2)]\right\} \tag{5.68}$$

$$2y = \eta + [(\xi^2 - \eta^2 - 4c^2)^2 + 4\xi^2\eta^2]^{1/4}\sin\left\{\frac{1}{2}\tan^{-1}[2\xi\eta/(\xi^2 - \eta^2 - 4c^2)]\right\} \tag{5.69}$$

将方程(5.68)和方程(5.69)代入方程(5.60)得出流经直线页岩段的流以坐标 (ξ, η) 表示的解。

5.7.4　更常见的页岩几何形状

利用所熟知的 Joukowski 映射生成流经扁平板状页岩的流的解。遇到更常见的形状是有可能的,在空气动力学领域存在着流经肋片、方向舵和支柱形状的流。比如可利用 Karman – Trefftz 变换生成有厚度的圆弧状页岩,两个圆心位于相同一侧或位于两侧。von Mises 变换生成模拟波状起伏地层的"S"状线条,Carofoli 变换不生成尖角和削尖的尾沿,而是生成滚圆边缘(Milne – Thomson,1958,1968)。

5.8 示例 5.6 无穷大直线页岩阵列

接下来求流经不同时期堆叠的无穷大页岩阵列的流的解析解。出于这个目的,首先看图 5.6给出的术语。在本书中,仅给出映射方法;详细内容请参考 Oates(1978)关于涡轮机械的参考书目。首先,选择机翼翼弦 c、间距 s 和交错角 β;接着计算密实度 c/s。然后,常数 ψ 的值(不要同流函数 Ψ 混淆)利用非线性超越方程迭代求得。

$$\pi C/(2S) = \cos\beta \lg(\sqrt{\sinh^2\psi + \cos^2\beta}/\sinh\psi)$$
$$+ \sin\beta\tan^{-1}(\sin\beta/\sqrt{\sinh^2\psi + \cos^2\beta}) \tag{5.70}$$

然后,便适合采用以下变换:

$$z = (S/2\pi)\{e^{-i\beta}\lg[(e^\psi + \xi)/(e^\psi - \xi)] + e^{-i\beta}\lg[(e^\psi + 1/\xi)/(e^\psi - 1/\xi)]\} \tag{5.71}$$

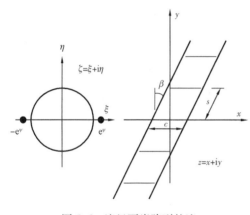

图 5.6　流经页岩阵列的流

该函数在 ζ 平面内有一个单位圆,映射成 z 平面内的直线级联(图 5.6)。实轴上点 $\zeta = e^\psi$ 和 $-e^\psi$ 映射成 z 平面内 x 轴上的 ∞ 和 $-\infty$。

5.8.1　利用圆定理

首先,考虑单个均匀流。设在 z 平面内有攻角为 α 的复匀速度[参见方程(4.77)]:

$$dw(z)/dz = U_\infty e^{-i\alpha} \tag{5.72}$$

为了模拟该平面内上下游无穷远处的流,在 ζ 平面内的 $-e^\psi$ 处放置一个源,而在 e^ψ 处放置一个汇。然后,复势将通过4.7节讨论的圆定理确定的映射叠加求得。最终结果如下:

$$w(\xi) = (SU_\infty/2\pi)\{e^{-i(\beta+\alpha)}\lg[(e^\psi + \xi)/(e^\psi - \xi)]$$
$$+ e^{-i(\beta+\alpha)}\lg[(e^\psi + 1/\xi)/(e^\psi - 1/\xi)]\} \tag{5.73}$$

另外,达西速度 u 和 v 采用以下方程求得:

$$dw/dz = (dw/d\xi)(d\xi/dz) = u - iv \tag{5.74}$$

第一个因数取自方程(5.73),第二个因数取自方程(5.71)。

5.8.2　更常见的页岩阵列与来流

前述结果在有效性质计算中可予以应用,比如,确定单一非均质性(远场位置也会存在整个页岩阵列的效应)。此类应用很重要,因为为了优化收敛速度并降低内存需求,计算网格必须是小网格。飞机涡轮和压缩机设计方面的参考文献提到了有厚度、曲率等参数机翼的许多映射方法。这些解法中包括保角映射(比如示例5.6)和对偶型奇异积分方程,为第2章和第3章所述方法的扩展,用于处理空气动力学流干扰的效应。在更为专业的著作和论文中有提到这些解法，比如 Scholz（1977）的著作、Weinig（1964）的著作、Thwaites（1960）的著作、Oates（1978）的著作和 Lighthill（1945）的著作。

5.9 示例5.7 含水层驱动下的面积注采井

前文已经证明保角映射在生成经裂缝、页岩和复杂形状阵列的流方面的用处。对于加密钻井，感兴趣的是单口注水井驱动下，一组生产井存在水侵时的解决方案。首先讨论这个问题的是 Muskat（1937），Muskat 假定这些井在大型油藏中间形成一个井群；这个假设仅在初期生产阶段成立。这里，设定有一个任意近的圆形含水层；这样，这个解法就适用于后期生产阶段。如图 5.7 所示的井网配置，其中，圆形域 $|z| < R$ 内

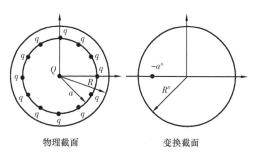

物理截面　　　变换截面

图5.7　面积注采井

含位于 $z=0$ 处强度为 Q 的源，而在点 $z_k = ae^{i(2k+1)\pi/n}$ 处有 n 个强度为 q 的源，$k=0,1,\cdots,n-1$ 且 $0<a<R$。希望复势 $w(z)=p+i\Psi$ 满足远场边界 $|z|=R$ 上有 $p=0$。下面给出这个解但不做证明：

$$w(z) = Q\lg z/R + q\lg\left[R^n(z^2+a^n)/(R^{2n}+Z^na^n)\right] \qquad (5.75)$$

注意在点 $z=0$ 和 $z=z_k$ 临近区域，等压线大致为中心坐落在这两点上的圆。因此，复势也为由 $|z|<R$、$|z|>\delta$ 和 $|z-z_k|>\varepsilon$ 确定的流域（其中，$k=0,1,\cdots,n-1$，$\delta\ll a$ 且 $\varepsilon\ll a$）提供了一个压力问题的近似解。观察发现，方程（5.75）中的常数 Q 和 q 选择时可（近似）满足条件：$|z|=R$ 时 $p=0$、$|z|=\delta$ 时 $p=p_1$ 和 $|z-z_k|=\varepsilon$ 时 $p=p_2$，其中，p_1 和 p_2 为实数。上述变换用于研究火箭发动机喷嘴内的热传递。

5.10 三维流

到目前为止，已经研究了二维平面流。但许多三维问题也适用于用解析法解。继续讨论之前，先介绍一下球状点源的概念。实际上，这个概念最好通过整体质量守恒来介绍。首先考虑二维流，径向达西速度与 dp/dr 成比例，在平面问题中，其与面积 $2\pi r$ 的积必为常数；因此，在此类流中，dp/dr 类似 $1/r$，积分后得预期的对数压力。在三维问题中，$dp/dr\times4\pi r^2$ 必保持恒定不变；因此，dp/dr 类似 $1/r^2$，$p(r)$ 像 $1/r$ 一样变化。这是描述球状点源的。此外，更正式的话，也可从拉普拉斯方程的球对称形式入手：

$$d^2p/dR^2 + (2/R)dp/dR = 0 \qquad (5.76)$$

得：

$$p(r) = 1/R \qquad (5.77)$$

然后直接将其用作三维流中的相关基本解，其中，R 指（有量纲）径向坐标。

5.11　示例5.8 球状点源

最简单的非平凡流来自半径为 R_R 的球状油藏内半径为 R_W 的球状点源井。这些面上分别有压力 P_W 和 P_R。然后,先假定 $P = A/R + B$ 求得压力解,进而得:

$$P(r) = R_R P_R / R + (R_R P_R - R_W P_W)(1 - R_R / R)/(R_R - R_W) \tag{5.78a}$$

这表示由于球状泄油孔引起的压力,比如,有限长度线源的端部;它表示钻井过程中钻头侵入解。

5.12　示例5.9 具有规定压力的有限线源

水平井模拟过程中有限线源是有用的;后者既用作注水井也用作生产井。此外,对于如第2章所述的平面裂缝,其线型形状使得它们适用于分布式源解。设有线源 $-c \leqslant X \leqslant c, Y = Z = 0$,其中 X、Y 和 Z 是有量纲的。且设半径 $R \geqslant c$ 处压力为 P_R,而沿源压力保持恒定不变,为 P_W。现在,按第2章所述,引入无量纲坐标 $x = X/c$、$y = Y/c$ 和 $z = Z/c$ 以及无量纲压力 p_R 和 $p(x,0,0) = p_W$。在当前问题中方程(5.77)中的基本解可重写成以下等效形式:

$$p(x,y,z) = 1/\sqrt{x^2 + y^2 + z^2} \tag{5.78b}$$

该方程满足:

$$\partial^2 p/\partial x^2 + \partial^2 p/\partial y^2 + \partial^2 p/\partial z^2 = 0 \tag{5.79}$$

由线源分布引起的压力分布即:

$$p(x,y,z) = \int m(\xi)\,\mathrm{d}\xi / \sqrt{(x - \xi)^2 + y^2 + z^2} + H \tag{5.80}$$

也会满足方程(5.79),因为它是线性的。如第2章所述,ξ 表示叠加的源坐标,H 为常数。为清晰起见,积分极限$(-1,1)$予以忽略。现在,如果假设:

$$p(x,0,0) = P_W, \quad -1 \leqslant x \leqslant 1 \tag{5.81}$$

则方程(5.80)变成:

$$PV \int m(\xi)/(\xi - x)\,\mathrm{d}\xi = P_W - H \tag{5.82}$$

方程(5.82)为有用的起主导作用的奇异积分方程,源强 $m(x)$ 满足此方程。第3章遇到过该积分方程,当时讨论了页岩流模拟。以下方程:

$$PV \int g(\xi)/(x - \xi)\,\mathrm{d}\xi = -h(x) \tag{3.24}$$

的通解是:

$$g(x) = -(1/\pi^2)\sqrt{(1 - x)/(1 + x)}$$

$$\times PV \int [h(\xi) \sqrt{1-\xi}]/[(\xi-x) \sqrt{1-\xi}]d\xi + \gamma/ \sqrt{1-x^2} \qquad (3.25)$$

其中,为了清晰起见,继续忽略积分上下限(-1,1)。有几个经典的数学参考文献(Carrier et al.,1966;Mikhlin,1965;Muskhelishvili,1953)导出并讨论了该解。方程(5.82)同之前的方程(3.25)暗含:

$$m(x) = -(1/\pi^2) \sqrt{(1-x)/(1+x)}(p_W - H)$$

$$\times PV \int \sqrt{1+\xi}/[\xi-x \sqrt{1-\xi}]d\xi + \gamma/ \sqrt{1-x^2} \qquad (5.83)$$

具体要注意方程(3.25)和方程(5.83)的第二行。项 $\gamma/ \sqrt{1-x^2}$ 表示方程(3.24)的解具有非唯一性,在空气动力学文献中任意常数 γ 作为表征流的循环为已知。在这里,此循环如何选择?继续评价方程(5.83)。方程(5.83)第一行里积分的值 π 于1956年由 van Dyke 给出,此值完全独立于 x。因此,有:

$$m(x) = [\gamma - (P_W - H)/\pi + (P_W - H)x/\pi]/ \sqrt{1-x^2} \qquad (5.84)$$

实际上,期望源强 $m(x)$ 关于 $x=0$ 对称,即期望有一个偶函数满足:

$$m(x) = m(-x) \qquad (5.85)$$

考虑方程(5.84)的第三项。只有当 $p_W - H = 0$ 时这是可能的,其中暗含 $H = p_W$。因此,根据方程(5.80)和方程(5.83)有:

$$p(x,y,z) = \int \gamma/ \sqrt{1-\xi^2}d\xi/ \sqrt{(x-\xi)^2 + y^2 + z^2} + P_W \qquad (5.86)$$

如果接着评价离线源距离远的位置的方程(5.86),则得:

$$[\gamma/(R/c)] \int d\xi/ \sqrt{1-\xi^2} + P_W = P_R \qquad (5.87)$$

现在,方程(5.87)中的定积分恰好为 π,结果利用以下循环:

$$\gamma = (P_R - P_W)(R/c)/\pi \qquad (5.88)$$

解决此问题。综合方程(5.86)和方程(5.88),最终结果为:

$$p(x,y,z) = \int [(p_R - p_W)(R/c)]/[\pi \sqrt{1-\xi^2}]d\xi/ \sqrt{(x-\xi)^2 + y^2 + z^2} + P_W \qquad (5.89)$$

$y = z = 0$ 时可发现根据方程(5.89)得到的柯西主值积分为零,独立于 x(van Dyke,1956)。为确定进出线源的净流,最好在远处球状体积范围内对导数 $\partial p/\partial r$ 进行积分,而不是研究近场流的复杂细节。而且,此解适用于位于长度为 R/c 的球形半径中心的有限线源。同样,此解直接适用于水平井分析。当然,也可以将此解用于直井。由于当前问题关于平面 $x=0$ 对称,所以,此解也表示从半球流入射孔不完善井的流。Muskat(1937)考虑过后面这个问题,其中的边界条件采用映射方法,与此稍有不同。

5.13 示例 5.10 具有规定流速的有限线源

接下来,考虑同样的问题,但不设定沿源的流速边界条件。同前所述,方程(5.80)成立。为方便起见,引入变量 $\sigma^2 = z^2 + y^2$;然后,与线源垂直的径向速度与 $\partial p / \partial \sigma$ 成比例。同样,方程(5.80)也可写成其等效形式:

$$P(x, \sigma) = \int m(\xi) d\xi / \sqrt{(x - \xi)^2 + \sigma^2} + H \qquad (5.90)$$

其中,为清晰起见,积分上下限(-1,1)忽略。现在,推出导数 $\partial p / \partial \sigma$,引入以下坐标 $\eta = (\xi - x)/\sigma$ 的变化。如果沿 $\sigma = 0$ 评价方程(5.90)并采用示例 2.1 中的极限法,则得:

$$\partial p(x, 0)/\partial \sigma = -m(x)/\sigma \int_{-\infty}^{\infty} d\eta / (\eta^2 + 1)^{3/2} = -2m(x)/\sigma \qquad (5.91)$$

这样,可将方程(5.90)写成其他形式:

$$P(x, \sigma) = -\frac{\sigma}{2} \int_{-1}^{1} \partial p(\xi, 0)/\partial \sigma d\xi / \sqrt{(x - \xi)^2 + \sigma^2} + H \qquad (5.92)$$

在距线源 $R \geqslant c$ 的地方,$x - \xi$ 保持恒定,方程(5.92)可通过方程(5.93)逼近求算:

$$P_{\mathrm{R}} = -\frac{1}{2} \int_{-1}^{1} \partial p(\xi, 0)/\partial \sigma d\xi + H \qquad (5.93)$$

其中,积分为已知,因为规定了沿 x 轴的达西速度。这样,方程(5.93)确定 H,结果方程(5.92)变成:

$$P(x, \sigma) = -\frac{\sigma}{2} \int_{-1}^{1} \partial p(\xi, 0)/\partial \sigma d\xi / \sqrt{(x - \xi)^2 + \sigma^2} + \frac{1}{2} \int_{-1}^{1} \partial p(\xi, 0)/\partial \sigma d\xi + P_{\mathrm{R}} \qquad (5.94)$$

5.14 示例 5.11 面积范围和导流能力均有限的生产裂缝

在第 2 章中,考虑了线状生产裂缝的二维平面流,该裂缝沿指定方向上为无穷长。此外,对具有有限面积范围的平面生产裂缝也可重复这个分析过程,有限面积即指位于 $z = 0$ 平面上通过区域 $S(x, y)$ 确定的面积。由于这个限制,强度为 $m(x, y)$ 的面源(与线源相对)在平面 $z = 0$ 上的 $S(x, y)$ 区域内分布,结果产生该流,即对应于与裂缝平面垂直的达西流速 $w(x, y)$。所需的方程(5.80)扩展(叠加多个 $1/r$ 球状源)形式如下:

$$P(x, y, z) = \iint_{S} m(\xi, \eta) d\xi d\eta / \sqrt{(x - \xi)^2 + (y - \eta)^2 + z^2} + H \qquad (5.95)$$

由于方程(5.95)仅假设源,所以,排除了可能由矿化作用影响导致的切向速度不连续性。方程(5.95)提供了源强为 $m(x, y)$ 的多维积分方程。空气动力学专家将此类方程用于升力面理论模拟机翼流,Mikhlin(1965)经典著作中有对此类方程的讨论。利用与示例 2.1 中类似的

极限法,比如,利用 Bisplinghoff(1955)著作中的极限法,可证明:

$$\partial p(x,y,0^+)/\partial z = m(x,y)/2 \qquad (5.96)$$

$$\partial p(x,y,0^-)\partial z = -m(x,y)/2 \qquad (5.97)$$

这样,法向导数(比如二维平面有限范围内)为逆对称,相等且反向。因此,方程(5.95)变成:

$$P(x,y,z) = 2\iint_S \partial p(\xi,\eta,0^+)/\partial z \, \mathrm{d}\xi \mathrm{d}\eta / \sqrt{(x-\xi)^2 + (y-\eta)^2 + z^2} + H \qquad (5.98)$$

在远距离 R(与 S 的某个特征直径长度相比)处,方程(5.98)满足恒压约束条件 $p = p_R$。因此:

$$P_R = (2/R)\iint_S \partial p(\xi,\eta,0^+)/\partial z \, \mathrm{d}\xi \mathrm{d}\eta + H \qquad (5.99)$$

且用在方程(5.95)中的常数 H 完全确定。

5.15　示例 5.12 面积范围和导流能力均有限的非生产裂缝

在示例 2.1 和示例 5.11 中,因为假设存在生产裂缝,所以用对数作为奇点;这些奇点用于表示垂直于裂缝面、大小相等、方向相反的达西速度,进而模拟生产过程。实际上,流也平行于裂缝向着有产液的不完整井流动。要想出现这个流动,沿裂缝必须存在一个压力梯度,且第 2 章中考虑的变量 $p_f(x)$ 适用。通常,裂缝含固体和碎屑,裂缝一侧的平行速度与另一侧的平行速度不会相同。对于此流,规定沿 $z=0$ 不连续速度为:

$$\partial p(x,y,0^+)/\partial x - \partial p(x,y,0^-)/\partial x = \lambda(x,y) \qquad (5.100)$$

注意,x 为与平面 $z=0$ 相切的坐标,而 $\lambda(x,y)$ 必须根据零涡流选择,即远场有:

$$\iint_S \lambda(\xi,\eta)\,\mathrm{d}\xi \mathrm{d}\eta = 0 \qquad (5.101)$$

假定远场单位速度的解为:

$$P(x,y,z) = (1/4\pi)\iint_S z\lambda(\xi,\eta)/[(y-\eta)^2 + z^2]$$

$$\times [1 + (x-\xi)/\sqrt{(x-\xi)^2 + (y-\eta)^2 z^2}]\mathrm{d}\xi \mathrm{d}\eta \qquad (5.102)$$

有关更多细节,建议读者参考 Bisplinghoff 等人(1955)的著作、Ashley 和 Landahl(1965)的著作,以及 Thwaites(1960)的著作。方程(5.102)起源于空气动力学领域的升力面理论,其中,方程(5.101)中积分的非零值与升力成比例。

5.16　井眼干扰

Muskat(1937)的著作中给出了无限线源(线性驱动)、一口生产井问题的精确解;该线源压力保持恒定均匀,解是通过映射方法求得。此外,他还采用无限映射组给出了有限线源的解,分布源上的压力也为恒定均匀。Muskat 指出避免采用更难解的积分方程方法;他提出了一个烦琐的无穷级数,根据示例2.1中给出的评价,其正确性值得怀疑。到目前为止,笔者尚未详细考虑径向流,而只是恒密液体简单的 lg r 解。第6章研究径向流,其中有得出新的结果和数值方法。现在,为了讨论井眼对复杂裂缝和页岩流的干扰,利用示例6.1中针对稳态液体迭代的结果。按较早示例所用的推广模式,令 $m \neq 0$ 便直接扩展到气体,但这里就此不做进一步讨论。

5.17 示例5.13 含水层驱动情况下靠近多口井的生产裂缝

再次考虑示例2.1中的问题,其中沿狭缝规定的裂缝压力 $p_f(x)$,但现在设裂缝周围有任意口注水井和生产井。这些井通过归一化体积流量 λ_n 描述,其中,事先规定 λ_n 为正数或负数。将方程(2.10)与叠加的奇异性[比如方程(6.9)给出的]合并,得扩展:

$$p(x,y) = \int_{-1}^{1} f(\xi) \lg \sqrt{(x-\xi)^2 + y^2} \mathrm{d}\xi + H + \sum \lambda_n \lg \sqrt{(x-x_n)^2 + (y-y_2)^2}$$

$$(5.103)$$

其中,下标 n 指井数,(x_n, y_n) 表示井位,然后对所有可能的井进行求和。正如第2章所述,常数 H 用于处理井、裂缝和远场干扰作用和远场边界条件。该积分式也满足压力方程(2.7),因为每项单独贡献都是调和的,控制方程是线性的。现在,评价 $y=0$ 位置处的方程(5.103)并应用裂缝条件。由此得方程(2.11),但经过改写有:

$$\int_{-1}^{1} f(\xi) \lg |x - \xi| \mathrm{d}\xi = p_f(x) - \sum \lambda_n \lg \sqrt{(x-x_n)^2 + y_n^2} - H \qquad (5.104)$$

而且,方程(2.12)的解:

$$\int_{-1}^{1} f(\xi) \lg |x - \xi| \mathrm{d}\xi = g(x) \qquad (2.12)$$

有以下通用形式:

$$f(x) = \left\{ \begin{array}{l} PV\int_{-1}^{1} [g'(\xi)/(\xi-x)] \sqrt{1-\xi^2} \mathrm{d}\xi \\ \\ -(1/\ln 2) \int_{-1}^{1} g(f)/\sqrt{1-\xi^2} \mathrm{d}\xi \end{array} \right\} \Big/ (\pi^2 \sqrt{1-x^2}) \qquad (2.13)$$

其中,$g'(\xi)$ 为 $g(\xi)$ 对 ξ 的导数。代入即可解决问题:

$$g(x) = p_f(x) - \sum \lambda_n \lg \sqrt{(x-x_n)^2 + y_n^2} - H \qquad (5.105)$$

$$g'(x) = p'_f(x) - \sum \lambda_n (x - x_n)/[(x - x_n)^2 + y_n^2] \tag{5.106}$$

常数 H 通过将方程(5.103)扩展至距裂缝较远距离并应用远场压力边界条件确定。最终压力结果为：

$$p(x,y) = \int_{-1}^{1} f(\xi) \lg \sqrt{(x - \xi)^2 + y^2} d\xi + \sum \lambda_n \lg \sqrt{(x - x_n)^2 + (y - y_n)^2}$$

$$- \left[\int f(\xi) d\xi + \sum \lambda_n \right] \lg R/c + P_R/P_{ref} \tag{5.107}$$

其中,方程(5.105)和方程(5.106)中的表达式 $g(x)$ 和 $g'(x)$ 用于确定源强 $f(x)$。有一个类似扩展适用于相关的流函数;第 4 章关于裂缝的结果可同方程(6.22)中这种叠加解配合使用。

5.18 示例5.14 实心壁油藏内多口井附近的生产裂缝

考虑前面带不同远场条件的问题。这次不假设压力(有压力就有跨边界的流),而是假设有实心壁。没有井的情况下,裂缝不产生流。存在多口井时,所有井的非零净注入流等于裂缝处的产出流。下面用解析方法证明。方程(5.103)的假定前提在这里适用,将所有项扩展至大的径向距离。根据示例2.1中的步骤,有:

$$p(x,y) = \int_{-1}^{1} f(\xi) \lg \sqrt{(x - \xi)^2 + y^2} d\xi + H + \sum \lambda_n \lg \sqrt{(x - x_n)^2 + (y - y_n)^2}$$

$$\approx \left[\int_{-1}^{1} f(\xi) d\xi + \sum \lambda_n \right] \lg r + H \tag{5.108}$$

其中, r 是径向坐标。现在,推导远场边界处的法向导数 $\partial p/\partial r$,并将其设为 0,以便达西速度为零。这需要:

$$\int_{-1}^{1} f(\xi) d\xi + \sum \lambda_n = 0 \tag{5.109}$$

方程(5.109)与前述的质量守恒一致。现在,任意规定近场的裂缝压力 $p_f(x)$ 和井口流速 λ_n。将这些输入数据代入方程(5.105)生成 $g(x)$,进而通过方程(2.13)[在方程(5.105)的上方]导出分布式源强 $f(x)$ 的表达式。但是,方程(5.105)中的 H 仍为任意数值;选择时必须保证作为质量守恒条件的方程(5.109)成立。选择后问题得到解决并唯一确定所有压力。

5.19 示例5.15 均匀流中近多口井的直线页岩段

在这个问题中,考虑示例3.1的流场,并设有任意数目的生产井和注水井位于不渗透页岩附近。然而,为满足上下游无限远处存在相同远场这个假设,要求所有井的净体积流量总和为零。这意味着:

$$\sum \lambda_n = 0 \qquad (5.110)$$

根据示例 3.1 中的方程(3.21),假设页岩有反正切奇异性的线性分布,但在此基础上加个 x,以模拟远处均匀流,再加上若干离散源,结果有:

$$p(x,y) = \int_{-1}^{1} g(\xi)\arctan[y/(x-\xi)]\mathrm{d}\xi + H + x$$

$$+ \sum \lambda_n \lg \sqrt{(x-x_n)^2 + (y-y_n)^2} \qquad (5.111)$$

现在考虑近场相切条件并推导垂向导数:

$$\partial p/\partial y = \int_{-1}^{1} g(\xi)(x-\xi)/[(x-\xi)^2 + y^2]\mathrm{d}\xi$$

$$+ \sum \lambda_n(y-y_n)/[(x-x_n)^2 + (y-y_n)^2] \qquad (5.112)$$

如果评价 $y=0$ 处的方程(5.112)并应用相切条件[参见方程(3.18)],则获得如下方程而不是方程(3.23):

$$\int_{-1}^{1} g(\xi)/(x-\xi)\mathrm{d}\xi - \sum \lambda_n y_n/[(x-x_n)^2 + y_n^2] = \alpha \qquad (5.113)$$

这样,涡强 $g(x)$ 的奇异积分方程变成:

$$\int_{-1}^{1} g(\xi)/(x-\xi)\mathrm{d}\xi = -\alpha + \sum \lambda_n y_n/[(x-x_n)^2 + y_n^2] \qquad (5.114)$$

结果,方程(3.24)中的函数 $h(x)$ 取以下形式:

$$h(x) = \alpha - \sum \lambda_n y_n/[(x-x_n)^2 + y_n^2] \qquad (5.115)$$

一旦将此表达式代入方程(3.25)求涡强,则通过选择与方程(3.28)吻合的循环 γ 求得 $g(x)$ 最终表达式,要求远场涡流流速为零。

5.20 示例 5.16 和示例 5.17 含水层驱动且有实心壁油藏内的非生产裂缝

在示例 5.12 和示例 5.13 中,考虑了不支持压力间断但有法向速度跳跃(产生流)的纯裂缝。通过示例 5.15 中的对比,考虑上下面有压差,但有连续的法向压力导数,因而不生产的非渗透页岩。正如在示例 3.3 中所讨论的,位于均质各向同性油藏内的不均匀纹线(导致从裂缝一侧到另一侧的切向速度发生改变)可通过规定沿 $y=0$ 的非零涡强 $g(x)$ 模拟,即规定切向速度的不连续性(本节之后会讲到)。对于不渗透页岩,$g(x)$ 的大小由边界几何形状确定;对于纹线,假如净涡度(见本节后面内容)为零,则可根据实验室结果规定。而且,方程(5.111)适用于没有 x 的情况,因为在无限远处无均匀流。现在,将其扩展到离断层很远的位置。在很远的地方,用 $\arctan y/x$ 或 θ(根据径向极坐标得到的方位角)以逼近法求得 $\arctan y/(x-\xi)$。

这样有：

$$p(x,y) = \int_{-1}^{1} g(\xi)\arctan y/(y - \xi)\mathrm{d}\xi + H + \sum \lambda_n \lg \sqrt{(x - x_n)^2 + (y - y_n)^2}$$

$$\approx \theta \int_{-1}^{1} g(\xi)\mathrm{d}\xi + (\sum \lambda_n)\lg r + H \tag{5.116}$$

其中, r 是径向坐标。选择切向速度不连续性分布时必须保证方程(5.116)像方程(3.28)那样,其中积分为零。

(1) 实心壁含水层。

如果需要远场有无流实心壁,则其中的径向导数 $\partial p/\partial r$ 必须为零。因此,对方程(5.116)求导后,有一个附加的约束条件要求 $\sum \lambda_n = 0$,即所有井的净采油速度与净注入速度之和必须为零。根据实际要求这一点是明显的。由于边界值问题仅涉及 p 的导数,所以,压力解在常数数值范围内并非唯一;计算时,任意一点下其值可任意确定,无损通用性。

(2) 含水层驱动。

规定远场边界向含水层开放时(归一化)油藏压力 P_R/P_{ref} 位于无量纲径向坐标 R/c 处。如前所述,方程(5.116)中的积分为零;由于远场边界向含水层开放,(归一化)油藏压力为 $P_R/P_{\text{ref}} = (\sum \lambda_n)\lg R/c + H$,结果积分常数 H 满足 $H = P_R/P_{\text{ref}} - (\sum \lambda_n)\lg R/c$ 。方程(5.116)中的压力分布完全由此值确定。

5.21 示例5.18 高度弯曲的裂缝和页岩

第2章中考虑了直线裂缝,第3章中考虑了直线页岩和轻微弯曲的页岩。之所以做这些假设是为了使物理和数学概念变得简单易懂,避免较烦琐的表示方式。实践证明,一般的120°曲率裂缝和页岩易于处理;正如薄翼理论所暗示的,没有令奇异性沿逼近线分布,而是仅考虑线 $y = h(x)$ 。这样,对于线性分布的强度均为 $f(x)$ 的多个源,方程(2.10)的自然扩展为：

$$p(x,y) = \int_{-1}^{1} f(\xi)\lg \sqrt{(x - \xi)^2 + [y - h(\xi)]^2}\,\mathrm{d}\xi + H \tag{5.117}$$

其中,归纳方程(3.21)中积分的线性涡流分布表达式为：

$$p(x,y) = \int_{-1}^{1} g(\xi)\arctan[y - h(\xi)]/(x - \xi)\mathrm{d}\xi + H \tag{5.118}$$

在方程(5.117)和方程(5.118)中,假定各奇异性位于点 $[\xi, h(\xi)]$ 的轨迹上。上述分布的跳跃性质与之前得到的相同。对于弧线源,对方程(5.117)求导得：

$$\partial p/\partial x = \int_{-1}^{1} f(\xi)(x - \xi)/\{(x - \xi)^2 + [y - h(\xi)]^2\}\mathrm{d}\xi \tag{5.119}$$

$$\partial p / \partial x = \int_{-1}^{1} f(\xi) [y - h(\xi)] / \{(x - \xi)^2 + [y - h(\xi)]^2\} \mathrm{d}\xi \tag{5.120}$$

沿 $y = h(x)$, 方程(5.119)变成:

$$\partial p / \partial x = \int_{-1}^{1} f(\xi) / (x - \xi) \mathrm{d}\xi \tag{5.121}$$

其中, 方程(5.120)采取方程(2.24)给出的形式, 即:

$$\partial p / \partial x = \int_{-1}^{1} f(\xi) [y - h(\xi)] / \{(x - \xi)^2 + [y - h(\xi)]^2\} \mathrm{d}\xi \tag{5.122}$$

$$= y^* \int_{-1}^{1} f(\xi) / [(x - \xi)^2 + y^{*2}] \mathrm{d}\xi \tag{5.123}$$

其中, $y^* = y - h(\xi)$ 趋向于零。应将方程(5.123)同方程(2.24)进行比较。显而易见, 第2章求得的积分方程和跳跃性质在这里也适用, 而且取得了类似的最终结果。类似的评价适用于页岩流模拟方程(5.118), 因为类似方程(5.121)和方程(5.122)中那些积分的积分通过对方程(5.118)直接求导得到。

问题和练习

1. 为了简化, 保角映射示例围绕各向同性地层中不可压缩液体展开。利用第 1 章至第 3 章给出的公式, 将这些映射结果扩展成包括各向异性介质和气体的效应(带常数 m)。提示: 回忆简单标度变换将各向异性方程变成各向同性形式, 而气体效应则如4.2节所述通过考虑 p^{m+1} 模拟。

2. 对与方程(5.107)所给压力对应的流函数进行求导。编写计算机程序, 计算 (x, y) 处的压力和流函数。将该程序的输出结果与商用围线绘图软件集成, 得到能在三次采油中应用的结果。

第6章 径向流分析

在许多书籍中,都有对径向流理论的研究,但并不深入。对 lgr 压力解做草率求导后便弃而不用了。本章将详细研究单相径向流,研究各种液体和气体在各种物理极限范围内适用的解析方程,求得时间和成本都划算的高效模型。首先考虑恒密液体和可压缩气体的稳态流,它们可通过解析方法求解。在示例6.1至示例6.3中,提出并解出了各种不同方程并做了讨论;这些结果在地层评价和钻井应用中是有用的。然后,以自然、通俗、贴近实践的方式介绍针对稳态和非稳态流的有限差分方法,将所得算法与解析结果合并起来,为形成强大的自创径向流模拟器奠定基础。通过完整阐述,讨论了显式与隐式方法、von Neuman 稳定性和截断误差等概念。

6.1 示例6.1 均匀介质中的稳定液体

径向流问题通常利用井和远场边界处的压力—压力边界条件加以解决。在稳定流中,进出井的总流速 Q_W(使压力沿井筒轮廓保持恒定)是唯一定义的常数。这样,有必要令此参数为潜在的边界条件。所得方程在地层评价过程中是有用的。在第9章,针对任意形状油藏考虑了本节讨论的三个边界值问题,其中给出了 lgr 的通用扩展。

6.1.1 压力—压力方程

最常见的入手点(至少是初步分析)是 $P(r)$ 的压力方程:

$$d^2P/dr^2 + (1/r)dP/dr = 0 \tag{6.1}$$

其中 r 为径向坐标,此方程控制均质各向同性介质中不可压缩液体的达西流。通常边界条件包括井眼位置的规定压力以及远离井眼的规定压力。有:

$$P(r_W) = P_W \tag{6.2}$$

$$P(r_R) = P_R \tag{6.3}$$

其中,$r = r_W$ 和 $r = r_R$ 分别指井和远场半径,P_W 和 P_R 为假定的压力。该方程有解[见方程(4.46)]如下:

$$P(r) = [(P_R - P_W)/(lgr_R/r)]lgr/r_W + P_W \tag{6.4}$$

现在,径向速度 $q(r)$ 通过达西定律给出,要求有:

$$q(r) = -(K/\mu)dP(r)/dr = -(K/\mu)[(P_R - P_W)/(lgr_R/r_W)]\frac{1}{r} \tag{6.5}$$

其中,K 为地层渗透率,μ 为流体黏度。因此,总体积流量 Q_W(假定进入油藏深度 D)为:

$$Q_W = -D\int_0^{2\pi} q(r)r_W d\theta, r = r_W \tag{6.6}$$

$$Q_W = -2\pi r_W D q(r_W) \tag{6.7}$$

$$Q_W = -(2\pi KD/\mu)(P_R - P_W)/(\lg r_R/r_W) \tag{6.8}$$

6.1.2　$P_W - Q_W$ 方程

在稳定流中,通过井周围任意闭合曲线的体积流量都相同。因此,另一个带有唯一确定解的方程反映的是井眼位置有规定方程(6.2)和总体积流量 Q_W 的问题。如果将方程(6.4)和方程(6.8)中间的项 P_R 删掉,则有:

$$P(r) = -(Q_W\mu/2\pi KD)\lg r/r_W + P_W \tag{6.9}$$

作为完整解。而且有:

$$P_R = P_W - (\mu Q_W/2\pi KD)\lg r_R/r_W \tag{6.10}$$

作为远场边界的压力方程。

6.1.3　$P_R - Q_W$ 方程

另一个方程反映的是远场位置描述方程(6.3)和总体积流量 Q_W 的问题。如果将方程(6.4)和方程(6.8)中间的项 P_W 删掉,则有:

$$P(r) = (Q_W\mu/2\pi KD)\lg r_R/r + P_R \tag{6.11}$$

比如,一旦给定 P_R 和 Q_W,则井压力便为:

$$P_W = (Q_W\mu/2\pi KD)\lg r_R/r_W + P_R \tag{6.12}$$

6.2　示例6.2 均质各向同性介质中简单的前缘跟踪

一般希望侵入地层的注入液体的前缘为时间的函数。当淡水和盐水(红色与蓝色)彼此驱替但未达到混相或扩散时,此应用在纠正钻井过程中获得的电阻率读数方面十分重要。这里,考虑均质各向同性流中的不可压缩液体。方程(6.8)的符号规定假定当 $P_W > P_R$ 时 $Q_W > 0$。合并方程(6.5)和方程(6.8)得:

$$q(r) = Q_W/(2\pi D r) \tag{6.13}$$

用 ϕ 表示孔隙度。然后,侵入油藏速度为:

$$q(r) = Q_W/(2\pi\phi D r) \tag{6.14}$$

最后,积分得侵入前缘的方程:

$$r(t) = \sqrt{R_W^2 + Q_W t/\pi\phi D} \tag{6.15}$$

这里,Q_W 和 ϕ 为常数,假定初始前缘位置在 $t = 0$ 时为 $r = r_W$。如果 $t = 0$ 时 $r = R_{other} > R_W$,则利用相同符号可考虑任何其他注入或产出液体环并得:

$$r(t) = \sqrt{R_W^2 + Q_W t/\pi\phi D} \tag{6.16}$$

回过头看方程(6.14)。大部分情况下有：

$$r(t) \approx \sqrt{Q_\mathrm{W}t/\pi\phi D} \qquad (6.17)$$

因此,在无滤饼影响情况下的稳定柱状径向流内,由于几何发散而得到$\sqrt{t}$前缘顶替,方程(6.14)假定体积流量恒定、孔隙度恒定,且有 $t = 0$ 时 $r = r_\mathrm{W}$。此处强调,这个$\sqrt{t}$特性不同于研究被滤饼控制的线性流时得到的$\sqrt{t}$。这方面内容从第16章开始仔细讨论。

6.2.1 不可压缩瞬态效应

继续考虑简单的无滤饼模型。钻井时钻井液循环速率经常随时间而发生变化。对于恒密流,流体会瞬间发生这些变化;地面泵排量 $Q_\mathrm{W}(t)$ 一旦发生变化,前缘便立刻响应。此外,最初井喷流体损失(取决于地层结构和钻井液流变相互影响)会进入岩石,这也可能导致初始半径设置成 $t=0$ 时 $r = R_\mathrm{spurt} > r_\mathrm{W}$。方程(6.14)的广义方程(孔隙度恒定)为：

$$r(t) = \sqrt{R_\mathrm{spurt}^2 + \int_0^t Q_\mathrm{W}(\tau)\,\mathrm{d}\tau/\pi\phi D} \qquad (6.18)$$

现在,方程(6.13)和方程(6.14)在假定的极限范围内一般成立;因此,当 $\phi(r)$ 可变时,则必须对以下方程积分：

$$2\pi D\phi(r)r\mathrm{d}r = Q_\mathrm{W}(t)\mathrm{d}t \qquad (6.19)$$

其中,认为 $Q_\mathrm{W}(t)$ 为司钻规定的已知输入量(流体损失)。对应压力分布通过求方程(6.20)的积分计算：

$$\mathrm{d}[rK(r)\mathrm{d}P/\mathrm{d}r]/\mathrm{d}r = 0 \qquad (6.20)$$

然后得到：

$$P(r) = -\left[Q_\mathrm{W}(r)\mu/2\pi D\right]\int_{r_\mathrm{r}}^r \mathrm{d}r/rK(r) + P_\mathrm{W}(t) \qquad (6.21)$$

方程(6.21)的一个应用领域是钻井安全方面;可利用计算得到的压力确定是否有地层裂缝和后续流体损失。此外,尚未考虑滤饼形成的影响,滤饼形成会降低砂层面的渗透率,后续会讨论滤饼形成的影响。

6.2.2 不连续性质

前述方程均假定地层性质连续变化。性质不连续但分段恒定的问题也容易解决。对于此类问题,拉普拉斯方程适用于每个单独的流环空;为每个压力函数追加上标 i 或 j 即可。然后,每个解采取 $P_n = A_n + B_n\lg r$ 的形式。利用条件 $r = r_\mathrm{W}$ 时 $P = P_\mathrm{W}$ 和 $r = r_\mathrm{R}$ 时 $P = P_\mathrm{R}$ 以及所有临近界面的匹配条件 $P_i = P_j$ 和 $K_i\mathrm{d}P_i/\mathrm{d}r = K_j\mathrm{d}P_j/\mathrm{d}r$ 得到积分常数。Muskat 和 Collins 曾分别于1937年和1961年给出过示例计算。

6.2.3 径向流函数

为保证完整性,指出与方程(6.4)对应的流函数 Ψ[见方程(4.46)至方程(4.49)]如下：

$$\Psi = -(Q_{\mathrm{W}}\mu/2\pi KD)\arctan y/x = -(Q_{\mathrm{W}}\mu/2\pi KD)\theta \tag{6.22}$$

恒 y/x 线或恒 θ 线构成了径向流流线,θ 为极坐标中的常见角变量。与通常的平面流相比,在径向流中,流函数不是非常重要的变量,因为总体积流量通过 Q_{W} 即可充分表述。但是,对于不熟悉第 4 章中所述双值函数的读者来说,方程(6.22)很重要。注意:最初在某点处为什么会有 $\theta=0$。绕原点一周后,θ 回到最初位置,返回时值增加到 2π;同时,流函数从 $\Psi=0$ 变化到 $\Psi=-(Q_{\mathrm{W}}\mu/KD)$,其中考虑了井的非零净溢出量。因此,现在若忽略换算因数 $-\mu/KD$,则流函数可追踪到体积流量从 0 到 Q_{W} 的增加。比如,θ 的增加导致流量成比例地增加。在通常的非均质各向异性介质中,单井流或多井流并没有精确的比例关系。

6.3 示例6.3 均质各向同性介质中的稳态气流

跟示例 6.1 中一样,考虑均质各向同性介质中稳态流的三个边界值问题。其中有两个容易表述和解决,但第三个需要非线性迭代。

6.3.1 压力—压力方程

通常,当模拟任意液体或气体时,方程(6.1)替换成针对 $P^{m+1}(r)$ 的方程:

$$\mathrm{d}^2 P^{m+1}/\mathrm{d}r^2 + (1/r)\mathrm{d}^{m+1}/\mathrm{d}r = 0 \tag{6.23}$$

其中,r 是径向坐标。这里,规定井眼 $r=r_{\mathrm{W}}$ 位置和距井眼一定距离 $r=r_{\mathrm{R}}$ 位置的压力。但压力—压力边界值问题不是非线性的,因为对于函数 $P^{m+1}(r)$,可以写成:

$$P^{m+1}(r_{\mathrm{W}}) = P_{\mathrm{W}}^{m+1} \tag{6.24}$$

$$P^{m+1}(r_{\mathrm{R}}) = P_{\mathrm{R}}^{m+1} \tag{6.25}$$

其中,P_{W} 和 P_{R} 为假定的压力。此方程有简单解:

$$P^{m+1}(r) = P_{\mathrm{W}}^{m+1} + [(P_{\mathrm{W}}^{m+1} - P_{\mathrm{R}}^{m+1})/(\lg r_{\mathrm{W}}/r_{\mathrm{R}})]\lg r/r_{\mathrm{W}} \tag{6.26a}$$

或

$$p(r) = \{P_{\mathrm{W}}^{m+1} + [(P_{\mathrm{W}}^{m+1} - P_{\mathrm{R}}^{m+1})/(\lg r_{\mathrm{W}}/r_{\mathrm{R}})]\lg r/r_{\mathrm{W}}\}^{1/(m+1)} \tag{6.26b}$$

注意,取方程(6.26b)一阶导数得:

$$\mathrm{d}P(r)/\mathrm{d}r = \{(P_{\mathrm{W}}^{m+1} - P_{\mathrm{R}}^{m+1})/[(m+1)P^m\lg r_{\mathrm{W}}/r_{\mathrm{R}}]\}\frac{1}{r} \tag{6.27}$$

这样,与方程(6.5)对应的径向速度 $q(r)$ 方程为:

$$q(r) = -(K/\mu)\mathrm{d}P(r)\mathrm{d}r = -(K/\mu)\{(P_{\mathrm{W}}^{m+1} - P_{\mathrm{R}}^{m+1})/[(m+1)P^m\lg r_{\mathrm{W}}/r_{\mathrm{R}}]\}\frac{1}{r} \tag{6.28}$$

其中,K 为地层渗透率,μ 为流体黏度。利用方程(6.6),对应的总体积流量为:

$$Q_{\mathrm{W}} = (2\pi KD/\mu)\{(P_{\mathrm{W}}^{m+1} - P_{\mathrm{R}}^{m+1})/[(m+1)P_{\mathrm{W}}^m\lg r_{\mathrm{R}}/r_{\mathrm{W}}]\} \tag{6.29}$$

其中假定进入油藏深度为 D。

6.3.2　$P_W - Q_W$ 方程

在稳定流中,通过井周围任意闭合曲线的总体积流量都相同。因此,另一个带有唯一确定解的方程反映的是井眼位置有规定体积流量 Q_W 的问题。如果给定 P_W 和 Q_W,则可以利用方程(6.29)重写以下方程的流速边界条件:

$$P_R^{m+1} - P_W^{m+1} - [Q_W\mu(m+1)P_W^m/2\pi KD]\lg r_R/r_W \qquad (6.30)$$

然后即可利用所得方程(6.26a)和方程(6.26b)的压力—压力边界值问题求解。

6.3.3　$P_R - Q_W$ 方程

另一个有用的方程还反映的是远场有规定压力且给定与总体积流量 Q_W 对应的压力值的问题。此外,该方法是要消除后者显示部分,以支持等效的压力—压力方程。这样,将方程(6.30)写成以下形式:

$$P_W^{m+1} - [Q_W\mu(m+1)p_W^m/2\pi KD]\lg r_R/r_W - p_R^{m+1} = 0 \qquad (6.31)$$

如果 $m=0$,则所得的表达式与方程(6.12)一致。对于等温气体,如果 $m=1$,可得到井压力的二次方程式。在二次方程式中适当选择符号,可得 $m=0$ 问题的正确解。

一般地,对于任意值 m,方程(6.31)为 P_W 的非线性代数方程,P_W 必须以迭代数值方法解。一旦求得其解,则边界值问题便完全通过压力—压力公式确定。如果将方程(6.31)写成以下形式,则可利用 Newton - Raphson 迭代法(Carnahan et al.,1969;Dahlquist and Bjorck,1974)求得快速而稳定的解。

$$P_W - P_R^{m+1}/P_W^m - [Q_W\mu(m+1)\lg r_R/r_W]/(2\pi KD) = 0 \qquad (6.32)$$

然后确定:

$$f(P_W) = P_W - P_R^{m+1}/P_W^m - [Q_W\mu(m+1)\lg r_R/r_W]/(2\pi KD) \qquad (6.33)$$

方程(6.33)的可变部分如图 6.1 所示。然后,可轻松得到导数:

$$f'(P_W) = 1 + m(P_R/P_W)^{m+1} \qquad (6.34)$$

从最初对 $P_{W(n)}$ 的猜想到接二连三的完善,均由公式(6.35)给出:

$$P_{W(n+1)} = P_{W(n)} - f(P_{W(n)})/f'(P_{W(n)}) \qquad (6.35)$$

方程(6.33)所确定的函数 $f(P_W)$ 的一部分如图 6.1 所示。根据曲线的单调性质,选择 $P_{W(1)} = P_R$,显然始终得到快速收敛的解。

这里介绍瞬态可压缩流的数值模拟。从基本原则入手阐述所有模拟概念。将会讨论边界条件和初始条件的作用。此外,指出显式方法和隐式方法间的

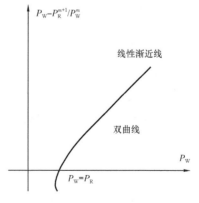

图 6.1　进行 Newton - Raphson 迭代的函数

差异,阐述数值稳定性的概念,同时阐述背后的基本概念以及优势和劣势。另外,还要探讨融合所得解析结果的巧妙方法。本书不讨论试井解释所涉及的复杂问题。不过,绝大多数现实世界里的问题(比如不规则油藏域内的液体和气体)都不用基于解析的模型表示。解析模型主要局限于 $m = 0$ 的流体或液体,由于其具有线性特点,可以进行方便的线性叠加;所公布的非线性气体流叠加模型本质上来讲是不正确的。甚至对于线性流来说,任意油藏几何形状的影响都无法用解析模型处理,解析模型过于简化。最后,数值试井模拟(如第 10 章所述)为准确的油藏描述提供了最美好的远景。对于试井分析背后的基本概念,建议读者参考 Collins(1961)的著作或 Richardson(1961)发表在 Streeter 上的论述。Streltsova 于 1988 年就具有理想化非均质和复杂油藏几何形状的解析解提供了一个最新总结。

6.4　示例 6.4 稳定流的数值解

通过考虑稳态流阐述数值模拟背后的概念,可根据示例 6.1 至示例 6.3 中的解析解测试导出的与网格密度和网格变化性有关的方法。鼓励读者编写、编译并运行本节里的算法,熟悉模拟程序的开发。

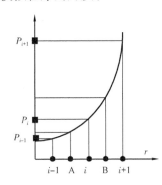

图 6.2　求有限差分方程

如果求不到解析解,则有必要求助于数值方法。然后,须按节点挨个写出离散代数方程,用矩阵逆转方法解耦合方程,以此通过逼近法计算方程(6.1)。介绍有限差分的简单方法如图 6.2 所示。首先,考虑恒定的网格宽度 Δr,检查 A 点是否位于相邻下标 $i - 1$ 和 i 的中点。显而易见,一阶导数 $\mathrm{d}P(\mathrm{A})/\mathrm{d}r = (P_i - P_{i-1})/\Delta r$。同样,点 B 要求 $\mathrm{d}P(\mathrm{B})/\mathrm{d}r = (P_{i+1} - P_i)/\Delta r$。然后,按照定义,位于 A 和 B 的中点 i 的二阶导数为:

$$\mathrm{d}^2 P/\mathrm{d}r^2(r_i) = [\mathrm{d}P(\mathrm{B})/\mathrm{d}r - \mathrm{d}P(\mathrm{A})/\mathrm{d}r]/\Delta r \quad (6.36)$$

$$= (P_{i+1} - 2P_i + P_{i-1})/(\Delta r)^2 \quad (6.37)$$

i 点的一阶导数的补充表达式为:

$$\mathrm{d}P/\mathrm{d}r(r_i) = (P_{i+1} - P_{i-1})/2\Delta r \quad (6.38)$$

由于导数是采用 i 左右两侧的 P 值取得,故方程(6.37)和方程(6.38)叫作中心差分逼近方程。向后和向前单侧导数也可能存在,不过对于相同数目的网格来说精确度较低。方程(6.37)和方程(6.38)为二阶精确的,误差出现在阶 $0(\Delta r^2)$ 上。

现在,将方程(6.38)、方程(6.39a)和方程(6.39b)代入方程(6.1),重新安排各项,形成差分方程。

$$(1 - \Delta r/2r_i)P_{i-1} - 2P_i + (1 + \Delta r/2r_i)P_{i+1} = 0 \quad (6.39\mathrm{a})$$

其中,径向变量满足:

$$r_i = r_\mathrm{W} + (i - 1)\Delta r \quad (6.39\mathrm{b})$$

假定下标 i 范围从 1 到 $i_{\max}$,因此存在 $i_{\max} - 1$ 个网格。步骤是写出 $i = 2$ 到 $i = i_{\max} - 1$ 的方程

(6.39a),然后,为这些方程补充边界条件:井眼处 $P_1 = P_W$ 和油藏远场 $P_{i_{max}} = P_R$。结果得到一套三对角线性代数方程,其中每个方程最多有三个未知量。比如,$i_{max} = 4$ 时得到的这套方程形式如下:

$$\begin{cases} P_1 = P_W \\ (1 - \Delta r/2r_2)P_1 - 2P_2 + (1 + \Delta r/2r_2)P_3 = 0 \\ (1 - \Delta r/2r_3)P_2 - 2P_3 + (1 + \Delta r/2r_3)P_4 = 0 \\ P_4 = P_R \end{cases} \tag{6.40}$$

此套方程属于广义三对角矩阵的特例。

$$\begin{vmatrix} b_1 & c_1 \\ a_2 & b_2 & c_2 \\ & a_3 & b_3 & c_3 \\ & & a_4 & b_4 & c_4 \\ & & & a_5 & b_5 & c_5 \\ & & & & \vdots \\ & & & & & a_{n-1} & b_{n-1} & c_{n-1} \\ & & & & & & a_n & b_n \end{vmatrix} \begin{vmatrix} v_1 \\ v_2 \\ v_3 \\ v_4 \\ v_5 \\ \vdots \\ v_{n-1} \\ v_n \end{vmatrix} = \begin{vmatrix} w_1 \\ w_2 \\ w_3 \\ w_4 \\ w_5 \\ \vdots \\ w_{n-1} \\ w_n \end{vmatrix} \tag{6.41}$$

在方程(6.41)中,带下标的量 a_i、b_i、c_i、v_i 和 w_i 叫作第 n 维列向量;有时用黑体符号 **a**、**b**、**c**、**v** 和 **w** 表示。从左侧的方阵中可以看到明显的三对角结构,这属于对角带状矩阵的特例。本书不讨论矩阵逆转。可以说,一般采用只有两个未知量的最后一个(或第一个)方程以减少矩阵上下每排未知量的数目,进而形成双对角系统。沿反方向重复这个过程得解向量 **v**。

当方程(6.41)中所有三对角矩阵系数得到确定,则可利用标准三对角求解程序(大多数数值分析方面书籍都有提供)得到解 v_i。如果所用编程语言为 Fortran(本书即如此),则可采用图 6.3 中所列的子程序。定义好 A、B、C、W 和 N 的语句 CALL TRIDI 用矢量 V 返回所期望的压力解。之前考虑的函数 p^{m+1} 线性边界值问题也用这个办法来解。利用针对内部节点的方程(6.38)中的 dP/dr 差分方程、$i=1$ 时的前向差分方程 $dP/dr(r_1) = (P_2 - P_1)/\Delta r$ 以及 $i = i_{max}$ 时后向差分方程 $dP/dr(r_{i_{max}}) = (P_{i_{max}} - P_{i_{max}-1})/\Delta r$,通过后处理计算压力求得达西速度。

```
SUBROUTINE TRIDI(A,B,C,V,W,N)
DIMENSION A(5), B(5), C(5), V(5), W(5)
A(N) = A(N)/B(N)
W(N) = W(N)/B(N)
DO 100  I = 2,N
II = -I+N+2
BN = 1./(B(II-1)-A(II)*C(II-1))
A(II-1) = A(II-1)*BN
W(II-1) = (W(II-1)-C(II-1)*W(II))*BN
100  CONTINUE
V(1) = W(1)
DO 200  I = 2,N
V(I) = W(I)-A(I)*V(I-1)
200  CONTINUE
RETURN
END
```

图 6.3　三对角矩阵求解程序

6.5　示例 6.5 瞬态可压缩液体的显式和隐式解法

当存在瞬态效应时,比如试井压力升高或下降时,存在可压缩性和孔隙度的影响。恒定性质的控制方程取以下形式:

$$\partial^2 P/\partial r^2 + 1/r\partial P/\partial r = (\phi\mu c/K)\partial P/\partial t \tag{6.42}$$

现在,方程(6.36)至方程(6.38)适用于方程(6.42)的左侧。右侧 $\partial P/\partial t$ 表示,有两个位于最小值的时间步长必须予以考虑,即 t_n 和 t_{n+1}。笔者肯定可以将 $t = t_n + 1$ 时的 $\partial P/\partial t$ 写成 $(P_{i,n+1} - P_{i,n})/\Delta t$ 这个形式,其中,Δt 为时间步长。然而,空间导数将在哪个时间值上计算是存疑的。

6.5.1　显式方法

当然,选择 t_n 能够根据先前得到的值 $P_{i-1,n}$,$P_{i,n}$ 和 $P_{i+1,n}$ 解出新压力下 $P_{i,n+1}$ 下的方程。这个简单的方法意味着使用袖珍计算器足矣;没有需要求逆的矩阵,但要利用给定的初始值从 $n=1$ 开始计算。这个差分方法叫作显式方法。此类方法虽然方便,但为了保证精确度和数值稳定性需要非常小的时间步长。不稳定的方法是那些在有限次数的时间步长计算后导致出现不符合实际的无限值的方法;因此,这些方法不适合用来进行实际的模拟。

6.5.2　数值稳定性

方法的稳定性可通过相对简单的纽曼稳定性试验(Carnahan et al. ,1969;Richtmyer and Morton,1957)确定。此试验只是定性准确,因为其中没有考虑到边界条件和初始条件的复杂影响,而且针对的是给定方程中含可变系数时的非均质性。注意:即使 Δr 和 Δt 变得很小,稳定的有限差分方法也不一定收敛至偏微分方程的解。这方面内容在高级课程中有讨论。

6.5.3　隐式方法

如果评价了 t_{n+1} 时的空间导数,则会得到具有更复杂形式的差分方程:

$$(P_{i-1,n+1} - 2P_{i,n+1} + P_{i+1,n+1})/(\Delta r)^2 + \{1/[r_W + (i-1)\Delta r]\}(P_{i+1,n+1} - P_{i-1,n+1})/(2\Delta r)$$
$$= (\phi\mu c/K)(P_{i,n+1} - P_{i,n})/\Delta t \tag{6.43}$$

或者

$$\{1 - \Delta r/[2r_W + 2(i-1)\Delta r]\}P_{i-1,n+1} - [2r_W + \phi\mu c(\Delta r)^2/(K\Delta t)]P_{i,n+1}$$
$$+ \{1 - \Delta r/[2r_W + 2(i-1)\Delta r]\}P_{i+1,n+1} = -[\phi\mu c(\Delta r)^2/(K\Delta t)]P_{i,n} \tag{6.44}$$

如果不管 i 取何值,右侧初始值 $P_{i,n}$ 都已知,则正好利用示例 6.4 中所述的三对角矩阵步骤解后续步长情况下的方程(6.44)。该方法叫作隐式方法,此方法本来就比显式方法更稳定、更准确。时间步长可以设置得较大,但需要矩阵逆转,这意味着对编程和计算机的要求增加。

对于径向和线性流,只有下标 i,但维数增加时,压力有可能存在两个下标。比如 $P_{i,j,n}$ 中,i 和 j 表示 x 和 y,所得的差分方程一次积分一行(比如常数 i 和 j 是固定的)。第 10 章会详细描述这个步骤。在 Fortran 循环语句 do - loop 中取 $i = 1$ 到 i_{max} 和取 $j = 1$ 到 j_{max} 意味着流域为长方形;实际上,长方形通过隐式方法容易分析,因为常数 i 的各行与边界平行,可轻松实现边界条件。当边界不规则时,难以设置多个具有相同网格数目的线系。这使得隐式方法不容易实现,而允许逐点计算的显式方法更受欢迎。使用曲线网格(后文会有介绍)可克服这个缺陷。

6.5.4 可变网格

到目前为止,为了简洁明了,考虑了恒网格间距 Δr。显然,若井眼处压力迅速变化,则无法提供充分的近场解析。所需要的是一个近井精细而远井粗略的网格。利用易于理解的可变网格可实现这一点。图 6.2 中的点 A,此点位于 $i-1$ 和 i 的中点。一阶导数满足:

$$dP(A)/dr = (P_i - P_{i-1})/(r_i - r_{i-1}) \tag{6.45a}$$

同样,点 B 需要:

$$dP(B)/dr = (P_{i+1} - P_i)/(r_{i+1} - r_i) \tag{6.45b}$$

位于 A 和 B 中点 i 时的二阶导数为:

$$d^2P/dr^2(r_i) = [dP(B)/dr - dP(A)/dr]/[1/2(r_{i+1} - r_{i-1})] \tag{6.46}$$

或者,根据某种代数有:

$$d^2P/dr^2(r_i) = 2P_{i+1}/[(r_{i+1} - r_{i-1})(r_{i+1} - r_i)]$$
$$+ 2P_{i-1}/[(r_{i+1} - r_{i-1})(r_i - r_{i-1})]$$
$$- 2P_i/[(r_{i+1} - r_{i-1})(r_{i+1} - r_i)] + 1/[(r_{i+1} - r_{i-1})(r_i - r_{i-1})] \tag{6.47}$$

然后,与方程(6.44)类似的瞬态模型变成:

$$[1 - (r_i - r_{i-1})/2r_i]P_{i-1,n+1}$$
$$- \{[\phi\mu c/(2K\Delta t](r_{i+1} - r_{i-1})(r_i - r_{i-1}) + (r_i - r_{i-1})/(r_{i+1} - r_i) + 1\}P_{i,n+1}$$
$$+ [(r_i - r_{i-1})/(r_{i+1} - r_i) + (r_i - r_{i-1})/(2r_i)]P_{i+1,n+1}$$
$$= - \{[\phi\mu c/(2K\Delta t)](r_{i+1} - r_{i-1})(r_i - r_{i-1})\}P_{i,n} \tag{6.48}$$

假如网格尺寸的增加较慢,则该方程像方程(6.44)一样,空间上二阶导数准确,时间上一阶导数准确。注意:采用多层次时间划分甚至是高阶准确空间离散是可行的,高级课程中对此有讲解。

6.6 示例 6.6 瞬态可压缩气体流

这里,考虑可压缩气体以及关于网格、叠加和流初始化的特殊论题。此示例完成对径向流的处理,并就平面流展开一般性讨论。石油教科书中有描述径向流的瞬态特性,有兴趣的读者可参考这些相关文献。本节主要关心的是第 10 章谈到的不规则油藏的瞬态模拟。现在,瞬态可压缩液体满足线性方程(6.42)。另一方面,气体满足方程(6.49),其中,c 被 m/p 所取代(见第 1 章)。根据解析观点,方程(6.42)和方程(6.49)有着巨大差异:线性叠加方法适用于前者但不适用于后者。

$$\partial^2 p^{m+1}/\partial r^2 + 1/r\partial p^{m+1}/\partial r = (\phi\mu m/KP)\partial p^{m+1}/\partial t \tag{6.49}$$

6.6.1　线性与非线性

通过写出压力 P_1 和 P_2 下的方程(6.42)可表明线性与叠加的含义。直接叠加后的 $P_1 +$ P_2 也满足方程(6.42)。方程(6.49)不是这种情况,因为 $\phi\mu m/KP$ 中 P 的存在使得 $P_1 + P_2$ 满足方程(6.49)以外的某个方程。这样,叠加无法实现;对于方程(6.49)这样的非线性系统来说,适用于液体的传统叠加方法不适用于气体。另外,方程(6.49)的形式与方程(6.42)的形式近乎相同。出于数值模拟的目的,如果将 m/P 视为通过前一时间步长求得的数值更新的虚拟可压缩性,则方程(6.49)可被视为与线性流方程相同。如此对于每个时间步长都能够使用线性求解程序,避免采用耗时的 Newton—Raphson 方法。该解是数值稳定的。

6.6.2　非线性叠加

非稳态试井中压力或流速经常随时间而变化;对于液体,通过基本解的线性叠加得到流速或压力响应。气体不可以叠加,因为非线性解不属于线性累加性质的。井的压力或流速随时间呈现分段变化时如何计算响应? 幸运的是,可对控制方程对 t 进行数值积分。仍可利用简便的数学工具(图6.4)表达任何特殊变量的阶式变化。

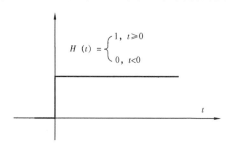

图6.4　Heaviside 阶跃函数

Heaviside 阶跃函数即是一个此类工具,其定义为:$H(t) =1,t \geqslant 0$;$H(t) =0,t < 0$。然后,$0 < t_{left} < t < t_{right}$ 范围内具有恒定振幅 A 的峰值可以用 $A[H(t - t_{left}) - H(t - t_{right})]$ 表示(其他情况下为零)。一系列井眼压力或流速变化为此类函数的线性叠加,比如 $P_{well} = \sum A_m[H(t - t_{left,m}) - H(t - t_{right,m})]$,其中,$m$ 为求和下标,A_m、$t_{left,m}$ 和 $t_{right,m}$ 为输入矩阵。这个表达式容易储存在函数语句中便于访问。根据方程(6.49)计算得到的压力响应含所需的非线性干扰项。术语"非线性叠加"具有误导性,但它意指所建议的编程方法。

6.6.3　选择可变网格

本书后续部分有阐述网格生成方面的现代概念。现在,只需说明如何利用几何系列分析中得到的简单公式生成连续增大的网格。用近井初始间距 Δ 乘以恒等式:

$$1 + a + a^2 + a^3 + \cdots + a^{N-1} = (1 - a^N)/(1 - a) \tag{6.50}$$

得:

$$\Delta + a\Delta + a^2\Delta + a^3\Delta + \cdots + a^{N-1}\Delta = [(1 - a^N)/(1 - a)]\Delta \tag{6.51}$$

网格下标 i 从 $i = 1$ 到 $i = i_{max}$ 变化,网格数 $N = i_{max} - 1$。如果井的边缘至外边界的总径向距离 L 给定,且规定网格增大速度,令方程(6.51)右侧等于 L 则得初始网格长度:

$$\Delta = (1 - a)L/(1 - a^N) \tag{6.52}$$

另一方面,如果规定了 a、L 和 Δ,所需的最终下标 i 通过对方程(6.53)右侧取整(取最近整数)给出。

$$i_{max} = 1 + \lg[1 + L(a-1)/\Delta]/\lg a \tag{6.53}$$

一般地,$a>1$;对于均匀恒定网格来说,默认 $a=1$。

6.6.4 初始化步骤

试井现场步骤分成两类,即压力下降和压力上升。通常,油藏最初静止的均匀压力为 P_{init}(在含水层驱动流中通常等于远场压力 P_R),因连通较低井压力 P_W 而形成产出。近井地带压力迅速减小,形成压降;大部分时间内都可能是示例6.1至示例6.3中求得的稳态解。另一方面,已经稳态产液的油藏有可能被关闭,结果形成压力上升。对于此类问题,示例6.1至示例6.3的解析结果可用于流的初始化。之前的解析结果也应该用于校准网格,数值解始终有一定程度的网格依赖,校准后能确保数值模型至少在一定范围内是正确的。当然,模拟过程中保证不了什么。

6.6.5 流速边界条件

在恒密流中,生产井处始终有穿越远场的流;非生产井始终有静止不动的远场流。这不属于流体可压缩的情形。甚至在关井时,流体都有可能因为扩散效应继续穿越远场边界。压力和流量边界条件可用在井眼处或远场半径处。差分过程简单明了。比如,如果输入井眼处的体积流量 $Q(t)$,则有:

$$q = (-K/\mu)\mathrm{d}p/\mathrm{d}r = Q(t)/(2\pi D r_W) \tag{6.54}$$

结果有:

$$\mathrm{d}p/\mathrm{d}r = (P_{2,n} - P_{1,n})/(r_2 - r_1) = (-\mu/K)Q(t_n)(2\pi D r_W) \tag{6.55}$$

因此,该边界条件仅影响三对角矩阵的一行。此外,非稳态时远场体积流量无须等于 $Q(t)$。后续章节内容将一步一步建立在本章介绍的概念基础上,从而引出最先进的模拟概念。第18章求出具有表皮效应、存储效应和各向异性的球状瞬态可压缩流的精确解,以供地层测试器所用。

问题和练习

1. 在可编程计算器上编写显式时间推进程序,计算初始压力和远场压力相同时液体中的压力瞬变。针对两种情形进行计算,第一种情形是井压比初始值高,第二种情形是井压比初始值低。能否识别压力上升和压力下降?

2. 写出瞬态可压缩液体和气体的通用隐式程序,为简洁起见用恒定的空间网格。对于两种流,假设有一个最初静止不动的油藏,然后井底砂层面突然暴露在规定的压力水平(不同于静水压力)。运行模拟程序至稳态,监控井的流量变化过程。证明渐进结果与本章给出的三个互补的稳定流方程和解一致。

3. 研究关于抛物线方程和瞬态模拟的有限差分文献,总结显式和隐式方法的纽曼稳定性标准。这样做优势和局限性有哪些?有哪些新的稳定性试验可用于研究非线性和非均质性?

就基于群速度与波浪的稳定性分析进行评论。

4. 设油藏半径1000ft,井直径6in。近场范围内怎样的 Δr 合理?模拟整个油藏需要多少此类大小恒定的网格?如果网格增大率为 10% ,则需要多少可变网格?为了求得准确解,答案是否依赖于地层和流体的物理性质?比如 ϕ、μ、c 和 K。若是如此,则应如何组合这些参数和网格变量?

5. 将第二个练习中写出的隐式程序通用化,以便接纳可变网格、静止与流动初始条件以及井眼处压力或体积流量任意步长的变化。提示:用单独一个函数语句写入 Heaviside 阶跃函数,并写出压力或流量的任意步长变化。验证完程序后,用 Visual Basic 编写用户友好的界面,以便在软件设计过程中理解基于用户的问题。

6. 本章开头就给出各向同性油藏内圆形井眼的稳态解。现在,考虑液体和常见气体的各向异性解。用以坐标 (x,y) 表示的稳态各向异性压力方程作为出发点,证明可解析模拟的最简单井有椭圆形井眼形状。这个结果的含义是什么?如何模拟各向异性介质中的圆形井眼?

第7章 平面流的有限差分法

在本章中,将介绍有限差分法及其在解偏微分方程方面的应用。虽然此方面内容通常只出现在高等数值分析课程中,但没有理由强加人为的要求或先决条件。利用初等微积分中的简单概念即可得出其基本概念和复杂概念。所采用的直观做法切合实际,涵盖面广,而且重要的是精确严谨。但本章只讨论对完成相应目标(即解稳定平面流的拉普拉斯方程)来说有必要的那些概念。本章将自然导出术语和概念,避免数学上的过度形式主义。在讨论时将增加Fortran编程示例和源代码内容,以便使概念变得清晰,使这些方法可被广泛采用。但本章的这个介绍取代不了真正严谨而正式的数值方法研究。不过,与此书其他章节一样,本章也自成体系,以便在推导石油工程计算方法时没有不必要的中断。

7.1 有限差分:基本概念

在介绍数值松弛法及其在偏微分方程方面的应用之前,需要推导有限差分离散化方法背后的基本概念和工作词汇。

7.1.1 有限差分逼近

如图7.1所示的函数 $F(x)$,研究其各导数的几种表达式。由于将利用一组离散点逼近 $F(x)$,所以,先介绍一下由 i_{max} 点 $(x_1, x_2, x_3, \cdots, x_{i_{max}})$ 组成的网格。实际上,将采用 x_{i-1},x_i 和 x_{i+1} 表示任意三个连续的点,其中,i 是随 x 增加而增加的下标。如果离散化过程中相邻点距离相等,则网格是恒定不变的。

另外,如果点距有空间变化,则网格是变化的;如果为了追踪关键物理事件(比如饱和度快速变化)而令网格具有局部适应性,则该网格具有时间自适应性。

为简洁起见,先假定网格是恒定不变或缓慢变化的,然后观察图7.1中的点 A 和点 B。用点 $x = x_A$ 左右两侧的点计算 $F(x)$ 斜率,然后以此逼近求出 $x = x_A$ 时 $F(x)$ 的一阶导数。

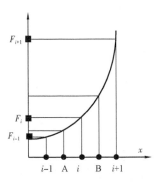

$$\partial F(x_A)/\partial x = (F_i - F_{i-1})/(x_i - x_{i-1}) \qquad (7.1)$$

在点 $x = x_B$ 处,同样有:

$$\partial F(x_B)/\partial x = (F_{i+1} - F_i)/(x_{i+1} - x_i) \qquad (7.2)$$

图7.1 有限差分公式的推导

这样,$x = x_i$(或 i)处的二阶导数取形式如下:

$$\partial^2 F/\partial x^2 = \left[\partial F(x_B)/\partial x - \partial F(x_A)/\partial x\right]/\left[1/2(x_{i+1} - x_{i-1})\right]$$

$$= \left[(F_{i+1} - F_i)/(x_{i+1} - x_i) - (F_1 - F_{i-1})/(x_i - x_{i-1})\right]/\left[1/2(x_{i+1} - x_{i-1})\right] \quad (7.3)$$

其中,网格逐渐增大或缩小时采用长度$\frac{1}{2}(x_{i+1}-x_{i-1})$。$i$ 处对应的一阶导数公式为:

$$\partial F(x_i)/\partial x = (F_{i+1} - F_{i-1})/(x_{i+1} - x_{i-1}) \tag{7.4}$$

方程(7.3)和方程(7.4)是$\partial^2 F/\partial x^2$ 和$\partial F/\partial x$ 的有限差分表达式。用左右两侧的值确定几何斜率(一阶导数和二阶导数)的这个办法叫中心差分。向后和向前做单侧差分也可以,不过,点数相同时精度较低。

7.1.2 简单的微分方程

现在,讨论有限差分的一个简单应用。具体地,考虑由以下二阶线性微分方程和边界条件确定的边界值问题:

$$d^2y/dx^2 = 0 \tag{7.5}$$

$$y(0) = 0 \tag{7.6a}$$

$$y(2) = 2 \tag{7.6b}$$

此方程组有以下简单的直线解:

$$y(x) = x \tag{7.7}$$

当然,此概念是对该函数进行数值复制。现在,将分析局限于恒定网格,以说明基本步骤。如此选择网格系统后,方程(7.3)变成以下简化形式:

$$d^2y/dx^2 = (y_{i-1} - 2y_i + y_{i+1})/(\Delta x)^2 \tag{7.8}$$

其中,Δx 是假设的网格长度。这样,方程(7.5)变成:

$$y_{i-1} - 2y_i + y_{i+1} = 0 \tag{7.9}$$

方程(7.9)是将不同位置x_i处的不同y值关联起来的有限差分模型。此模型说明,这些y值是有关联的,且必须同时确定。为了求得必须得解的方程,将方程写成各内部节点($i = 2,3,\cdots,i_{max} - 1$)的形式:

$$y_1 = 0 \tag{7.10a}$$

$$i = 2 : y_1 - 2y_2 + y_3 = 0 \tag{7.10b}$$

$$i = 3 : y_2 - 2y_3 + y_4 = 0 \tag{7.10c}$$

$$i = 4 : y_3 - 2y_4 + y_5 = 0 \tag{7.10d}$$

$$i = 5 : y_4 - 2y_5 + y_6 = 0 \tag{7.10e}$$

$$i = i_{max} - 1 : y_{i_{max}-2} - 2y_{i_{max}-1} + y_{i_{max}} = 0 \tag{7.10f}$$

注意观察,上述方程中还有两个未知量。额外需要的方程通过方程(7.6a)和方程(7.6b)求得,即:

$$y_{i_{max}} = 2 \tag{7.10g}$$

可将这两个方程分别放在方程组的开头和结尾。注意,如此写成的方程(7.10a)至方程(7.10g)以三对角结构为前提条件;准确的形式对于后续讨论的迭代方法来说是十分重要的。现在,通过直接解方程(7.5)、方程(7.6a)和方程(7.6b),可将上述方程写成矩阵形式:

$$
\begin{vmatrix}
1 & 0 \\
1 & -2 & 1 \\
& 1 & -2 & 1 \\
& & 1 & -2 & 1 \\
& & & 1 & -2 & 1 \\
& & & & & \vdots \\
& & & & & 1 & -2 & 1 \\
& & & & & & 0 & 1
\end{vmatrix}
\begin{vmatrix}
y_1 \\
y_2 \\
y_3 \\
y_4 \\
y_5 \\
\vdots \\
y_{i_{max}-1} \\
y_{i_{max}}
\end{vmatrix}
=
\begin{vmatrix}
0 \\
0 \\
0 \\
0 \\
0 \\
0 \\
0 \\
2
\end{vmatrix}
\tag{7.11}
$$

此矩阵属于广义三对角矩阵的一个特例。

$$
\begin{vmatrix}
b_1 & c_1 \\
a_2 & b_2 & c_2 \\
& a_3 & b_3 & c_3 \\
& & a_4 & b_4 & c_4 \\
& & & a_5 & b_5 & c_5 \\
& & & & & \vdots \\
& & & & & a_{n-1} & b_{n-1} & c_{n-1} \\
& & & & & & a_n & b_n
\end{vmatrix}
\begin{vmatrix}
v_1 \\
v_2 \\
v_3 \\
v_4 \\
v_5 \\
\vdots \\
v_{n-1} \\
v_n
\end{vmatrix}
=
\begin{vmatrix}
w_1 \\
w_2 \\
w_3 \\
w_4 \\
w_5 \\
\vdots \\
w_{n-1} \\
w_n
\end{vmatrix}
\tag{7.12}
$$

带下标的量 a_i、b_i、c_i、v_i 和 w_i 叫作第 n 维列向量,不过,有时用黑体符号 $\boldsymbol{a}$、$\boldsymbol{b}$、$\boldsymbol{c}$、$\boldsymbol{v}$ 和 $\boldsymbol{w}$ 表示。左侧矩阵为三对角结构的矩阵,属于对角带状矩阵的一个特例。本书不讨论矩阵逆转。可以说,一般采用只有两个未知量的最后一个(或第一个)方程减少矩阵每排未知量的数目,进而形成双对角系统。然后,沿反方向重复这个过程得解向量 $\boldsymbol{v}$。

当方程(7.12)中所有系数通过方程(7.11)定义时,解矢量 v_i 通过调用标准的三对角求解程序求得(见数值分析著作)。如果所用编程语言为 Fortran(本书即如此),则可采用图7.2中所列的子例程。此例程在逆转时会破坏所有初始输入系数;如果由于解偏微分方程需要而按顺序调用,则在每次调用 TRIDI 前必须重新定义相关系数。此外,应定义 A(1) 和 C(i_{max})并将其设置成哑值,在本文的示例中设置成99,就算这两个变量在解矢量过程中不起作用,也要定义和设置。如果不这么做,某些计算机会不正确地初始化寄存器并产生错误的解。读者应验证方程(7.11)的解与方程(7.7)中的精确解是否一致。

```
SUBROUTINE TRIDI(A,B,C,V,W,N)
DIMENSION A(11), B(11), C(11), V(11), W(11)
A(N) = A(N)/B(N)
W(N) = W(N)/B(N)
DO 100  I = 2,N
II = -I+N+2
BN = 1./(B(II-1)-A(II)*C(II-1))
A(II-1) = A(II-1)*BN
W(II-1) = (W(II-1)-C(II-1)*W(II))*BN
100  CONTINUE
V(1) = W(1)
DO 200  I = 2,N
V(I) = W(I)-A(I)*V(I-1)
200  CONTINUE
RETURN
END
```

图 7.2 三对角矩阵求解程序

7.1.3 可变系数与网格

普通微分方程通常具有可变系数,比如:

$$d^2y/dx^2 + f_1(x)dy/dx + f_2(x)y = f_3(x) \tag{7.13}$$

f_1、f_2 和 f_3 可描述被模拟物理问题中具有空间依赖性的性质。如果性质快速变化,则用恒定网格便有可能不妥当。如果这样,则必须采用方程(7.3)和方程(7.4)并将数组 x_i 的离散值 $f_1(x_i)$、$f_2(x_i)$ 和 $f_3(x_i)$ 储存在计算机内存中。不用说,方程(7.12)中的矩阵系数现在变得复杂多了。警告:不应盲目采用给出的这个方法。比如,函数 $f(x)$ 具有奇异性或不连续时需做特殊处理,因此有必要了解基本数学理论。如果系数中规中矩,则网格选择直截了当且遵循几个经验法则。如果函数 $f(x)$ 的某系数在某空间区域内发生迅速变化,则应增加局部网格密度,提供物理分辨率。然而,虚假效应始终都有可能对通解构成负面影响,因为 y_i 的值影响着周围的值。否则,恒定网格可能就足够用了。任何情况下,与问题的长度维度相比,典型网格尺寸都是相对较小的,且网格增大率不应超过 10%。程序开发过程中应详细测试解的网格依赖性。

7.2 稳定流问题的公式化表达

在本节中,讨论存在裂缝时,有井和没有井两种情况下压力 $P(x,y)$ 的拉普拉斯方程数值解,边界条件采用确定压力的含水层边界条件以及假定法向流为零的实心壁边界条件。为了说明问题,考虑笛卡儿形式:

$$\partial^2 P/\partial x^2 + \partial^2 P/\partial y^2 = 0 \tag{7.14}$$

此方程利用长方形网格求解,参见第 8~10 章曲线坐标与网格生成相关内容。此外,偏微分方程涉及未知函数的偏导数,分成三个基本类别。比如,方程(7.14)是椭圆方程(瞬态可压缩流满足抛物线方程,比如 $\partial^2 \mu/\partial x^2 + \partial^2 \mu/\partial y^2 = \partial u/\partial t$,而地震波满足双曲线方程,比如

$\partial^2 \mu / \partial x^2 + \partial^2 \mu / \partial y^2 = \partial^2 u / \partial t^2$)。在本章中,只讨论椭圆方程。

方程(7.14)以各向同性均质介质中二维恒密液体流为前提条件。首先,为简洁起见,考虑单连通区域,比如简单的饼状、方形或三角形区域。众所周知,只要规定了整个边界上的压力,解即完全确定。对于此类狄利克雷问题,用数学术语讲,即解存在并唯一确定。现在,假定给定质量流量或速度,即规定了沿边界法线方向的压力导数。从这个解中可期望得到什么?由于法向导数 $\partial p / \partial n$ 与达西速度成比例,希望法向导数不能任意规定。给出法向导数时必须确保流域流出流量与流入流量相等。此外,所得 p 值在某常数范围内将不确定,因为只规定了导数。这个额外的压力值将不会影响流速,因为它求导后变成零;准确的压力值不重要,可方便地设置成给定点的任意值。

规定了边界处法向导数 $\partial p / \partial n$ 的边界值问题叫作纽曼问题。其解不是唯一的,但仅限于所述的程度。如果规定了部分边界上的与 $\partial p / \partial n$ 成比例的流量且其余边界上给定压力,则解可完全并唯一。理由简单:因为尚未草率地创建质量。所需的质量守恒将在规定压力的边界上成立,将求得物理上合理的净流出或流入流量。同时规定了 $\partial p / \partial n$ 和 p 的问题叫作狄利克雷—纽曼问题或混合问题。

到目前为止,仅将讨论局限于单连通域,即没有井情况下无意义的油藏区。有一口井时,会在圆形或长方形流动区域内形成一个孔穴,形成环形油藏;此类形状被称作双连通区域。此外,与质量守恒有关的常识性概念适用。如果规定整个外油藏边界上的流速(通过 $\partial p / \partial n$),则无法在井位处任意赋值 $\partial p / \partial n$。然而,规定压力值本身完全是合情合理的,这样会出现唯一合理的解。对于有多口井的油藏,适合进行类似考虑,对应的流域被称作多连通区域。当然,如果允许有可压缩瞬态流,则考虑因素不同,比如,远场边界无流时可在单井位置形成流。了解压力特性对于顺利开发模拟器是必需的。实践证明,从石油流模拟中取得的深入理解对于开发稳健的网格生成算法也是有用的。

7.3 稳态流问题

本节求针对不同流问题的方程(7.14)的数值解。为简洁起见,考虑恒定网格,x 和 y 方向上步长分别为 Δx 和 Δy。利用此类近井网格系统得到的解析度有限。所给程序仅供说明用,但解析度问题将在后续讨论曲线网格时解决。现在,方程(7.3)的二阶导数适用于 $x = x_i$ 处的函数 $F(x)$,但 $P(x,y)$ 取决于额外的 y(即有下标 j 的 y)。在任意一点 (i,j),利用 x 和 y 方向上的方程(7.3)以及方程(7.14)导出简单模型:

$$(P_{i-1,j} - 2P_{i,j} + P_{i+1,j}) / (\Delta x)^2 + (P_{i,j-1} - 2P_{i,j} + P_{i,j+1}) / (\Delta y)^2 = 0 \qquad (7.15)$$

注意:这个对方程(7.3)看似简单直接的运用实际上很微妙。对于恒密流体,压力 (i,j) 必须取决于附近的点 $(i-1,j)$、$(i+1,j)$、$(i,j-1)$ 和 $(i,j+1)$。即:任意一点的流均受其他点所影响,每个点影响所有其他点。双曲线问题的情况是不一样的;比如,超音速飞机形成的扰动无法在飞机前面扩散,因此,无法采用破坏影响和依赖域的差分逼近法。同样,对于不稳定波扩散,计算无法取决于未来时间。因此,某些物理领域采用中心差分是不妥当的,必须采用单面模型。然而,对于拉普拉斯方程,利用方程(7.15)进行逼近完全有效。

现在考虑由 $1 \leq i \leq 11$ 和 $1 \leq j \leq 11$ 确定的长方形油藏域,具体是沿区域四边,压力按顺时针分别规定为 10、20、30 和 40 的狄利克雷形式。正如前文讨论的,这个无井公式与唯一解相关。如果方程(7.15)写成长方形计算模型内每个节点的形式,则所赋的边界值会纳入线性方程组内,得到完全由 121 个线性独立方程确定的 11×11 个或 121 个未知量。这个粗网眼的网格需要 100 多个耦合方程!

7.3.1 直接解与迭代解

关于设置直接求解程序(即用全矩阵求解程序一次求得压力的算法)必要矩阵的原理,Peaceman(1977)、Aziz 和 Settarri(1979)以及 Thomas(1982a,1982b)都曾有过讨论。甚至对于所考虑的粗网眼网格来说,所得到的 121×121 矩阵都大,需要大量的逆转工作。通常,未知量会得到巧妙安排并采用较为干净利索的逆转算法;其他方法则利用矩阵内的稀疏性(即大量的 0)。遗憾的是,许多矩阵求解程序都是公司私有的。相反,本节将考虑需要最小内存资源的迭代求解程序。这些算法对二维和三维体系来说效果很好,稳健、稳定且快速。

7.3.2 迭代法

由于本书目标是开发便携式工具,所以不讨论直接求解程序。可以说关于此类求解程序(最著名的当属高斯消元法)的参考文献很多,比如 Carnahan 等人(1969)的著作。相比之下,本书强调迭代方法,因为这些方法对计算机资源的需求最小,允许有最大程度的灵活性。正如前文所述,在设计智能稳健算法方面,这些方法也非常有用。由于明显原因,将方程(7.15)写成以下形式:

$$P_{i,j-1} - 2[1 + (\Delta y/\Delta x)^2]P_{i,j} + P_{i,j+1} = -(\Delta y/\Delta x)^2(P_{i-1,j} + P_{i+1,j}) \qquad (7.16)$$

方程(7.16)内含有常见微分方程示例中给出的三对角形式。左侧,只有下标 i。当 i 固定不变且 j 增量变化时,生成三对角方程组。

假定对压力场 $P(i,j)$ 的某个初估值是可以采用的。如果是这样,则思路是先固定 $i=2$,将方程(7.16)写成各个内部节点 $j=2,3,\cdots,(j_{max}-1)$ 的形式,采用 $j=1$ 和 $j=j_{max}$ 时的边界条件,然后解出 $P(2,j)$ 沿列 $i=2$ 的更新值。然后,对 $i=3,i=4,\cdots$ 等情况重复这个过程,直到完成最后一列 $i=(i_{max}-1)$,这样就说矩形模型遍历了一遍。

这个遍历的过程叫作列松弛,遍历多次后求得满意的收敛值。列 $i=1$ 和 $i=i_{max}$ 无法求解,因为沿 $i=1$ 和 $i=i_{max}$ 有规定压力。

松弛法是与逐次逼近法同义的数学名称。行松弛可根据本节所述按列进行;或者按行进行,即令 j 固定而 i 增量实现的行松弛。同时采用行松弛和列松弛的特殊方法叫作交替方向隐式法或 ADI 法。在所有情况下,基本思路是快速散布边界条件并尽快逼近收敛值。所有这些都是对早期工作人员开发的点松弛法的完善;后续将给出比较示例。在图 7.3A 中,列出了进行这些迭代所需的 Fortran 源代码,假定长方形模型边界条件为 10,20,30,40,无井,只有含水层流。图 7.3B 给出了遍历过程中各阶段的计算压力。注意:根据图 7.3A,对压力的初估值一直为零,由于对解一无所知,所以是任意选择的。实际上,初估值可以是任何值;相反,图 7.4A 和图 7.4B 假定初始 $P_{i,j} = i^2 + j^2$,无物理含义,属于与解或实际情况没有关系的初估。两种计算结果都很快收敛到相同压力,但所需时间比现代个人计算机上的 1s 要长得多。

```
C     LAPLACE EQUATION SOLVER, CASE_1.
      PROGRAM MAIN
      DIMENSION P(11,11), A(11), B(11), C(11), V(11), W(11)
      OPEN(UNIT=4,FILE='CASE_1.DAT',STATUS='NEW')
C     DEFINE GRID PARAMETERS
      DX = 1.
      DY = 1.
      RATIO2 = (DY/DX)**2
C     INITIALIZE P(I,J) TO ZERO EVERYWHERE
      DO 100  I=1,11
      DO 100  J=1,11
      P(I,J) = 0.
  100 CONTINUE
C     SET "10-20-30-40" BOUNDARY CONDITIONS
      DO 150  I=1,10
      P(I,1) =  10.
  150 CONTINUE
      DO 151  J=1,10
      P(11,J) = 20.
  151 CONTINUE
      DO 152  I=2,11
      P(I,11) = 30.
  152 CONTINUE
      DO 153  J=2,11
      P(1,J) = 40.
  153 CONTINUE
C     LINE RELAXATION BEGINS
      DO 400  NSWEEP=1,200
      IF(MOD(NSWEEP,10).NE.0) GO TO 170
C     PRINT OUT "X-Y" RESULTS
      WRITE(*,154)
      WRITE(4,154)
      WRITE(*,155) NSWEEP
      WRITE(4,155) NSWEEP
  154 FORMAT(' ')
  155 FORMAT(' P(I,J) SOLUTION FOR NSWEEP = ',I3)
      DO 160  J=1,11
      WRITE(*,157) (P(I,J),I=1,11)
      WRITE(4,157) (P(I,J),I=1,11)
  157 FORMAT(1X,11F6.1)
  160 CONTINUE
C     ITERATE COLUMN BY COLUMN WITHIN BOX
  170 DO 300  I=2,10
C     DEFINE MATRIX COEFS FOR INTERNAL POINTS
      DO 200  J=2,10
      A(J) = 1.
      B(J) = -2.*(1.+RATIO2)
      C(J) = 1.
      W(J) = -RATIO2*(P(I-1,J)+P(I+1,J))
  200 CONTINUE
```

图7.3 只有含水层且初估值为零

```
C       RESTATE UPPER/LOWER BOUNDARY CONDITIONS
C       NOTE "99" DUMMY VALUES
        A(1) = 99.
        B(1) = 1.
        C(1) = 0.
        W(1) = P(I,1)
        A(11) = 0.
        B(11) = 1.
        C(11) = 99.
        W(11) = P(I,11)
C       INVOKE TRIDIAGONAL MATRIX SOLVER
        CALL TRIDI(A,B,C,V,W,11)
C       UPDATE AND STORE COLUMN SOLUTION
        DO 250  J=2,10
        P(I,J) = V(J)
   250  CONTINUE
   300  CONTINUE
   400  CONTINUE
        CLOSE(4,STATUS='KEEP')
        STOP
        END
```

(A) 程序代码

```
          P(I,J) SOLUTION FOR NSWEEP =   10
10.0  10.0  10.0  10.0  10.0  10.0  10.0  10.0  10.0  10.0  20.0
40.0  24.1  17.6  14.4  12.7  11.9  11.8  12.1  13.0  15.0  20.0
40.0  29.3  22.1  17.6  15.0  13.7  13.3  13.8  15.0  17.0  20.0
40.0  31.4  24.6  19.8  16.8  15.2  14.7  15.1  16.3  18.0  20.0
40.0  32.4  26.1  21.4  18.3  16.6  16.0  16.4  17.3  18.6  20.0
40.0  33.1  27.2  22.8  19.7  18.0  17.4  17.7  18.3  19.2  20.0
40.0  33.6  28.2  24.1  21.3  19.7  19.1  19.2  19.5  19.9  20.0
40.0  34.1  29.2  25.6  23.2  21.8  21.2  21.1  21.0  20.8  20.0
40.0  34.3  30.1  27.2  25.3  24.3  23.8  23.5  23.1  22.1  20.0
40.0  33.6  30.5  28.7  27.6  27.0  26.7  26.5  26.0  24.5  20.0
40.0  30.0  30.0  30.0  30.0  30.0  30.0  30.0  30.0  30.0  30.0

          P(I,J) SOLUTION FOR NSWEEP =   20
10.0  10.0  10.0  10.0  10.0  10.0  10.0  10.0  10.0  10.0  20.0
40.0  24.9  18.8  16.0  14.5  13.7  13.3  13.3  13.8  15.4  20.0
40.0  30.7  24.5  20.8  18.5  17.1  16.3  16.1  16.5  17.7  20.0
40.0  33.3  28.0  24.2  21.6  19.9  18.9  18.4  18.4  19.0  20.0
40.0  34.7  30.2  26.6  24.0  22.2  21.0  20.2  19.9  19.8  20.0
40.0  35.5  31.6  28.3  25.9  24.0  22.7  21.7  21.1  20.5  20.0
40.0  36.0  32.4  29.5  27.3  25.5  24.2  23.1  22.1  21.1  20.0
40.0  36.1  32.9  30.3  28.3  26.8  25.6  24.5  23.3  21.8  20.0
40.0  35.8  32.8  30.6  29.1  27.9  27.0  26.0  24.7  22.9  20.0
40.0  34.4  31.9  30.5  29.6  29.0  28.4  27.8  26.9  24.9  20.0
40.0  30.0  30.0  30.0  30.0  30.0  30.0  30.0  30.0  30.0  30.0
```

图7.3 只有含水层且初估值为零(续)

```
               P(I,J)  SOLUTION FOR NSWEEP =  50
10.0  10.0  10.0  10.0  10.0  10.0  10.0  10.0  10.0  10.0  20.0
40.0  25.0  19.1  16.3  14.9  14.0  13.6  13.5  13.9  15.4  20.0
40.0  30.9  25.0  21.3  19.1  17.7  16.8  16.5  16.8  17.8  20.0
40.0  33.7  28.6  25.0  22.4  20.7  19.5  18.9  18.8  19.2  20.0
40.0  35.1  30.9  27.6  25.0  23.1  21.8  20.8  20.3  20.0  20.0
40.0  36.0  32.3  29.3  26.9  25.0  23.5  22.4  21.5  20.7  20.0
40.0  36.4  33.2  30.4  28.2  26.5  25.0  23.7  22.5  21.3  20.0
40.0  36.5  33.5  31.1  29.2  27.6  26.3  25.0  23.6  22.0  20.0
40.0  36.1  33.2  31.2  29.7  28.5  27.5  26.4  25.0  23.0  20.0
40.0  34.6  32.2  30.8  30.0  29.3  28.7  28.0  27.0  25.0  20.0
40.0  30.0  30.0  30.0  30.0  30.0  30.0  30.0  30.0  30.0  30.0

               P(I,J)  SOLUTION FOR NSWEEP = 150
10.0  10.0  10.0  10.0  10.0  10.0  10.0  10.0  10.0  10.0  20.0
40.0  25.0  19.1  16.3  14.9  14.0  13.6  13.5  13.9  15.4  20.0
40.0  30.9  25.0  21.3  19.1  17.7  16.8  16.5  16.8  17.8  20.0
40.0  33.7  28.7  25.0  22.4  20.7  19.5  18.9  18.8  19.2  20.0
40.0  35.1  30.9  27.6  25.0  23.1  21.8  20.8  20.3  20.0  20.0
40.0  36.0  32.3  29.3  26.9  25.0  23.5  22.4  21.5  20.7  20.0
40.0  36.4  33.2  30.5  28.2  26.5  25.0  23.7  22.5  21.3  20.0
40.0  36.5  33.5  31.1  29.2  27.6  26.3  25.0  23.6  22.0  20.0
40.0  36.1  33.2  31.2  29.7  28.5  27.5  26.4  25.0  23.0  20.0
40.0  34.6  32.2  30.8  30.0  29.3  28.7  28.0  27.0  25.0  20.0
40.0  30.0  30.0  30.0  30.0  30.0  30.0  30.0  30.0  30.0  30.0

               P(I,J)  SOLUTION FOR NSWEEP = 200
10.0  10.0  10.0  10.0  10.0  10.0  10.0  10.0  10.0  10.0  20.0
40.0  25.0  19.1  16.3  14.9  14.0  13.6  13.5  13.9  15.4  20.0
40.0  30.9  25.0  21.3  19.1  17.7  16.8  16.5  16.8  17.8  20.0
40.0  33.7  28.7  25.0  22.4  20.7  19.5  18.9  18.8  19.2  20.0
40.0  35.1  30.9  27.6  25.0  23.1  21.8  20.8  20.3  20.0  20.0
40.0  36.0  32.3  29.3  26.9  25.0  23.5  22.4  21.5  20.7  20.0
40.0  36.4  33.2  30.5  28.2  26.5  25.0  23.7  22.5  21.3  20.0
40.0  36.5  33.5  31.1  29.2  27.6  26.3  25.0  23.6  22.0  20.0
40.0  36.1  33.2  31.2  29.7  28.5  27.5  26.4  25.0  23.0  20.0
40.0  34.6  32.2  30.8  30.0  29.3  28.7  28.0  27.0  25.0  20.0
40.0  30.0  30.0  30.0  30.0  30.0  30.0  30.0  30.0  30.0  30.0
```

(B) 计算结果

图 7.3　只有含水层且初估值为零（续）

```
C      LAPLACE EQUATION SOLVER, CASE_2.
       PROGRAM MAIN
       DIMENSION P(11,11), A(11), B(11), C(11), V(11), W(11)
       OPEN(UNIT=4,FILE='CASE_2.DAT',STATUS='NEW')
C      DEFINE GRID PARAMETERS
       DX = 1.
       DY = 1.
       RATIO2 = (DY/DX)**2
C      INITIALIZE P(I,J) TO SOMETHING ABSURD EVERYWHERE
       DO 100  I=1,11
       DO 100  J=1,11
```

图 7.4　只有含水层流且初估值为（不合理的）$P_{i,j} = i^2 + j^2$

```
              P(I,J) = I**2 + J**2
     100      CONTINUE
C        SET "10-20-30-40" BOUNDARY CONDITIONS
              DO 150  I=1,10
              P(I,1) =  10.
     150      CONTINUE
              DO 151  J=1,10
              P(11,J) = 20.
     151      CONTINUE
              DO 152  I=2,11
              P(I,11) = 30.
     152      CONTINUE
              DO 153  J=2,11
              P(1,J) = 40.
     153      CONTINUE
C        LINE RELAXATION BEGINS
              DO 400  NSWEEP=1,200
              IF(MOD(NSWEEP,10).NE.0) GO TO 170
C        PRINT OUT "X-Y" RESULTS
              WRITE(*,154)
              WRITE(4,154)
              WRITE(*,155) NSWEEP
              WRITE(4,155) NSWEEP
     154      FORMAT(' ')
     155      FORMAT(' P(I,J) SOLUTION FOR NSWEEP = ',I3)
              DO 160  J=1,11
              WRITE(*,157) (P(I,J),I=1,11)
              WRITE(4,157) (P(I,J),I=1,11)
     157      FORMAT(1X,11F6.1)
     160      CONTINUE
C        ITERATE COLUMN BY COLUMN WITHIN BOX
     170  DO 300  I=2,10
C        DEFINE MATRIX COEFS FOR INTERNAL POINTS
              DO 200  J=2,10
              A(J) = 1.
              B(J) = -2.*(1.+RATIO2)
              C(J) = 1.
              W(J) = -RATIO2*(P(I-1,J)+P(I+1,J))
     200      CONTINUE
C        RESTATE UPPER/LOWER BOUNDARY CONDITIONS
C        NOTE "99" DUMMY VALUES
              A(1) = 99.
              B(1) = 1.
              C(1) = 0.
              W(1) = P(I,1)
              A(11) = 0.
              B(11) = 1.
              C(11) = 99.
              W(11) = P(I,11)
C        INVOKE TRIDIAGONAL MATRIX SOLVER
              CALL TRIDI(A,B,C,V,W,11)
```

图 7.4 只有含水层流且初估值为(不合理的)$P_{i,j} = i^2 + j^2$(续)

```
C       UPDATE AND STORE COLUMN SOLUTION
        DO 250  J=2,10
        P(I,J) = V(J)
250     CONTINUE
300     CONTINUE
400     CONTINUE
        CLOSE(4,STATUS='KEEP')
        STOP
        END
```

(A) 程序代码

```
            P(I,J) SOLUTION FOR NSWEEP =   10
10.0  10.0  10.0  10.0  10.0  10.0  10.0  10.0  10.0  10.0  20.0
40.0  27.1  23.0  21.7  21.0  20.3  19.2  18.0  16.9  16.9  20.0
40.0  34.9  32.5  31.6  30.9  29.7  27.7  25.1  22.5  20.6  20.0
40.0  39.3  39.2  39.4  39.0  37.5  34.7  30.9  26.8  23.0  20.0
40.0  41.9  43.7  45.0  45.0  43.3  39.9  35.2  29.9  24.6  20.0
40.0  43.4  46.3  48.3  48.5  46.8  43.0  37.8  31.7  25.6  20.0
40.0  43.9  47.1  49.1  49.5  47.7  44.0  38.7  32.5  26.0  20.0
40.0  43.2  45.8  47.6  47.8  46.2  42.8  38.0  32.2  26.1  20.0
40.0  41.1  42.5  43.6  43.6  42.3  39.7  35.9  31.3  26.0  20.0
40.0  37.3  37.2  37.5  37.4  36.7  35.2  33.1  30.4  26.6  20.0
40.0  30.0  30.0  30.0  30.0  30.0  30.0  30.0  30.0  30.0  30.0

            P(I,J) SOLUTION FOR NSWEEP =   20
10.0  10.0  10.0  10.0  10.0  10.0  10.0  10.0  10.0  10.0  20.0
40.0  25.4  19.8  17.2  15.8  15.0  14.4  14.1  14.3  15.6  20.0
40.0  31.7  26.4  23.1  21.0  19.5  18.4  17.7  17.6  18.2  20.0
40.0  34.8  30.6  27.4  25.0  23.2  21.7  20.6  19.9  19.7  20.0
40.0  36.5  33.2  30.4  28.1  26.0  24.3  22.8  21.6  20.7  20.0
40.0  37.4  34.8  32.3  30.1  28.1  26.2  24.5  22.8  21.4  20.0
40.0  37.7  35.5  33.3  31.3  29.4  27.5  25.7  23.8  21.9  20.0
40.0  37.6  35.5  33.5  31.8  30.1  28.4  26.7  24.7  22.5  20.0
40.0  36.9  34.7  33.0  31.6  30.3  29.0  27.6  25.8  23.4  20.0
40.0  35.0  32.9  31.8  31.0  30.3  29.5  28.7  27.4  25.2  20.0
40.0  30.0  30.0  30.0  30.0  30.0  30.0  30.0  30.0  30.0  30.0

            P(I,J) SOLUTION FOR NSWEEP =   50
10.0  10.0  10.0  10.0  10.0  10.0  10.0  10.0  10.0  10.0  20.0
40.0  25.0  19.1  16.3  14.9  14.0  13.6  13.5  13.9  15.4  20.0
40.0  30.9  25.0  21.4  19.1  17.7  16.8  16.5  16.8  17.8  20.0
40.0  33.7  28.7  25.0  22.4  20.7  19.6  18.9  18.8  19.2  20.0
40.0  35.1  30.9  27.6  25.0  23.1  21.8  20.8  20.3  20.0  20.0
40.0  36.0  32.4  29.3  26.9  25.0  23.5  22.4  21.5  20.7  20.0
40.0  36.4  33.2  30.5  28.2  26.5  25.0  23.7  22.5  21.3  20.0
40.0  36.5  33.5  31.1  29.2  27.6  26.3  25.0  23.6  22.0  20.0
40.0  36.1  33.2  31.2  29.7  28.5  27.5  26.4  25.0  23.0  20.0
40.0  34.6  32.2  30.8  30.0  29.3  28.7  28.0  27.0  25.0  20.0
40.0  30.0  30.0  30.0  30.0  30.0  30.0  30.0  30.0  30.0  30.0
```

图 7.4　只有含水层流且初估值为（不合理的）$P_{i,j} = i^2 + j^2$（续）

```
              P(I,J) SOLUTION FOR NSWEEP = 150
10.0  10.0  10.0  10.0  10.0  10.0  10.0  10.0  10.0  10.0  20.0
40.0  25.0  19.1  16.3  14.9  14.0  13.6  13.5  13.9  15.4  20.0
40.0  30.9  25.0  21.3  19.1  17.7  16.8  16.5  16.8  17.8  20.0
40.0  33.7  28.7  25.0  22.4  20.7  19.5  18.9  18.8  19.2  20.0
40.0  35.1  30.9  27.6  25.0  23.1  21.8  20.8  20.3  20.0  20.0
40.0  36.0  32.3  29.3  26.9  25.0  23.5  22.4  21.5  20.7  20.0
40.0  36.4  33.2  30.5  28.2  26.5  25.0  23.7  22.5  21.3  20.0
40.0  36.5  33.5  31.1  29.2  27.6  26.3  25.0  23.6  22.0  20.0
40.0  36.1  33.2  31.2  29.7  28.5  27.5  26.4  25.0  23.0  20.0
40.0  34.6  32.2  30.8  30.0  29.3  28.7  28.0  27.0  25.0  20.0
40.0  30.0  30.0  30.0  30.0  30.0  30.0  30.0  30.0  30.0  30.0

              P(I,J) SOLUTION FOR NSWEEP = 200
10.0  10.0  10.0  10.0  10.0  10.0  10.0  10.0  10.0  10.0  20.0
40.0  25.0  19.1  16.3  14.9  14.0  13.6  13.5  13.9  15.4  20.0
40.0  30.9  25.0  21.3  19.1  17.7  16.8  16.5  16.8  17.8  20.0
40.0  33.7  28.7  25.0  22.4  20.7  19.5  18.9  18.8  19.2  20.0
40.0  35.1  30.9  27.6  25.0  23.1  21.8  20.8  20.3  20.0  20.0
40.0  36.0  32.3  29.3  26.9  **25.0**  23.5  22.4  21.5  20.7  20.0
40.0  36.4  33.2  30.5  28.2  26.5  25.0  23.7  22.5  21.3  20.0
40.0  36.5  33.5  31.1  29.2  27.6  26.3  25.0  23.6  22.0  20.0
40.0  36.1  33.2  31.2  29.7  28.5  27.5  26.4  25.0  23.0  20.0
40.0  34.6  32.2  30.8  30.0  29.3  28.7  28.0  27.0  25.0  20.0
40.0  30.0  30.0  30.0  30.0  30.0  30.0  30.0  30.0  30.0  30.0
```

(B) 计算结果

图 7.4   只有含水层流且初估值为(不合理的)$P_{i,j} = i^2 + j^2$(续)

7.3.3   收敛加速

这里给出的结论是,接近最终解的初估值比不接近最终解的初估值收敛得更快。执行一系列流模拟操作时,若有单个或多个参数(比如井位、流量限制、压力、油藏非均质性、尺寸或形状)逐轮增量变化,则可利用此结论,这么做是有利的。每轮计算结果可用于对下一轮进行智能初始化,每轮计算都采用加速收敛的相近物理信息。尽管直接法可通过调用 N 次(复杂)矩阵求解程序解决 N 个问题,但在前述方面应用迭代法却能以快得多的速度解决后续问题且所用内存最少。代码开发或项目开展过程中,将初始化解的近似解库储存在磁盘上也是可以的。这样一个原理在加密钻井和生产规划方面是有价值的。不管初估值如何,计算结果都收敛于同一个值,这并非偶然。刚开始学数值分析且求非线性方程(不稳定)根的学生有可能对此感到惊讶。与用于解此类问题的迭代根求解程序(初估值接近多个不同解会引发问题)不同,由于多个原因,稳态流问题收敛于唯一解是有保证的。数学理论确保了采用适当边界条件时狄利克雷问题和混合流问题的解存在且唯一。此外,正如后续要说明的,迭代过程模拟瞬态热方程稳定解的求解过程。家庭主妇会解释一片面包要达到的平衡稳态(室内)温度与其从烤箱或冰箱中拿出时的初始温度无关! 同样,收敛至唯一解也与初估值无关。

7.4   井与内部边界

示例 1 和示例 2 所应对的是无意义的压力分布,对应没井情况下的流动油藏。这里,考虑长方形计算模型四边上等值的边界压力(比如 100psi)以及所规定的流域中心恒压(比如 1psi)的影响。此示例粗略说明双连通情况下井的影响。

7.4.1 Peaceman 井修正

参考图 7.5B 中的收敛压力,从中可以看出,结果是关于穿过模型中心的 x 轴和 y 轴对称的,其中井的压力是一致的。此外,所求的解也是对称的,是关于穿过原点的 45°对角线对称的。注意近井压力变化虽然快速,但不是完全呈现对数变化;从这个意义上讲,利用笛卡儿网格不会提供足够的近生产井(注水井)流解析。用于修正此类解的特殊数值方法有多种,参见 Peaceman(1978,1983)的著作,Williamson 和 Chappelear(1981)合写的著作,Chappelear 和 Williamson(1981)合写的著作,但这些 Peaceman 修正不精确,是近似的。它们基于液体的稳定径向流解,需要提供有效半径和采油指数,一直都用来模拟多相多井可压缩流,但不适用于斜井。众所周知,盲目采用井模型能产生误差为 50% ~ 200%的流速。如果采用足够精细的网格,则这些问题便会消失,而且也没必要采用 Peaceman 方法。用笛卡儿网格虽然不切实际,但若采用第 8 ~ 10 章所述的与边界吻合的网格,还是可行的。

```
C       LAPLACE EQUATION SOLVER, CASE_3.
        PROGRAM MAIN
        DIMENSION P(11,11), A(11), B(11), C(11), V(11), W(11)
        OPEN(UNIT=4,FILE='CASE_3.DAT',STATUS='NEW')
C       DEFINE GRID PARAMETERS
        DX = 1.
        DY = 1.
        RATIO2 = (DY/DX)**2
        ONE = 1.
C       INITIALIZE P(I,J) TO ZERO EVERYWHERE
        DO 100  I=1,11
        DO 100  J=1,11
        P(I,J) = 0.
  100   CONTINUE
C       SET "100" BOUNDARY CONDITION AT BOX EDGES
        DO 150  I=1,10
        P(I,1) =  100.
  150   CONTINUE
        DO 151  J=1,10 P(11,J) = 100.
  151   CONTINUE
        DO 152  I=2,11
        P(I,11) = 100.
  152   CONTINUE
        DO 153  J=2,11
        P(1,J) = 100.
  153   CONTINUE
C       LINE RELAXATION BEGINS
        DO 400  NSWEEP=1,200
        IF(MOD(NSWEEP,10).NE.0) GO TO 170
C       PRINT OUT "X-Y" RESULTS
        WRITE(*,154)
        WRITE(4,154)
        WRITE(*,155) NSWEEP
        WRITE(4,155) NSWEEP
  154   FORMAT(' ')
  155   FORMAT(' P(I,J) SOLUTION FOR NSWEEP = ',I3)
```

图 7.5 位于含水层驱动油藏中心的井

```
        DO 160   J=1,11
        WRITE(*,157) (P(I,J),I=1,11)
        WRITE(4,157) (P(I,J),I=1,11)
157     FORMAT(1X,11F6.1)
160     CONTINUE
C       ITERATE COLUMN BY COLUMN WITHIN BOX
170     DO 300   I=2,10
C       DEFINE MATRIX COEFS FOR INTERNAL POINTS
        DO 200   J=2,10
        A(J) = 1.
        B(J) = -2.*(1.+RATIO2)
        C(J) = 1.
        W(J) = -RATIO2*(P(I-1,J)+P(I+1,J))
C       SET INTERNAL BOUNDARY CONDITION
        IF(I.EQ.6.AND.J.EQ.6) A(J) = 0.
        IF(I.EQ.6.AND.J.EQ.6) B(J) = 1.
        IF(I.EQ.6.AND.J.EQ.6) C(J) = 0.
        IF(I.EQ.6.AND.J.EQ.6) W(J) = ONE
200     CONTINUE
C       RESTATE UPPER/LOWER BOUNDARY CONDITIONS
C       NOTE "99" DUMMY VALUES
        A(1) = 99.
        B(1) = 1.
        C(1) = 0.
        W(1) = P(I,1)
        A(11) = 0.
        B(11) = 1.
        C(11) = 99.
        W(11) = P(I,11)
C       INVOKE TRIDIAGONAL MATRIX SOLVER
        CALL TRIDI(A,B,C,V,W,11)
C       UPDATE AND STORE COLUMN SOLUTION
        DO 250   J=2,10
        P(I,J) = V(J)
250     CONTINUE
300     CONTINUE
400     CONTINUE
        CLOSE(4,STATUS='KEEP')
        STOP
        END
```

(A) 程序代码

```
                P(I,J) SOLUTION FOR NSWEEP =   10
   99.9  99.9  99.9  99.9  99.9  99.9  99.9  99.9  99.9  99.9  99.9
   99.9  95.9  92.5  89.8  88.0  87.7  88.9  91.2  94.1  97.1  99.9
   99.9  92.2  85.5  80.1  76.2  75.0  77.7  82.6  88.5  94.4  99.9
   99.9  89.2  79.7  71.3  64.4  60.9  66.0  74.3  83.3  92.0  99.9
   99.9  87.2  75.5  64.1  52.2  41.2  53.5  67.1  79.3  90.2  99.9
   99.9  86.5  73.8  60.3  41.4   1.0  42.1  63.0  77.6  89.5  99.9
   99.9  87.2  75.5  64.1  52.2  41.2  53.5  67.1  79.3  90.2  99.9
   99.9  89.2  79.7  71.3  64.4  60.9  66.0  74.3  83.3  92.0  99.9
   99.9  92.2  85.5  80.1  76.2  75.0  77.7  82.6  88.5  94.4  99.9
   99.9  95.9  92.5  89.8  88.0  87.7  88.9  91.2  94.1  97.1  99.9
   99.9  99.9  99.9  99.9  99.9  99.9  99.9  99.9  99.9  99.9  99.9
```

图7.5 位于含水层驱动油藏中心的井(续)

```
                    P(I,J) SOLUTION FOR NSWEEP =  20
99.9  99.9  99.9  99.9  99.9  99.9  99.9  99.9  99.9  99.9  99.9
99.9  97.9  95.8  93.8  92.3  91.6  92.3  93.9  95.9  97.9  99.9
99.9  95.7  91.5  87.3  83.7  82.1  83.8  87.5  91.7  95.9  99.9
99.9  93.7  87.2  80.2  73.4  69.1  73.5  80.5  87.5  93.9  99.9
99.9  92.2  83.6  73.3  60.5  47.8  60.7  73.6  83.9  92.4  99.9
99.9  91.5  81.9  69.0  47.8   1.0  47.9  69.3  82.2  91.7  99.9
99.9  92.2  83.6  73.3  60.5  47.8  60.7  73.6  83.9  92.4  99.9
99.9  93.7  87.2  80.2  73.4  69.1  73.5  80.5  87.5  93.9  99.9
99.9  95.7  91.5  87.3  83.7  82.1  83.8  87.5  91.7  95.9  99.9
99.9  97.9  95.8  93.8  92.3  91.6  92.3  93.9  95.9  97.9  99.9
99.9  99.9  99.9  99.9  99.9  99.9  99.9  99.9  99.9  99.9  99.9

                    P(I,J) SOLUTION FOR NSWEEP = 100
99.9  99.9  99.9  99.9  99.9  99.9  99.9  99.9  99.9  99.9  99.9
99.9  98.0  96.0  94.0  92.5  91.9  92.5  94.0  96.0  98.0  99.9
99.9  96.0  91.8  87.7  84.1  82.4  84.1  87.7  91.8  96.0  99.9
99.9  94.0  87.7  80.8  73.9  69.6  73.9  80.8  87.7  94.0  99.9
99.9  92.5  84.1  73.9  61.0  48.2  61.0  73.9  84.1  92.5  99.9
99.9  91.9  82.4  69.6  48.2   1.0  48.2  69.6  82.4  91.9  99.9
99.9  92.5  84.1  73.9  61.0  48.2  61.0  73.9  84.1  92.5  99.9
99.9  94.0  87.7  80.8  73.9  69.6  73.9  80.8  87.7  94.0  99.9
99.9  96.0  91.8  87.7  84.1  82.4  84.1  87.7  91.8  96.0  99.9
99.9  98.0  96.0  94.0  92.5  91.9  92.5  94.0  96.0  98.0  99.9
99.9  99.9  99.9  99.9  99.9  99.9  99.9  99.9  99.9  99.9  99.9


                    P(I,J) SOLUTION FOR NSWEEP = 200
99.9  99.9  99.9  99.9  99.9  99.9  99.9  99.9  99.9  99.9  99.9
99.9  98.0  96.0  94.0  92.5  91.9  92.5  94.0  96.0  98.0  99.9
99.9  96.0  91.8  87.7  84.1  82.4  84.1  87.7  91.8  96.0  99.9
99.9  94.0  87.7  80.8  73.9  69.6  73.9  80.8  87.7  94.0  99.9
99.9  92.5  84.1  73.9  61.0  48.2  61.0  73.9  84.1  92.5  99.9
99.9  91.9  82.4  69.6  48.2   1.0  48.2  69.6  82.4  91.9  99.9
99.9  92.5  84.1  73.9  61.0  48.2  61.0  73.9  84.1  92.5  99.9
99.9  94.0  87.7  80.8  73.9  69.6  73.9  80.8  87.7  94.0  99.9
99.9  96.0  91.8  87.7  84.1  82.4  84.1  87.7  91.8  96.0  99.9
99.9  98.0  96.0  94.0  92.5  91.9  92.5  94.0  96.0  98.0  99.9
99.9  99.9  99.9  99.9  99.9  99.9  99.9  99.9  99.9  99.9  99.9
```

(B) 计算结果

图 7.5　位于含水层驱动油藏中心的井(续)

7.4.2　导数的不连续性

关于图 7.5B 中计算解的另一个问题貌似是井位($P=1$)处导数的特性。左侧压力下降；即 $\partial P/\partial x$ 为非零负数。右侧 $\partial P/\partial x$ 为非零正数，两侧大小相同。井上下位置都有这个特性；两侧 $\partial P/\partial y$ 的值相等但方向相反。当然，这些结果没有错误。由于达西速度与压力一阶导数成比例，仅符号上的变化表明流体始终从相反方向流入井内。之前见到过这个现象，回忆一下第 2 章内容，源点始终与一阶导数的不连续性有关。此外，根据径向流分析这也是显而易见的，径向流分析显示流体必须向井流动；然而，$P(x,y)$ 一阶导数的不连续变化或跳跃可能首先产生扰动。

这种奇异性是采用坐标(x,y)产生的后果。采用径向坐标时导数不连续性便不存在,因为点r始终大于零,左右两侧没有任何东西。笔者曾揭露过一个不言而喻的道理:具有内部狄利克雷条件的椭圆方程始终会产生一阶导数的跳跃(后续用这个特性生成网格)。因此,不要跨越此类不连续性进行盲目求导,因为导数不存在! 第2章给出的裂缝流解析解中曾体现过这种类型的跳跃,跨越水平狭缝($y=0$)前后$\partial P/\partial y$的符号变成相反符号。可通过定性修改上述Fortran程序复制这个过程;改变单井逻辑,允许单位压力水平扩展几个网眼。结果如图7.6A和图7.6B所示(源代码中假定有100个边界压力,在后续若干计算示例中出于排版和格式原因将改成99.9)。注意:在图7.6B中,狭缝处垂向导数$\partial P/\partial y$为什么相等但方向不同;此外要注意观察,第2章中所述的裂缝奇异性可通过数值粗略发现。如前述计算过程,解是稳定而快速求得的,只需微小变化,或加井或减井,或将井改成线型裂缝。

```
C       LAPLACE EQUATION SOLVER, CASE_4.
        PROGRAM MAIN
        DIMENSION P(11,11), A(11), B(11), C(11), V(11), W(11)
        OPEN(UNIT=4,FILE='CASE_4.DAT',STATUS='NEW')
C       DEFINE GRID PARAMETERS
        DX = 1.
        DY = 1.
        RATIO2 = (DY/DX)**2
        ONE = 1.
C       INITIALIZE P(I,J) TO ZERO EVERYWHERE
        DO 100  I=1,11
        DO 100  J=1,11
        P(I,J) = 0.
  100   CONTINUE
C       SET "100" BOUNDARY CONDITION AT BOX EDGES
        DO 150  I=1,10
        P(I,1) =  100.
  150   CONTINUE
        DO 151  J=1,10
        P(11,J) = 100.
  151   CONTINUE
        DO 152  I=2,11
        P(I,11) = 100.
  152   CONTINUE
        DO 153  J=2,11
        P(1,J) = 100.
  153   CONTINUE
C       LINE RELAXATION BEGINS
        DO 400  NSWEEP=1,200
        IF(MOD(NSWEEP,10).NE.0) GO TO 170
C       PRINT OUT "X-Y" RESULTS
        WRITE(*,154)
        WRITE(4,154)
        WRITE(*,155) NSWEEP
        WRITE(4,155) NSWEEP
  154   FORMAT(' ')
  155   FORMAT(' P(I,J) SOLUTION FOR NSWEEP = ',I3)
        DO 160  J=1,11
```

图7.6 位于含水层驱动油藏中心的裂缝

```
       WRITE(*,157) (P(I,J),I=1,11)
       WRITE(4,157) (P(I,J),I=1,11)
 157   FORMAT(1X,11F6.1)
 160   CONTINUE
C      ITERATE COLUMN BY COLUMN WITHIN BOX
 170   DO 300  I=2,10
C      DEFINE MATRIX COEFS FOR INTERNAL POINTS
       DO 200  J=2,10
       A(J) = 1.
       B(J) = -2.*(1.+RATIO2)
       C(J) = 1.
       W(J) = -RATIO2*(P(I-1,J)+P(I+1,J))
C      SET INTERNAL BOUNDARY CONDITION
       MODE = 0
       IF(I.GE.4.AND.I.LE.8) MODE = 1
       IF(MODE.EQ.1.AND.J.EQ.6) A(J) = 0.
       IF(MODE.EQ.1.AND.J.EQ.6) B(J) = 1.
       IF(MODE.EQ.1.AND.J.EQ.6) C(J) = 0.
       IF(MODE.EQ.1.AND.J.EQ.6) W(J) = ONE
 200   CONTINUE
C      RESTATE UPPER/LOWER BOUNDARY CONDITIONS
C      NOTE "99" DUMMY VALUES
       A(1) = 99.
       B(1) = 1.
       C(1) = 0.
       W(1) = P(I,1)
       A(11) = 0.
       B(11) = 1.
       C(11) = 99.
       W(11) = P(I,11)
C      INVOKE TRIDIAGONAL MATRIX SOLVER
       CALL TRIDI(A,B,C,V,W,11)
C      UPDATE AND STORE COLUMN SOLUTION
       DO 250  J=2,10
       P(I,J) = V(J)
 250   CONTINUE
 300   CONTINUE
 400   CONTINUE
       CLOSE(4,STATUS='KEEP')
       STOP
       END
```

(A) 程序代码

```
             P(I,J) SOLUTION FOR NSWEEP =  10
99.9 99.9 99.9 99.9 99.9 99.9 99.9 99.9 99.9 99.9 99.9
99.9 94.7 90.0 86.4 84.3 83.7 84.8 87.3 91.0 95.4 99.9
99.9 89.4 79.8 72.2 67.8 66.7 68.6 73.6 81.5 90.6 99.9
99.9 84.2 69.2 56.2 49.5 47.9 50.4 57.7 70.9 85.5 99.9
99.9 79.5 57.9 35.5 27.8 26.0 28.3 36.4 59.2 80.6 99.9
99.9 76.7 48.4  1.0  1.0  1.0  1.0  1.0 49.2 77.6 99.9
99.9 79.5 57.9 35.5 27.8 26.0 28.3 36.4 59.2 80.6 99.9
99.9 84.2 69.2 56.2 49.5 47.9 50.4 57.7 70.9 85.5 99.9
99.9 89.4 79.8 72.2 67.8 66.7 68.6 73.6 81.5 90.6 99.9
99.9 94.7 90.0 86.4 84.3 83.7 84.8 87.3 91.0 95.4 99.9
99.9 99.9 99.9 99.9 99.9 99.9 99.9 99.9 99.9 99.9 99.9
```

图 7.6 位于含水层驱动油藏中心的裂缝(续)

```
             P(I,J) SOLUTION FOR NSWEEP =  20
99.9  99.9  99.9  99.9  99.9  99.9  99.9  99.9  99.9  99.9  99.9
99.9  95.6  91.6  88.2  86.1  85.4  86.1  88.2  91.6  95.6  99.9
99.9  91.0  82.4  75.2  70.8  69.4  70.8  75.2  82.4  91.0  99.9
99.9  86.0  71.9  59.3  52.6  50.6  52.6  59.3  71.9  86.0  99.9
99.9  81.0  60.0  37.5  29.7  27.8  29.7  37.5  60.1  81.0  99.9
99.9  77.9  49.7   1.0   1.0   1.0   1.0   1.0  49.8  77.9  99.9
99.9  81.0  60.0  37.5  29.7  27.8  29.7  37.5  60.1  81.0  99.9
99.9  86.0  71.9  59.3  52.6  50.6  52.6  59.3  71.9  86.0  99.9
99.9  91.0  82.4  75.2  70.8  69.4  70.8  75.2  82.4  91.0  99.9
99.9  95.6  91.6  88.2  86.1  85.4  86.1  88.2  91.6  95.6  99.9
99.9  99.9  99.9  99.9  99.9  99.9  99.9  99.9  99.9  99.9  99.9
             P(I,J) SOLUTION FOR NSWEEP =  100
99.9  99.9  99.9  99.9  99.9  99.9  99.9  99.9  99.9  99.9  99.9
99.9  95.7  91.6  88.2  86.1  85.4  86.1  88.2  91.6  95.7  99.9
99.9  91.0  82.4  75.2  70.9  69.4  70.9  75.2  82.4  91.0  99.9
99.9  86.0  72.0  59.3  52.6  50.6  52.6  59.3  72.0  86.0  99.9
99.9  81.0  60.1  37.5  29.7  27.8  29.7  37.5  60.1  81.0  99.9
99.9  77.9  49.8   1.0   1.0   1.0   1.0   1.0  49.8  77.9  99.9
99.9  81.0  60.1  37.5  29.7  27.8  29.7  37.5  60.1  81.0  99.9
99.9  86.0  72.0  59.3  52.6  50.6  52.6  59.3  72.0  86.0  99.9
99.9  91.0  82.4  75.2  70.9  69.4  70.9  75.2  82.4  91.0  99.9
99.9  95.7  91.6  88.2  86.1  85.4  86.1  88.2  91.6  95.7  99.9
99.9  99.9  99.9  99.9  99.9  99.9  99.9  99.9  99.9  99.9  99.9
             P(I,J) SOLUTION FOR NSWEEP =  150
99.9  99.9  99.9  99.9  99.9  99.9  99.9  99.9  99.9  99.9  99.9
99.9  95.7  91.6  88.2  86.1  85.4  86.1  88.2  91.6  95.7  99.9
99.9  91.0  82.4  75.2  70.9  69.4  70.9  75.2  82.4  91.0  99.9
99.9  86.0  72.0  59.3  52.6  50.6  52.6  59.3  72.0  86.0  99.9
99.9  81.0  60.1  37.5  29.7  27.8  29.7  37.5  60.1  81.0  99.9
99.9  77.9  49.8   1.0   1.0   1.0   1.0   1.0  49.8  77.9  99.9
99.9  81.0  60.1  37.5  29.7  27.8  29.7  37.5  60.1  81.0  99.9
99.9  86.0  72.0  59.3  52.6  50.6  52.6  59.3  72.0  86.0  99.9
99.9  91.0  82.4  75.2  70.9  69.4  70.9  75.2  82.4  91.0  99.9
99.9  95.7  91.6  88.2  86.1  85.4  86.1  88.2  91.6  95.7  99.9
99.9  99.9  99.9  99.9  99.9  99.9  99.9  99.9  99.9  99.9  99.9
             P(I,J) SOLUTION FOR NSWEEP =  200
99.9  99.9  99.9  99.9  99.9  99.9  99.9  99.9  99.9  99.9  99.9
99.9  95.7  91.6  88.2  86.1  85.4  86.1  88.2  91.6  95.7  99.9
99.9  91.0  82.4  75.2  70.9  69.4  70.9  75.2  82.4  91.0  99.9
99.9  86.0  72.0  59.3  52.6  50.6  52.6  59.3  72.0  86.0  99.9
99.9  81.0  60.1  37.5  29.7  27.8  29.7  37.5  60.1  81.0  99.9
99.9  77.9  49.8   1.0   1.0   1.0   1.0   1.0  49.8  77.9  99.9
99.9  81.0  60.1  37.5  29.7  27.8  29.7  37.5  60.1  81.0  99.9
99.9  86.0  72.0  59.3  52.6  50.6  52.6  59.3  72.0  86.0  99.9
99.9  91.0  82.4  75.2  70.9  69.4  70.9  75.2  82.4  91.0  99.9
99.9  95.7  91.6  88.2  86.1  85.4  86.1  88.2  91.6  95.7  99.9
99.9  99.9  99.9  99.9  99.9  99.9  99.9  99.9  99.9  99.9  99.9
```

(B) 计算结果

图 7.6　位于含水层驱动油藏中心的裂缝(续)

7.5　点松弛法

到目前为止,讨论了线松弛法的列式和行式实现。这些方法需要矩阵逆转,但逆转三对角矩阵相对来说比较直截了当。而在计算机没有得到广泛应用时不是这样的。之前,只需简单手动计算(不需要矩阵逆转)的点松弛法是首先出现的。此解法有用的原因有几个:(1)容易编写程序;(2)在不容易定义恒定长度行列的不规则域内容易实现;(3)大规模计算任务可拆分成不同部分分配给进行并行处理的不同计算机。

解释点松弛法时最好假定恒定网格宽度相等($\Delta x = \Delta y$)。然后,方程(7.16)可写成以下形式:

$$P_{i,j} = (P_{i-1,j} + P_{i+1,j} + P_{i,j-1} + P_{i,j+1})/4 \tag{7.17}$$

这说明,网格宽度相等时,中心值等于附近上下左右值的算术平均值。这个显著特性在流场内处处成立,即局部很小区域内也成立。此外,从图7.3B和图7.4B上发现,这个特性在很大区域内也成立,中心值25是四个边界值10、20、30和40的算术平均值。这就解释了图像处理过程中为什么要采用椭圆算子对数值场进行平滑处理。在图7.7A和图7.7B中,再次见到10、20、30和40,但没有图7.3A中所述的井问题。然而,采用简单方法解这个问题,用方程(7.17)作为递归公式,同样假定 $P_{i,j}=0$ 为初估值。类似地,考虑图7.6A和图7.6B所述的裂缝流问题,然后用点松弛法解这个问题。结果如图7.8A和图7.8B所示。在两种情况下,压力与前述压力相等。

在最后一个示例中,给出了无流实心壁边界条件的实现。重新研究示例3(图7.5A和图7.5B),并沿垂直线 $i=1$ 和水平线 $j=1$ 添加了无流条件。现在,由于沿切矢量的两个连续压力相等,达西定律确保任何方向上都没有流。通过规定 B(1)=1、C(1)=−1 和 W(1)=0 加强了沿 $j=1$ 的条件。换句话说,就是 $P(i,1)−P(i,2)=0$;$P(i,1)$ 和 $P(i,2)$ 与其他列未知量同时解出。沿 $i=1$(遍历的过程中 $i=1$ 在 $i=2,10$ 范围之外),简单地更新流程 $P(1,j)=P(2,j)$ 就足够。所需的Fortran程序如图7.9A所示,而相应结果如图7.9B所示。注意上部两行和左侧两列是如何满足 $\partial P/\partial y$ 和 $\partial P/\partial x$ 趋零值的。

7.6　对松弛法的观察结果

本节总结关于松弛法的重要观察结果与事实。这些论述基于笔者在空气动力学和油藏模拟模型开发方面二十年的经验。

7.6.1　易于编程与维护

为了处理一系列示例中难度越来越大的问题,修改了图7.3A中的源代码,以此说明有限差分模型为什么容易理解并可以扩展至描述井、裂缝、含水层和实心壁。当然,多井和多裂缝以及通常组合含水层+无流边界条件容易处理:驱动模型的基本引擎要求只有二十行的Fortran语句。重要的是,这个有效方法所需的编程工作量很少,所需的数值分析经验很少。

```
C       LAPLACE EQUATION SOLVER, CASE_5.
        PROGRAM MAIN
        DIMENSION P(11,11)
        OPEN(UNIT=4,FILE='CASE_5.DAT',STATUS='NEW')
C       DEFINE GRID PARAMETERS
        DX = 1.
        DY = 1.
C       INITIALIZE P(I,J) TO ZERO EVERYWHERE
        DO 100  I=1,11
        DO 100  J=1,11
        P(I,J) = 0.
 100    CONTINUE
C       SET "10-20-30-40" BOUNDARY CONDITION AT BOX EDGES
        DO 150  I=1,10
        P(I,1) =  10.
 150    CONTINUE
        DO 151  J=1,10
        P(11,J) = 20.
 151    CONTINUE
        DO 152  I=2,11
        P(I,11) = 30.
 152    CONTINUE
        DO 153  J=2,11
        P(1,J) = 40.
 153    CONTINUE
C       POINT RELAXATION BEGINS
        DO 400  NSWEEP=1,200
        IF(MOD(NSWEEP,10).NE.0) GO TO 170
C       PRINT OUT "X-Y" RESULTS
        WRITE(*,154)
        WRITE(4,154)
        WRITE(*,155) NSWEEP
        WRITE(4,155) NSWEEP
 154    FORMAT(' ')
 155    FORMAT(' P(I,J) SOLUTION FOR NSWEEP = ',I3)
        DO 160  J=1,11
        WRITE(*,157) (P(I,J),I=1,11)
        WRITE(4,157) (P(I,J),I=1,11)
 157    FORMAT(1X,11F6.1)
 160    CONTINUE
C       ITERATE POINT BY POINT WITHIN BOX
 170    DO 300  I=2,10
        DO 300  J=2,10
        P(I,J) = (P(I-1,J) +P(I+1,J) +P(I,J-1) +P(I,J+1))/4.
 300    CONTINUE
 400    CONTINUE
        CLOSE(4,STATUS='KEEP')
        STOP
        END
```

（A）程序代码

图 7.7 只有含水层情况下的点松弛法

```
                 P(I,J) SOLUTION FOR NSWEEP =  10
10.0  10.0  10.0  10.0  10.0  10.0  10.0  10.0  10.0  10.0  20.0
40.0  23.0  15.6  11.9   9.9   9.0   8.9   9.5  11.1  14.0  20.0
40.0  27.3  18.6  13.1   9.9   8.2   8.0   9.1  11.5  15.2  20.0
40.0  28.8  20.0  13.8   9.8   7.8   7.5   8.8  11.6  15.5  20.0
40.0  29.4  20.7  14.2  10.0   7.7   7.4   8.9  11.8  15.7  20.0
40.0  29.9  21.4  15.0  10.7   8.5   8.2   9.6  12.5  16.2  20.0
40.0  30.5  22.5  16.6  12.6  10.5  10.2  11.5  13.9  17.0  20.0
40.0  31.4  24.3  19.1  15.7  13.9  13.6  14.6  16.4  18.4  20.0
40.0  32.4  26.6  22.6  20.0  18.7  18.5  19.0  19.9  20.4  20.0
40.0  32.7  28.8  26.4  25.0  24.3  24.1  24.3  24.4  23.7  20.0
40.0  30.0  30.0  30.0  30.0  30.0  30.0  30.0  30.0  30.0  30.0

                 P(I,J) SOLUTION FOR NSWEEP =  20
10.0  10.0  10.0  10.0  10.0  10.0  10.0  10.0  10.0  10.0  20.0
40.0  24.2  17.6  14.4  12.7  11.8  11.6  11.9  12.8  14.9  20.0
40.0  29.4  22.3  17.8  15.1  13.6  13.1  13.5  14.7  16.8  20.0
40.0  31.7  25.1  20.3  17.1  15.3  14.6  14.9  16.0  17.8  20.0
40.0  32.9  26.8  22.1  18.9  17.0  16.2  16.3  17.1  18.5  20.0
40.0  33.7  28.2  23.8  20.7  18.8  17.9  17.8  18.3  19.1  20.0
40.0  34.3  29.3  25.4  22.6  20.8  19.8  19.5  19.6  19.9  20.0
40.0  34.8  30.3  26.9  24.5  22.9  22.0  21.6  21.3  20.8  20.0
40.0  34.9  31.0  28.3  26.5  25.3  24.5  24.0  23.4  22.2  20.0
40.0  33.9  31.1  29.4  28.3  27.7  27.2  26.8  26.2  24.6  20.0
40.0  30.0  30.0  30.0  30.0  30.0  30.0  30.0  30.0  30.0  30.0

                 P(I,J) SOLUTION FOR NSWEEP = 150
10.0  10.0  10.0  10.0  10.0  10.0  10.0  10.0  10.0  10.0  20.0
40.0  25.0  19.1  16.3  14.9  14.0  13.6  13.5  13.9  15.4  20.0
40.0  30.9  25.0  21.3  19.1  17.7  16.8  16.5  16.8  17.8  20.0
40.0  33.7  28.7  25.0  22.4  20.7  19.5  18.9  18.8  19.2  20.0
40.0  35.1  30.9  27.6  25.0  23.1  21.8  20.8  20.3  20.0  20.0
40.0  36.0  32.3  29.3  26.9  25.0  23.5  22.4  21.5  20.7  20.0
40.0  36.4  33.2  30.5  28.2  26.5  25.0  23.7  22.5  21.3  20.0
40.0  36.5  33.5  31.1  29.2  27.6  26.3  25.0  23.6  22.0  20.0
40.0  36.1  33.2  31.2  29.7  28.5  27.5  26.4  25.0  23.0  20.0
40.0  34.6  32.2  30.8  30.0  29.3  28.7  28.0  27.0  25.0  20.0
40.0  30.0  30.0  30.0  30.0  30.0  30.0  30.0  30.0  30.0  30.0

                 P(I,J) SOLUTION FOR NSWEEP = 200
10.0  10.0  10.0  10.0  10.0  10.0  10.0  10.0  10.0  10.0  20.0
40.0  25.0  19.1  16.3  14.9  14.0  13.6  13.5  13.9  15.4  20.0
40.0  30.9  25.0  21.3  19.1  17.7  16.8  16.5  16.8  17.8  20.0
40.0  33.7  28.7  25.0  22.4  20.7  19.5  18.9  18.8  19.2  20.0
40.0  35.1  30.9  27.6  25.0  23.1  21.8  20.8  20.3  20.0  20.0
40.0  36.0  32.3  29.3  26.9  **25.0**  23.5  22.4  21.5  20.7  20.0
40.0  36.4  33.2  30.5  28.2  26.5  25.0  23.7  22.5  21.3  20.0
40.0  36.5  33.5  31.1  29.2  27.6  26.3  25.0  23.6  22.0  20.0
40.0  36.1  33.2  31.2  29.7  28.5  27.5  26.4  25.0  23.0  20.0
40.0  34.6  32.2  30.8  30.0  29.3  28.7  28.0  27.0  25.0  20.0
40.0  30.0  30.0  30.0  30.0  30.0  30.0  30.0  30.0  30.0  30.0
```

(B) 计算结果

图 7.7　只有含水层情况下的点松弛法（续）

```
C       LAPLACE EQUATION SOLVER, CASE_6.
        DIMENSION P(11,11)
        OPEN(UNIT=4,FILE='CASE_6.DAT',STATUS='NEW')
C       DEFINE GRID PARAMETERS AND INITIALIZE P(I,J) TO ZERO
        DX = 1.
        DY = 1.
        ONE = 1.
        DO 100  I=1,11
        DO 100  J=1,11
        P(I,J) = 0.
  100   CONTINUE
C       SET "100" BOUNDARY CONDITION AT BOX EDGES
        DO 150  I=1,10
        P(I,1) =  100.
  150   CONTINUE
        DO 151  J=1,10
        P(11,J) = 100.
  151   CONTINUE
        DO 152  I=2,11
        P(I,11) = 100.
  152   CONTINUE
        DO 153  J=2,11
        P(1,J) = 100.
  153   CONTINUE
C       POINT RELAXATION BEGINS
        DO 400  NSWEEP=1,200
        IF(MOD(NSWEEP,10).NE.0) GO TO 170
        WRITE(*,155) NSWEEP
        WRITE(4,155) NSWEEP
  155   FORMAT(' P(I,J) SOLUTION FOR NSWEEP = ',I3)
        DO 160  J=1,11
        WRITE(*,157) (P(I,J),I=1,11)
        WRITE(4,157) (P(I,J),I=1,11)
  157   FORMAT(1X,11F6.1)
  160   CONTINUE
  170   DO 300  I=2,10
        DO 300  J=2,10
        MODE = 0
        IF(I.GE.4.AND.I.LE.8) MODE = 1
        IF(MODE.EQ.1.AND.J.EQ.6) MODE = 2
        P(I,J) = (P(I-1,J) + P(I+1,J) + P(I,J-1) + P(I,J+1))/4.
        IF(MODE.EQ.2) P(I,J) = ONE
  300   CONTINUE
  400   CONTINUE
        CLOSE(4,STATUS='KEEP')
        STOP
        END
```

(A) 程序代码

图 7.8 裂缝流情况下的点松弛法

```
               P(I,J) SOLUTION FOR NSWEEP =  10
99.9  99.9  99.9  99.9  99.9  99.9  99.9  99.9  99.9  99.9  99.9
99.9  92.1  85.6  80.9  78.1  77.1  78.2  81.4  86.6  93.2  99.9
99.9  85.5  73.4  64.3  58.9  57.2  59.1  65.0  74.9  87.1  99.9
99.9  80.1  62.7  48.9  41.6  39.4  41.8  49.6  64.1  81.8  99.9
99.9  75.6  52.6  31.1  23.4  21.4  23.5  31.4  53.5  77.1  99.9
99.9  72.8  43.8   1.0   1.0   1.0   1.0  44.4  74.2  99.9
99.9  74.9  50.9  28.3  20.0  17.8  20.2  29.0  52.5  76.8  99.9
99.9  79.5  61.3  46.6  38.7  36.4  39.3  48.0  63.7  81.8  99.9
99.9  85.7  73.5  64.0  58.5  56.9  59.3  65.6  75.8  87.7  99.9
99.9  92.8  86.7  82.1  79.3  78.6  79.9  83.1  88.1  94.0  99.9
99.9  99.9  99.9  99.9  99.9  99.9  99.9  99.9  99.9  99.9  99.9

               P(I,J) SOLUTION FOR NSWEEP =  20
99.9  99.9  99.9  99.9  99.9  99.9  99.9  99.9  99.9  99.9  99.9
99.9  95.2  90.9  87.4  85.2  84.6  85.4  87.6  91.2  95.4  99.9
99.9  90.4  81.4  73.9  69.5  68.2  69.7  74.3  81.8  90.7  99.9
99.9  85.3  70.9  58.1  51.4  49.5  51.6  58.5  71.3  85.7  99.9
99.9  80.4  59.2  36.8  29.0  27.1  29.2  37.0  59.5  80.7  99.9
99.9  77.4  49.1   1.0   1.0   1.0   1.0   1.0  49.4  77.7  99.9
99.9  80.3  59.0  36.6  28.8  26.9  28.9  36.9  59.5  80.7  99.9
99.9  85.3  70.8  58.0  51.3  49.3  51.5  58.4  71.3  85.7  99.9
99.9  90.4  81.5  74.1  69.7  68.3  69.9  74.5  81.9  90.8  99.9
99.9  95.3  91.1  87.6  85.5  84.8  85.6  87.8  91.3  95.5  99.9
99.9  99.9  99.9  99.9  99.9  99.9  99.9  99.9  99.9  99.9  99.9

               P(I,J) SOLUTION FOR NSWEEP = 150
99.9  99.9  99.9  99.9  99.9  99.9  99.9  99.9  99.9  99.9  99.9
99.9  95.7  91.6  88.2  86.1  85.4  86.1  88.2  91.6  95.7  99.9
99.9  91.0  82.4  75.2  70.9  69.4  70.9  75.2  82.4  91.0  99.9
99.9  86.0  72.0  59.3  52.6  50.6  52.6  59.3  72.0  86.0  99.9
99.9  81.0  60.1  37.5  29.7  27.8  29.7  37.5  60.1  81.0  99.9
99.9  77.9  49.8   1.0   1.0   1.0   1.0   1.0  49.8  77.9  99.9
99.9  81.0  60.1  37.5  29.7  27.8  29.7  37.5  60.1  81.0  99.9
99.9  86.0  72.0  59.3  52.6  50.6  52.6  59.3  72.0  86.0  99.9
99.9  91.0  82.4  75.2  70.9  69.4  70.9  75.2  82.4  91.0  99.9
99.9  95.7  91.6  88.2  86.1  85.4  86.1  88.2  91.6  95.7  99.9
99.9  99.9  99.9  99.9  99.9  99.9  99.9  99.9  99.9  99.9  99.9

               P(I,J) SOLUTION FOR NSWEEP = 200
99.9  99.9  99.9  99.9  99.9  99.9  99.9  99.9  99.9  99.9  99.9
99.9  95.7  91.6  88.2  86.1  85.4  86.1  88.2  91.6  95.7  99.9
99.9  91.0  82.4  75.2  70.9  69.4  70.9  75.2  82.4  91.0  99.9
99.9  86.0  72.0  59.3  52.6  50.6  52.6  59.3  72.0  86.0  99.9
99.9  81.0  60.1  37.5  29.7  27.8  29.7  37.5  60.1  81.0  99.9
99.9  77.9  49.8   1.0   1.0   1.0   1.0   1.0  49.8  77.9  99.9
99.9  81.0  60.1  37.5  29.7  27.8  29.7  37.5  60.1  81.0  99.9
99.9  86.0  72.0  59.3  52.6  50.6  52.6  59.3  72.0  86.0  99.9
99.9  91.0  82.4  75.2  70.9  69.4  70.9  75.2  82.4  91.0  99.9
99.9  95.7  91.6  88.2  86.1  85.4  86.1  88.2  91.6  95.7  99.9
99.9  99.9  99.9  99.9  99.9  99.9  99.9  99.9  99.9  99.9  99.9
```

(B) 计算结果

图 7.8　裂缝流情况下的点松弛法(续)

```
C      LAPLACE EQUATION SOLVER, CASE_7.
       PROGRAM MAIN
       DIMENSION P(11,11), A(11), B(11), C(11), V(11), W(11)
       OPEN(UNIT=4,FILE='CASE_7.DAT',STATUS='NEW')
C      DEFINE GRID PARAMETERS
       DX = 1.
       DY = 1.
       RATIO2 = (DY/DX)**2
       ONE = 1.
C      INITIALIZE P(I,J) TO ZERO EVERYWHERE
       DO 100   I=1,11
       DO 100   J=1,11
       P(I,J) = 0.
  100  CONTINUE
C      SET "100" BOUNDARY CONDITION AT BOX EDGES
       DO 151   J=1,10
       P(11,J) = 100.
  151  CONTINUE
       DO 152   I=2,11
       P(I,11) = 100.
  152  CONTINUE
C      LINE RELAXATION BEGINS
       DO 400   NSWEEP=1,200
       IF(MOD(NSWEEP,10).NE.0) GO TO 170
C      PRINT OUT "X-Y" RESULTS
       WRITE(*,154)
       WRITE(4,154)
       WRITE(*,155) NSWEEP
       WRITE(4,155) NSWEEP
  154  FORMAT(' ')
  155  FORMAT(' P(I,J) SOLUTION FOR NSWEEP = ',I3)
       DO 160   J=1,11
       WRITE(*,157) (P(I,J),I=1,11)
       WRITE(4,157) (P(I,J),I=1,11)
  157  FORMAT(1X,11F6.1)
  160  CONTINUE
C      ITERATE COLUMN BY COLUMN WITHIN BOX
  170  DO 300   I=2,10
C      DEFINE MATRIX COEFS FOR INTERNAL POINTS
       DO 200   J=2,10
       A(J) = 1.
       B(J) = -2.*(1.+RATIO2)
       C(J) = 1.
       W(J) = -RATIO2*(P(I-1,J)+P(I+1,J))
C      SET INTERNAL BOUNDARY CONDITION
       IF(I.EQ.6.AND.J.EQ.6) A(J) = 0.
       IF(I.EQ.6.AND.J.EQ.6) B(J) = 1.
       IF(I.EQ.6.AND.J.EQ.6) C(J) = 0.
       IF(I.EQ.6.AND.J.EQ.6) W(J) = ONE
  200  CONTINUE
C      RESTATE UPPER/LOWER BOUNDARY CONDITIONS
C      NOTE "99" DUMMY VALUES
       A(1) = 99.
       B(1) = 1.
       C(1) = -1.
       W(1) = 0.
       A(11) = 0.
       B(11) = 1.
       C(11) = 99.
       W(11) = P(I,11)
C      INVOKE TRIDIAGONAL MATRIX SOLVER
       CALL TRIDI(A,B,C,V,W,11)
C      UPDATE AND STORE COLUMN SOLUTION
```

图 7.9　无流边界条件的实现

```
            DO 250  J=1,11
            P(I,J) = V(J)
     250    CONTINUE
     300    CONTINUE
     C      SET NO-FLOW CONDITION
            DO 350  J=1,11
            P(1,J) =  P(2,J)
     350    CONTINUE
     400    CONTINUE
            CLOSE(4,STATUS='KEEP')
            STOP
            END
```

```
                 P(I,J) SOLUTION FOR NSWEEP =   10
  2.5    2.5    3.9    6.7   11.7   20.0   31.9   47.0   64.1   82.1   99.9
  2.5    2.5    3.9    6.7   11.7   20.0   31.9   47.0   64.1   82.1   99.9
  3.5    3.5    4.9    7.4   12.1   19.9   31.9   47.2   64.4   82.3   99.9
  5.6    5.6    7.1    9.2   12.7   19.1   31.7   47.6   64.9   82.6   99.9
  9.5    9.5   11.0   12.3   13.4   15.5   31.1   48.5   66.1   83.3   99.9
 15.8   15.8   17.5   18.1   15.5    1.0   31.2   51.2   68.5   84.7   99.9
 25.4   25.4   27.6   28.9   29.4   30.2   43.8   58.5   73.0   86.8   99.9
 38.9   38.9   41.3   43.2   45.4   49.1   57.5   67.8   78.8   89.6   99.9
 56.4   56.4   58.4   60.3   62.5   65.9   71.3   78.1   85.5   92.9   99.9
 77.2   77.2   78.4   79.5   80.8   82.7   85.5   88.9   92.6   96.4   99.9
 99.9   99.9   99.9   99.9   99.9   99.9   99.9   99.9   99.9   99.9   99.9

                 P(I,J) SOLUTION FOR NSWEEP =   20
 22.1   22.1   24.9   28.7   33.8   40.9   50.4   61.7   74.1   87.0   99.9
 22.1   22.1   24.9   28.7   33.8   40.9   50.4   61.7   74.1   87.0   99.9
 23.2   23.2   25.7   28.8   33.2   39.6   49.3   61.1   73.8   86.9   99.9
 25.7   25.7   27.5   29.3   31.6   36.1   46.9   60.0   73.5   86.9   99.9
 29.9   29.9   30.9   30.6   28.8   27.0   42.8   58.9   73.6   87.1   99.9
 36.6   36.6   36.8   34.6   26.6    1.0   38.9   59.7   74.9   87.9   99.9
 46.0   46.0   46.3   45.0   41.9   38.5   52.3   66.3   78.5   89.6   99.9
 57.7   57.7   58.2   58.1   57.8   59.0   66.0   74.8   83.5   91.9   99.9
 71.0   71.0   71.5   71.9   72.5   74.2   78.2   83.4   89.0   94.5   99.9
 85.3   85.3   85.6   85.9   86.4   87.5   89.3   91.8   94.5   97.3   99.9
 99.9   99.9   99.9   99.9   99.9   99.9   99.9   99.9   99.9   99.9   99.9

                 P(I,J) SOLUTION FOR NSWEEP =  150
 52.6   52.6   52.6   53.0   54.3   57.6   63.3   71.2   80.2   90.0   99.9
 52.6   52.6   52.6   53.0   54.3   57.6   63.3   71.2   80.2   90.0   99.9
 52.6   52.6   52.3   52.0   52.4   55.1   61.3   69.9   79.6   89.7   99.9
 53.0   53.0   52.0   50.2   48.4   48.9   56.9   67.5   78.5   89.3   99.9
 54.3   54.3   52.4   48.4   41.9   35.4   49.9   64.6   77.5   89.1   99.9
 57.6   57.6   55.1   48.9   35.4    1.0   42.7   63.7   77.9   89.4   99.9
 63.3   63.3   61.3   56.9   49.9   42.7   56.1   69.5   80.9   90.8   99.9
 71.2   71.2   69.9   67.5   64.6   63.7   69.5   77.4   85.4   92.8   99.9
 80.2   80.2   79.6   78.5   77.5   77.9   80.9   85.4   90.3   95.2   99.9
 90.0   90.0   89.7   89.3   89.1   89.4   90.8   92.8   95.2   97.6   99.9
 99.9   99.9   99.9   99.9   99.9   99.9   99.9   99.9   99.9   99.9   99.9
```

图7.9   无流边界条件的实现(续)

P(I,J) SOLUTION FOR NSWEEP = 200

52.6	52.6	52.6	53.0	54.3	57.6	63.3	71.2	80.2	90.0	99.9
52.6	52.6	52.6	53.0	54.3	57.6	63.3	71.2	80.2	90.0	99.9
52.6	52.6	52.3	52.0	52.4	55.1	61.3	69.9	79.6	89.7	99.9
53.0	53.0	52.0	50.2	48.4	48.9	56.9	67.5	78.5	89.3	99.9
54.3	54.3	52.4	48.4	41.9	35.4	49.9	64.6	77.5	89.1	99.9
57.6	57.6	55.1	48.9	35.4	1.0	42.7	63.7	77.9	89.4	99.9
63.3	63.3	61.3	56.9	49.9	42.7	56.1	69.5	80.9	90.8	99.9
71.2	71.2	69.9	67.5	64.6	63.7	69.5	77.4	85.4	92.8	99.9
80.2	80.2	79.6	78.5	77.5	77.9	80.9	85.4	90.3	95.2	99.9
90.0	90.0	89.7	89.3	89.1	89.4	90.8	92.8	95.2	97.6	99.9
99.9	99.9	99.9	99.9	99.9	99.9	99.9	99.9	99.9	99.9	99.9

(B) 计算结果

图 7.9　无流边界条件的实现(续)

7.6.2　最小计算资源需求

沿 x 和 y 方向上分别有 i_{MAX} 和 j_{MAX} 个网格的长方形网格有 $i_{MAX} \times j_{MAX}$ 个未知量。没有考虑到稀疏度和局限性的未优化直接矩阵求解程序将需要多次逆转计算。最坏的可能情况是高斯消元,需要 $(i_{MAX} \times j_{MAX})^3$ 次乘除计算。此问题放到三维空间中就会更加复杂化。在笔者的方案中,只需单个三对角矩阵求解程序;逆转一个 j_{MAX} 行解需要 $3 \times j_{MAX}$ 次操作,不过,其重复次数为 $n_{SWEEP} \times i_{MAX}$ 次。这相对于直接矩阵逆转方法来说,也仍然有显著改进。

7.6.3　良好的数值稳定性

笔者的程序是极其数值稳定的,即不会出现经常出现的 109 个压力。从线性纽曼稳定性方面讲,这些过程是条件稳定的。这是因为系数矩阵是对角占优的,当以列式方式解三维问题(比如笔者提供的示例)时更是如此。通常,在二维空间内不收敛的平面问题可像解三维问题一样成功快速地解出来。为辅助收敛,不稳定二维问题可任意嵌入适当的三维问题中。

7.6.4　快速收敛

松弛法能够快速收敛,至少初期如此;之后收敛速度稍有放缓,不过计算次数还是可以忍受的。用于加快收敛速度的方法各种各样,比如超松弛法(Jameson,1975)、Shanks 外推法(van Dyke,1964)或多网格法(Wesseling,1992),多网格法利用交替的粗细网格实现松弛。也许松弛法最重要的优势是将解初始化成已存在的近似解的能力,理想状态下,解最好有差不多相同的非均质性或井配置,这对油藏描述研究来说是重要的。假定要形成若干地质认识,比如利用地质统计模型,每个模型与前一个模型都稍有不同。与开始不做任何假设的直接解法相比较,每个压力解应只需最小的增量变化。在此基础上,松弛法计算速度比直接求解程序快。正如前文所述,不管初估值多少,此方法好像始终收敛于同一个值。当然,适当的初始化能够显著降低计算次数。此优势在软件设计时是重要的,所需硬件资源最少,且提供即时的用户响应。

7.6.5　松弛法为何收敛

在本节收尾部分提供一定的深刻见解,指出不管初估值如何预计都会收敛于唯一的解(当然此解是稳定解)。令方程(7.17)乘以 4,然后将其写成带有上标 n 和 $n-1$ 的形式,以描述以下迭代中所用的递归关系。

$$4P_{i,j}^n = P_{i-1,j}^{n-1} + P_{i+1,j}^{n-1} + P_{i,j-1}^{n-1} + P_{i,j+1}^{n-1} \tag{7.18}$$

从方程(7.18)两侧减去$4P_{i,j}^{n-1}$得:

$$P_{i-1,j}^{n-1} - 2P_{i,j}^{n-1} + P_{i+1,j}^{n-1} + P_{i,j-1}^{n-1} - 2P_{i,j}^{n-1} + P_{i,j+1}^{n-1} = 4(P_{i,j}^n - P_{i,j}^{n-1}) \tag{7.19}$$

如果现在用方程(7.19)除以$(\Delta x)^2$,则有:

$$(P_{i-1,j}^{n-1} - 2P_{i,j}^{n-1} + P_{i+1,j}^{n-1})/(\Delta x)^2 + (P_{i,j-1}^{n-1} - 2P_{i,j}^{n-1} + P_{i,j+1}^{n-1})/(\Delta x)^2 = (P_{i,j}^n - P_{i,j}^{n-1})/\Delta t$$
$$\tag{7.20}$$

其中,$\Delta t = (\Delta x)^2/4$。方程(7.20)为以下无量纲热方程的显式差分形式:

$$\partial^2 P/\partial x^2 + \partial^2 P/\partial y^2 = \partial P/\partial t \tag{7.21}$$

$P(x,y,t)$为该方程描述瞬时温度时固体内的热传递。众所周知(Carslaw and Jaeger,1946,1959),最终稳态解(满足$\partial^2 P/\partial x^2 + \partial^2 P/\partial y^2 = 0$)与初始条件无关。

因此,不管初估值如何,稳态压力解均可求得,这一点并不令人惊讶。此说法适用于给定压力和流量边界条件的液体方程(7.14),但也适用于气体,因为气体满足P^{m+1}的线性方程。前人常将松弛法与多项式根求解程序进行类比,这并不正确,因为椭圆问题(至少此处考虑的椭圆问题)有唯一的解。有些商业出版物中声称,现代直接矩阵求解程序有助于压力场更快速地收敛,与老式松弛法相比,收敛速度快很多。对解一无所知时,进行盲目比较是可行的;但正如所看到的,迭代模型如果用得好,会非常灵活。当采用直接求解程序时,选择正确的矩阵条件参数是非常关键的,要求对系数矩阵结构有一定的了解。通常,选择所花时间比解压力本身所花时间要长。实际上,所得参数可能取决于油田的物理性质,因问题不同而有差异,油水饱和度随时间演化时发生变化。但是,松弛法(经常称作 dummy proof)也使用户能够用解析解初始化他们的解,比如第1~5章中导出的解。

7.6.6 超松弛法

研究人员在提高松弛法收敛速度方面取得了长足进展。注意,根据方程(7.20)可以看出,方程(7.17)的点松弛法与方程(7.21)中的导热率值有关。关于这个值,没有深奥的内容:导热率越高,得到稳态结果所需的收敛时间越短,而导热率越低,得到稳态结果所需的收敛时间越长。增加导热率的一种办法是超松弛。之前,利用$P(i,j) = V(j)$更新了Fortran解,其中$V(j)$是通过列矩阵逆转求得的最后一个解。现在,我们用$P(i,j) = RELAX \cdot V(j) + (1 - RELAX) \cdot P(i,j)$更新压力场。选择$RELAX = 1$时表示什么都不做。然而,进行超松弛时令$RELAX > 1$可加速收敛速度。数值稳定性是个问题时,令$RELAX < 1$进行欠松弛可令计算稳定。有些学者将其拉普拉斯算子嵌入收敛速度比方程(7.21)快的非稳定系统。毕竟,如果只期望得到稳定结果,则迭代过程中的瞬态阶段就不重要;任何快速变化的人工时间变量就重要。关于现代松弛法的讨论,请参考 Jameson(1975)开创性的工作。

7.6.7 线松弛与点松弛

采用线松弛法有几个理由。首先,该算法容易构建和维护。其次,三对角求解程序逆转$N \times N$系统时只需要$3N$次的乘除运算。当然,在达到收敛前需要数十次;解一个问题所需的累计工作量与通过高斯消元完成的直接求解相比要小。如果初始化时有足够接近的解可用,则可大大缩短收敛时间。重要的是,线松弛法容易处理两点边界条件。来自上下边界的压力数据沿列瞬时传递,左右两侧边界条件沿行快速传递。相比之下,点松弛法较慢,点松弛法需要较长的收敛时间。然而,点松弛法易于适应不规则几何形状,其中具有恒定编程尺寸或矢量长度的线不好定义。第8~10章所述的曲线网格法是一个特例。如果必须在长方形网格上模拟不规则几何形状,则推荐点松弛法,因为容易编程,只需针对流域内部的点执行方程(7.17)给出的逻辑即可。这样就简化了开发过程,因为不需要定义具有固定网格编号的线。

最后,存在矢量化问题(也叫作标量与并行计算)。串行计算机按照特定顺序执行指令,并行计算机同时执行多个指令。通常,将不同流域分配给不同计算机,通过接口的消息必须设计成域间以最大限度降低计算时间的最佳方式通信。串行计算机占主导时应采用线松弛法而非点松弛法,因为串行计算机在收敛速度方面较慢。然而,点松弛法如今用在矢量计算机上,因为可以并行迭代许多个点。在并行计算机上,与线松弛法有关的隐式方案需要进行不利用计算机架构的逐步的矩阵逆转顺序操作。另外,研究人员已经就线松弛法进行了矢量化处理,以至于能够同时处理大量的行。不管读者喜欢直接法还是迭代法,都应提防避免采用快速而简化的建议方案。不过采用哪种方法,问题都不像看起来那样简单,始终都有发挥创造力的余地。

第8~10章将在第7章得到的概念基础上研究网格生成、归一化基本解、瞬态可压缩流、交替方向隐式法(或ADI法)以及三维稳定和非稳定流分析。运用特殊的曲线网格方法可消除长方形网格所具有的缺点,能够在需要详细解时提供对近井地带的精细描述。但是无论采用哪种网格模型,网格块大小以及流动特征都是很随机的;比如,人们会将从小块岩心中取得的渗透率数据用于数百英尺宽的网格块,这种常用的简单平均法会导致出现无法预料的后果。在下一节中,将(采用所讨论的平面有限差分方法)说明交错层砂体网格粗化实际上如何巧妙,一点都不简单。其中显示如何采用简单数值模型分析有趣的物理概念。

7.7 各向同性与各向异性:流体侵入交错层砂体

网格块求平均值方面存在大量文献,以降低内存使用率和计算时长为设计目的,其中有算术、几何和调和方法,也有较新方法,比如油藏工程师所采用的基于地质统计的模型和伪模型。可惜的是,求平均值过程本身通常是研究的唯一焦点,对物理后果的关注极少。第11章介绍了有精确解的简单问题,着重描述了对有效性质的正确使用并指出其可能存在的问题。可能存在问题的原因是不论什么时候取平均值,都始终会导致信息丢失;比如,选择与采油速度匹配的平均值会造成示踪剂传输时间不正确。此外,针对某情形优化的简化网格块结构,若井约束条件发生改变或添加或减少一口井时,其适用性有可能会降低。在本节中,将说明网格粗化如何显现初始小尺度描述中不明显的新影响。在连续介质力学中,各向同性与各向异性通常是不同尺度下观察的结果。比如,树上不同的小木块可能看起来是各向同性的,但聚在一起时却是各向异性的,因为机械强度沿横向和纵向有差异性变化。本节从计算和测井角度讨论各向异性。简单理解就是,只要K_h与K_v不同,便有各向异性。不难设想存在均质岩样满足这个要求,实际上许多岩样都满足。然而实践证明,各向同性的沉积层若交替堆叠并有倾角,则也存在着各向异性。这样测井分析人员便有可能错误地得出结论,认为各向同性的地层是各向异性的。另外,在模拟研究中,各向同性的层状序列若没有按照本来的各向异性进行模拟,则会产生错误的大尺度结果。对于所考虑的问题,当达到临界参数时,名义上直线形的流线会突然变向,结果模拟出岩石在大尺度情况下具有各向异性的性质。对于流经线性岩心的稳定达西流,便有这种情况。

为了理解问题,考虑图7.10A和图7.10B中的流体运动。对于入射平行岩层的流,垂向流出流速是不均匀的,具体取决于各层阻力;对于入射垂直岩层的流,垂向流速便是均匀的。在两个示例中,流入和流出流线方向不发生变化,都保持直线状态。常用的并联和串联电路求平均值公式(比如针对直流电阻)适用,实际上用于描述具有各向同性的聚合流绰绰有余。各向异性的性质在图7.10A和图7.10B中是绝不会出现的。

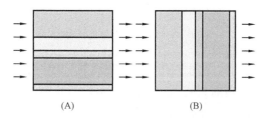

图7.10　(A)与岩层平行的流(B)与岩层垂直的流

现在考虑图7.11中的岩心样品。显而易见,入射的均匀流流到了右侧必须变成不均匀的;流线将不再是水平方向,甚至是岩心内各层完全是各向同性的情况下也是如此。如果不了解测试装置,观测人员就会根据流线方位将试样理解成在整个装置范围内是各向异性的。这个各向异性是从纯各向同性公式得到的推论,即对于非均质但各向同性的介质是 $\partial[K(x,y)\partial P/\partial x]/\partial x + \partial[K(x,y)\partial P/\partial y]/\partial y = 0$ 的有限差分解,而对于各向异性介质不必遵循 $\partial(K_h\partial P/\partial x)/\partial x + \partial(K_v\partial P/\partial y)/\partial y = 0$。此外,这个观测结果也暗示,可进一步质疑测井仪器上显示的各向异性读数,以确定是否存在更为精细的细尺度结构。

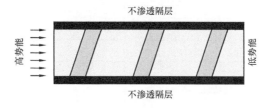

图7.11　流经倾斜岩层的流

7.7.1　数值结果

有几个参数用于描述岩心:总体尺寸、倾角、层厚和性质。对于模拟来说,取45°倾角,对于浅色石灰岩(宽度是深色石灰岩的3倍),取背景渗透率为1mD。为了求 $P(x,y)$,解各向同性但有变化的渗透率 $K(x,y)$ 的微分方程 $\partial[K(x,y)\partial P/\partial x]/\partial x + \partial[K(x,y)\partial P/\partial y]/\partial y = 0$,$P(x,y)$ 为求解的流函数(Ψ)公式提供边界条件。通过画 Ψ 等值线精确跟踪流线。流线方法用于控制通常因直接速度矢量积分引起的累计误差。对于所述系统,依次考虑具有图7.12所示形式的倾斜渗透率薄层,周期按1-1、1-2、1-3、1-4和1-5这个顺序。注意:迅速的渗透率变化导致压力场呈现颗粒状,结果形成蜿蜒状流线,这一点预料到了。由于重点在于流线模式,所以没有给出精确的 P 值和 Ψ 值。

```
/////////////////////////////////////////////
1 1 5 1 1 1 5 1 1 1 5 1 1 1 5 1 1 1 5 1
1 5 1 1 1 5 1 1 1 5 1 1 1 5 1 1 1 5 1 1
5 1 1 1 5 1 1 1 5 1 1 1 5 1 1 1 5 1 1 1
1 1 1 5 1 1 1 5 1 1 1 5 1 1 1 5 1 1 1 5
1 1 5 1 1 1 5 1 1 1 5 1 1 1 5 1 1 1 5 1
1 5 1 1 1 5 1 1 1 5 1 1 1 5 1 1 1 5 1 1
5 1 1 1 5 1 1 1 5 1 1 1 5 1 1 1 5 1 1 1
1 1 1 5 1 1 1 5 1 1 1 5 1 1 1 5 1 1 1 5
1 1 5 1 1 1 5 1 1 1 5 1 1 1 5 1 1 1 5 1
1 5 1 1 1 5 1 1 1 5 1 1 1 5 1 1 1 5 1 1
5 1 1 1 5 1 1 1 5 1 1 1 5 1 1 1 5 1 1 1
/////////////////////////////////////////////
```

图 7.12　典型的渗透率排列

图 7.13A 至图 7.13F 给出典型的二阶导数精确结果。对于小的渗透率变化,计算出来的流线接近直线。但在临界值(当前岩心渗透率排列为 1 – 5),随着流体向右流动,可见明显的流线发散。站在图 7.13F 所示出口的观测人员会推断岩样中存在明显的各向异性。这个解释是否正确并不重要,因为流体确实沿所示的大方向流动。然而,为了确定岩石更小尺度的结构,需要更精细的测量仪器。监测了 1 – 1、1 – 2、1 – 3、1 – 4 和 1 – 5 所有薄层的总体积流量。用 1 – 1 均质岩心,得到了归一化的流量 0.56。由于后续平均渗透率增加,总流量必须增加;各岩心对应的流量分别为 0.56、0.69、0.80、0.88 和 0.87,最后一个值不符合趋势的原因是有限端部效应。图 7.13F 给出初始平行且等距的流线是如何在右上角移动并在右下角区域形成无流动死区的。这间接表明面积驱扫效果较差,此处是因为非均质性所致。图 7.13F 所示的流线图案间接表明,将井布置在右下方有增加产量的可能。

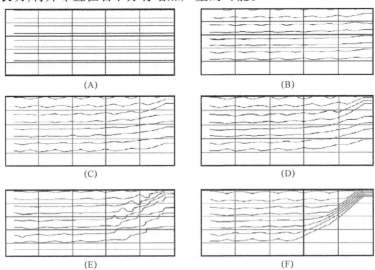

图 7.13 　(A)流线呈直线状的 1 – 1 均质岩心(B)流线稍有偏离的 1 – 3 岩心(C)流线稍有转弯的 1 – 4 岩心
(D)流线开始出现转弯的 1 – 4.5 岩心(E)流线有明显转弯的 1 – 4.75 岩心
(F)流线有非常明显转弯的 1 – 5 岩心

在第二个示例中,重复计算过程,但令深色薄层间隔翻倍。由于总的平均渗透率相对于所考虑的值有所降低,所以,体积流量应该会降低;得到结果:0.62 与 0.69、0.67 与 0.80、0.70 与 0.88、0.67 与 0.87,但再次观察到有流线收敛。后来证实,局部油藏弱非均质性产生的累积效应对于改变流线方向来说是重要的。

原始 1－1 均匀介质的流量为 0.56。作为确认,5－5 岩心预计流量 2.8(0.56 的 5 倍)。最后,不按图 7－12 排列,以简单棋盘方式(只有 1s 和 5s)每隔一个对角改变低渗透率和高渗透率薄层,从而形成一个纯随机的渗透率分布,没有角偏差,也没有方向偏差,其算术平均值为 $(1+5)/2$ 或者 $(1+5)/3$。以此计算流量值为 1.67,是单位渗透率求得值 0.56 的 3 倍;这个 3 便是自然获得的算术平均值 $(1+5)/2$。因此可见,算术平均值一定程度上对渗透率随机分布的情况是有用的。而对于带交错层的砂体和带层理面的地层,需要更周全地考虑各向异性或方向性。

7.7.2 电模拟

同样,通过方程 $\partial[K(x,y)\partial P/\partial x]/\partial x + \partial[K(x,y)\partial P/\partial y]/\partial y = 0$ 求解各向同性的变量 $K(x,y)$,结果得到各向异性的性质,这就好像方程 $\partial(K_h\partial P/\partial x)/\partial x + \partial(K_v\partial P/\partial y)/\partial y = 0$ 已经得到求解一样。这是渗透率差异大并有倾角的情况。现在,电流满足低频范围内的 $\partial[\sigma(x,y)\partial V/\partial x]/\partial x + \partial[\sigma(x,y)\partial V/\partial y]/\partial y = 0$,其中,$V$ 和 σ 表示各向同性介质中的电压和导电率。由于这种用电流模拟流体流是精确的,所以,关于流线图案的结论也适用于电路。因此,微观上各向同性的倾斜薄层在宏观电流上可表现为各向异性。由于流体模型和电模型关系密切,流体的非均质性间接表示电性各向异性,反之亦然。

问题和练习

1. 考虑均质各向同性介质中满足 $\partial^2 P/\partial x^2 + \partial^2 P/\partial y^2 + \partial^2 P/\partial z^2 = 0$ 的稳态液体流。设 $\Delta x = \Delta y = \Delta z = \Delta$,对该方程进行有限差分得:任意一点 (x_i, y_j, z_k) 处 $P_{i,j,k}$ 的值通过其附近值的算术平均值给出,即,$P_{i,j,k} = 1/6(P_{i-1,j,k} + P_{i+1,j,k} + P_{i,j-1,k} + P_{i,j+1,k} + P_{i,j,k-1} + P_{i,j,k+1})$。前文采用方程 $P_{i,j} = 1/4(P_{i-1,j} + P_{i+1,j} + P_{i,j-1} + P_{i,j+1})$ 设计了平面内位于中心的井的点松弛方案(比如图 7.7B)。对于目前这个三维问题,设长方形计算模型所有六个面上的 P 为 0,并将点井设在压力为 100 的中心位置。利用点松弛法求解三维压力场。比如,Fortran 语句可写成如下:

```
C       Initialize and set "0" boundary conditions on six faces
        do 100 i = 1, imax
        do 100 j = 1, jmax
        do 100 k = 1, kmax
        p(i,j,k) = 0.
  100   continue
C       Iterate by point relaxation
        do 300 n = 1, nmax
        do 200 i = 2, imax-1
        do 200 j = 2, jmax-1
        do 200 k = 2, kmax-1
```

```
              p(i,j,k) = (p(i-1,j,k) + p(i+1,j,k) + ...)/6.
              if(i.eq.ictr.and.j.eq.jctr.and.k.eq.kctr)
              1 then p(i,j,k) = 100.
200 continue
                    .
    300 continue
```

特别地:(1)介绍适当的收敛标准;(2)运行模拟器至收敛(针对若干模型尺寸);(3)确定压力随距离增大如何降低(同球形源稳定解是否一致);(4)利用不同的封闭控制面围住源点并计算通过平面的总质量流量(质量流量是否相同? 是否应该相同? 如果不同,为什么不同?);(5)针对没有围住源点的闭合体积,重复这个流量计算过程(结果应该是什么样?);(6)不规定井位处 $P = 100$,而是修改程序以便规定总质量流量;(7)解除 $\Delta x = \Delta y = \Delta z = \Delta$ 这个限制,将求解程序扩展至任意尺寸的网格块(讨论确保质量守恒所需的可行数值策略)。

2. 编写点松弛程序,求解平面各向同性方程 $\partial[K(x,y)\partial P/\partial x]/\partial x + \partial[K(x,y)\partial P/\partial y]/\partial y = 0$。假设顶部和底部为实心壁,左右两侧为高低恒压。用 $P = 0$ 和其他函数初始化代码;显示向唯一解的收敛不依赖于函数。针对均匀渗透率的情况运行此程序,显示压力随 x 增大而呈线性降低。

3. 利用练习 2 中的计算机代码确定 $P(x,y)$,其中按照下图所示假设交错层渗透率画出流线。(1)导出流线方程并以类似的松弛法求解;(2) $\partial\Psi/\partial Y$ 中所需的顶部和底部法向导数边界条件可能与采用柯西—黎曼条件时的 $\partial P/\partial x$ (可用)解有关;(3)假定初始情况下左侧有垂向 Ψ 等距分布,右侧可简化成 $\partial\Psi/\partial x = 0$。流线以恒流函数线表示;任意两个 Ψ 值的差表示两点间的质量流量。流函数分布取下图显示的值,然后画出流线场。将这些压力和流函数解导入等值线绘制软件,生成具有物理意义的曲线,如图 7.13A ~ F 所示。针对 1-4 和 1-5 渗透率重复这些计算过程。

```
////////////////////////////////////////////////////////
1 1 3 1 1 1 3 1 1 1 3 1 1 1 3 1 1 1 3 1
1 3 1 1 1 3 1 1 1 3 1 1 1 3 1 1 1 3 1 1
3 1 1 1 3 1 1 1 3 1 1 1 3 1 1 1 3 1 1 1
1 1 1 3 1 1 1 3 1 1 1 3 1 1 1 3 1 1 1 3
1 1 3 1 1 1 3 1 1 1 3 1 1 1 3 1 1 1 3 1
1 3 1 1 1 3 1 1 1 3 1 1 1 3 1 1 1 3 1 1
3 1 1 1 3 1 1 1 3 1 1 1 3 1 1 1 3 1 1 1
1 1 1 3 1 1 1 3 1 1 1 3 1 1 1 3 1 1 1 3
1 1 3 1 1 1 3 1 1 1 3 1 1 1 3 1 1 1 3 1
1 3 1 1 1 3 1 1 1 3 1 1 1 3 1 1 1 3 1 1
3 1 1 1 3 1 1 1 3 1 1 1 3 1 1 1 3 1 1 1
////////////////////////////////////////////////////////
                        渗透率
```

```
////////////////////////////////////////////////////////
100100100100100100100100100100100100100100100100100100100100
 90 88 87 91 92 89 87 90 92 89 87 90 92 89 87 90 92 87 82 82
 80 77 80 83 80 77 80 83 80 77 80 82 79 76 79 82 78 73 74 74
 70 71 73 70 67 70 72 70 67 70 72 69 66 69 71 68 64 66 68 68
 60 62 60 57 60 62 60 57 59 62 59 56 59 61 58 55 57 59 56 56
 50 49 47 50 52 50 47 49 52 49 47 49 51 48 45 47 49 45 41 41
 40 37 40 42 40 37 39 42 39 37 39 41 39 36 38 40 37 33 34 34
 30 30 32 30 27 29 32 29 27 29 31 29 26 28 31 28 25 26 28 28
 20 22 20 17 19 22 19 16 19 22 19 16 19 21 18 15 18 20 18 18
 10 10  7  9 12 10  7  8 11 10  7  8 11 10  6  8 11  9  5  5
  0  0  0  0  0  0  0  0  0  0  0  0  0  0  0  0  0  0  0  0
////////////////////////////////////////////////////////
                        流函数
```

第8章　曲线坐标与数值网格生成

8.1　概览

在油藏流分析方面很少有精确解可用,因为不规则边界和非均质性使得数学计算极其困难。因此,研究人员和从业者将研究重心集中在数值模型方面。通过采用此类近似法,油藏模拟方面已取得重大进展。然而,大多数计算方面文献研究的是长方形和圆形网格系统,其中采用的有限差分方程有着特别简化的形式。

8.1.1　采用理想化网格存在的问题

笛卡儿网格与径向网格产生的结果是出了名的不准确,以至于人们关注其分辨率。比如,远场边界除非呈矩形或圆形,否则难以描述。当不满足理想的几何条件时,所产生的矩阵含有大量无效的网格块,结果降低计算机性能,且有效的网格块又无法有效利用。经常采用插值法,但会增加计算次数和数值干扰。总之,为计算机模型赋予地层边界的问题是油藏模拟、试井解释和历史拟合方面重要的问题。此外还有其他问题。通常,一个面积网格块跨度或达数百英尺,其中有多口井,每口井直径为6in。关于网格块压力计算值与井处流压的关系,存在一些问题。解决此类问题有著名的关系式可用,参见 van Poollen 等人(1968)的著作、Peaceman (1977、1978,1983)的著作、Williamson 与 Chappelear(1981)合写的著作,Chappelear 与 Williamson(1981)合写的著作。这些特殊方法适用于垂直井,但尚无方法适用于层状介质中的水平井。甚至那些被广泛使用的井模型模拟得到的流量都会是实际流量的50%～200%。局部网格细化与嵌入式网格提供了两种其他选项,但根据添加方程在矩阵解中的不同编排,有可能出现严重的计算性能下降,导致需要更快更强大的计算机来进行计算。此外,对于采用的笛卡儿网格,增加近场网格密度会迫使部分远场网格密度也会增加(但不一致)。

8.1.2　可选择的坐标系

前文曾描述如何巧妙利用坐标系取得良好效果。比如,考虑以柱面极坐标表示的点源和涡流基本解 $\lg r$ 和 θ。在第 2 章和第 3 章中,其重写为 (x,y) 坐标形式,目的是求线状裂缝和页岩的解。或者,考虑第 5 章所介绍的保角映射;其中,第 2 章和第 3 章中的简单解扩展至复杂几何形状流。更有效的新方法是采用与边界一致的网格系统,系统包括近场内的井和裂缝,同时系统与远场外部边界吻合。最简单的系统是柱面坐标系,用于模拟位于圆形油藏中心的圆形井眼。另一个是椭圆坐标系,用于模拟无限系统内直线状有限长度裂缝中的流。

已有文献介绍如何生成符合实际边界的网格。虽然模型好像很神秘,充满专用术语(至少在油藏模拟领域如此),但实际上这方面技术发展高度成熟。在航空航天领域,经常采用这些技术模拟复杂的干扰效应,比如,机翼与机身结合部位的流、机翼附近的发动机流阻碍等。实际上,学者们经常使用此方法研究钻井与固井过程中经常遇到的高度偏心环形流,例如 Chin(1992a,b,2001a,b,2012)的著作。本章将讨论这个网格生成技术。通过简单易懂的代数推导介绍网格生成基本概念,避免因采用复变量、微分几何和拓扑学而复杂化。直接论证难度适合大学生,不深入探讨本质上属于数学领域的深奥内容。必要推导过程有可能达不到数学家所喜欢的巧妙程度;但是,这些推导过程同样是严谨的,提供了一个重要新领域方面的基本概念,属于必读内容。

本书中的网格生成讨论并不详尽,但毋庸讳言的是,基于 Thompson 的方法是最受欢迎的,因为有限差分模型在生成的结构化网格上是容易实现的。从这个意义上讲,软件和算法开发简单、直接。采用三角、六角和类似非结构化网格时便不是这种情况;这些坐标系统通常实现的是需要变分公式的有限元模型以及需要使用整体守恒定律的有限体积模型。感兴趣的读者可参考最新的研究文献;本书讨论的方法在某种意义上讲属于讨论时有底气的成熟技术。网格生成技术属于灵活的技术,重要的是,网格生成技术用于实现后续章节所设计的各种稳定瞬态流模拟程序。

8.2 常见坐标变换

假设希望用方便的自变量 ξ 和 η 表示函数 $f(x,y)$,如果变换 $x = x(\xi,\eta)$ 和 $y = y(\xi,\eta)$ 则可以实现,通过直接代入将函数 $f(x,y)$ 写成:

$$f(x,y) = F(\xi,\eta) \tag{8.1}$$

方程(8.1)中 ξ 和 η 之间的函数关系式 $F(\xi,\eta)$ 通常与 x 和 y 之间的关系式 $f(x,y)$ 不同。$f(x,y)$ 对 x 和 y 的导数与 $F(\xi,\eta)$ 对 ξ 和 η 的导数容易形成关联。利用链式法则(Hildebrand,1948)有:

$$F_\xi = f_x x_\xi + f_y y_\xi \tag{8.2}$$

$$F_\eta = f_x x_\eta + f_y y_\eta \tag{8.3}$$

其中下标及 ∂ 将用于表示偏导数。可采用代数方法解方程(8.2)和方程(8.3)求 f_x 和 f_y,得:

$$f_x = (y_\eta F_\xi - y_\xi F_\eta)/J \tag{8.4}$$

$$f_y = (x_\xi F_\eta - x_\eta F_\xi)/J \tag{8.5}$$

其中,

$$J(\xi,\eta) = x_\xi y_\eta - x_\eta y_\xi \tag{8.6}$$

称作变换的雅可比行列式。由于后续显而易见的原因,将这个雅克比行列式叫作"big jay"。数学物理学领域的大多数边界值问题都涉及二阶微分方程(Tychonov and Samarski,1964)。为了用坐标 (ξ,η) 表示此类方程,需要进行类似于方程(8.4)和方程(8.5)的变换求得 f_{xx}、f_{xy} 和 f_{yy}。在本书中,从头到尾都认为函数 f 和 F 都是足够光滑的,因此可在任意两个自变量间互换导数阶数。光滑的意思是预计物理解中不会出现突然间断。对方程(8.2)和方程(8.3)应用链式法则得:

$$F_{\xi\xi} = f_x x_{\xi\xi} + x_\xi(f_{xx} x_\xi + f_{xy} y_\xi) + f_y y_{\xi\xi} + y_\xi(f_{yx} x_\xi + f_{yy} y_\xi) = x_{\xi\xi} f_x + y_{\xi\xi} f_y + x_\xi^2 f_{xx} + y_\xi^2 f_{yy} + 2 x_\xi y_\xi f_{xy}$$

$$\tag{8.7}$$

类似地,

$$F_{\eta\eta} = x_{\eta\eta}f_x + y_{\eta\eta}f_y + x_\eta^2 f_{xx} + y_\eta^2 f_{yy} + 2x_\eta y_\eta f_{xy} \qquad (8.8)$$

且

$$F_{\eta\xi} = x_{\xi\eta}f_x + y_{\eta\xi}f_y + x_\eta x_\xi f_{xx} + y_\eta y_\xi f_{yy} + (x_\eta y_\xi + x_\xi y_\eta)f_{xy} \qquad (8.9)$$

现在,将方程(8.7)至方程(8.9)重写,将 $f_{xx}\sqrt{f_{xy}}$ 和 f_{yy} 视为 3×3 矩阵左侧的代数未知量。即,将方程写成常见形式:

$$x_\xi^2 f_{xx} + 2x_\xi y_\eta f_{xy} + y_\xi^2 f_{yy} = F_{\xi\xi} - x_{\xi\xi}f_x - y_{\xi\xi}f_y \qquad (8.10)$$

$$x_\eta{}^2 f_{xx} + 2x_\eta y_\eta f_{xy} + y_\eta^2 f_{yy} = F_{\eta\eta} - x_{\eta\eta}f_x - y_{\eta\eta}f_y \qquad (8.11)$$

$$x_\eta x_\xi f_{xx} + (x_\eta y_\xi + x_\xi y_\eta)f_{xy} + y_\eta y_\xi f_{yy} = F_{\eta\xi} - x_{\eta\xi}f_x - y_{\eta\xi}f_y \qquad (8.12)$$

方程写成这种形式时,利用行列式可轻松求得 $f_{xx}\sqrt{f_{xy}}$ 和 f_{yy} 的解。然而,不需要写出具体解,因为在本书中写出具体解没有用。但将采用拉普拉斯算子 $f_{xx} + f_{yy}$,形式如下:

$$f_{xx} + f_{yy} = (\alpha F_{\xi\xi} - 2\beta F_{\xi\eta} + \gamma F_{\eta\eta})/J^2 + [(\alpha x_{\xi\xi} - 2\beta x_{\xi\eta} + \gamma x_{\eta\eta})(y_\xi F_\eta - y_\eta F_\xi)$$
$$+ (\alpha y_{\xi\xi} - 2\beta y_{\xi\eta} + \gamma y_{\eta\eta})(x_\eta F_\xi - x_\xi F_h)]/J^3 \qquad (8.13)$$

其中,以希腊字母表示的系数表示非线性函数:

$$\alpha = x_\eta^2 + y_\eta^2 \qquad (8.14)$$

$$\beta = x_\xi x_\eta + y_\xi y_\eta \qquad (8.15)$$

$$\gamma = x_\xi^2 + y_\xi^2 \qquad (8.16)$$

8.3 Thompson 映射

到目前为止,尚未对函数 $x = x(\xi,\eta)$ 和 $y = y(\xi,\eta)$ 或 $\xi = \xi(x,y)$ 和 $\eta = \eta(x,y)$ 施加任何约束条件。一个著名的变换是 Thompson 映射,参见 Thompson(1978,1984)的著作、Thompson 等人(1985)的著作、White(1982)的著作以及 Tamamidis 和 Assanis(1991)的著作。此映射最初成型是为了解求流经二维机翼黏性流的 Navier – Stokes 方程,后来扩展至三维研究航空领域的机翼—机身效应(Thomas,1982b)。Chin(1992a,1992b,2001a,2001b,2012b)的著作中也采用了此方法,目的是研究偏心环形和非环形管内的非牛顿流。在 Thompson 方法中,$\xi(x,y)$ 和 $\eta(x,y)$ 被定义成椭圆方程的解。

$$\xi_{xx} + \xi_{yy} = P^*(\xi,\eta) \qquad (8.17)$$

$$\eta_{xx} + \eta_{yy} = Q^*(\xi,\eta) \qquad (8.18)$$

其中,P^* 和 Q^* 是用来(在极巧妙估测中)控制局部网格密度的函数。后续,将解释 Thompson 做出这个选择的准确动机。现在,问一个更直接的问题,在给定(8.17)和方程(8.18)的情况下,$x = x(\xi,\eta)$ 和 $y = y(\xi,\eta)$ 的控制方程是什么?

在这方面,这个问题有助于帮助理解方程(8.13)对于任何函数 f 都成立。即:对于任何一套规定的变换,方程(8.13)都可被视为有用的恒等式。设 $f(x,y) = \xi(x,y)$,其中 $F(\xi,\eta) = \xi$;然后,令 $F_\eta = 0$, F 对 ξ 和 η 的所有二阶导数都为零。代入方程(8.13)并用方程(8.17)替换所得到的 ξ 对 x 和 y 的拉普拉斯算子,得:

$$-y_\eta(\alpha x_{\xi\xi} - 2\beta x_{\xi\eta} + \gamma x_{\eta\eta}) + x_\eta(\alpha y_{\xi\xi} - 2\beta y_{\xi\eta} + \gamma y_{\eta\eta}) = P^* J^3 \qquad (8.19)$$

类似地,设 $f(x,y) = \eta(x,y)$,因此有 $F(\xi,\eta) = \eta$ 。然后,令 $F_\xi = 0$, F 对 ξ 和 η 的所有二阶导数都为零。代入方程(8.13)并用方程(8.18)替换所得到的 η 对 x 和 y 的拉普拉斯算子,得:

$$y_\xi(\alpha x_{\xi\xi} - 2\beta x_{\xi\eta} + \gamma x_{\eta\eta}) - x_\xi(\alpha y_{\xi\xi} - 2\beta y_{\xi\eta} + \gamma y_{\eta\eta}) = Q^* J^3 \qquad (8.20)$$

如果现在将 $(\alpha x_{\xi\xi} - 2\beta x_{\xi\eta} + \gamma x_{\eta\eta})$ 和 $(\alpha y_{\xi\xi} - 2\beta y_{\xi\eta} + \gamma y_{\eta\eta})$ 视为简单的 2×2 矩阵内的代数未知量,则可解方程(8.19)和方程(8.20),从而导出 Thompson 的著名椭圆方程。

$$\alpha x_{\xi\xi} - 2\beta x_{\xi\eta} + \gamma x_{\eta\eta} + J^2(P^* x_\xi + Q^* x_\eta) = 0 \qquad (8.21)$$

$$\alpha y_{\xi\xi} - 2\beta y_{\xi\eta} + \gamma y_{\eta\eta} + J^2(P^* y_\xi + Q^* y_\eta) = 0 \qquad (8.22)$$

方程(8.21)和方程(8.22)为非线性耦合方程,因为方程(8.14)至方程(8.16)中的系数 α 、 β 和 γ 取决于 $x(\xi,\eta)$ 和 $y(\xi,\eta)$ 。关于其互补的几何边界条件,见第9章的推导。

8.4 某些相互关系

由于实际原因,需要在物理和计算平面间转换结果。因此,需要相互关系。现在返回来看通常考虑因素,不做 Thompson 的假设。特别是研究一下常见变换:

$$x = x(\xi,\eta) \qquad (8.23)$$

$$y = y(\xi,\eta) \qquad (8.24)$$

通过微积分计算,全微分 $\mathrm{d}x$ 和 $\mathrm{d}y$ 由以下方程给出:

$$x_\eta \mathrm{d}\eta + x_\xi \mathrm{d}\xi = \mathrm{d}x \qquad (8.25)$$

$$y_\eta \mathrm{d}\eta + y_\xi \mathrm{d}\xi = \mathrm{d}y \qquad (8.26)$$

解方程(8.25)和方程(8.26)求 $\mathrm{d}\xi$ 和 $\mathrm{d}\eta$ 得:

$$\mathrm{d}\eta = -y_\xi \mathrm{d}x/J + x_\xi \mathrm{d}y/J \qquad (8.27)$$

$$\mathrm{d}\xi = y_\eta \mathrm{d}x/J - x_\eta \mathrm{d}y/J \qquad (8.28)$$

其中,雅克比行列式 big jay 由方程(8.6)给出。现在,可类似地考虑反向变换。如果有:

$$\eta = \eta(x,y) \qquad (8.29)$$

$$\xi = \xi(x,y) \qquad (8.30)$$

则有:

$$d\eta = \eta_x dx + \eta_y dy \tag{8.31}$$

$$d\xi = \xi_x dx + \xi_y dy \tag{8.32}$$

比较方程(8.27)与方程(8.31)以及方程(8.28)与方程(8.32),得:

$$\eta_x = -y_\xi/J \tag{8.33}$$

$$\eta_y = x_\xi/J \tag{8.34}$$

$$\xi_x = y_\eta/J \tag{8.35}$$

$$\xi_y = -x_\eta/J \tag{8.36}$$

另一方面,根据全微分 $d\xi$ 和 $d\eta$ 的定义进行推导并重新考虑方程(8.31)和方程(8.32)的以下形式:

$$\eta_x dx + \eta_y dy = d\eta \tag{8.37}$$

$$\xi_x dx + \xi_y dy = d\xi \tag{8.38}$$

可采用代数方法解方程(8.37)和方程(8.38)求 dx 和 dy,得:

$$dx = -\xi_y d\eta/j + \eta_y d\xi/j \tag{8.39}$$

$$dy = +\xi_x d\eta/j - \eta_x d\xi/j \tag{8.40}$$

其中,雅克比行列式 little jay 满足:

$$j(x,y) = \xi_x \eta_y - \xi_y \eta_x \tag{8.41}$$

比较方程(8.25)与方程(8.39)以及方程(8.26)与方程(8.40),得:

$$x_\eta = -\xi_y/j \tag{8.42}$$

$$x_\xi = \eta_y/j \tag{8.43}$$

$$y_\eta = \xi_x/j \tag{8.44}$$

$$y_\xi = -\eta_x/j \tag{8.45}$$

最终,比较方程(8.33)与方程(8.45)、方程(8.34)与方程(8.43)、方程(8.35)与方程(8.44)以及方程(8.36)与方程(8.42),得:

$$J(\xi,\eta)j(x,y) = 1 \tag{8.46}$$

或者:

$$(x_\xi y_\eta - x_\eta y_\xi)(\xi_x \eta_y - \xi_y \eta_x) = 1 \tag{8.47}$$

需理解不管 Thompson 变换还是其他变换,本节所求方程通常均有效。这些方程使得可在以物理和计算平面表示的量间进行便捷切换。另外,上述互相关系的推导与传统空气动力学方面跨音速速端方程(Liepmann and Roshko,1957)的推导是类似的。

8.5 再谈保角映射

作为将简单解变换成流经复杂形状流的解的工具,保角映射在第 5 章曾有过介绍。这里,研究其一般变换性质,并试图从数学角度了解保角映射。现在,重新正式地介绍柯西—黎曼条件,即:

$$\xi_x = \eta_y \tag{8.48}$$

$$\eta_x = -\xi_y \tag{8.49}$$

对方程(8.48)对 x 求导,对方程(8.49)对 y 求导;消掉两个结果间的交叉导数项,得方程(8.50)。采用类似步骤得方程(8.51)。

$$\xi_{xx} + \xi_{yy} = 0 \tag{8.50}$$

$$\eta_{xx} + \eta_{yy} = 0 \tag{8.51}$$

方程(8.50)和方程(8.51)均为椭圆方程;实际上,这两个方程就是 Thompson 方程(8.17)和方程(8.18),但 $P^* = Q^* = 0$(方程(8.48)至方程(8.51)与方程(5.12)至方程(5.15)相同)。由于 $\xi(x,y)$ 和 $\eta(x,y)$ 满足拉普拉斯方程,所以称作谐函数。如前所述,谐函数是作为复解析函数实部和虚部求得的,因此,利用复变量方法求方程(8.50)和方程(8.51)通常更为巧妙,方程(5.22)至方程(5.29)便是这种情况。

为了理解以变换坐标表示的方程(8.48)和方程(8.49)的含义,应采用前面导出的互相关系,这样做是有用的。如果用方程(8.43)和方程(8.44)中的 ξ_x 和 η_y 替换方程(8.48)中的 ξ_x 和 η_y,用方程(8.42)和方程(8.45)中的 η_x 和 ξ_y 替换方程(8.49)中的 η_x 和 ξ_y,则得:

$$y_\eta = x_\xi \tag{8.52}$$

$$y_\xi = -x_\eta \tag{8.53}$$

这间接表明,利用前文所述步骤有:

$$x_{\xi\xi} + x_{\eta\eta} = 0 \tag{8.54}$$

$$y_{\xi\xi} + y_{\eta\eta} = 0 \tag{8.55}$$

这样,$x(\xi,\eta)$ 和 $y(\xi,\eta)$ 同样为谐函数,但以变量 ξ 和 η 表示。方程(8.54)和方程(8.55)比方程(8.21)和方程(8.22)简单,其中 $P^* = Q^* = 0$。运用相互关系后显示,对于保角变换,物理平面和映射平面之间存在对偶性,反之亦然,即方程(8.50)和方程(8.51)是方程(8.54)和方程(8.55)的映射。可能有人已经预料到这种可逆性,但从方程(8.21)和方程(8.22)来看不明显。方程(8.54)和方程(8.55)与 Thompson 的初始方程(8.21)和方程(8.22)是一致的。在转换平面内采用柯西—黎曼条件,即将方程(8.52)和方程(8.53)代入方程(8.14)至方程(8.16)内,得 $\alpha = \gamma$ 和 $\beta = 0$。

在本书中,关于网格生成的讨论包括对具有广泛理论意义的结果的推导,但由于空间约束条件以及当前工作的研究性质,仅限于 $P^* = Q^* = 0$。有关更多信息,参见 Thomas 和 Middlecoff(1980)的著作、Thompson(1984)的著作和 Thompson 等人(1985)的著作。不同于方程(8.21)

和方程(8.22),方程(8.54)和方程(8.55)属于线性方程。然而,为了实现真正的保角映射,通常这两个方程不分开(正如表面上显示的那样),因为无法沿边界任意指定 x 和 y:为了实现保角映射, x 和 y 在任意一点必须满足方程(8.52)和方程(8.53)。

8.6　网格生成方程的解

本节说明实际上如何利用上述导出的几何变换解决边界值问题,比如不规则域的拉普拉斯方程。Thompson 方程以及稳态压力方程的数值解是新的。此研究由美国能源部提供资金支持,属小企业创新研究计划项目,项目授权编号为 DE – FG03 – 99ER82895,相关算法目前被用于非牛顿管道和环形流的计算流变学研究。为了清晰地解释这些问题,将避免采用前面章节所用的正式数学方法。

商用油藏模拟软件以长方形网格计算压力、饱和度和其他流动性质。其 $x-y$ 坐标线不符合确定远场油藏边界的不规则曲线;而且,近井高网格密度要求远处也有类似网格密度,其中此类分辨率是没有必要的。这将导致计算域内含死流和超大矩阵,使得计算域过大且无效。有时,大部分区域采用粗网格,局部角落采用高密点模拟,在近井(有可能是压裂井)地带实现网格细化。然而,许多公司不用这类模拟软件,因为出于数值上的便利而在矩阵逆转过程中忽略变换流方程内的交叉导数项。

8.6.1　边界条件

虽然业界注重笛卡儿网格,但参考 Thompson 等人(1985)的著作可见,其实可以生成与边界一致的更有效曲线网格,既适合远场边界,也适合各个单井。现在,重申基本概念,因为这些基本概念对于理解本节的研究内容是必需的,但以 Thompson 方程所需的边界条件为主。设存在 $\xi = \xi(x,y)$ 和 $\eta = \eta(x,y)$ 变换,将由图 8.1 所示的井与远场边界确定的不规则域映射成图 8.2 所示的长方形。

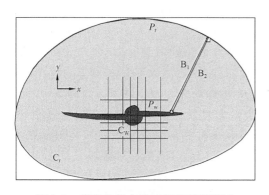

图 8.1　带无效长方形网格的不规则域

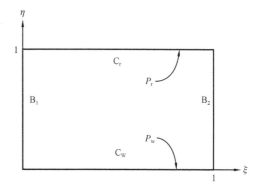

图 8.2　映射成长方形 $\xi - \eta$ 计算空间的不规则域

物理上无意义的分支切割 B_1 和 B_2 曾有过介绍,后续会有讨论。此类映射使得计算能够在更理想的高分辨率网格上有效实现,比如图 8.3 所示的网格。显而易见,利用坐标 ξ 和 η 可构建更有意义的流模型;可在利用较少网格和较少矩阵逆转的情况下改进油藏描述。现在,根据复变量可知,保角变换满足以 x 和 y 表示的线性拉普拉斯方程,但遗憾的是,黎曼引理无法解释这些映射是如何获得的。

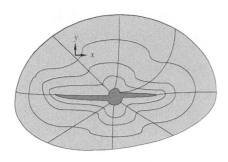

图8.3 以与边界吻合坐标表示的物理域

又是 Thompson 创建了一个新方法。Thompson 并不直接研究 $\xi = \xi(x,y)$ 和 $\eta = \eta(x,y)$,而是(以等效方式)考虑满足非线性耦合方程(8.21)和方程(8.22)的反函数 $x = x(\xi,\eta)$ 和 $y = y(\xi,\eta)$,在本章中,以以下形式考虑:

$$(x_\eta^2 + y_\eta^2)x_{\xi\xi} - 2(x_\xi x_\eta + y_\xi y_\eta)x_{\xi\eta} + (x_\xi^2 + y_\xi^2)x_{\eta\eta} = 0$$

(8.56)

$$(x_\eta^2 + y_\eta^2)y_{\xi\xi} - 2(x_\xi x_\eta + y_\xi y_\eta)y_{\xi\eta} + (x_\xi^2 + y_\xi^2)y_{\eta\eta} = 0$$

(8.57)

其中,ξ 和 η 是自变量。如何利用这两个自变量形成映射? 假设图8.1所示的等值线 C_W 映射成图8.2所示的 $\eta = 0$。

首先离散化图8.1中的 C_W,具体做法是用铅笔沿 C_W 标出选来表示曲线的一系列点。如果这些点是以某种顺序(比如顺时针)选择的,则这些点便确定了 ξ 增加的方向。沿 $\eta = 0$ 的 x 和 y 值被认为是 ξ 的函数(比如根据坐标纸上的测量结果)。类似地,沿 C_r 的 x 和 y 值被认为是图8.2中 $\eta = 1$ 上 ξ 的函数。这些值构成了方程(8.56)和方程(8.57)的边界条件,然后通过任意选择的分支切割 B_1 和 B_2 处的单值约束条件得到扩展。

在 Thompson 法和类似的方法中,方程(8.56)和方程(8.57)通过有限差分进行离散化,并利用点松弛法或线松弛法(比如见第7章)求解,开始时先对因变量 x 和 y 进行估测。利用先前迭代所得值逼近所有非线性系数以对该问题进行线性化处理。通常,先对方程(8.56)进行数次修改,然后再对方程(8.57)进行数次修改,重复这个过程(经常是不稳定的),直到收敛。该方法有多个变种,对于 $\xi - \eta$ 平面内的 100×100 网格系统,在典型英特尔计算机上需要数分钟的计算时间。解 $x = x(\xi,\eta)$ 和 $y = y(\xi,\eta)$ 并将其解作为 ξ 和 η 的函数制成表格后,即生成物理坐标。首先,η 是固定不变的;对于沿这个 η 上的每个节点 ξ,(x,y) 的计算值按照顺序标在 $x - y$ 平面上,由此生成所需的闭合轮廓线。针对所有 η 值重复这个过程,直到获得全套闭合曲线,限值 $\eta = 0$ 和 $\eta = 1$ 仍然描述 C_W 和 C_r。重复这个过程形成正交,η 和 ξ 角色调换。

这个过程仅提供映射。描述物理现象的方程(比如纳维-斯托克斯方程)必须变换成 (ξ,η) 坐标,然后再求解。比如,在油藏模拟过程中,达西压力方程必须以 ξ,η 表示并求解。Thompson 的简化不存在于变换后的方程中,变换后方程可能含有混合导数和可变系数,但处于计算域内,因为此方程采用的是直角坐标形式,适合进行简单的数值求解。

8.6.2 快速迭代解

$x(\xi,\eta)$ 和 $y(\xi,\eta)$ 的现有求解方法交错求方程(8.56)和方程(8.57)的解。比如,用初始解初始化方程(8.56)的系数,改进 $x(\xi,\eta)$。然后利用改进后的 $x(\xi,\eta)$ 估算方程(8.57)的系数,改进 $x(\xi,\eta)$;然后再初始化方程(8.56),改进 $x(\xi,\eta)$,如此反复,直到收敛。正如 Thompson 的综述中所提到的,用于实现这些迭代过程的方法多种多样,比如点 SOR、线 SLOR、带明显阻尼的线 SOR、交替方向隐式法和多网格法,各方法有着不同的成功率。通常,这些方法在计算方面是发散的。任何情况下,前述交错求解在迭代同时引入不同的模拟时间段。然而,经典的数值分析间接表明,减少时间段数目可加快收敛速度和提高稳定性。

笔者推荐采用快速解 Thompson 方程的新方法,此方法基于一个非常简单的概念。这个概念是已经被验证过的。设 $z_{\xi\xi} + z_{\eta\eta} = 0$,在此条件下,等式 $z_{i,j}(z_{i-1,j} + z_{i+1,j} + z_{i,j-1} + z_{i,j+1})/4$ 在恒定网格系统上成立,比如第 7 章求双变量实函数时那样。此著名的求平均值定律是递归公式 $z_{i,j}^n = (z_{i-1,j}^{n-1} + z_{i+1,j}^{n-1} + z_{i,j-1}^{n-1} + z_{i,j+1}^{n-1}) = 4$ 的推导依据,该递归公式通常用于说明和求多层迭代解;可利用近似平凡解初始化计算,利用非零边界条件始终都会生成非零解。

但是,著名的高斯—塞德尔方法是最快的:只要计算出 $z_{i,j}$ 的新值,即舍弃之前值,并以新值覆盖。不仅速度快,而且内存需求低,因为无须储存 n 和 $n-1$ 层的解,编程过程中只需单个矩阵 $z_{i,j}$。对方程(8.56)和方程(8.57)采取的方法来源于以下概念。假如不以交错跳点方式求解 $x(\xi,\eta)$ 和 $y(\xi,\eta)$,而是以仅一次类似方式同时更新 x 和 y,是否可行? 收敛速度是否会显著增加? 哪种形式方法可采用高斯—塞德尔法求解? 对编程有何影响?

复变量用于谐函数分析问题,比如,解析函数 $f(z)$ 实部和虚部(其中, $z = x + iy$)提供了满足拉普拉斯方程的解。这里采用不同的方法:复分析。定义因变量 z: $z(\xi,\eta) = x(\xi,\eta) + iy(\xi,\eta)$,然后添加方程(8.56)和 i × (8.57),得结果: $(x_\eta^2 + y_\eta^2)z_{\xi\xi} - 2(x_\xi x_\eta + y_\xi y_\eta)z_{\xi\eta} + (x_\xi^2 + y_\xi^2)z_{\eta\eta} = 0$。现在,$z$ 的复共轭是 $z^*(\xi,\eta) = x(\xi,\eta) - iy(\xi,\eta)$,根据此等式有:$x = (z + z^*)/2$ 和 $y = -i(z - z^*)/2$。代入得简单而等效的方程结果:

$$(z_\eta z_\eta^*)z_{\xi\xi} - (z_\xi z_\eta^* + z_\xi^* z_\eta)z_{\xi\eta} + (z_\xi z_\xi^*)z_{\eta\eta} = 0 \tag{8.58}$$

此形式有明显优势。首先,出于实用目的,当 z 在 Fortran 程序内被声明为复变量时,方程(8.58)表示以 $z(\xi,\eta)$ 呈现的单个方程。现在无须在 x 和 y 解之间进行跳点处理,因为利用二阶中心差分容易为了与方程(8.58)有关的 $z_{i,j}$ 而写出一个与经典模型 $z_{i,j} = (z_{i-1,j} + z_{i+1,j} + z_{i,j-1} + z_{i,j+1})/4$ 类似的公式。因为 x 和 y 在计算机内存内同时驻留,所以,像高斯—赛德尔法那样完全删除了交错求解法中额外的时间层次。在数百次采用点和线松弛法的试验模拟中,收敛时间缩短了两到三倍,收敛速度远超 $x(\xi,\eta)$ 与 $y(\xi,\eta)$ 间循环求解时的收敛速度。收敛貌似是无条件、单调且稳定的。由于方程(8.58)是非线性的,纽曼指数稳定性试验以及传统的收敛速度估算并不适用,但证明稳定与收敛的证据(尽管是经验性的)仍非常有说服力。

8.6.3 油藏压力快速求解

此新方法意味着非常快速地生成符合实际边界的不规则曲线网格,可以更好地适应物理现象,且本身就是有意义的。复杂的井(裂缝)轮廓和外部边界的影响现在可以得到非常准确的模拟。但与长方形系统不同的是,不仅以较少网格数目提供更佳的分辨率(矩阵较小),而且上述类似高斯—塞德尔法的方法加速了矩阵逆转。复杂网格易于生成,网格细化也不会更复杂。

但是,最好的还没出现,真正自动免费地解出几类带不同边界条件的稳态问题方法! 有许多实际问题在计算能力低下的现场就可以加以解决,比如,具有广义指数 m 的液体流和气体流。在航空航天领域,$x(\xi,\eta)$ 和 $y(\xi,\eta)$ 定义了可包含 Navier-Stokes 方程的解的坐标。在石油工程领域,图 8.3 中的网格支持压力等性质的计算。为了使概念简单易懂,考虑满足 $p_{xx} + p_{yy} = 0$ 的液体达西流,商用模拟软件将其离散化并在可变 $x-y$ 网格上求解,具体要看压力和流量边界条件。按照惯例,网格生成后是压力分析:先创建(矩形)网格,然后求得压力。但没必要这么做。通过指定的变换,$p_{xx} + p_{yy} = 0$ 变成 $p_{\xi\xi} + p_{\eta\eta} = 0$,得 $p(\xi,\eta)$。然而,我们无须对

$p(\xi,\eta)$进行数值求解,因为解析解通过已有映射易于求得。如果规定 $\eta=0$ 和 $\eta=1$ 处的井和远场油藏压力 $p_{well}(t)$ 和 $p_{res}(t)$,则所需的解便是:

$$p(\xi,\eta;t) = (p_{res} - p_{well})\eta(x,y) + p_w \tag{8.59}$$

此方程只是 $\eta(x,y)$ 的线性函数!换句话说,$x(\xi,\eta)$ 和 $y(\xi,\eta)$ 一旦确定并(按表)求逆给出 $\xi=\xi(x,y)$ 和 $\eta=\eta(x,y)$,即可利用方程(8.59)改变尺度求得压力—压力问题的解。没有必要求解压力,因为网格生成问题通过公式化表述后求稳态压力解没有必要!注意:方程(8.59)给出的时间相关性并非指可压缩性的瞬变,而是油藏别处钻井或注水过程中 $p_{well}(t)$ 和 $p_{res}(t)$ 的可能变化。

在下一章中,将说明如何自动生成给定井压力或远场压力时压力和流量边界值问题的解。即,只需一步即可求得规定总流量 Q、压力 p_{res} 和压力 p_{well} 中任意两个参数时的所有压力解,而且既适用于液体也适用于气体。此外,将利用拓扑研究成果扩展任意几何域基本对数解和反正切解(柱面坐标)的概念,比如形状类似得克萨斯州的油藏!第 10 章给出针对瞬态可压缩流的应用,其中同时采用了曲线网格与交替方向隐式数值积分法。

问题和练习

1. 如文中所述,利用中心差分离散化网格生成方程(8.58),推导复变量 z 的递归公式(根据线松他法或点松弛法)。根据第 7 章所述,编写一个 Fortran 或 C 语言程序,以迭代方式求解这个复方程(近场和远场边界条件按所讨论的进行假设)。作为程序测试,将同心油藏内圆形井眼确定的环形域映射成长方形模型。画出两套计算网格线。两套网格线是否正交?应不应该正交?正交好处有哪些?然后,利用方程(8.59)计算作为径向距离 r 的函数的稳态压力,将所得结果与第 6 章以解析方式得到的对数解进行比较。

2. 利用所编写的上述程序,考虑形状类似得克萨斯州的油藏,有一圆形井眼位于休斯敦内,如下图左侧所示。设边界点如下图所示,说明可获得具有右侧那样更有吸引力形式的曲线网格。然后,通过子程序实现方程(8.59)解决通常的压力—压力边界值问题。利用 Compaq Digital Fortran 6.5 编译程序,输出压力等值线可以用不同颜色表示。

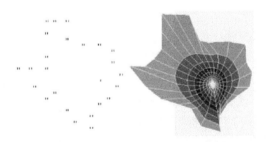

3. 作为比较,利用第 7 章给出的 Fortran 程序和长方形 (x,y) 网格解练习 2 的得克萨斯州油藏的压力。描述你的解在休斯敦附近的性质。近井地带压力是否呈现对数变化?曲线网格解准确度如何?为了达到曲线网格系统的精确度,长方形网格必须细化到何种程度?

第9章 稳态油藏应用

9.1 概览

在本章中,将把瞬态可压缩液体和气体流的达西方程变换成曲线坐标。为简洁起见,仅在水平区域平面内进行变换,而纵坐标不拉伸。这能够让阐述过程简单化,去掉不必要的代数计算,同时能够解决某些重要问题。一旦求得方程,就能说明如何将纯径向流的 $\lg r$ 和 θ 基本解扩展至有常见外边界油藏中任意井和裂缝——一个重大的突破。对于任意特殊的油藏几何形状,均可求得与这些基本解类似的数学解,然后根据第6章描述的针对径向流的概念,利用这些类似解解决大量稳态问题。

9.1.1 三个激发压力问题

导出任何新概念时,重新研究直接激发数学的、已有的、相似的和简单的类推是有用的。在油藏模拟过程中,控制偏微分方程的基本原理是压力的拉普拉斯方程,其中以均质各向同性地层中恒密单相液体为假定的前提条件。根据所用坐标系统而呈现多种不同形式。比如线性达西流。对于线性达西流,方程 $\mathrm{d}^2 p(x)/\mathrm{d}x^2 = 0$ 成立。如果井 $x = 0$ 处有 $p = p_\mathrm{w}$,油藏边界 $x = x^*$ 处有 $p = p^*$,则解为众所周知的线性压力降:

$$p(x) = p_\mathrm{w} + (x/x^*)(p^* - p_\mathrm{w}) \tag{9.1a}$$

另一方面,对于具有圆柱对称性的径向流,压力 $p(r)$ 满足 $\mathrm{d}^2 p(r)/\mathrm{d}r^2 + 1/r\mathrm{d}p/\mathrm{d}r = 0$。如果井 $r = r_\mathrm{w}$ 处有 $p = p_\mathrm{w}$ 且油藏边界 $r = r^*$ 处有 $p = p^*$,则解为对数压力降:

$$p(r) = p_\mathrm{w} + \left[(\lg r/r_\mathrm{w})/(\lg r^*/r_\mathrm{w})\right](p^* - p_\mathrm{w}) \tag{9.1b}$$

对于球对称流,$p(r)$ 满足 $\mathrm{d}^2 p(r)/\mathrm{d}r^2 + 2/r\mathrm{d}p/\mathrm{d}r = 0$,其中 r 为球径向坐标。如果井 $r = r_\mathrm{w}$ 处有 $p = p_\mathrm{w}$,油藏边界 $r = r^*$ 处有 $p = p^*$,则解为代数压力降:

$$p(r) = p_\mathrm{w} + \left[r^*(1 - r_\mathrm{w}/r)/(r^* - r_\mathrm{w})\right](p^* - p_\mathrm{w}) \tag{9.1c}$$

9.1.2 作为拓扑问题的油藏模拟

如果比较方程(9.1a)至方程(9.1c),则可推测有:

$$p(r) = p_\mathrm{w} + GF(p^* - p_\mathrm{w}) \tag{9.1d}$$

该方程可表示更完整的狄利克雷问题通解。其中,GF 是简单的几何因子(不属于感应测井所用的几何因子),其存在与否取决于表示到适当原点距离的单个坐标变量是否存在。这样一个表达式可以使得最复杂的几何形状能采用简单分析。从这个意义上讲,可将压力问题视为求得适当几何因子的问题,而流体流动分析实际上会变成拓扑问题。

采用这个思路所得到的实际好处有两方面。首先,对于任意流动域(比如线性、圆柱状、球状等),一旦求得适当几何因子,即可仅用几何因子就可表示整套流边界值问题(见第 6 章),求一次即可。其次,正如前述示例所示,相关几何因子的解应根据普通且不难解的偏微分方程求得。到目前为止,已经讨论了只依赖于几何因子时的压力解,但类似考虑因素也适用于流线追踪。比如,线性流的流函数就是 y,而柱状径向流的流函数是 θ;这些简单的依赖性还是直接源于问题固有的典型笛卡儿坐标和极坐标。需要指出的是,压力通解仅取决于函数 $\eta(x,y)$,流函数可得到大大简化。

9.1.3 一个实际问题

为了将这些抽象概念以实际形式表达出来,考虑以下假想的原油产区示例。通过航空勘测发现一处大型不规则油藏,大小与形状类似得克萨斯州。不知道地层是含油还是含气,因此,指数 m 必须保留 what if 参数。作业公司决定在休斯敦钻一口探井。为了评价产量和地层,公司想解决 m 取所有可能值情况下的三个边界值问题:压力—压力、井底压力—流量和远场压力—流量(见第 6 章的讨论)。通常,这需要进行大量的精细网格、长方形网格和近似计算机模拟,针对 do－loop 嵌套循环语句中变化的大量参数进行重复模拟。利用本章推导的形式,在数秒内一次性获得几何因子 GF 并储存在计算机内存中。注意:几何因子是实数数组,正如 lgr 和 θ 是数字数组。然后,只需改变该数组尺度即可解决每个边界值问题,正如方程 (9.1a) 至方程(9.1c)也表达了简单的再归一化。

9.2 控制方程

为了形成概念,将用公式表示变换后的问题,设有一个单相可压缩流,水平渗透率 K_h 恒定,以面积坐标 (x,y) 表示,垂向上有多个地层,垂向渗透率 $K_v(z)$ 是变化的。基岩孔隙度 $\phi(z)$ 随 z 变化而变化。假定流体黏度 μ 是恒定的。控制方程形式如下:

$$K_h(\partial^2 p^{m+1}/\partial x^2 + \partial^2 p^{m+1}/\partial y^2) + \partial(K_v \partial p^{m+1}/\partial z)/\partial z = \phi\mu c^* \partial p^{m+1}/\partial t \qquad (9.2a)$$

此方程是方程(1.6)的特例。其中, $p(x,y,z,t)$ 为压力,以笛卡儿坐标 (x,y,z) 表示, t 为时间。对于液体,指数 m 为零;对于气体,指数 m 为非零。比如,对于等温膨胀, $m=1$,而对于绝热膨胀, $m=C_v/C_p$。C_v 和 C_p 分别是恒体积和恒压力下的比热。读者请参见方程(1.8);有关详细内容,可参见 Saad(1966)的著作。当 $m=0$ 时, c^* 表示流体和下伏岩石的净压缩性; m 为非零值时, $c^*(p)$ 的变化满足以下方程:

$$c^*(p) = m/p \qquad (9.2b)$$

这使方程(9.2a)针对 p^{m+1} 呈现类似线性形式,该形式有助于数值分析(注:本书中假定完全非线性)。现在,考虑函数 $p^{m+1}(x,y,z,t)$ 及其变换后以曲线坐标 (ξ,η,z) 表示的映射函数 $P^{m+1}(\xi,\eta,z,t)$。在油藏模拟文献中,此类变换坐标因具有适应地层边界的能力而通常称作角点几何。具体地,将研究组合 $\partial^2 p^{m+1}/\partial x^2 + \partial^2 p^{m+1}/\partial y^2$,使函数 p^{m+1} 作为一个整体。即:

$$P^{m+1}(\xi,\eta,z,t) = p^{m+1}(x,y,z,t) \qquad (9.3)$$

然后,根据以下两个方程变换对 ξ 求一阶导数:

$$P^{m+1}_\xi = p^{m+1}_x x_\xi + p^{m+1}_y y_\xi \qquad (9.4)$$

和

$$P_{\xi\xi}^{m+1} = x_{\xi\xi}p_x^{m+1} + y_{\xi\xi}p_y^{m+1} + x_\xi^2 p_{xx}^{m+1} + y_\xi^2 p_{yy}^{m+1} + 2x_\xi y_\xi p_{xy}^{m+1} \tag{9.5}$$

类似地,

$$P_{\eta\eta}^{m+1} = x_{\eta\eta}p_x^{m+1} + y_{\eta\eta}p_y^{m+1} + x_\eta^2 p_{xx}^{m+1} + y_\eta^2 p_{yy}^{m+1} + 2x_\eta y_\eta p_{xy}^{m+1} \tag{9.6}$$

重要的是,要强调如何利用通用变换生成额外的一阶和二阶混合交叉导数[比较方程(9.2a)和方程(9.7)]。后面的几项与非混合时的二阶导数一样重要,在数值分析中必须加上。有几种广泛采用的模拟器不属于这种情况。有份石油公司报告这样说道:"有几种商用油藏模拟器未考虑这些项的离散化,是因为其结构不适合采用现有直接矩阵求解程序来解"。由于这个原因,"有限差分解无法收敛于流方程的解,就算细化网格也是枉然"。读者在使用角点选项时应小心谨慎。幸运的是,航空航天领域可用的公共域软件并非是这种情况;通过支付象征性的极少费用,可从政府研究机构取得大量关于网格生成的文献,其中包括 Fortran 算法。本文的重点主要是解析,现在返回来看基本方程。加入方程(9.5)和方程(9.6)后形成复杂方程,即:

$$
\begin{aligned}
P_{\xi\xi}^{m+1} + P_{\eta\eta}^{m+1} &= (x_{\xi\xi} + x_{\eta\eta})p_x^{m+1} + (y_{\xi\xi} + y_{\eta\eta})p_y^{m+1} \\
&\quad + (x_\xi^2 + x_\eta^2)p_{xx}^{m+1} + (y_\xi^2 + y_\eta^2)p_{yy}^{m+1} + 2(x_\eta y_\eta + x_\xi y_\xi)p_{xy}^{m+1}
\end{aligned}
\tag{9.7}
$$

现在,引入 Thompson 的概念,令 $P^* = Q^* = 0$,但采用第 8 章推导出的简化等效变换。方程(8.54)和方程(8.55)要求没有一阶导数项。由于组合 $x_\eta y_\eta + x_\xi y_\xi$ 为零,p_{xy} 交叉导数项消失。由于方程(8.52)和方程(8.53)也暗含:

$$J(\xi,\eta) = x_\xi y_\eta - x_\eta y_\xi = x_\eta^2 + x_\xi^2 = y_\eta^2 + y_\xi^2 > 0 \tag{9.8}$$

故有:

$$P_{\xi\xi}^{m+1} + P_{\eta\eta}^{m+1} = J(\xi,\eta)(p_{xx}^{m+1} + p_{yy}^{m+1}) \tag{9.9}$$

因此,根据方程(9.2a)有:

$$K_h\left[(P_{\xi\xi}^{m+1} + P_{\eta\eta}^{m+1})/J(\xi,\eta)\right] + \partial(K_v\partial P^{m+1}/\partial z)/\partial z = \phi\mu c^* \partial P^{m+1}/\partial t \tag{9.10}$$

或者

$$K_h(P_{\xi\xi}^{m+1} + P_{\eta\eta}^{m+1}) + J(\xi,\eta)\partial(K_v\partial P^{m+1}/\partial z)/\partial z = J(\xi,\eta)\phi\mu c^* \partial P^{m+1}/\partial t \tag{9.11}$$

9.3　稳定平面流:归一化的 $\lg r$ 解

根据第 6 章径向流相关内容,考虑与钻井和地层评价有关的三个问题:一个压力—压力模型和两个压力—流量模型。还是以稳定液体和气体流为假设前提,设总体积流量为恒定值。考虑均质各向同性的系统。

9.3.1　压力—压力方程

在稳定平面流范围内,时间和垂向(z)导数为零,变换后压力方程 $P(\xi,\eta)$ 如下,其($m+1$)

次幂满足拉普拉斯方程。

$$P_{\xi\xi}^{m+1} + P_{\eta\eta}^{m+1} = 0 \tag{9.12}$$

假设图 9.1A 所示油藏可映射成图 9.1B 所示的长方形;即,假设方程(8.54)和方程(8.55)可在适当边界条件下求解,生成所示的映射。一旦算法生成变换 $\xi = \xi(x,y)$ 和 $\eta = \eta(x,y)$,即将变换储存在内存中。此时,就已经解决纯粹拓扑的问题,但未考虑实际边界条件。现在,根据图 9.1A 和图 9.1B,井压力 P_W 映射成下边界 $\eta = 0$,而远场压力 P_R 映射成 $\eta = \eta_{max}$,η_{max} 和 ξ_{max} 可任意选择。由于这些压力是恒定值,方程 9.12 指出的边界值问题便独立于坐标 ξ。偏微分方程成为普通的微分方程。实际上,量 $P^{m+1}(\eta)$ 随 η 变化而呈线性变化,因为 $P_{\eta\eta}^{m+1} = 0$,取值:

$$P^{m+1}(\eta) = (P_R^{m+1} - P_W^{m+1})\eta/\eta_{max} + P_W^{m+1} \tag{9.13}$$

因此,解 $P(\eta)$ 获得如下:

$$P(\eta) = \left[(P_R^{m+1} - P_W^{m+1})\eta/\eta_{max} + P_W^{m+1}\right]^{1/(m+1)} \tag{9.14}$$

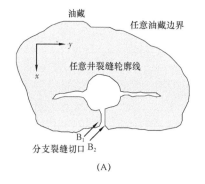

对于给定的油藏,类径向函数 $\eta(x,y)$ 已知时,压力 $P(\eta)$ 可作为 P_W,P_R,m,和 $\eta(x,y)$ 的函数以解析方式求得,从而解决一系列边界值问题。方程(9.14)是对普通油藏线性流 x 压力变化或径向流 $\lg r$ 解的模拟。油藏的映射函数 $\xi(x,y)$ 和 $\eta(x,y)$ 一次性求得,$\eta(x,y)$ 可视为复合的对数径向坐标。解方程(8.54)和方程(8.55)得 $x = x(\xi,\eta)$ 和 $y = y(\xi,\eta)$,而不是 $\xi = \xi(x,y)$ 和 $\eta = \eta(x,y)$。但反向转化按以下步骤可以轻松实现。在 (ξ,η) 平面内选择任意一点,记录其网格索引号和相应的 η 和 ξ 值;然后,查找该点的 (x,y) 计算值,并向找到的 (x,y) 赋已知的 ξ 和 η 值。对于长方形计算平面内所有 (ξ,η) 点,都重复这个过程。

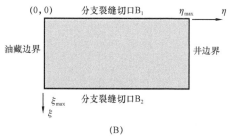

图 9.1 (A)以实际坐标表示的常见油藏与井,
(B)经 Thompson 变换的直角坐标

9.3.2 压力—流量公式

在许多应用中,P_W 和 P_R 无法以最佳方式来表示实际问题。比如,指定 P_W 和总体积流量 Q_W 或指定 P_R 和总体积流量 Q_W 更方便。

这里,将考虑这些公式。用试错迭代解法去猜流量是可行的,但有一个更快的巧妙方法。引入一个规范化函数,该函数满足:

$$(P^{m+1})^* = 1 + (P^{m+1} - P_R^{m+1})/(P_R^{m+1} - P_W^{m+1}) \tag{9.15}$$

如果求解 P^{m+1} 并将结果代入方程(9.12),则会发现,该函数也为谐函数,有:

$$(P^{m+1})^*_{\xi\xi} + (P^{m+1})^*_{\eta\eta} = 0 \tag{9.16}$$

其中,$(P^{m+1})^*$ 沿外部油藏边界等于1,沿内部的井或裂缝边界等于0。重要的是,要注意如此确定的函数 $(P^{m+1})^*$ 与 m、P_R 和 P_W 无关,仅与指定的具体几何形状细节有关。此外,还需要一个流量表达式。现在,体积流量 Q 可采用以下通常曲线积分 C 通过任意闭合轮廓线求算。

$$Q = -(K_h D/\mu)\int_C \mathrm{grad}P \cdot n\mathrm{d}l \tag{9.17}$$

其中,$\mathrm{grad}P = (P_x i + P_y j)$ 是常见的向量表示法,n 是 C 的外向单位法线,$\mathrm{d}l$ 是长度增量,$\cdot$ 是标量积,D 是油藏深度。方程(9.17)可写成 $(P^{m+1})^*$ 形式并沿内部的井或裂缝边界 C_W 进行评价,其中压力为恒压 P_W。结果如下:

$$Q_W = -(K_h D/\mu)(P_R^{m+1} - P_W^{m+1})/\left[(m+1)P_W^m\right]\int_{C_W} \mathrm{grad}(P^{m+1})^* \cdot n\mathrm{d}l \tag{9.18}$$

此处定义一个便捷算法。满足边界处压力等于1和0的 $(P^{m+1})^*$ 边界值问题是通过方程(9.19)求解的:

$$(P^{m+1})^* = \eta/\eta_{\max} \tag{9.19}$$

此方程基于方程(9.13),其中映射 $\eta(x,y)$ 为已知。所以,利用方程(9.19)评价方程(9.18)中的积分。由于参数 $(P^{m+1})^*$ 出现在以坐标 (x,y) 进行的梯度运算的后面,故积分:

$$I = \int_{C_W} \mathrm{grad}(P^{m+1})^* \cdot n\mathrm{d}l = \int_{C_W} \mathrm{grad}\left[\eta(x,y)/\eta_{\max}\right] \cdot n\mathrm{d}l \tag{9.20}$$

与 $(P^{m+1})^*$ 一样,仅同几何细节有关。I 值已知时,即作为普通映射过程一部分计算得到时,方程(9.18)为以下特别简单的形式:

$$Q_W = -(K_h D/\mu)(P_R^{m+1} - P_W^{m+1})/\left[(m+1)P_W^m\right]I \tag{9.21}$$

对于指定 P_W 和 Q_W 的稳态平面问题,远场油藏压力 P_R 的值可通过方程(9.21)立刻求得,因为 P_R^{m+1} 的解可轻易写出。当指定 P_W 和 Q_W 时,根据方程(9.21)可推导出 P_W 的非线性代数方程,而后者可利用第6章所述的快速 Newton – Ralphson 法以数值方式求解。另外,不管是指定 Q_W 和 P_W,还是指定 Q_W 和 P_R,方程(9.21)始终用于将边界值方程变换回压力—压力问题,其解根据方程(9.14)确定。前述结果从实际角度讲是有效的,因为它们将几种边界条件模型(全范围 P_W、P_R、Q_W 和 m)简化成唯一未知量是 $\eta(x,y)$ 的单一简单公式。此外,该函数是在映射开始时一次性得到的。然后,所有油藏模拟问题的解只需简单改变尺度即可求得。用户若对实现上述概念的 Windows 软件感兴趣,建议直接联系笔者。

9.4　以曲线坐标表示的流线追踪

前文已经利用单个函数 $\eta(x,y)$ 表示了所有可能的压力解。实践证明,以类似方式处理广义流函数 Ψ 是可行的。为了帮助分析,将方程(9.2a)的稳定平面形式写成守恒形式:

$$(\partial p^{m+1}/\partial x)_x + (\partial p^{m+1}/\partial y)_y = 0 \qquad (9.22)$$

这意味着满足以下导数关系的函数 $\Psi(x,y)$ 存在:

$$\Psi_y = \partial p^{m+1}/\partial x \qquad (9.23)$$

$$\Psi_x = - \partial p^{m+1}/\partial y \qquad (9.24)$$

因为往回代入方程(9.22)得恒等式 $0 = 0$。方程(9.23)和方程(9.24)与方程(4.17)和方程(4.18)是一致的。对方程(9.23)对 y 求导,对方程(9.24)对 x 求导,然后加在一起得:

$$\Psi_{xx} + \Psi_{yy} = 0 \qquad (9.25)$$

$m = 0$ 时,对于满足线性压力方程的液体流,$\Psi(x,y)$ 简化成经典流函数。但此概念同样适用于稳定非线性气体流,所获得的流函数特性也类似。为此,用方程(9.24)除方程(9.23),即:

$$
\begin{aligned}
\Psi_y/\Psi_x &= - (\partial p^{m+1}/\partial x)/(\partial p^{m+1}/\partial y) \\
&= - (\partial p/\partial x)/(\partial p/\partial y) \\
&= - (- K_h/\mu \partial p/\partial x)/(- K_h/\mu \partial p/\partial y) \\
&= - u/v
\end{aligned}
\qquad (9.26)
$$

其中,$u(x,y)$ 和 $v(x,y)$ 分别是 x 和 y 方向上的达西流速。沿流线进行运动学讨论时要求流线斜率 dy/dx 等于速度比 v/u。利用方程(9.26),发现:

$$dy/dx = v/u = - \Psi_x/\Psi_y \qquad (9.27)$$

现在,根据方程(9.27),全微分 $d\Psi$ 满足:

$$d\Psi = \Psi_x dx + \Psi_y dy = 0 \qquad (9.28)$$

因此,流函数 $\Psi(x,y)$ 沿流线是恒定的,不同流线有不同的流函数值。一旦求得 $\Psi(x,y)$ 阵列的值,便可通过画出恒 Ψ 评价线构建流线(见第4章)。

根据方程(9.25),控制 $\Psi(x,y)$ 的边界值问题仍以笛卡儿坐标 (x,y) 的公式表示。然而,利用用于压力方程的相同变换得拉普拉斯方程:

$$\Psi_{\xi\xi} + \Psi_{\eta\eta} = 0 \qquad (9.29)$$

此方程以计算坐标 (ξ,η) 表示。为了跟踪流线,必须根据适当边界条件求解方程(9.29)。为了确定这些条件,井单位深度的总体积流量可写成:

$$Q_W/D = - (K_h/\mu)\int_{C_W}(P_x i + P_y j) \cdot n dl = - (K_h/\mu)\{1/[(m+1)P_W^m]\}\int_{C_W}(\psi_y i + \psi_x j) \cdot n dl$$

$$(9.30)$$

其中,P_x 和 P_y 用方程(9.23)和方程(9.24)的差分形式代替,并设 $P = P_W$。方程(9.30)中的最后积分表示绕井或裂缝轮廓线一次而得的流函数突增。实际上,这确定了井的非零净流出流量。

在数学文献中，这个突增以带中括号的量 $[\Psi]$ 表示。由于质量守恒，对于绕井的任何封闭轮廓线必得相同 $[\Psi]$。可将方程（9.30）写成将 $[\Psi]$ 直接同当前油藏问题属性关联的形式，即：

$$[\Psi] = -(m+1)\mu Q_{\mathrm{w}} P_{\mathrm{w}}{}^{m}/K_{\mathrm{h}} \tag{9.31}$$

其中，Q_{w} 和 P_{w} 对于求解相应的压力问题是已知的。与不依赖于变量 ξ 的 $P(\xi,\eta)$ 不同，流函数 $\Psi(\xi,\eta)$ 必须依赖于 ξ，因为 Ψ 绕井而增。当然，任意两点 (ξ,η) 间的 $\Psi(\xi,\eta)$ 非零差与通过这两个点的流量成比例。在同心径向流中，坐标 ξ 对于第4章所述的极坐标 θ 起着相同角色。

现在用公式表示方程（9.29）所需的数值边界值问题。在不失概括性的情况下，首先指定原点 $\xi=\eta=0$ 位置有参考值 $\Psi=0$。其次，沿下边界 $\eta=0$ 指定井位置体积流量 $\Psi(0,\xi)$ 的精确分布（根据已知压力解进行直接积分求得）。然后，在每个绕井横标高 $\eta>0$ 水平线的端部 $\xi=\xi_{\max}$，额外设有相同净突增 $[\Psi]$［由方程（9.31）给出］以确保质量守恒。最后，由于方程（9.16）和方程（9.29）暗含着 Ψ_{η} 和 P_{ξ} 是成比例的，所以，恒压远场边界处 P_{ξ} 为零意味着边界条件 $\Psi_{\eta}(\xi,\eta_{\max})=0$。注意：并未对 $\Psi(0,\eta)$ 进行赋值，因为这会假定稳定流流动路径已知。

现在，为求压力方程而得到的结果表示，所有可能的流动解可简化成对映射函数 $\eta(x,y)$ 的简单尺度变化。对于给定的油藏结构，流线问题某种意义上被简化成单一的可扩展流函数：在本文的模拟中，求得对应于方程（9.16）所述单位问题的基本流函数 $\Psi^{*}(\xi,\eta)$，并通过方程（9.31）变化 $\Psi(\xi,\eta)$ 尺度（对于拟合利用专门参数获得的具体 Q_{w} 值来说是有必要的）。注意，方程（9.14）中的简单结果适用于压力时，同样简化的解析函数便不可用于流函数。然而，这里描述的流函数计算只需花费最少的投入。除了进行解方程（8.21）和方程（8.22）或方程（8.54）和方程（8.55）所需的数值计算以外，所需要的其他积分计算只是用来求方程（9.29）的解。此外，对于给定的油藏结构，$\eta(x,y)$ 和 $\Psi^{*}(\xi,\eta)$ 都是一次性求得的。之后，所有压力和流函数解都是通过再次归一化储存的数组求得的。由于所用网格系统是与边界一致的和可变的，所以，在井或裂缝附近可实现高分辨率，就算是粗（曲线）网格也是如此。以数值方法利用二阶精确的中心差分方程确保精确度。由于网格可以是粗网格，所以，实现收敛所需的计算次数少。此外，两个储存的数组仅需要动用最少的计算机内存。

9.5 稳定流计算实例

在本节中，将描述采用新方法后得到的结果。虽然 Windows 软件在数秒钟内即可完成映射、压力和流函数的计算，结果也是以彩色显示的，但由于彩色打印无法实现，本章将采用基于文本的显示帮助表达量化信息。以下示例中四个灰度图说明了这些算法具有的能力。在图9.2A 至图9.2D 中，各灰色区域表示与形似得克萨斯州油藏内生产井和裂缝对应的等压线。该交互式程序首先展示了内部井—裂缝边界，然后打印出外部油藏边界的形状。最后，它展示了叠加在油藏上的井和裂缝，并要求用户验证内部边界完全处于外部边界之内。一旦油藏几何条件得到验证，即进行压力和流函数分析。此简单程序是便携式的，不需要投资购买图形软件或硬件。对于任何数值方法,计算得到的解都显示出某种网格依赖性。但这种依赖性似乎比在长方形网格上获得的依赖性弱。

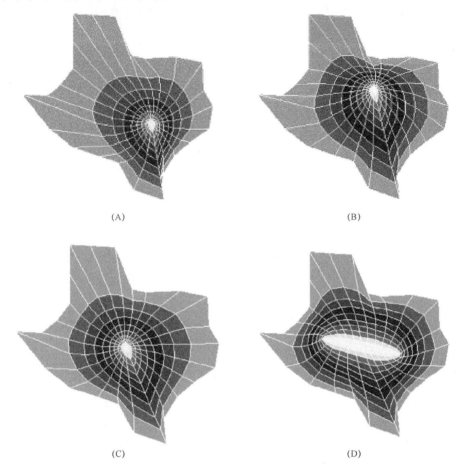

(A)

(B)

(C)

(D)

图 9.2 (A)位于休斯敦的井,(B)位于达拉斯的井,
(C)位于奥斯丁的井,(D)跨越得克萨斯州的裂缝

9.6 示例 9.1 休斯敦内的井

为了说明这个新方法,考虑图 9.3A 所示的形似得克萨斯州油藏,其横向伸展范围为 1400ft×1400ft。休斯敦位置有一口直径为 6in 的井。1 表示第一条网格线 $\eta=1$ 所在的位置,此网格线与圆形井眼吻合(细节如图 9.2A 所示)。11 个数字表示假定了 11 条径向网格,最后一条线 $\eta=11$ 与远场边界吻合。沿 ξ 周向设有 25 个 ξ 网格。根据传统的笛卡儿坐标(x,y)标准,这个 25×11 网格系统是粗网格系统,但在这里足够用了,因为这些网格是可变的,是与所有相关流边界吻合的。此外,矩阵方程采用二阶精确的中心差分公式求得。一旦计算出网格函数 $x=x(\xi,\eta)$ 和 $y=y(\xi,\eta)$,方程(9.13)和方程(9.14)即表示反函数 $\eta=\eta(x,y)$ 可改变尺度,从而提供任何带参数 P_W、P_R、Q_W 和 m 的稳态压力—压力问题的解。这个简单的再归一化,仅表示所需的计算。这意味着,计算和显示几乎同时进行。在形似得克萨斯州油藏示例

中,在英特尔酷睿 i5 计算机上实现网格变换不到1s。η 计算结果数据如图9.3B 所示。将恒 η 点连接起来,则得 η 网格线。线 $\eta = 1$ 与圆形井眼吻合,而线 $\eta = 11$ 与形似得克萨斯州油藏边界吻合。中间的线 $\eta = 2, 3, \cdots, 10$ 则提供了细化网格,其余彼此交叉的网格线则通过追踪恒 ξ 线得到。

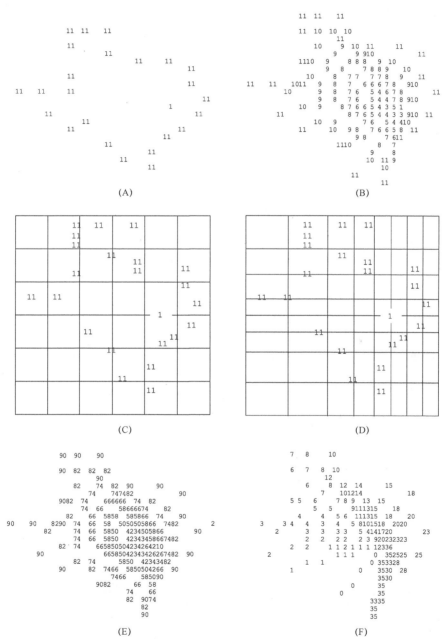

图9.3 (A)得克萨斯州内位于休斯敦的井,(B)与边界吻合的休斯敦—得克萨斯州网格,(C)恒定的长方形休斯敦—得克萨斯州网格,(D)可变(重新定义)的长方形休斯敦—得克萨斯州网格,(E)休斯敦—得克萨斯州压力(见图9.2A),(F)休斯敦—得克萨斯州流函数

重要的是,在井附近 $\eta = 1$ 线上网格密度高,物理分辨率高,而在远处密度低。在远处油藏边界,网格自动粗化。这与传统网格(图 9.3C ~ D 即为典型示例)形成对比。比如,图 9.3C 中的网格在井附近提供的分辨率低;若细化近 $\eta = 1$ 线的网格,如图 9.3D 所示,则导致远场位置出现不必要也不吻合的细化。在两个长方形网格中,长方形网格系统角落位置含无效的网格块,这意味着有无效的计算运算。这些问题在图 9.2 所示的与边界吻合的网格中就不存在。此外应注意图 9.2 所示的网格有多么像极坐标,这些网格可以以拓扑方式变形成为柱坐标系统。这个特性对于实现引言中所述的几何因子目标是必要的。对比而言,Sharpe 和 Anderson 于 1991 年提出的网格生成方法可产生网格化方形结构,这一点与图 9.3D 所示的不同。远场网格是长方形的,网格线均匀分布,而在近场 $\eta = 1$ 处,利用引力算法网格线聚集在一起。两种方法间的确切差异后续会有讨论。

为了得到具有代表性的数字,假定有一稳定流,设井和外边界压力分别为 100psi 和 900psi。渗透率为 1D,黏度为 1mPa·s,并假定稳定流为液体流,$m = 0$。单位深度的体积流量计算值为 360.4ft³/h。未利用已知的精确解对网格进行校正,因为结果仅用以说明为目的。此外,之前所述的演示程序将叠加在油藏内准确物理位置计算压力之上,以单位 psi 显示解的前两位有效数字。压力结果如图 9.3E 所示。

同压力类似,流函数 $\Psi(x,y)$ 仅通过再归一化求得并立即可用。求任意两点间 Ψ 差得两点间单位深度体积流量(ft³/h)。图 9.3F 给出了通过计算得到并利用演示程序画出的流函数。此处强调,规定 $P_W = 100$psi 和 $Q_W = 360.4$ft³/h 后用程序立即得到 $P_R = 900$psi。同样,规定 $P_R = 900$psi 和 $Q_W = 360.4$ft³/h 后用程序立即得到 $P_W = 100$psi。通过数学上严谨的尺度变化也会立即得到图 9.3E 和图 9.3F。由于精确度高,三个不同的边界值问题背后的这种计算一致性是值得实现的。其解几乎是瞬间得到的,从问题设置到带彩色显示全面解决总计花费的时间不到 1s。

9.7 示例 9.2 达拉斯里的井

令渗透率、黏度、m、网格参数、P_W 和 P_R 不变,但将井布置在达拉斯内,重复前述计算过程。图 9.4A 和图 9.4B 给出油藏几何形状和计算得到的网格系统。体积流量增加到 448.8ft³/h。相应的压力和流函数解如图 9.4C 和图 9.4D 所示。

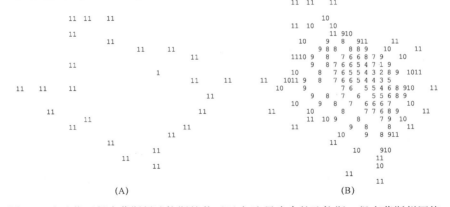

图 9.4 (A)位于得克萨斯州达拉斯的井,(B)与边界吻合的达拉斯—得克萨斯州网格,
(C)达拉斯—得克萨斯州压力(此外见图 9.2B),(D)达拉斯—得克萨斯州流函数

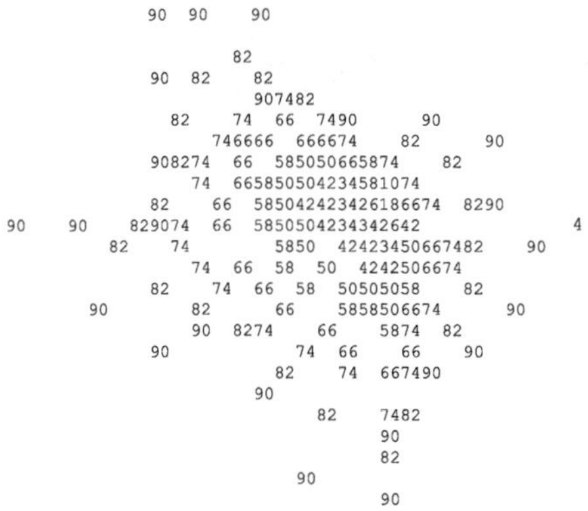

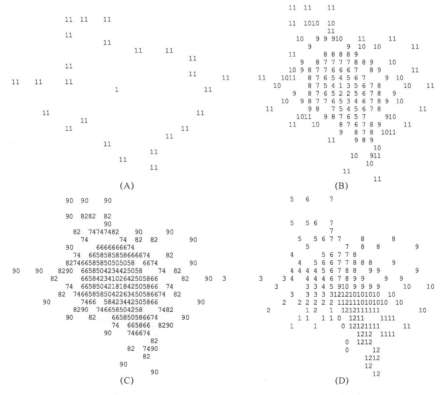

图9.4 (A)位于得克萨斯州达拉斯的井,(B)与边界吻合的达拉斯—得克萨斯州网格,(C)达拉斯—得克萨斯州压力(此外见图9.2B),(D)达拉斯—得克萨斯州流函数(续)

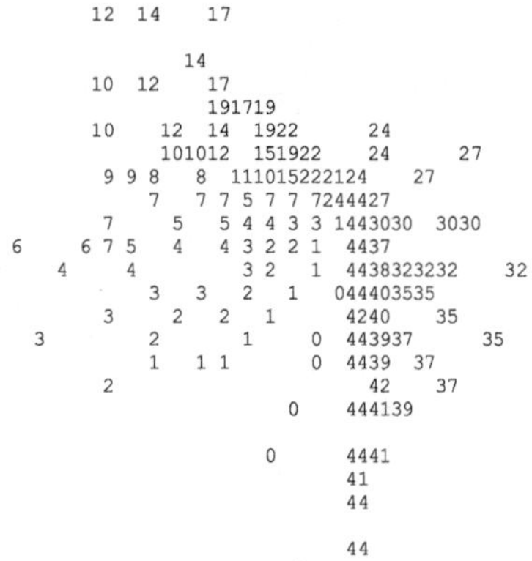

9.8 示例9.3 位于得州中心的井

各参数保持不变,但将井布置在得克萨斯州中性位置,重复前述计算过程。图9.5A 和图9.5B 给出了油藏和网格。体积流量降低到低值 1.28ft³/h。众所周知,对于压力—压力问题,当井设在外边界附近时,可获得最佳体积流量,结果净压力梯度实现最大化。

图9.5 (A)位于得克萨斯州中心的井,(B)与边界吻合的得克萨斯州中心网格,(C)得克萨斯州中心的压力(见图9.2C),(D)得克萨斯州中心的流函数

压力和流函数解如图9.5C和图9.5D所示。对于加密钻井工作人员和石油工程师来说，最佳井的位置对于油藏经济性至关重要。与长方形粗网格相比,利用基于与边界吻合网格的数值解可更好地估算总产量。

9.9　示例9.4 跨越得克萨斯州的裂缝

管理层决定利用穿过状如得克萨斯州油藏的大型人工裂缝开采这个油藏。假定裂缝稍有弯曲,宽度为1in,其水平方向上的位置如图9.6A所示。其他方面所有参数保持不变。体积流量可以计算,但这里研究沿裂缝的流函数差异,以求得总流量中的流量贡献。

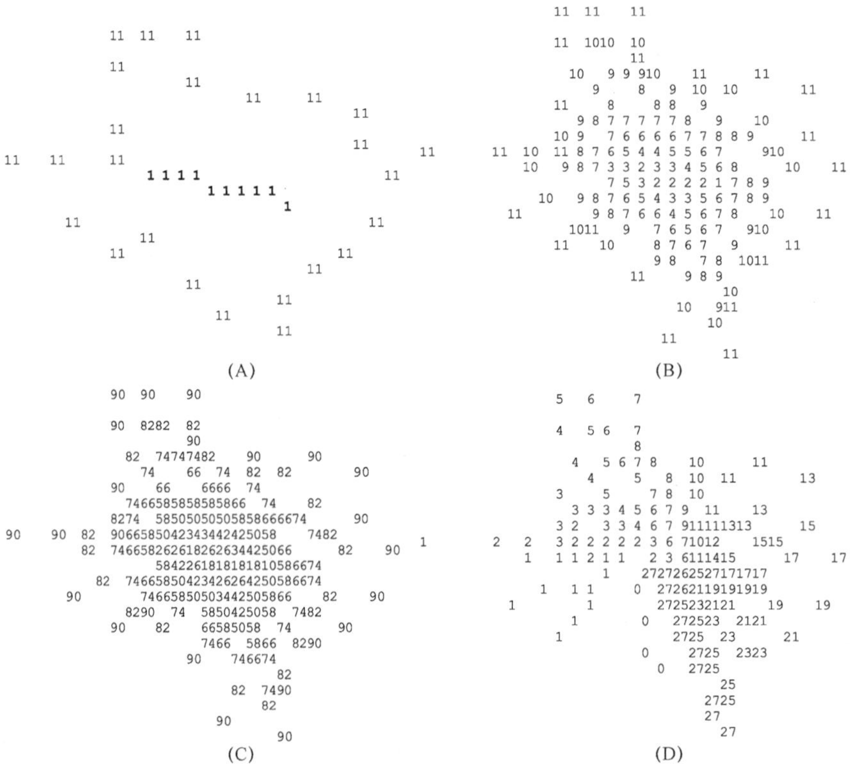

图9.6　(A)得克萨斯州内的大型裂缝,(B)与边界吻合的裂缝—得克萨斯州网格,
(C)裂缝—得克萨斯州的压力(见图9.2D),(D)裂缝—得克萨斯州的流函数

下面是部分记录,其中给出了临近点之间的流量贡献;网格、压力和流函数如图9.6B～D所示。

```
Computed flow contribution between fracture points:
O  No.  1 and No.  2  is   .2946E+02 cubic ft/hour
O  No.  2 and No.  3  is   .3239E+02 cubic ft/hour
O  No.  3 and No.  4  is   .3801E+02 cubic ft/hour
```

9.10　示例9.5 等温绝热气体流

考虑液体($m=0$)以外的其他流体。设渗透率为0.001D,流体黏度为0.1mPa·s,井压为100psi,油藏压力为900psi。首次计算时,假定流为等温气体($m=1$)。流量为单位深度0.0639ft³/h。压力和流函数如图9.7A和图9.7B所示。

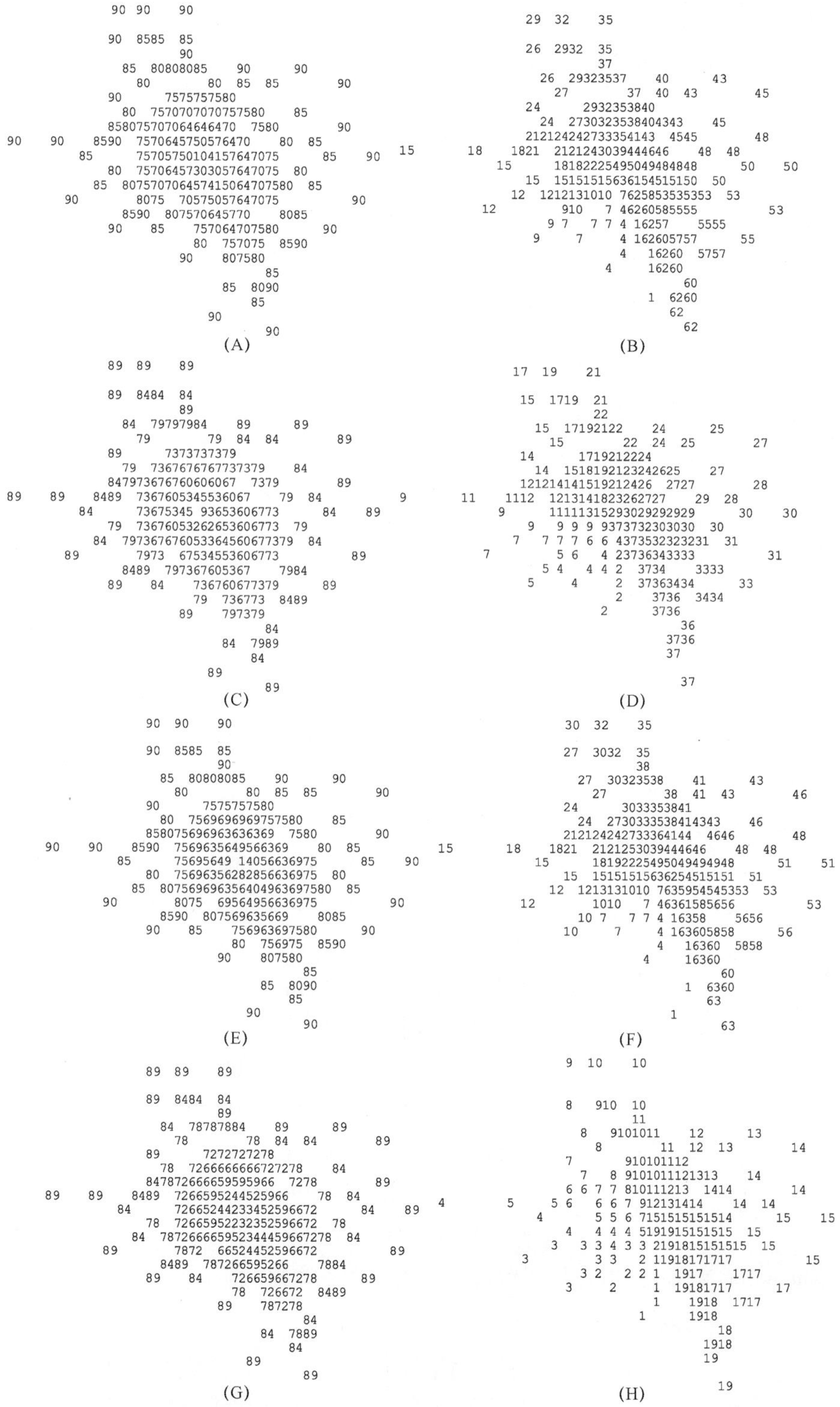

图 9.7　(A)等温气体的压力,(B)等温气体的流函数,(C)绝热气体的压力,
(D)绝热气体的流函数,(E)用于高梯度运行的压力,(F)用于高梯度运行的流函数,
(G)用于高梯度运行的压力,(H)用于高梯度运行的流函数

接下来,保留所有参数,但过程是绝热的,指数 $m = 1/1.4 \approx 0.7$。流量差异很大,为 $0.0384 \text{ft}^3/\text{h}$。对应的压力和流函数的解如图 9.7C 和图 9.7D 所示。

观察等温气体,但假定远场压力为 9000psi,而不是 900psi。所有其他参数保持不变。流量从 $0.0639 \text{ft}^3/\text{h}$ 增加到 $6.47 \text{ft}^3/\text{h}$,压力每增加 10 倍流量增加 100 倍,这是气体非线性的结果。压力和流函数的解如图 9.7E 和图 9.7F 所示。图 9.7E 中的 90 现在指 9000,而不是 900。

最后,重新考虑方才讨论的 9000psi 问题,但设 $m = 0.7$,以便模拟绝热气体。流量为 $1.97 \text{ft}^3/\text{h}$,与之前的 900psi 绝热流流量 $0.0384 \text{ft}^3/\text{h}$ 形成对比。压力和流函数结果如图 9.7G 和图 9.7H 所示。

这些稳定流比较所涉及的点不多,用数值方法即可求得结果。首先,不规则边界上的流可利用与边界吻合的网格精确模拟。其次,采用本章推导出来的解析方法,以参数 P_w、P_R、Q_w 和 m 表示的全套边界值问题,通过简单的再归一化在最慢的电脑上也能几乎瞬间解决:对于线性流,$\eta(x, y)$ 函数归一化 x;对于径向流,$\eta(x, y)$ 函数归一化 $\lg r$。最后,流线跟踪和质点跟踪执行起来同压力计算一样容易。因此,自然坐标系与纯粹数值方法相比有更多优势;它为日常实际使用更智能、更简单和更快的解析程序铺平了道路。

9.11   网格生成:几点意见

目前已经研究过的"类径向极坐标网格"系统的典型示例如图 9.2A 至图 9.2D 所示,其中以形似得克萨斯州的油藏为计算示例。这种类型的网格在紧凑空间内具有高分辨率,也可能有其他变化。这里,讨论油藏模拟可用的不同选项;理想的网格取决于具体应用,比如,井位、边界条件类型、地层边界位置等。

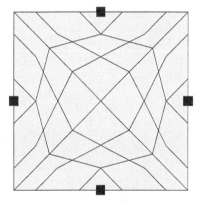

图 9.8   不对称方形网格(无点角)

9.11.1   不对称方形网格

考虑一个传统的方形油藏。常规应用中可采用长方形 $x - y$ 网格,比如图 9.3C 和图 9.3D 所示网格,但通过 Thompson 方程生成一个与图 9.8 所示的网格(在被映射平面上有与黑点重合的角)并非反常。所生成的网格没有方形笛卡儿坐标系网格所具有的特性,但如果非均质性的分布如图 7.8 中所示坐标线,则该网格是有用的。这会令油藏模拟在非理想流效应和地质结构方面有所改善。

9.11.2   针对圆形的方形网格

传统上用于模拟圆形油藏中的流的圆形网格并没有什么特别之处。在图 9.9 中,有一个长方形网格(至少在被映射的 Thompson 平面上)拟合至圆形边界并用于实现数值计算。

9.11.3   针对奇怪形状的网格

图 9.10 给出了一个长方形 6×6 计算网格,网格拟合至三角形物理边界;黑点表示被映射长方形的角。通常,三角形所特有的锐角会令根据代数公式进行解析映射成为不可能。Thompson 法在三角形内部生成平滑的网格线,而在边界处保留斜率的不连续性。

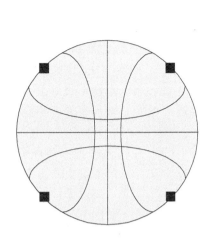

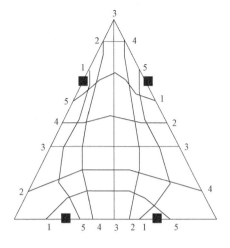

图9.9　网格状似方形的圆　　　　图9.10　网格状似方形的三角形

9.11.4　针对断裂剖面的网格

利用 Thompson 映射能够轻松处理断裂剖面。图 9.11 给出了一个长方形计算网格,该网格拟合至上下地层边界,左右两侧保留标准垂直的边界。这类网格在模拟左到右或几乎单向的流方面有用。当需要模拟流入井和裂缝的流时,采用如图 9.2A 至图 9.2D 所示的网格比较适宜。

9.11.5　多井

截至目前,只讨论了单井域的网格生成。但是多井眼计算流场的处理也是完整的(Thompson,1978,1984;Thompson et al.,1985)。空气动力学领域对网格生成有详细具体的研究,在这个领域,通过网格生成研究通过多段机翼、襟翼、增升装置等的流。图 9.12 给出一个可用于双井模拟的网格系统。这里,内等值线并不完全包裹每口井,但实际上它应该包裹。井间分支切割使最里面的等值线貌似哑铃,最外面等值线进入明显的圆圈里面。井间分支切割位置的边界条件保留了物理量的连续性,比如压力和速度。被映射的域仍为长方形的简单域;多口井用多个内部分支切割进行类似处理。

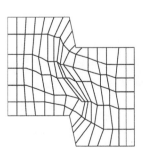

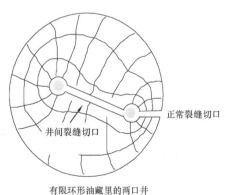

正常裂缝切口

井间裂缝切口

有限环形油藏里的两口井

图9.11　网格类似笛卡儿直角　　　图9.12　与边界吻合的双井网格
　　　　坐标网格的断层

9.11.6 普通地层网格与内边界

通常,希望将网格系统设计成坐标线与多个内部地层边界重合或与多个有不同非均质性的已知边界重合。这相当于解方程(8.54)和方程(8.55)或解方程(8.21)和方程(8.22)(更一般的情况),但要规定流动域外边界内部的因变量 x 和 y。此类方法(比如 Sharpe 和 Anderson 在 1991 年提出的方法)有一些风险和隐藏缺陷。正如在第 2 章解析裂缝解和第 7 章井和裂缝数值计算中所看到的,解内部对函数有规定的椭圆形偏微分方程通常会得到一阶导数有间断的解(图 9.13)。这意味着,必须修正针对所有二阶压力导数的常见差分公式,以考虑到因问题不同而不同的内部跳跃。除非进行这个修正,否则,任何流模拟都可能是不正确的。Chin(2000,2014a)的著作曾研究过此课题,研究背景是多层介质的麦克斯韦方程。该文章给出了用于沿函数或其导数有不连续性的面进行求导的公式。

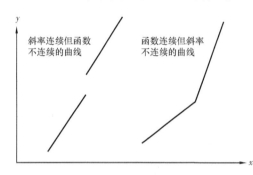

斜率连续但函数不连续的曲线

函数连续但斜率不连续的曲线

图 9.13 一般的函数特性

由于规定了内部边界条件时一阶导数存在不连续性,所以在航空航天领域,采用单连通计算域(比如图 9.12 所示的计算域)模拟经过多段机翼的流时,其中不连续性的来源变成计算边界。Sharpe 和 Anderson(1991)对作为内部固定点的井进行模拟时产生了不想要的不连续性,而航空航天方法能够生成所有度量和导数都为连续的网格。Sharpe 和 Anderson 在一阶类时系统中嵌入了椭圆形算子。有些情况下整个过程令人震惊,也许是因为嵌入的系统具有非线性的双曲线特性。Jameson 于 1975 年曾有过说明,指出如何实现基于松弛的方法导出各种瞬态扩散系统;这些方法进一步得到计算速度上的优化。

方程(8.58)的极稳定方法曾被 Chin(2001a,b)用于在高度偏心井眼环空和非圆形导管中生成网格,在典型的英特尔计算机上,该方法可在 1s 内生成 50×50 网格系统。如图 9.8 至图 9.12 所示,采用图 9.2 所示这种类径向网格系统以外的方案是可以的。Thompson 方法非常灵活且可轻松适应带多个分支切割和单侧网格结构的映射,但它不是唯一可用的方法。该领域互联网网站上还有许多其他的网格生成方法。

问题和练习

1. 本章中进行的计算将图 9.1A 所示的单井油藏映射成图 9.1B 所示的长方形计算域,该计算域采用了之前讨论过的两种边界条件。第一种边界条件采用井(裂缝)和油藏的物理坐标,而第二种边界条件以采用流动域内画出的分支切割为主。回顾这些条件并用自己的语言解释为什么需要第二种边界条件。一种针对有两口井油藏的可行网格系统如图 9.12 所示。画出类似图 9.1B 的计算域,并标出令域呈现长方形所需的必要分支切割对。在这些切割位置,须满足怎样的函数条件?

2. 如何扩展练习 1 的解至三口井? 四口井呢? N 口井呢? 为确保有良好的物理分辨率,在 η 和 ξ 的计算方向上至少需要多少个网格?

第10章　瞬态可压缩流:数值试井模拟

10.1　概览

在本章中,先考虑二维单井油藏平面流,采用与边界吻合的曲线网格。其瞬态求解程序以针对简单系统推出的交替方向隐式(ADI)方法为基础。然后,讨论三维稳定流和非稳定流模拟的其他方面,并给出基本算法。

10.1.1　二维平面流

对于平面流,方程(9.11)中垂直方向上 z 导数为零,就此导出更简单的结果:

$$P_{\xi\xi}^{m+1} + P_{\eta\eta}^{m+1} = J(\xi,\eta)\phi\mu c^* / K_h \partial P^{m+1} / \partial t \tag{10.1}$$

解方程(10.1)时必须辅以适当的边界条件和初始条件(如图 9.1A 和图 9.1B 所示)。井底流压 P_w 或体积流量 Q_w 可沿长方形计算网格下边界 $\eta = 0$ 进行规定。油藏边界 $\eta = \eta_{max}$ 位置可规定压力 P_R,而零流边界表示的是另一种选择。侧面边界 $\xi = 0$ 和 $\xi = \xi_{max}$ 位置,压力随 η 变化而变化,但在特定的 η 位置为单值。最后,初始时间 $t = 0$ 时,压力 $P(\xi,\eta,0)$ 为某个恒定值 P_0。或者,遵循前一章求得的稳态流压分布中的任意一个。

10.1.2　交替方向隐式(ADI)方法

考虑 $u(x,y,t)$ 的经典无量纲二维热方程:

$$\partial u / \partial t = \partial^2 u / \partial x^2 + \partial^2 u / \partial y^2 \tag{10.2}$$

采用第 6 章沿径向流线推导出的简单有限差分方法,有方程:

$$(u_{i,j,n+1} - u_{i,j,n}) / \Delta t = \delta_x^2 u_{i,j,n} + \delta_y^2 u_{i,j,n} \tag{10.3}$$

其中,i 和 j 为沿 x 和 y 方向上的下标,δx^2 和 δy^2 表示中心差分算子,而不是网格长度,而 n 和 $n+1$ 表示连续时间步长。由于方程(10.2)右侧是以旧时间步长进行逼近的,所以,方程(10.3)提供了一个适用于用便携式计算器求解的简单显式方法。不过,这种方法非常不稳定,收敛需要极小的时间步长。

另一方面,如果方程(10.2)右侧用新的时间步长逼近,则有隐式方法:

$$(u_{i,j,n+1} - u_{i,j,n}) / \Delta t = \delta_x^2 u_{i,j,n+1} + \delta_y^2 u_{i,j,n+1} \tag{10.4}$$

然而,采用五点法得复杂系数矩阵,对该矩阵求逆需要大量计算。对于径向流来说,隐式方法之所以有用只是因为可形成三对角矩阵。交替方向法源于一个巧妙的问题。仅利用三对角求解程序是否可以将方程(10.4)写成需要连续两轮通过的形式? 答案是"可以"。而且这意味着计算会快很多,更稳定,也更容易编程。其中的想法是这样的:将特殊高次项添加到基本方程内,使得到的多点公式能够大致分解成两个连续的三对角算子。忽略细节,以研究为导向。但是实践证明,如果 $u_{i,j}*$ 是第一遍[方程(10.5)]结束时的中间(非物理)变量,则生成

$u_{i,j,n+1}$ 的第二遍[方程(10.6)]会完成对净时间步长 Δt 的计算。

$$(u_{i,j}{}^{*} - u_{i,j,n})/(\Delta t/2) = \delta_x^2 u_{i,j}{}^{*} + \delta_y^2 u_{i,j,n} \tag{10.5}$$

$$(u_{i,j,n+1} - u_{i,j}{}^{*})/(\Delta t/2) = \delta_x^2 u_{i,j}{}^{*} + \delta_y^2 u_{i,j,n+1} \tag{10.6}$$

此类方法也叫 ADI 法和近似因子分解法,有众多数值分析书籍和关于油藏模拟的文献讨论过这种方法,比如 Carnahan 等人(1969)的著作和 Peaceman(1977)的著作。

10.1.3 解映射方程

以映射坐标描述瞬态液体和气体流的方程(10.1)明显类似于方程(10.2)。该方程类似于以物理坐标(x,y)表示的压力瞬态方程,但由方程(8.6)给出的无量纲雅克比行列式的倍乘性质除外。这样,针对 $J = 1$[尤其是方程(10.2)]设计的现有数值方法只需稍做修改即可适用。(x,y)空间内传统的边界值问题以长方形计算网格的四个面为外部油藏边界,各井则被视为内部奇异点或 δ 函数。在当前这个方法中,边界 $\eta = 0$ 和 $\eta = \eta_{max}$ 分别表示井和远场;然而,侧面边界 $\xi = 0$ 和 $\xi = \xi_{max}$ 表示坐标函数 ξ 和流函数 $\Psi(\xi,\eta)$ 发生跳跃的分支切割,而 $P(\xi,\eta,t)$ 为单值函数。由于没有内部源,所以传统方法不仅直接明了,而且实际上是更简单的。

10.2 示例 10.1 瞬态压力降落

重新考虑位于得克萨斯州中心的圆形井眼,但放宽对稳定流的要求,模拟 $m = 0$、黏度为 20mPa·s、压缩率为 0.000015psi^{-1} 的瞬态液体流。设地层孔隙度为 0.2,地层渗透率为 0.001D。

压力边界条件保持不变,假定初始均匀压力为 900psi。刚开始 $t = 0$h 时,油藏压力为 90psi,如图 10.1A 所示。随时间延长,连续拍摄的压力分布照片如图 10.1B 至图 10.1G 所示。井眼流量最初从零开始增加,一直增到渐进稳态值。

时间步长采取变化步长,范围是开始时的 0.1h 到接近稳态条件时 100h,总计 1000 步。然后停止计算,此时,某一步的结果就等于下一步的结果,最终流量为 0.00006487ft^3/h。

此结果与直接稳定流计算得到的结果相比如何?假定流体和地层参数相同,边界条件也相同。流量计算值为 0.00006393ft^3/h,这个值与非稳定问题的大时间解相吻合。稳定的压力和流函数如图 10.1H 至图 10.1I 所示。

最后,由于坐标线 $\eta = 1$ 与内部井或裂缝轮廓完全重合,所以,可非常精确地计算进入内部等值线内不同部分的单位(英尺)深度的体积流量增量。这个能力在评价人工增产裂缝质量方面很重要。图 10.1J 给出了稳态时选定点的流量贡献(是自动计算出来的),这说明,与纯粹的径向问题不同,流量沿周向变化,因为远场边界是不规则的。

10.3 示例 10.2 瞬态压力上升

现在重新考虑示例 9.5 所示的油藏。其中,井是新钻的井,其流量在压力—压力边界条件下可达到最大。这里,将考虑相反的情况。假定油藏最初根据图 10.1H 和图 10.1I 所示以稳态形式开采。$t = 0 + h$ 时,突然关井,$Q_W = 0$ft^3/h。于是,期望 P_W 随时间延长而增加并期望油藏远场任何地方都能达到设定的 900psi。这里和示例 9.5 中的问题不相同点在于时间方向相反。数值方面,曾有过截断误差和累积误差历史,因不同初始边界条件引起的稳定性问题也不同。

```
        90  90   90                                90  90   90

        90  9090  90                               90  9090  90
                90                                          90
          90  90909090    90      90                 90  90908989    90      90
          90      90  90  90   90        90              90  89  89         90
          90  9090909090                             90  8890899090
          90  9090909090909090    90                 90  8990909090908990    89
      9090909090909090909090    90    90          9090909090909090908989  8990    90
  90    90   9090  90909090909090909090  90   90      90   90  9090  909090908989909090   90   90
        90   909090909090909090909090    90    90        90   90908989108989909090    90   90
      90  9090909090909090909090909090  90         90   90909090867990890989  90
        90    9090  90909090909090909090    90           90   9089  9089899090908990    90
        9090  909090909090  9090                      9090  89909090909090  8990
          90    90   909090909090  90                    90   90   909090909090  90
                90  909090  9090                               89  899089  9090
                90   909090                                    90   909089
                        90                                             90
                90  9090                                        90  9090
                        90                                             90
                90                                              90
                        90                                             90
        (A)                                         (B)
```

```
        90  90   90                                90  90   90

        90  8990  90                               90  8990  90
                90                                          90
          89  89908990    90      90                 89  89898989    90      90
          89       8989  89   89        90              89   89  89         90
          90  8989898990                             90  8989898989
          90  8989898989908989    90                 89  8989898985858689    90
      909089898989898989  9090    90    90          9898989888855858689  8989    90
  90    90   8990  9089898989848989  90   90      90   90   8990  8988857663788689  89   90
        90   9089898931071898990  90    90    90        89   89897662104979868989    90   90
      90  89898989960518989898  89                 89   89898577353481878989    90
        89  89908989898985878989899090  89           90   89898989866806171878989  90
        90    9090  8989898989090                        8989  89818084888989
        9090  899089898990  9089                      9090  89  898989898989    90
          90    90   90908989099090    90                89  898989  9090
                90  899089  8990                         90   898989
                        90                                            89
                90  9090                                        90  8990
                        90                                             90
                90                                              90
                        90                                             90
        (C)                                         (D)
```

```
        90  90   90                                90  90   90

        90  8989  89                               90  8888  88
                90                                          90
          89  89898989    90      90                 88  84848487    90      90
          89       89  89  89        90                 84   84  88  88         90
          90  8888888889                             90  7878787984
          89  8783838384888889    89                 84  7871717171797985    88
      898989783838375767684  8889    90          878478707062626272  8085    90
  90    90   8990  8783756452667785  89   89      90   90   8790  7871615242536372   86   88
        89   88836452104067788588  89    90        88   78715241103254647380    88   90
        89   88847665282769788588  89              85   79716253222554647381  86
        89  898884857869465979868989  89           88   857927364553445657481  88
        90    8988  85716474818689       90           90   8580  74564758677481    90
        9090  89888827886  8989                      8890  858075685975  8688
          90    89   89878687898  90                 90   88  817770778286    90
                89  898989  8990                         86  837983  8890
                90   898989                                    90  878587
                        89                                            88
                89  8990                                        89  8890
                        89                                             89
                90                                              90
                        90                                             90
        (E)                                         (F)
```

图 10.1　(A)压力分布(0h),(B)压力分布(10h),(C)压力分布(5d),(D)压力分布(1mon),
(E)压力分布(2mon),(F)压力分布(8mon),(G)压力分布(2a),(H)稳态压力分布,
(I)稳态流函数解,(J)井周围流量贡献

```
              90  90    90

              90  8383  83
                        90
                83  77777783    90      90
                  77        77  83  84        90
              90      6969696977
                76  6961616161707077    84
              837669616153535362  7078        90
90    90    8390  6961534436455462    78  84
          84      69614436102745546270      84    90
              77  70625345191946546371  78
            84  777062625446283755637178  84
        90        7770  63463847556371          90
                8490  787164564764    7884
              90    84    716456647279      90
                          78  726572  8490
                        90    797379
                                    85
                              85  8090
                                  85
                            90
                                    90
```

(G)

```
              90  90    90

              90  8282  82
                        90
                82  74747482    90      90
                  74        74  82  82        90
              90      6666666674
                74  6658585858666674    82
              827466585850505058  6674        90
90    90    8290  6658504234425058    74  82
          82      66584234102642505866      82    90
              74  66585042181842505866  74
            82  746658585042263450586674  82
        90        7466  58423442505866          90
                8290  746658504258    7482
              90    82    665850586674      90
                          74  665866  8290
                        90    746674
                                    82
                              82  7490
                                  82
                            90
                                    90
```

(H)

```
              29  32    35

              26  2932  35
                        37
                26  29323537    40      43
                  27        37  40  43        45
              24      2932353840
                24  2730323538404343    45
              212124242733354143  4545        48
15    18    1821  2121243039444646    48  48
          15      18182225495049484848      50    50
              15  15151515636154515150  50
            12  1212131010 7625853535353  53
        12         910   7 46260585555          53
                 9 7   7 7 4 16257    5555
               9     7     4 162605757      55
                           4   16260  5757
                         4     16260
                                     60
                               1  6260
                                  62
                             1
                                     62
```

(I)

```
          Breakdown of total volume flow rate
   from well/fracture:  Contribution between points
0  No.  1 and No.  2  is   .1863E-05 cubic ft/hour
0  No.  2 and No.  3  is   .2244E-05 cubic ft/hour
0  No.  3 and No.  4  is   .2860E-05 cubic ft/hour
0  No.  4 and No.  5  is   .3455E-05 cubic ft/hour
```

(J)

图 10.1 (A)压力分布(0h),(B)压力分布(10h),(C)压力分布(5d),(D)压力分布(1mon),(E)压力分布(2mon),(F)压力分布(8mon),(G)压力分布(2a),(H)稳态压力分布,(I)稳态流函数解,(J)井周围流量贡献(续)

图 10.2A ~ E 给出关井过程中不同阶段的油藏压力分布。最后,将所选的关井压力制成表格,如图 10.2F 所示。这两个问题的总时标正如预期那样在数量级上相当。

(1) 三维稳定流。

为简洁起见,讨论了二维平面流,但三维稳定流也容易用公式表示、编程和解决。比如,考虑:

$$\partial^2 p/\partial x^2 + \partial^2 p/\partial y^2 + \partial^2 p/\partial z^2 = 0 \tag{10.7}$$

该方程在所有坐标方向上进行中心差分,结果直接得七点表达式:

$$(p_{i-1,j,k} - 2p_{i,j,k} + p_{i+1,j,k})/(\Delta x)^2 + (p_{i,j-1,k} - 2p_{i,j,k} + p_{i,j+1,k})/(\Delta y)^2 + (p_{i,j,k-1} - 2p_{i,j,k} + p_{i,j,k+1})/(\Delta z)^2 = 0 \tag{10.8}$$

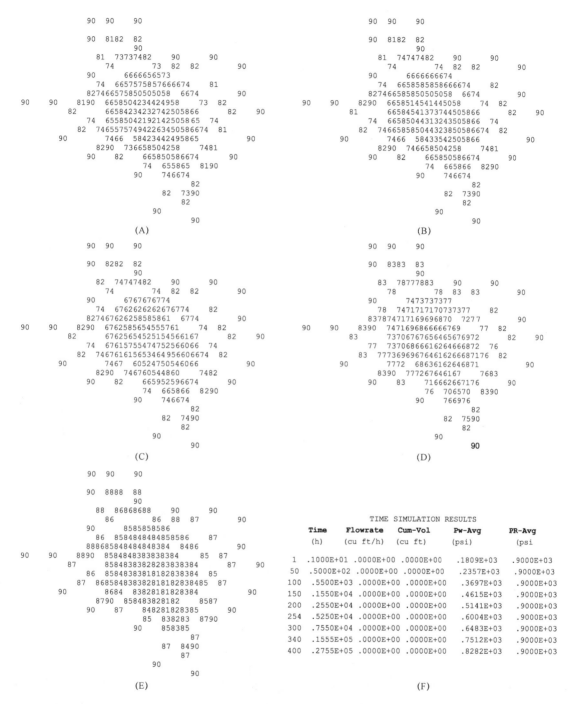

图 10.2 　(A)关井压力(50h)，(B)关井压力(3week)，(C)关井压力(4mon)，
(D)关井压力(10mon)，(E)关井压力(3a)，(F)关井压力历史

方程中假定网格长度恒定。当然,这个有限差分单元非常不方便;所形成的是稀疏系数矩阵,直接逆转需要大量工作(Peaceman,1977)。另一方面,可重写方程(10.8),使左侧含有具

有 $()p_{i-1,j,k} + ()p_{i,j,k} + ()p_{i+1,j,k} = \cdots$ 这种形式的算子,其中,$\cdots$表示不在左侧的所有项。该结果很像第 7 章所述的行松弛法,只是该松弛必须扩展至涵盖一个额外的空间维度,这是一个简单的过程,通过引入一个额外一级 do-loop 轻松实现,比如第 7 章中的练习 1。该线松弛可沿三个方向(x,y,z)中任意一个方向进行。如果方程(10.7)的非均质性(渗透率是变化的)扩展含有失稳项,则可选择对角优势有增加的其他列或行。第 7 章所提的松弛法的所有优势同时适用于三个维度。

(2)瞬态三维流与 ADI 法。

以说明为目的,还是考虑 $u(x,y,t)$ 的经典无量纲三维热方程:

$$\partial u/\partial t = \partial^2 u/\partial x^2 + \partial^2 u/\partial y^2 + \partial^2 u/\partial z^2 \qquad (10.9)$$

直接扩展平面二维流双等级方法可形成基于三对角的四等级方法。

$$(u^* - u_n)/(\Delta t/2) = \delta_x^2 u^* + \delta_y^2 u_n + \delta_z^2 u_n \qquad (10.10)$$

$$(u^{**} - u_n)/(\Delta t/2) = \delta_x^2 u^* + \delta_y^2 u^{**} + \delta_z^2 u_n \qquad (10.11)$$

$$(u^{***} - u_n)/(\Delta t/2) = \delta_x^2 u^* + \delta_y^2 u^{**} + \delta_z^2 u^{***} \qquad (10.12)$$

$$(u_{n+1} - u_n)/\Delta t = \delta_x^2 u^* + \delta_y^2 u^{**} + \delta_z^2 u^{***} \qquad (10.13)$$

Carnahan 等人(1969)和 Peaceman(1977)曾讨论过这种方法,其中,也给出了纽曼稳定性分析。与二维示例中一样,在三维示例中也易于实现,不过,内存需求较大。将其用于方程(9.2a)简单直接,读者自行练习。在第 15 章中,将说明如何在三维非均质各向异性油藏中实现水平井、斜井和多分支井逻辑。本章不以试井解释和分析为目的。本章提出的方法可用于补充现有方法;为了在涉及用外推法解新问题时提高解的稳定性,可利用已有解来校正由网格生成的解。

问题和练习

1. 考虑正方形区域内的二维瞬态热传递,其中,区域内初始温度均匀,为 T_0,后续四条边温度分别为恒定温度 T_1、T_2、T_3 和 T_4。假定需要适当的物理性质。(1)利用中心差分以逼近法求所有空间导数,并写出 $T(x,y,t)$ 的有限差分程序,$T(x,y,t)$ 时间明确。针对你的方法进行纽曼稳定性分析,将要求写进程序逻辑中。(2)编写方程(10.5)和方程(10.6)给出的 ADI 方法的程序。(3)运行这两个程序并说明各种情况下稳态解与初始温度无关;此外,说明正方形中心位置的稳定温度等于给定边界值的算术平均值。(4)推导该问题精确的傅立叶级数解析解,确定达到稳态所需的时间。(5)此时间需求是否同你的计算彼此吻合?(6)如果稳态解是客观正确的,那么,ADI 法比你的显式法效率高多少?解释并量化答案。

2. 设有一个满足三维瞬态热方程的立方体,针对此立方体区域重复练习 1 中所述步骤。立方体中心位置的稳态温度值是多少?应取精确傅立叶级数解的大时间限制求取该值。针对 ADI 方法为方程(10.10)至方程(10.13)编写程序。

3. 现在,假设在练习 1 和练习 2 计算域中心位置分别有一个正方形井眼和一个立方体井眼。内部规定温度或热通量,令这两个井眼表示热源和热汇。引入上述内部井后,该如何修改上述程序? 预计编程时会遇到什么困难以及误差如何? 对练习 2 的程序进行适当修改,然后运行程序。将所得解与采用正方形域内有一正方形井眼时的边界吻合曲线网格所得的解进行比较。哪个程序运行得更快? 哪个程序所得的解更精确?

4. 实际油藏中的瞬态可压缩液体流和气体流满足三维压力热方程。设地层中钻有一口多分支井,分支井有几个面外泄油孔。总体积流量是所有达西流贡献之和,摩擦与引力忽略不计,井筒压力未知但恒定,此压力作为解的一部分确定。通过井拓扑强加的不相邻网格块如何对 ADI 法矩阵结构构成负面影响? 此三对角法是否能够挽救? 你建议采取什么样的解决策略?

第11章　单相流和多相流中的有效特性

在本章中，考虑单相流和多相流中的有效特性。本章将探讨工作人员可能会犯的错误，并指出不为人们熟知的细微之处。本章不会给出适用于所有问题的通用理论，也不就此做出任何断言。实际上，笔者的目标仅仅局限于这一点。为了研究精确解析解的解析结构，将以本书背后基本原理为依托，推导出精确的解析解，目的是为了了解这些解的微妙之处以及是否有可能得到推广。为了达到这个目的，从简单模型入手，使数学和物理概念易于理解，然后，考虑难度有所增加的问题。

11.1　示例 11.1 稳定线性流中的恒定密度液体

考虑通过两个串联线状岩心的恒密液体稳定流，如图 11.1 所示。此处强调后续几段内容以严格的假设为前提：液体（指数 $m = 0$）、稳态、一维、单相、两个岩心均质且串联。

图 11.1　两个串联的线状岩心

在这个范围内，控制方程为 $\partial^2 P_1 / \partial x^2 = 0$ 和 $\partial^2 P_2 / \partial x^2 = 0$ 其中，下标表示岩心样品编号。所得解为 x 的线性函数，形式为 $Ax + B$，其中，A 和 B 为常数。其值通过使用左右条件 $P_1(0) = P_L$ 和 $P_2(L_1 + L_2) = P_R$ 以及岩心界面上与压力和流量拟合的条件 $P_1(L_1) = P_2(L_1)$ 和 $(K_1/\mu)\partial P_1(L_1)/\partial x = (K_2/\mu)\partial P_2(L_1)/\partial x$ 求得。这里，K_1 和 K_2 表示岩心渗透率，μ 表示单一流体的流体黏度。所需的解直接求得如下：

$$P_1(x) = P_L + K_2(P_R + P_L)x/(K_1 L_2 + K_2 L_1) \tag{11.1}$$

$$P_2(x) = P_R + K_1(P_R - P_L)(x - L_1 - L_2)/(K_1 L_2 + K_2 L_1) \tag{11.2}$$

两个相应的达西速度通过以下方程求得：

$$q_1 = -(K_1/\mu)\partial P_1/\partial x = -K_1 K_2(P_R - P_L)/[\mu(K_1 L_2 + K_2 L_1)] \tag{11.3}$$

$$q_2 = -(K_2/\mu)\partial P_2/\partial x = -K_2 K_1(P_R - P_L)/[\mu(K_1 L_2 + K_2 L_1)] \tag{11.4}$$

11.1.1　有效渗透率与调和平均

常常希望将两个流经单一系统的等效连续流可视化，即，通过单一岩心（长度 $= L_1 + L_2$）的稳定流。在这种情况下，观察方程（11.3）和方程（11.4）有：

$$q = q_1 = q_2 = -(1/\mu)\big[K_1 K_2(L_1 + L_2)/(K_1 L_2 + K_2 L_1)\big]\big[(P_R - P_L)/(L_1 - L_2)\big]$$

$$\tag{11.5}$$

方程（11.5）具有所熟悉的达西形式，在方程（11.5）中，可将 $(P_R - P_L)/(L_1 + L_2)$ 解读成有效压力梯度，依此得到等效流量 q，有效渗透率按方程（11.6）确定：

$$K_{\text{eff}} = K_1 K_2 (L_1 + L_2)/(K_1 L_2 + K_2 L_1) \tag{11.6}$$

方程(11.6)中含调和平均的著名定义。通过推导,清楚地导出了前述有效渗透率公式所适用的那组非常严格的环境。因此,对于恒密径向流、瞬态可压缩线性流、两相流、$m \neq 0$ 的气体流等,不能盲目采用方程(11.6)。一般地,每个流限制必须根据其自身优点进行研究。不过,有几种商业模拟器应用调和平均时超出了有效推导范围。

11.1.2　并列布置的岩心

方程(11.6)不能盲目采用,比如,只有当岩心并列布置时,通常的算术求和过程才适用。考虑两个有相同压力源的独立岩心;岩心流量分别为 $q_1 = -(K_1/L_1)[(P_R - P_L)/\mu]$ 和 $q_2 = -(K_2/L_2)[(P_R - P_L)/\mu]$,其中,重新安排了达西定律,但其他方面未做修改。两个岩心的净流量为 $q_{\text{total}} = q_1 + q_2 = (-1/\mu)K_{\text{eff}}\{(P_R - P_L)/[1/2(L_1 + L_2)]\}$,有效岩心长度取两个岩心平均长度 $\frac{1}{2}(L_1 + L_2)$,渗透率 $K_{\text{eff}} = [(K_1 L_2 + K_2 L_1)/(L_1 L_2)][1/2(L_1 + L_2)]$。这里,$K_{\text{eff}}$ 不同于流串联时方程(11.6)所用的渗透率;只有当两个岩心长度相等时,才得简单求法 $K_{\text{eff}} = K_1 + K_2$。

11.1.3　有效孔隙度和前缘跟踪

现在回头看图 11.1 所示的串联流问题。为了说明盲目采用有效渗透率背后具有的风险,考虑监测示踪剂突破这个实际问题。当然,传统上采用染料、盐和放射性示踪剂制作油藏连通图;示踪剂从一口井运移到另一口井所需的时间是描述油藏流动阻力的一个指标。现在,假定示踪剂(染料)初始位置为 $x = 0(t = 0$ 时)。前缘速度是恒定的,其值如下:

$$dx_1/dt = q_1/\phi_1 = -K_1 K_2 (P_R + P_L)/[\mu \phi_1 (K_1 L_2 + K_2 L_1)] \tag{11.7}$$

其中,ϕ_1 为第一个岩心中的孔隙度。这样,若忽略分子扩散,则染料从 $x = 0$ 运移到 $x = L_1$ 所需的时间为:

$$T_1 = L_1/(dx_1/dt) = \mu \phi_1 L_1 (K_1 L_2 + K_2 L_1)/[K_1 K_2 (P_L - P_R)] \tag{11.8}$$

同样,染料从 $x = L_1$ 运移到 $x = L_1 + L_2$ 所需的时间为:

$$T_2 = \mu \phi_2 L_2 (K_1 L_2 + K_2 L_1)/[K_1 K_2 (P_L - P_R)] \tag{11.9}$$

因此,示踪剂前缘平均速度是:

$$(L_1 + L_2)/(T_1 + T_2) = -(1/\mu)[K_1 K_2 (L_1 + L_2)/(K_1 L_2 + K_2 L_1)]$$
$$[(L_1 + L_2)/(\phi_1 L_1 + \phi_2 L_2)][(P_R - P_L)/(L_1 + L_2)] \tag{11.10}$$

其中,[ ]中的内容表示三个连续的乘积。在方程(11.10)中,认识第一行中的 K_{eff} 表达式。但是,在第二行中,观察到有一个新的积 $1/\phi_{\text{eff}}$,即有效孔隙度:

$$\phi_{\text{eff}} = (\phi_1 L_1 + \phi_2 L_2)/(L_1 + L_2) \tag{11.11}$$

由方程(11.11)定义的求平均值过程并非是调和的;这是通常所用的是长度加权平均值。

11.1.4　学到的经验

从这些准确计算过程中有几条经验要学。首先,这里求得的 K_{eff} 非常有限制性。其次,利用这样一种有效性质进行准确计算在模拟净流量方面可能有用。然而,比如在求取示踪剂到达时间时,仅采用有效渗透率而不适当修改孔隙度会造成误差。由于不管何时采用任何一种求平均值法,都有内在流量信息损失,所以会有这个限制。本章的计算过程以假定串联流为前提。在含众多网格块和多口井的任何实际油藏流模拟过程中,都要同时采用并联流和串联流。所得到的有效性质(有效渗透率和有效孔隙度)取决于所选网格块的数量和方位。此外,它们仅适用于手头的特定模拟、井拓扑和相对压力降落;有效性质并非微观层面定义的绝对性质,因为这些性质取决于压力。因此,采用有效性质虽然具有实际意义,但可能难以进行学术上的评估,比如,油藏模拟中伪参数所起的神秘作用。

11.2 示例 11.2 两串联岩心中的线性多相流

示例 11.1 中的结果是精确的,其在非混相两相恒密流研究中的价值或作用是什么?仍然假定相同几何流配置并求得解析解。为保证完整性,给出整个导数,以突出假设。有关基本公式的讨论(比如,Collins 于 1961 年发表的著作和 Peaceman 于 1977 年发表的著作),读者请参考标准文本。

11.2.1 达西定律

下标 w 和 nw 分别表示润湿和非润湿,1 和 2 分别表示第一个和第二个岩心,其长度分别为 L_1 和 L_2。现在,详细考虑第一个岩心。这里,相关达西速度如下:

$$q_{1w} = -(K_{1w}/\mu_w)\partial P_{1w}/\partial x \tag{11.12}$$

$$q_{1nw} = -(K_{1nw}/\mu_{nw})\partial P_{1nw}/\partial x \tag{11.13}$$

其中,μ_w 和 μ_{nw} 是黏度。为简洁起见,假定高流量,即毛细管压力为零,结果有:

$$P_{1nw} - P_{1w} = P_c = 0 \tag{11.14}$$

本书后续部分不采用这个简化形式。现在,既然 $P_{1nw} = P_{1w}$,则方程(11.12)和方程(11.13)中的压力梯度项是相同的。如果用方程(11.12)除以方程(11.13),则这些项被消掉,得:

$$q_{1nw} = (K_{1nw}\mu_w/K_{1w}\mu_{nw})q_{1w} \tag{11.15}$$

11.2.2 质量守恒

现在,考虑质量守恒,假定流为恒密流。故有:

$$\partial q_{1w}/\partial x = -\phi_1 \partial S_{1w}/\partial t \tag{11.16}$$

$$\partial q_{1nw}/\partial x = -\phi_1 \partial S_{1nw}/\partial t \tag{11.17}$$

由于方程(11.16)和方程(11.17)中的润湿和非润湿流体饱和度 S_{1w} 和 S_{1nw} 总和必须等于一个恒定值,即:

$$S_{1w} + S_{1nw} = 1 \tag{11.18}$$

添加方程(11.16)和方程(11.17)后得:

$$\partial(q_{1w} + q_{1nw})/\partial x = 0 \qquad (11.19)$$

因此,总速度 q 可通过求方程(11.19)积分确定:

$$q_{1w} + q_{1nw} = q = q(t) \qquad (11.20)$$

其中,速度允许依赖于时间。

11.2.3 分流量函数

现在,通过以下这个商定义润湿相的分流量函数 f_{1w} 很方便:

$$f_{1w} = q_{1w}/q \qquad (11.21)$$

然后,对非润湿相,得:

$$f_{1nw} = q_{1nw}/q = (q - q_{1w})/q = 1 - f_{1w} \qquad (11.22)$$

其中,用到了方程(11.20)。前述结果写成 $q_{1nw} = q(1 - f_{1w})$ 这个形式。类似地,方程(11.21)写作 $q_{1w} = qf_{1w}$。如果将 q_{1w} 和 q_{1nw} 方程代入方程(11.15),则 q 被消掉,得:

$$f_{1w} = 1/[1 + (K_{1nw}\mu_w/K_{1w}\mu_{nw})] \qquad (11.23)$$

11.2.4 饱和度方程

方程(11.23)中的函数 $f_{1w} = f_{1w}(S_{1w}, \mu_w/\mu_{nw})$ 是黏度比 μ_w/μ_{nw} 和饱和度 S_{1w} 的函数。因此,方程(11.16)的左侧会根据以下方程发生变换:

$$\partial q_{1w}/\partial x = q\partial f_{1w}/\partial x = q[\mathrm{d}f_{1w}(S_{1w})/\mathrm{d}S_{1w}]\partial S_{1w}/\partial x \qquad (11.24)$$

方程(11.16)和方程(11.24)放在一起意味着,饱和度 S_{1w} 满足一阶非线性偏微分方程:

$$\partial S_{1w}/\partial t + (q/\phi_1)[\mathrm{d}f_{1w}(S_{1w})/\mathrm{d}S_{1w}]\partial S_{1w}/\partial x = 0 \qquad (11.25)$$

对第二个岩心(位于第一个岩心下游)进行类似求导得:

$$\partial S_{2w}/\partial t + (q/\phi_2)[\mathrm{d}f_{2w}(S_{2w})/\mathrm{d}S_{2w}]\partial S_{2w}/\partial x = 0 \qquad (11.26)$$

其中,方程(11.25)和方程(11.26)中的 $q(t)$ 相同,因为离开第一个岩心的流体完全进入第二个岩心。

11.2.5 解饱和度方程

现在,考虑两相流边界—初始值问题的物理公式,作为对示例 1.1 的补充。假定两个岩心样品初始有相同的恒定饱和度 S_w^i,即:

$$S_{1w}(x,0) = S_w^i \qquad (11.27a)$$

$$S_{2w}(x,0) = S_w^i \qquad (11.27b)$$

此外,假定随后第一个岩心入口处左边界 $x = 0$ 位置入射流的饱和度等于:

$$S_{1w}(0,t) = S_{1w}^L \qquad (11.28)$$

根据所得的 $S_{1w}(x,t)$ 和 $S_{2w}(x,t)$ 边界值公式,导出所谓的 Buckley – Leverett 问题,对于此

问题,油藏工程师众所周知。其解可能含有激波或突然的饱和度中断,具体取决于分流量函数的形式以及初始条件。Collins 于 1961 年发表的著作中讨论过此基本问题,这里不做赘述。

令饱和度成为单值函数的方法多种多样,类似于航空航天工程高速气体动力学领域所用的激波拟合法。Whitham 于 1974 年所著的经典波动力学著作中描述了最简单也最巧妙的方法。其中提到,方程(11.25)、方程(11.27a)和方程(11.28)所定义的著名信号传输问题具有以精确解析解形式呈现的激波速度 V_{1shock}。即:

$$V_{1shock} = [Q_{1w}(S_{1w}^L) - Q_{1w}(S_w^i)]/(S_{1w}^L - S_w^i) \qquad (11.29)$$

其中,为简洁起见,给出:

$$Q(S_{1w}) = (q/\phi_1)[df_{1w}(S_{1w})/dS_{1w}] \qquad (11.30)$$

参见方程(11.25)。因此,现在假定 $q(t)$ 为恒定值 q,则第一个岩心端部 $x = 0$ 位置(因此也是第二个岩心的开头)出现浸满影响所需的时间 T_1 为:

$$T_1 = L_1/V_{1shock} = L_1(S_{1w}^L - S_w^i)[Q_{1w}(S_{1w}^L) - Q_{1w}(S_w^i)] \qquad (11.31a)$$

相应地,饱和度剖面图以阶跃函数呈现,激波左右两侧分别有恒定值 S_{1w}^L 和 S_w^i。一旦激波前缘抵达第二个岩心(始于 $x = L_1$,止于 $x = L_1 + L_2$),浸满饱和度 S_{1w}^L 便发挥作用,正如第一个岩心一样。因此,激波穿过 L_2 段所需的 T_2 可根据方程(11.31a)进行推测求得。即:

$$T_2 = L_2/V_{2shock} = L_2(S_{1w}^L - S_w^i)[Q_{2w}(S_{1w}^L) - Q_{2w}(S_w^i)] \qquad (11.31b)$$

总通过时间为:

$$\begin{aligned} T_1 + T_2 &= L_1(S_{1w}^L - S_w^i)/[Q_{1w}(S_{1w}^L) - Q_{1w}(S_w^i)] \\ &\quad + L_2(S_{1w}^L - S_w^i)/[Q_{2w}(S_{1w}^L) - Q_{2w}(S_w^i)] \\ &= (S_{1w}^L - S_w^i)\{L_1/[Q_{1w}(S_{1w}^L) - Q_{1w}(S_w^i)] \\ &\quad + L_2/[Q_{2w}(S_{1w}^L) - Q_{2w}(S_w^i)]\} \end{aligned} \qquad (11.32)$$

因此,平均激波速度为:

$$\begin{aligned} V_{avgshk} &= (L_1 + L_2)/(T_1 + T_2) \\ &= (L_1 + L_2)/((S_{1w}^L - S_w^i)\{L_1/[Q_{1w}(S_{1w}^L) - Q_{1w}(S_w^i)] \\ &\quad + L_2/[Q_{2w}(S_{1w}^L) - Q_{2w}(S_w^i)]\}) \end{aligned} \qquad (11.33)$$

11.2.6 油藏分析中的特征速度

描述油藏中速度有几种不同方法。在示例 11.1 所给出的简单示例(长度分别为 L_1 和 L_2 的两条线性串联岩心)中,首先确定求有效渗透率所需的净流速 q。然后,通过示踪剂问题间接表明,有效渗透率的概念不足以描述该问题的所有方面,因而确定了有效孔隙度。最后,考虑了简单但实际上重要的两相流问题,依次实现精确分析。在这个范围内,还确定了另一种速度,即激波速度,由方程(11.33)给出。该速度重要是因为可借此求得见水所需的时间。根据方程(11.33)显然有:假定存在 Q(该参数的存在是重要的),则值 V_{avgshk} 无法易于关联到所确定的单相流有效渗透率或有效孔隙度。这些结果间接表明,任何有效性质,尽管自身就具有意义,但严格意义上讲与其他有效性质少有关联。有许多商用模拟器都不加区分地采用有效性质定义。常用方法虽然表面上讲得通,但实际上是非常错误的,比如带不同边界条件的三维多相应用中采用基于示例11.1的有效渗透率,完全脱离了最初推导的有效范围。此结论对于有多口井的实际油藏来说更贴近实际,其中,采用了大量网格块模拟并行流和串行流的组合。有效性质和突破速度与时间的计算值通常取决于相对压力降落、井位、油藏形状、边界条件等。

11.2.7　多相压力场

最后,以说明如何求得瞬态压力分布的解析解结束这个示例。这个练习之所以重要是因为,据笔者所知,前人尚未给出类似重要问题的解析解。为此,将方程(11.12)和方程(11.13)代入方程(11.20),然后,利用方程(11.14)得:

$$[(K_{1w}(S_{1w})/\mu_w)+(K_{1nw}(S_{1w})/\mu_{nw})]\partial P_{1w}/\partial x=-q(t) \tag{11.34}$$

重新整理后发现,空间压力梯度满足:

$$\partial P_{1w}/\partial x=-q(t)/[(K_{1w}(S_{1w})/\mu_w)+(K_{1nw}(S_{1w})/\mu_{nw})] \tag{11.35}$$

由于饱和度 $S_{1w}(x,t)$(在 Whitham 解决信号传输问题后)是 x 方向的阶跃函数,其峰值以激波速度移动,方程(11.35)中的压力梯度取两个恒定值中的一个,具体取决于 S_{1w} 局部是等于 S_{1w}^L 还是 S_w^i。因此,时间保持不变时,激波前缘两侧有不同的线性压力变化。这种情况如图11.2所示。在激波前缘处,要求压力是连续的,即足以唯一确定整个岩心样品随时间变化的压力降落。这样,综合分析就完整了;具体细节留给读者思考。

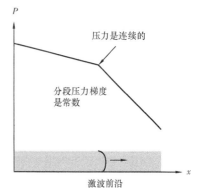

图11.2　两相流中的空间压力

11.3　示例11.3 稳定柱状流中的有效性质

在示例11.1中,考虑了串联的两条线状岩心,以稳定单相流为假设前提,并根据基本原理推导出调和平均规则。该规则简单直接,将结果扩展至径向流。比如,具有不同渗透率的多个同心环形区域可利用 $d^2p/dr^2+1/rdp/dr=0$ 作为实现模型进行处理,进而产生解 $A+B\lg r$,这个过程不同于 $d^2p/dx^2=0$,后者产生解 $A+Bx$。解析解可像之前那样求得,通过拟合界面上的压力和速度实现。带有基于对数的权重函数的调和平均规则可通过解决以下问题推导。有效半径是什么?有效压力梯度呢?有效渗透率该如何定义才能令解看起来像单一介质问题的解?

11.4　示例11.4 稳定单相非均质流

将适用于具有截然不同岩石性质的多个离散岩心的调和规则推广至具有连续非均质性质的单个线状岩心。为此,考虑以下方程:

$$\mathrm{d}[K(x)\mathrm{d}p/\mathrm{d}x]/\mathrm{d}x = 0 \tag{11.36}$$

其中,$K(x)$ 是可变的,假定流体为液体(注意:对于气体流来说,用 p^{m+1} 取代 p)。如果假定长度为 L 的单个岩心有图 11.1 所示的左右两侧压力边界条件,则通过积分得:

$$p(x) = (P_{\mathrm{R}} - P_L)\int_0^x \mathrm{d}\zeta/K(\zeta)/\int_0^L \mathrm{d}\zeta/K(\zeta) + P_L \tag{11.37a}$$

此解可通过微分验证;可用于在油藏流模拟过程中减少网格数目。此外应注意,达西速度 $q = -[K(x)/\mu]\mathrm{d}p/\mathrm{d}x$ 对于稳定流来说是恒定的。达西速度可写成:

$$q = -(1/\mu)\left[L/\int_0^L \mathrm{d}\zeta/K(\zeta)\right][(P_{\mathrm{R}} - P_L)/L] \tag{11.37b}$$

因此,中括号[ ]中的量表示非均质流的有效渗透率,在均质介质中简化成恒定值 K。

11.5 示例 11.5 可压缩瞬变过程的时标

到目前为止已考虑过稳定流。实际上,非零可压缩性意味着瞬变效应有可能是重要的,研究人员可能会关注于稳态结果的适用性。笔者不研究多岩心示例,而是研究长度为 L 且具有恒定性质的单个岩心。目标是导出确定能够可靠预测瞬变效应、大部分会消失的无量纲时标 τ 的简单表达式。此时,稳定流结果成立。示例 11.3 中所用的边界条件在这里也是适用的,单相液体流的控制方程如下:

$$\partial^2 p/\partial x^2 = \phi\mu c/K\partial p/\partial t \tag{11.38}$$

在方程(11.38)中,$p(x,t)$ 表示瞬时压力,ϕ、μ、c 和 K 分别表示孔隙度、黏度、可压缩性和渗透率。利用标准的变量分离法可求得以下形式的傅立叶级数解:

$$p(x,t) = P_L + (x/L)(P_{\mathrm{R}} - P_L) + \sum_{n=1}^{\infty} A_n \exp(-n^2\pi^2 Kt/\phi\mu cL^2)\sin n\pi x/L \tag{11.39}$$

其中,系数 A_n 根据 $p(x,0)$ 的初始条件确定。如果设方程(11.39)中的 $t = 0$,则有:

$$\sum_{n=1}^{\infty} A_n \sin n\pi x/L = p(x,0) - P_L - (x/L)(P_{\mathrm{R}} - P_L) \tag{11.40}$$

一旦指定方程(11.40)右侧,数学参考文献中提到的傅立叶系数 A_n 公式即可采用,比如 Hildebrand(1948)的著作。方程(11.39)的第一行给出了稳态响应,而第二行描述了瞬态特性。最强烈的瞬态响应是 $n = 1$ 时,相关无量纲时标被定义成:

$$\tau = \pi^2 Kt/\phi\mu cL^2 \tag{11.41}$$

这个项组合(不属于岩石和流体性质参数组合),控制着非稳态流至稳态流的渐进收敛。在本章中,给出了几个描述串联岩心内两相流的精确解析解。这些解指出流场完全不同,这一点并不意外;因此,任何将从简单问题(比如示例 11.1)中得到的有效性质用于更复杂的问题的努力都会导致错误。

问题和练习

1. 推导径向流的调和平均规则。考虑流入半径为 R_{well} 的井的恒密液体。此井周围首先是第一层同心区域,渗透率为 K_1,外半径为 R_1,然后,第一层同心区域周围是第二层同心区域,渗透率为 K_2,外半径为 R_2。流体为单一流体,黏度为 μ。井压为 P_W,远场油藏压力为 P_R。每个压力分布满足方程 $d^2p/dr^2 + 1/r \, dp/dr = 0$,该方程在每个同心域内有解 $A + B\lg r$。通过拟合界面上的压力和速度求这个问题完整的双层解析解。第二层不存在时解是什么?将双层解重新整理成单层解的形式,并比较两个解。如何定义双层径向问题的有效渗透率?对于 N 层问题呢?

2. 练习 1 采用方程 $d^2p/dr^2 + 1/r \, dp/dr = 0$ 是因为假定了恒密液体。将分析扩展至满足 $d^2p^{m+1}/dr^2 + 1/r \, dp^{m+1}/dr = 0$ 的稳态气体流。注意:这并非线性问题,因为控制方程与 p^{m+1} 构成线性关系。

3. 本文中,考虑了液体在具有满足 $d[K(x) \, dp/dx]/dx = 0$ 的非均质渗透率的线状岩心中的有效渗透率。带有可变渗透率 $K(r)$ 的径向流控制方程是什么?推导有效渗透率的表达式。若以带广义指数 m 的稳态气体流为假设前提,则表达式是什么?

4. 示例 11.5 中研究了单个均质线状岩心中的可压缩瞬态流。针对两个串联的线状岩心,重做这个练习。此外,将示例 11.5 中的分析扩展至单个和两个径向岩心。

第12章 模拟随机非均质性

观察具有某种程度上随机或复杂特征但有周期性清晰物理构造的地质结构时,流模拟工作人员常常会提出关于量化流模拟可能性的问题。除非也形成良好的流模拟能力,否则,油藏描述过程(精准描述地质构造的能力)肯定是没有用的。因此,除非手边有现成合适的分形微积分计算结果可用或采用超级计算机进行直接精细分析,否则,分形描述是没有意义的。同样,对油藏进行良好的随机描述只是以下工作的一部分:应认真研究并提出采用特定描述方法的有效流公式。但仍要提出警告,不得盲目使用有效性质和粗化方法,因为正如第11章所述,这些方法可能非常有限制性。但是,根据连续介质力学其他领域的文献,尽管几何形状错综复杂,解析方法还是可用的。

12.1 对现有模型的观察

本节将就几种现有模型给出评论。许多模型都看起来是量化模型,表面上具有科学严谨性,却忽略或丢掉了关键的流动细节和动态效应。

12.1.1 双孔隙度模型

简单连续介质模型方面最有名的尝试是针对天然裂缝油藏的双孔隙度方法(Aguilera,1980;van Golf-Racht,1982)。这些方法通常通过研究三维糖块阵列而实现理想化。糖块表示含油母岩,流体从母岩中流出,进入周围高渗透裂缝(即糖块间的表面),进而流到井口。该模型避免了问题的随机本质;为了不太清楚地描述双连续介质,甚至是忽略了这种理想化所提供的周期性流简化。第一种介质是母岩,满足达西方程,工程师们已然熟知。但是,这种连续介质对于第二种连续介质宏观裂缝来说属于类源项;双孔隙度法中母岩和裂缝的离散性质未考虑,消失了。

最终的模拟结果是耦合的非混相流方程系统,所含输入参数的数目是更合理的单孔隙度模型的二倍:两组相对孔隙度曲线,两组毛细管压力曲线等。结果,由于缺少实际数据(更不用提室内测量误差了),这类毫无希望的不精确方法可能永远都得不到完整验证。针对周期性页岩和裂缝的更简单流模型,比如第5章中介绍的那些,则体现了更深刻的物理洞察。

12.1.2 地质统计模拟与直接模拟

数学地质统计工作人员通常通过最小化适当定义的误差函数创建其油藏模型,这些误差函数与测量数据相吻合并受制于辅助边界约束条件。这些函数通常为正定函数,以确保最小化过程有解。通常,选择特定的所用函数只是为了简化数学计算,其与岩石的实际沉积过程、流动性质或物理外观的关系并不考虑。与此相反,有许多土木工程师、水文学者和流体力学专家设计了大比例计算机模型,用以求解耦合了流方程与室内确定的经验性侵蚀定律的复杂公式。这些模型在定性求解方面是成功的,结果常接近现实的解。沿地质时标推进和演化的曲流河数值模拟便是一个例子。地质统计研究需侧重于实际,如此方可被一般用户群所接纳。

12.1.3 数学关系

模拟过程中所用的微分方程法与地质统计中所用的优化方法是密切相关的。变分学中研究了其相似点,变分学是有名的将微分方程与全局性最小化问题关联起来的数学专业领域(Garabedian,1964;Hildebrand,1965;Stakgold,1968)。此类方法并非新方法;比如,过去数十年,结构工程师一直同时采用微分方程模型和最小总应变能方法。在流体动力学方面,拉普拉斯方程 $\partial^2 p/\partial x^2 + \partial^2 p/\partial y^2 + \partial^2 p/\partial z^2 = 0$ 在适当边界条件下的解可精确转换成变分问题,特别是流动域内的类能积分,若增加额外条件,则实现最小化。实际上,多数微分方程可作为等效变分问题提出并利用本书未提及的方法求解。用最小化算法、拉格朗日乘子、优化法等取代第7章和第9章所述的松弛法,可利用差异非常大的方法求得同样的解。

$$\min \int \left[(\partial p/\partial x)^2 + (\partial p/\partial y)^2 + (\partial p/\partial z)^2 \right] \mathrm{d}x\mathrm{d}y\mathrm{d}z + 约束条件$$

不建议用优化法解流方程,尽管优化法是一个明确的可能选项。然而,这两者一一对应这个事实表明,地质统计工作者设计的每个优化公式都暗含着一个等效微分方程和一个物理过程。其中隐含假设了关于物理过程的某件事,此事必须进行外部测试。这件事是什么?这件事是否合理?比如,假设没有微分方程方面的经验,该专业方面的某个新人建议进行最小化处理,以此确定压力。这样做是否正确?答案是"正确",因为期望压力梯度全局平滑。但该方法与 $\partial^2 p/\partial x^2 + \partial^2 p/\partial y^2 + \partial^2 p/\partial z^2 = 0$ 有关意味着,变分问题只适用于各向同性介质。而这属于拉普拉斯方程,意味着质量守恒。

最后,强调地质统计方法可能含有关于流的隐含假设,此假设应予以阐明。此外,将微分方程写成变分形式后,可采用其他求解方法、算法和物理解释。既然已经确立微分方程法与优化法或全局最小化方法具有等效性,接下来说明如何采用精确但传统的数学方法保留并通过直接分析模拟周期非均质性的离散本质。这里所考虑的简单极限的目的是推动沿这些思路的进一步研究;利用这些极限,可对流经随机页岩和裂缝的流进行详细描述。

12.2 数学策略

为简洁起见,考虑具有各向同性变渗透率 $K(x,y,z)$ 的三维油藏。设有一个恒密单相稳定液体流,压力 $p(x,y,z)$ 偏微分方程如下:

$$\partial(K\partial p/\partial x)/\partial x + \partial(K\partial p/\partial y)/\partial y + \partial(K\partial p/\partial z)/\partial z = 0 \tag{12.1}$$

第7章和第15章所述的松弛法可用来求解方程(12.1),当然,先得指定 $K(x,y,z)$ 并作为索引数组进行处理。本节中,说明如何定义详细的 $K(x,y,z)$ 类,以此简化数学计算并提供整个油藏范围内高度详细的解。

12.2.1 渗透率模拟

通常,不必也不希望直接进行高分辨率的数值分析。根据 Bear(1972)的研究,引入一个辅助函数,定义如下:

$$g(x,y,z) = p(x,y,z) \sqrt{K(x,y,z)} \qquad (12.2)$$

然后,如果方程(12.3b)成立,则可验证:

$$\partial^2 g/\partial x^2 + \partial^2 g/\partial y^2 + \partial^2 g/\partial z^2 + \alpha^2 g = 0 \qquad (12.3a)$$

$$\partial^2 \sqrt{K}/\partial x^2 + \partial^2 \sqrt{K}/\partial y^2 + \partial^2 \sqrt{K}/\partial z^2 + \alpha^2 \sqrt{K} = 0 \qquad (12.3b)$$

其中,α 是常数。方程(12.3a)和方程(12.3b)描述了所谓的 Helmholtz 非均质性介质。如果 $\alpha = 0$ 且方程(12.4b)成立,直接做代数运算得:

$$\partial^2 g/\partial x^2 + \partial^2 g/\partial y^2 + \partial^2 g/\partial z^2 = 0 \qquad (12.4a)$$

$$\partial^2 \sqrt{K}/\partial x^2 + \partial^2 \sqrt{K}/\partial y^2 + \partial^2 \sqrt{K}/\partial z^2 = 0 \qquad (12.4b)$$

方程(12.4a)和方程(12.4b)定义了调和型非均匀介质。然而,Bear 并没有提供这些地层模型的流解。不过实践证明,可对这些模型进行简单求解。现在,解释如何利用热传递和结构振动方面的方法解这些方程。

12.2.2　物理含义

正如在引导性讨论中所指出的,微分方程模型与等效的能量最小化问题有关。对于方程(12.3b),适用模型如下:

$$\min \int_V [(\partial \sqrt{K}/\partial x)^2 + (\partial \sqrt{K}/\partial y)^2 + (\partial \sqrt{K}/\partial z)^2 + \alpha^2 (\sqrt{K})^2] \mathrm{d}x\mathrm{d}y\mathrm{d}z \qquad (12.3c)$$

而对于方程(12.4b),最小化处理适用;在方程(12.3c)和方程(12.4c)中,积分体积 V 表示流动域。

$$\min \int_V [(\partial \sqrt{K}/\partial x)^2 + (\partial \sqrt{K}/\partial y)^2 + (\partial \sqrt{K}/\partial z)^2] \mathrm{d}x\mathrm{d}y\mathrm{d}z \qquad (12.4c)$$

因此,虽然方程(12.3b)和方程(12.4b)是仅针对数学简化推荐的解析条件,但结合方程(12.3c)做出的物理解释表明,两方程暗示渗透率分布中有一定的全局平滑性,此平滑性是存在地质年代平滑影响时判断合理沉积模式的合理依据(即加入风和侵蚀等自然元素)。当然,方程(12.3b)和方程(12.4b)为微分方程意味着,在实际的油藏约束条件下,比如示踪剂数据、采油曲线和地震测试数据,无穷大解类可作为测试示例生成。更重要的是,这使得近些年其他专业领域出现强有力的数学方法成为可能。

12.2.3　数学方法

在结构力学里,研究人员通常研究形式为 $\partial^2 u/\partial x^2 + \partial^2 u/\partial y^2 + \partial^2 u/\partial z^2 = \partial^2 u/\partial t^2$ 的波动方程,其中,t 表示时间。研究稳态振荡时假定有多个具有 $u(x,y,z,t) = U(x,y,z)\mathrm{e}^{i\omega t}$ 形式的正弦傅立叶分量,其中,ω 表示频率。直接代入得 $U(x,y,z)$ 的控制方程,即:$\partial^2 U/\partial x^2 + \partial^2 U/\partial y^2 + \partial^2 U/\partial z^2 + \omega^2 U = 0$。这个与时间无关的方程通常从本征函数分析的角度加以研究。现在,这个 $U(x,y,z)$ 方程与 $\sqrt{K}$ 的方程(12.3b)相同;因此,在振动片上见到的波峰与波谷重复模式可解读成油藏周期非均质性模式。当然,不用说,油藏描述方面的跨专业工作中可使用结构分析中

可用的大量振动解。在随后的示例中,修改基于瞬态热传递分析的解法,以求解复杂裂缝地质条件下的渗透率控制方程。有意思的是,在这个新方法中,无须利用双孔隙度或直接统计方法即可精确地模拟流。

12.3　示例 12.1　收缩裂缝

以描述流经图 12.1 所示复杂收缩裂缝系统的流动示例结束本章。假定谐波渗透率假设适用;而且,选取 $\sqrt{K}$ 空间变化率被全局最小化的平滑沉积模型,因此,方程(12.4b)成立。

$$\partial^2 \sqrt{K}/\partial x^2 + \partial^2 \sqrt{K}/\partial y^2 + \partial^2 \sqrt{K}/\partial z^2 = 0$$

$$(12.4b)$$

通过利用标准的变量分离程序,设:

$$\sqrt{K} = \sqrt{K_m} + F(x,y)G(z) = 0$$

$$(12.5a)$$

其中,

$$\sqrt{K_m} = \sigma + \alpha x + \beta y + \gamma z \quad (12.5b)$$

是针对油藏假定的不变或可变平均参考值或背景平均值(σ、α、β 和 γ 为自由常数)。实际上,如果其拉普拉斯算子为零,则可采用更为通用的二级多项式。这样直接得简化方程:

$$F_{xx}(x,y)G + F_{yy}(x,y)G + FG''(z) = 0$$

$$(12.6)$$

如果接着用 G 除方程(12.6),则有:

图 12.1　收缩裂缝

$$F_{xx}(x,y) + F_{yy}(x,y) + [G''(z)/G]F = 0 \qquad (12.7)$$

现在,考虑 $G''(z)/G(z)$ 为常数的岩层,即:a^2。对于此类问题,常微分方程:

$$G''(z) - a^2G = 0 \qquad (12.8)$$

适用。假定的垂向渗透率呈指数变化,但可令变化弱到期望程度。然后,根据方程(12.7)和方程(12.8)得:

$$F_{xx}(x,y) + F_{yy}(x,y) + a^2F = 0 \qquad (12.9)$$

12.3.1　热传递方法

对具有流体动力学稳定性的 Benard 对流圈的模拟是与本书的目的相关的,因为由此可导出与方程(12.9)相同的模型方程(Yih,1969)。有意思的是,实践证明方程(12.9)自身可再次通过变量分离求解。比如,进行以下选择:

$$F(x,y) = cos\,mx\,cos\,ny, m^2 + n^2 = a^2 \tag{12.10}$$

可导出长方形对流圈,而进行以下选择:

$$F(x,y) = f_0\{cos[a(\sqrt{3}x + y)/2] + cos[a(\sqrt{3}x - y)/2] + cos\,ay\} \tag{12.11}$$

能够产生六角形图案(f_0 和 a^2 是地质建模可用的自由参数)。其他图案也有类似的可能。在这个接合处,有解析渗透率函数:

$$\sqrt{K} = \sqrt{K_m} + f_0 G(Z)\{cos[a(\sqrt{3}x + y)/2] + cos[a(\sqrt{3}x - y)/2] + cos\,ay\} \tag{12.12}$$

其中,f_0 和 a 可调整到非均质背景渗透率 $\sqrt{K_m}$ 达到期望的周期变化水平。参数值合适时,该能力允许实现页岩和裂缝模拟。

12.3.2 压力解法

接下来,考虑相应的压力场。回忆一下,根据方程(12.2)和方程(12.4a)有 $g(x,y,z) = p(x,y,z)\sqrt{K(x,y,z)}$ 满足 $\partial^2 g/\partial^2 x + \partial^2 g/\partial y^2 + \partial^2 g/\partial z^2 = 0$。如果假设所有井位和边界处的渗透率和压力是已知的,则 $g = p\sqrt{K}$ 可描述成已知的狄利克雷边界条件。然后,第7章所述的椭圆方程数值方法可直接应用;另一方面,可利用变量分离解析法解决具有理想化压力边界条件的问题。此示例中的通用方法值得采用原因有二:首先,针对渗透率函数设计的解析结构[见方程(12.5b)、方程(12.10)和方程(12.11)]允许保留对小规模异质性细节的充分控制。其次,修正压力 $g(x,y,z)$ 的方程[见方程(12.4a)]不含依赖于非均质性的可变系数。实际上,该方程是平滑的;因此,可以比其他可行情况粗的网格分布求解。

12.3.3 其他的渗透率解法

此处强调,本来也可以在指定边界位置 $\sqrt{K}$ 值已知的情况下求解作为偏微分方程的(12.4b);该方法就会纯粹是"蛮力"算法。另一方面,在方程(12.10)和方程(12.11)中,选择了那些正确无误地揭露自然界中许多地质实体拟周期构造的解析解。其他求解方法也是可行的。比如,考虑非均质性满足 $\partial^2\sqrt{K}/\partial x^2 + \partial^2 K/\partial y^2 = 0$ 的二维油藏;即,$\sqrt{K}$ 是满足拉普拉斯方程的谐函数。根据第4章和第5章中推导的复变量方面的概念,显然可取复变量 $z = x + iy$ 的任意函数 $f(z)$ 的实部或虚部作为 $\sqrt{K}$ 的候选解。比如,$f(z) = az + sin\,bz$ 或 $f(z) = sin(az + bz^2 + cz^3 + \cdots)$;该方法使得有足够的自由参数拟合约束值,从而确定其他地方的解。然后,渗透率微分方程的求解简化成在 $f(z)$ 内寻找具有适当值的等值线。

问题和练习

1. 对于各向同性流来说,$\partial^2 p/\partial x^2 + \partial^2 p/\partial y^2 + \partial^2 p/\partial z^2 = 0$ 和 $Min\int[(\partial p/\partial x)^2 + (\partial p/\partial y)^2 + (\partial p/\partial z)^2]dxdydz$ 之间具有等效性。控制三个坐标方向上有不同渗透率的各向异性问题的微分方程是什么?写下等效的变分公式。综述用于解决变分问题的基本数值方法并指出其相对

于有限差分或有限元方法的优缺点。有哪些精确或近似的解析方法可用?

2. 综述结构力学、振动理论、声学、热传递和电气工程方面的文献,尤其是带有以下关键词的文献:振型、本征值问题、本征值、固有模式、振动模式、波导及相关术语。制作一维、二维和三维振型插图目录,并将其同具有相似周期或随机模式的地质非均质性进行比较。求解的是什么类型的方程? 这些方程与本章所用的压力和渗透率方程比较如何?

3. 带明显周期性的地质实体包括有峰谷的起伏沙丘和蜿蜒进出的曲流河。描述其总体自然特征,比如,波幅、波数、三维变化等。为了描述这些特征,可推导哪些类型的物理关系式? 能否创建(容易求解的)微分方程模型,其解可用于这些关系式的推广。

第 13 章　实际与假定黏度

在第 11 章中,已经说明了在模拟非混相两相流过程中一阶导数非线性偏微分方程是如何产生的。实际上,推导过饱和度方程 $\partial S_{1w}/\partial t + (q/\phi_1)[\mathrm{d}f_{1w}(S_{1w})/\mathrm{d}S_{1w}]\partial S_{1w}/\partial x = 0$,该方程描述了著名的 Buckley – Leverett 问题,无毛细管压力时以此问题为主。然后,利用 Whitham 的含激波流解析解,并导出了激波速度公式。考虑毛细管压力时,无须预测激波低值。实际上,流有可能是平滑的,具体取决于小高阶导数项的精确值与形式。由于采用假定黏度、错误的数值商生成以及其他问题,实际计算变得复杂化,这些因素使得所谓的上风或上游差分效果弄不清。庆幸的是,气体动力学、等离子物理和水波研究领域解决了这些问题,石油文献中有对其基本概念的讨论。

13.1　实际黏度与激波

这里,回顾考虑激波的低阶波动方程的基本性质,说明高阶导数项直接形成正确的熵条件,说明假定黏度和上游差分为什么会导致模拟重要物理量和激波前缘速度时出现误差。

13.1.1　低阶非线性波动模型

考虑满足以下方程的函数 $u(x,t)$ 的一阶对流非线性波动方程:

$$\partial u/\partial t + u\partial u/\partial x = 0 \tag{13.1}$$

应将该方程同第 11 章给出的低阶饱和度方程进行比较:

$$\partial S_{1w}/\partial t + (q/\phi_1)[\mathrm{d}f_{1w}(S_{1w})/\mathrm{d}S_{1w}]\partial S_{1w}/\partial x = 0 \tag{11.25}$$

方程(13.1)对于假定的初始条件有简单的通解。回忆一下,任何函数 $u(x,t)$ 的总变化满足:

$$\mathrm{d}u/\mathrm{d}t = \partial u/\partial t + \mathrm{d}x/\mathrm{d}t\partial u/\partial t \tag{13.2}$$

如果比较方程(13.1)和方程(13.2)就会发现,若确定有 $\mathrm{d}x/\mathrm{d}t = u$,则有 $\mathrm{d}u/\mathrm{d}t = 0$,即, $u(x,t)$ 沿路径 $\mathrm{d}x/\mathrm{d}t = u(x,t)$ 保持不变。用以下方程简洁表示:

$$u(x,t) = G(x - ut) \tag{13.3}$$

其中强调, $u(x,t)$ 必须是 $x - ut$ 的函数。这里, G 可是任意函数。如果必须施加初始条件:

$$u(x,0) = F(x) \tag{13.4}$$

其中, $F(x)$ 是给定的,显然,选择 $G = F$,问题解决。因此,有通解:

$$u(x,t) = F[(x - u(x,t)t)] \tag{13.5}$$

13.1.2 低阶模型中的奇异性

方程(13.5)有可能导致一阶导数中出现激波形成或奇异性。为了看到这些激波形成或奇异性出现原因,利用链式法则对方程(13.5)对 x 求导,得 $\partial u/\partial x = F'[x - u(x,t)t]/(1 - t\partial u/\partial x)$。如果求 $\partial u/\partial x$,则有:

$$\partial u/\partial x = F'[x - u(x,t)t]/(1 + tF') \tag{13.6}$$

如果初始条件 $F(x)$ 如此,则有 $F' > 0$,分母 $1 + tF' > 0$,为正数,梯度 $\partial u/\partial x$ 表现正常。如果 F' 为负数,则具有无穷大 $\partial u/\partial x$ 值的激波解在有限时间内形成。这些激波类似于水驱中常见的水窜现象(也叫作饱和度不连续)。

13.1.3 奇异性的存在

方程(13.1)体现了含激波的一类解,但实际中这些解是否存在呢?虽然激波可作为方程(13.5)的数学结果形成,但通常的情况是,方程(13.1)作为更精确公式的较粗糙模型存在。庆幸的是,有两个低阶项与方程(13.1)相同的较高阶方程精确解可用于研究,即 Burger 方程和 Korteweg de Vries 方程。前者用于高速空气动力学方面的气体动力学激波模拟,具体方程如下:

$$\partial u/\partial t + u\partial u/\partial x = \varepsilon\partial^2 u/\partial x^2 \tag{13.7}$$

其中,$\varepsilon > 0$,数值小,与流体实际黏度有关。精确的 Cole – Hopf 解由 Cole 于 1949 年首次提出,Whitham 关于非线性波动力学的著作中对此有所讨论(Whitham,1974)。可说明满足方程(13.7)的物理系统可用方程(13.1)进行模拟,方程(13.1)要简单得多。即,方程(13.1)的含激波解也是从方程(13.7)中更详细的描述中得到的。这个关系为什么不明显?这个问题是微妙的,因为尚未指出 ε 相对于哪个参数是小的;当空间梯度[比如根据方程(13.1)获得的梯度]变大时,方程(13.7)中的项 $\varepsilon\partial^2 u/\partial x^2$ 与左侧相比不再小。因此,可在近激波位置应用方程(13.1),也可不这么做,必须直接采用详细的物理模型。现在,考虑无黏性长水波研究中求得的 Korteweg de Vries 方程:

$$\partial u/\partial t + u\partial u/\partial x = \delta\partial^3 u/\partial x^3 \tag{13.8}$$

其中,$\delta(>0)$ 的值也小。虽然方程(13.7)和方程(13.8)的差异仅在于右侧数值很小的项,但方程(13.8)的解法却完全不同。利用来自反散射的方法,一般初始值问题的精确解也是可用的(Whitham,1974)。事实证明,方程(13.8)没有含激波的解。因此,即使 δ 的值小,作为简化模型的方程(13.1)也不适用。笔者的观点是:方程(13.7)和方程(13.8)中的高阶项控制着所有规模下的解。在两相油藏流分析中,此类高阶项与由毛细管压力函数提供的局部细节有关。如果采用不涉及毛细管压力的低阶 Buckley – Leverett 模型,与方程(13.6)所揭示的那些激波不同的强激波可形成,但其范围和厚度取决于毛细管力和惯性力。

13.1.4 熵条件

一旦创建高阶模型,比如方程(13.7)和方程(13.8),该问题的完整物理描述即是完整的。即,从热力学得到的熵条件可通过分部积分求得。考虑方程(13.7)。为简洁起见,采用该激波速度,得:

$$u\partial u/\partial x = \varepsilon \partial^2 u/\partial x^2 \qquad (13.9)$$

该方程局部适用,将方程(13.9)写成守恒形式:

$$\partial(1/2u^2 - \varepsilon\partial u/\partial x)/\partial x = 0 \qquad (13.10)$$

如果从激波一侧积分到另一侧(每一侧用均匀的热动力学条件表示,$\partial u/\partial x = 0$),则显然有:由于 $(1/2u^2 - \varepsilon\partial u/\partial x)_{upstream} = (1/2u^2 - \varepsilon\partial u/\partial x)_{downstream}$,故有全局守恒定律 $u^2_{upstream} = u^2_{downstream}$,即:

$$u^2_- = u^2_+ \qquad (13.11)$$

这个跳跃条件与 Buckley – Leverett 问题中采用的全局质量守恒约束条件(比如通过 Welge 的构建)类似。

方程(13.11)这样的精确守恒定律只是方程(13.9)这样完整模型的一个结果,后者中的显式高阶导数项可用。其代数结构控制着跨突变点消散的类能量的形式。比如,用方程(13.9)乘以 $u(x)$,结果得 $u^2\partial u/\partial x = \varepsilon u\partial^2 u/\partial x^2$。该方程可写成 $\partial(1/3u^3)/\partial x = \varepsilon u\partial^2 u/\partial x^2$。如果现在分部积分,则有:

$$(1/3u^3)_+ - (1/3u^3)_- = \varepsilon\left\{\left[u\partial u/\partial x - \int(\partial u/\partial x)^2 dx\right]_+ - \left[u\partial u/\partial x - \int(\partial u/\partial x)^2 dx\right]_-\right\}$$

$$(13.12)$$

激波两侧的 $\partial u/\partial x$ 项为零,但正定积分不为零。结果有:

$$(1/3u^3)_+ - (1/3u^3)_- = -\varepsilon\int(\partial u/\partial x)^2 dx < 0 \qquad (13.13)$$

因此有以下熵条件:

$$u^3_- > u^3_+ \qquad (13.14)$$

这样便说明了熵条件可以独立地得到,无须通过热动力学考量;一旦知道高阶导数结构,这些熵条件(实际上所有物理现象)都可自然求得。额外的熵条件可用方程(13.9)乘以 $u(x)$ 的其他幂或泛函并做分部积分生成。确实,如果$\partial u/\partial t + u\partial u/\partial x = 0$ 修正后不是 $\varepsilon\partial^2 u/\partial x^2$,而是满足黏度为 u 和$\partial u/\partial x$ 的给定函数的流变模型的高阶项,则所提出的方法是确定类激波流结构唯一严谨的方法。在油藏流分析中,低阶方程(11.25)(即$\partial S_{1w}/\partial t + (q/\phi_1)[df_{1w}(S_{1w})/dS_{1w}]\partial S_{1w}/\partial x = 0$)并不完整,其中没有$\partial^2 S_{1w}/\partial x^2$ 二阶导数毛细管压力项,有关完整推导,可参见第 21 章。在最终分析中这些项是否重要取决于毛细管力与惯性力的相对大小,对于同时产油和水的油藏来说,这两种力随时间变化而变化。

高速空气动力学领域有讨论相关问题。比如,本书笔者(Chin,1977,1978a,b,c)求解了Cole(1949)和 Sichel(1966)推导的高阶抛物线黏度超音速方程,求解后发现该方程的解与带外部跳跃条件的低阶椭圆—双曲线混合方程的解等效。有关小值高阶项在连续介质力学中作用的进一步分析,读者请参见 Ashley 和 Landahl(1965)的著作,Cole(1968)的著作和 Nayfeh(1973)的著作。最后强调,标准的 Rankine – Hugoniot 跳跃条件可用这里给出的类似简单方法

(Courant and Friedrichs,1948)通过一维 Navier – Stokes 方程导出,这些条件连接激波平衡热动力学状态,是一个世纪前通过详细物理论证推导出来的。此外应注意,Whitham(1974)曾研究过组合高阶方程 $\partial u/\partial t + u\partial u/\partial x = \varepsilon\partial^2 u/\partial x^2 + \delta\partial^3 u/\partial x^3$。

13.2 假定黏度和假定跳跃

据笔者所知,尽管当前的数值模拟课题重要,但这里推导的基本概念在油藏工程书籍中并没有讨论。这并不是说这些问题已经完全被忽略了。实际上,这里具有多值饱和度和陡变梯度的问题在 20 世纪 50 年代就有石油领域的数学家提到过。这方面做过重要贡献的有 Sheldon 等人(1959)、Cardwell(1959)以及 Lee 和 Fayers(1959)。这些学者进行了非线性声学方面的模拟,采用特性与激波拟合方法解决了低阶问题。此外,他们还推测基础公式中加入毛细管压力会使所有饱和度成为单值的,并将此过程比作黏性扩散影响可压缩空气动力学领域的气体动力学激波的过程。其关于毛细管压力作用的观点后来被目前进行的研究所证实。实际上,Douglas 等人(1958,1959)、McEwen(1959)、Fayers 和 Sheldon(1959)、Hovanessian 和 Fayers(1961)曾指出,小的毛细管效应会影响激波结构和位置。在高流量的情况下,计算出来的解正确给出了相应的低阶激波拟合 Buckley – Leverett 解。

关于舍入误差和计算不稳定性的数值分析文献(Roache,1972;Richtmyer and Morton,1957)中有对微分方程有限差分逼近过程中存在截断误差的讨论,但 Lantz(1971)是首批研究涉及扩散时截断误差形式的学者之一。Lantz 考虑了类似于 $\partial u/\partial t + u\partial u/\partial x = \varepsilon\partial^2 u/\partial x^2$ 的线性对流抛物线方程,并以几种方法对该方程进行了差分。Lantz 指出,正像有人从解析角度建议的那样,有效扩散系数并非 ε,而是 $\varepsilon + O(\Delta x,\Delta t)$,结果计算解中的实际扩散项是修改后的系数乘以 $\partial^2 u/\partial x^2$,其中,$O(\Delta x,\Delta t)$ 截断误差是 $u(x,t)$ 的函数,大小同 ε 相当。由于这个假定扩散必然与实际物理模型有出入,所以,可以想到计算结果的熵条件特性有可能是非真实的。

模拟毛细管压力物理效应时,低阶方程模型 $\partial S_{1w}/\partial t + (q/\phi_1)\left[df_{1w}(S_{1w})/dS_{1w}\right]\partial S_{1w}/\partial x = 0$ 会得到修正,因为存在带物理定义系数的二阶导数项 $\partial^2 S_{1w}/\partial x^2$(Scheidegger,1957;Collins,1961;Bear,1972)。有关其他推导过程,也可参见 Aziz 和 Settari(1979)的著作、Peaceman(1977)的著作以及 Thomas(1982b)的著作。正如所讨论的那样,当采用上风或上游差分时,比如参见 Allen 和 Pinder(1982)的著作,用新项模拟的效应会改变。虽然此类差分方法在特定示例中效果很好,比如,正确模拟质量守恒时。但上风方法为数众多,在任何应用中必须详细评价。有太多方法依赖于所用的网格系统,比如,五点法与九点法、差分细节等,应避免不加区分地使用。此外,为了正确地捕获饱和度激波和突变点,必须采用适当的上游差分。没有单个方法适用于所有用途,确定正确方法通常需要认真的数学分析(Jameson,1975)。

如此引发以下问题。二阶导数项可用时,不必采用上风差分方法:何不采用能够捕获前言所述实际黏滞(或毛细管压力)效应的精确高阶数值方法? 笔者于 20 世纪 70 年代曾在高速空气动力学领域成功推荐了此概念并进行了测试(Chin,1977,1978a,b,c)。Moretti 和 Salas 于 1972 年也提出过相同问题,他们提出可利用差分方法(与高阶 Navier – Stokes 模型吻合且无假定黏度)解决含气体动力学激波的问题。历史上,假定黏度是在数值分析不成熟且计算机资源昂贵的时代由纽曼推广普及的(Richtmyer and Morton,1957)。直到离现在较近的 1991 年,

Zarnowski 和 Hoff 提出要警惕假定黏度,建议直接抨击精确方程,通过在主公式中保留正确的实际黏度避免在正确熵生成过程中遇到的所有问题。

问题和练习

1. 研究油藏工程数值模拟文献,描述上风逼近、中心逼近和下风逼近间的差异。Lantz 于 1971 年从一维角度首次讨论了这些逼近。这些逼近有哪些现代多维扩展? 其质量守恒方面的含义如何? 饱和度前缘突变到什么程度? 预测见水时间是否精确? 油水相对产量如何? 对数值稳定性的影响如何?

2. 确定一个适合该问题的、口碑好的非混相两相流模拟程序,并选择一组验证过的问题集(有解),该问题集的相对渗透率和毛细管压力曲线应已经已针对现场数据进行了成功的一致性测试。用所选数据集运行程序。毛细管压力绝对大小发生变化时,解如何变化? 如果用近似的直线函数取代毛细管压力与饱和度关系曲线,会有什么结果? 如果毛细管压力类似地被设置成零,会有什么结果? 在所有这三种情况下,要注意饱和度突变位置、突变程度以及饱和度前缘厚度。解是否随时间变化而来回波动? 如果是这样,表明具有数值不稳定性。

3. 为了精确模拟油藏见水,学者们提出了各种方法,其中包括采用数量与方位上存在明显差异的有限差分单元。众所周知,解对所用的网格和差分单元形状高度敏感。如果不进行现场数据比较,比如通过制定基于熵的标准,能否检验其正确性? 另外,描述采用较少网格时移动含激波的时间自适应网格为什么能够更好地解决物理问题。

第 14 章 井眼流侵入、井漏和时间推移测井

本章讨论井眼流侵入、井漏和时间推移测井,即,油藏工程方面不经常研究的钻井内容。虽然这些内容属于作业方面重要的内容,但它们却反映了近井达西流分析中涉及的实际问题,正如传统的油藏工程师研究远井流一样。众所周知,钻井过程中钻井液会侵入井眼;钻井液可能含有分散的固相颗粒,固相颗粒可使井眼流体变重、提高密度、改善井控。井眼流体与地层间的压差迫使钻井液渗入地层,因而会经常破坏潜在的产层,因此,这也是进行欠平衡钻井的动因。地层与生产层上的残留滤饼相比渗透率较高时,流入地层的流量由堆积滤饼所控制,即,滤饼厚度随时间推移,侵入液体内的分散固相颗粒因堆积而增加。在这个过渡章节,给出近井侵入的简陋模型,以引入这些概念。下一章中,将从远井角度考虑大规模分支井和水平井系统对油藏流的综合影响。然后,在余下章节中构建地层侵入综合模型。注意,这些模型同时适用于近井和远井油藏驱替应用。

14.1 井眼侵入模拟

本章中介绍关于井眼流侵入与井漏的一些基本概念。基本概念解释清楚后,介绍一个相对较新的概念:时间推移测井。从最简单的侵入模型入手展开讨论,然后过渡到较为复杂的那些模型。然后,说明如何利用这些结果辅助开展地层评价和油藏描述,讨论可能存在的缺欠,并指引读者参考近年相关文献。

14.2 示例 14.1 有损耗的稀钻井液(即水)

最简单的井眼流侵入问题可采用第 6 章所述的径向流模型提出,尤其是在井和远场边界位置应用压力—压力边界条件。由于假定钻井液是损失的,所以,忽略钻井液堆积。实际上,许多浅井用水或盐水当钻井液进行循环。

(1) 压力—压力方程。

先从以下压力方程 $P(r)$ 入手(对于这个基础分析来说至少是这样):

$$\mathrm{d}^2 P/\mathrm{d}r^2 + (1/r)\,\mathrm{d}P/\mathrm{d}r = 0 \tag{14.1}$$

其中,r 为柱面径向坐标,此方程控制均质各向同性介质中不可压缩液体的达西流。通常边界条件包括井眼位置的规定压力以及远离井眼的规定压力。有:

$$P(r_\mathrm{W}) = P_\mathrm{W} \tag{14.2}$$

$$P(r_\mathrm{R}) = P_\mathrm{R} \tag{14.3}$$

其中,$r = r_\mathrm{W}$ 和 $r = r_\mathrm{R}$ 指井和远场半径,P_W 和 P_R 为假定的压力。方程(14.1)有解[见方程(4.46)]如下:

$$P(r) = [(P_\mathrm{R} - P_\mathrm{W})/(\lg r_\mathrm{R}/r_\mathrm{W})]\lg r/r_\mathrm{W} + P_\mathrm{W} \tag{14.4}$$

现在,径向速度 $q(r)$ 通过达西定律给出,要求有:

$$q(r) = -(K/\mu)\mathrm{d}P(r)/\mathrm{d}r = -(K/\mu)\left[(P_R - P_W)/(\lg r_R/r_W)\right]\frac{1}{r} \tag{14.5}$$

其中,K 为地层渗透率,μ 为流体黏度。因此,总体积流量 Q_W(假定油藏深度为 D)为:

$$Q_W = -D\int_0^{2\pi} q(r)r_W\mathrm{d}\theta, r = r_W \tag{14.6}$$

或为简单形式:

$$Q_W = -2\pi r_W D q(r_W) \tag{14.7}$$

因此得常量:

$$Q_W = -(2\pi KD/\mu)(P_R - P_W)/(\lg r_R/r_W) \tag{14.8}$$

(2)简单侵入模拟与 $\sqrt{t}$ 特性。

对于上述给定的流入流量,进入油藏或地层的钻井液前缘应是时间的函数。用流体力学术语表示,这需要一个拉格朗日算子,与流场的欧拉描述相对。然而,数学计算简单直接。用 ϕ 表示(恒定)孔隙度。然后,侵入油藏速度为:

$$\mathrm{d}r/\mathrm{d}t = q/\phi = +Q_W/(2\pi\phi Dr) \tag{14.9}$$

进行简单积分得针对侵入前缘的方程:

$$r(t) = \sqrt{R_W^2 + Q_W t/\pi\phi D} \tag{14.10}$$

这里,假定 Q_W 和 ϕ 为常数,假定初始前缘位置在 $t = 0$ 时为 $r = r_W$。如果 $t = 0$ 时 $r = R_{other} > R_W$,则利用相同符号,可考虑任何其他侵入滤液环并得:

$$r(t) = \sqrt{R_{other}^2 + Q_W t/\pi\phi D} \tag{14.11}$$

回过头看方程(14.10)。大多数时候,此公式简化成:

$$r(t) \approx \sqrt{Q_W t/\pi\phi D} \tag{14.12}$$

因此,在没有滤饼的稳定径向流中,得到侵入前缘的 $\sqrt{t}$ 特性。如果 $r(t)$ 在某个时间点 t 时为已知(比如根据电阻率测井分析),则孔隙度 ϕ 可根据方程(14.12)求算。

14.3 示例 14.2 随时间变化的压差

在示例 14.1 中,假定钻井液液柱与地层间的压差是恒定的。在钻井作业过程中,这种情况不常见:为加强井喷控制,可增加钻井液相对密度;为防止地层破裂,可减少钻井液相对密度。一般量 $(P_R - P_W)$ 可作为时间的函数,即 $[P_R - P_W(t)]$,但在本示例中,继续忽略伴随相对密度上升而出现的滤饼堆积。基本概念仍然适用。另外,此处的瞬变效应并非因流体可压缩性引起。为了取得量化结果,将方程(14.8)代入方程(14.9),并进行积分。引入以下表示法:

$$\Delta p(t) = P_{\text{W}}(t) - P_{\text{R}} \qquad (14.13)$$

因此得以下侵入前缘公式:

$$r(t) = \left\{ R_{\text{W}}^2 + \left[2K/(\mu\phi\lg r_{\text{R}}/r_{\text{W}}) \right] \int_0^t \Delta p(\tau)\,\mathrm{d}\tau \right\}^{1/2} \qquad (14.14)$$

相应的侵入前缘速度通过对方程(14.14)进行求导求得。结果有:

$$\mathrm{d}r(t)/\mathrm{d}t = K\Delta p(t)/(\mu\phi r\lg r_{\text{R}}/r_{\text{W}}) \qquad (14.15)$$

其中,r 通过方程(14.14)给出。当对方程(14.14)进行积分时,这个求值过程是简单直接的。注意,方程(14.12)中的 $\sqrt{t}$ 特性不再适用。

14.4　示例14.3　带滤饼效应的侵入

在这个示例中,提供一个简单近似的方法,滤饼控制着进入油藏的流动时,该方法对于现场应用来说是有用的。此模型不适用于致密(即低渗透率)地层。首先,必须确定滤饼渗滤性能。不假设现象学模型,而是应用室内测量结果(以星号表示)。设有一个线状流容器,压力降落为 $(\Delta p)^*$,h^* 表示 t^* 时间内收集的滤液高度。$h(t)$ 的增加类似 $\sqrt{t}$(一般结果见第17章)。因此,有方程:

$$h(t) = c\Delta p\sqrt{t} \qquad (14.16)$$

其中,设现场应用压差 Δp 为常数,c 为描述具体滤饼和钻井液类型的参数。由于带星号的量可通过经验或现场数据得到,常数 c 通过方程(14.16)唯一确定:

$$c = h^*/\left[(\Delta p)^*(\sqrt{t^*}) \right] \qquad (14.17)$$

这样有:

$$h(t) = \left\{ h^*/\left[(\Delta p)^*(\sqrt{t^*}) \right] \right\}\Delta p\sqrt{t} \qquad (14.18)$$

现在,假定滤饼很薄,即,滤饼厚度与井眼半径相比很薄。如果是这样且相对低渗的滤饼控制着进入地层的流量,则 t 时间后进入地层流体的净体积 Vol 可用方程(14.18)乘以 $2\pi r_{\text{W}}D$(井筒表面积)粗略求得:

$$Vol(t) = \left\{ h^*/\left[(\Delta p)^*(\sqrt{t^*}) \right] \right\}\Delta p\sqrt{t}(2\pi r_{\text{W}})D \qquad (14.19)$$

其中,D 为井眼长度。但这必须等于地层中可进行流体储存的量,即:

$$可用体积 = (\pi r_{\text{f}}^2 - \pi r_{\text{W}}^2)\phi D \qquad (14.20)$$

其中,用 r_{f} 表示前缘位置半径。令方程(14.19)和方程(14.20)中的表达式相等,则有:

$$(\pi r_{\text{f}}^2 - \pi r_{\text{W}}^2)\phi = \left\{ h^*/\left[(\Delta p)^*(\sqrt{t^*}) \right] \right\}\Delta p\sqrt{t}(2\pi r_{\text{W}}) \qquad (14.21a)$$

或者

$$r_f^2 = r_W^2 + \{h^* / [(\Delta p)^* (\sqrt{t^*})]\} \Delta p \sqrt{t} (2r_W / \phi) \qquad (14.21b)$$

初期阶段,方程(14.21b)的二项式展开式表明 $rf(t)$ 表现类似 $\sqrt{t}$。这个由滤饼主导控制的线性流动过程虽然会产生 $\sqrt{t}$ 特性,但实际上与示例 14.1 中的无滤饼径向模型是不同的。两者有着相同的代数特性(但比例常数不同),如果没有很好地理解流动过程的细节,则会增加出现解释错误的可能性。此外,适用于干净盐水钻井的 $\sqrt{t}$ 与用含固相钻井液获得的 $\sqrt{t}$ 有差异。在这两种情况下,如果孔隙度已知,则前缘位置 r_f 可确定;相反,如果前缘位置已知(比如根据电阻率测井分析),则可计算出孔隙度。

14.5 时移测井

滤饼之所以重要,是因为滤饼极低的渗透率控制着进入地层方向的渗滤速度,地层的渗透率比滤饼的渗透率要高很多。这就简化了油藏流模拟:前缘运动成为一个仅由滤饼机械性质和岩石内的几何发散所控制的纯粹动力学过程。该性质可用于地层评价,效果良好。如果前缘位置是时间的函数,对于此处考虑的简化流,孔隙度则可通过简单计算求得,比如利用方程(14.21a)和方程(14.21b)。假定前缘位置可通过电阻率测井分析精确推断,如果盐水和淡水只混合片刻,则经常如此,在这种情况下,制作旋风图所用活塞模型背后的假设成立。然后,可以预测作为时间函数的孔隙度。如果地层孔隙度是恒定的,那么,不恒定的预测值源于涌出损失误差和初始不均匀的滤饼变厚。随着时间的推移,地层孔隙度应倾向于成为不变的值。本节,讨论基本辅助实验。

此外,考虑钻井液无损失时形成相当厚滤饼的井眼。这种情况下,解方程(14.21a)和方程(14.21b)求孔隙度。

$$\phi = \{h^* / [(\Delta p)^* (\sqrt{t^*})]\} \Delta p \sqrt{t} (2r_W) / (r_f^2 - r_W^2) \qquad (14.22)$$

如果右侧所有参数已知且可信,则可确定孔隙度。此方法在某些现场应用中应用得很成功。Chin 等人于 1985 年给出了侵入孔隙度测井图,图上显示与传统的中子和密度孔隙度测井有着定性和定量上的吻合。这里,笔者利用 API 渗滤实验确定了钻井液的带星号性质并通过标准的电阻率分析求得了 $r_f(t)$。

图 14.1 给出了用这种方法得到的测井结果,但图 14.2 给出了约 1h 后收敛于正确的(单独测量的)值 23% 的室内孔隙度预测。显而易见,了解滤饼渗滤性质及其变厚动态细节对于获得准确的侵入孔隙度测井图来说是重要的,比如图 14.1 给出的测井图。Chin 等人于 1986 年通过实验研究了这些瞬变过程,其中使用了图 14.3 和图 14.4 所示的线性流和径向流渗滤实验容器。

在这种室内固定装置中,相对密度变化的水基钻井液沿垂直于岩石表面的方向流入(即静态渗滤),以形成滤饼,但不允许有沿岩石表面相切方向的侵蚀剪切流(即动态渗滤),有关最新的依赖流变性质的模型参见第 17 章。这些小型容器放置在计算机辅助测试扫描装置内,扫描装置详细记录滤饼面和岩石内侵入滤液依时间变化的位置。图 14.5 和图 14.6 给出了扫描装置扫出来的样品线性流和径向流照片,上面显示了明显的密度差异,滤饼呈很暗的条带状,侵入流体颜色最淡。

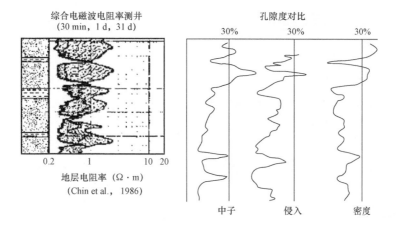

图 14.1　时间推移测井现场结果

时间 (min)	孔隙度 (%)
1.2	10
3.9	14
9.0	17
16.1	20
25.6	21
36.1	21
49.1	22
64.1	22
81.0	23
100.0	23
121.0	23
144.0	23

图 14.2　用径向渗滤容器的孔隙度预测值(收敛于 23%)

图 14.3　线性流渗滤容器

图 14.4　径向流渗滤容器

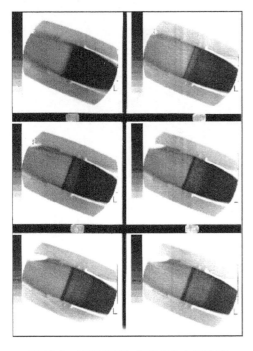

图14.5 滤饼变厚与线状岩心中的渗滤

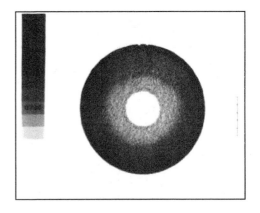

图14.6 滤饼变厚与径向岩心中的渗滤

仅仅为了简洁起见,方程(14.17)中的参数 c 被假定为恒定的,c 用于描述滤饼的渗滤特性。从本质上讲,滤饼被视为刚性介质,外加压力对滤饼无影响。这样的理想化处理与事实不符。此外,图14.7(显示滤饼随时间推移而变厚)也给出直接证据,说明由于非线性压实作用,局部滤饼密度随时间推移而增加。在改进模型中,必须考虑到滤饼渗透率、孔隙度和颗粒堆积方面由此产生的变化,这些变化使 c 发生变化。

回顾一下就会发现侵入孔隙度背后的油藏工程概念是显而易见的,但 Chin 等人于 1986 年曾重点研究了在获得孔隙度基础上额外获得地层特性的可能性。原则上,良好的孔隙度预测值可通过单个时间点的单个前缘位置加以确定。为了确定渗透率、黏度、流度等,必须知道额外的测量次数和电阻率读数间的时间间隔。看来合理的时标是随钻测量数据(起钻期间 $1 \sim 2d$ 的读数,2 周至 1 个月的数据)中 $t = 0$ 时的值。数据点时间间隔不能过近,否则,所得到的代数方程是病态的,容易出错。

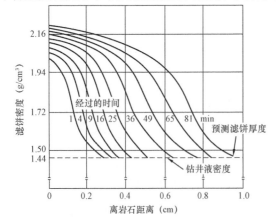

图14.7 滤饼压实作用与时间关系曲线
(数据来自扫描装置)

Chin 等人(1986)的著作给出了一个综合的单相流流体动力学解。其中,构建了一个耦合了滤饼变厚和滤液侵入的流模型,模型由三层达西流构成:滤饼、含滤液的岩石和含储层流体的岩石。设界面处质量与压力有连续性。规定了与井眼流体接触的滤饼面上的井压,构建了一个必要模型,模拟基于经验的滤饼增厚(比如,参考 Collins 在 1961 年发表的文献)。用公式表述移动边界值问题时允许滤饼厚度随时间推移而增加,因此,地层侵入速度下降。在第三层远场中,油藏压力假定已知。一旦各层压力已知,即可求得侵入速度与滤饼增厚速度的精确解。此解证实了前面提到的有关滤饼控制作用的物理概念。此外,滤饼性质是非常重要的。在任何实用模型中,动态条件下的滤饼压实和侵蚀必须予以透彻描述。

关于时间推移测井或侵入内容的讨论,本章并非最后一章。恰恰相反,还有许多问题要提出。为达到良好的电阻率重复测量效果,应选择怎样的典型时标?典型时标与滤饼和地层达西流相对流度差之间的关系如何?从单相流(比如这里考虑的红色水驱替蓝色水)到水油两相流或水气两相流(反映实际油藏)的解释方法会有怎样的变化?对于这些油藏流问题,后续扩展此处介绍的概念时会有研究。某些工具和电阻率相关问题见于早期的测井出版文献,比如 Cobern 和 Nuckols(1985)的著作,Allen 和 Jacobsen(1987)的著作。遗憾的是,过去十年间业界在将此理论依据扩展至时间推移测井方面所做的努力少之又少。虽然在模拟不同类型油藏流方面取得了进展,但在模拟电磁波动方面却缺乏辅助性进展。然而,随着测井工具复杂性的增加,笔者预计电磁模拟会走向成熟。

14.6　井漏

最后以钻井井漏注意事项为内容结束本章,有关其综合讨论,见 Messenger(1981)的著作。井漏属于重要的钻井现场安全课题,此课题也是以油藏工程原理为基础。为了监测或减缓裂缝的产生或延伸,可采用本书中推导的油藏流模型确定随钻地层压力。比如,在第 5 章中,给出具有以下裂缝配置的圆形井眼的解析解:(1)两条对称径向裂缝;(2)单条裂缝;(3)两条对称但长度不等的裂缝;(4)多条径向裂缝。当时推导这些解是为了用于水力压裂和水平井分析。有关井眼—油藏压力载荷的实际知识可用于预测平衡裂缝结构,比如,在其他数据可用时预测裂缝分支的侧向延伸。此外,上述裂缝结构的压力瞬态模型可见于文献,通常用于地层评价。这使得在钻井数据(尤其是实时随钻测量信息或钻井现场信息)基础上耦合油藏流解析法成为可能,从而解决与钻井安全和地层评价有关的问题。

问题和练习

1. 地层侵入方面的问题涉及内部移动边界,比如,水驱油时前缘形成,解决这些问题需要采用新方法进行边界值问题分析。在初级课程中,学生们被告知渗透率和黏度只以 K/μ 形式录入,但在实际的油藏中,K 和 μ 的值可能与此有很大差异。图 11.1 中给出的示例研究流经两条有不同渗透率岩心的单相流体,注意,这里岩心界面是固定的,不随时间改变。但也可令两种不同流体通过一个均质岩心,一种驱替另一种,此时,将两种截然不同流动状态分开的界面必然是移动的。比如,考虑具有固定长度的一条线状岩心,以水驱油。前缘加速还是减速?如果油驱水会有什么结果?对于柱状径向流,几何发散效应与基于动量(或黏度对比)考虑因素的加速相当时,答案有何差异?假定这些流中存在段塞驱替,哪种流具有物理稳定性?哪种流不具有物理稳定性?为什么?

2. 假定练习 1 中讨论的流是稳定的,即,不会破坏而形成黏性指进。设有一个均质线状岩心，长度固定，内含具有不同黏度的两种流体。为了预测所有后续运动情况，如何用公式表示一般性的初始边界值问题？移动界面处应采用怎样的匹配条件？列方程并以解析方式解决问题。初始条件描述的是岩心中水油比例，控制着移动前缘的加速或减速。写出一个公式，令其表示体积比和黏度比如何影响这个运动过程。相关的无量纲参数有哪些？

第 15 章　水平井、斜井和现代多分支井分析

到目前为止,已经对流过封闭体(比如弯曲裂缝、页岩阵列和有裂缝的井眼)的流进行了详细研究。本章将侧重于研究多分支井体系所产生的稳态(瞬态)可压缩油藏流。由于其拓扑结构不简单,所以采用计算方法。本章将突出反映油藏模拟器开发过程中出现的问题,重要的是,将描述一种新近开发的三维算法,该算法非常稳健,数值稳定,速度极快,极为精确,且已经向用户群开放。工程实现是此工作的目标:石油公司想要优化作业、利润和资金时间价值的实用解决方案。该模型提供了评价假设生产情形、加密钻井策略和水驱波及系数的多个工具。除了精确以外,这些解决方案有着最小的软件、硬件需求以及昂贵的人力资源需求。不需要大功率处理器和图形加速器。过去 20 年,方法、用户界面和详细验证方面一直都在进步,本章愿意为新老油藏工程师着重介绍笔者的能力与经验。

15.1　概述

15.1.1　公式表达误差

根据笔者在许多流模拟器方面的经验,计算期间同刚开始时一样也出现过许多问题。有很多模拟器具有黑油、组分与双孔隙度模拟能力,但少有模拟器证明稳定单相径向流的 $p = A + B\lg r$ 解可用矩形网格来模拟生产。每次运行大概都遵循质量守恒,但时间步长的破坏性缩减表明,有许多方法并非稳健。直觉表明时间单位应采用分钟或小时的时候,进行稳定性考虑却时常令发散前的时间步长设定在千分之一秒。

有个模型错误运用了线性叠加:将几次单井压力约束运行得到的解简单叠加,生成多井现场结果,不考虑井间相互作用。在几种裂缝流模型中,源代码分析表明了存在对调和、几何和算术求平均值方法的惯常滥用,公式被用于完全不适用的裂缝和矩阵连续体。没有一个模拟器考虑第 2 章推导的裂缝端点速度奇异性;虽然有一次验证提到同意 Muskat 的看法,但遗憾的是,错误的结果表明净体积流量与裂缝长度无关。

15.1.2　输入/输出问题

由于存在输入/输出难度,所有这些问题变得更为复杂。渗透率和孔隙度的数值通过键盘录入至 80 列工作表内,没有对油藏的地质特征形成概念。井位通过坐标 (i, j, k) 确定,不容易可视化。检查印刷错误必然牵涉烦琐乏味的工作。很少有模拟器列出采用的默认假设以便可以检查、确认或修改。在许多情况下,隐晦的命令取代了工程决策,用户被迫记忆像 Unix 的变态关键词。进行流分析时通常不知道前提假设和假定的相对渗透率曲线的形状,就为了让模拟器运行至退出前,关键步骤被忽略了。

计算密集型软件要求配置高速计算机和过多的工作人员。有时导致出现意想不到的问题。石油公司数据中心给用户账号分配内存时通常不会通知客户端任意选择的字节限制。有一个模拟问题,笔者三个月都无法解决,后来证实起因于新录数据覆盖了旧有数据,在内存廉价的时代,这个理由无法想象。由此,笔者问几个直白的相关问题:模拟油藏流是否有更智能

更有效的方法？模拟器是否真的需要密集计算？是否有好的稳健算法能够避开欠佳方法的难点？为了解决这些问题，必须考虑为什么首先需要昂贵的硬件、复杂的软件以及琐碎的工作。另外，如有必要，必须从头开始井然有序地重新设计构建组件。

15.1.3　概要

在本章中，更新了首先由 Chin(1993a,1993b,2002)提出的那些数值算法。从初版开始便进行了数值稳定性方面的多次改进(考虑到流体和岩石性质、多分支井拓扑结构与约束条件，以及模拟时的环境，例如侧钻、重新完井、压力与流量约束条件转换、关井压力以及在主井眼基础上添加的分支)，实现稳健模拟的关键要求，并面向多个富有挑战性的示例进行了应用。

但是，良好的稳定性、高速的计算速度以及低廉的硬件成本还不够。在设计出满足以下要求的简单图形用户界面之前，模拟器无法变成现实：允许用户在电脑屏幕上手动绘制井系统和地质构造，允许用户借助于软件算法迅速检查这些图并自动载入进行模拟。因此，许多年来，诸多升了级的方法被搁置一边，静待时机。幸运的是，由多家作业公司组成的一个联盟愿意资助这样一份专门面向新老用户的研究计划。本章后续部分会讨论这个吸人眼球的计划，并阐述著作 Chin(1993a,1993b,2002)出现后这些年，笔者如何将诸多抽象概念转化成有用的规划工具。

15.2　基本问题

商用模拟器用户面临许多需要解决的问题。其中包括数值稳定性、收敛、矩阵尺寸与结构、计算分辨率、物理模拟能力、图形限制以及当然还有硬件约束条件。这个普遍观点印证了以下说法：好的解决方案需要依托于更多硬件、更多网格块、更长计算时间和价格更高的软件与制图。虽然必要时应采用能够模拟非均质地层中复杂物理现象的百万网格块，但大多数需要大量计算机资源的运行只不过是设计不足的软件产品的产物。对于绝大多数以筛选为目的的模拟运行来说，比如，确定波及系数、非均质假设和多分支井设计与布置的定性作用，内建有主要工程选项时简单流体模型没有理由不够用。

效益是重要的。有些模拟方法较为智能，最终形成预测用户需求并迎合用户需求的有用、强健而稳定的算法，虽然其中引入的不确定因素数目最少，但应该能够打造有效运行的简单多用途流引擎。从首次运行算起，其每一次运行都必然不会崩溃。程序要求用户输入的数值和电脑语言应该很少。程序应能够处理复杂的油藏非均质性和井网布置，软硬件投资必须达到最少。此类算法成型于数年来政府资助的三维空气动力学研究，目前已得到广泛普及，对于满足类似方程的现代达西流问题，可轻松修改达到适应。后续会给出这些通用算法，现在借机详细讨论一下第 6~10 章所介绍的那些概念。

15.2.1　数值稳定性

在模拟过程中，没有什么事情比不稳定性更令人担心。数值不稳定性出现的标志是压力上升或下降曲线中存在不符合实际的波动，空间上有起伏的压力分布，结果导致无穷大和溢出。如何避免数值不稳定性？一个有用的手段是纽曼稳定性测试，该测试是根据约翰·冯·纽曼(John von Neumann)来命名的，此人是 20 世纪 50 年代有限差分法研究方面的计算机先驱。开始进行程序开发前，数值分析员利用这些测试评价候选算法。

考虑热方程 $u_t = u_{xx} [u = u(x,t)]$。假定离散的 u 可用 $v(x_i,t_n)$ 表示,或者简单地用 $v_{i,n}$ 表示,$v_{i,n}$ 满足显式模型 $(v_{i,n+1} - v_{i,n})/\Delta t = (v_{i-1,n} - 2v_{i,n} + v_{i+1,n})/(\Delta x)^2$,其中,$\Delta t$ 和 Δx 分别为时间增量和空间增量。

但这个明显的差分近似法有多大用处呢? 现在分离变量,考虑波组分 $v_{i,n} = \psi(t)\,e^{j\beta x}$,其中,$j = \sqrt{-1}$,结果有 $[\psi(t+\Delta t)\,e^{j\beta x} - \psi(t)\,e^{j\beta x}]/\Delta t = \psi(t)[e^{j\beta(x-\Delta x)} - 2\,e^{j\beta x} - e^{j\beta(x+\Delta x)}]/(\Delta x)^2$。因此,$\psi(t+\Delta t) = \psi(t)(1 - 4\lambda \sin 2\beta \Delta x/2)$,其中,$\lambda = \Delta t/(\Delta x)^2$。由于 $\psi(0) = 1$,有 $\psi(t) = (1 - 4\lambda \sin 2\beta \Delta x/2)^{t/\Delta t}$。为了保证稳定性,$\psi(t)$ 必须继续以 Δt 为边界,因此,Δx 接近于零。这样,$|1 - 4\lambda \sin 2\beta \Delta x/2| < 1$,由此形成对 Δx 和 Δt 的要求。无须求解 $\psi(t)$。

本可定义一个放大系数 $a = |\psi(t+\Delta t)/\psi(t)|$ 并确定 $a = |1 - 4\lambda \sin^2 \beta \Delta x/2| < 1$,从而得到相同要求。稳定性测试表明,隐式方法比显式方法稳定;隐式方法允许时间步长更长,进而降低计算机需求。第10章所述的多层瞬态交替方向隐式法(ADI 法)以稳定性和速度为目的。

虽然展示的是瞬态热方程的纽曼测试,但该稳定性测试同样适用于描述稳定流的椭圆方程的迭代方法。(假定的)时间段 t 和 $t+\Delta t$ 指连续迭代求得的近似解。第7章所述的压力求解程序是简单的椭圆求解程序示例,该求解程序在纽曼测试中是稳定的。回忆一下,迭代法不仅适用于线状裂缝,同样也适用于单井。此类稳健的算法可用于模拟通常的多分支井泄油孔轨迹,其中,总的拓扑结构可由司钻或油藏工程师任意确定。

15.2.2 纽曼测试的不足

针对任意波分量的纽曼测试虽然看似很有广泛性,但实际上是有局限性的。比如,此测试未充分考虑初始条件和边界条件;此外,此测试未模拟非均质性(即可变系数)。近些年,物理学家从纽曼干扰与传播的物理波运动间抽取了相似性。实际的波运动在非均质介质中传播时有细微的轨迹变化和波介互动,移动的数值干扰也有类似效果。最近,计算不稳定性研究方面应用了传统概念,比如波动力学领域出现的群速度和相速度,较早开展的纽曼测试并未研究此类效应。

也许,对大多数测试最大的限制是局限于线性系统。在非线性问题中,比如气体的瞬态达西流,单一的谐波干扰波分量会导致原频率翻涨数倍。此现象是振动工程师所熟知的,在线性理论中并未考虑。非线性模型的确是有,但尚未出现稳健实用简单的模型方案。总之,虽然线性纽曼基础上的稳定性给人们带了一定程度的安慰,但这对于实际的稳定性而言并非必要,也不够用。实际上,鼓励采用编程技巧和即时编程决策(含稳定性)并在代码开发过程中进行测试。本章对稳定性的要求比纽曼测试更加苛刻。如前所述,模拟器要运行稳定,不受以下因素变化的影响:流体和岩石性质、多分支井拓扑结构与约束条件、模拟时环境(比如侧钻、重新完井等)、压力与流量约束条件转换、关井压力以及在主井眼基础上添加的分支。此任务含对众多编程策略的评价。最后,进行详细的工程验证,以确保模拟器如设想那样运行。该软件模型含差不多二十多个示例,将出现在 Chin(2016a)的著作中,此书由 John Wiley & Sons 出版,书名为《Multilateral Well Systems》。本章给出了此新书的主要内容。

15.2.3 收敛

在对 $u(x,t)$ 进行差分时,用 $v_{i,n}$ 表示其数值表达式;实际上,u 有可能不等于 v,这种情况经常是有可能的。正如第 13 章所指出的,要么有一个方程作为近似值逼近一个高阶系统,要么有别的方程可作为有效物理模型完全起决定作用。由于具有相同符号,表面上很小的截断误差的结构在数值分析中是重要的:如果不评价这些项中高阶导数的作用(其扩散效应始终存在于计算解中),则明显差分方案模拟差分方程的程度便无法确定。高级课程中有实际构建示例,指出对于某些方程类别为什么 $\Delta x \to 0$ 永远不会产生正确的解。可以说,关于数值分析没有简单的东西。从乐观的角度讲,这种灵活性是有裨益的:创建多种巧妙方法,加速椭圆方程的求解。在第 7 章中,说明了求解拉普拉斯方程的松弛法与瞬态热方程的显式时间积分的等效性。现代研究人员意识到,将椭圆问题视作简单线性热方程的大时间渐近极限进行求解可能会没有效率。

由此,形成了非变量嵌入技术,通过这些技术,将基本椭圆系统嵌入收敛迅速而稳定的时间域内。考虑另一个示例。Thompson 的网格生成方法[由方程(8.21)和方程(8.22)确定]有些难点。在给定的形式下,以因变量 x 和 y 表示的非线性椭圆方程耦合系统顶多导致缓慢收敛和条件稳定,比如 Sharpe 和 Anderson(1991)的著作。但是,正如前文所述,以不太可能的共轭复数坐标 $z = x + iy$ 和 $z^* = x - iy$ 表示问题时,始终能够确保快速收敛和绝对稳定。通过这种非线性变换,在工作站上通常需要数分钟的运行,在标准计算机上可数秒内完成!

15.2.4 物理分辨率

良好的物理分辨率是油藏分析的目标。采用网格加密方法时,现有模拟器能提供高度精细的描述。有一种普及的方法是将近井网格块离散成更小的网格块,在网格系统内有效创建网格系统。所得到的以笛卡儿坐标表示的公式含原始的宏观未知量和新的微观未知量。但现在,控制性差分方程通过完全不同的矩阵结构描述,需要新的方程求解程序以及更多的研究工作。至少,这意味着重新命名压力指标并重新排序方程。但如果在公式表述阶段解决掉分辨率问题,比如采用巧妙的网格生成方法,则可避免这项没必要的工作,转而采用现有的线性代数方法,网格加密所用的大型矩阵意味着硬件更为昂贵,软件更为复杂。现在考虑另一个问题。第 8 ~ 10 章讨论了生成二维平面网格背后的概念,但在横断面上也可利用网格生成技术。在图 9.11 中,引入了一个断层示例,其中采用了一个与边界吻合的地层网格,其坐标面与地层间的边界吻合。经证实,在此类直角坐标网格上进行模拟执行方便,后续会给出总的原理。

15.2.5 直接求解程序

在第 7 章中,解释了直接求解程序为何对计算资源有苛刻的要求,苛刻的资源要求限制了适合采用数值分析的问题范围。从二维示例中得出的原因与三维流更相关。比如,设 $P_{xx} + P_{yy} + P_{zz} = 0$。当长度 Δx、Δy 和 Δz 恒定不变时,其有限差分表达式的形式是 $(P_{i-1,j,k} - 2P_{i,j,k} + P_{i+1,j,k}) / \Delta x^2 + (P_{i,j-1,k} - 2P_{i,j,k} + P_{i,j+1,k}) / \Delta y^2 + (P_{i,j,k-1} - 2P_{i,j,k} + P_{i,j,k+1}) / \Delta z^2 = 0$。因此,在每个节点位置,差分单元涉及七个未知量。想象一下每个方向有十个网格块的粗网格模拟。不过,这个小模型含有 $10 \times 10 \times 10$ 或 1000 个网格,有 1000 个未知压力。不用说,不需要 1000×1000 的方程组。

对于瞬态气体流或有非线性压实的流,中间采用 Newton – Raphson 迭代会进一步加大计算需求。即使可以收敛,截断误差和累积舍入误差也会带来大量误差。大多数直接求解程序会有效解决仔细定义的问题类型。然而,它们确实需要特殊的矩阵调整和麻烦的预处理微调,预处理因现场不同而不同,甚至在相同的油田内,不断变化的多相产液会随着时间的变化而改变控制方程的系数结构。此类求解程序与每次运行时无特殊参数输入的较简单通用模拟器相比是否真的更有效率,是一个任何油藏模拟参与人员都应该提出的严肃问题。

15.2.6　现代模拟要求

到目前为止,已经讨论了属于广泛范畴的问题。然而,在石油工程领域,过去十年间钻井和采油方面的技术革新在计算机模拟方面带来了新的需求。井不再是与直角坐标网格结构友好共存的简单而完整的垂直源或汇。井是斜井,即便是水平井,通常也采取波浪形式。大多数海上井起初是垂直的,但通常含众多水平或倾斜的泄油孔,因泄油孔而诱发的流场彼此相互作用。图 15.1A 给出两口多分支井,两口井彼此近乎隔离,而图 15.1B 给出两个互相干扰的井系统,两个系统彼此汲取对方的流。但是,从更全局的角度看,图 15.1A 中的井眼轨迹(利用实时钻井液录井数据钻成的合理轨迹)并非是最佳的。这些井眼轨迹是否真的是最适合以最短时间产出最大油量的轨迹?随着时间的延长能否实现最高总产量?现场优化策略发生变化时井拓扑结构应如何变化?图 15.1B 中的井眼轨迹彼此交叠,引自相同的烃源岩。显然,有些分支井可缩短或去除。但是,哪些分支可以缩短或去除呢?此决定取决于驱替机理和流体与岩石性质。除非有手段准确描述非均质性和复杂的井并开发数值引擎以准确模拟控制方程和具体边界条件,否则,这些问题无法解决。

因此,理想化的解析解对稳态流或瞬态流来说有可能是没有用的,比如以非渗透地层间均质夹层内有数口无限长水平直井为假设前提时。

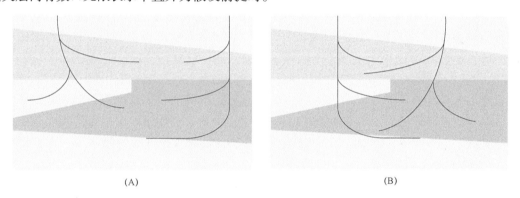

(A)　　　　　　　　　　　　　　　　(B)

图 15.1　(A)彼此近乎隔离的两口多分支生产井,(B)彼此干扰并汲取对方流的多分支生产井

在油藏描述中,与早期或晚期(无量纲)时间相关的经典试井解释方法有可能不适用于钻有多分支生产井的高度非均质岩石。解释试井响应所需的正演模拟必须速度快才有用。但由于求解时需要冗长的反向拉普拉斯转换以及难处理的超越函数,所以这些方法常规上不适用,即便有均质岩石这些假设也是如此。随着硬件成本下降,模拟明显变得有吸引力了。但是,有些数学问题是由于井眼轨迹在空间和时间中呈现任意形式而引起的。为了理解这些概念,必须知道沿井眼轨迹分布的边界条件,或简单地说,井的约束条件是如何将现代公式表述变得复杂化的。

15.2.7　压力约束条件

当沿三维空间内任意点轨迹定义的普通井眼有压力约束条件时,沿井轨迹的方程是简单的。比如,如果重力和摩擦力忽略不计,则所有点满足 $p_{iwell,jwell,kwell} = P_{well}$,其中, P_{well} 是规定的常数。不过,这个简单的边界条件会造成效率低和不稳定。比如,通常适用的稀疏有限差分方程被直接指定油藏工程师任意规定的(i_{well} , j_{well} , k_{well})处的压力代替时,有可能出现问题,也可能没有问题,具体取决于所用的方程求解程序,因为系数矩阵结构由司钻任意确定。

15.2.8　流量约束条件

仅规定井点或远场边界处的压力会导致出现传统的狄利克雷问题,其解是完全确定的唯一解。然而,这些问题会造成第 7 章所述的压力一阶导数内出现内部间断。对于多分支井的情况,规定井筒总体积流量 Q 会造成出现文献中至今尚未讨论过的微妙问题。对于纯的径向流(比如参见第 6 章),规定 Q 相当于通过规定法向(径向)导数 $\mathrm{d}p/\mathrm{d}r$ 重新表达。结果形成经典的纽曼问题,沿油藏某部分的压力为已知时其解是唯一的,对于一个被完全阻隔的油藏来说,这在一个外加的常数范围内并不影响流量。然而,规定常见多分支井系统的总流量 Q 时,可通过多种"显而易见"的方法求解,但其中只有一种会正确描述物理现象。重力和摩擦力忽略不计时,实际正确的解是再现 Q 和井筒压力的解,井筒压力沿整个井眼轨迹恒定分布。此外,这个压力值是未知的,必须作为解的一部分进行确定。有几种流动模拟器通过局部渗透率与厚度的乘积分配速度流量实现流量的分配。这个看似合理的方法是不正确的。只要总质量守恒,便有一个解,但由于如此求得的压力沿轨迹变化,故结果是错误的。所谓的 Kh 方法虽然看似合理,但本质上是不正确和有缺欠的。

对于常见的井眼轨迹,需要有来自构成多分支井的所有网格块的点源贡献方可构成总的流量 Q 。换句话说,流量公式不属于经典的纽曼问题,因为其中涉及对所有点源及其临近点源求取压力积分。为了正确地解决这个问题,以迭代法求解大的耦合有限差分方程组必须解决几个积分,众多非相邻连接点处的积分要累加起来。这样就破坏了理想化的矩阵结构,比如稀疏矩阵、带状矩阵或分块对角矩阵,设计快速逆转例程时经常假定理想化的矩阵结构。此外,司钻决定着多分支井系统的拓扑结构,这样就在理想化结构的丧失情况下使问题变得更加复杂。如果没有正确地处理规定 Q 的问题,则会在油藏分析时使用有缺欠的 Kh 方法、忽略角点模拟中的交叉导数项等。然而,实际的正确性绝不会因便利和速度而受损。

15.2.9　面向对象的地质体

油藏分析涉及地质实体,比如断层圈闭、河床砂层、地层边界、穹隆构造等。通常,勘探地质学家能够提供可靠的构造地质本质判断,不过,准确的渗透率、各向异性程度以及孔隙度分布仍然是未知数,需要通过测井分析、地震和生产数据评价细化。油藏模拟器为何不应该保存油田地质性质并读取图片呢?所有这些步骤执行起来会不会是低成本的?一旦读入高质量图片,软件即可向用户询问渗透率和孔隙度等参数的值。当然,此类输入/输出方法容易出现键盘键入错误,因为数值数组还没有录入;有意思的是,这使模拟的范围更加广泛,频率更高。此外,这类方法比地质统计方法更为直观,但后者准确度更高。

15.2.10　对其余各节的安排

以下各节给出各向异性非均质介质中液体和气体非常稳定、快速和稳健的稳态和瞬态可压缩流算法。给出这些算法在斜井和水平井方面的应用实例,说明收敛加速法,并阐述地层网格应用。重要的是,所述的数值法是用户友好的,无须在计算机上做数值输入;通常,这些数值法会形成首次和后续每次都运行的模拟。这些算法发端于空气动力学领域,针对的是流线型翼流(在石油工程领域也叫作地层问题)。本章的讨论以难对付的实际地质示例收尾,这些示例采用新的模拟器解决,体现后面会讨论的所有功能。本章中,复述了 Chin(1993a,1993b,2002)的五次早期验证,但算法有所改进,然后,给出五个非常详细的在各种现场条件下运行的斜井和多分支井示例。图形用户界面细节以及关于这些流的其他细微差异可在 Chin(2016a)的著作中找到。

15.3 控制方程与数值化表述

给出三维非均质各向异性稳态与瞬态可压缩液体和气体达西流的方程以及沿任意水平井、斜井或多分支井轨迹将局部压力与总流量关联起来的方程。根据前文所述的松弛法和 ADI 法,给出各种情形下的稳定算法。

15.3.1 液体稳态流

描述油藏中单相液体达西流的基本方程是:

$$[(K_x/\mu)p_x]_x + [(K_y/\mu)p_y]_y + [(K_z/\mu)p_z]_z = \phi c p_t + q(x,y,z,t) \tag{15.1}$$

其中,$K_x(x,y,z)$、$K_y(x,y,z)$ 和 $K_z(x,y,z)$ 分别表示 x、y 和 z 方向上的渗透率,μ 表示黏度,$\phi(x,y,z)$ 表示孔隙度,$c(x,y,z)$ 表示有效压缩系数(描述流体和岩体系统),$p(x,y,z,t)$ 表示压力场。方程(15.1)要求所有渗透率都平滑变化,以便渗透率与对应的压力场可以进行微分;如果性质上存在突然变化(比如在层间界面上),则必须像示例11.1中那样局部采用与压力和速度匹配的条件,扩展至多维。

对比第1章,明确提出了 $q(x,y,x,t)$,以此表示常见井任意无穷小单元产出的局部单位体积的源体积流量。这属于三维点态奇异性,适用于注水井和生产井。比如,当 q 呈现半无限线状时,柱状径向流在大部分源分布范围内求得,而尖端位置适合采用球状流效应。换句话说,精确模拟了局部贯穿和球状流。本节,三种不同情形用下标加以区分。首先,下标表示偏微分,比如,p_x 是 $p(x,y,z,t)$ 对空间坐标 x 的偏导数。其次,下标用来标记方向,比如,$K_y(x,y,z)$ 表示 y 方向上的各向异性渗透率。最后,$p(i,j,k)$ 中的下标 (i,j,k) 表示网格块中心,做有限差分离散化时要用到网格块中心。照例,用 Δx、Δy、Δz 和 Δt 表示自变量 x、y、z 和 t 的网格尺寸。

15.3.2 列差分方程

首先,考虑三维稳态流,时间导数为零。做中心差分得:

$$\{2[K_{xi,j,k}K_{xi+1,j,k}/(K_{xi,j,k}+K_{xi+1,j,k})](p_{i+1,j,k}-p_{i,j,k})/\Delta x$$
$$-2[K_{xi-1,j,k}K_{xi,j,k}/(K_{xi-1,j,k}+K_{xi,j,k})](p_{i,j,k}-p_{i-1,j,k})/\Delta x\}/\mu\Delta x$$
$$+\{2[K_{yi,j,k}K_{yi,j+1,k}/(K_{yi,j,k}+K_{yi,j+1,k})](p_{i,j+1,k}-p_{i,j,k})/\Delta y$$
$$-2[K_{yi,j-1,k}K_{yi,j,k}/(K_{yi,j-1,k}+K_{yi,j,k})](p_{i,j,k}-p_{i,j-1,k})/\Delta y\}/\mu\Delta y$$
$$+\{2[K_{zi,j,k}K_{zi,j,k+1}/(K_{zi,j,k}+K_{zi,j,k+1})](p_{i,j,k+1}-p_{i,j,k})/\Delta z$$

$$-2[K_{zi,j,k-1}K_{zi,j,k}/(K_{zi,j,k-1}+K_{zi,j,k})](p_{i,j,k}-p_{i,j,k-1})/\Delta z\}/\mu\Delta z = q_{i,j,k} \qquad (15.2)$$

其中,渗透率采用调和平均值表示。现在,两侧乘以 $\mu\Delta x\Delta y\Delta z$,其中,$\Delta x\Delta y\Delta z$ 是网格块体积,得:

$$(\Delta y\Delta z/\Delta x)2[K_{xi,j,k}K_{xi+1,j,k}/(K_{xi,j,k}+K_{xi+1,j,k})](p_{i+1,j,k}-p_{i,j,k})$$

$$-(\Delta y\Delta z/\Delta x)2[K_{xi-1,j,k}K_{xi,j,k}/(K_{xi-1,j,k}+K_{xi,j,k})](p_{i,j,k}-p_{i-1,j,k})$$

$$+(\Delta x\Delta z/\Delta y)2[K_{yi,j,k}K_{yi,j+1,k}/(K_{yi,j,k}+K_{yi,j+1,k})](p_{i,j+1,k}-p_{i,j,k})$$

$$-(\Delta x\Delta z/\Delta y)2[K_{yi,j-1,k}K_{yi,j,k}/(K_{yi,j-1,k}+K_{yi,j,k})](p_{i,j,k}-p_{i,j-1,k})$$

$$+(\Delta x\Delta y/\Delta z)2[K_{zi,j,k}K_{zi,j,k+1}/(K_{zi,j,k}+K_{zi,j,k+1})](p_{i,j,k+1}-p_{i,j,k})$$

$$-(\Delta x\Delta y/\Delta z)2[K_{zi,j,k-1}K_{zi,j,k}/(K_{zi,j,k-1}+K_{zi,j,k})](p_{i,j,k}-p_{i,j,k-1})$$

$$=\mu q_{i,j,k}(\Delta x\Delta y\Delta z) \qquad (15.3)$$

这意味着渗透速率 TX、TY 和 TZ 有以下定义(出于方便起见,规定它们与黏度无关):

$$TX_{i,j,k} = (\Delta y\Delta z/\Delta x)2[K_{xi,j,k}K_{xi+1,j,k}/(K_{xi,j,k}+K_{xi+1,j,k})] \qquad (15.4a)$$

$$TX_{i-1,j,k} = (\Delta y\Delta z/\Delta x)2[K_{xi-1,j,k}K_{xi,j,k}/(K_{xi-1,j,k}+K_{xi,j,k})] \qquad (15.4b)$$

$$TY_{i,j,k} = (\Delta x\Delta z/\Delta y)2[K_{yi,j,k}K_{yi,j+1,k}/(K_{yi,j,k}+K_{yi,j+1,k})] \qquad (15.4c)$$

$$TY_{i,j-1,k} = (\Delta x\Delta z/\Delta y)2[K_{yi,j-1,k}K_{yi,j,k}/(K_{yi,j-1,k}+K_{yi,j,k})] \qquad (15.4d)$$

$$TZ_{i,j,k} = (\Delta x\Delta y/\Delta z)2[K_{zi,j,k}K_{zi,j,k+1}/(K_{zi,j,k}+K_{zi,j,k+1})] \qquad (15.4e)$$

$$TZ_{i,j,k-1} = (\Delta x\Delta y/\Delta z)2[K_{zi,j,k-1}K_{zi,j,k}/(K_{zi,j,k-1}+K_{zi,j,k})] \qquad (15.4f)$$

然后,方程(15.3)变成更为方便的形式:

$$TX_{i,j,k}(p_{i+1,j,k}-p_{i,j,k}) - TX_{i-1,j,k}(p_{i,j,k}-p_{i-1,j,k})$$

$$+ TY_{i,j,k}(p_{i,j+1,k}-p_{i,j,k}) - TY_{i-1,j,k}(p_{i,j,k}-p_{i,j-1,k})$$

$$+ TZ_{i,j,k}(p_{i,j,k+1}-p_{i,j,k}) - TZ_{i,j,k}(p_{i,j,k}-p_{i,j,k-1}) = \mu q_{i,j,k}\Delta x\Delta y\Delta z \qquad (15.5)$$

方程(15.5)仍非常通用,适用于所有点。首先考虑远离井的点。在这些情况下,源项 $q_{i,j,k}$ 为零,且:

$$TX_{i,j,k}(p_{i+1,j,k}-p_{i,j,k}) - TX_{i-1,j,k}(p_{i,j,k}-p_{i-1,j,k})$$

$$+ TY_{i,j,k}(p_{i,j+1,k}-p_{i,j,k}) - TY_{i-1,j,k}(p_{i,j,k}-p_{i,j-1,k})$$

$$+ TZ_{i,j,k}(p_{i,j,k+1}-p_{i,j,k}) - TZ_{i,j,k}(p_{i,j,k}-p_{i,j,k-1}) = 0 \qquad (15.6)$$

由于明显的原因,将方程(15.6)写成以下形式:

$$TZ_{i,j,k-1}p_{i,j,k-1} - (TZ_{i,j,k}+TZ_{i,j,k-1}+TY_{i,j,k}+TY_{i,j-1,k}+TX_{i,j,k}+TX_{i-1,j,k})p_{i,j,k}$$

$$+ TZ_{i,j,k}p_{i,j,k+1} = -TX_{i,j,k}p_{i+1,j,k} - TX_{i-1,j,k}p_{i-1,j,k} - TY_{i,j,k}p_{i,j+1,k} - TY_{i,j-1,k}p_{i,j-1,k} \qquad (15.7)$$

15.3.3　迭代法

建议求迭代三维解。如果以最外面的编程循环确定 y_j,考虑给定的 x_i 平面,写出所有内部节点 z_k 位置的方程(15.7),并结合上下边界条件,则在方程(15.7)右侧项为已知或近似已知的情况下可求得所有左侧点的解。同第7章中给出的二维示例一样,根据方程(15.7)得到三对角矩阵,其逆转只需乘以或除以 $3N$ 即可形成 $O(N)$ 系统。方程(15.7)不仅保留其对角优势,而且考虑三个维度时数值稳定性被证实会得到显著加强。如果网格块长宽比和各向异性渗透率降低了对角优势,则只需采用方程(15.7)沿线 $i-1,i,i+1$ 或 $j-1,j,j+1$ 写出的另一种形式。同时结合使用松弛法(比如第7章所述的),得到逐次行式超松弛法(SLOR)的一个新变种。上述线沿平面扫过,然后从一个平面再到另一个平面,远场边界条件被用来更新所有端面线。长方形计算模型通过这种方式重复处理。最后的压力值可用来评价所有系数矩阵时采用。

第7章所述的热方程模拟证明了此迭代法收敛于拉普拉斯方程保证的唯一解,在这里也是适用的。此方法是稳健的,因为它始终是收敛的,且所需做的矩阵和参数调整工作不多。而且重要的是,解与初估值无关。正如在第7章所述的,不管初估值如何,都会得到这个解。当然,初估值越接近实际解,收敛越快;解析解,比如第2~6章推导的那些解,在适当的时候可以采用。这个性质允许快速而有效地运行一个实际问题的多个实现。因此,当倾斜水平井的拓扑结构发生变化,现有井变长或增加泄油孔,流体和地层性质发生变化,或井约束条件发生变化时,迭代过程不需要重头来过。这里给出的算法使用先验信息,以便使早期模拟只需稍加努力即可生成快速解。在油藏描述应用中,要经常评价多个地质(或地质统计)实现时,或经常考虑众多生产情形的加密钻井问题时,这个功能很重要。

15.3.4　模拟液体的井约束条件

现在,考虑长方形计算模型内部的边界条件。在油藏模拟中,井约束条件提供了最重要的那类内部边界条件;其他内部边界条件可包括用于模拟裂缝和页岩的对称和非对称语句。

压力约束条件是最简单最易实现的:在特定井对应的实际位置,用明确达到规定水平的简单方程取代该点的三对角方程。如前所述,模拟井的净体积流量约束条件稍微复杂。在许多模拟器中,净体积流量根据局部 Kh 乘积被分配给井眼轨迹遇到的各层,经常也不允许有层间流。这类 Kh 分配是不正确的,因为每个层的净产量与井筒压力和网格块压力之差成比例,其中,两者必须作为解的一部分进行确定。

忽略重力和井筒摩擦力时,求解过程必须满足沿井眼轨迹的压力(规定净体积流量)为常数。此积分约束条件是通过在众多非相邻连接点对达西速度公式进行积分得到的,它降低了方程求解程序的性能,促成采用不正确的 Kh 修正。为了达到精确,考虑点 L 的位置,这些位置定义了常见井筒:垂直井、水平井、斜井、面外井或有多个丛式泄油孔分支的井。令符号 $\sum$ 表示沿 L 的任意顺序求和。将沿 L 每个井位的方程(15.5)写成以下形式:

$$\{TX_{i,j,k}p_{i+1,j,k} + TX_{i-1,j,k}p_{i-1,j,k} + TY_{i,j,k}p_{i,j+1,k} + TY_{i,j-1,k}p_{i,j-1,k} + TZ_{i,j,k}p_{i,j,k+1} + TZ_{i,j,k-1}p_{i,j,k-1}\}$$

$$- p_{i,j,k}[TX_{i,j,k} + TX_{i-1,j,k} + TY_{i,j,k} + TY_{i,j-1,k} + TZ_{i,j,k} + TZ_{i,j,k-1}]$$

$$= \mu q_{i,j,k}\Delta x\Delta y\Delta z \tag{15.8}$$

然后对所得到的沿 L 上所有(i,j,k)的代数方程组进行求和,得:

$$\sum \{TX_{i,j,k}p_{i+1,j,k} + TX_{i-1,j,k}p_{i-1,j,k} + TY_{i,j,k}p_{i,j+1,k} + TY_{i,j-1,k}p_{i,j-1,k} + TZ_{i,j,k}p_{i,j,k+1} + TZ_{i,j,k-1}p_{i,j,k-1}\}$$

$$- \sum p_{i,j,k}[TX_{i,j,k} + TX_{i-1,j,k} + TY_{i,j,k} + TY_{i,j-1,k} + TZ_{i,j,k} + TZ_{i,j,k-1}]$$

$$= \mu \sum q_{i,j,k}\Delta x\Delta y\Delta z \tag{15.9}$$

或更方便的形式:

$$\sum \{\} - \sum p_{i,j,k}[\,] = \mu \sum q_{i,j,k}\Delta x\Delta y\Delta z \tag{15.10}$$

此时,可施加若干物理条件简化代数方程。首先,由于当前公式中重力和摩擦力忽略不计,$p_{i,j,k}$可在求和算子内移动,因为井系统内任意一点处的压力是常数。井有压力约束条件时规定该常数;但当井有流量约束条件时,未知的恒压值(井不同,恒压值不同)必须作为解的一部分求得。

不管这个恒压值是已知还是未知,都用符号 p_w 表示这个恒压值。现在,方程(15.10)右侧的求和结果便是生产井或注水井的体积流量 Q_w。用方程(15.11)表示 Q_w:

$$Q_w = \sum q_{i,j,k}\Delta x\Delta y\Delta z \tag{15.11}$$

结果有:

$$\sum \{\} - p_w \sum [\,] = \mu Q_w \tag{15.12}$$

故有:

$$p_w = \left(\sum \{\} - \mu Q_w\right) / \sum [\,] \tag{15.13}$$

对于有流量约束条件井的策略是简单的:采用这个压力规定值作为各井位的有对角优势的差分方程。结果得到一个稳定的算法,此算法看似有压力约束条件,但迭代收敛前,方程(5.13)的右侧(利用最新值进行过评价)实际上是未知的。

这个过程有一个附加的好处,即局部质量守恒,因为与压力有关的这个变量是规定的,而非其法向导数;此外数值试验也显示,这个变量有高度的稳定能力。一旦迭代实现全局收敛,即采用方程(15.13)计算有流量约束条件井的井压,而来自方程(15.12)的 Q_w 表达式用于计算有压力约束条件井的净体积流量。

15.3.5 稳定和非稳定的非线性气体流

虽然气体流也满足达西定律,但将密度与压力关联起来的状态方程使得控制方程难以驾驭,不太适合求解。从数学上讲,它们变成了非线性的。因此,直接求与分段变化流量或压力对应的解时,常规试井中所用的线性叠加方法并不适用。不过,叠加法经常被采用,假定平均油藏条件变化不大,这样,非线性系数可几乎保持不变。这样做通常是不正确的;随着高速计算机得到广泛应用,实际上无须进行此类限制性假设。由于瞬态线性液体流的无条件稳定方法被证实是可以采用的,且下面提供了这种方法,所以,利用这种方法并将此非线性气体常见

问题重新尽可能详细表述具有实际意义。完整的三维质量守恒方程是:

$$(\rho u)_x + (\rho v)_y + (\rho w)_z = -\phi \rho_t - q^*　\hspace{2cm}(15.14)$$

其中,$\rho(x,y,z,t)$ 是质量密度,$q^*(x,y,z,t)$ 是局部单位体积的质量流量。现在,x、y 和 z 方向上的笛卡儿速度分量 u、v 和 w 通过达西定律给出:

$$u(x,y,z,t) = -[K_x(x,y,z)/\mu]p_x　\hspace{2cm}(15.15a)$$

$$v(x,y,z,t) = -[K_y(x,y,z)/\mu]p_y　\hspace{2cm}(15.15b)$$

$$w(x,y,z,t) = -[K_z(x,y,z)/\mu]p_z　\hspace{2cm}(15.15c)$$

根据 Muskat(1937)的著作,假定压力 $p(x,y,z,t)$ 和密度 $\rho(x,y,z,t)$ 通过以下多变关系式形成热动力学关系:

$$\rho = \gamma p^m　\hspace{2cm}(15.16)$$

其中,m 是 Muskat 指数,γ 根据标准条件确定。如果现在将这个密度表达式代入方程(15.14),则有:

$$(K_x p^m p_x)_x + (K_y p^m p_y)_y + (K_z p^m p_z)_z = \phi\mu(p^m)_t + \mu q^*/\gamma　\hspace{1cm}(15.17)$$

这样,将方程(15.17)写成以下形式:

$$(K_x p_x^{m+1})_x + (K_y p_y^{m+1})_y + (K_z p_z^{m+1})_z = \phi\mu c^* p_t^{m+1} + \mu[(m+1)/\gamma]q^*(x,y,z,t)$$

$$(15.18)$$

$$c^* = m/p(x,y,z,t)　\hspace{2cm}(15.19)$$

其中,c^* 是类压力量 p^{m+1} 下的假设压缩系数。这个 p^{m+1} 下类液体的方程是有用的,因为针对给定的线性液体瞬变现象推导的无条件稳定时间积分方法是适用的,且修正小。系数 c^* 取决于逐渐变化的压力 $p(x,y,z,t)$;然而,这个非线性相关性被证实具有数值稳定能力。笔者没有采用线性叠加,线性叠加不适用。后续我们给出同时适用于瞬变液体和气体的统一表达式。但在开始讨论常见气体流前,我们先考虑稳定问题,了解几个关键的物理和数学公式差异。

15.3.6　稳定气体流

从数值角度看,气体的迭代解与液体的迭代解相差不大;实质上,总质量守恒而非体积守恒。体积作为压力的函数是变化的,压力随位置变化而变化;以准确跟踪质量平衡为目的的详细数值记录对于得到没有误差的结果来说至关重要。通过与方程(15.2)比较,类似的离散化过程形成以下方程:

$$\{2K_{xi,j,k}K_{xi+1,j,k}/(K_{xi,j,k}+K_{xi+1,j,k})](p_{i+1,j,k}^{m+1}-p_{i,j,k}^{m+1})/\Delta x$$

$$-2[K_{xi-1,j,k}K_{xi,j,k}/(K_{xi-1,j,k}+K_{xi,j,k})](p_{i,j,k}^{m+1}-p_{i-1,j,k}^{m+1})/\Delta x\}\Delta x$$

$$+\{2K_{yi,j,k}K_{yi+1,j,k}/(K_{yi,j,k}+K_{yi+1,j,k})](p_{i,j+1,k}^{m+1}-p_{i,j,k}^{m+1})/\Delta y$$

$$-2[K_{yi,j-1,k}K_{yi,j,k}/(K_{yi,j-1,k}+K_{yi,j,k})](p_{i,j,k}^{m+1}-p_{i,j-1,k}^{m+1})/\Delta y\}\Delta y$$

$$+ \left\{ 2K_{zi,j,k}K_{zi,j,k+1}/(K_{zi,j,k} + K_{zi,j,k+1}) \right\} (p_{i,j,k+1}^{m+1} - p_{i,j,k}^{m+1})/\Delta z$$

$$- 2\left[K_{zi,j,k-1}K_{yi,j,k}/(K_{zi,j,k-1} + K_{zi,j,k}) \right] (p_{i,j,k}^{m+1} - p_{i,j,k-1}^{m+1})/\Delta z \right\} \Delta z$$

$$= \mu \left[(m+1)/\gamma \right] q_{i,j,k}^* \tag{15.20}$$

或者

$$(\Delta y \Delta z/\Delta x) 2\left[K_{xi,j,k}K_{xi+1,j,k}/(K_{xi,j,k} + K_{xi+1,j,k}) \right] (p_{i+1,j,k}^{m+1} - p_{i,j,k}^{m+1})$$

$$- (\Delta y \Delta z/\Delta x) 2\left[K_{xi-1,j,k}K_{xi,j,k}/(K_{xi-1,j,k} + K_{xi,j,k}) \right] (p_{i,j,k}^{m+1} - p_{i-1,j,k}^{m+1})$$

$$+ (\Delta x \Delta z/\Delta y) 2\left[K_{yi,j,k}K_{yi+1,j,k}/(K_{yi,j,k} + K_{yi+1,j,k}) \right] (p_{i,j+1,k}^{m+1} - p_{i,j,k}^{m+1})$$

$$- (\Delta x \Delta z/\Delta y) 2\left[K_{yi,j-1,k}K_{yi,j,k}/(K_{yi,j-1,k} + K_{yi,j,k}) \right] (p_{i,j,k}^{m+1} - p_{i,j-1,k}^{m+1})$$

$$+ (\Delta x \Delta y/\Delta z) 2\left[K_{zi,j,k}K_{zi,j,k+1}/(K_{zi,j,k} + K_{zi,j,k+1}) \right] (p_{i,j,k+1}^{m+1} - p_{i,j,k}^{m+1})$$

$$- (\Delta x \Delta y/\Delta z) 2\left[K_{zi,j,k-1}K_{yi,j,k}/(K_{zi,j,k-1} + K_{zi,j,k}) \right] (p_{i,j,k}^{m+1} - p_{i,j,k-1}^{m+1})$$

$$= \mu \left[(m+1)/\gamma \right] q_{i,j,k}^* \Delta x \Delta y \Delta z \tag{15.21}$$

根据方程(15.4a)至方程(15.4f)给出的渗透速率定义,有:

$$TX_{i,j,k}(p_{i+1,j,k}^{m+1} - p_{i,j,k}^{m+1}) - TX_{i-1,j,k}(p_{i,j,k}^{m+1} - p_{i-1,j,k}^{m+1})$$

$$+ TY_{i,j,k}(p_{i,j+1,k}^{m+1} - p_{i,j,k}^{m+1}) - TY_{i,j-1,k}(p_{i,j,k}^{m+1} - p_{i,j-1,k}^{m+1})$$

$$+ TZ_{i,j,k}(p_{i,j,k+1}^{m+1} - p_{i,j,k}^{m+1}) - TZ_{i,j,k-1}(p_{i,j,k}^{m+1} - p_{i,j,k-1}^{m+1})$$

$$= \mu \left[(m+1)/\gamma \right] q_{i,j,k}^* \Delta x \Delta y \Delta z \tag{15.22}$$

首先,写出不含井点的方程(15.22),设 $q_{i,j,k}^*$ 等于零。然后,将其写成三对角形式,以有助于迭代,即:

$$TZ_{i,j,k-1}p_{i,j,k-1}^{m+1} - (TZ_{i,j,k} + TZ_{i,j,k-1} + TY_{i,j,k} + TY_{i,j-1,k} + TX_{i,j,k} + TX_{i-1,j,k})p_{i,j,k}^{m+1} + TZ_{i,j,k}p_{i,j,k+1}^{m+1}$$

$$= - TX_{i,j,k}p_{i+1,j,k}^{m+1} - TX_{i-1,j,k}p_{i-1,j,k}^{m+1} - TY_{i,j,k}p_{i,j+1,k}^{m+1} - TY_{i,j-1,k}p_{i,j-1,k}^{m+1} \tag{15.23}$$

然后,方程(15.7)后面的所有说明都适用于因变量 P^{m+1},无须修改。

15.3.7　气体流的井约束条件

考虑点 L 的位置,这些位置定义了常见井眼轨迹:垂直井、水平井、斜井、面外井或含多个泄油孔的井。令 $\sum$ 表示沿 L 的求和。由于希望井筒内压力是恒定的,故通过去掉 $q_{i,j,k}^{m+1}$ 简化仅沿井眼轨迹的方程(15.22)得:

$$\left\{ TX_{i,j,k}p_{i+1,j,k}^{m+1} + TX_{i-1,j,k}p_{i-1,j,k}^{m+1} + TY_{i,j,k}p_{1,j+1,k}^{m+1} \right.$$

$$+ TY_{i,j-1,k}p_{i,j-1,k}^{m+1} + TZ_{i,j,k}p_{i,j,k+1}^{m+1} + TZ_{i,j,k-1}p_{i,j,k-1}^{m+1} \right\}$$

$$- p_{i,j,k}^{m+1} \left[TX_{i,j,k} + TX_{i-1,j,k} + TY_{i,j,k} + TY_{i,j-1,k} + TZ_{i,j,k} + TZ_{i,j,k-1} \right]$$

$$= \mu[(m+1)/\gamma]q_{i,j,k}^{*}\Delta x\Delta y\Delta z \tag{15.24}$$

如果写出沿 L 每个井点的上述方程(15.24)并将所得方程相加,则有:

$$\sum \{TX_{i,j,k}p_{i+1,j,k}^{m+1} + TX_{i-1,j,k}p_{i-1,j,k}^{m+1} + TY_{i,j,k}p_{1,j+1,k}^{m+1}$$

$$+ TY_{i,j-1,k}p_{i,j-1,k}^{m+1} + TZ_{i,j,k}p_{i,j,k+1}^{m+1} + TZ_{i,j,k-1}p_{i,j,k-1}^{m+1}\}$$

$$- \sum p_{i,j,k}^{m+1}[TX_{i,j,k} + TX_{i-1,j,k} + TY_{i,j,k} + TY_{i,j-1,k} + TZ_{i,j,k} + TZ_{i,j,k-1}]$$

$$= \mu[(m+1)/\gamma]\sum q_{i,j,k}^{*}\Delta x\Delta y\Delta z \tag{15.25}$$

或更方便的形式:

$$\sum\{\} - \sum p_{i,j,k}^{m+1}[\,] = \mu[(m+1)/\gamma]\sum q_{i,j,k}^{*}\Delta x\Delta y\Delta z \tag{15.26}$$

由于重力和摩擦力忽略不计,常数 $p_{i,j,k}$ 可在和内移动,因为井系统内任意一点处的压力是常数。井有压力约束条件时规定此常数;井有质量流量约束条件时,此恒定压力必须作为解的一部分求得。不管这个恒压值是已知还是未知,都用符号 p_w 表示这个恒压值。现在,方程(15.26)右侧的求和结果是生产井或注水井的总质量流量,即:

$$M_w = \sum q_{i,j,k}^{*}\Delta x\Delta y\Delta z \tag{15.27}$$

在现场实践中,所有测量结果都是以地面标准条件(通常为 14.7psi 和 60°F)为前提上报的。然后,质量流量满足:

$$M_w = \rho_{sc}Q_{w,sc} \tag{15.28}$$

其中, $Q_{w,sc}(t)$ 是地面总体积流量, ρ_{sc} 是地面质量密度,下标 sc 表示标准气体条件。由于井压是常数,方程(15.26)变成:

$$\sum\{\} - p_w^{m+1}\sum[\,] = \mu[(m+1)/\gamma]M_w \tag{15.29}$$

结果,井筒压力 p_w 满足:

$$p_w^{m+1} = \{\sum\{\} - \mu[(m+1)\rho_{sc}/\gamma]Q_{w,sc}\}/\sum[\,] \tag{15.30}$$

从这往后,对井约束条件的处理同液体达西流类似,只需稍加修正。显然,如果用 p^{m+1} 代替 p ,用 p^{m+1} 的法向导数代替 p 的法向导数(为零),用 $\mu[(m+1)\rho_{sc}/\gamma]$ 代替黏度 μ ,则液体方法无变化。有超过一个多分支井轨迹 L 时,即,如果有超过一个多分支井井组时,各井组适合采用相同的计算逻辑。允许有任何数目的井组,不过,不含井的网格块总数应比含井的网格块总数多很多。

15.3.8 瞬态可压缩流

石油公司所开采的油藏最初经常是静态的,其中任何地方的流体都是静止的。其他时候,为了试井或出于经济原因,稳态流(比如用松弛法计算的稳态流)可能会完全或部分关闭。有时,封隔非生产层段,钻水平泄油孔以增加其他位置的局部产量。所有这些情形都要求任何时间积分都特别稳健,能够耐受系统的突然作业冲击。下面给出的算法与针对液体和气体稳态流提出的松弛法类似,是非常稳定的。在不失普遍性的前提下,去掉非井位点控制方程中的源项 q^*,用受井影响的这些点的内部约束条件取代偏微分方程。因此,有方程:

$$(K_x p^m p_x)_x + (K_y p^m p_y)_y + (K_z p^m p_z)_z = \phi\mu\,(p^m)_t \qquad (15.31)$$

或者,根据某个运算有:

$$(K_x p_x^{m+1})_x + (K_y p_y^{m+1})_y + (K_z p_z^{m+1})_z = \phi\mu c^* p_t^{m+1} \qquad (15.32)$$

方程(15.31)和方程(15.32)同时适用于气体和液体(即 $m = 0$ 且 $c^* = c$)。如果考虑时间因素,则可采用与稳态流差分相似的差分。如果 n 和 $n + 1$ 表示 t_n 和 t_{n+1} 时的时间,则有显式方法:

$$
\begin{aligned}
&\{2K_{xi,j,k}K_{xi+1,j,k}/(K_{xi,j,k} + K_{xi+1,j,k})](p_{i+1,j,k,n+1}^{m+1} - p_{i,j,k,n+1}^{m+1})/\Delta x \\
&- 2[K_{xi-1,j,k}K_{xi,j,k}/(K_{xi-1,j,k} + K_{xi,j,k})](p_{i,j,k,n+1}^{m+1} - p_{i-1,j,k,n+1}^{m+1})/\Delta x\}\Delta x \\
&+ \{2K_{yi,j,k}K_{yi+1,j,k}/(K_{yi,j,k} + K_{yi+1,j,k})](p_{i,j+1,k,n+1}^{m+1} - p_{i,j,k,n+1}^{m+1})/\Delta y \\
&- 2[K_{yi,j-1,k}K_{yi,j,k}/(K_{yi,j-1,k} + K_{yi,j,k})](p_{i,j,k,n+1}^{m+1} - p_{i,j-1,k,n+1}^{m+1})/\Delta y\}\Delta y \\
&+ \{2K_{zi,j,k}K_{zi,j,k+1}/(K_{zi,j,k} + K_{zi,j,k+1})](p_{i,j,k+1,n+1}^{m+1} - p_{i,j,k,n+1}^{m+1})/\Delta z \\
&- 2[K_{zi,j,k-1}K_{yi,j,k}/(K_{zi,j,k-1} + K_{zi,j,k})](p_{i,j,k,n+1}^{m+1} - p_{i,j,k-1,n+1}^{m+1})/\Delta z\}\Delta z \\
&= \phi_{i,j,k}\mu c_{i,j,k,n}^*(p_{i,j,k,n+1}^{m+1} - p_{i,j,k,n}^{m+1})/\Delta t \qquad (15.33)
\end{aligned}
$$

根据渗透速率定义,方程(15.33)变成:

$$
\begin{aligned}
&TX_{i,j,k}(p_{i+1,j,k,n+1}^{m+1} - p_{i,j,k,n+1}^{m+1}) - TX_{i-1,j,k}(p_{i,j,k,n+1}^{m+1} - p_{i-1,j,k,n+1}^{m+1}) \\
&+ TY_{i,j,k}(p_{i,j+1,k,n+1}^{m+1} - p_{i,j,k,n+1}^{m+1}) - TY_{i,j-1,k}(p_{i,j,k,n+1}^{m+1} - p_{i,j-1,k,n+1}^{m+1}) \\
&+ TZ_{i,j,k}(p_{i,j,k+1,n+1}^{m+1} - p_{i,j,k,n+1}^{m+1}) - TZ_{i,j,k-1}(p_{i,j,k,n+1}^{m+1} - p_{i,j,k+1,n+1}^{m+1}) \\
&= \phi_{i,j,k}\mu c_{i,j,k,n}^*(p_{i,j,k,n+1}^{m+1} - p_{i,j,k,n}^{m+1})\Delta x\Delta y\Delta z/\Delta t \qquad (15.34)
\end{aligned}
$$

如果写出每个 (i,j,k) 节点的方程(15.34)并求解新时间步长 $(n + 1)$ 时的该方程,则得到复杂的代数方程组,逆转计算成本高。该方程组局部无法线性化时,用成本更高的 Newton - Raphson 迭代解稀疏的全矩阵。因此,采用近似因式分解法将系统解析成三个更简单而连续的带状部分。利用这个方法(在苏联文献中特别流行),将不大于方程(15.33)导数中隐含的离散化误差的适当高阶项添加到方程(15.34)中。选用这些项是为了使给出的差分算子更容易进行嵌套因式分解。这个设计结构允许典型时间步长积分所需的三步流程以线性化纽曼为基础实现无条件稳定。此外,每个中间时间步长阶段仅采用有效的三对角矩阵。如此因式分解后得方程(15.35)、方程(15.36)和方程(15.37),这些方程定义了预测步骤 1 和步骤 2 与修正步骤 3,即:

步骤 1:

$$TX_{i,j,k}(p_{i+1,j,k,n}^{m+1} - p_{i,j,k,n}^{m+1}) - TX_{i-1,j,k}(p_{i,j,k,n}^{m+1} - p_{i-1,j,k,n}^{m+1})$$

$$+ TY_{i,j,k}(p^{m+1}_{i,j+1,k,n+1/3} - p^{m+1}_{i,j,k,n+1/3}) - TY_{i,j-1,k}(p^{m+1}_{i,j,k,n+1/3} - p^{m+1}_{i,j-1,k,n+1/3})$$

$$+ TZ_{i,j,k}(p^{m+1}_{i,j,k+1,n} - p^{m+1}_{i,j,k,n}) - TZ_{i,j,k-1}(p^{m+1}_{i,j,k,n} - p^{m+1}_{i,j,k+1,n})$$

$$= \phi_{i,j,k}\mu c^{*}_{i,j,k,n}(p^{m+1}_{i,j,k,n+1/3} - p^{m+1}_{i,j,k,n})\Delta x\Delta y\Delta z/\Delta t \tag{15.35}$$

步骤 2:

$$TX_{i,j,k}(p^{m+1}_{i+1,j,k,n+2/3} - p^{m+1}_{i,j,k,n+2/3}) - TX_{i-1,j,k}(p^{m+1}_{i,j,k,n+2/3} - p^{m+1}_{i-1,j,k,n+2/3})$$

$$= TX_{i,j,k}(p^{m+1}_{i+1,j,k,n} - p^{m+1}_{i-1,j,k,n+2/3}) - TX_{i-1,j,k}(p^{m+1}_{i,j,k,n} - p^{m+1}_{i,j-1,k,n})$$

$$+ \phi_{i,j,k}\mu c^{*}_{i,j,k,n}(p^{m+1}_{i,j,k,n+2/3} - p^{m+1}_{i,j,k,n+1/3})\Delta x\Delta y\Delta z/\Delta t \tag{15.36}$$

步骤 3:

$$TZ_{i,j,k}(p^{m+1}_{i,j,k+1,n+1} - p^{m+1}_{i,j,k,n+1}) - TZ_{i,j,k-1}(p^{m+1}_{i,j,k,n+1} - p^{m+1}_{i,j,k,n+1})$$

$$= TZ_{i,j,k}(p^{m+1}_{i,j,k+1,n} - p^{m+1}_{i-1,j,k,n}) - TZ_{i,j,k-1}(p^{m+1}_{i,j,k,n} - p^{m+1}_{i,j,k-1,n})$$

$$+ \phi_{i,j,k}\mu c^{*}_{i,j,k,n}(p^{m+1}_{i,j,k,n+1} - p^{m+1}_{i,j,k,n+2/3})\Delta x\Delta y\Delta z/\Delta t \tag{15.37}$$

正式的纽曼分析显示,此三步流程对 Δx、Δy 和 Δz 来说是二阶正确的,对 Δt 来说是一阶正确的。跟稳态流松弛法一样,其中每一步的井约束条件都得到精确处理。此处强调,无条件稳定性自身确保不了收敛于实际正确的解。稳定性是必要的,但不足以形成实用的解;不过,需要(稍微)小的时间步长才能捕获物理现象,提供所需的物理解析度。

15.3.9   压实、固化和沉降

一个模拟压实、固化和沉降的正式方法需要采用定义明确的结构方程,结构方程要描述流体和固相物质。同时,这些结构方程将用于为实现变形网格而写出的拉格朗日动态方程,其准确的时间演化过程必须作为总解的一部分确定。这些非线性变形通常本质上是可变的,而在结构力学中通常采用的线性分析中是不变的。这个有限变形方法通常被用于更严谨的可压缩介质学术研究中,在土壤力学和土木工程领域众所周知。然而,该方法是计算密集型的,平常使用时不实用。平常使用时,适合采用较简单的经验模型,因为更复杂方法所需的输入参数自身带有误差。只研究数量级影响和定性趋势时简化是有用的。

虽然有许多公认的数学模型有明显的严谨性,但大多数都是经验性的。通常,这些模型假定孔隙压力与孔隙度之间存在线性关系;即,这些模型假定瞬时压力以线性方式影响原始的 $\phi(x,y,z)$。此外,出现在结构方程中的那些常数可能存在很大的测量误差。在 Ekofisk 油藏中,沉降与压实驱动是重要的,根据观察,与最初 400ft 油藏净厚度相比,其总高度下降了 40ft;然而,这 10% 的变化发生在 20 年之内。这些实际规模数据意味着,一个较简单的工程模型应付近似的趋势分析足够了。

在这里采用的方法中,将 $\phi(x,y,z)$ 定义成当压实作用不重要时基本的孔隙度函数。然而,在数值分析中,实际孔隙度是预先乘以系数 $[1 + ap(x,y,z,t)]$ 的 $\phi(x,y,z)$,其中,a 是用户定义的一个假定参数;它是一个负常数(或二次压缩系数),单位是 psi^{-1}。有几个隐含的假设。考虑前文假设过的质量平衡方程 $(\rho u)_x + (\rho v)_y + (\rho w)_z = -\phi\rho_t$;其中,$\phi$ 是有空间变化

的规定函数,与时间无关。然而,在允许有时间变化的更普遍情形下,右侧有形式 $(\phi\rho)_t$,其中的 ϕ 现在是 $[1 + ap(x,y,z,t)]\phi(x,y,z)$。因此,步骤中假定 $\phi_{pt} \gg \rho_{\phi t}$。在小干扰范围内,压实作用的主要影响因孔隙度下降所引起,而孔隙度下降体现在项 $p(x,y,z,t)$ 上,而不是直接的体积变化。实际中这有可能是有效的,也有可能无效。从这个意义上讲,修正充当着二次压缩系数的角色,二次压缩系数是前文提到的一个参数。在接下来的修正顺序中,与压力有关的渗透率降低情况会出现,并相应地在随时间变化的变形网格上进行模拟。

15.3.10 与边界吻合的网格

如果可行,采用第 8~10 章中所述的网格生成技术。考虑第 9 章形似得克萨斯州油藏中位于休斯敦的井所具有的不规则边界。与边界吻合的网格借助 200 个网格块提供详细的解析,而笛卡儿网格需要大约 2000 个网格块才能产生等效结果! 此类网格不仅与不规则远场油藏边界吻合,而且能够包住多口井眼和多个裂缝。Thompson 的网格生成方法是第 9 章所述的有效归一化理论的基础。该理论使得大量问题(有不同的边界条件模式和流体类型)的解决可以用一次性求得的度量体系表示。这与第 6 章所述的更明显径向流方法类似,其中指出 lgr 为何同样解决了大量类似问题。除了第 8~10 章中针对平面问题的网格生成方法以外,还有其他同样有效的方法可用于其他油藏应用。接下来,将介绍地层网格,推导缓慢变化地层的通用理论,并给出一个计算示例。

15.3.11 分层介质的地层网格

多数地质边界与直角坐标网格系统简单的坐标线不吻合。顶部和底部彼此不平行的倾斜地层便是一例。采用精细的 (x,y,z) 网格,虽然并非错误,但会导致拙劣的物理边界步进表示且产生众多无效的模拟网格块。通常的曲线坐标提供了良好的物理解析度,但保留所有变换项会造成出现带一阶导数、二阶导数交叉项和众多可变系数的大量方程。然而,此类通用方法经常是不合理的。从整体上来看,许多分层地层会有些许扭曲或交叠,但只要局部高程变化很小,便可做重要简化。这种情况下,地层坐标不需要正交。因此,区域平面内保留 x 和 y 作为自变量,继续使用 Δx 和 Δy 的恒定值。然而在垂直方向上,z 不再是合适的坐标,因为 z 不模拟倾斜和有侧向变化的井。取而代之的是,引入高度变量:

$$Z = z - f(x,y,t) \tag{15.38}$$

并将以下新的压力函数(大写的 P)与之关联起来:

$$p(x,y,z,t) = P(x,y,Z,t) \tag{15.39}$$

并不重新推导以 x、y 和 Z 表示的所有物理定律,而是借助链式法则用这些变量简单表示方程(15.1)和方程(15.18),即:

$$p_x = P_x + P_Z Z_x = P_x - f_x(x,y)P_Z \tag{15.40a}$$

$$p_y = P_y + P_Z Z_y = P_y - f_y(x,y)P_Z \tag{15.40b}$$

$$p_z = P_Z Z_z = P_Z \tag{15.40c}$$

如果斜率 $f_x(x,y)$ 和 $f_y(x,y)$ 很小,则根据方程(15.40a)至方程(15.40c)近似有 $p_x = P_x$、

$p_y = P_y$ 和 $p_z = P_z$。这样,应用方程(15.1)和方程(15.18)时用 Z 代替 z,用 $P(x,y,Z)$ 代替 $p(x,y,z)$,用 (x,y,Z) 代替 (x,y,z)。这会给差分方程带来怎样的影响呢? 比如考虑方程(15.3)具有代表性的第一项,即:

$$(\Delta y \Delta z / \Delta x) 2 [K_{xi,j,k} K_{xi+1,j,k} / (K_{xi,j,k} + K_{xi+1,j,k})] (P_{i+1,j,k} - P_{i,j,k}) \cdots \quad (15.41)$$

之前根据第一项导出了渗透速率的定义:

$$TX_{i,j,k} = (\Delta y \Delta z / \Delta x) 2 [K_{xi,j,k} K_{xi+1,j,k} / (K_{xi,j,k} + K_{xi+1,j,k})] \quad (15.42)$$

现在,用方程(15.43)换掉方程(15.41)和方程(15.42):

$$\{\Delta y [Z(i,j,k+1) - Z(i,j,k)] / \Delta x\} 2 [K_{xi,j,k} K_{xi+1,j,k} / (K_{xi,j,k} + K_{xi+1,j,k})] (P_{i+1,j,k} - P_{i,j,k}) + \cdots$$
$$(15.43)$$

修正后的渗透速率定义是:

$$TX_{i,j,k} = \{\Delta y [Z(i,j,k+1) - Z(i,j,k)] / \Delta x\} 2 [K_{xi,j,k} K_{xi+1,j,k} / (K_{xi,j,k} + K_{xi+1,j,k})] \quad (15.44)$$

其中,下标 k 现在指地层坐标。

因此,如果用 $[Z(i,j,k+1) - Z(i,j,k)]$ 计算渗透速率并在瞬态流方程和沿井筒网格块流量累加中用 $[Z(i,j,k+1) - Z(i,j,k)] \Delta x \Delta y$ 代替体积单元 $\Delta x \Delta y \Delta z$,则恒定直角坐标网格带恒定 Δx、Δy 和 Δz 的所有差分公式适用,无须修正。用于施加井位处净流量约束条件的方程(15.13)和方程(15.30)不变;规定沿增量长度 $[Z(i,j,k+1) - Z(i,j,k)]$ 的累加值,无须做额外积分。这些针对缓慢变化地层的简化不仅利用了高度稳定的直角坐标法,而且还大大节省计算机内存使用率并提高运行速度。本书付梓时,这个选项嵌入了笔者的源代码中,但在交互式模拟器中尚未嵌入。

15.3.12　模拟井筒存储

井的开关动作发生在地面上,而不是在井下砂层面位置。进行降液试井(地面)开井时,有一部分流来自井筒自身的液体膨胀。同样,在压力恢复试井中,关井后流体持续涌入井筒。这样,总流量约束条件无法直接应用于砂层面,其中未考虑到与井筒流体压缩系数 C_{bh} 和井筒储液量 V_{bh} 有关的时间延迟。此外,存储效应在欠平衡钻井中是重要的,由于井筒压力较低,可能会存在游离气,结果造成液柱具有可压缩性。

但是,如何精确模拟井筒存储呢? 设有一个高度压缩油藏,最初是静止的。开井以固定地面体积流量 $Q_{prod} > 0$ 生产时,要注意井压 $p_w(t)$ 必然会随时间推移而下降。即,由于井筒流体膨胀而有 $dp_w/dt < 0$。因此,所需的 Q_{prod} 是 $-Vol_{bh}C_{bh}dp_w/dt$(正数)与常规油藏流量的和。换句话说,解压力差分方程时,总体积流量约束条件(边界条件)取 $Q_{bc} = Q_{prod} + Vol_{bh}C_{bh}dp_w/dt$。这说明,最初生产时,通过砂层面的流量 Q_{bc} 实际上小于地面泵出流量 Q_{prod}。为了说明这也适用于将流体泵入初始静止油藏的注水井,设 $Q_{inj} < 0$,对应的 $dp_w/dt > 0$。现在,初始注入首先相当于压缩井筒流体,所注入的流体并未完全经砂层面进入油藏。因此,这时 $Q_{bc} = Q_{inj} + Vol_{bh}C_{bh}dp_w/dt$ 仍然成立,因为作为负数的 Q_{bc} 绝对值比 Q_{inj} 的绝对值小,因为 $Vol_{bh}C_{bh}dp_w/dt$ 是正数。生产井($Q_{prod} > 0$)关井地面 $Q_{prod} = 0$ 时,由于井筒流体具有可压缩性,砂层面处会在一段时间内有 $Q_{bc} > 0$。这样,根据前述产量公式有 $Q_{bc} = 0 + Vol_{bh}C_{bh}dp_w/dt > 0$。这意味着

$dp_w/dt > 0$,井压如根据物理依据预期般继续增大。

所有这些效应都可进行量化模拟。由于无论如何,产量模型 $Vol_{bh}C_{bh}dp_w/dt$ 都是近似的,存储效应也来自游离气泡、地表设施等,因此,无须太过重视 C_{bh} 和 Vol_{bh} 的值。出于模拟目的,介绍一下用 $Q_{bc} = Q_{desiredprodorinjvolume} + Fdp_w/dt$ 定义的总存储系数 F 或总存储能力,并将 F 视为历史拟合参数,此参数取决于井筒充满、环空性质以及可能难以描述的其他效应。

15.4　第一组　基本示例计算

前文给出的稳态和瞬态算法对于通常的井拓扑结构(图 15.2A)来说是极为稳定的。在众多有井眼轨迹和约束条件突变的模拟中,始终维持岩石非均质性、流体类型、网格生成参数、稳定性和质量守恒的大范围变化。这个核心能力为不需要为了试井正向分析和一次采油模拟而设定特小时间步长的稳健模拟器提供了基础。此能力可实现另一个目标,即,将易用性与方便性扩展至廉价的个人计算机。

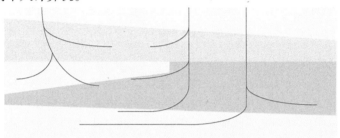

图 15.2A　非均质各向异性多层油藏中的多分支井

15.4.1　模拟能力

椭圆与抛物线方程的经典解强调沿矩形计算模型外边缘有简单的边界条件。但在油藏工程中,最有意义的辅助条件是注水井或生产井的内部约束条件。压力与净流量使得矩阵结构远达不到理想状态,后者受沿用户指定井眼轨迹的恒压影响。挑战是实际存在的。参数不仅是任意选定的,井系统的数量、位置和几何倾斜也是任意确定的。对于 K_x、K_y、K_z 和 ϕ 方面的任何非均质性,对于完全射孔或未完全射开的垂直井、水平井和斜井,对于有侧钻泄油孔分支的井,以及对于通常的远场含水层或实心壁边界条件,稳态流和瞬态流的数值解都必须是稳定的。

对于瞬态可压缩流来说,此处描述的新模拟器允许用户改变中游的井约束条件,钻出现有井的蜿蜒状分支,关闭非生产层位,对新的层位进行射孔,以及钻出在总约束条件基础上有复杂井眼轨迹的新井。所有这些能力的实现不是以因基准算法引起的任何性能下降为代价。这些模拟选项来自现实需要,因为这些选项允许模拟实际钻井过程,就好像现场钻井一样。写本书时,笔者尚未发现任何其他模拟器运行时有这些灵活的选项。

15.4.2　数据结构与编程

为达成目标,所要求的计算效率是可以实现的,因为数值算法被设计成实际的复杂性不会改变底层例程稳定的三对角性质。除了描述压力与地层性质的明显三维阵列以外,稳定求解程序的迭代性质不需要额外的三维阵列。同样,瞬态算法只采用稳定性考虑所要求的最小数目的时间层次。良好的内存管理是关键。如有可能便始终将信息写入磁盘,采用公用块,内嵌的解析解与公式检查功能确保数学一致性。

要想打造良好的模拟器,核心是易于修改的油藏与井筒描述。比如,用户无须输入数行数列的五位数渗透率和孔隙度以及多个井眼轨迹的列表坐标。理想情况下,整个方法应采用可视化方案且易于输入。这不一定意味着成本高昂的图形显示以及像素级的分辨率,这两项要求会与算法竞争关键的内存资源——内存资源是原型模拟器于 20 世纪 90 年代首次写出时重要的考虑因素。正如大家所看到的,一个简单的 ASCII 文本"图像"文件即足够。接下来描述十多年前提出的五个基本示例,这些示例证明了对现代应用来说重要的强大模拟能力不必动用工作站和大型机即可实现这一理念。用模拟器早期版本和最近版本计算得到的结果是相同的。然后,在"第二组高级计算与用户界面"部分,新软件的所有功能将随通常条件下的多分支井示例一同给出。

15.5　示例 15.1 收敛加速与河床砂层内两口偏斜水平气井

笔者提出理念原型大约在 20 年前,当时是通过编写出可运行在 8086 计算机上的个人计算机程序实现的。当时,注重低成本与易用性,通过让输入例程"读取"由简单文本编辑创建的地层图像来保留油藏的地质体或对象特性。GEO 和 DRL 地层文件类型分别描述了油气田的地质状况以及完钻井的井眼轨迹。

比如,考虑一个三层非均质油藏,其中各层与下面的 LAYER1.GEO 相同。相应的 DRL 文件显示,图 15.2B - 1 中明显存在的井 1 和井 2 表示垂直井,其中有多个钻进河床砂层的水平泄油长孔。层序号沿从上到下方向增加,与钻井工艺顺序相一致。因此,额外的地层始终可以加到现有数据集中,无须重新编排层号。

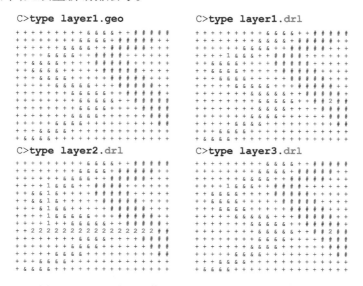

图 15.2B - 1　井 1 和井 2 的地层状况以及井眼轨迹信息

扫描 GEO 文件时,模拟器自动识别层数以及区域网格尺寸;此外也指出了存在三种用键盘符号 + 、& 和#表示的岩性(保留非字母数字符号给岩石类型)。此时,与网格块尺寸、每个岩性符号所对应的渗透率和孔隙度以及流体性质有关的信息以交互式在线询问方式由键盘录入。不必敲入数值数组;在后续模拟中,通过改变岩性符号或改变赋予性质形成地质特性的变化。

接着,模拟器自动扫描 DRL 文件,识别出两口井(数字始终用来标注井号,本书数字版中以红色字体显示),储存坐标信息,并询问井约束条件模式与数值。注意,井1和井2是垂直井,有非常长的水平泄油孔分支,两口井在层2内垂直分布,不过允许方位面外倾斜。文献中很少有报道对此类复杂井眼轨迹的模拟。接下来,录入关于远场边界条件的信息,然后开始模拟。在这个示例中,将说明该稳定算法在质量守恒方面精确度有多高。

此外还要说明,采用不同参数的第二次运行初始化时采用首次运行得到的解时,收敛速度会快很多。此类初始化提供快速解的原因是只做增量运算即可。读者应注意观察上面显示的GEO 和 LAYER 文件,注意与典型河床砂层的相似性。在以下演示中,普通的 Courier 字体表示屏幕活跃度,而粗体的 Courier 字体表示用户输入的命令。

(1)第一次运行。

在这次直角坐标网格运行中,Δx、Δy 和 Δz 分别取值 100ft、200ft 和 300ft。标记为" + "的岩性是各向同性的,渗透率 100mD,孔隙度 20% ,而标记为"#"的岩性,渗透率 800mD,孔隙度 30% 。标记为"&"的岩性是各向异性的,K_x、K_y 和 K_z 分别为 500mD、600mD 和 700mD,孔隙度 25% 。井1有压力约束条件,压力 5000psi,而井2有流量约束条件,流量 1000000ft^3/h。由于这里的评价目标是质量守恒,为了进行严格的试验,长方形计算模型的六个面都选定为实心无流隔断。井1流量计算值与 - 1000000ft^3/h 的接近程度有待于评价。为了增加复杂性,考虑气体流。这使得用公式表述变成非线性的,提供令人满意的算法试验。气体黏度为 0.018mPa · s,地面密度 0.003lbf · s^2/ft^4(地面压力 14.7psi),气体指数 $m = 0.5$。而且,通用的 m 流体模型允许改变热动力学参数;该模型不局限于理想化的等温解。在这个试验示例中,稳态流求解程序被初始化为任何位置都是零压力(这是最坏的情况,认为对油藏一无所知)并允许收敛。根据屏幕转储信息,迭代过程与流量概览如图 15.2B - 2 所示。

```
Iterative solutions starting, please wait ...
Iteration     1 of maximum 99999 completed ...
Iteration     2 of maximum 99999 completed ...
.
Iteration    11, maximum 99999, .1851E+02 % error.
Iteration    12, maximum 99999, .2334E+02 % error.
Iteration    13, maximum 99999, .1178E+02 % error.
Iteration    14, maximum 99999, .2002E+02 % error.
.
Iteration    99, maximum 99999, .3337E+00 % error.
Iteration   100, maximum 99999, .3226E+00 % error.

Iteration   100, (Un)converged volume flow rates by well cluster:
Cluster 1:  P= .5000E+04 psi, Q= -.2764E+08 cu ft/hr.
Cluster 2:  P= .4788E+04 psi, Q=  .1745E+07 cu ft/hr.

Iteration   200, (Un)converged volume flow rates by well cluster:
Cluster 1:  P= .5000E+04 psi, Q= -.2864E+07 cu ft/hr.
Cluster 2:  P= .4977E+04 psi, Q=  .1057E+07 cu ft/hr.

Iteration   300, (Un)converged volume flow rates by well cluster:
Cluster 1:  P= .5000E+04 psi, Q= -.1127E+07 cu ft/hr.
Cluster 2:  P= .4990E+04 psi, Q=  .1003E+07 cu ft/hr.

Iteration   400, (Un)converged volume flow rates by well cluster:
Cluster 1:  P= .5000E+04 psi, Q= -.1005E+07 cu ft/hr.
Cluster 2:  P= .4991E+04 psi, Q=  .1001E+07 cu ft/hr.
```

图 15.2B - 2 迭代过程中压力和流量信息

直到第 400 次迭代才出现令人满意的结果,此时,井 1 流量是 $-0.1005 \times 10^7 \text{ft}^3/\text{h}$,井 2 是 $0.1001 \times 10^7 \text{ft}^3/\text{h}$,接近参考值(在典型的个人计算机上,只需数秒)。对于有非常规井的非均质油藏,强制实施精确的质量守恒,从零初估值起算,正确地计算了非线性压力场。

(2)第二次运行。

接下来,终止稳态模拟,开始做第二次模拟运行,地质参数保留不变(不过,这不重要),但改变井 2 形状和其他输入参数。倾斜度更大的重新完钻井如下。

井 1 仍然有压力约束条件,压力 5000psi,但有流量约束条件的井 2 流量定在 1500000ft³/h。此外,将气体黏度改成 0.04mPa·s,地面标准密度改成 0.004lbf·s²/ft⁴(地面压力 14.7psi),令 m 等于 0.7。这些改变通常需要全新的模拟,详细分析也重新开始,松弛法效果如下。尽管期望得到类似的收敛过程,但未将求解程序初始化为零,而是使用上一轮运行得到的压力解(图 15.2B-3)。

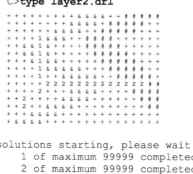

```
C>type layer2.drl
```

图 15.2B-3　第二次运行信息

在第 11 次迭代时,误差测量值即降至 0.00265%(第一次运行误差测量值是 18.51%)。根据第 100 次迭代的结果显示,注入和产出流量在收敛,比之前快了许多。这个加速过程之所以可以实现是因为开始迭代时采用了较接近的解。这意味着,快速进行连续模拟是可行的,因为流体、井身结构、边界条件和地质描述输入参数的逐步增量变化仅需要逐步增量工作。

15.6　示例 15.2　有裂缝的倾斜非均质分层地层内的双侧向水平完井

1992 年,Texaco 宣布墨西哥湾裂缝地层全球首口双侧向水平井实现完井。先是将垂直井钻进产油层,然后开始沿相反方向钻两口水平井,此示例说明了此种完井的流如何易于模拟。由于以说明为目的,故采用假设的输入参数。出于简洁起见,不显示 GEO 文件,但关于这个地层总的概念可根据提供的 DRL 层图片推测(图 15.2C-1)。只有单井 1,方向是产油层"%"。一旦贯穿,即向北钻第一个水平井分支,向南钻第二个分支。这个分支状态从下面的层 3 和层

4 中容易看出。数学模型模拟的对象是一口垂直井和两口水平井(均作为独立单井系统的部分而存在),因为单井约束条件适用于由这三口井组成的整个体系。这里,符号"="表示高渗透率孔隙裂缝平面。

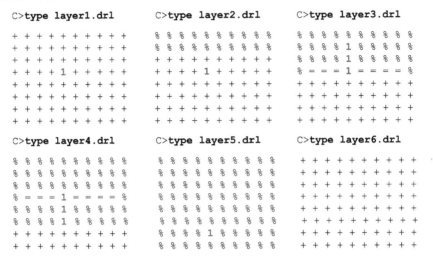

图 15.2C-1　双侧向长平完井井眼轨迹信息

注意观察,以三维字符串数组格式储存地层特征和井位信息有特别的优势。比如,通过在 Fortran 的 do-loop 循环中重新编排打印顺序,可以打印输出 $x-z$ 和 $y-z$ 岩心剖面,在地层中显示井眼轨迹。这有助于实现可视化、解释和错误检查。图 15.2C-2 中两张图显示了井的两个不同的垂直投影。

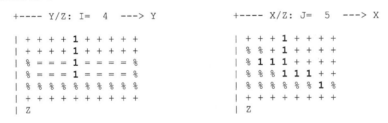

图 15.2C-2　井 1 的两个不同垂直投影

这里有一个 8×10 的六层直角坐标网格,其中,Δx、Δy 和 Δz 分别等于 300ft、200ft 和 100ft。所有这些岩石类型都是各向同性的。岩石"+"表示渗透率 50mD,孔隙度 20%;岩石"%"表示渗透率 800mD,孔隙度 30%;而岩石"="表示裂缝,渗透率 5000mD,孔隙度 90%。唯一的井(井 1),是有压力约束条件的,压力 1000psi。但这个约束条件约束整套体系,同时约束水平分支和垂直部分,压力 1000psi。实际上,垂直部分是封隔状态的,不产液。为此,利用渗透速率修正选项,此选项允许必要时对任意位置的局部渗透速率进行修正,可按井修正,也可按网格单元进行修正。为了简洁起见,给出部分交互式屏幕内容,但只修改两个单元块(图 15.2C-3)。

此外,还要假设有四个含水层侧边界和两个顶底部实心壁油藏边界。要注意计算机输入和输出的便捷性;虽然图形分辨率粗糙,但够用了(图 15.2C-4)。

```
You may modify TX, TY and TZ transmissibilities for simulation
purposes WITHOUT altering values on disk .... Modify?  Y/N: y

Modify EVERYWHERE?  At WELL(S) ONLY?  E/W: w
Modify transmissibilities in Well 1?  Y/N: y
Modify "cell by cell" ?  Y/N: y

Enter cell block identification number, 1- 9: 1
Existing TX =   .359E-10, TY =   .807E-10, TZ =   .323E-09 ft^3 at
Well 1, Block   1: (i= 4, j= 5, Layer=1) ...

O  Enter cell block TX multiplier:  .01
O  Enter cell block TY multiplier:  .02
O  Enter cell block TZ multiplier:  .03

Change TX, TY and TZ in another cell block within
present Well 1?  Y/N:  y

Enter cell block identification number, 1- 9: 2
Existing TX =   .359E-10, TY =   .807E-10, TZ =   .639E-09 ft^3 at
Well 1, Block   2: (i= 4, j= 5, Layer=2) ...

O  Enter cell block TX multiplier:  .01
O  Enter cell block TY multiplier:  .01
O  Enter cell block TZ multiplier:  .01

Change TX, TY and TZ in another cell block within
present Well 1?  Y/N:  n
```

图 15.2C-3　修改程序代码

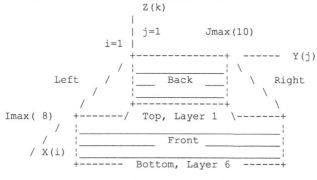

```
INPUT FARFIELD BOUNDARY CONDITION SETUP:
                          Z(k)
                            |
                            | j=1        Jmax(10)
                   i=1  |
                            +--------------+ ------ Y(j)
                       /  ¦_____¦  \
         Left        /   ¦___  Back ___¦    \  Right
                   /      ¦_____¦      \
                 /        +--------------+        \
Imax( 8)  +-------/  Top, Layer 1  \-------+
              /  ¦_____¦
            /    ¦_____¦
          /      ¦_____ Front _____¦
        / X(i)   ¦_____¦
        +------- Bottom, Layer 6  ------+

                  COORDINATE SYSTEM

O  FRONT ... is aquifer or no flow wall? A/W: a
O  Pressure at FRONT face (psi): 5000
O  BACK .... is aquifer or no flow wall? A/W: a
O  Pressure at BACK face (psi): 5000
O  LEFT .... is aquifer or no flow wall? A/W: a
O  Pressure at LEFT face (psi): 5000
O  RIGHT ... is aquifer or no flow wall? A/W: a
O  Pressure at RIGHT face (psi): 5000
O  TOP ..... is aquifer or no flow wall? A/W: w
O  BOTTOM .. is aquifer or no flow wall? A/W: w
```

图 15.2C-4　四个含水层侧边界和顶底部实心边界

　　设完全瞬态流内液体黏度为 $10mPa \cdot s$，压缩系数为 $0.00001psi^{-1}$。任何位置初始压力都是 5000psi，假设时间步长为 1。根据随后的井史，显然可稳定求算流量下降预计值（图 15.2C-5）。

```
C>type well1.sim
```

WELL #1: Step No.	Dt (Hour)	Time (Hour)	Pressure (Psi)	Flow Rate (Cu Ft/Hr)	Cum Vol (Cu Ft)
1	.100E+01	.100E+01	.100E+04	.756E+06	.756E+06
2	.100E+01	.200E+01	.100E+04	.555E+06	.131E+07
3	.100E+01	.300E+01	.100E+04	.464E+06	.178E+07
4	.100E+01	.400E+01	.100E+04	.412E+06	.219E+07
5	.100E+01	.500E+01	.100E+04	.379E+06	.257E+07
6	.100E+01	.600E+01	.100E+04	.356E+06	.292E+07
7	.100E+01	.700E+01	.100E+04	.339E+06	.326E+07
8	.100E+01	.800E+01	.100E+04	.325E+06	.359E+07
9	.100E+01	.900E+01	.100E+04	.313E+06	.390E+07
10	.100E+01	.100E+02	.100E+04	.303E+06	.420E+07
.					
20	.100E+01	.200E+02	.100E+04	.245E+06	.686E+07
50	.100E+01	.500E+02	.100E+04	.200E+06	.133E+08
100	.100E+01	.100E+03	.100E+04	.188E+06	.229E+08
150	.100E+01	.150E+03	.100E+04	.186E+06	.322E+08
199	.100E+01	.199E+03	.100E+04	.185E+06	.413E+08

图 15.2C – 5　迭代运行结果

此处的目标有三:首先,面向对象的地质文件输入数据(含复杂井眼轨迹)易于创建,岩心数据仅做录入,然后方便地过一个较低层次的例程(如果研究不需要以行列形式重新录入麻烦的数字将会怎样);其次,非均质性非常严重的瞬态问题可进行高度稳定的模拟,时间步长可设置成相当的长;最后,整个键盘录入工作过程(含计算时间)只需数分钟。

15.7　示例 15.3　钻进穹隆构造的地层网格

在这个示例中,用地层网格进行模拟。此类网格容纳着所有各相关层。针对这里所示构造若采用标准的直角坐标网格,将会产生众多无效的网格块,进而降低收敛速度。为简洁起见,设地层为均质地层,但这里的重点是超平网格和特殊穹隆状坐标的选择。在许多椭圆求解程序中,网格与坐标同收敛问题有关。实际上,一个基于网格块长宽比和各向异性渗透率的无量纲参数控制着收敛。假定网格块高度为 1000ft × 1000ft × 10,存在于四层的 7 × 7 网格系统内;岩石渗透率 500mD,孔隙度 20%。此外,两口井相对布置。所有 DRL 四层都采取最上层 LAYER1. DRL 的形式,垂直井 1 和垂直 2 按如图 15.2D – 1 所示布置。

地层网格块的高程可采用最上面地表的文本图片(显示坐标 z)确定(图 15.2D – 2)。

```
C>type layer1.drl
+ + + + + + +          (i=1,j=1)  85  85  85  85  85  85  85
+ + + + + + +                     85  90  90  90  90  90  85
+ + 1 + + + +                     85  90  95  95  95  90  85
+ + + + + + +                     85  90  95 100  95  90  85
+ + + + 2 + +                     85  90  95  95  95  90  85
+ + + + + + +                     85  90  90  90  90  90  85
+ + + + + + +                     85  85  85  85  85  85  85  (i=7,j=7)
```

图 15.2D – 1　井 1 和井 2 的井眼轨迹信息　　　　　图 15.2D – 2　高程信息

这样,结合厚度均匀的各层(1ft)的垂直厚度以及层数(还是四层),便完全定义了地层。更普通的拓扑结构需要详细的输入/输出流程,本书不讨论输入/输出流程。接下来,对井1设压力约束条件1000psi,对井2设流量约束条件50ft³/h。此外,模拟黏度为1mPa·s的液体,假设长方形计算模型六个面是实心无流隔断,以便严格测试质量守恒。为了质量守恒,稳定数值方法必须确定井1的流量,该流量是井2假定流量的相反数。是否可以做到? 计算结果如图15.2D-3所示。

```
Iteration   200, (Un)converged volume flow rates
by well cluster:

Cluster 1:  P=  .1000E+04 psi, Q= -.5020E+03 cu ft/hr.
Cluster 2:  P=  .1851E+02 psi, Q=  .5008E+03 cu ft/hr.
```

图15.2D-3 压力和流量计算结果

迭代200次时仅需数秒,注水井和生产井流量几乎相等。根据下面的前两层结果,和预计的一样,压力计算值是对称的(图15.2D-4)。规定的1000psi的位置以粗字体显示,以供参考;注意,没有理由井2的压力计算值应该是-1000psi。

```
Calculated 3D Pressures    (Intermediate Results)
Iteration   200, Pressure (psi) in Layer 1:
BACK
  .850E+03  .850E+03  .850E+03  .701E+03  .573E+03  .509E+03  .509E+03
  .850E+03  .850E+03  .850E+03  .701E+03  .573E+03  .509E+03  .509E+03
  .850E+03  .850E+03  .100E+04  .680E+03  .509E+03  .445E+03  .445E+03
  .701E+03  .701E+03  .680E+03  .509E+03  .338E+03  .317E+03  .317E+03
  .573E+03  .573E+03  .509E+03  .338E+03  .185E+02  .168E+03  .168E+03
  .509E+03  .509E+03  .445E+03  .317E+03  .168E+03  .168E+03  .168E+03
  .509E+03  .509E+03  .445E+03  .317E+03  .168E+03  .168E+03  .168E+03

FRONT
Iteration   200, Pressure (psi) in Layer 2:
BACK
  .850E+03  .850E+03  .850E+03  .701E+03  .573E+03  .509E+03  .509E+03
  .850E+03  .850E+03  .850E+03  .701E+03  .573E+03  .509E+03  .509E+03
  .850E+03  .850E+03  .100E+04  .680E+03  .509E+03  .445E+03  .445E+03
  .701E+03  .701E+03  .680E+03  .509E+03  .338E+03  .317E+03  .317E+03
  .573E+03  .573E+03  .509E+03  .338E+03  .185E+02  .168E+03  .168E+03
  .509E+03  .509E+03  .445E+03  .317E+03  .168E+03  .168E+03  .168E+03
  .509E+03  .509E+03  .445E+03  .317E+03  .168E+03  .168E+03  .168E+03
FRONT
```

图15.2D-4 迭代200次层1和层2的压力分布

随着此稳态流的确立,现在继续进行瞬态可压缩分析并关闭两口井。假定压缩系数是0.000003psi^{-1},时间步长为0.005h/500步。对于注水井1,由于流体远去,预计压力会随时间推移而降低;而对于生产井2,由于流体聚集,预计压力会有所增加。前两层中的压力呈现出平滑稳定的趋势;此外,两口井的预计压力变化情况是定性正确的(图15.2D-5)。

```
LAYER RESULTS @ Step   499, Time =   .250E+01 hours:

Pressure Distribution (psi) in Layer 1:
BACK
  .837E+03   .837E+03   .837E+03   .695E+03   .573E+03   .512E+03   .512E+03
  .837E+03   .837E+03   .837E+03   .695E+03   .573E+03   .512E+03   .512E+03
  .837E+03   .837E+03   .979E+03   .674E+03   .512E+03   .451E+03   .451E+03
  .695E+03   .695E+03   .674E+03   .512E+03   .349E+03   .329E+03   .329E+03
  .573E+03   .573E+03   .512E+03   .349E+03   .447E+02   .186E+03   .186E+03
  .512E+03   .512E+03   .451E+03   .329E+03   .186E+03   .186E+03   .186E+03
  .512E+03   .512E+03   .451E+03   .329E+03   .186E+03   .186E+03   .186E+03
FRONT

Pressure Distribution (psi) in Layer 2:
BACK
  .837E+03   .837E+03   .837E+03   .695E+03   .573E+03   .512E+03   .512E+03
  .837E+03   .837E+03   .837E+03   .695E+03   .573E+03   .512E+03   .512E+03
  .837E+03   .837E+03   .979E+03   .674E+03   .512E+03   .451E+03   .451E+03
  .695E+03   .695E+03   .674E+03   .512E+03   .349E+03   .329E+03   .329E+03
  .573E+03   .573E+03   .512E+03   .349E+03   .447E+02   .186E+03   .186E+03
  .512E+03   .512E+03   .451E+03   .329E+03   .186E+03   .186E+03   .186E+03
  .512E+03   .512E+03   .451E+03   .329E+03   .186E+03   .186E+03   .186E+03
FRONT


C>type well1.sim
    WELL #1:    Dt        Time      Pressure   Flow Rate
    Step No.  (Hour)     (Hour)      (Psi)     (Cu Ft/Hr)
          0   .500E-02   .000E+00   .100E+04   -.502E+03
          1   .500E-02   .500E-02   .100E+04    .000E+00
        100   .500E-02   .500E+00   .996E+03    .000E+00
        200   .500E-02   .100E+01   .991E+03    .000E+00
        300   .500E-02   .150E+01   .987E+03    .000E+00
        400   .500E-02   .200E+01   .983E+03    .000E+00
        499   .500E-02   .250E+01   .979E+03    .000E+00   (i.e., pressure decreases)
C>type well2.sim
    WELL #2:    Dt        Time      Pressure   Flow Rate
    Step No.  (Hour)     (Hour)      (Psi)     (Cu Ft/Hr)
          0   .500E-02   .000E+00   .185E+02    .500E+02
          1   .500E-02   .500E-02   .185E+02    .000E+00
        100   .500E-02   .500E+00   .238E+02    .000E+00
        200   .500E-02   .100E+01   .291E+02    .000E+00
        300   .500E-02   .150E+01   .344E+02    .000E+00
        400   .500E-02   .200E+01   .396E+02    .000E+00
        499   .500E-02   .250E+01   .447E+02    .000E+00   (i.e., pressure increases)
```

图 15.2D - 5　瞬态可压缩分析

15.8　示例 15.4 钻井时模拟通过穹隆状油藏的水平气井

在这个示例中,模拟了内有非线性气体流的各向异性母岩。特别是,研究了新钻刚投产的水平泄油孔和斜井的瞬态效应。此示例说明了如何采用直角坐标网格模拟穹隆形状。另外,模拟时井约束条件会有修正,展示了计算稳定性。钻井时具有模拟能力意味着地层评价效果得到提升,比如利用钻井时的环空压力数据更好地拟合渗透率。为了简洁起见,未列出 GEO 地质文件;然而,非均质性可通过下面六个 LAYER * . DRL 10 × 10 文本文件推断,其中也含有井位信息(图 15.2E - 1)。最初只有井 1,而第二套井系统是后来在模拟过程中完钻的。

网格块尺寸 Δx、Δy 和 Δz 分别为 100ft、200ft 和 300ft。前四个所列岩石类型的性质是各向同性的。岩石类型"+"渗透率 100mD,孔隙度 20%;岩石类型"*"渗透率 200mD,孔隙度

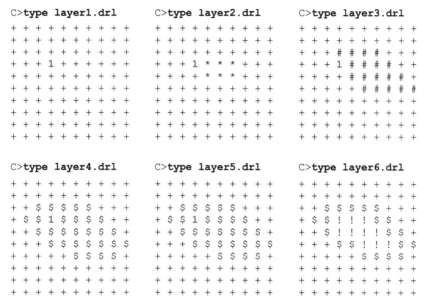

```
C>type layer1.drl        C>type layer2.drl        C>type layer3.drl
+ + + + + + + + + +      + + + + + + + + + +      + + + + + + + + + +
+ + + + + + + + + +      + + + + + + + + + +      + + + + + + + + + +
+ + + + + + + + + +      + + + + + + + + + +      + + + # # # # + + +
+ + + 1 + + + + + +      + + + 1 * * * + + +      + + + 1 # # # # + +
+ + + + + + + + + +      + + + + * * * + + +      + + + + # # # # # +
+ + + + + + + + + +      + + + + + + + + + +      + + + + # # # # # #
+ + + + + + + + + +      + + + + + + + + + +      + + + + # # # # # #
+ + + + + + + + + +      + + + + + + + + + +      + + + + + + + + + +
+ + + + + + + + + +      + + + + + + + + + +      + + + + + + + + + +
+ + + + + + + + + +      + + + + + + + + + +      + + + + + + + + + +

C>type layer4.drl        C>type layer5.drl        C>type layer6.drl
+ + + + + + + + + +      + + + + + + + + + +      + + + + + + + + + +
+ + + + + + + + + +      + + + + + + + + + +      + + + + + + + + + +
+ + $ $ $ $ $ + + +      + + $ $ $ $ $ + + +      + + $ $ $ $ $ + + +
+ $ $ 1 $ $ $ $ + +      + $ $ 1 $ $ $ $ + +      + $ $ ! ! ! $ $ + +
+ $ $ $ $ $ $ $ $ +      + $ $ $ $ $ $ $ $ +      + + $ ! ! ! ! $ $ +
+ + + $ $ $ $ $ $ $      + + + $ $ $ $ $ $ $      + + + $ $ ! ! ! $ $
+ + + + + $ $ $ $ +      + + + + + $ $ $ $ +      + + + + + $ $ $ $ +
+ + + + + + + + + +      + + + + + + + + + +      + + + + + + + + + +
+ + + + + + + + + +      + + + + + + + + + +      + + + + + + + + + +
+ + + + + + + + + +      + + + + + + + + + +      + + + + + + + + + +
```

图 15.2E−1　六个层的地质信息和井位信息

30%；岩石类型"#"渗透率 300mD，孔隙度 25%；岩石类型"!"渗透率 100mD，孔隙度 20%。接下来，令产油层"$"复杂化；产油层"$"各向异性，x、y 和 z 方向上的渗透率分别为 700mD、800mD 和 900mD，孔隙度均为 25%。

现在假设井 1 有压力约束条件（500psi），长方形计算模型的六个面是实心无流隔断，模拟器以纯瞬态可压缩等温气体流模式运行。气体的黏度为 1mPa·s，地面密度为 0.003lbf·s^2/ft^4（14.7psi），气体指数 $m=1$。将油藏初始化至 10000psi，以对系统形成明显冲击，然后从 WELL1.SIM 中提取并研究井 1 的初始井史。井 1 最初有压力约束条件 500psi。注意流量如何随时间推移而下降以及总体积如何随时间推移而增加。流量计算值没有随时间推移而出现不符合实际的振荡（图 15.2E−2）。

WELL #1: Step No.	Dt (Hour)	Time (Hour)	Pressure (Psi)	Flow Rate (Cu Ft/Hr)	Cum Vol (Cu Ft)
1	.500E-02	.500E-02	.500E+03	.254E+10	.127E+08
2	.500E-02	.100E-01	.500E+03	.254E+10	.254E+08
3	.500E-02	.150E-01	.500E+03	.253E+10	.380E+08
4	.500E-02	.200E-01	.500E+03	.252E+10	.507E+08
5	.500E-02	.250E-01	.500E+03	.252E+10	.632E+08
6	.500E-02	.300E-01	.500E+03	.251E+10	.758E+08
7	.500E-02	.350E-01	.500E+03	.250E+10	.883E+08
8	.500E-02	.400E-01	.500E+03	.250E+10	.101E+09
9	.500E-02	.450E-01	.500E+03	.249E+10	.113E+09
10	.500E-02	.500E-01	.500E+03	.249E+10	.126E+09
11	.500E-02	.550E-01	.500E+03	.248E+10	.138E+09
12	.500E-02	.600E-01	.500E+03	.247E+10	.150E+09
13	.500E-02	.650E-01	.500E+03	.247E+10	.163E+09
14	.500E-02	.700E-01	.500E+03	.246E+10	.175E+09
15	.500E-02	.750E-01	.500E+03	.246E+10	.187E+09
16	.500E-02	.800E-01	.500E+03	.245E+10	.200E+09
17	.500E-02	.850E-01	.500E+03	.245E+10	.212E+09
18	.500E-02	.900E-01	.500E+03	.244E+10	.224E+09
19	.500E-02	.950E-01	.500E+03	.243E+10	.236E+09

图 15.2E−2　第 1~19 步仅井 1 模拟结果

接下来,假设油田业主对流量不满意。回头看 LAYER∗.DRL 图片,然后决定在井 1 内从层 4 开始钻一口水平泄油孔,此泄油孔相交于通过产油层"＄"的跨四网格块轨迹。由九个网格块定义了井 1 的修正井眼轨迹(图 15.2E－3)。模拟器提供了井区中心当前坐标。在下文中,将该井压力约束条件重新定为 55psi,以测试数值稳定性!

```
Existing Well No. 1 defined by following blocks:
Block No.   1:   i= 4, j= 4, Layer=1
Block No.   2:   i= 4, j= 4, Layer=2
Block No.   3:   i= 4, j= 4, Layer=3
Block No.   4:   i= 4, j= 4, Layer=4
Block No.   5:   i= 4, j= 4, Layer=5

Number of active gridblocks defining modified well: 9
Enter blocks in any order, they need not be contiguous -

O  Block   1, New x(i) position index, i:   4
O  Block   1, New y(j) position index, j:   4
O  Block   1, New z(k) position, Layer #:   1
O  Block   2, New x(i) position index, i:   4
O  Block   2, New y(j) position index, j:   4
O  Block   2, New z(k) position, Layer #:   2
O  Block   3, New x(i) position index, i:   4
O  Block   3, New y(j) position index, j:   4
O  Block   3, New z(k) position, Layer #:   3
O  Block   4, New x(i) position index, i:   4
O  Block   4, New y(j) position index, j:   4
O  Block   4, New z(k) position, Layer #:   4
O  Block   5, New x(i) position index, i:   4
O  Block   5, New y(j) position index, j:   4
O  Block   5, New z(k) position, Layer #:   5
O  Block   6, New x(i) position index, i:   5
O  Block   6, New y(j) position index, j:   4
O  Block   6, New z(k) position, Layer #:   4
O  Block   7, New x(i) position index, i:   6
O  Block   7, New y(j) position index, j:   4
O  Block   7, New z(k) position, Layer #:   4
O  Block   8, New x(i) position index, i:   7
O  Block   8, New y(j) position index, j:   4
O  Block   8, New z(k) position, Layer #:   4
O  Block   9, New x(i) position index, i:   8
O  Block   9, New y(j) position index, j:   4
O  Block   9, New z(k) position, Layer #:   4

Modify TX, TY or TZ in present Well 1?  Y/N:  n
New well constraint, pressure or rate?  P/R:  p
New pressure (psi):  55
```

图 15.2E－3 井 1 的修正井眼轨迹

偶尔为了确保新旧井眼轨迹彼此不相交,向原型模拟器中添加了碰撞传感背景逻辑,以增强模拟时钻井选项。检查 WELL1.SIM 井史文件中第 20～39 步的结果。为了提供参考,列出了井 1 从第 1 步开始的所有计算结果。在第 20 步,流量有明确的增加,但增加量没有达到期望值。然而,流量下降不像初始只有垂直井时那样严重。而且,计算过程稳定圆满完成(图 15.2E－4)。

WELL #1:	Dt	Time	Pressure	Flow Rate	Cum Vol
Step No.	(Hour)	(Hour)	(Psi)	(Cu Ft/Hr)	(Cu Ft)
1	.500E-02	.500E-02	.500E+03	.254E+10	.127E+08
2	.500E-02	.100E-01	.500E+03	.254E+10	.254E+08
3	.500E-02	.150E-01	.500E+03	.253E+10	.380E+08
4	.500E-02	.200E-01	.500E+03	.252E+10	.507E+08
5	.500E-02	.250E-01	.500E+03	.252E+10	.632E+08
6	.500E-02	.300E-01	.500E+03	.251E+10	.758E+08
7	.500E-02	.350E-01	.500E+03	.250E+10	.883E+08
8	.500E-02	.400E-01	.500E+03	.250E+10	.101E+09
9	.500E-02	.450E-01	.500E+03	.249E+10	.113E+09
10	.500E-02	.500E-01	.500E+03	.249E+10	.126E+09
11	.500E-02	.550E-01	.500E+03	.248E+10	.138E+09
12	.500E-02	.600E-01	.500E+03	.247E+10	.150E+09
13	.500E-02	.650E-01	.500E+03	.247E+10	.163E+09
14	.500E-02	.700E-01	.500E+03	.246E+10	.175E+09
15	.500E-02	.750E-01	.500E+03	.246E+10	.187E+09
16	.500E-02	.800E-01	.500E+03	.245E+10	.200E+09
17	.500E-02	.850E-01	.500E+03	.245E+10	.212E+09
18	.500E-02	.900E-01	.500E+03	.244E+10	.224E+09
19	.500E-02	.950E-01	.500E+03	.243E+10	.236E+09

Drainhole drilled ...

20	.500E-02	.100E+00	.550E+02	.269E+10	.250E+09
21	.500E-02	.105E+00	.550E+02	.268E+10	.263E+09
22	.500E-02	.110E+00	.550E+02	.268E+10	.277E+09
23	.500E-02	.115E+00	.550E+02	.267E+10	.290E+09
24	.500E-02	.120E+00	.550E+02	.267E+10	.303E+09
25	.500E-02	.125E+00	.550E+02	.266E+10	.317E+09
26	.500E-02	.130E+00	.550E+02	.266E+10	.330E+09
27	.500E-02	.135E+00	.550E+02	.265E+10	.343E+09
28	.500E-02	.140E+00	.550E+02	.265E+10	.356E+09
29	.500E-02	.145E+00	.550E+02	.264E+10	.370E+09
30	.500E-02	.150E+00	.550E+02	.264E+10	.383E+09
31	.500E-02	.155E+00	.550E+02	.263E+10	.396E+09
32	.500E-02	.160E+00	.550E+02	.263E+10	.409E+09
33	.500E-02	.165E+00	.550E+02	.262E+10	.422E+09
34	.500E-02	.170E+00	.550E+02	.262E+10	.435E+09
35	.500E-02	.175E+00	.550E+02	.261E+10	.448E+09
36	.500E-02	.180E+00	.550E+02	.261E+10	.461E+09
37	.500E-02	.185E+00	.550E+02	.260E+10	.474E+09
38	.500E-02	.190E+00	.550E+02	.260E+10	.487E+09
39	.500E-02	.195E+00	.550E+02	.260E+10	.500E+09

图 15.2E－4 第 20~39 步仅井 1 模拟结果

现在,将井 1 放在一边,模拟过程中钻一口全新的井(井 2)。根据通过键盘录入的以下坐标数据,新井井身高度倾斜(图 15.2E－5)。

```
Continue  transient flow simulation modeling?  Y/N:  y
Well #1,  @ Step #  39, Time  .195E+00  hrs,
is "pressure constrained" at  .550E+02  psi.
Well status or geometry, Change or Unchanged?  C/U:  u
Drill any (more) new wells and well clusters?  Y/N:  y
```

图 15.2E－5 模拟过程中增加井 2

根据模拟器的通知,已经投产了一口新井,井数增加到 2。只要井组总数小于最大许可数目 9,这个钻新井选项便始终出现在运行时菜单上。此时,已经单独确定了需要六个网格块才能确定需要贯穿产油层"$"的斜井。偶尔原型个人计算机模拟器支持的最大网格块数目是 $20 \times 20 \times 9$ 或大约 4000。支持的最大井组数目是 9,确定每个井组的最大网格块数目是 200。支持的岩性符号总数是 31。这些数字通过重新规定尺寸轻松得到增加(图 15.2E－6)。

```
A new well has just been brought on stream ...
Total well number has increased to 2.
Number of active cell blocks defining new well:  6

O  Block   1, New x(i) position index, i:  4
O  Block   1, New y(j) position index, j:  7
O  Block   1, New z(k) position, Layer #:  1
O  Block   2, New x(i) position index, i:  4
O  Block   2, New y(j) position index, j:  7
O  Block   2, New z(k) position, Layer #:  2
O  Block   3, New x(i) position index, i:  5
O  Block   3, New y(j) position index, j:  7
O  Block   3, New z(k) position, Layer #:  3
O  Block   4, New x(i) position index, i:  6
O  Block   4, New y(j) position index, j:  7
O  Block   4, New z(k) position, Layer #:  4
O  Block   5, New x(i) position index, i:  7
O  Block   5, New y(j) position index, j:  7
O  Block   5, New z(k) position, Layer #:  5
O  Block   6, New x(i) position index, i:  8
O  Block   6, New y(j) position index, j:  7
O  Block   6, New z(k) position, Layer #:  6

New well constraint, pressure or rate?  P/R:  p
New pressure (psi):  1000
```

图 15.2E－6 模拟器通知

目前有两口井:井 1 是第 1 步刚开始时创建的;井 2 是在第 40 步时引入的。WELL1. SIM 和 WELL2. SIM 文件中体现了这个事实。两口井在第 40～59 步时是有压力约束条件的,随着时间的推移,其流量如预期那样下降(图 15.2E－7)。

最后,对瞬态可压缩模拟进行数值冲击,这一次关井是在第 60～79 步。根据 WELL1. SIM 和 WELL2. SIM 压力文件,在第 60～79 步执行期间,各情形下刚开始时压力均快速升高,然后是平缓上升(图 15.2E－8)。

```
WELL #1:      Dt          Time      Pressure   Flow Rate    Cum Vol
Step No.    (Hour)       (Hour)      (Psi)     (Cu Ft/Hr)   (Cu Ft)
       1   .500E-02     .500E-02    .500E+03   .254E+10    .127E+08
       2   .500E-02     .100E-01    .500E+03   .254E+10    .254E+08
       3   .500E-02     .150E-01    .500E+03   .253E+10    .380E+08
       .
      37   .500E-02     .185E+00    .550E+02   .260E+10    .474E+09
      38   .500E-02     .190E+00    .550E+02   .260E+10    .487E+09
      39   .500E-02     .195E+00    .550E+02   .260E+10    .500E+09
      40   .500E-02     .200E+00    .550E+02   .259E+10    .513E+09
      41   .500E-02     .205E+00    .550E+02   .259E+10    .526E+09
      42   .500E-02     .210E+00    .550E+02   .258E+10    .539E+09
      43   .500E-02     .215E+00    .550E+02   .258E+10    .552E+09
      44   .500E-02     .220E+00    .550E+02   .257E+10    .565E+09
      45   .500E-02     .225E+00    .550E+02   .257E+10    .578E+09
      46   .500E-02     .230E+00    .550E+02   .256E+10    .591E+09
      47   .500E-02     .235E+00    .550E+02   .256E+10    .603E+09
      48   .500E-02     .240E+00    .550E+02   .256E+10    .616E+09
      49   .500E-02     .245E+00    .550E+02   .255E+10    .629E+09
      50   .500E-02     .250E+00    .550E+02   .255E+10    .642E+09
      51   .500E-02     .255E+00    .550E+02   .254E+10    .654E+09
      52   .500E-02     .260E+00    .550E+02   .254E+10    .667E+09
      53   .500E-02     .265E+00    .550E+02   .254E+10    .680E+09
      54   .500E-02     .270E+00    .550E+02   .253E+10    .692E+09
      55   .500E-02     .275E+00    .550E+02   .253E+10    .705E+09
      56   .500E-02     .280E+00    .550E+02   .252E+10    .718E+09
      57   .500E-02     .285E+00    .550E+02   .252E+10    .730E+09
      58   .500E-02     .290E+00    .550E+02   .251E+10    .743E+09
      59   .500E-02     .295E+00    .550E+02   .251E+10    .755E+09
WELL #2:      Dt          Time      Pressure   Flow Rate    Cum Vol
Step No.    (Hour)       (Hour)      (Psi)     (Cu Ft/Hr)   (Cu Ft)
      40   .500E-02     .200E+00    .100E+04   .000E+00    .000E+00
      41   .500E-02     .205E+00    .100E+04   .283E+10    .142E+08
      42   .500E-02     .210E+00    .100E+04   .283E+10    .283E+08
      43   .500E-02     .215E+00    .100E+04   .282E+10    .424E+08
      44   .500E-02     .220E+00    .100E+04   .281E+10    .565E+08
      45   .500E-02     .225E+00    .100E+04   .281E+10    .705E+08
      46   .500E-02     .230E+00    .100E+04   .280E+10    .845E+08
      47   .500E-02     .235E+00    .100E+04   .279E+10    .985E+08
      48   .500E-02     .240E+00    .100E+04   .279E+10    .112E+09
      49   .500E-02     .245E+00    .100E+04   .278E+10    .126E+09
      50   .500E-02     .250E+00    .100E+04   .277E+10    .140E+09
      51   .500E-02     .255E+00    .100E+04   .277E+10    .154E+09
      52   .500E-02     .260E+00    .100E+04   .276E+10    .168E+09
      53   .500E-02     .265E+00    .100E+04   .276E+10    .182E+09
      54   .500E-02     .270E+00    .100E+04   .275E+10    .195E+09
      55   .500E-02     .275E+00    .100E+04   .274E+10    .209E+09
      56   .500E-02     .280E+00    .100E+04   .274E+10    .223E+09
      57   .500E-02     .285E+00    .100E+04   .273E+10    .236E+09
      58   .500E-02     .290E+00    .100E+04   .273E+10    .250E+09
      59   .500E-02     .295E+00    .100E+04   .272E+10    .264E+09
```

图 15.2E – 7   第 40～59 步井 1 和井 2 的模拟结果

WELL #1: Step No.	Dt (Hour)	Time (Hour)	Pressure (Psi)	Flow Rate (Cu Ft/Hr)	Cum Vol (Cu Ft)
.					
.					
57	.500E-02	.285E+00	.550E+02	.252E+10	.730E+09
58	.500E-02	.290E+00	.550E+02	.251E+10	.743E+09
59	.500E-02	.295E+00	.550E+02	.251E+10	.755E+09
60	.500E-02	.300E+00	.722E+04	.000E+00	.755E+09
61	.500E-02	.305E+00	.861E+04	.000E+00	.755E+09
62	.500E-02	.310E+00	.913E+04	.000E+00	.755E+09
63	.500E-02	.315E+00	.934E+04	.000E+00	.755E+09
64	.500E-02	.320E+00	.943E+04	.000E+00	.755E+09
65	.500E-02	.325E+00	.946E+04	.000E+00	.755E+09
66	.500E-02	.330E+00	.948E+04	.000E+00	.755E+09
67	.500E-02	.335E+00	.949E+04	.000E+00	.755E+09
68	.500E-02	.340E+00	.949E+04	.000E+00	.755E+09
69	.500E-02	.345E+00	.950E+04	.000E+00	.755E+09
70	.500E-02	.350E+00	.950E+04	.000E+00	.755E+09
71	.500E-02	.355E+00	.950E+04	.000E+00	.755E+09
72	.500E-02	.360E+00	.950E+04	.000E+00	.755E+09
73	.500E-02	.365E+00	.951E+04	.000E+00	.755E+09
74	.500E-02	.370E+00	.951E+04	.000E+00	.755E+09
75	.500E-02	.375E+00	.951E+04	.000E+00	.755E+09
76	.500E-02	.380E+00	.951E+04	.000E+00	.755E+09
77	.500E-02	.385E+00	.951E+04	.000E+00	.755E+09
78	.500E-02	.390E+00	.952E+04	.000E+00	.755E+09
79	.500E-02	.395E+00	.952E+04	.000E+00	.755E+09
WELL #2: Step No.	Dt (Hour)	Time (Hour)	Pressure (Psi)	Flow Rate (Cu Ft/Hr)	Cum Vol (Cu Ft)
.					
.					
57	.500E-02	.285E+00	.100E+04	.273E+10	.236E+09
58	.500E-02	.290E+00	.100E+04	.273E+10	.250E+09
59	.500E-02	.295E+00	.100E+04	.272E+10	.264E+09
60	.500E-02	.300E+00	.973E+04	.000E+00	.264E+09
61	.500E-02	.305E+00	.977E+04	.000E+00	.264E+09
62	.500E-02	.310E+00	.977E+04	.000E+00	.264E+09
63	.500E-02	.315E+00	.978E+04	.000E+00	.264E+09
64	.500E-02	.320E+00	.978E+04	.000E+00	.264E+09
65	.500E-02	.325E+00	.978E+04	.000E+00	.264E+09
66	.500E-02	.330E+00	.978E+04	.000E+00	.264E+09
67	.500E-02	.335E+00	.978E+04	.000E+00	.264E+09
68	.500E-02	.340E+00	.978E+04	.000E+00	.264E+09
69	.500E-02	.345E+00	.978E+04	.000E+00	.264E+09
70	.500E-02	.350E+00	.978E+04	.000E+00	.264E+09
71	.500E-02	.355E+00	.979E+04	.000E+00	.264E+09
72	.500E-02	.360E+00	.979E+04	.000E+00	.264E+09
73	.500E-02	.365E+00	.979E+04	.000E+00	.264E+09
74	.500E-02	.370E+00	.979E+04	.000E+00	.264E+09
75	.500E-02	.375E+00	.979E+04	.000E+00	.264E+09
76	.500E-02	.380E+00	.979E+04	.000E+00	.264E+09
77	.500E-02	.385E+00	.979E+04	.000E+00	.264E+09
78	.500E-02	.390E+00	.979E+04	.000E+00	.264E+09
79	.500E-02	.395E+00	.979E+04	.000E+00	.264E+09

图 15.2E-8　第 60~79 步井 1 和井 2 的模拟结果

至此,钻时模拟示例结束。虽然采用的是 0.005h 时间步长,但采用几小时和几天作为时间步长时,该算法也会实现非常平稳的模拟。关键在于油藏有实际作业变更时方法的稳健性。

此次模拟旨在显示通常的非均质性以及井身结构如何以最简便的方法实现模拟。在交互式模拟过程中,可实时进行任何作业变更并进行研究,无须为了求得稳定性而采用极小的时间步长。此外,此类模拟对于现实的历史拟合应用也是非常理想的。时间步长与运行时菜单显示期间的积分循环次数可根据作业变更进行修改,让用户能够轻松复制油田作业,并有效进行假设的生产测试。

15.9 示例 15.5 模拟井筒存储效应和可压缩井筒流瞬变过程

设有一个双层均质油藏,中心有一口垂直井,即:LAYER1. DRL 中简单的 $11 \times 11 \times 2$ 系统。长方形计算模型四面被含水层所围,压力保持在 1000psi,而顶部和底部是实心的无流隔断。该油藏最初压力是 1000psi,刚开始生产时井就有 1000ft^3/h 的流量约束条件。期望存在井筒存储效应,该效应是 F 在一定范围(零存储)内变化所产生的结果(图 15.2F-1)。

```
C>type layer1.drl (layer2.drl is identical)

+ + + + + + + + + +
+ + + + + + + + + +
+ + + + + + + + + +
+ + + + + + + + + +
+ + + + + + + + + +
+ + + + 1 + + + + +
+ + + + + + + + + +
+ + + + + + + + + +
+ + + + + + + + + +
+ + + + + + + + + +
+ + + + + + + + + +

    INPUT LITHOLOGY AND FORMATION PROPERTIES:
O   Enter option, rectangular or stratigraphic grids?  R/S:  r
O   Enter number of reservoir layers (# 1-9):  2
    2 layer(s)  taken  in  the  "Z" direction.
    11 grid blocks  counted in "X" direction.
    11 grid blocks  counted in "Y" direction.
O   Enter grid length DX in X direction (ft):  100
O   Enter grid length DY in Y direction (ft):  100
O   Enter "thickness" DZ in Z direction (ft):  100
Reading geological files from disk, please wait ...
Lithology definition begins:
Is rock type + isotropic?  Y/N:  y
    Isotropic permeability (md) of lithology + is:  100
    Porosities are used in "steady state"  flows to solve
    front positions only, and are not needed for pressure
    calculations.   In compressible flow, particularly in
    well test and primary recovery, porosities are needed
    for both pressure and front computations.
    Nonzero porosity  (decimal) of lithology + is:  .20
```

图 15.2F-1 模拟基本参数

　　岩石压缩系数构成了输入数据的一部分:影响瞬变过程的是流体和岩石的净压缩系数,而不只是流体的压缩系数(图15.2F-2)。如果岩石有很大变化,压缩系数存在差异,这就非常关键了。如果分析过程中有流体和岩石压缩系数数值可用,则可通过求平均孔隙度衡量两个值,采用有效压缩系数 $c_{\text{eff}} = \phi(x, y, z) c_{\text{fluid}} + (1 - \phi) c_{\text{rock}}$,$c_{\text{fluid}}$ 和 c_{rock} 分别表示流体和岩石的压缩系数数值,$\phi(x, y, z)$ 是孔隙度。写本书时,此选项仅可用于液体。因此,孔隙度为99%的介质以液体效应为主,而孔隙度为1%的介质以岩石效应为主。

```
Rock compressibility is required if averaging of rock
and liquid values is applied in transient simulation;
if not, enter dummy values (e.g., "1").

Rock compressibility (/psi) of lithology + is:    .000008

Number of lithologies identified in reservoir:    1

Lithotype + Formation Properties:
kx = .1000E+03 md, ky = .1000E+03 md, kz = .1000E+03 md,
porosity = .2000E+00, compressibility = .8000E-05 / psi.

Copying files to disk, please wait ...

Total volume of "computational box" is  .242E+09  cu ft,
total pore space volume is  .484E+08 cu ft.
```

图15.2F-2　输入岩石压缩系数相关参数

　　为了说明生产井和注水井之间的差异、有井筒存储效应和无井筒存储效应的井之间的差异,给出几个模拟(即接下来的截屏内容)。

　　(1)第一次运行:无井筒存储效应的生产井。

　　无井筒存储效应条件下的程序代码如图15.2F-3所示。

```
Reading geological/drilling records, please wait -
One cluster of wells was identified in your reservoir.

Well constraint conventions:  (1)  Pressure levels
must be positive ( >0).  (2) Flow rate constraints
assume "-" for injectors,  and  "+" for producers;
for gases,  enter rates corresponding to "standard
surface conditions" (i.e.,  @ 14.7 psi, 60 deg F).
Additional properties will be required at runtime.

Units available, (1) CuFt/Hr, (2) CuFt/D, (3) B/D.
Enter option (1, 2 or 3):  1

Is "Well No. 1" pressure or rate constrained?  P/R:  r
O Enter total cluster volume flow rate:  1000

SIMULATION SETUP, PHYSICAL FLUID MODELING, FARFIELD
AND WELLBORE RUN/TIME BOUNDARY CONDITION DEFINITION:

Reading drilling records, please wait ...

PRESENT RESERVOIR STATUS:

Reservoir  grid parameters:
To continue, type <Return>:
Imax   = 11, Dx = .1000E+03 ft, Imax  *Dx = .1100E+04 ft.
Jmax   = 11, Dy = .1000E+03 ft, Jmax  *Dy = .1100E+04 ft.
Layers = 2, Dz = .1000E+03 ft, Layers*Dz = .2000E+03 ft.

Number of initial well clusters identified: 1

To continue, type <Return>:  <Return>
Reading transmissibility files, please wait ...

You may modify TX, TY and TZ transmissibilities for simulation
purposes WITHOUT altering values on disk .... Modify?  Y/N:  n
```

图15.2F-3　无井筒存储效应条件下的程序代码

```
Combining geological/drilling information, please wait ...
Well block transmissibility summary (ft^3):
To continue, type <Return>:  <Return>
Well 1, defined by  2 grid blocks, is
flow rate constrained at  .1000E+04  cu ft/hr,
that is,  .427E+04 b/d, or  .240E+05 cu ft/day.
Block  1: (I= 6, J= 6, Layer 1), Tx = .108E-09, Ty = .108E-09, Tz = .108E-09
Block  2: (I= 6, J= 6, Layer 2), Tx = .108E-09, Ty = .108E-09, Tz = .108E-09
INPUT FARFIELD BOUNDARY CONDITION SETUP:

                         Z(k)
                         |
                         | j=1      Jmax(11)
                  i=1 |
                         +-------------+  ------  Y(j)
                      / |_____|  \
         Left    /   |___  Back  ___|   \  Right
                  /    |_____|    \
                /      +-------------+      \
  Imax(11)   +-------/  Top, Layer 1  \-------+
          /  |_____|
        /    |_____  Front _____|
      / X(i) |_____|
        +------- Bottom, Layer 2 ------+

                  COORDINATE SYSTEM

O  FRONT ... is aquifer or no flow wall?  A/W:  a
O  Pressure at FRONT face (psi):  1000
O  BACK .... is aquifer or no flow wall?  A/W:  a
O  Pressure at BACK face (psi):  1000
O  LEFT .... is aquifer or no flow wall?  A/W:  a
O  Pressure at LEFT face  (psi):  1000
O  RIGHT ... is aquifer or no flow wall?  A/W:  a
O  Pressure at RIGHT face (psi):  1000
O  TOP ..... is aquifer or no flow wall?  A/W:  w
O  BOTTOM .. is aquifer or no flow wall?  A/W:  w

PHYSICAL FLUID MODEL SETUP:

O  Fluid viscosity of water and air at room temperature
   and pressure are 1 cp and 0.018 cp, respectively ...
O  Fluid viscosity (centipoise):  1

Is reservoir fluid a liquid or a gas?  L/G:  L

Analyze steady or transient compressible flow?  S/T:  t
TRANSIENT COMPRESSIBLE FLOW SIMULATION MODE SELECTED.

  Transient compressible flow calculation beginning ...
  Initialize solution to (A) constant pressure everywhere
  or (B) variable pressure field stored in file? A/B:  a
  O  Enter initial uniform pressure (psi):  1000
  WELL TEST INPUT PARAMETER SETUP:
  Reading porosity array, please wait ...
  O  Typical compressibilities: oil @ 0.00001/psi,
     water @ 0.000003/psi, gas @ 0.0005/psi, etc.
  O  Liquid compressibility (1/psi):  .000003
```

图 15.2F-3　无井筒存储效应条件下的程序代码(续)

　　根据上述讨论,以下命令允许计算出基于平均孔隙度的岩石—流体压缩系数,该选项还是仅适用于液体流(图 15.2F-4)。

```
Porosity-average this liquid compressibility with
matrix compressibilities  entered previously?  Y/N:  n

Time scale estimate?        Y/N:  n
O  Initial time step (hours):  .1
O  Maximum  number  of steps:  1000

Invoke "small deformation" compaction model?  Y/N:  n

Continue  transient  flow simulation modeling?  Y/N:  y

Well #1,  @ Step #   0, Time  .000E+00  hrs,
is "rate constrained" at   .100E+04 cu ft/hr.
Well status or geometry, Change or Unchanged?  C/U:  u

Drill any (more) new wells and well clusters?  Y/N:  n

Time step now  .100E+00 hr, Change/Unchanged?  C/U:  u
```

图 15.2F-4　确定基本输入信息

注意,根据以下询问内容,模拟器的默认模式假定井筒存储为 0。然而,瞬态运行期间用户可以定期修改容量因子 F 的值,对不同的井选用不同的 F。在用户所定义的各迭代期间,模拟器会向用户告知所有当前的 F 值,并允许在钻井或生产条件发生变化时对其进行修改(图 15.2F-5)。

```
Well Cluster 1:
Well storage capacity, now  .000E+00 ft^5/lbf, C/U:  u

Time steps between pressure plots,   now   10, C/U:  c
..................... Enter new time step number:  200
Time steps between well status changes,   10, C/U:  c
..................... Enter new time step number:  200

Calculating at time step    1, please wait ...
Calculating at time step    2, please wait ...
```

图 15.2F-5　模拟器向用户告知相关信息

完成后,储存模拟期间创建的 WELL#.SIM 文件,以备绘图所用。这些文件含每个单井或多分支井组的压力和流量变化过程,如图 15.2F-6 所示。

```
C>type well1.sim

WELL #1:    Dt       Time     Pressure   Flow Rate    Cum Vol
Step No.  (Hour)    (Hour)     (Psi)     (Cu Ft/Hr)   (Cu Ft)
       1  .100E+00  .100E+00  .969E+03   .100E+04    .100E+03
       2  .100E+00  .200E+00  .954E+03   .100E+04    .200E+03
       3  .100E+00  .300E+00  .946E+03   .100E+04    .300E+03
       4  .100E+00  .400E+00  .940E+03   .100E+04    .400E+03
       5  .100E+00  .500E+00  .936E+03   .100E+04    .500E+03
       6  .100E+00  .600E+00  .932E+03   .100E+04    .600E+03
       7  .100E+00  .700E+00  .929E+03   .100E+04    .700E+03
       8  .100E+00  .800E+00  .927E+03   .100E+04    .800E+03
       9  .100E+00  .900E+00  .925E+03   .100E+04    .900E+03
      10  .100E+00  .100E+01  .923E+03   .100E+04    .100E+04
       .
       .
     199  .100E+00  .199E+02  .902E+03   .100E+04    .199E+05
```

图 15.2F-6　创建 WELL/.SIM 文件

(2) 第二次运行:存在一些井筒存储效应的生产井。

观察前面图 15.2F-6 发现,完成 200 步后,井压从 969psi 降到 902psi。第一次运行过程中,

假定 F 等于 $0ft^5/lbf$。现在用稍微不同的容量因子再做一次计算,假定 $F = 0.00000001ft^5/lbf$。所有其他参数与第一次运行相同,以便比较。非零(正数)容量的效应使井筒流体刚开始就膨胀。在这个问题中,因膨胀而增加的部分构成了产液的一部分,进而降低了砂层面处所需的产液量。因此,压力下降的速度应该没有第一次运行快,在第一次运行中,假定的是零存储。这里显示的最终结果与实际物理过程吻合,最终压力为932psi,而不是902psi(图 15.2F-7)。

(3)第三次运行:井筒存储效应更大的生产井。

在第三次运行中,令 F 比第二次运行假定的 $F(0.00000001ft^5/lbf)$ 更大。在这种情况下,根据井筒流体膨胀假定地面产液量;模拟器模拟欠平衡钻井,有大量气体从溶解态游离出来,进入井筒液柱。此模拟以测试方法的稳定极限和物理正确性为设计目的。同预期的一样,其模拟结果显示油藏是非生产性油藏。比如,模拟结果(图 15.2F-8)揭示了井底压力是恒定值,这与油藏产量特别小是吻合的。

```
WELL #1:     Dt         Time      Pressure   Flow Rate     Cum Vol
Step No.   (Hour)      (Hour)      (Psi)    (Cu Ft/Hr)    (Cu Ft)
   1      .100E+00    .100E+00    .969E+03    .100E+04    .100E+03
   2      .100E+00    .200E+00    .969E+03    .100E+04    .200E+03
   3      .100E+00    .300E+00    .968E+03    .100E+04    .300E+03
   4      .100E+00    .400E+00    .968E+03    .100E+04    .400E+03
   5      .100E+00    .500E+00    .968E+03    .100E+04    .500E+03
   6      .100E+00    .600E+00    .968E+03    .100E+04    .600E+03
   7      .100E+00    .700E+00    .967E+03    .100E+04    .700E+03
   8      .100E+00    .800E+00    .967E+03    .100E+04    .800E+03
   9      .100E+00    .900E+00    .967E+03    .100E+04    .900E+03
  10      .100E+00    .100E+01    .967E+03    .100E+04    .100E+04
  20      .100E+00    .200E+01    .964E+03    .100E+04    .200E+04
  30      .100E+00    .300E+01    .962E+03    .100E+04    .300E+04
  40      .100E+00    .400E+01    .960E+03    .100E+04    .400E+04
  50      .100E+00    .500E+01    .957E+03    .100E+04    .500E+04
 100      .100E+00    .100E+02    .947E+03    .100E+04    .100E+05
              .
 199      .100E+00    .199E+02    .932E+03    .100E+04    .199E+05
```

图 15.2F-7　存在一些井筒存储效应的模拟结果

```
Pressure (psi) versus time:

   Hours                       0

    .10      .9690E+03      |                              *
    .20      .9690E+03      |                              *
    .30      .9690E+03      |                              *
    .40      .9690E+03      |                              *
    .50      .9690E+03      |                              *
    .60      .9690E+03      |                              *
    .70      .9690E+03      |                              *
    .80      .9690E+03      |                              *
    .90      .9690E+03      |                              *
   1.00      .9690E+03      |                              *
              .
              .
  19.00      .9680E+03      |                            *

  19.90      .9680E+03      |                            *
```

图 15.2F-8　井筒存储效应更大时的模拟结果

(4)第四次运行:无井筒存储效应的注水井。

再次按首次运行,不考虑井筒存储效应,但令井 1 有流量约束条件 – 1000ft³/h,即改变其符号。这样,井 1 从生产井变成注水井。图 15.2F – 9 编辑后的 WELL1. SIM 文件显示了随时间推移而出现的实际预期压力增加。

```
WELL #1:      Dt        Time      Pressure   Flow Rate    Cum Vol
Step No.    (Hour)     (Hour)      (Psi)    (Cu Ft/Hr)    (Cu Ft)
        1   .100E+00   .100E+00   .103E+04   -.100E+04    -.100E+03
        2   .100E+00   .200E+00   .105E+04   -.100E+04    -.200E+03
        3   .100E+00   .300E+00   .105E+04   -.100E+04    -.300E+03
        4   .100E+00   .400E+00   .106E+04   -.100E+04    -.400E+03
        .
      100   .100E+00   .100E+02   .110E+04   -.100E+04    -.100E+05
      199   .100E+00   .199E+02   .110E+04   -.100E+04    -.199E+05
```

图 15.2F – 9　注水井的无井筒存储效应下的模拟结果

(5)第五次运行:有井筒存储效应的注水井。

这里,按第四次运行,但设 $F = 0.00000001 \text{ft}^5/\text{lbf}$。非零(正数)存储效应容易想象出来。$t = 0$ 时,注入时首先将压缩井筒内的流体。因此,砂层面处出现的压力增加率应低于第四次运行计算得到的值。为了看到这实际上就是所计算的情况,读者应参见此处给出的 WELL1. SIM 文件。虽然在第四次运行中完成 200 步时的压力是 1100psi,但现在最终值是 1070psi(图 15.2F – 10)。

```
WELL #1:      Dt        Time      Pressure   Flow Rate    Cum Vol
Step No.    (Hour)     (Hour)      (Psi)    (Cu Ft/Hr)    (Cu Ft)
        1   .100E+00   .100E+00   .103E+04   -.100E+04    -.100E+03
        2   .100E+00   .200E+00   .103E+04   -.100E+04    -.200E+03
        3   .100E+00   .300E+00   .103E+04   -.100E+04    -.300E+03
        .
       40   .100E+00   .400E+01   .104E+04   -.100E+04    -.400E+04
       50   .100E+00   .500E+01   .104E+04   -.100E+04    -.500E+04
      100   .100E+00   .100E+02   .105E+04   -.100E+04    -.100E+05
      199   .100E+00   .199E+02   .107E+04   -.100E+04    -.199E+05
```

图 15.2F – 10　注水井的有井筒存储效应下的模拟结果

对于所有模拟器选项,存储算法是非常稳定的。另外,200 步或 20h 的空间计算结果显示(图 15.2F – 11),围绕中心井(其数字用粗体表示,两侧标注星号),压力有正确的水平、垂直和对角对称;层 1 和层 2 中的压力相等,这也是实际的要求。此类简单校验实际上是要求苛刻的,因为很少有算法在不失去精确性的情况下维持稳定性。本节研究了一口垂直井;存储选项适用于通常的非均质性,也适用于任意水平或多分支井。

存储是以数值方式进行模拟的,因为通常的多分支井拓扑结构及其置于非均质地层排除了以解析方式求解的可能。对于均质介质中较简单的问题,可给出解析解。比如,为了说明经典的拉普拉斯变换分析方法,第 18 章导出了非零径向椭球源(其中考虑了存储效应、各向异性效应和表皮效应)的精确解。此模型用于地层测试器压力瞬变解释。最后,可采用反褶积方法消除井筒存储效应,进而可分析地层响应自身。这些方法严格适用于没有岩石压实的液体流,因为它们采用 Duhamel 积分(一种局限于线性系统的叠加方法)。模拟气体或考虑有压实作用的液体时,反褶积方法无法使用,需要直接模拟。

```
Pressure Distribution (psi) in Layer 1:
BACK
.100E+04  .100E+04  .100E+04  .100E+04  .100E+04  .100E+04  .100E+04  .100E+04  .100E+04  .100E+04  .100E+04
.100E+04  .100E+04  .100E+04  .100E+04  .100E+04  .101E+04  .101E+04  .100E+04  .100E+04  .100E+04  .100E+04
.100E+04  .100E+04  .100E+04  .101E+04  .101E+04  .101E+04  .101E+04  .101E+04  .101E+04  .100E+04  .100E+04
.100E+04  .100E+04  .101E+04  .101E+04  .101E+04  .102E+04  .102E+04  .101E+04  .101E+04  .100E+04  .100E+04
.100E+04  .100E+04  .101E+04  .101E+04  .102E+04  .103E+04  .104E+04  .102E+04  .101E+04  .101E+04  .100E+04
.100E+04  .100E+04  .101E+04  .102E+04  .104E+04* .107E+04* .104E+04  .102E+04  .101E+04  .100E+04  .100E+04
.100E+04  .101E+04  .101E+04  .102E+04  .103E+04  .104E+04  .103E+04  .102E+04  .101E+04  .101E+04  .100E+04
.100E+04  .100E+04  .101E+04  .101E+04  .102E+04  .102E+04  .102E+04  .101E+04  .101E+04  .100E+04  .100E+04
.100E+04  .100E+04  .100E+04  .101E+04  .101E+04  .101E+04  .101E+04  .101E+04  .100E+04  .100E+04  .100E+04
.100E+04  .100E+04  .100E+04  .100E+04  .101E+04  .101E+04  .101E+04  .100E+04  .100E+04  .100E+04  .100E+04
.100E+04  .100E+04  .100E+04  .100E+04  .100E+04  .100E+04  .100E+04  .100E+04  .100E+04  .100E+04  .100E+04
FRONT

Pressure Distribution (psi) in Layer 2:
BACK
.100E+04  .100E+04  .100E+04  .100E+04  .100E+04  .100E+04  .100E+04  .100E+04  .100E+04  .100E+04  .100E+04
.100E+04  .100E+04  .100E+04  .100E+04  .100E+04  .101E+04  .101E+04  .100E+04  .100E+04  .100E+04  .100E+04
.100E+04  .100E+04  .100E+04  .101E+04  .101E+04  .101E+04  .101E+04  .101E+04  .101E+04  .100E+04  .100E+04
.100E+04  .100E+04  .101E+04  .101E+04  .102E+04  .102E+04  .102E+04  .101E+04  .101E+04  .100E+04  .100E+04
.100E+04  .101E+04  .101E+04  .102E+04  .103E+04  .104E+04  .104E+04  .102E+04  .101E+04  .101E+04  .100E+04
.100E+04  .101E+04  .101E+04  .102E+04  .104E+04* .107E+04* .104E+04  .102E+04  .101E+04  .100E+04  .100E+04
.100E+04  .101E+04  .101E+04  .102E+04  .103E+04  .104E+04  .103E+04  .102E+04  .101E+04  .101E+04  .100E+04
.100E+04  .100E+04  .101E+04  .101E+04  .102E+04  .102E+04  .102E+04  .101E+04  .101E+04  .100E+04  .100E+04
.100E+04  .100E+04  .101E+04  .101E+04  .101E+04  .101E+04  .101E+04  .101E+04  .100E+04  .100E+04  .100E+04
.100E+04  .100E+04  .100E+04  .100E+04  .101E+04  .101E+04  .101E+04  .100E+04  .100E+04  .100E+04  .100E+04
.100E+04  .100E+04  .100E+04  .100E+04  .100E+04  .100E+04  .100E+04  .100E+04  .100E+04  .100E+04  .100E+04
FRONT
```

图 15.2F-11　200 步或 20h 的模拟结果

15.10　第二组　高级计算与用户界面

笔者之前描述过其在模拟方面的油藏工程经验(与挫折),然而,这些经验与挫折却是 Chin(2002)著作中数学模型的重要推动因素,此书谈到了当时和如今流模拟器都无法充分模拟物理现实。其日常活动造就了其关于工作流程优化的观点,尤其是消除了模拟流程中的诸多难点,比如高硬件成本、不灵活的软件许可、难用的图形处理器以及不可能实现的类 Unix 命令,这些难点使富有挑战但有趣的油藏分析变成了令人厌烦的数据录入练习。然而,仍然欠缺的是友好的计算机用户界面,但是需要用它使修正变得更容易。

幸运的是,21 世纪的头几年,ExxonMobil、Shell、ChevronTexaco 和其他作业公司为将石油工程知识介绍给 K-12 学生和老师而资助的能源行业教育计划为笔者研究团队的模拟新理念提供了试验台。在此项计划中,笔者被选为课程开发领队和软件架构师,其计划与原型模型在 Aldine 私立学校(当时是得克萨斯州第二大私立学校)投入测试。该模拟过程应该是简单、有趣和富有成效的,随着改良的算法重现在非常用户友好的屏幕上,原有工作流程中的无趣性消失了,工程师能够有时间处理实际重要的问题。如今,这个用户界面成为评价油藏流并将结果与基于电子表格的经济分析结合进行研究的真正初学者的试验界面。

简言之,研究工作走过了一段很长的路。Multisim™如今允许油藏分析侧重于油藏工程问题。比如,压力场看起来像什么样? 有压力约束条件井内的流量是多少? 同样,有流量约束条件系统内的压力是多少? 井间以何种方式互相影响或互相竞争? 矿区边界处发生哪些类型的事件? 边界条件的变化如何影响生产? 重要的是模拟过程侧重于:在降低钻井和井成本情况下可如何优化生产和现金流?

在完善方法过程中,有两个主要问题阻碍着用户层面的模拟进程。首先是对建立和解决具体问题过程中所涉及工作流程的了解。比如,某人要正常完成石油工程课程,然后回想起,稳态压力场计算只需要渗透率和黏度输入数据,而对于瞬态流,要输入孔隙度、压缩系数和井筒存储数据。从这个意义上讲,用户所具有的专业知识便是一个专业障碍。其次是用户界面自身。软件屏幕通常由不了解油藏工程工作流程和问题方程表述的程序员所设计,结果导致需要有详细的用户手册和不必要的输入命令。菜单结构构建不合理时,模拟设置便无直观感,工作效率下降。工程师如何工作? 按何种顺序工作? 首先是钻井。然后,在假定压力或流量约束条件前提下自喷。井可关井、侧钻或重新完井。然后重新循环这个过程,也许会遇到多分支系统。这些知识应建立在界面和背景逻辑内。

令人满意的菜单系统必须支持这个工作流程,将用户培训和死记硬背需求降至最低。笔者研究团队就已经开发了这样一个系统。由于运行模拟器与开发模拟器一样重要,所以,本节仔细选择了五个示例,运用所有的模拟器选项。著作 Chin(2016a)中提供了十多个示例,但在这里,快速概述几个关键的概念和输出。在接下来的讨论中,整合了与模拟方法和菜单设计有关的讨论。总结了五个关键示例的结果,即:

(1)示例 15.6 多层介质中的多分支井和垂直井;

(2)示例 15.7 有瞬变作业的双侧向分支井;

(3)示例 15.8 生产井与注水井转换;

(4)示例 15.9 顶驱/底驱采油;

(5)示例 15.10 用有井筒存储效应的双水平分支进行瞬态采气。

继续讲述前,先概述一下关键的 Multisim™ 物理模拟与软件功能,以便轻松比较笔者研究团队的模拟能力与现有的油藏流模拟器。需要强调的是,除了快速阅读 Chin(2016a)著作以外,没有用户手册提供,也不需要提供。

15.11 MULTISIM™软件的功能

15.11.1 油藏描述

(1)用#、$ 、% 等岩性符号描述通常的非均质性、各向异性、分层和地质构造。

(2)裂缝与流屏障模拟。

(3)模拟期间可临时修改渗透速率。

(4)模拟不可压缩和可压缩液体和气体单相流。

(5)气体流模拟通常的热动力学选项。

(6)求流体和母岩压缩系数平均值(基于孔隙度)。

(7)刚性地层与小变形压实模型可用。

(8)支持通常的驱动机理,比如气体、含水层等。

(9)地层网格内建在源代码中(交互时看不到)。

15.11.2 井系统模拟

(1)支持部分或全部贯穿的垂直井、斜井、水平井和多分支井。

(2)支持任意井拓扑结构,模拟期间可修改流量或压力约束条件,计算过程中可修改多分支井的分支或重新完井——通用分层油藏模型上最多支持九个系统。

(3)模拟期间实现侧钻、二次钻井和重新完井。

(4)提供了根据经验确定局部采油(采气)指数的手段。

15.11.3　附加的模拟器功能

（1）任意规定注水井和生产井。

（2）稳定流求解，全瞬态模拟，或先稳后瞬模拟。

（3）初始压力可能是恒定值，也可能是变量。

（4）瞬态模拟器初始化至现有压力，比如，三井求解可从双井分析（第三口弃井）入手。

（5）激活菜单逐步指导用户进行数据录入（根据用户目标自动评估内部工作流程，不提供也不需要提供用户手册）。

（6）高度集成三维彩色图和线图。

（7）后台执行矩阵逆转，但对用户透明。

（8）自动配置方程，矩阵逆转和求解，对用户透明的后台计算，紧密集成三维彩色图。

（9）无须标准 Windows 电脑、显卡、详细的工程知识和用户手册。

15.12　示例 15.6 多层介质中的多分支井和垂直井

在这次模拟中，为了避免起初的信息过剩和可能的混淆，展示整个模拟器所具有的强大功能，这些功能在之前的基本示例介绍中没有介绍。这里，考虑最大最精细的分辨率选项，现在这些选项可以实现了，即每层有 31×31 个网格块的九层油藏；即，由 8649 个或近 10000 个网格块构成的计算域，其中考虑了通常的非均质性和各向异性以及任意井拓扑结构。此处说明，在中档酷睿 i5 个人电脑上可以稳定快速地收敛于有意义的结果，同时实现三维彩色图形显示。

在示例 15.1 至示例 15.5 中，介绍了模拟器的入门级版本，即能源行业教育计划项下开发的带有 15×15 个网格块的三层模型。后来，模拟能力扩展至带 31×31 个网格块的九层问题。正如图 15.3A 底部所显示的，这个功能强大的版本需要密码才能使用。各机器的密码不同，密码取得方式是将序列号发给 Stratamagnetic 软件有限责任公司。一旦单击"Go"，即显示一个信息屏幕，上面显示"License validated，all options available"。

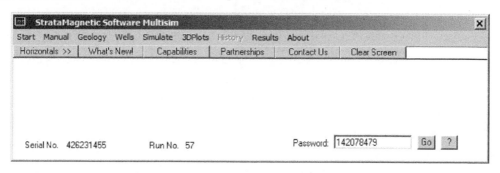

图 15.3A　Multisim™菜单屏幕概览

在图 15.3A 顶部的主水平菜单中列出了主要工作流程，依次是"Geology""Wells""Simulate"和"3DPlots"。"Geology"菜单用于描述下伏油藏。首先，选择图 15.3B 所示的"Number of Layers"定义层数。然后出现图 15.3C 中的屏幕，其中有九个按钮可以点选，表示进行油藏描述的层数最多有九层，选择最大的那个，即 9。注意，在图 15.3B 中，"Number of Layers"下面的垂直菜单条目是灰色或未激活的。只有在定义层数后，图 15.3D－1 中的"Create Reservoir"才变成突出显示和激活状态。软件设计便采用此菜单策略——以错误顺序点错菜单是不可能的,且只有那些必须完成或着重显示的菜单才呈现给用户。

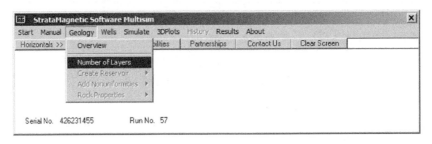

图 15.3B　层数选择

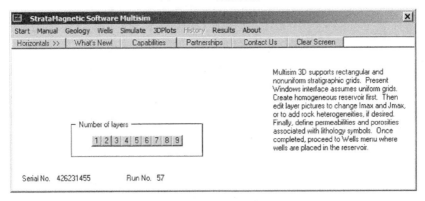

图 15.3C　油藏描述最多可用九层

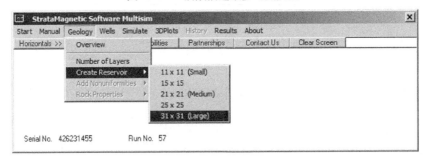

图 15.3D-1　油藏区域网格块选项

接下来,看"Create Reservoir"选项,选择图 15.3D-1 所示的最大许可选项 31 × 31 (Large)。图 15.3D-2 指出总体网格结构已经定义完毕,屏幕上的注释指出如有需要,可按网格逐个画出油藏非均质性。之前在示例 15.1 至示例 15.5 中曾用#、$ 和%等键盘符号这样做过。由于打算在目前示例中说明多分支井的定义,所以,现在选择"Uniform Medium",如图 15.3E 所示,该选项会自动创建所有需要的背景有"点"的 LAYER * . GEO 文件。图 15.3F 确认对均质介质的选择——所有地质定义文件 LAYER1. GEO、LAYER2. GEO 等如所述的那样都是简单的点,这里没有显示出来。接下来突出显示的菜单见图 15.3G 所示,此图表明即将定义岩石性质。接着出现图 15.3H 和图 15.3I,由于以说明为目的,接受其默认值。

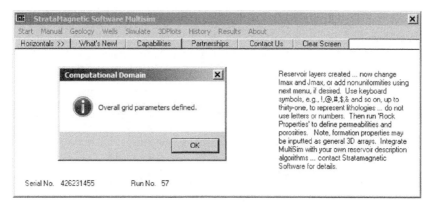

图 15.3D – 2　总体网格结构已定义完毕

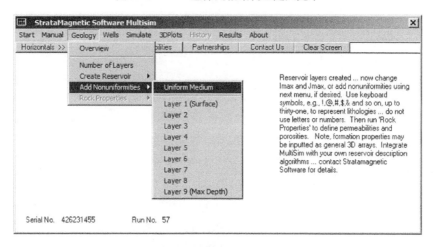

图 15.3E　现在选择"Uniform Medium"

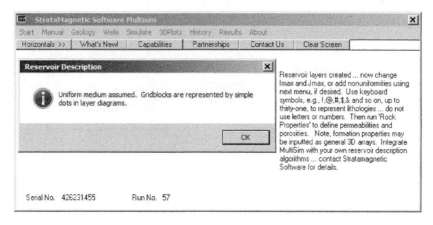

图 15.3F　确认选择了"Uniform Medium"

接下来,看上面水平菜单中定义井系统和各个结构的"Wells"菜单。点选"Wells"后,"Insert Wells"选项出现,由于此次模拟有九层,故在图 15.3J 中突出显示了九个层号。注意,层 1

表示地面,即首先钻遇的地层岩石,而"max depth"表示油藏最深的部位。这个用法与现场应用相吻合。为了简洁起见,只钻或只插入两口井,即井 1 和井 2,不过,最多可插入九个井系统(最后一个标记为"Well 9")。重要的是,每口井可简单如基本的垂直井,也可复杂如有多个不同长度分支的三维多分支井。

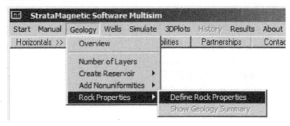

图 15.3G　接下来定义岩石性质

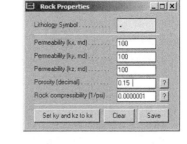

图 15.3H　网格块尺寸与形状　　　图 15.3I　输入岩石性质

注意,每个井系统均在单一井约束条件下运行。比如,对一个分支井设压力约束条件而对另一个分支井设流量约束条件是不可以的,如果附近系统需要不同的约束条件,则直接将其井号指定为一个不同的井号。此外,与所用约束条件对应的数值适用于井系统的所有部分;而且,在前文的公式表述中,摩擦力和重力是忽略不计的,因为假定流量有足够高。

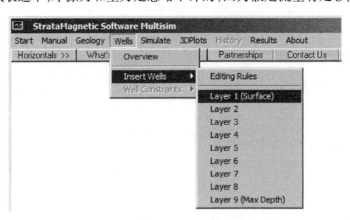

图 15.3J　井位处最多可用九层

将定义所有九层的井 1 和井 2,为方便起见,从层 1 开始(实际上各层可以按照任何顺序)。选择"Layer 1(Surface)"。然后内部将 LAYER1. GEO 的地质数据拷贝进 LAYER1. DRL

内。要注意"1"和"2"是如何插入 LAYER1. DRL 的。完全不插入井号也是可以的，但仅对未钻的底层有实际意义——这些层可表示可投产的含油气层或底部有压力驱动时作为额外压力源的含油气层。现在，保存 LAYER1. DRL。在本示例中，对所有九层重复这个定义井的过程，完成时由用户保存所有 LAYER * . DRL 文件（到下一层时软件没有提示）。图 15.3K 显示了背景有 31 × 31 个点的两口井的位置，这些点表示假定的均质介质。前四层（层 1 到层 4）中的井描述是相同的，表示垂直井，如图 15.3K 至图 15.3N 所示。接下来，图 15.3O（层 5）显示出严重偏离了标准的油藏模拟能力。以井 1 为起点任意画出了一个非常普通的多分支井系统（采用 Windows Notepad 程序，模拟器会自动调用该程序），而井 2 保持垂直。可以再轻松引入七个多分支井系统。

图 15.3K　井 1 和井 2 的层 1 井定义

根据层 6 和层 7 对应的图 15.3P 和图 15.3Q，假定井系统与层 1 中的井系统相同，即，都是垂直井。为了简单说明模拟器的通用性，在图 15.3R 中以井 1 为起点又引入了一个分支。图 15.3S 显示出模拟过程中的底下最后一层。如前所述，底层无须钻井——底层可能仅仅表示可投产的额外含流体层或者其中驻留着额外的油藏压力源。在图 15.3T 中，继续沿垂直方向钻井 1，不过没有井 2，因为该井属于部分贯穿。

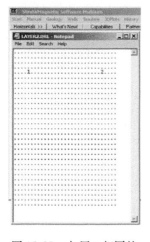

图 15.3L　与层 1 相同的层 2 井定义

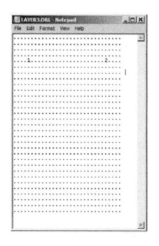

图 15.3M　与层 1 相同的层 3 井定义

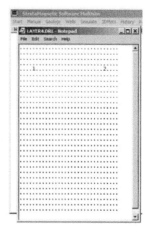

图 15.3N　与层 1 相同的层 4 井定义

图 15.3O 具有极复杂分支结构的井 1；如有必要可令井 2 甚至是井 3 至井 9 具有相同复杂程度；各井以倾斜角度贯穿多层一旦将各井插入油藏各层，即找到"Wells"菜单中的"Well Constraints"选项，然后选择图 15.3U 所示的"Production Mode"。根据图 15.3V 所示的屏幕显示，允许进行稳态或瞬态模拟。为了避免进行瞬态分析时出现过长菜单，单击 Yes 进行当前模拟的稳定流生产分析。而且，还是以说明多分支井定义和绘制结果为当前目的。

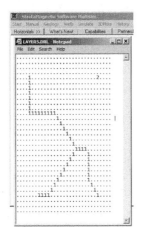

图 15.3O　1 井具有非常复杂的多分支结构，2 井也可以同样复杂，如果存在 3—9 井，情况类似井可能会斜穿多层

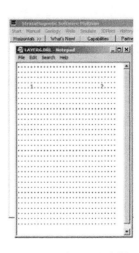

图 15.3P　与层 1 相同的层 6 井定义

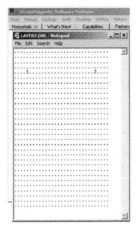

图 15.3Q　与层 1 相同的层 7 井定义

图 15.3R　所定义的井 1 额外侧向小分支

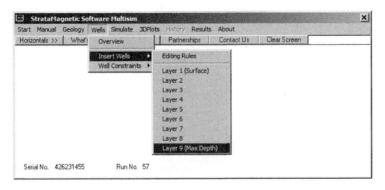

图 15.3S　钻进最后一层

图 15.3W 所示的屏幕上提供了指定井约束条件选项。选择所示选项后弹出图 15.3X 所示的窗口,其中给出了可用选项并要求选择将要用到的流量单位(选择"Barrels per day"或"b/d")。在图 15.3Y 中,设多分支井井 1 有压力约束条件 1000psi,在图 15.3Z-1 中,设垂直井井 2 有压力约束条件 5000psi(在第 3 章和 Chin(2016a)著作中,说明了为什么可以令一口井有压力约束条件而另一个口井有流量约束条件;实际上如果存在九个井系统,可任意搭配压力和流量约束条件)。在此次模拟中采用 1000psi 和 5000psi 的目的很简单,只是想在彩色图上看到这些数字,其中,10000psi 是油藏的最大值。

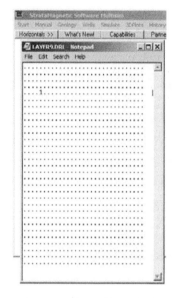

图 15.3T　底层(井 2 属部分贯穿,此处不存在井 2)

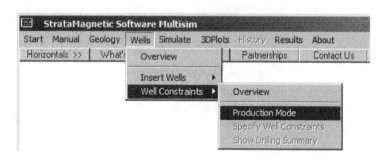

图 15.3U　选择"Production Mode"

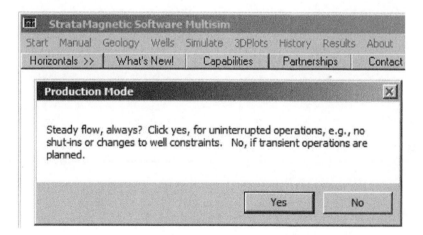

图 15.3V　允许稳态还是瞬态模拟——单击"Yes"

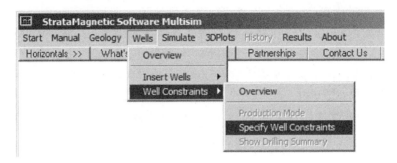

图 15.3W　指定井约束条件

图 15.3X　带流量单位选择菜单的信息屏幕

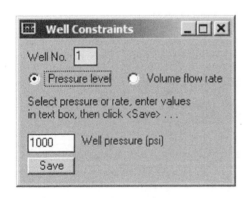 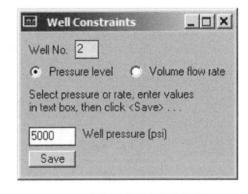

图 15.3Y　设井 1 有压力约束条件 1000psi　　　图 15.3Z－1　设井 2 有压力约束条件 5000psi

　　注意,模拟器在后台已经识别出存在两套井系统(即井 1 和井 2)并呈现给用户。有两个井约束条件菜单自动如图 15.3Y 和图 15.3Z－1 所示出现在屏幕上,如前所述,假定压力约束条件分别为 1000psi 和 5000psi。接下来,看水平菜单栏中的 Simulate 选项,尤其是如图 15.3Z－2 和图 15.3Z－3 所示的远场边界条件的定义。请注意,假设储层顶部和底部的"无流量"条件,以及四个侧面的"10000psi"。同样，数字"1000""5000"和"10000"psi 是为了三维彩色图中可视化目的。

接下来，看"Simulate"菜单和"Run Simulator"选项，点选后者开始进行迭代，求解整套流方程（图 15.3Z-4）。此处强调，有 $31 \times 31 \times 9$ 个网格块，即，8649 个或大约 10000 个联立方程。正如将要说明的，这些方程在英特尔酷睿 i5 个人电脑上大约 10s 内解出。中间会有几个屏幕出现，这里没有提供，为了简洁起见，也不做讨论——对于此示例，不修改储存的渗透速率，选择流体类型"Liquid"和黏度"1mPa·s"并接受"Steady flow, for now."。计算将自动开始。迭代到 100 次时，图 15.3Z-5 所示的屏幕出现，表示已经求得多分支井井 1 流量为 0.8169×10^7，垂直井井 2 流量为 0.7979×10^6，比井 1 流量小得多。出现的提示询问是否希望继续进行模拟，选择 Yes，继续迭代到 500 次。此次模拟在中档英特尔酷睿 i5 个人电脑上，每 100 次迭代需要 10s 的计算时间。

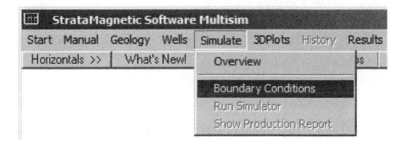

图 15.3Z-2　定义远场边界条件（一）

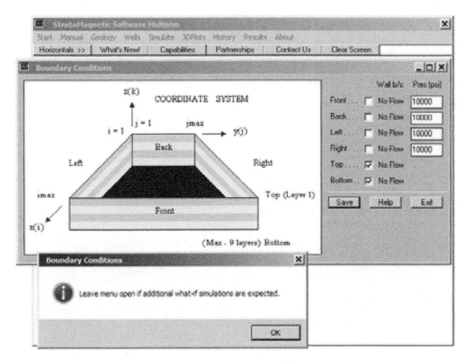

图 15.3Z-3　定义远场边界条件（二）

图 15.3Z - 4　运行模拟器

图 15.3Z - 5　迭代 100 次时的状态屏幕

从图 15.3Z - 6 和图 15.3Z - 7 上观察到,迭代 500 次时井 1 和井 2 的流量结果与迭代 200 次时的流量结果几乎相同,表明充分收敛了。就算达到收敛,标记 Error 不一定完全等于零;其定义取决于许多特性,并有可能受截断误差的影响。因此,只定性看待其值就好。终止计算,然后选择"No,Continue."。

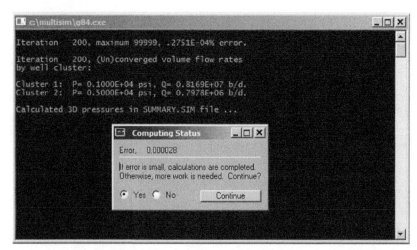

图 15.3Z - 6　迭代 200 次时的结果

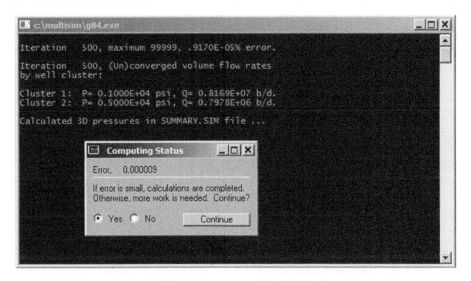

图 15.3Z - 7　迭代 500 次时的结果

　　最后，完成了三维稳态流计算。单击图 15.3Z - 8 中的"No"（因为不打算瞬态作业），然后单击图 15.3Z - 9 中的"Yes"（开始彩色图形处理）。图 15.3Z - 10 中显示了"3DPlots"菜单，其中首先选择要考虑的层。画出此示例研究的九个地层的压力。比如，可以先选择"Layer 1（Surface）"，不过，任何显示顺序都是允许的——但一般从地表到底部以数值顺序显示结果，以说明层 5 中的高压如何在达西流中垂直扩散。记住，每层必须先用鼠标选择后才能选择图的类型。

　　各层的静态压力等值线图如图 15.3Z - 11 至图 15.3Z - 23 所示。从位于中间的层 5 开始是有指导意义的，通过图 15.3O 介绍了井 1 非常复杂的多分支结构。层 5 的彩色压力图如图 15.3Z - 15 至图 15.3Z - 18 所示，其中显示了明显的蓝色压力线（表示沿多分支井假定的低压力值 1000psi）。

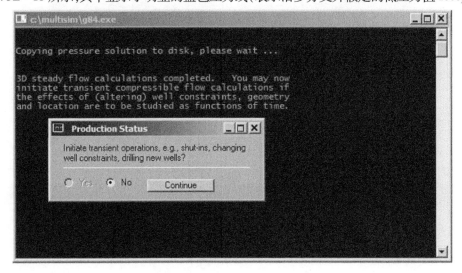

图 15.3Z - 8　开始瞬态作业选项

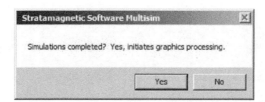

图 15.3Z－9　图形彩色显示的后处理

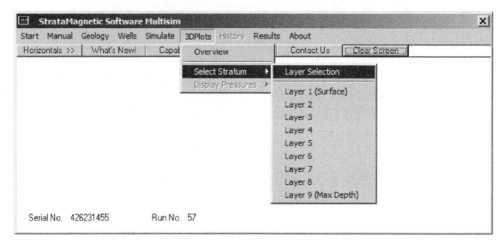

图 15.3Z－10　选择进行压力彩色显示的层

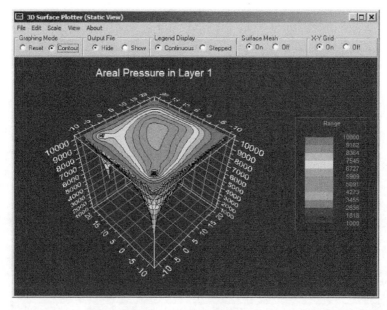

图 15.3Z－11　层 1 压力

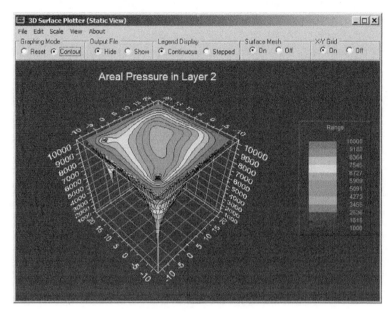

图 15.3Z - 12　层 2 压力

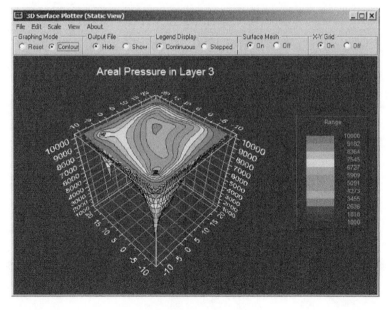

图 15.3Z - 13　层 3 压力

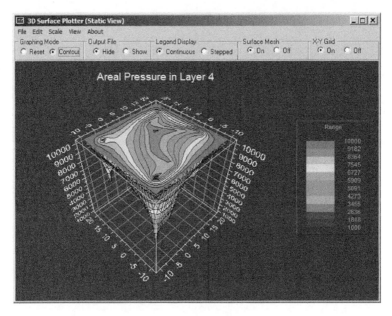

图 15.3Z – 14　层 4 压力

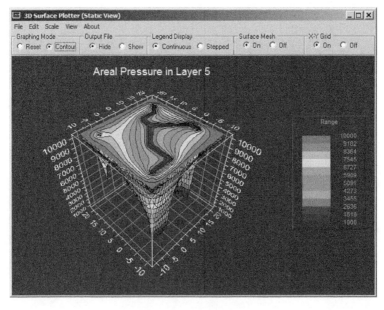

图 15.3Z – 15　层 5 压力(一)

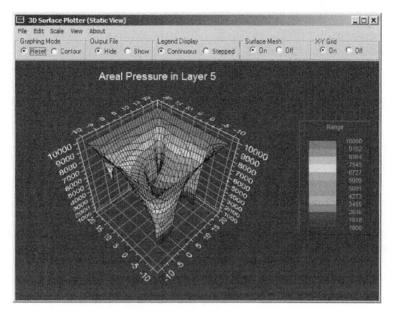

图 15.3Z – 16　层 5 压力（二）

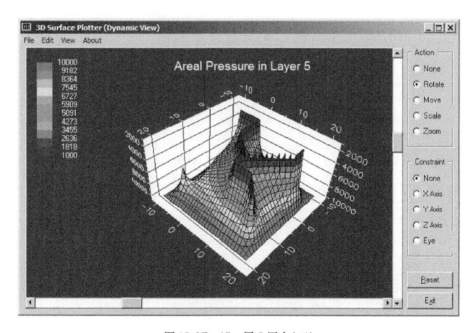

图 15.3Z – 17　层 5 压力（三）

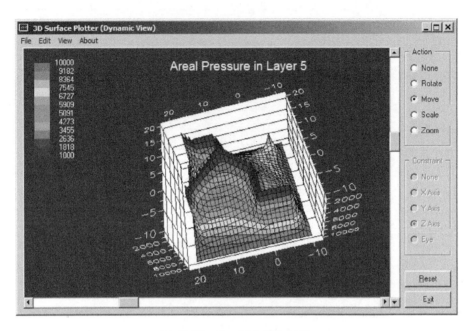

图 15. 3Z – 18　层 5 压力(四)

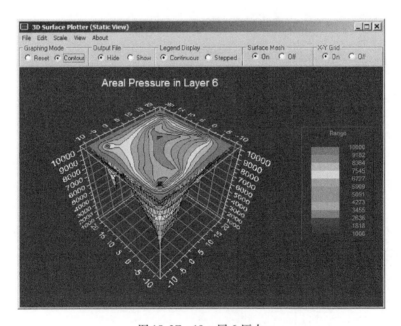

图 15. 3Z – 19　层 6 压力

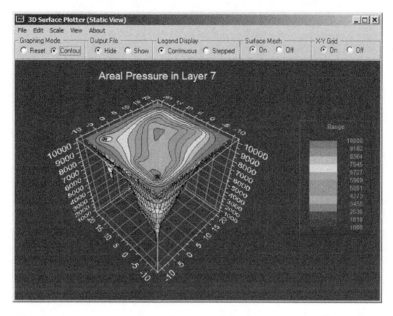

图 15.3Z-20 层 7 压力

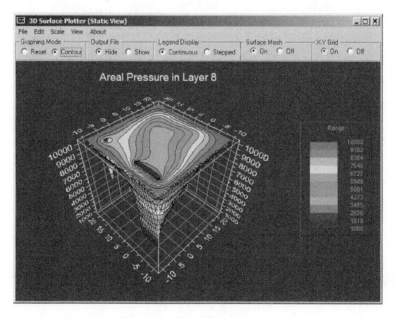

图 15.3Z-21 层 8 压力(一)

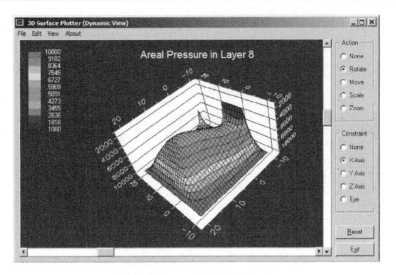

图 15.3Z - 22 层 8 压力(二)

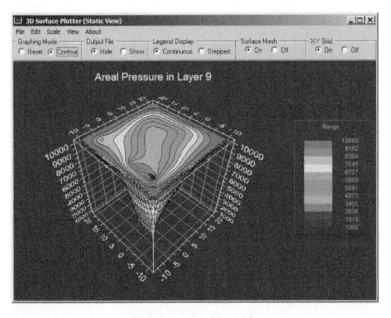

图 15.3Z - 23 层 9 压力

这个立体花纹从层 5 往上和往下越来越温和。这个平滑效果来自压力扩散,这点并不意外,因为达西压力满足热或扩散方程。回忆一下,在图 15.3R 中,曾在层 8 中从井 1 引出一个短的水平侧面分支。在图 15.3Z - 21 中可清晰地看到其效应,附近的点表示部分贯穿井井 2 的端压效应。最后,图 15.3Z - 24 显示了菜单顺序"Results" > "Text Summaries" > "Reservoir Production",借此可访问地质、钻井和油藏开采报告。生成了文件 SUMMARY. SIM 的部分内容——为了简洁起见,未提供详细的区域压力数值表格。不过,这些表格数据可移植到标准电子表格中,以做进一步分析。在这个汇总表文件的末尾有产量数据,如图 15.3Z - 25 所示。

```
Cluster 1:   P= 0.1000E+04 psi, Q= 0.8169E+07 b/d.
Cluster 2:   P= 0.5000E+04 psi, Q= 0.7978E+06 b/d.
```

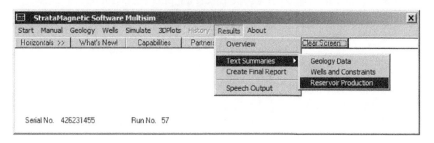

图 15.3Z - 24   访问计算机生成的报告

```
SUMMARY.SIM
SIMULATION SUMMARIES, PHYSICAL FLUID MODELING, FAR FIELD
AND WELL BORE RUN TIME BOUNDARY CONDITIONS (SUMMARY.SIM):

Simulation results based on rectangular mesh system.

PRESENT RESERVOIR STATUS:

Reservoir  grid parameters:
Imax   = 31, Dx = .1000E+03 ft, Imax  *Dx = .3100E+04 ft.
Jmax   = 31, Dy = .1000E+03 ft, Jmax  *Dy = .3100E+04 ft.
Layers =  9, Dz = .1000E+03 ft, Layers*Dz = .9000E+03 ft.

Number of initial well clusters identified: 2

Combining geological/drilling information, please wait ...

Well block transmissibility (ft^3) summary:

Well 1, defined by  63 grid blocks, is
pressure constrained at 0.1000E+04 psi.
.
.
.
Well 2, defined by   8 grid blocks, is
pressure constrained at 0.5000E+04 psi.
.
.
.
INPUT FARFIELD BOUNDARY CONDITION SUMMARY:
```

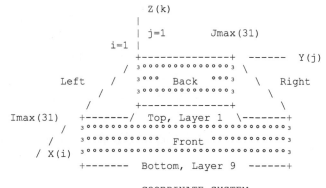

```
                       COORDINATE SYSTEM
```

图 15.3Z - 25   汇总表文件

```
O  FRONT assumed to be aquifer at pressure 10000.00 psi
O  BACK  assumed to be aquifer at pressure 10000.00 psi
O  LEFT  assumed to be aquifer at pressure 10000.00 psi
O  RIGHT assumed to be aquifer at pressure 10000.00 psi
O  TOP   assumed  to be "no flow wall"
O  BOTTOM assumed to be "no flow wall"

PHYSICAL FLUID MODEL SUMMARY:

O Fluid viscosity:   0.100E+01 centipoise

Fluid, assumed to be a liquid, satisfies linear partial
differential equation if pressure compaction  option is
not selected later.

STEADY STATE SIMULATION MODE SELECTED.

Pressure field initialized to internally
generated approximate solution.

Note:  "Jmax > 7" values cause "word wrap-around" in
screen displays and written files.  Use "File Reader"
utility to "unwrap" printouts for convenient viewing.

Iteration   100, (Un)converged volume flow rates
by well cluster:

Cluster 1:  P= 0.1000E+04 psi, Q= 0.8169E+07 b/d.
Cluster 2:  P= 0.5000E+04 psi, Q= 0.7979E+06 b/d.
  .
  .
  .

Iteration   500, (Un)converged volume flow rates
by well cluster:

Cluster 1:  P= 0.1000E+04 psi, Q= 0.8169E+07 b/d.
Cluster 2:  P= 0.5000E+04 psi, Q= 0.7978E+06 b/d.
```

图 15.3Z – 25　汇总表文件(续)

　　井 1 与井 2 的流量比是 8.169/0.7978 或者说井 1 流量是井 2 流量的约 10 倍。这个结果可能来自三个原因,即:油藏中的井位、压力约束条件的差异以及用于建井的网格块数目——63 vs. 8(见 SUMMARY. SIM 文件中突出显示部分),数字同钻井成本成比例。石油工程师可利用目前这个油藏流模拟器研究比如压力或井拓扑结构变化的经济效益。

　　而且,对于一个有 10000 个网格块且有复杂多分支井井 1 和部分贯穿垂直井井 2 的模拟来说,在迭代 100 次或 10s 的时候轻松实现了流畅而快速的收敛。构建图 15.3K 至图 15.3T 所示文件 LAYER ∗. DRL 时会遇到减少总桌面时间方面的瓶颈,这需要一些可视化经验。必要时应采用较密的 31 × 31 网格结构提供更精细的几何描述。理想情况下,利用"point and click"或"screen draw"功能选项会改善井定义界面,目前正在考虑要不要将这两个选项作为软件升级内容。

15.13　示例 15.7　有瞬变作业的双侧向分支井

　　在此次模拟中,展示对于一个两分支呈不规则角度的双侧向分支井如何执行瞬态作业。对于"Geology"菜单,为了简洁起见,假定有一个三层 15 × 15 网格,介质完全均质(在 ∗. GEO

文件中用点表示),并采用之前示例中所用的默认网格和岩石性质。利用如图 15.4A 所示的
"Wells"菜单,钻一口带双侧向分支(位于中间层内)的垂直井,如图 15.4B 至图 15.4D 所示。
生产模式在图 15.4E 和图 15.4F 中定义。在图 15.4F 中,由于规划了瞬态作业,故单击"No"。
然后出现一个瞬态流模拟菜单(这里没有给出),询问在模拟问题中要考虑的井数。根据图
15.4B 至图 15.4D 显示,系统虽然只是一个单井系统,即井 1,但通过回忆知道,模拟器允许在
计算期间钻或创建更多的井。由于本节不打算这么做,故询问井数时输入"1"——同样,这个
菜单这里也没有给出。井约束条件通过图 15.4G 至图 15.4I 定义。图 15.4I 中假定有 5000psi
的压力约束条件。

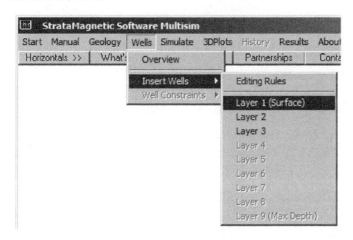

图 15.4A　三层油藏模拟

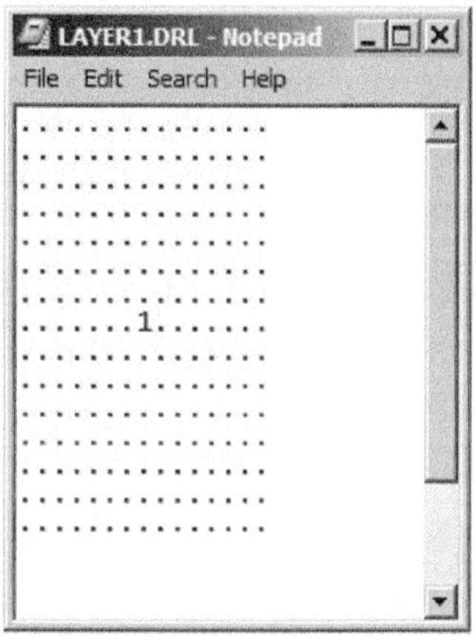

图 15.4B　顶层井结构

图 15.4C　中层内有双侧向分支的井结构

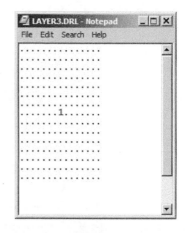

图 15.4D　底层井结构

点开"Simulate"菜单,然后用图 15.4J 所示的"Boundary Conditions"定义长方形计算模型
六个面上的远场边界条件。按图 15.4K 所示开始进行数值积分。这里有两个菜单没有给出,
在第一个菜单中,不改变钻井期间的渗透速率,而在第二个菜单中,选择一个液体作为流体类
型,黏度为 1mPa·s。在"Production Mode"菜单中,选择"Steady flow,for now."。

```
Iteration   200, maximum 99999, .0000E+00% error.
Iteration   200, (Un)converged volume flow rate by well cluster:
Cluster 1:  P= 0.5000E+04 psi, Q= 0.1025E+07 b/d.
Calculated 3D pressures in SUMMARY.SIM file ...
.
.
.
```

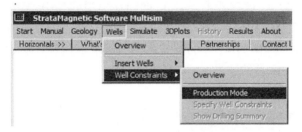

图 15.4E 定义生产模式

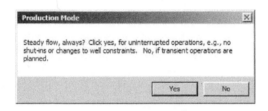

图 15.4F 定义生产模式(单击"No")

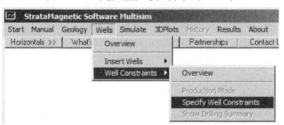

图 15.4G 指定井约束条件

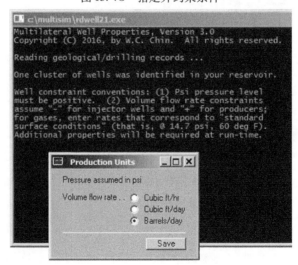

图 15.4H 选择体积流量单位

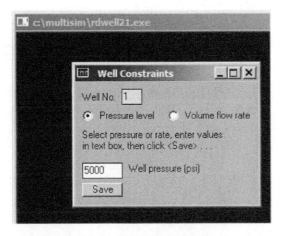

图 15.4I 设置压力约束条件

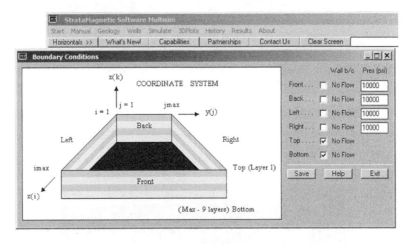

图 15.4J 定义远场边界条件

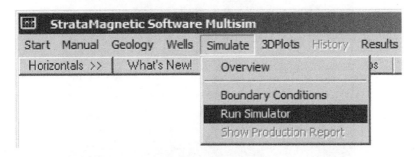

图 15.4K 运行模拟

图 15.4L 显示了稳态流计算如何进行。在这个屏幕上，迭代 100 次时的体积流量是 0.1026×10^7 bbl/d，该数值与迭代 200 次时的结果非常接近。这说明，确定平衡压力场所需的迭代已经收敛，计算可安全终止。此时，选择"No,Continue"。

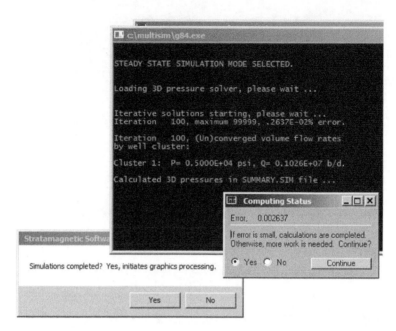

图 15.4L　稳态流求解进行中

接下来,图 15.4M 允许继续瞬态作业,选择"Yes"。在这里未显示的两个菜单上,选择默认的原油压缩系数,不根据孔隙度求液体和岩石压缩系数的平均值。在推荐时间步长的图 15.4N 中,单击建议值,用 0.1h 覆盖它。

图 15.4M　开始瞬态作业

在没有显示的压实菜单中,选择"Rigid formation"和"Small deformation"。时间状态出现在图 15.4O 中,其中指出在初始时间 t = 0 时,井 1 有压力约束条件 5000psi。现在,图 15.4M 显示已经完成了稳态流计算,在图 15.4O 中,单击"Yes"修改图 15.4P 和图 15.4Q 所示的约束条件。根据一直到图 15.4R 的一系列屏幕,已经将压力约束条件转换成流量约束条件(正数的产量 5000bbl/d)。然后,出现了这里没有显示的一个菜单,询问是否要钻另外别的井,选择"No"。另外,还出现了图 15.4S(显示选项),然后出现井筒存储效应屏幕,假定井筒存储效应可忽略不计。

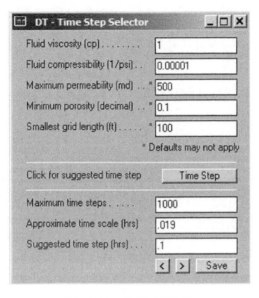

图 15.4N 选择时间步长

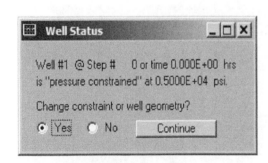

图 15.4O 井况修改

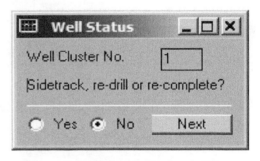

图 15.4P 更多的井措施选项,单击"No"

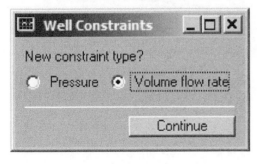

图 15.4Q 选择体积流量约束条件

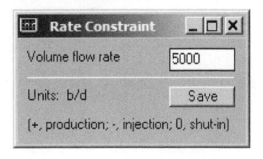

图 15.4R 确定井 1 的流量约束条件

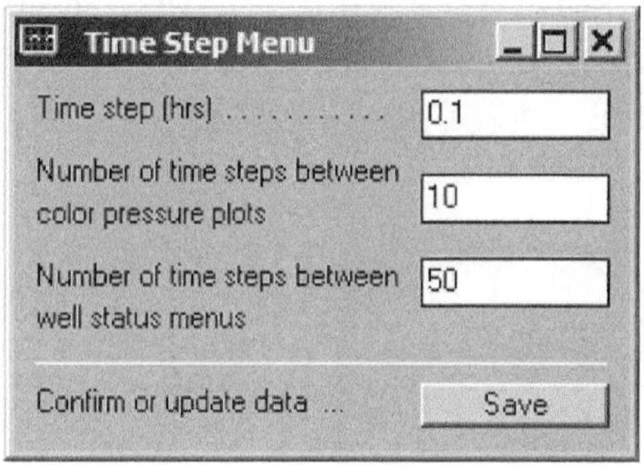

时间积分计算如图15.4T状态屏幕所示正在进行。此时决定终止计算,将压力文件保存至 PRESSURE. OLD,然后在图15.4U所示菜单中单击"Yes",开始绘制三维彩色压力图。在图15.4V 和图15.4W中,画出层1(地表)内的压力。注意,刚开始时地表层内最低压力高于假定的5000psi,但低于远场压力值10000psi,因为换成了有流量约束条件。接下来选择"Layer 2",以显示含双侧向分支的该层内的压力场。图15.4X 和图15.4Y 显示了层2的压力场,井1的双侧向分支位于其中。在图15.4Z－1至图15.4Z－3中,看到了井1的压力变动情况。稳态流计算完成时的正体积流量是很大值,为0.1025×10⁷bbl/d。然后,将有压力约束条件调整为有流量约束条件(很小值,为5000bbl/d)。实际上,这会使得压力随着时间的推移而增加,向假定的油藏远场压力10000psi 发展变化,参见图15.4Z－4。结果再次具有完美的物理意义。图15.4Z－5中给出了列表结果。由于空间限制,这里没有显示 SUMMARY. SIM、SUMMARY. GEO 和 SUMMARY. DRL 文件的内容,这些文件中含模拟、地质和钻井数据汇总,访问时从主菜单进入。

图15.4S 显示选项

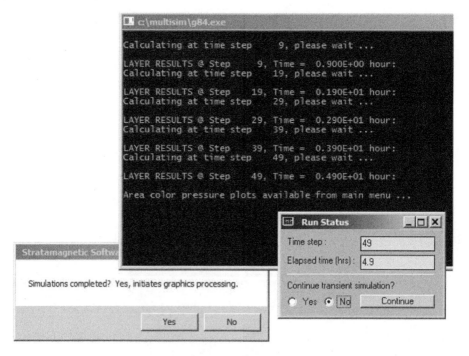

图15.4T 状态屏幕

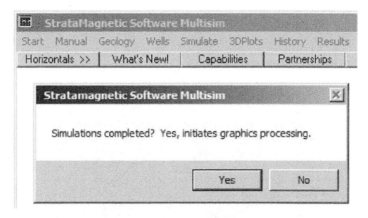

图 15.4U　彩色图形处理菜单，单击"Yes"

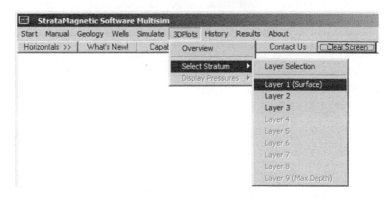

图 15.4V　选择层 1（表层）压力

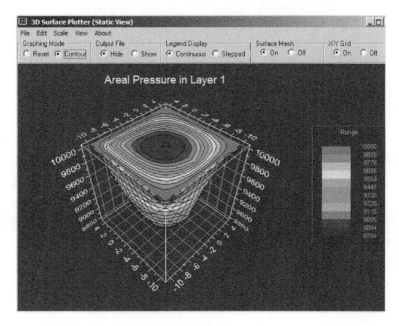

图 15.4W　层 1（表层）内的压力

　　最后请注意,在本示例中,可轻松添加非均质性(比如利用#、$、%等岩性符号)、各向同性、多个地层(高达9个)、多个垂直/水平/多分支井系统以及包括模拟时钻井在内的各种瞬态井作业。当然,所有这些内容都会使本节对菜单的讨论变得复杂化,但这些课题内容在精心选择与设计的前述示例中已经有过讨论了。

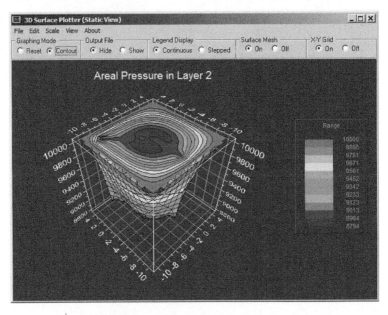

图15.4X　层2双侧向分支压力场(一)

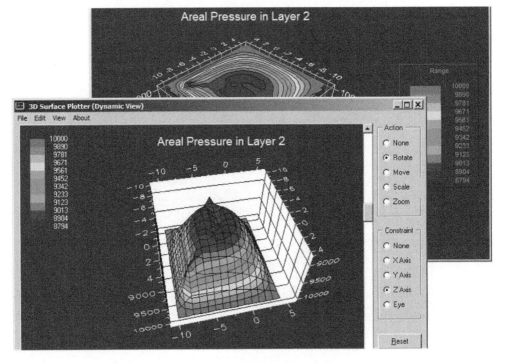

图15.4Y　层2双侧向分支压力场(二)

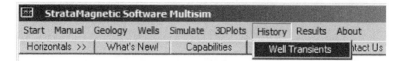

图 15.4Z - 1　查看瞬态井史（一）

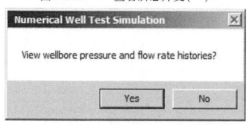

图 15.4Z - 2　查看瞬态井史（二）

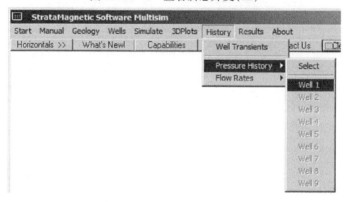

图 15.4Z - 3　查看瞬态井史（三）

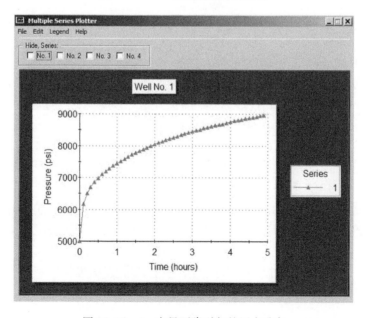

图 15.4Z - 4　产量下降引起的压力升高

	WELL1.SIM - Notepad			
File Edit Search Help				

WELL #1: Step No.	Dt (Hour)	Time (Hour)	Pressure (Psi)	Flow Rate (Cu Ft/Hr)
0	0.100E+00	0.000E+00	0.500E+04	0.240E+06
1	0.100E+00	0.100E+00	0.616E+04	0.117E+04
2	0.100E+00	0.200E+00	0.650E+04	0.117E+04
3	0.100E+00	0.300E+00	0.670E+04	0.117E+04
4	0.100E+00	0.400E+00	0.686E+04	0.117E+04
5	0.100E+00	0.500E+00	0.699E+04	0.117E+04
6	0.100E+00	0.600E+00	0.710E+04	0.117E+04
7	0.100E+00	0.700E+00	0.720E+04	0.117E+04
8	0.100E+00	0.800E+00	0.729E+04	0.117E+04
9	0.100E+00	0.900E+00	0.737E+04	0.117E+04
10	0.100E+00	0.100E+01	0.745E+04	0.117E+04
11	0.100E+00	0.110E+01	0.752E+04	0.117E+04
12	0.100E+00	0.120E+01	0.759E+04	0.117E+04
13	0.100E+00	0.130E+01	0.766E+04	0.117E+04
14	0.100E+00	0.140E+01	0.772E+04	0.117E+04
15	0.100E+00	0.150E+01	0.778E+04	0.117E+04
16	0.100E+00	0.160E+01	0.784E+04	0.117E+04
17	0.100E+00	0.170E+01	0.789E+04	0.117E+04
18	0.100E+00	0.180E+01	0.794E+04	0.117E+04
19	0.100E+00	0.190E+01	0.799E+04	0.117E+04
20	0.100E+00	0.200E+01	0.804E+04	0.117E+04
21	0.100E+00	0.210E+01	0.809E+04	0.117E+04
22	0.100E+00	0.220E+01	0.813E+04	0.117E+04
23	0.100E+00	0.230E+01	0.818E+04	0.117E+04
24	0.100E+00	0.240E+01	0.822E+04	0.117E+04
25	0.100E+00	0.250E+01	0.826E+04	0.117E+04
26	0.100E+00	0.260E+01	0.830E+04	0.117E+04
27	0.100E+00	0.270E+01	0.834E+04	0.117E+04
28	0.100E+00	0.280E+01	0.838E+04	0.117E+04
29	0.100E+00	0.290E+01	0.841E+04	0.117E+04
30	0.100E+00	0.300E+01	0.845E+04	0.117E+04
31	0.100E+00	0.310E+01	0.848E+04	0.117E+04
32	0.100E+00	0.320E+01	0.851E+04	0.117E+04
33	0.100E+00	0.330E+01	0.855E+04	0.117E+04
34	0.100E+00	0.340E+01	0.858E+04	0.117E+04

图 15.4Z – 5　以列表形式呈现的井史

15.14　示例 15.8 生产井与注水井转换

在这个示例中,考虑一个生产期间修改井约束条件的常见作业场景。在"Geology"菜单中,假定一个三层均质各向同性介质(这里未显示菜单)。然后,利用"Wells"菜单钻两口水平井,一口有压力约束条件,另一口有流量约束条件,经过一段时间的作业,其各自约束条件类型反转。目的是展示模拟器配置以及有强烈数值冲击系统时的计算稳定性。评价手段包括检查最终三维彩色压力图的平滑性以及查看各井的压力和产量变化情况。对于"Geology"部分的定义,选取一个三层油藏,用简单的 15×15 网格。现在,看图 15.5A 所示的主水平菜单中的"Wells"菜单。图 15.5B 至图 15.5D 显示了垂直井 1 和垂直井 2 贯穿所有三个地层的方式,但均有沿层 2 布设的水平分支。在图 15.5E 中,选择"Production Mode"。在之前示例中,曾先创建稳态流场然后开始瞬态作业。在目前这次模拟器运行中,从头到尾都用全瞬态模式。因此,在图 15.5F 中,单击"No"。与之前某个示例一样,图 15.5G 所示的这个菜单使得能够在模拟期间钻另外的井。在此次模拟过程中,选择不钻另外的井,保留最初假定的"2"。井约束条件最终通过选择图 15.5H 中的菜单指定。

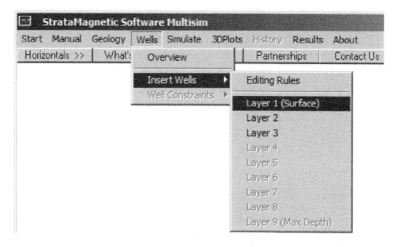

图 15.5A　将井钻入三层油藏

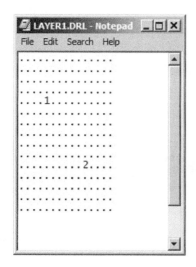

图 15.5B　层 1 内有水平分支的
垂直井 1 和垂直井 2

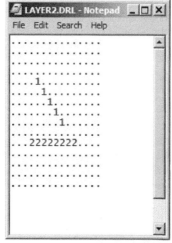

图 15.5C　层 2 内有水平分支的
垂直井 1 和垂直井 2

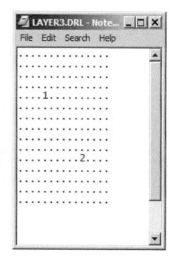

图 15.5D　层 3 内有水平分支的
垂直井 1 和垂直井 2

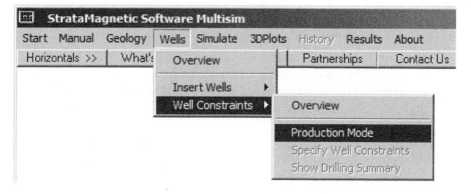

图 15.5E　选择"Production Mode"

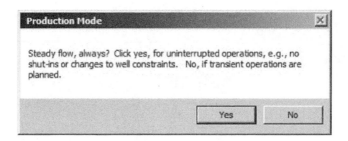

图 15.5F　稳态流与瞬态流选择(单击"No")

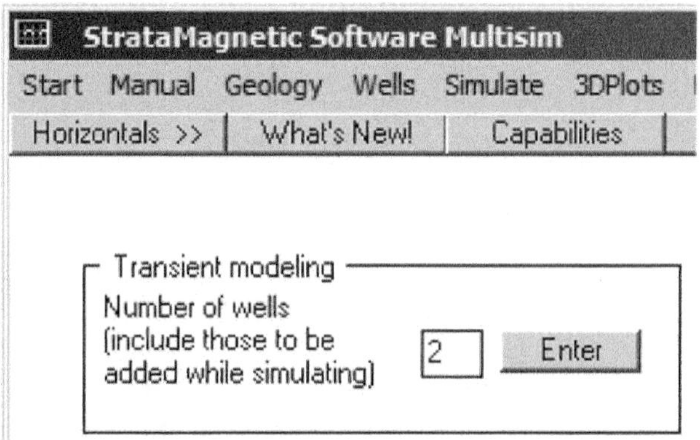

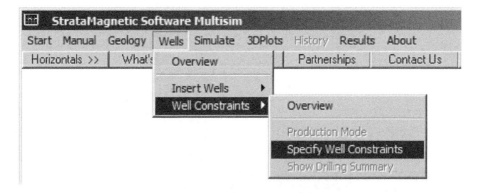

图 15.5G　整个模拟过程假定有两口井

图 15.5H　指定井约束条件

在图 15.5I 中,选择体积流量的物理单位,在此示例中选"Barrels per day"。在图 15.5J 中,为井 1 设置压力约束条件,在图 15.5K 中,为井 2 设置流量约束条件。注意,由于井 1 有压力约束条件 5000psi 且油藏远场压力将设置成 10000psi,故井 1 将是生产井。由于假定井 2 体积流量是正数,故井 2 也将是生产井。远场边界条件用图 15.5L 和图 15.5M 所示的屏幕进行定义。利用图 15.5N 中的菜单开始数值时间积分。然后出现两个这里未显示的菜单,但前述示例中对它们有过讨论。首先,不修改模拟时渗透速率。其次,假定流体类型为液体,黏度为 1mPa · s。在图 15.5O 所示的菜单中,选择"transient compressible flow"——对于大多数示例,总是选"Steady flow…for now"。因此，需要初始压力条件——设初始油藏压力等于假定的边界压力（从物理和数学上讲都不需要）。如图 15.5P 所示，其中所示屏幕允许将油藏初始化成具有不同的压力场（之前运行时储存的，比如 PRESSURE. OLD）。

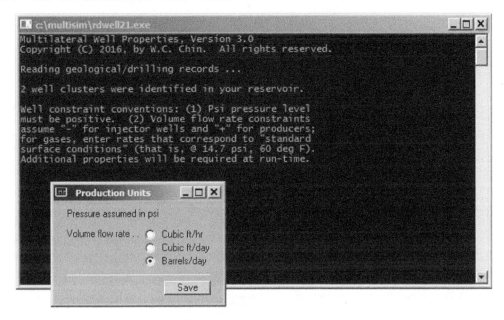

图 15.5I　选择体积流量单位

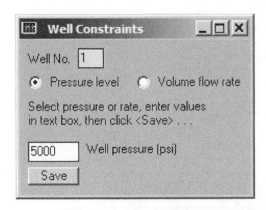

图 15.5J　设置井 1 的压力约束条件

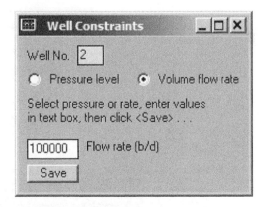

图 15.5K　设置井 2 的流量约束条件

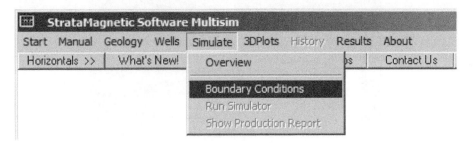

图 15.5L　定义边界条件

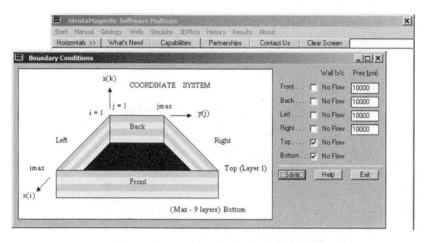

图 15.5M 定义长方形模型六个面的边界条件

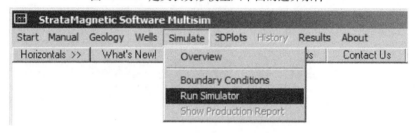

图 15.5N 开始进行随时间推进的数值积分

图 15.5O 定义生产模式

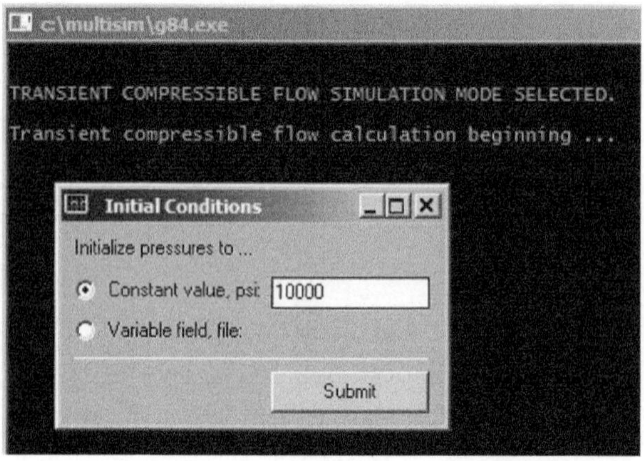

图 15.5P 将初始油藏压力设为恒定值

　　还出现几个这里没有显示的菜单,之前的示例中对这些菜单有过讨论。在第一个菜单中,假定默认的流体压缩系数数值,而在第二个菜单中,选择不根据孔隙度求液体和岩石压缩系数的平均值。在时间步长推荐菜单中,单击选择假定的默认值,用通常的 0.1h 时间步长值覆盖选项。接下来,假定刚性地层(与之相对的是用于压实分析的小变形模拟)。图 15.5Q 所示的状态屏幕提醒用户,初始时间 $t=0$ 时,井 1 具有压力约束条件,其数值之前假定过——单击"Continue"。同样,在图 15.5R 中也单击"Continue",这是针对井 2 的,井 2 具有流量约束条件。在之后出现的菜单(此处未显示)中,选择模拟过程中不钻别的井或井组。

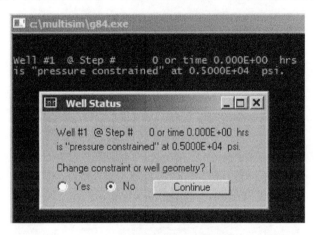

图 15.5Q　$t=0$ 时具有压力约束条件的井 1

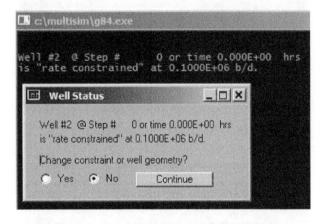

图 15.5R　$t=0$ 时具有流量约束条件的井 2

　　图 15.5S 所示的菜单允许用户控制显示设置。在进行实际时间积分之前,还有两个这里没有显示的菜单出现。在针对井 1 的第一个菜单中,井筒存储效应设置为"0";同样,在针对井 2 的第二个菜单中,也如法炮制。若干时间步长后出现图 15.5T,在图 15.5T 中,可选择终止模拟。但是,为了修改井约束条件类型(此示例的目的),此处选择"Continue"。

　　图 15.5U 至图 15.5W 所示的各菜单显示了将井 1 的压力约束条件转换成负值流量约束条件的过程,负值流量约束条件是注水井的特征。面对询问时,没有选择侧钻、重钻或重新完井井 1。图 15.5X 和图 15.5Y 显示了如何修改井 2 的约束条件。

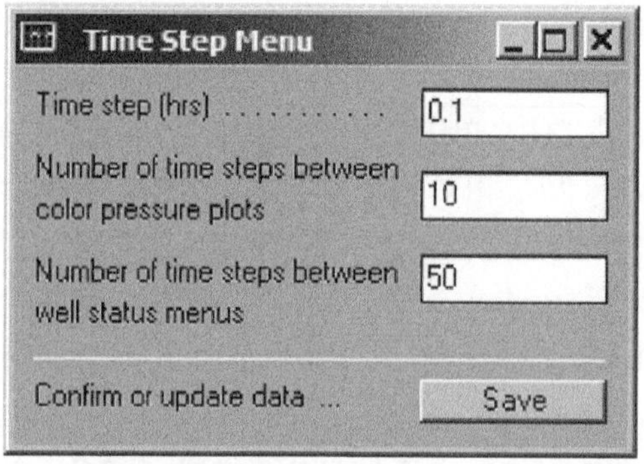

图 15.5S 显示菜单设置

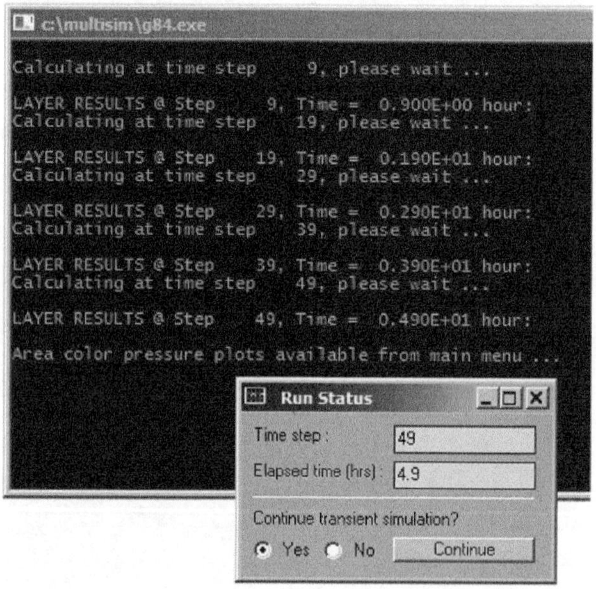

图 15.5T 继续瞬态模拟(并修改约束条件类型)

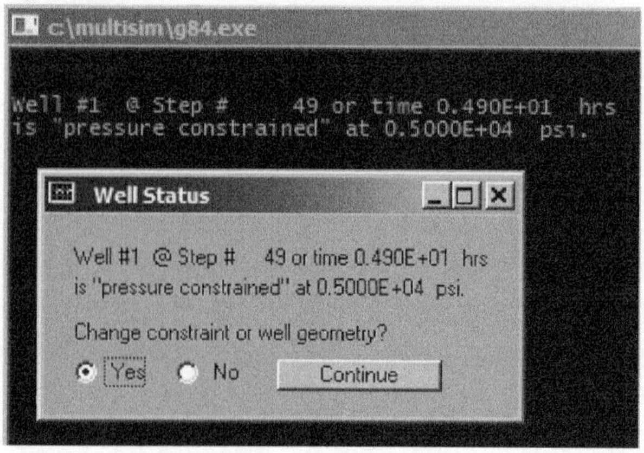

图 15.5U 约束条件修改选项

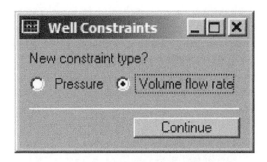

图 15.5V 将井约束条件修改成流量约束 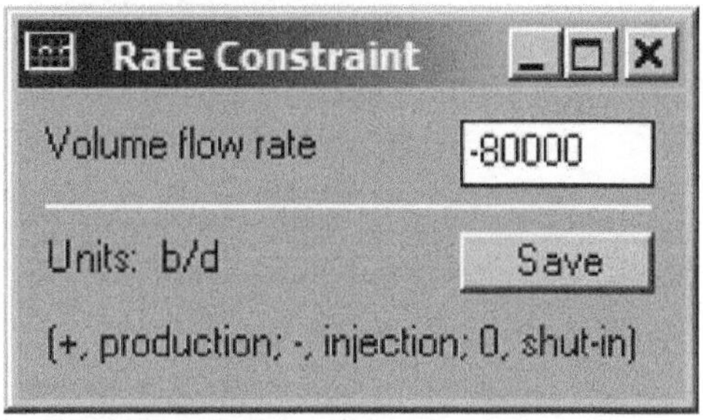　　　　图 15.5W 表征注水井状态的负值流量

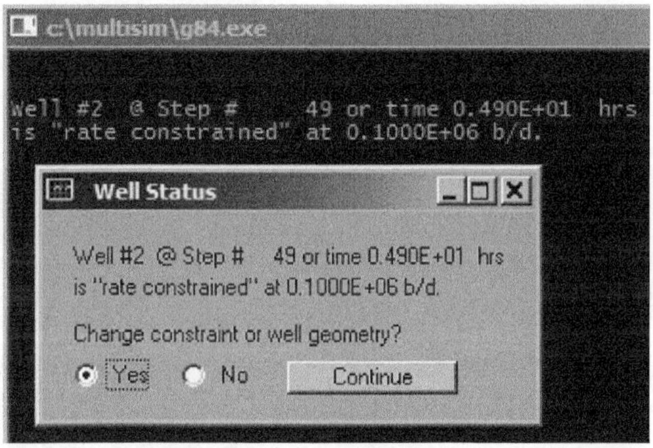

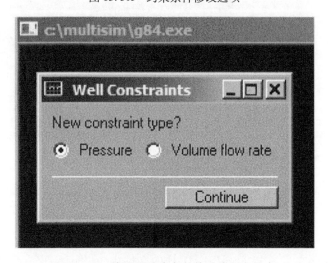

图 15.5X 约束条件修改选项

图 15.5Y 将流量约束条件修改成压力约束

注意，询问时此处没有选择侧钻、重钻或重新完井井 2，且其菜单这里没有显示。初始流量约束条件被改成压力约束条件，即如图 15.5Z – 1 所示的 15000psi。由于此值远远大于远场中假定的 10000psi，故在图 15.5Z – 1 中将井 2 转为注水井。在一个这里没有显示的菜单中，询问时还是没有钻任何别的新井或井组。然后，图 15.5Z – 2 所示的菜单给出各参数，在之后

出现的两个这里没有显示的菜单中,将井 1 和井 2 的井筒存储效应设为 0。计算一直持续到图 15.5Z - 3 所示的程度。

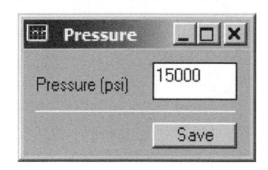

图 15.5Z - 1　应用压力约束条件

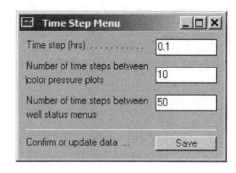

图 15.5Z - 2　显示菜单

```
c:\multisim\g84.exe

Calculating at time step     59, please wait ...

LAYER RESULTS @ Step     59, Time =  0.590E+01 hour:
Calculating at time step     69, please wait ...

LAYER RESULTS @ Step     69, Time =  0.690E+01 hour:
Calculating at time step     79, please wait ...

LAYER RESULTS @ Step     79, Time =  0.790E+01 hour:
Calculating at time step     89, please wait ...

LAYER RESULTS @ Step     89, Time =  0.890E+01 hour:
Calculating at time step     99, please wait ...

LAYER RESULTS @ Step     99, Time =  0.990E+01 hour:

Area color pressure plots available from main menu ...
```

Run Status

Time step : 99

Elapsed time (hrs) : 9.9

Continue transient simulation?

○ Yes　◉ No　　Continue

Run No. 61

图 15.5Z - 3　单击"No"终止计算

此时,压力场保存在名为 PRESSURE. OLD 的文件中,在图 15.5Z - 4 中单击"Yes"开始进行三维彩色图形处理。然后,图 15.5Z - 5 所示的菜单显示了选择显示井 1 和井 2 水平分支所在的中间层层 2 的结果。图 15.5Z - 6 给出图形选项,结果如图 15.5Z - 7 至图 15.5Z - 9 所示。利用图 15.5Z - 10 和图 15.5Z - 11 所示的菜单开始绘制井瞬态变化情况曲线图,选择井 1 压力变化情况(图 15.5Z - 12),然后出现如图 15.5Z - 13 所示的井 1 压力变化。

为什么图 15.5Z - 13 具有物理意义? 首先,在模拟的前半部分,设定了压力约束条件

5000psi,显示正确。在后半部分,将井1的井约束条件改成恒定的负值流量"-80000",结果,井1变成注水井。为了实现这一点,井压必须从5000psi的起步水平往上增加,如图15.5Z-13所示。在这种情况下,井1压力最终超过所设定的远场边界压力10000psi。

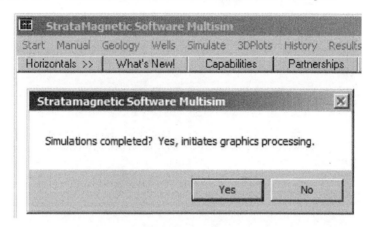

图 15.5Z-4　开始进行彩色图形处理

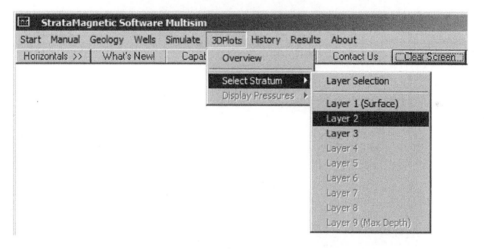

图 15.5Z-5　选择显示中间层层2的结果

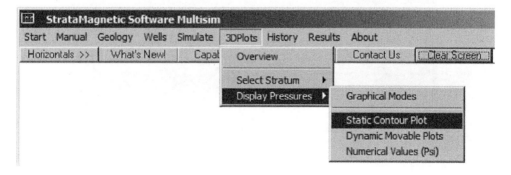

图 15.5Z-6　彩色图形选项

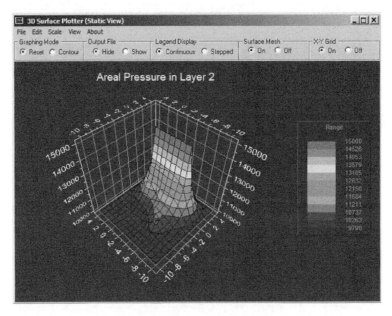

图 15.5Z – 7   层 2 中的区域压力(一)

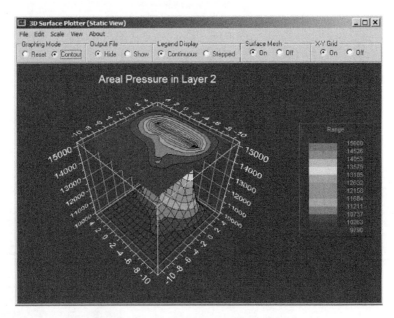

图 15.5Z – 8   层 2 中的区域压力(二)

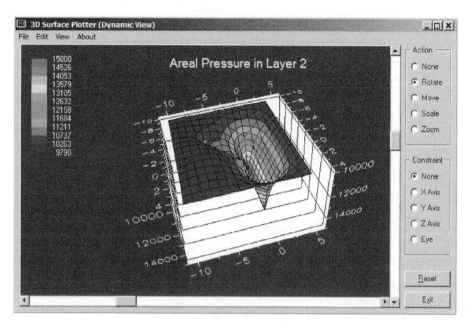

图 15.5Z – 9　层 2 中的区域压力(三)

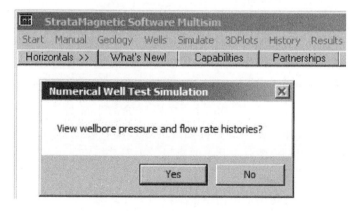

图 15.5Z – 10　显示各井的瞬态变化史

图 15.5Z – 11　开始线图绘制的菜单屏幕

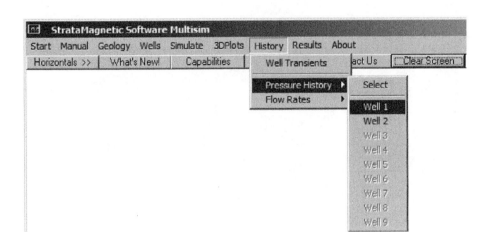

图 15.5Z – 12　选择查看井 1 的压力变化史

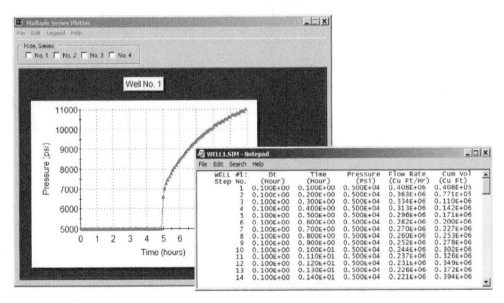

图 15.5Z – 13　井 1 的压力变化史

在图 15.5Z – 14 中选择显示井 2 的压力变化史。图 15.5Z – 15 具有物理意义。最初,油藏初始条件选定为 10000psi,见于 $t = 0$h 时。在模拟的前半部分,由于有正恒定值的流量 "100000",井 2 被视为生产井。压力下降同油藏的生产是一致的。后来,规定 15000psi 并正确显示。在图 15.5Z – 16 中,选择显示井 1 的流量。由于其规定的井压 5000psi 低于规定的油藏远场压力 10000psi,故井 1 为生产井。图 15.5Z – 17 所示的流量下降实际上同这个措施是一致的。在模拟的后半部分,规定了负恒定值的流量并正确显示。

在图 15.5Z – 18 中,选择显示井 2 的流量,结果如图 15.5Z – 19 所示。模拟的前半部分显示井 2 有正恒定值的流量约束条件,这表明井 2 是生产井——注意,该约束条件以 "b/d" 表示,而体积流量图以"cu ft/h"表示,此常数绘制正确。在模拟的后半部分,应用了15000psi的压力约束条件,此值比油藏远场压力10000psi高。图15.5Z-19显示了此井突然被转换成注水井。其流量如期下降,根据物理现象得到了正确模拟。所有计算结果,即彩色曲线图和线图,都是平滑的,表明计算是数值稳定的。正如所有示例所示,数值本身并不重要,因为为了清晰呈现而采用菜单中的默认输入数据。在图15.5Z-20中,显示了显示SUMMARY.SIM报告所需的菜单。

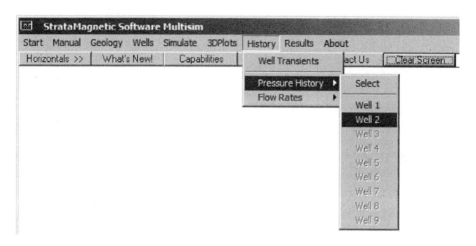

图 15.5Z-14 选择查看井2的压力变化史

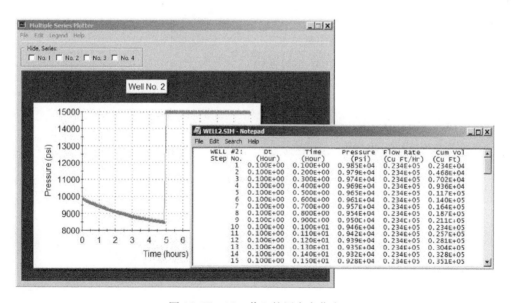

图 15.5Z-15 井2的压力变化史

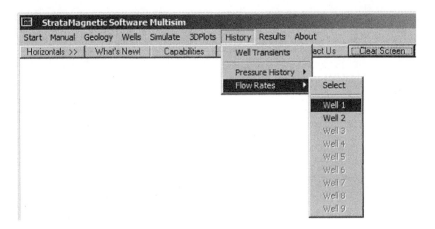

图 15.5Z – 16　选择显示井 1 的流量

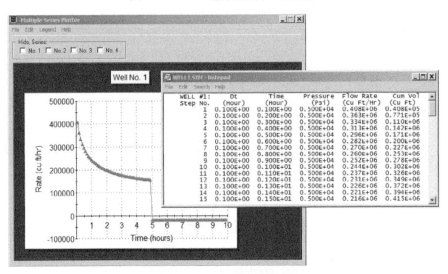

图 15.5Z – 17　井 1 的流量变化史

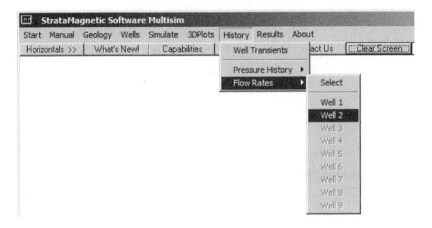

图 15.5Z – 18　选择显示井 2 的流量变化史

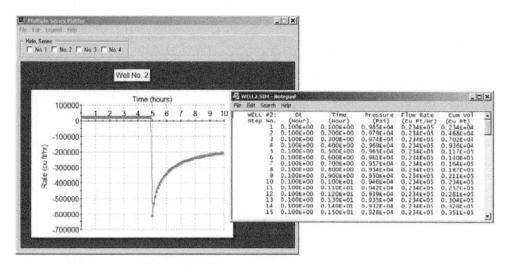

图 15.5Z – 19 井 2 的流量变化史

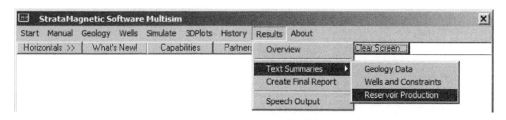

图 15.5Z – 20 选择显示油藏生产报告汇总

15.15 示例 15.9 顶驱/底驱采油

到目前为止,前文的示例考虑了顶部和底部是封闭无流边界而四个侧面保持恒压(即含水层驱)的油藏。注意,为了简洁起见,令四个侧面上的压力是相等的,但实际上无须相等。在目前的运行中,以演示为目的创建了一个假设示例,其中四个面无流,而顶部和底部保持用户定义的恒压。前者通常为气驱,而后者为水驱。在"Geology"菜单中,为了方便演示,创建一个 15×15 平面网格系统以及一个三层油藏。假定均匀介质和计算网格均采用默认性质。地质定义菜单未在这里显示。在"Wells"菜单中,钻一个只有井 1 的单井系统,其中,主垂直井眼贯穿全部三层,而中间层内含一个双侧向分支系统——但是注意,按照软件架构,该井的所有分支都是这个单井系统的组成部分。特意画了一条倾斜的水平分支,以强调水平分支不需要与坐标线对齐。图 15.6A 至图 15.6I 所示的截屏不言自明(关于基本的解释,请阅读图中说明)。

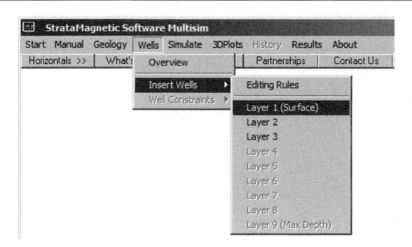

图 15.6A　将井钻入层 1 ~ 3

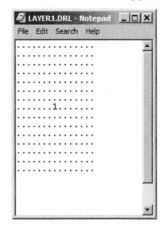

图 15.6B　层 1 中的垂直井

图 15.6C　层 2 中的双侧向分支

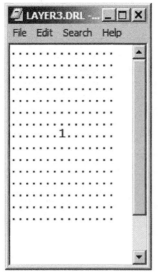

图 15.6D　层 3 中的垂直井

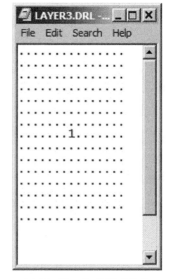

图 15.6E　生产模式输入

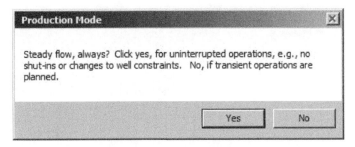

图 15.6F　稳态流与瞬态流选择（单击"Yes"）

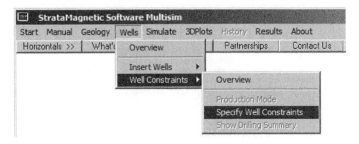

图 15.6G　指定井约束条件

图 15.6H　规定流量单位与压力约束条件

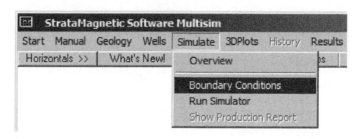

图 15.6I　规定远场边界条件

与通常的边界条件定义相反,在图 15.6J 中,将前后左右设置成无流边界并规定了顶部和底部的压力。接下来,选择"Run Simulator"。出现了几个菜单,在此就不截图显示了。本质上,不修改模拟时渗透速率,假定流体为黏度为 $1mPa \cdot s$ 的液体流体,考虑"Steady flow, for now"。图 15.6K 给出迭代 100 次时的结果,而图 15.6L 给出迭代 500 次时的结果。检查黑色屏幕内的体积流量发现,计算的确已经收敛,因为自从迭代 100 次后流量就没有变化过。因此,终止计算——不进行瞬态计算,开始进行图形处理。在图 15.6M 中,选择要显示彩色压力场的层,在图 15.6N 中,选择图形显示类型。

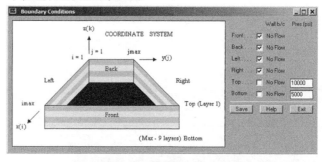

图 15.6J　规定顶部与底部压力值

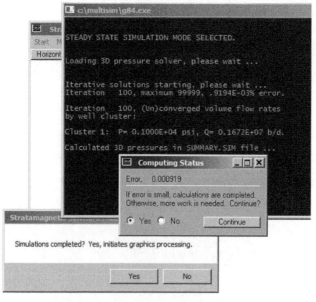

图 15.6K　迭代 100 次时的状态屏幕

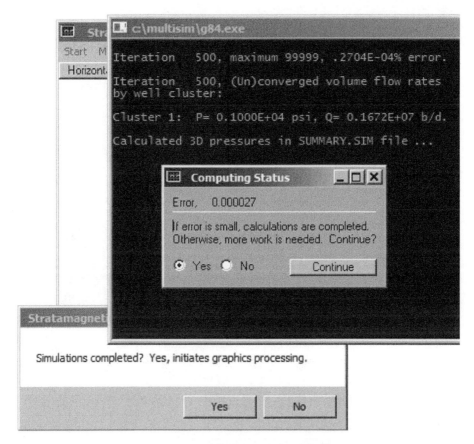

图 15.6L 迭代 500 次时的状态屏幕

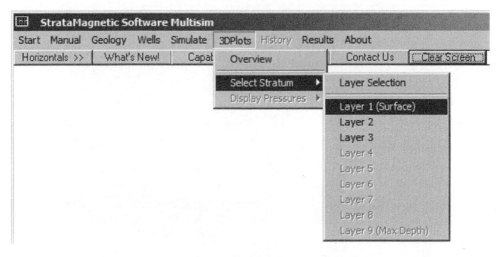

图 15.6M 选择要显示压力场的层

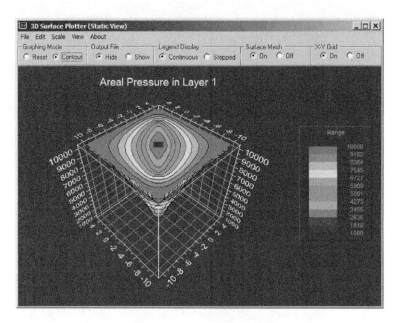

图 15.6N　三个压力显示选项

　　图 15.6O 至图 15.6R 显示了与图 15.6C 中假定的倾斜水平分支一致的压力跟踪曲线。正如预期的那样,由于层 1 和层 3 内的钻井相同,故图 15.6O 和图 15.6R 中的压力场也相同。这种对称性为检查算法开发与软件实现正确与否提供了额外的手段。

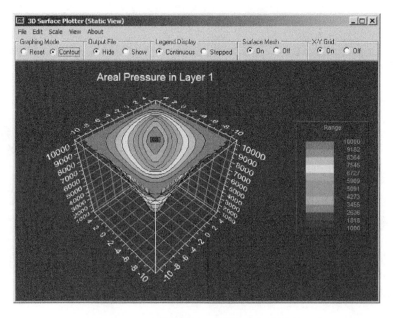

图 15.6O　双侧向分支对顶层压力的影响

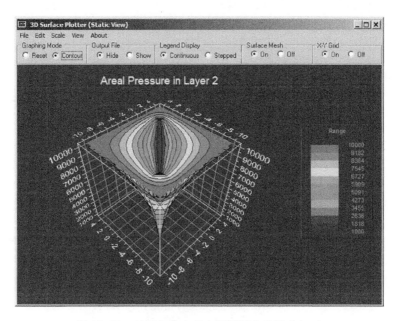

图 15.6P　双侧向分支对中间层压力的影响(一)

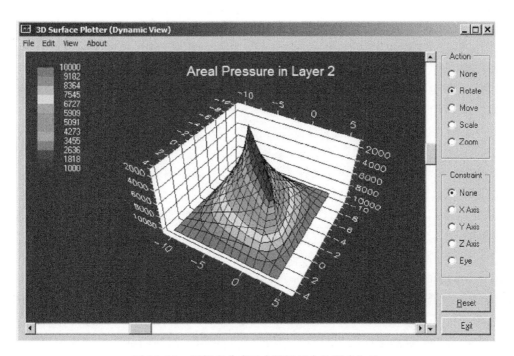

图 15.6Q　双侧向分支对中间层压力的影响(二)

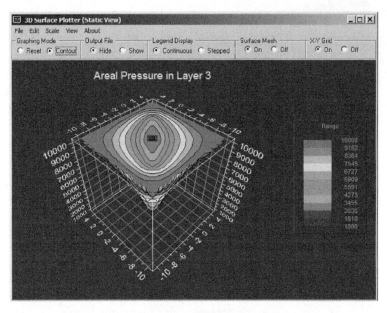

图 15.6R　双侧向分支对底层压力的影响

15.16　示例 15.10 用有井筒存储效应的双水平分支进行瞬态采气

在最后这个示例中,研究与液体相对的气体。实际上,将考虑双侧向分支的瞬态气体开采,说明在模拟器中如何模拟井筒存储效应。在"Geology"菜单中,选择三层油藏,用 15×15 的平面网格,有默认性质的均匀介质,岩石与网格参数也采用默认值(为简洁起见,未显示菜单)。利用"Wells"菜单,钻一个只有井 1 的单井系统,垂直井贯穿三层,穿过方形油藏的中心,但中间层含双侧向分支。

文件 LAYER *.DRL 和其他屏幕截图如图 15.7A 至图 15.7J 所示。在前面的示例中,在图 15.7K 中选择了"Liquid",在别的菜单中录入了黏度值以及压缩系数。这里选择"Gas",录入黏度值 0.01mPa·s。选择了"Gas"后,出现如图 15.7L 所示的特殊输入屏幕,向用户说明模拟可用的各热动力选项的帮助屏幕未显示。在图 15.7L 中,假定过程等温。图 15.7M 告诉用户即将开始瞬态计算,图 15.7N 询问初始油藏压力——不需要与远场油藏压力相同。

在本章其他部分提到过推荐的时间步长(图 15.7O)只是近似的——适用于任何问题的时标取决于问题的细节。因此,在图 15.7O 中,笔者通常以 0.1h 覆盖推荐值。对于气体来说,由于黏度很低,底部输入栏内通常留白,用户应键入用户认为适当的值——在当前示例中,还是选择了 0.1h。压实选项"Rigid formation"与"Small deformation"也加到模拟器内,如图 15.7P 所示。然而,强烈建议用户只选择"Rigid formation",因为内部所用的模型有可能导致数值积分出现不可预测的不稳定性。因此,遵从图 15.7Q 中提供的建议。

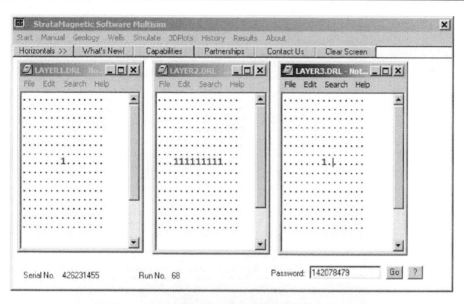

图 15.7A　上、中、下层内钻的井

图 15.7B　选择"Production Mode"

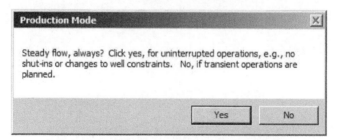

图 15.7C　生产模式选择(单击"No"进行全瞬态分析)

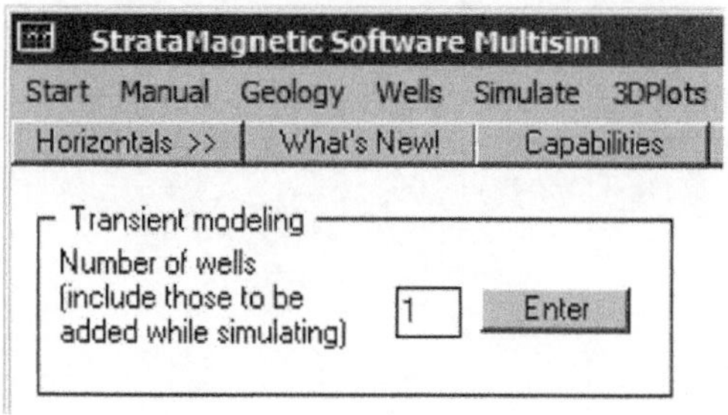

图 15.7D　由于没有钻其他井故选"1"

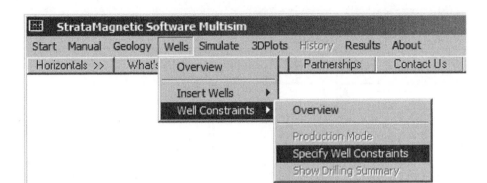

图 15.7E 指定井约束条件

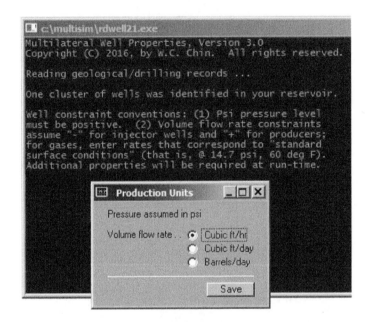

图 15.7F 对于气体流选"cubic ft/h"

图 15.7G 设置压力约束条件至 1000psi

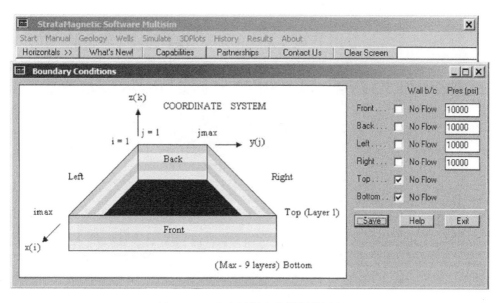

图 15.7H　定义远场含水层驱替压力

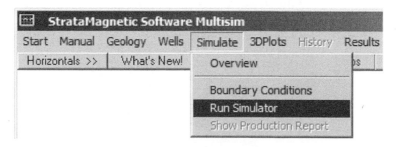

图 15.7I　开始数值积分

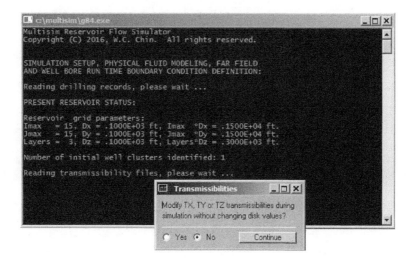

图 15.7J　渗透速率选择（选"No"）

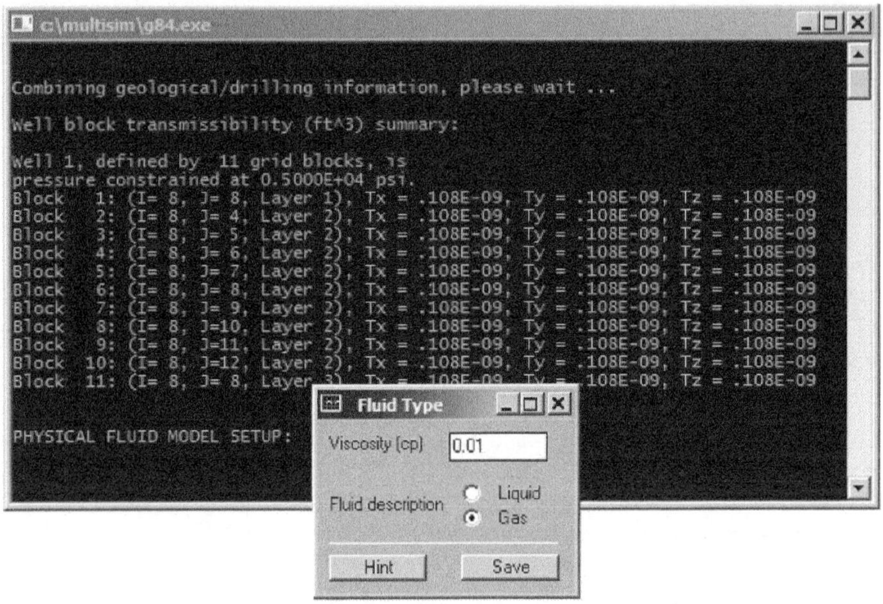

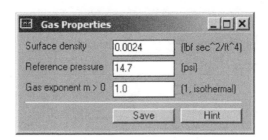

图 15.7K 选择"Gas"作为工作流体

图 15.7L 假定过程等温

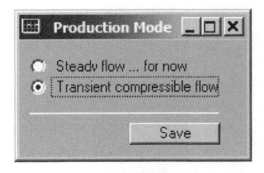

图 15.7M 选择瞬态流

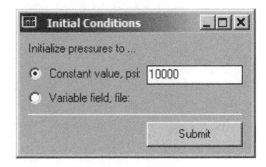

图 15.7N 定义初始压力

图 15.7O 时间步长推荐

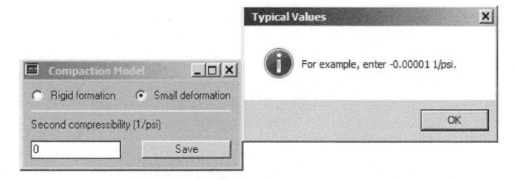

图 15.7P 压实选项

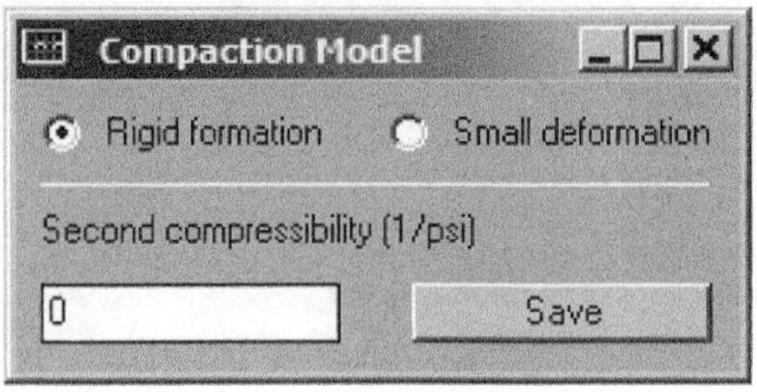

图 15.7Q 选择刚性地层

图 15.7R 至图 15.7U 显示了不言而喻的输入与选项,这些输入与选项之前讨论过。然而,图 15.7V 却提出在瞬态流分析中考虑井筒存储效应。正如所看到的,实现过程是数值稳定的。在图 15.7W 中,终止计算。图 15.7X 显示了最新区域压力分布如何保存,比如,为了后续绘图与分析,或按如图 15.7N 所示进行瞬态模拟压力初始化时使用。图 15.7Y、图 15.7Z – 1 和图 15.7Z –2中的菜单说明了进行显示所需的选择过程。

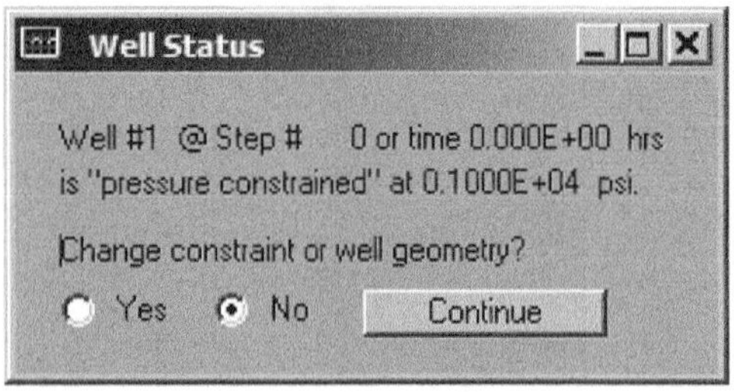

图 15.7R 开始实际计算

图 15.7S 确认压力约束条件

图 15.7T 仅模拟现有的井 1

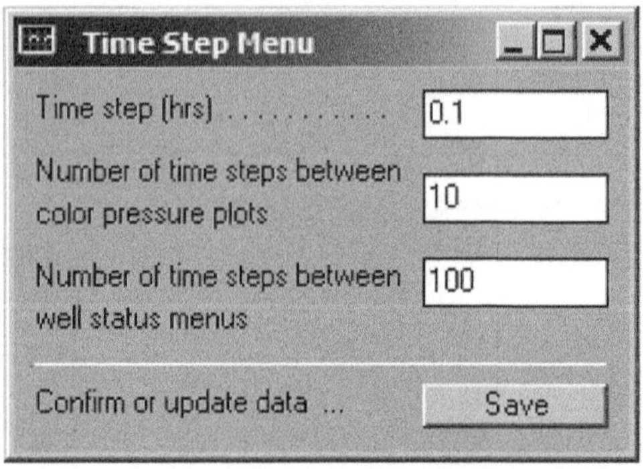

图 15.7U 选择显示参数

图 15.7V 选择非零的井筒存储系数

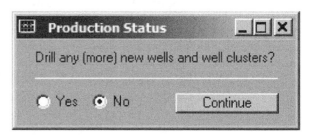

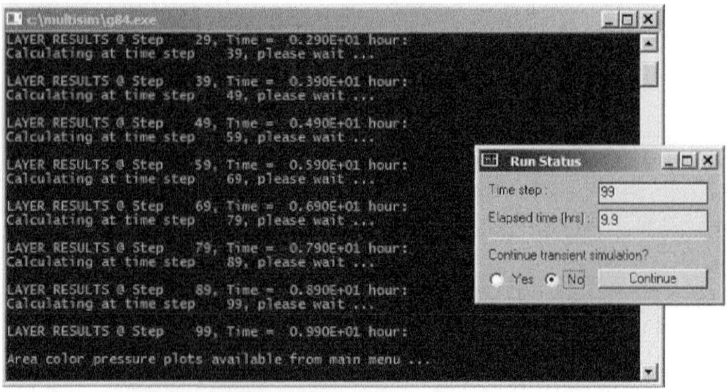

图 15.7W 终止计算

图 15.7Z－3 至图 15.7Z－5 给出了不同的层 2 压力图。利用图 15.7Z－6 至图 15.7Z－8，绘制这口有压力约束条件井的产量曲线。图 15.7Z－9 和图 15.7Z－10 给出了压力与流量变化数据列表，数据对应于汇总文件 Well1. SIM。如果同时钻有其他井，则也会创建其他井系统的类似井史文件，比如井 9 的 Well9. SIM。在图 15.7Z－11 中，用 Microsoft Excel™ 绘制了体积流量和累计产量与时间关系曲线，从中可以看到

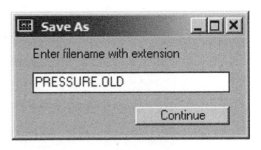

图 15.7X 储存最新压力分布

体积流量接近稳态。Well ∗. SIM 文件中有更多用于详细电子表格分析的数据。

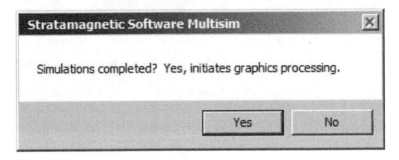

图 15.7Y 开始彩色图形显示处理

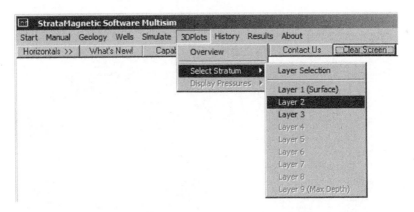

图 15.7Z－1 选层菜单

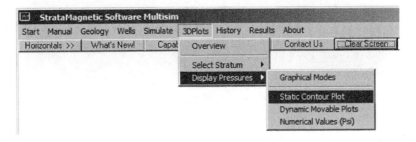

图 15.7Z－2 图形类型显示菜单

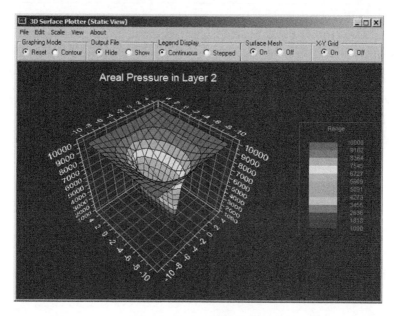

图 15.7Z - 3 层 2 压力

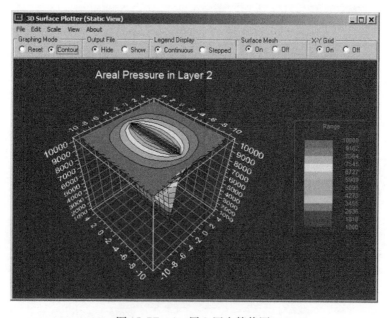

图 15.7Z - 4 层 2 压力等值图

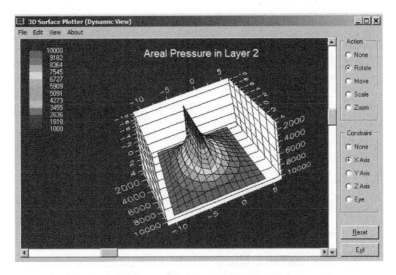

图 15.7Z - 5　层 2 动态压力图

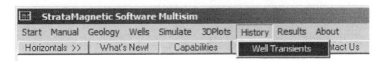

图 15.7Z - 6　选择井瞬态绘图

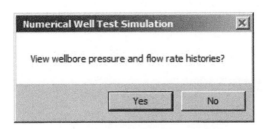

图 15.7Z - 7　开始井史后处理

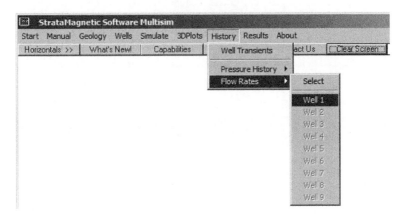

图 15.7Z - 8　选择流量曲线图

WELL1.SIM - Notepad

File Edit Search Help

WELL #1: Step No.	Dt (Hour)	Time (Hour)	Pressure (Psi)	Flow Rate (Cu Ft/Hr)	Cum Vol (Cu Ft)
1	0.100E+00	0.100E+00	0.100E+04	0.278E+11	0.278E+10
2	0.100E+00	0.200E+00	0.100E+04	0.218E+11	0.496E+10
3	0.100E+00	0.300E+00	0.100E+04	0.181E+11	0.676E+10
4	0.100E+00	0.400E+00	0.100E+04	0.157E+11	0.834E+10
5	0.100E+00	0.500E+00	0.100E+04	0.143E+11	0.977E+10
6	0.100E+00	0.600E+00	0.100E+04	0.134E+11	0.111E+11
7	0.100E+00	0.700E+00	0.100E+04	0.128E+11	0.124E+11
8	0.100E+00	0.800E+00	0.100E+04	0.124E+11	0.136E+11
9	0.100E+00	0.900E+00	0.100E+04	0.121E+11	0.148E+11
10	0.100E+00	0.100E+01	0.100E+04	0.119E+11	0.160E+11
11	0.100E+00	0.110E+01	0.100E+04	0.118E+11	0.172E+11
12	0.100E+00	0.120E+01	0.100E+04	0.116E+11	0.184E+11
13	0.100E+00	0.130E+01	0.100E+04	0.115E+11	0.195E+11
14	0.100E+00	0.140E+01	0.100E+04	0.115E+11	0.207E+11
15	0.100E+00	0.150E+01	0.100E+04	0.114E+11	0.218E+11
16	0.100E+00	0.160E+01	0.100E+04	0.114E+11	0.230E+11
17	0.100E+00	0.170E+01	0.100E+04	0.113E+11	0.241E+11
18	0.100E+00	0.180E+01	0.100E+04	0.113E+11	0.252E+11
19	0.100E+00	0.190E+01	0.100E+04	0.113E+11	0.264E+11
20	0.100E+00	0.200E+01	0.100E+04	0.113E+11	0.275E+11
21	0.100E+00	0.210E+01	0.100E+04	0.113E+11	0.286E+11
22	0.100E+00	0.220E+01	0.100E+04	0.113E+11	0.297E+11
23	0.100E+00	0.230E+01	0.100E+04	0.113E+11	0.309E+11
24	0.100E+00	0.240E+01	0.100E+04	0.113E+11	0.320E+11
25	0.100E+00	0.250E+01	0.100E+04	0.113E+11	0.331E+11
26	0.100E+00	0.260E+01	0.100E+04	0.113E+11	0.342E+11
27	0.100E+00	0.270E+01	0.100E+04	0.113E+11	0.354E+11
28	0.100E+00	0.280E+01	0.100E+04	0.113E+11	0.365E+11
29	0.100E+00	0.290E+01	0.100E+04	0.112E+11	0.376E+11
30	0.100E+00	0.300E+01	0.100E+04	0.112E+11	0.387E+11
31	0.100E+00	0.310E+01	0.100E+04	0.112E+11	0.399E+11
32	0.100E+00	0.320E+01	0.100E+04	0.112E+11	0.410E+11
33	0.100E+00	0.330E+01	0.100E+04	0.112E+11	0.421E+11

图 15.7Z－9　达到稳态流量

Excel-Plotter-Data.txt - Notepad

File Edit Format View Help

WELL #1: Step No.	Dt (Hour)	Time (Hour)	Pressure (Psi)	Flow Rate (Cu Ft/Hr)	Cum Vol (Cu Ft)
1	0.100E+00	0.100E+00	0.100E+04	0.278E+11	0.278E+10
2	0.100E+00	0.200E+00	0.100E+04	0.218E+11	0.496E+10
3	0.100E+00	0.300E+00	0.100E+04	0.181E+11	0.676E+10
4	0.100E+00	0.400E+00	0.100E+04	0.157E+11	0.834E+10
5	0.100E+00	0.500E+00	0.100E+04	0.143E+11	0.977E+10
6	0.100E+00	0.600E+00	0.100E+04	0.134E+11	0.111E+11
7	0.100E+00	0.700E+00	0.100E+04	0.128E+11	0.124E+11
8	0.100E+00	0.800E+00	0.100E+04	0.124E+11	0.136E+11
9	0.100E+00	0.900E+00	0.100E+04	0.121E+11	0.148E+11
10	0.100E+00	0.100E+01	0.100E+04	0.119E+11	0.160E+11
11	0.100E+00	0.110E+01	0.100E+04	0.118E+11	0.172E+11
12	0.100E+00	0.120E+01	0.100E+04	0.116E+11	0.184E+11
13	0.100E+00	0.130E+01	0.100E+04	0.115E+11	0.195E+11
14	0.100E+00	0.140E+01	0.100E+04	0.115E+11	0.207E+11
15	0.100E+00	0.150E+01	0.100E+04	0.114E+11	0.218E+11
16	0.100E+00	0.160E+01	0.100E+04	0.114E+11	0.230E+11
17	0.100E+00	0.170E+01	0.100E+04	0.113E+11	0.241E+11
18	0.100E+00	0.180E+01	0.100E+04	0.113E+11	0.252E+11
19	0.100E+00	0.190E+01	0.100E+04	0.113E+11	0.264E+11
20	0.100E+00	0.200E+01	0.100E+04	0.113E+11	0.275E+11

图 15.7Z－10　选择 Microsoft Excel™绘图数据

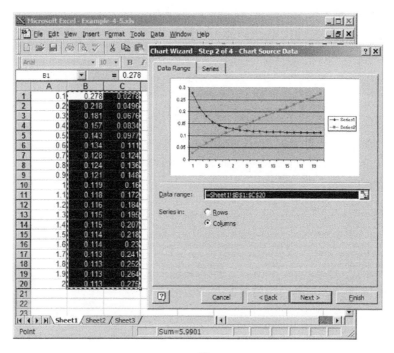

图 15.7Z – 11　用 Microsoft Excel™ 绘制流量曲线与累计流量曲线

15.17　井模型与生产指数

径向流与三维流模拟目标类似，即，为支持经济分析而准确计算产量。令 R_w 和 R_{res} 分别表示井筒半径与远场油藏半径，P_w 和 P_{res} 表示其对应压力，K 表示各向同性渗透率，μ 表示液体黏度，H 表示圆形场的厚度。此场通过一口完全贯穿的垂直井进行生产时，稳态压力和体积流量分别为 $P = P_w + (P_{res} - P_w)(\lg r/R_w)/\lg(R_{res}/R_w)$ 和 $Q = -(2\pi KH/\mu)(P_{res} - P_w)/\lg(R_{res}/R_w)$，其中，$r$ 是径向坐标。瞬态非稳态流有随时间变化的类似公式，具体取决于远场边界条件。这些公式属于经典公式，是业界公认的。比如，压力方程满足：$r = R_w$（井位处）时 $P = P_w$；$r = R_{res}$（远场半径处）时，$P = P_{res}$。现在，根据 Chin（2016a）著作中示例 3 – 1 的图 3 – 1 – 1z 明显有，能够解决井位处有规定压力 1000psi 且远场边界处有压力 10000psi 的问题。既然如此，则未提出进一步的问题。

15.17.1　径向与三维模拟——井筒分辨率缺失

但是，读者可能会问，R_w 是怎么了？为何没有出现在稳态和瞬态三维公式中？原因是简单的。为了提供大规模的油藏细节，比如分层、裂缝、薄厚地层等，在三维网格系统节点位置应用了井边界条件——这样，井筒半径不会出现在整个油藏模型的尺度上。众所周知，这一限制是在直角坐标网格系统上进行有限差分模拟的一个缺陷。Lee 与 Milliken 于 1993 年简洁概述了这个问题。"在有限差分油藏模拟过程中，井通常被视为点源或点汇。因此，必须规定井的采油指数，以将井区压力与井筒压力之差与产量关联起来。"最近有关的出版物包括 Wolfsteiner 等人（2003）的著作与 Durlofsky 和 Aziz（2004）的著作。

众多研究人员推荐采用经验修正,这些修正遵从相同的一个理念。本质上讲,尽管针对速度的达西定律 $q = -(KH/\mu)\mathrm{d}P/\mathrm{d}r$ 正好适用于径向流,但通常利用采油指数 PI 将该方程修正得 $q = -(PI)(KH/\mu)\mathrm{d}P/\mathrm{d}r$,结果,以笛卡儿坐标 (x,y,z) 表示的计算解与现实有某种程度上的吻合。各学者提出了适用于不同地质条件与井几何形状的不同方案。各方案均非通用方案,全是经验性的。通俗地说,这些都是"经验系数",弥补无望。

15.17.2　计算空气动力学中的模拟

在 20 世纪 70 年代,航空航天领域研究过类似问题。为了避免出现大量流分离,进而破坏升力,机翼或与空气流方向一致的机翼横截面通常薄且角度小。最初,如图 15.8A 所示,采用直角坐标计算域求解类拉普拉斯方程(与前文的压力方程类似),沿所示的实心水平线施加与局部几何形状相关的边界条件。

实际上,冲击机翼前缘的流在极高速度条件下被迫突然向上或向下。这些流在简单的直角坐标网格系统上无法捕获,因为规定的数值过大会破坏数值算法的稳定性。因此,计算空气动力学专家对所谓的"前缘问题"玩起了"网格游戏"。工程师在选择一个偶然与风洞结果匹配的网格系统前试验许多备选的网格系统并不少见。

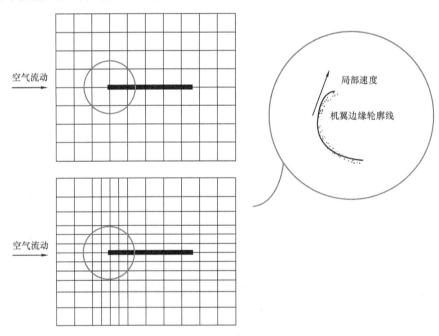

图 15.8A　前缘细节被掩盖的薄翼理论

图 15.8A 适用于单个翼剖面。一般地,飞机机翼沿翼展方向有角度"扫掠"与多段("翼弦"),长度不是常数。结果情形如图 15.8B 所示,其中,不同位置适合采用不同的经验系数(或"有效前缘"斜率)。采用最后得到的模型拟合风洞数据。此做法与石油行业的做法不同,在石油行业,沿井筒不同位置适合采用不同的采油系数或井系数,然后这些系数拟合井生产数据。在具体运行中获得这些系数的方法因人而异,不同工程师采用不同方法。在最终的分析中,这些方法(通常被晦涩难懂的方程所掩盖)是粗糙的。如果需要"精确"解以便可以消除网

格依赖性,则可采用准确描述局部几何细节的曲线网格系统直接求得一个精确解。在现代航空航天应用中,如图 15.8C 所示的这类网格系统会提供准确的解,无须采用类似采油指数的参数,因为他们实际上会提供前缘物理解析度。

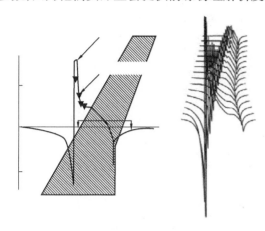

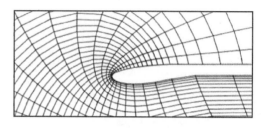

图 15.8B　沿翼展应用的不同修正系数　　　　图 15.8C　曲线网格方法模拟具体细节

15.17.3　油藏模拟中的曲线网格

此处偏离最初的问题问个问题,"R_w 怎么了?"。通过前面的讨论引起了对"采油指数"的分析,采油指数通常用于油藏模拟——还是要强调,这些指数是经验性的,通常不适用于所有情况。背后原因在于大规模模拟中坐标系统的选择,所选坐标系统必然是直角或笛卡儿坐标系统,因为其坐标线与地层边界重合。此类系统中的网格块通常长度有数百英尺,由于实际的原因,在坐标线相交处定义的节点施加压力和无流约束条件。既然如此,井径从来不录入;但目前,笔者认为 Chin(2016a)中的示例 3 – 1 至示例 3 – 10 至少在物理定性方面令人满意。

假如选择一个坐标系统,该系统规定了井径大小,就能够规定对 R_w 的明确依赖性。实际上,笔者在 Chin(2002)第 9 章(油藏工程量化方法)中曾指出,压力通解可写成 $P^{m+1}(\eta) = (P_R^{m+1} - P_W^{m+1})\eta / \eta_{max} + P_W^{m+1}$,其中,$m$ 是 Muskat 指数,液体 $m = 0$,气体 $m \neq 0$。函数 $\eta(x,y)$是拓扑(或网格生成)问题的解决途径,上述参考文献(将对数解扩展至适用于径向坐标)对拓扑问题进行了公式化表述并进行了求解。在 Chin(2002)著作中,解释了计算 $\eta(x,y)$ 的精确过程,并给出了多个算法(本书则提供了该方法体系的升级版)。总体积流量 Q 可类似地以闭型表示。

图 15.8D 和图 15.8E 给出了示例,第一个示例针对状如得克萨斯州油藏内的圆形井眼,第二个示例针对穿越得克萨斯州的裂缝。多井开采油藏可类似地进行研究。比如,图 15.8F给出了带与边界一致的曲线网格的双井系统。著作 Chin(2002)背后的优势是可利用作为映射函数写成的明确代数公式,对于给定的油藏,这些公式一次成型。当然,可采用有限差分方法研究对井详细资料的处理,这些方法是数值的,达不到相同的物理洞察程度。当像图 15.8D至图 15.8F 这些示例背后的二维精确方法无法轻松执行时,推荐采用此类三维方法。

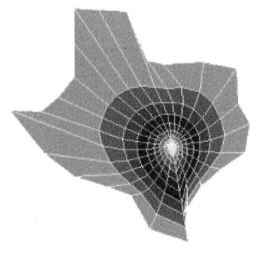

图15.8D Chin(2002)中状如得克萨斯州
油藏内位于休斯敦的井

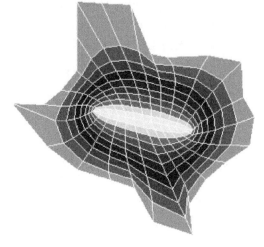

图15.8E Chin(2002)中穿越
得克萨斯州的裂缝

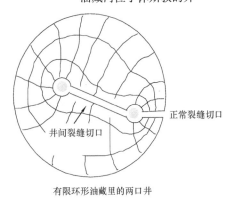

图15.8F 边界一致的双井网格

垂直井仅部分贯穿或油藏含水平和(或)多分支井时也会出现问题。虽然全三维有限差分方法(网格结构中考虑了井边界)会提供"精确"解,以致可消除网格依赖性,但它们不具备直角坐标或近直角坐标系统所具有的灵活性。正如从图15.3O 和图15.3Z - 18 中所发现的,对于一口复杂的多分支井,问题设置与解的显示可非常简单,能提供具有成本和时间效益的物理洞察,而在其他情况下是无法实现的。因此,返回来看这个问题:如何描述 R_w? 或更概括地说,如何在较复杂多分支井系统中体现井拓扑结构的细节?

15.17.4 采油指数模拟

答案是明确的。回忆一下,针对速度的达西定律 $q = - (KH/\mu)dP/dr$ 正好适用于径向流,但通常利用采油指数 PI 将该方程修正得 $q = - (PI)(KH/\mu)dP/dr$,结果,计算得到的直角坐标网格解与精确解有某种程度的相似(或同生产数据结果相似的时候多)。过去数十年,PI 计算方面投入了大量精力——所有计算都是经验性的,问题的适用范围非常狭窄,不可能扩展到现代井系统。

笔者不鼓励读者采用这些方法,其公布的深奥描述暗指其严谨性比实际的高。由于 PI 是经验性的,所以"所有方法都是等效的"。比如,可用本文的模拟方法令图15.8G 右侧的井代替图中左侧的理想井。其中,利用以符号 &、# 和 \$ 表示的局部岩性变化表示所需的基于生产数据(用这些数据代替表示均匀介质的简单的点)试井计算得到的有效渗透率。与这些符号有关的流属性可根据用户定义的标准选择。过程简单、稳定且易于实现。

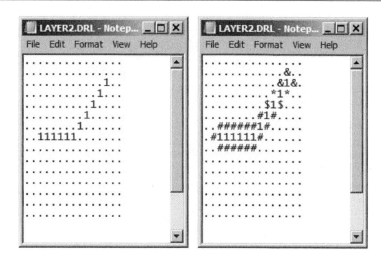

图 15.8G　实现井的模型或采油指数

15.18　非常规资源的动用

"非常规资源"在近期开采当中的经济意义无法理解,这是一个相对现代的术语,指的是需要通过水力压裂增产的致密原油和页岩气。压裂时用水平井和多分支井会更容易,开采渗透率通常不超过 0.1mD 的地层时需要用到水平井和多分支井,其地层渗透率是流体压力的函数,流体压力随开采的进行而发生变化。写这本书时,此类应用中没有用于地层评价的标准油层物理方法——利用生产数据外推储量和未来发展趋势有很大的不确定性。可以说,虽然与最佳井距、多分支井拓扑结构、流干扰和压实有关的问题会出现,但 Multisim™ 油藏模拟器定位就是解决这些相关问题的。由于整套方法是独立的且有据可查,通过快速修改源代码原型和容易可视化的验证可回答假设的问题。围绕非常规资源的众多问题,本书不做深入探讨,但有些优秀的参考文献可用,其中包括以下新近出版的文献。

(1) Durst et al. "Unconventional Shale Play Selective Fracturing Using Multilateral Technology,"SPE Paper 151989 – MS,SPE/EAGE European Unconventional Resources Conference and Exhibition, Vienna, Austria, March 20 – 22, 2012.

(2) Heckman et al. "Best Practices for Reserves Estimation in Conventional Reservoirs—Present and Future Considerations," SPE Unconventional Resources Conference, The Woodlands, Texas, April 10 – 12, 2013.

(3) Ding et al. "Numerical Simulation of Low Permeability Unconventional Gas Reservoirs," SPE Paper 167711, SPE/EAGE European Unconventional Conference and Exhibition, Vienna, Austria, February 25 – 27, 2014.

问题和练习

1. 出于简洁起见,本书的井筒模型忽略不计摩擦力和重力,因此,p_w 可在求和算子内移动;比如,参见方程(15.12)与方程(15.13)以及方程(15.29)与方程(15.30)。将有限差分模型扩展至包括这些效应。

　　2. 考虑欠平衡钻井情况,其中井筒内压力低,在深度较浅位置释放出游离气。构建一个模拟此类高度压缩两相流的井筒存储模型。

　　3. 说明井筒摩擦对压力约束条件下理想油藏模型预测流量的物理意义。流量更低还是更高?为什么?计算结果应如何用于经济预测?

　　4. 本章中的三维模型仅适用于液体和气体单向流。为了处理作为压力补充而引入饱和度变量时的多相流,应如何修改此方法?关于提示与建议,参考 Chin 和 Proett(2005)的著作。

第16章　流体侵入机理

在石油工程领域,很少有问题能像对地层侵入的研究那样,引起钻井、储层模拟、增产和测井分析等领域的众多专业人员的兴趣和实际关注。这种兴趣跨越了几十年:在很可能发现油气藏的地方,侵入所起的作用对物理理解和对经济评价同样重要。早期,行业对侵入对电阻率解释的影响感兴趣。现在,随着高数据率的随钻测量工具的出现,油藏工程师相信,也许通过使用不同类型的电磁工具,并与其他类型的测井数据结合使用,可以可靠地从不同时间点采集的电阻率数据中提取地层特征。这种乐观的想法催生了一个新的专业,即时延分析。这在第14章中有简要介绍。正如前文所指出的,地层侵入在许多应用中都很重要。例如,侵入建模对挤水泥固井作业大有作用,该作业是为了封堵套管中不必要的射孔。它可用于评价近井区钻井液污染对地层的损害,从而有助于改进生产和增产方案。而且就认识支撑剂输送和积聚的本质和效果而言,侵入建模对水力压裂方案设计的改进至关重要。最后,侵入建模有助于解释实时随钻测量。那么,侵入是如何污染早期数据的?可以进行哪些纠正?从早期随钻测井和后期电缆测井的差异可以推断出哪些类型的信息?

16.1　概述

尽管行业有广泛的兴趣,但科学严谨的流动建模方法却很少,长期以来的忽视和滥用一直困扰着侵入分析的数学描述和理解。经典公式被大范围地误用,几百篇发表的论文错误地将普遍的 $\sqrt{t}$ 定律应用于完全不适合的场景。测井分析人员理解低—中渗透率滤饼在控制钻井液侵入时的作用,并且已经定性描述了在不同情况下可以可靠推断的储层信息(如孔隙度、渗透率和含烃饱和度)。但其他参数会影响侵入,在进行定量时延分析之前,必须对这些参数进行识别和理解。可能是由于建模思想仅被用于建模并不为业界所熟知,使得缺乏进行这项工作所需的工具。事实证明,地层侵入分析可以在坚实的科学基础上进行。最后,只需认识到侵入过程只是达西流,尽管由于存在移动边界而变得复杂,它仍然由经典的油藏工程公式控制。

在界面动力学方面的文献中,对泥—滤饼界面、滤液—地层流体驱替前缘或移动边界值问题等边界运动问题进行了一定程度的研究。例如,有模型可用于传热分析中,其中"相变"(例如,固态到液态,或液态到气态的转变)是明显的。一些众所周知的解决方法已经应用于处理永冻带的石油生产的油藏流动问题,在那里移动的热前缘显著降低原油黏度。最后,几十年来油藏工程师一直在模拟和监测油田的水突破和移动饱和度前缘。这些例子涉及岩石内部的移动前缘。在地层侵入中,这种储层流动进一步耦合到由钻孔流体和滤饼界面确定的外部前缘。由于砂面的滤失导致滤饼随时间增多,因此必须建立与岩石中单相流或多相流动态耦合的瞬时滤饼增长模型。

尽管复杂,但事实证明,了解完整的地层侵入过程所需的数学知识是简单易懂的。基本思想和原理只需要一些微积分知识和对达西方程不同角度的理解。这些思想、公式、解析解和基于 FORTRAN 语言的数值算法都会以一种可读的、独立的、接地气的方式在其余章节中呈现。

本章选择从流体模型的角度讨论侵入,因为流体流动是主要的物理机理:它推动和控制电阻率测量,但不受电介质、导电率或核特性的影响。测井仪器响应取决于地层流体的运动(例如,电阻率随流体运动而变化,反之亦然)。当然,有些学科不能单独考虑流体和电磁学(例如,等离子体物理学),但侵入不是其中之一。即便如此,侵入分析也可能是令人生畏的,因为应用于任何测井情况的流体模型从来都不确定。由于不稳定前缘的位置是根据某些流体模型为前提的电阻率计算推断出来,因此时延分析可能是一项高度重复的工作。

这意味着延时测井可以是主观的,因为需要用到现场经验。分析人员可使用本书中的一些流体模型进行测井解释。理解其工具对模型的响应,并根据环境变量解释其读数是它的工作。使用电阻率解释和电阻率校正图版的测井分析人员曾批评利用多步校正甚至直线斜剖电阻率变化模型背后的缺陷,因为它们不代表实际情况。前者中使用的半径是任意选择的,而后者的斜剖与角度平滑的实际轮廓不相似。后来开发的模型采用的油藏工程中的单相和两相方法使得过度简化的模型变得不太适合。在前面的章节讨论了流体流动的正向建模的同时,还解决了从测井仪读数推断岩石和流体性质的逆问题。物理模型在地震偏移里被用来反映地层,借用地震偏移的概念展示了复杂的流动如何能够及时向后追踪,以揭示更简单的流动,从而更容易计算地层性质。例如,任意拖尾的瞬态浓度分布图可以抵消偏移,或者迁移到更早的时间,以显示原始的阶跃不连续性。然后,可以用活塞式流动的公式来解释由此得到的不同的前缘半径。另外,饱和度不连续性可以在两相不混相流中去掉波动,以恢复原始的光滑流动进行研究。

16.2　关于地层侵入的定性观点

在本节中,会定性地讨论地层侵入的机理,并描述同时发生的其他物理机制,以期对这些现象进行定量建模。这里需要强调的是,地层孔隙空间内的所有流体运动,无论是混相的、非混相的、可压缩的,还是简单的、单相的、不可压缩的流动,单独或组合作用,均不受电性质或核性质的影响。反之则不然。测井仪器所测得的电、电磁和核特性取决于流体的精确分布(例如,钻井液滤液、可动和不可动的原生水、油和气、混相和非混相驱替),而其随时间的变化取决于表征每种流体组分的不同空间和时间尺度。模拟之前要进行详细的流体动力学分析,因为好的电模型是以正确的流体分布为前提的。在了解实测参数的不确定性之前,不能进行真正的油藏规划和建立经济模型。因此,油藏流动模型在两个方面起着至关重要的作用:产量方面(传统上是油藏工程师的领域)和测井工具方面(这让研究人员想知道实际测量的是什么)。

对于任何给定的电阻率测井仪器来说,仪器响应都是复杂的,这取决于波频、地层性质以及发送器和接收器的位置。由于任何点的响应代表基于麦克斯韦方程的某种体积平均值,因此,即使已知所有流体运动,也无从得知精确的特性和位置。这些不确定性是流体流动不确定性造成的其他不确定性。井筒周围会发生什么?在油井钻井过程中,钻井液或钻井液沿钻管向下循环,并经过钻头喷嘴,最后沿井眼环空上返至地面(图16.1)。钻井液有许多实际用途,例如润滑钻头、将钻屑带到地面、提供对井下地层化学至关重要的化学成分,以及为井控提供更高的静水压力。虽然有些井是以水和盐水为主要钻井液进行钻井的,但大多数井含有固体颗粒,这些颗粒通过增黏剂悬浮在钻井液中。这些固体(例如重晶石)增加了液柱的重量,允许司钻过平衡钻井(而不是欠平衡),它提供额外的地层压力来阻止流体流入和可能发生的井喷。

在钻头刚开始将原始地层暴露于钻井液时,钻井液颗粒迁移到非常接近岩石表面的孔隙空间,形成内部滤饼,从而完成孔隙桥接。在这一喷射侵入阶段,尽管整体运动仍满足低雷诺数流动的达西定律,但整个钻井液还是很自由地进入地层。当然,喷射侵入的速度和作为喷射损失的钻井液沉积总量取决于钻井液固体和孔喉的相对大小,以及后者的几何排列和连通性。漏失量对早期电阻率解释具有重要意义。由于相对较大的新鲜滤液体积可以与小范围的地层水结合,在此期间测井仪器间的相互影响非常重要。

一旦内部滤饼形成和孔隙桥接稳定,外部滤饼堆积就变得更加明显(内部滤饼在多层体系中可视为一个单独的层,但为了简单起见,应将其效应与岩石效应结合起来)。由于钻井液在高压下被迫进入地层,其成分里的固体留在侵入岩石的外部。随着滤液继续渗入岩石,滤饼会随着时间变厚。在短暂侵入期间,滤饼厚度增加,对水流的阻力不断增大,从而导致滤入速度下降。这一过程被称为静态过滤,请注意侵入正在进行,这个过程根本就不是静止的。在动态过滤中,侵入过程在平行于滤饼表面流动的钻井液中进行。这种流动会在滤饼表面产生黏性剪切应力,从而侵蚀滤饼,或者可能将固体对流出去,这样滤饼就不会增厚。在一定的临界侵入速率下,达到了动态平衡,滤饼厚度保持不变。在这个限制下,只可以用两层同心稳定流模型。一般来说,临界速率将取决于环形流是层流还是湍流,以及其遵守幂律、宾汉塑性、赫歇尔—布伦利或其他流变模型的程度。图 16.1 显示了井眼环空内发生的基本过程,图 16.2 概述了不同深度的侵入。注意地层倾角、层理和围岩效应存在的可能性。此外,侵入带被细分为由滤液控制的冲洗带和侵入及置换的流体数量相当的过渡带。

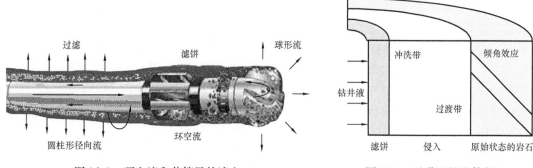

图 16.1 环空流和井筒里的滤入   图 16.2 油藏里的流体侵入

事实上,井眼外面发生的事情比图 16.2 所示的要复杂,而且问题与井眼附近的流动一样严重。最初,未开发的油气藏可能含有大量的油气,以及较小比例的不可移动的原生水。当水基滤液侵入亲水的含烃地层时,将侵入水与已存在的油气隔离的饱和度前缘向地层传播。如果地层中的渗透性大大超过滤饼中的渗透性,那么滤饼和地层流动就会脱钩,并且流速由滤饼决定。另一方面,在致密带中两种渗透性相对较小时,流动是动态耦合的:滤饼的形成受地层中缓慢流动的控制,而缓慢流动又降低了滤饼厚度增长的速度。随着油气进一步在地层中被驱替,原生水被留下,与较新的水混合。如果这两种水具有不同的盐度,例如,新鲜钻井液滤液取代饱和盐的地层水,就会发生离子扩散。具有钻井液滤液矿化度的侵入带的水就会取代具有地层水矿化度的水。这两组水,每一组都具有不同的电特性,被一个移动的"矿化度前缘"

分开,后者通常滞后于饱和度前缘。到目前为止所描述的过程如图 16.3 所示,图 16.3 中显示了残余油和移动滤液留下的地层水。

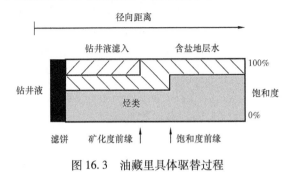

图 16.3　油藏里具体驱替过程

滤液侵入饱和有油的岩石,将里面的油和水驱替出来,导致被驱替的地层水集中在滤液前方的条带中,形成了一个时常被称为低电阻环带的区域(不要与井眼环空混淆),该区域在侵入的含油或含气层段的边界处具有较高的地层水饱和度。如果烃饱和层段被比地层水矿化度低的滤液侵入,这个环带的电阻率会比冲洗过的或未被扰动地层的电阻率低。重力效应以及垂直渗透率和水平渗透率之间的差异将使侵入带测井解释复杂化。Broussard 在 1989 年讨论了电阻率测井解释的微妙差别之处。

前文已经提到了渗透到油藏中的饱和度前缘,以及沿着饱和饱和度前缘移动的矿化度前缘。这类术语假定某种类型的快速运动正在进行中。如果是这样的话,那么是可能对流体运动用活塞式、段塞式或塞式来描述的,这些形式是应该首先研究的简单模型的基础。在这种情况下,如图 16.3 所示,淡水滤液驱替含盐地层水,进入的水驱替油和气,都适合于用简化的塞式模型。这两种类型的流动是完全不同的。第一个水—水流动是一个单相流动,随着混相扩散过程增强,使得测井解释复杂化,因为不同的矿化度分布导致不同的工具响应。第二种是非混相多相流(可能存在冲击间断),其描述以非线性相对渗透率和毛细管压力效应为特征。上述每种流动都有自己的时间、空间和流速上的尺度。流动是快还是慢取决于特定问题的特定参数,尤其取决于定义该问题的相关无量纲数的值。必须理解同时存在两种不同现象所产生的物理含义,也就是说,通过滤液和地层束缚水之间的离子扩散实现的矿化度平衡,以及受毛细管压力和相对渗透率控制的非混相流,这两种现象都要了解。在任何一种流动中,理想化的不连续性实际上可能很宽,前缘可能移动缓慢而不传播。例如,一个线条分明的矿化度前缘可能与一个以毛细管压力为主的过渡带共存。

最常被引用的包括所有这些要素的例子有淡水的钻井液滤液侵入含盐地层水和可动含油气地层。从井筒移动开始,电阻率先是降低,然后增加:这需要了解矿化度前缘和饱和度前缘的动态,这个动态只能由移动的油气造成,从而产生前面描述的所谓低电阻环带效应。可能有其他类型的电阻率分布,例如,油基钻井液滤液侵入水和含油气层的情况。似乎这些可能性不够复杂,总是存在渗透非均质性导致的局部前缘加速或放缓,其影响要与流动不稳定产生的黏性指状效应区别开来。当流体密度存在差异时重力影响是重要因素,它会导致垂直流动。由于油气通常比淡水轻,而淡水又比盐水轻,因此密度变化可引起垂向流动。由于水平渗透性和垂直渗透性之间的差异,流体流动进一步复杂化,而水平渗透性和垂直渗透性之间的差异可能很大。Allen 等人(1991)的调查文章提供了侵入的定性评述。它引用了有趣的测井实例,展示了侵入是如何发生的,以及如何从电阻率工具测量中推断出渗透性和孔隙度信息。

16.3 背景文献

到目前为止，最常被引用的成果是 Outmans（1963）的早期论文，该论文将化学工程中开发的基于微分方程的过滤方法应用于井眼中的静态侵入和动态侵入。在这项单相流研究中，假设流体流动为线性流，所施加的压差完全由滤饼支撑，根据进一步假设的滤饼不可压缩性，Outmans 推导出了众所周知的 $\sqrt{t}$ 定律（随着时间的推移，滤饼非线性和压实的影响可能很重要，如图 14.7 所示）。因此，当地层的净流动阻力与滤饼的净流动阻力相当时（例如，渗透性地层中的薄泥，或极不透水岩石中的厚泥），不能使用 $\sqrt{t}$ 定律。此外，这条定律不适用于小井眼，小井眼的径向几何结构很关键。最后，$\sqrt{t}$ 定律一般不适用于两相流、不混相流或混相流，或二者兼有的油藏。只有在这些限制性假设下，Outmans 的正确推导才成立。

但是 $\sqrt{t}$ 定律在过去的 30 年中已经演变成了解释测井的专业工具，被普遍应用于不适当的情况，而且真的有数百篇相关的文章发表了。这本书的目的不是要概述那些文章。为了集中目标，这里只引用了那些被认为对本书中预测模型的开发具有重要意义的实验性、分析性和最近的评论文章。在进行分析之前，先想想行业里使用的一些方法。Phelps 等人（1984）的研究论述了侵入带特征及其对电缆测井和试井解释的影响，与许多对两相流侵入的研究一样，假设滤饼控制着滤液进入地层的总流速，特别是援引了 $\sqrt{t}$ 定律。这种用法对于高渗透性油藏是可以接受的，但没有理由解释为什么这种简化公式适用于含有多种非混相流体的油藏，或者例如，适用于与致密气砂岩中流动有关的问题。因此，这种公认的行业惯例是不恰当的，也是毫无根据的。在第 21 章中，将控制滤饼发育和非混相侵入的耦合边值问题转化为一个具有像源一样边界条件的简单油藏流动方程，并用有限差分法求解。

Semmelbeck 和 holditch（1988）研究了钻井液滤液侵入对感应测井解释的影响。在他们的摘要中，他们说："我们已经用流体流动数值模拟器建立了严谨的钻井液滤液侵入模型"。但是在这个模型中，初始 24h 滤饼的渗透率被简单设置为 0.001mD，随后降为 0.00001mD。Tobola 和 Holditch（1989）通过使用刚才提到的非混相有限差分模拟器历史拟合感应测井的反应确定了低地层渗透率。但对于低渗透率，油藏流动和滤饼发育之间的相互作用是不容忽视的。尽管文中作者提到了钻井液滤饼渗透率随时间的变化必须被准确模拟来正确地解释测井数据，但是他们没有遵循自己的建议。他们声称的成功的历史拟合是建立在特例假设条件下（比如，滤饼渗透率在前 30d 的模拟中被随意定为 0.001mD）。不只是滤饼渗透率被随意确定为毫达西级别，侵入和滤饼发育的瞬时特征也被忽略了。如前面提到的，由于滤饼在低渗透地层的发育和在实验室里滤网压力测试是不同的，确切来说是用时移分析的低渗透岩石类型不同，他们的文章没有说清楚在实验室获得理想条件下的滤饼数据是如何成功地用于实际情况的。

Holditch 和 Dewan（1991）再次论述了从钻井期间和钻井后的时移分析测量进行地层渗透率预测，他们引入了一个被认为对动态过滤很重要的附加黏附率。该参数表征了弹性滤饼对通过环空流产生的剪切应力的响应。当然，它的相关性是明确的和被广泛接受的，但是引入术语仅仅承认一个问题，并没有解决根本问题。他们的黏附率与 Fordham 等人（1991）的临界侵入率相似，没有模拟不确定但是很重要的侵蚀。Dewan 和 Holditch（1992）再次以极限经验 $\sqrt{t}$

定律作为分析依据,在此基础上进一步研究和计算井眼测井工具的径向响应函数。在这本书中,从静态过滤和动态过滤的第一原则提出了预测评价的定量基础。

Lane(1993)从油藏工程的角度对滤液侵入数值模拟进行了新的探讨。他注意到,在绘制电阻率校正图(或龙卷风图)时假定的台阶式侵入剖面更像是一个例外,而不是普遍规律,他将水驱中使用的两相流概念应用于模拟扩散过程和毛细管效应。这一讨论从物理的角度是有启发性的,而且虽然使用了高质量的模拟器,但也只提供了定性的结果。典型的情况是,滤液侵入率是模拟器的输入,滤饼特性完全控制着滤失率。关于侵入的最好的参考资料是 Doll (1955)、Gondouin 和 Heim(1964)的实验论文,其中指出了现实情况的复杂性。现实存在着大量的非理想的效果。例如,Doll 的论文指出,钻井液滤液的矿化度比原来位于孔隙空间的间隙水的矿化度要低,其密度相对较小,将倾向于上升。由于密度差异,这种重力效应与井眼钻井液压力和油藏孔隙压力差异引起的径向压力梯度一致。后一篇文章用放射性示踪剂说明了冲洗带和未污染带之间有多大的过渡带(文中作者小心地使用了平行于层理进行切割的线性岩心)。毛细管作用是重要的物理机制之一,它将地层水从低电阻环带区吸入未污染区。其他重要的物理机制还包括钻井液滤液对地层水的混相驱替,以及离子扩散。阶跃、斜坡和斜坡剖面等特征暗示了用于模拟地层电阻率分布的简化模型的不足,当然还有极限 $\sqrt{t}$ 定律。鉴于近年来大量关于侵入的论文,尤其是其对测井仪器响应和时延分析的影响、对侵入作用的直接响应以及对随钻测量的重要性日益增强,现在比以往任何时候都更需要严格的数学建模和明确说明的假设及限制条件。

Dewan 和 Chenevert(1993)指出,之前文献中没有计算瞬时滤饼堆积和相应的低渗透地层侵入速率变化的方法。事实上,Chin 等人(1986)给出了第一个解决岩心中不同流体动态耦合滤饼发育和滤液置换的解决方案。在 1986 年的那篇论文中,笔者解释了假设不可压缩性,三个独立的拉普拉斯方程如何控制滤饼、冲洗带和原始状态岩石,以及如何利用共同边界处的压力和速度连续性匹配条件将它们耦合起来。当然,精确的压力大小是在极限边界处规定的。然后,通过引入描述界面拉格朗日运动和滤饼发育属性的微分方程建立了移动边值问题的方程。这些常微分方程和标准达西压力方程一起构成了一个耦合系统,其精确的、封闭的解析解如图 16.4 所示。虽然公布的解法是准确的,但是没有对滤饼和岩石流体流动背后的相对流动性做出任何假设。由于复杂的代数,它到径向流动的延伸并没有那么简单。例如,为了解决径向问题,假设为零喷射,使得无人公布研究淡水到盐水电阻率平均值的限制值的解法。此外,由于代数的复杂性,数值积分成为最后的手段。

这些困难现已消除。对于不可压缩滤饼、滤液和地层流体,解决了滤饼与储层流动之间允许动态相互作用的单相径向流动问题,包括不同黏度流体的前缘推进,加上非零喷射,并给出了精确的封闭式分析解。该一般解揭示了控制滤饼形成和驱替前缘运动的无量纲组,并使得笔者假设了明显可能但尚未考虑的不同流动现象。例如,在右侧出口边界固定的线性流中(图 16.4),暂时忽略了滤饼,当油从岩心样品中被低黏度的水驱替时,油的前缘推进速度会越来越快。同样道理,油驱水产生减速的前缘。当然,相同的流动率是否会导致径向流的加速或减速,将取决于几何扩散的程度,而几何扩散又取决于井径。几何扩散(或没有几何扩散)会影响过滤速度,因此会形成滤饼。井径越小,径向效应越重要:因此,小井径的表现可能与普通井径不同。

现在,滤饼的引入导致了以前没看到但有趣的真实情况。想一想在一个充满黏度更高的油的岩心里,水滤入岩心驱替油,并形成滤饼。首先,当滤饼较薄时,只要流动呈几何线形,地层里的流比滤饼里的流动性大得多,通常控制滤饼发育的$\sqrt{t}$定律就适用。正如预期的那样,滤饼的发育将迅速开始并减慢。然而,在某些关键时刻,随着黏度更大的油消失,滤饼的发育可能会加速,快速的前缘推进会吸引更多的滤液流,从而增加固体聚积。这些瞬变效应无疑会在测井解释中引入新的变数,并表明试井和重复地层测试分析中的平行问题可能同样微妙。在这本书中,将讨论这种油水饼流的物理性质,并将讨论扩展到处理扩散、压缩性和非混相流效果。

16.4　油藏流动达西定律

石油工程师使用偏微分方程模型来模拟储层流动、解释试井、表征地层的非均质性,并在加密井钻井方案和二次采油中起协助作用。流体流动建模存在许多层次,从简单的单相油或仅气体流动到包含混相和非混相边界的多相描述,到黑油模型和组分模型。在这本书中,将讨论除后两种流模型以外的所有模型。由于侵入建模需要与前面章节中稍有不同,因此有必要重述基本的控制方程。

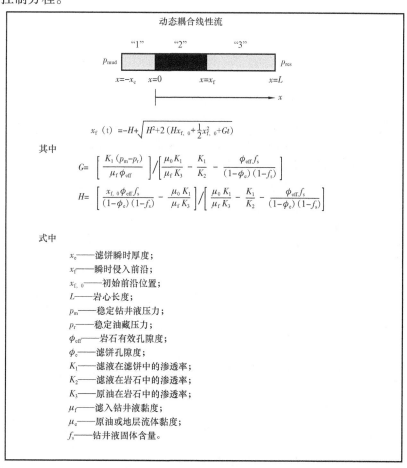

动态耦合线性流

$$x_f(t) = -H + \sqrt{H^2 + 2\left(Hx_{f,\,0} + \frac{1}{2}x_{f,\,0}^2 + Gt\right)}$$

其中

$$G = \left[\frac{K_1(p_m - p_r)}{\mu_f \phi_{eff}}\right] \bigg/ \left[\frac{\mu_0 K_1}{\mu_f K_3} - \frac{K_1}{K_2} - \frac{\phi_{eff} f_s}{(1-\phi_o)(1-f_s)}\right]$$

$$H = \left[\frac{x_{f,\,0}\phi_{eff} f_s}{(1-\phi_o)(1-f_s)} - \frac{\mu_0 K_1}{\mu_f K_3}\right] \bigg/ \left[\frac{\mu_0 K_1}{\mu_f K_3} - \frac{K_1}{K_2} - \frac{\phi_{eff} f_s}{(1-\phi_o)(1-f_s)}\right]$$

式中

x_c——滤饼瞬时厚度;
x_f——瞬时侵入前沿;
$x_{f,\,0}$——初始前沿位置;
L——岩心长度;
p_m——稳定钻井液压力;
p_r——稳定油藏压力;
ϕ_{eff}——岩石有效孔隙度;
ϕ_c——滤饼孔隙度;
K_1——滤液在滤饼中的渗透率;
K_2——滤液在岩石中的渗透率;
K_3——原油在岩石中的渗透率;
μ_f——滤入钻井液黏度;
μ_e——原油或地层流体黏度;
f_s——钻井液固体含量。

图16.4　动态耦合线性流的解析解

16.4.1　单相流动压力方程

流体流动由偏微分方程控制。例如,等密度液体在均质的、各向同性的介质中的单相流动满足拉普拉斯压力方程。

$$\frac{\partial^2 p}{\partial^2 x} + \frac{\partial^2 p}{\partial^2 y} + \frac{\partial^2 p}{\partial^2 z} = 0 \tag{16.1}$$

而在同一介质中的微可压缩液体满足椭圆微分方程:

$$\frac{\partial^2 p}{\partial^2 x} + \frac{\partial^2 p}{\partial^2 y} + \frac{\partial^2 p}{\partial^2 z} = \left(\frac{\phi \mu c}{K}\right)\frac{\partial p}{\partial t} \tag{16.2}$$

在方程(16.1)、方程(16.2)中,流体压力 $p(x,y,z,t)$ 是未知的因变量,x,y,z,t 是自变量。标准符号 ∂ 表示偏导(也会用到下标)。参数 ϕ、μ、c 和 K 分别表示岩石孔隙度、流体黏度、流体—岩石压缩系数和同向地层渗透率。方程(16.2)是关于经典抛物线方程或压力的热方程,这么称呼它是因为它是第一个在热传导背景下被推导和求解的(Carslaw 于 1946 年和 Jaeger 于 1959 年)。另一方面,在同样的假设条件下,对于气体流动:

$$\frac{\partial^2 p^{m+1}}{\partial^2 x} + \frac{\partial^2 p^{m+1}}{\partial^2 y} + \frac{\partial^2 p^{m+1}}{\partial^2 z} = \left(\frac{\phi \mu c^*}{K}\right)\frac{\partial p(x,y,z,t)^{m+1}}{\partial t} \tag{16.3}$$

其中 m 是非零指数。在式(16.3)中,与压力有关的"压缩量":

$$c^* = \frac{m}{p(x,y,z,t)} \tag{16.4}$$

使得边界值问题非线性化。这意味着,从实践的角度来看,叠加方法不适用(例如在试井解释中),因为单个解的总和并不是解。从分析上看,非线性意味着解析解的可能性很小。但对于可压缩流动,即使是线性问题,求解方法也将是数值的。如式(16.3)所示的非线性方程,首先由 Chin(1993a,b)给出,简单地将 Muskat 的精确方程以类似的形式重写成更适合数值分析的形式(Muskat,1937)。所得到的方程在看起来是线性的,因此可以很容易地将工作的线性数值格式应用于非线性问题。

从经典的传热和流体力学中,观察到常数指数 m 描述的是气体运动的热力学。特别是,有以下关系:

$$M = 1(等温膨胀)$$
$$= \frac{C_v}{C_p}(绝热膨胀)$$
$$= 0(定容过程)$$
$$= \infty(定压过程) \tag{16.5}$$

式中, C_p 为定压比热, C_v 为定容比热。在非均质、各向异性介质中,石油液体受控于:

$$\frac{\partial\left(K_x \frac{\partial p}{\partial x}\right)}{\partial x} + \frac{\partial\left(K_y \frac{\partial p}{\partial y}\right)}{\partial y} + \frac{\partial\left(K_z \frac{\partial p}{\partial z}\right)}{\partial z} = \phi \mu c \frac{\partial p}{\partial t} \tag{16.6}$$

其中，K_x、K_y 和 K_z 是 x、y 和 z 方向的渗透率。第 1 章总结了类似的气体方程式。

地层侵入作用大于达西定律 $q = -\dfrac{K}{\mu}\dfrac{\partial p}{\partial x}$。方程(16.1)至方程(16.6)由达西定律导出，达西定律适用于低雷诺数近似值，它结合了质量守恒要求的纳维—斯托克斯动量方程。求解时，几乎永远不可能通过设置 $q = -\dfrac{K}{\mu}\dfrac{\partial p}{\partial x} = $ 常数来近似模拟，因为这没考虑暗含的线性、径向或球状结构，也不考虑压力边界条件。然而，通常达西流体力学需要解决压力边界值问题。

16.4.2　问题方程

如方程(16.1)至方程(16.6)中的偏微分方程需要确定任何和所有自由度有关的辅助条件。就像常微分方程一样：

$$\frac{\mathrm{d}^2 p(x)}{\mathrm{d}x^2} = 0 \tag{16.7a}$$

它的解是：

$$p(x) = Ax + B \tag{16.7b}$$

需要两个边界条件来确定常数 A 和 B，边界值问题需要类似的边界条件，但沿物理曲线指定。此外，对于具有明显时间相关性的问题，还需要初始条件。本书剩余部分的论述(至少对于分析模型而言)主要要求读者理解常微分方程和偏微分方程。

$$\frac{\mathrm{d}^2 p(r)}{\mathrm{d}r^2} + \frac{1}{r}\frac{\mathrm{d}p}{\mathrm{d}r} = 0 \tag{16.8a}$$

对于圆柱形径向流有解：

$$p(r) = A\lg r + B \tag{16.8b}$$

本书中所有的对数都是自然对数，而"球状流"模型稍有变化：

$$\frac{\mathrm{d}^2 p(r)}{\mathrm{d}r^2} + \frac{2}{r}\frac{\mathrm{d}p}{\mathrm{d}r} = 0 \tag{16.9a}$$

它有确切解：

$$p(r) = \frac{A}{r} + B \tag{16.9b}$$

这些解可以很容易地通过反向代入法进行验证，积分 A 和积分 B 的任意常数将因问题而异。方程(16.7)至方程(16.9)在等密度侵入问题中起着重要作用。此外，方程(16.1)至方程(16.6)仅适用于单相流模型，但将讨论不能忽略黏性扩散的混相流和不能忽略毛细管压力、相对渗透率的非混相两相流。为了使前期讨论较为基础，暂不提出这些模型。

16.4.3　欧拉描述与拉格朗日描述

如刚刚给出的方程，预测压力为 x、y、z 和 t 的函数。一旦压力解可用，可得到矩形达西

速度:

$$u(x,y,z,t) = -\frac{K_x}{\mu}\frac{\partial p}{\partial x} \qquad (16.10)$$

$$v(x,y,z,t) = -\frac{K_y}{\mu}\frac{\partial p}{\partial y} \qquad (16.11)$$

$$w(x,y,z,t) = -\frac{K_z}{\mu}\frac{\partial p}{\partial z} \qquad (16.12)$$

方程(16.10)至方程(16.12)里的欧拉速度代表的是空间(x,y,z)里某个点的速度。这一描述对油藏工程师很有用,因为它提供了生产井的流量、特定井的瞬态压力(用于历史拟合)、注入井所需的泵速和压力以及其他感兴趣的数值。如果这些速度不随时间变化,则流量是稳定的。否则,它是瞬时的或不稳定的。因此,通过线性岩心的等速单相流体流动是稳定的,因为认识到许多流体分子实际上是通过孔隙空间流动的,单相流从一个时刻到下一个时刻都保持不变。另一方面,欧拉参照系对于每种应用都不理想或不方便。例如,为了研究储层连通性和波及系数,通常在注入井中引入放射性和化学示踪剂,并在生产井中进行监测。这种用法解决了标记流体分子(或标记的一组微粒)流向何处的问题,确定流向要求跟踪流体。这在环境工程中也很重要,因为在环境工程中,污染物的目的地,以及它们的来源和途径时间都很重要。对于这些目的,拉格朗日描述更合适。地层侵入处理的是流动前缘问题,它要求流体运动方程的拉格朗日解。

16.4.4 恒定密度与可压缩流

恒定密度或不可压缩流体是一种由无限像刚性球的元素组成的流体。因此,对单个元素的任何干扰都会在整个流场中瞬间传输,因此信息传播的速度是无限的。可压缩流体具有弹性。受到扰动的流体单元在将扰动传递给相邻单元之前,将以微小的体积变化和有限的延迟做出响应。在井眼环形流和钻管流中,突然的运动表现为由双曲方程控制的声波。

在达西流动的储层中,压缩性允许压力扰动缓慢扩散,类似于固体中的温度扩散。因此,石油工程师通常使用热方程模型来模拟压缩性。

16.4.5 稳定流与非稳定流

基础的储层流动分析考虑了简单的单相流动,即整个储层介质中只含有一种流体的流动。对于这种密度恒定、不可压缩的流动,当施加的压力在时间上保持不变时,欧拉压力场是稳定的,并产生稳态方程。只有在单相流中允许压缩性的影响时,储层才会存在瞬变,因此,可压缩流既可以是瞬变流,也可以是稳定流。钻井过程中还引入了其他重要的瞬变。例如,钻井液通常随着井筒压力和侵入流体黏度的变化而变化,这种影响可以(也将)通过分析解和数值解两种方式来求解。当然,并不是所有的恒定密度流都是稳定的。例如,在非混相流体的两相流中,在用水驱油得到的欧拉流中,每一相在任何特定孔隙空间内的相对饱和度将随时间而变化,然后随位置而变化。当两相流是可压缩的时,也存在不稳定性。对于快速驱替,就会导致像活塞状、塞状或段塞状的流动,通过监测由移动界面分离的两种不同单相流动的过程来模拟过程(稍后将通过无量纲量来解释"快"或"慢"的含义)。当淡水在恒压下驱替没有滤饼的岩心中具有相同黏度的盐水地层水时,流动是稳定的;但是当水置换油时,流动是不稳定的,因为"总黏度"随时间变化。理解有不同的流量限制很重要,这将由不同的边界值问题和流体性质来模拟。在单相流中,考虑黏度就足够了,但在两相流中,需要相对渗透率和毛细管压力等概念。在欧拉描述中,单一流体的流动可能是稳定的,在拉格朗日模型中是不稳定的,因为被监测的单个流体元总是在运动中。因此,方程(16.1)至方程(16.12)中的欧拉关系只提供拉格朗日问题的部分解。为了完成描述,借助于运动学考虑,将运动前缘和界面视为不同的物理实体。

16.4.6 达西定律的错误使用

达西定律指出,方向 s 的局部速度 q 由方向导数 $q = -\frac{K}{\mu}\frac{\partial p}{\partial s}$ 给出,其中 p 是瞬时压力或稳定压力,K 和 μ 代表渗透率和黏度。因此,在线性流中,有 $q = -\frac{K}{\mu}\frac{\partial p}{\partial x}$,而在圆柱形或球形径向流中,有 $q = -\frac{K}{\mu}\frac{\partial p}{\partial r}$,$r$ 是径向变量。方程(16.10)至方程(16.12)适用于矩形或笛卡儿坐标中的三维流动。达西定律是一种纳维—斯托克斯方程的低雷诺数近似解,它没有体现侵入过程的完整物理描述。例如,它不描述质量守恒。只有当涉及其他要求时,才能得到压力的偏微分方程,如方程(16.1)、方程(16.2)、方程(16.3)或方程(16.6)。这些问题可以通过应用于入口和出口面的压力(或狄利克雷)或流量(或纽曼)边界条件来解决。不幸的是,许多已发表的侵入模型实际上以 $\frac{K}{\mu}\frac{\partial p}{\partial x} = -q(t)$ 为起点,其中 $q(t)$ 被指定,导致预期(但通常不正确)的压力线性变化。这种方法没考虑圆柱形和球面径向流,即方程(16.8a)、方程(16.9a)。其结果未能满足这些方程或其适当的扩展,例如,从替换中可以清楚地看出,$\frac{dp}{dr} = -\frac{\mu q(t)}{K}$ 不满足 $\frac{d^2 p}{dr^2} = \frac{1}{r}\frac{dp}{dr}$。还有一些分析在一开始就引用了普遍的 $\sqrt{t}$ 定律,没有意识到这一限制结果(由 Outmans 于 1963 年正确推导)仅适用于线性流,而且只有当滤饼压实度不显著、流体压缩性被忽略、地层渗透性很高时才适用。因为所有这些混乱在侵入文献中不断扩散,本书将列出所有的新推导出来公式的基本假设。笔者将清楚地说明局限性和优势,并尝试详细记录求解和数值算法所需的所有必要步骤。

16.5 移动前缘和界面

移动前缘和界面的运动学在不同的物理环境中已经被研究了200多年。最值得注意的是对海洋流体动力学中的自由表面和自由空间中的涡流板的研究(Lamb,1945),以及最近燃烧分析中的火焰传播动力学。Chin(1993)给出了适用于多孔介质中流体前缘的推导。考虑一个位于三维达西流中任意位置的移动面或界面(例如,任何用红色染料标记的表面),并让 $\phi(x,y,z)$ 表示孔隙度。此外,用 u、v 和 w 表示欧拉速度分量,并用点的表面轨迹描述界面。

$$f(x,y,z,t) = 0 \tag{16.13}$$

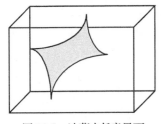

图 16.5 油藏中任意界面
$f(x,y,z,t)$

如图 16.5 所示,由流体不穿过的运动性质定义界面。因此,流体垂直于界面的速度必须等于界面垂直于自身的速度。从向量代数来看,垂直于界面的速度等于 $-\dfrac{f_t(x,y,z,t)}{\sqrt{f_x^2+f_y^2+f_z^2}}$,而流体的法向速度是

$uf_x + vf_y + \dfrac{wf_z}{\phi(x,y,z)} \dfrac{1}{\sqrt{f_x^2+f_y^2+f_z^2}}$。因此,这些相等的条件由等式(16.14)给出。

$$\frac{\partial f(x,y,z,t)}{\partial t} + \left(\frac{u}{\phi}\right)\frac{\partial f}{\partial x} + \left(\frac{v}{\phi}\right)\frac{\partial f}{\partial y} + \left(\frac{w}{\phi}\right)\frac{\partial f}{\partial z} = 0 \tag{16.14}$$

则任意 $f(x,y,z,t)$ 函数的总差分方程 $\mathrm{d}f$ 为:

$$\mathrm{d}f = \frac{\partial f}{\partial t}\mathrm{d}t + \frac{\partial f}{\partial x}\mathrm{d}x + \frac{\partial f}{\partial y}\mathrm{d}y + \frac{\partial f}{\partial z}\mathrm{d}z \tag{16.15}$$

式(16.15)除以 $\mathrm{d}t$ 得到:

$$\frac{\mathrm{d}f}{\mathrm{d}t} = \frac{\partial f}{\partial t} + \frac{\partial f}{\partial x}\frac{\mathrm{d}x}{\mathrm{d}t} + \frac{\partial f}{\partial y}\frac{\mathrm{d}y}{\mathrm{d}t} + \frac{\partial f}{\partial z}\frac{\mathrm{d}z}{\mathrm{d}t} \tag{16.16}$$

与方程(16.14)比较表明,可以将所谓的实质、物质或对流导数 $\mathrm{d}f/\mathrm{d}t$ 设为零,即:

$$\frac{\mathrm{d}f}{\mathrm{d}t} = 0 \tag{16.17}$$

这样就要求:

$$\frac{\mathrm{d}x}{\mathrm{d}t} = \frac{u(x,y,z,t)}{\phi(x,y,z,t)} \tag{16.18}$$

$$\frac{\mathrm{d}y}{\mathrm{d}t} = \frac{v(x,y,z,t)}{\phi(x,y,z,t)} \tag{16.19}$$

$$\frac{\mathrm{d}z}{\mathrm{d}t} = \frac{w(x,y,z,t)}{\phi(x,y,z,t)} \tag{16.20}$$

因此,沿着方程(16.18)至方程(16.20)确定的流体粒子的轨迹,函数 $f(x,y,z,t)$ 必须是常数,因为等式(16.17)要求 $\dfrac{\mathrm{d}f}{\mathrm{d}t} = 0$。这证明了表面上的粒子仍然存在于表面上。方程(16.18)至方程(16.20)定义流体前缘和界面,但 $f(x,y,z,t)$ 不再起作用。

现在,轨迹等式里的欧拉速度 u、v 和 w 分别由独立的主方程确定,例如,$\dfrac{\partial^2 p}{\partial x^2} + \dfrac{\partial^2 p}{\partial y^2} + \dfrac{\partial^2 p}{\partial z^2} = \dfrac{\phi\mu c}{K}\dfrac{\partial p}{\partial t}$,或其他流动模型。当 x、y 和 z 表示主欧拉公式中的自变量时,在轨迹方程中,相同的 x、y 和 z 成为自变量,时间现在是独立的。这种通常导致数学方程上更复杂的角色转换是侵入建模的通用模式。轨迹方程形成耦合的非线性常(非偏)微分方程。当它们以分析或数值的方式与

时间进行结合时,在规定了所有起始位置的情况下,可以跟踪相应的粒子的运动,最终结果包括沿着路径线或流线的位置和运动时间。另外,当有 $u(x,y,z,t)$、$v(x,y,z,t)$ 和 $w(x,y,z,t)$ 函数时,方程(16.18)至方程(16.20)可以向后对时间积分,以确定一个或一组粒子的起源。

可以观察到,取决于压力边界条件,$\dfrac{\partial^2 p}{\partial x^2}+\dfrac{\partial^2 p}{\partial y^2}+\dfrac{\partial^2 p}{\partial z^2}=0$ 的解跟孔隙度 $\phi(x,y,z)$ 无关,但同一流量的拉格朗日描述与它有关,这可以清楚地从方程(16.18)至方程(16.20)中看出。如果考虑通过海绵的稳态流动,很明显单个流体颗粒必须更快地通过较小的孔隙空间,以保持整体的稳定流动。同样,稳态公路交通流狭窄瓶颈处的交通速度必须超过多车道路段的速度(如果没有,通常情况下,是因为流动是不稳定的!)。这里的思想变化对于侵入建模至关重要,但除了这一基本原理之外,求解所需的代数相对简单,尽管有时也相当烦琐。因此,有必要保留中间步骤。本书的主要成果是分析结果和算法,以及新的基本原理和方法论。

尽管流体驱替过程可能相当复杂,例如通常情况下,在非混相两相流中,活塞状、段塞状或塞状描述就足够了,至少可以提供定性但可量化的模型作为初步讨论的基础。对于这种流动,可以简化物理图像,并将问题表述为两个理想化的单一流体区域,由一个不同的移动界面或驱替前缘(如上文所述)隔开,这个边界被称为数学不连续性。在边界前后,某些物理量是守恒的,其他运动要求是强制的。现在专门研究一下水驱替烃类这种情况。第一个区域,也就是前缘前面,包含石油或天然气以及固定的原生水。前缘后面是第二个区域,包括侵入的钻井液滤液和被排出的烃类遗留在前缘后面的不动残余油(或气)。表示原生水和剩余油饱和度的符号为 S_c 和 S_{ro} (因此,初始含油饱和度为 $1-S_c$)。如果岩石孔隙度用 ϕ 表示,则可引入表征侵入岩石的有效孔隙度,定义为 $\phi_{eff}=\phi(1-S_{ro}-S_c)$。此定义可用于由方程(16.18)至方程(16.20)定义的前缘轨迹。同样,这为快速驱替过程提供了一个近似描述(稍后,非混相两相流理论将提供更精确的模拟)。请注意,测井中存在不同的孔隙度定义,这取决于用于测量的仪器类型。本书中,通过孔隙度的意思是与流体输送可用的连通孔隙空间,因为这些孔隙空间是流体运动方程所隐含的。虽然所研究的岩石可能是均匀的,具有单一渗透率,但有时会推导出考虑两种渗透率的公式,以便在特定基础上模拟不同地层流体的不同渗透性。这种用法便于描述水相对于剩余油的流动差异,以及油相对于不可动束缚水的流动差异。这种灵活性与对有效孔隙的使用是一致的,并且仅为方便起见而提供。最后,虽然强调了动态界面分离两种共存的地层流体的可能性,但此处强调,得到的结果也适用于单一流体的情况,可以将其视为红水取代蓝水。最后一个例子有助于在离子扩散涂抹分离边界之前,通过侵入钻井液滤液(至少在很短的初始时间内)模拟含盐地层水的位移。电阻率解释非常重要。

问题和练习

1. 方程(16.18)至方程(16.20)表示非线性耦合常微分方程组。查看可用的科学子程序库,并使用可用的软件编写一个程序来跟踪路径。

2. 均匀介质中的稳定液体流分别满足线性流、圆柱流和球形流的 $\dfrac{d^2 p(r)}{dr^2}+\dfrac{n}{r}\dfrac{dp}{dr}=0$,$n=0,1,2$ 分别代表线性流、圆柱流和球形流。考虑到不同类型元素体积之间的几何差异,从质量守恒得出这一结果。然后验证本章给出的一般解。

第 17 章 静态过滤和动态过滤

前文引入了定量地层侵入建模的基本思想,但仅限于处理活塞状、段塞状或塞状位移的各向同性达西流。一旦开发出简单的技术并了解其局限性,就可以考虑混相流和非混相流。从最简单的问题开始,如追踪没有滤饼的岩心中的流体前缘,到仅有滤饼的公式,最后到紧密结合的侵入前缘的动力学和滤饼随时间增长的问题。在这最后一类问题中,恰当地突出了数学家所面临的巨大的复杂的分析。尽管所用的流体模型简单,但仍然会出现复杂的情况。因此,应该积极寻找能够提供更大建模灵活性的数值方法,也就是说,当试图模拟更接近于现实的侵入问题时,本文的方法有更大的适用性。第 20 章将介绍计算机有限差分法,那里解决的问题将在这里用解析解法来解决。然而,将这些算法扩展到一类物理问题,在这些物理问题中,解析解的可能性是没有的。本书中提出的侵入方程的解也适用于流向相反的情况。例如,无论钻井是否处于过平衡还是欠平衡状态,它们都是可用的。一旦压差出现明显变化,它们就模拟从地层流入井筒的过程。文中还将讨论流体在平行于井眼轴线方向流动时,井眼内的动态过滤问题,提出了非牛顿环空与牛顿流体的耦合问题。

17.1 不考虑滤饼的简单流动

在本节中,研究单相流体侵入岩石,假设滤饼的影响可以忽略不计。例如,模型采用盐水或水作为钻井液。这些问题的公式很简单;它们突出了本科课程中所涵盖的油藏流动问题与追踪移动前缘所需的拉格朗日模型之间的基本区别。按由易到难的顺序介绍五个问题。

17.1.1 均质线性岩心中的均质液体

具有恒定特性的瞬态、可压缩、线性、均匀液体流动的压力偏微分方程为 $\dfrac{\partial^2 p(x,t)}{\partial x^2} = \dfrac{\phi\mu c}{K}$

$\dfrac{\partial p}{\partial t}$。这里 p 是压力,而 x 和 t 代表空间和时间,ϕ、K、μ 和 c 是岩石孔隙度、岩石渗透率、流体黏度和净流体—岩石压缩性。如果假设一个恒定的密度、不可压缩的流动,并且通过设置 $c=0$ 忽略了流体的可压缩性,那么这个方程的右边会完全消失。然后,模型简化为常微分方程 $\dfrac{\partial^2 p(x,t)}{\partial x^2} = 0$,其中 t 是参数,而不是变量。

该方程的解为 $p(x,t) = Ax + B$。为了确定积分常数 A 和 B,需要压力 $p(x,t)$ 的边界条件。假设 $x=0$ 处的左侧压力为 P_1,而 $x=L$ 处的右侧压力为 P_r,如图 17.1 所示。也就是说,取 $p(0,t) = P_1$ 和 $p(L,t) = P_r$,这就可以求出 A 和 B。如果 P_1 和 P_r 是常数,那么 A 和 B 是常数。然而,如果两者中的一个或两个都是时间的函数,就像在钻探中一样,那么 A 和 B 可能是时间的函数。在这种情况下,压力场 $p(x,t) = (P_r - P_1)x/L + P_1$ 会立即响应边界压力的时间变化,因为零压缩性意味着绝对流体刚性要求即时传输信息。后面,当处理恒定密度流时,将在压力

的论证中省略 t,同时要理解有必要的话在参数上允许随时间变化。与 $p(x,t)$ 中一样,t 的显式用法仅用于瞬时可压缩流。

现在,流体速度 q 由达西定律 $q = -\dfrac{K}{\mu}\dfrac{\partial p(x)}{\partial x}$ 给出,根

据方程的解,它变成 $q = -\dfrac{K}{\mu}(P_r - P_1)/L$。这描述了空间中

图 17.1　线性流

固定点的流体速度。它是固定在特定孔隙空间元素上的观察者测量的速度(在惯例中,如果 $P_1 > P_1$,见假设 $q > 0$)。对于侵入模型,对初始标记粒子的运动感兴趣,倾向于替代拉格朗日描述。如果现在让 x 表示描述这些标记粒子的标签,那么粒子速度满足 $\dfrac{\mathrm{d}x}{\mathrm{d}t} = q/\phi$,如方程 (16.18) 中的要求,其中 ϕ 是孔隙度。这在物理上是正确的,因为较小的孔隙度为相同的 q 创造了更快的驱替前缘,反之亦然。利用 q 的表达式,得到了侵入前缘的常微分方程 $\dfrac{\mathrm{d}x}{\mathrm{d}t} = -\dfrac{K}{\phi\mu}(P_r - P_1)/L$,对于恒定孔隙度,积分为:

$$x(t) = x_0 - \frac{K}{\phi\mu}(P_r - P_1)t/L \tag{17.1}$$

其中,x_0 是初始标记位置。对于非均质问题,$\phi = \phi(x)$,$P_1 = P_1(t)$,$x(t)$ 的微分方程可用 $\displaystyle\int \phi(x)\,\mathrm{d}x = -\int \dfrac{K}{\mu}(P_r - P_1)/L\,\mathrm{d}t$ 形式进行积分,积分结果可查表。在上面所述的假设中,如预期的那样,这种无滤饼线性液体流动示例中的驱替前缘随时间呈线性变化。这样的问题实际上不会有人感兴趣。然而,简单的数学能够说明第 16 章中介绍的概念。首先,在欧拉常密度流问题中没有出现孔隙度,却在拉格朗日模型中出现了。其次,如果不首先求解欧拉方程,就不能(或不容易)得到拉格朗日解。最后,在从欧拉模型发展到拉格朗日模型的过程中,自变量 x 实际上成为前缘位置的因变量。这些观察结果也适用于多维问题。

可以用解 $x(t) = x_0 - \dfrac{K}{\phi\mu}(P_r - P_1)t/L$(假设 $x_0 = 0$)来说明延时侵入分析背后的基本思

想,也就是说,应将方程 $\dfrac{\dfrac{K}{\phi\mu}(P_r - P_1)t}{L} = -x(t)/t$ 作为主模型。因此,如果前缘位置 $x(t)$ 可以

作为时间 t 的函数进行监测或测量,比如使用电阻率、放射性示踪剂或 Catscan 方法,其结果是商 $x(t)/t$ 产生关于量 $\dfrac{K}{\phi\mu}(P_r - P_1)/L$ 的信息。当然,$x(t)$ 或 t 的值越大,实验误差越小。这种侵入面测量最多可提供总体物理量 $\dfrac{K}{\phi\mu}(P_r - P_1)/L$ 的值。因此,如果需要其任何单个组成部分 K、μ、ϕ、P_r、P_1 或 L,则必须首先使用其他方法单独找到其他数量的值。例如,如果已知压力梯度 $(P_r - P_1)/L$ 和孔隙度,那么可立即得到流度 $\dfrac{K}{\mu}$ 的值(但无法确定黏度)。

17.1.2 均质径向流动中的均匀流体

现在对圆柱形径向流重复同样的计算。具有恒定特性的瞬态、可压缩、径向、均匀、液体流的压力偏微分方程为 $\dfrac{\partial^2 p(r,t)}{\partial r^2} + (1/r)\dfrac{\partial p}{\partial r} = \left(\dfrac{\phi\mu c}{K}\right)\dfrac{\partial p}{\partial t}$。除了径向坐标 r 代替线性坐标 x 外,所有的量都定义为线性流中的量。假设流体为不可压缩流体,即 $c=0$,得到微分方程 $\dfrac{\partial^2 p(r,t)}{\partial r^2} +$

$(1/r)\dfrac{\partial p}{\partial r} = 0$,其解为 $p(r) = A\lg r + B$。对于这种径向流,在图 17.2 中的井和外储层半径(即 r_{well} 和 r_{res} 处)施加压力边界条件,形式为 $p(r_{\text{well}}) = P_{\text{well}}$ 和 $p(r_{\text{res}}) = P_{\text{res}}$。这个公式没有包含滤饼效应,这个例子本身对实际井的地层侵入并不重要。在许多浅井中,钻井液只比水略微稠一点。有时,有的井是使用盐水钻的,不产生滤饼。

图 17.2 圆柱形径向流

这些条件导致 $P_{\text{well}} = A\lg r_{\text{well}} + B$ 和 $P_{\text{res}} = A\lg r_{\text{res}} + B$,两式相减得到 $A = (P_{\text{well}} - P_{\text{res}})/(\lg r_{\text{well}}/\lg r_{\text{res}})$。结果是 A 而不是 B,这在处理径向侵入时很重要。从 $p(r) = A\lg r + B$,发现径向压力梯度满足 $\dfrac{\mathrm{d}p(r)}{\mathrm{d}r} = A/r$,因此欧拉速度 q 满足 $q(r) = -\dfrac{K}{\mu}\dfrac{\mathrm{d}p(r)}{\mathrm{d}r} = -AK/(\mu r)$。

在第一个例子中,拉格朗日描述中的侵入前缘 $r(t)$ 满足 $\dfrac{\mathrm{d}r}{\mathrm{d}t} = q/\phi$,或 $r\mathrm{d}r = -\dfrac{AK}{\phi\mu}\mathrm{d}t$。现在考虑一个初始标记了位置的圆环或示踪剂颗粒,其中在 $t=0$ 时 $r(t) = r_0$。这个初始条件导致积分形式为 $r^2 = r_0^2 - [2AK/(\phi\mu)]t$,因此

$$r(t) = \sqrt{r_0^2 - [2AKt/(\phi\mu)]} \tag{17.2}$$

如果 $P_{\text{well}} > P_{\text{res}}$,且 $\dfrac{r_{\text{well}}}{r_{\text{res}}} < 1$,则常数 A 为负数。t 足够大时,$r(t)$ 的解能近似为 $r(t) \approx \sqrt{-2AKt/(\phi\mu)}$。因此,径向前缘位置会像 $\sqrt{t}$ 一样变化,即使是在没有滤饼情况下的均质岩石的均匀流体。为了完成这个例子,讨论一下时间足够大的意义。为了达到这个目的,重写完整解 $r(t) = [1 - r_0^2\phi\mu/(2AKt)]^{1/2}\sqrt{-2AKt/(\phi\mu)}$。因为在 $|\sigma| \ll 1$ 情况下,$\sqrt{1+\sigma} \approx 1 + \dfrac{1}{2}\sigma$,那么仅当 $|r_0^2\phi\mu/(2AKt)| \ll 1$ 时,$r(t) \approx \sqrt{-2AKt/(\phi\mu)}$。因此,长时间的意义必须在特定问题里被解释为无量纲时间足够大:它取决于径向压力梯度、所有特征半径和岩石、流体属性。

同样道理,短时间这个属于也应该在无量纲情况下进行类似的讨论。这里,重写 $r(t)$ 的精确解形式 $r(t) = r_0\sqrt{1 - [2AK/(\phi\mu r_0^2)]t}$。使用 $\sqrt{1+\sigma} \approx 1 + \dfrac{1}{2}\sigma$,得到近似解 $r(t) \approx r_0\{1 - [2AK/(\phi\mu r_0^2)]t\}$。因此,前缘半径在短时间范围内随 t 线性变化,这里短时间意思是 $|-[2AK/(\phi\mu r_0^2)]t| \ll 1$。当然,更复杂问题的时间尺度将通过滤饼的构造特征决定的滤液的压缩性和黏度、油藏流体驱动等来引入。

17.1.3 球形流动的均质流体

与点源相关的球形驱替前缘对于研究钻头的侵入是有用的。理想化的图 17.3 的流动具有球面对称性。远离钻头(围绕钻杆)的圆柱形径向侵入是由滤饼堆积控制的。但是在钻头上不会形成滤饼,因为它被钻头钻破和被喷嘴流冲走。具有恒定单相特性的可压缩、球形、均匀液体流动的方程为 $\frac{\partial^2 p(r,t)}{\partial r^2} + 2/r \frac{\partial p}{\partial r} = \frac{\phi\mu c}{K} \frac{\partial p}{\partial t}$。这不同于圆柱形模型,用 $2/r$ 代替 $1/r$,r 是钻头中心到球面的距离。对于不可压缩的液体,$c = 0$,得到 $\frac{\partial^2 p(r,t)}{\partial r^2} + 2/r \frac{\partial p}{\partial r} = 0$。

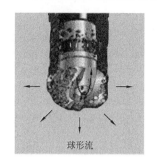

图 17.3 钻头处的球形流

球形流的压力分布不再像柱状流的对数型压力分布,因为 $p(r) = Ar^{-1} + B$。钻头半径处 $r = r_{bit}$ 的压力和有效半径 $r = r_{eff}$ 处的压力分别为 P_{bit} 和 P_{pore},表示钻头喷嘴压力和地层孔隙压力。也就是说,取 $p(r_{bit}) = P_{bit}$,$p(r_{eff}) = P_{pore}$,所以 $P_{bit} = A r_{bit}^{-1} + B$,$P_{pore} = A r_{eff}^{-1} + B$,或者 $AP_{bit} = (P_{bit} - P_{pore})/(r_{bit}^{-1} - r_{eff}^{-1})$。现在将 $\frac{dp}{dr} = -Ar^{-2}$ 代入达西公式 $q(r) = -\frac{K}{\mu} \frac{dp(r)}{dr} = \frac{AK}{\mu} r^{-2}$。因为前缘速度满足 $\frac{dr}{dt} = q/\phi$,得到 $\frac{dr}{dt} = \frac{AK}{\mu\phi} r^{-2}$。如初始 $r(t = 0) = r_0 > 0$,这个非线性方程可以积分得到:

$$r(t) = \left[r_0^3 + 3AKt/(\mu\phi) \right]^{1/3} \tag{17.3}$$

如果 $r_0 = r_{bit}$,则模拟了从钻头侵入。通常,r_0 是任意所追踪前缘的初始半径。对于超平衡钻井,$A > 0$,前缘向岩石方向移动。如果是欠平衡钻井,$A < 0$,前缘向钻头移动。注意 $r(t)$ 在短时间内随时间呈线性增长,但时间较长时,其行为类似于 $t^{1/3}$,而不是 $t^{1/2}$。因此要求圆柱流和球型流的短时间和长时间有所不同。

17.1.4 均匀线性岩心中的气体流动

在第一个例子中,考虑了线性岩心中的单相流。许多写者没有区分液体和气体的流动。为了证明这些差异,现在考虑一种气体(仍然假设是没有滤饼的单一均匀流体)。具有恒定特性的可压缩、线性、均匀气体流动的方程式为 $\frac{\partial^2 p^{m+1}(x,t)}{\partial x^2} = \frac{\phi\mu c^*}{K} \frac{\partial p^{m+1}}{\partial t}$,其中 $m+1$ 是指数(液体时 $m = 0$)。这里,液体时 $c^* = c$,气体时 $c^* = m/p(x,t)$。常数 m 是指热力学参数,例如对于等温、绝热、定容和恒压过程来说,m 分别等于 1,C_v/C_p,0 和 ∞(C_v 和 C_p 是定容和定压下的比热)。

如果瞬态效应不重要,那么这个复杂的方程式可以简化成 $\frac{\partial^2 p^{m+1}(x)}{\partial x^2} = 0$,$p^{m+1}(x)$ 的解是一个线性方程 $p^{m+1}(x) = Ax + B$。注意它是 $p^{m+1}(x)$,而不是 $p(x)$,它在空间上是线性变化的,因此,达西速度 $q = -(K/\mu) \frac{dp}{dx}$ 一般不会是常数。这个非直观(但正确)的结果来自求解压力方程,适当地考虑了质量守恒,而不是简单地假设 $q = -(K/\mu)\dfrac{\mathrm{d}p}{\mathrm{d}x}$ 中的 $\dfrac{\mathrm{d}p}{\mathrm{d}x}$ 为常数。为了确定 A 和 B,需要边界条件。如前所述,压力在 $x=0$ 时为 P_1,在 $x=L$ 时为 P_r,因此 $p^{m+1}(0) = P_l^{m+1}$ 和 $p^{m+1}(L) = P_r^{m+1}$,或者 $p^{m+1}(x) = \dfrac{(P_r^{m+1} - P_l^{m+1})x}{L} + P_l^{m+1}$,结果:

$$p(x) = \left[\frac{(P_r^{m+1} - P_l^{m+1})x}{L} + P_l^{m+1}\right]^{1/(m+1)} \tag{7.4a}$$

除了流体为液体时 $m=0$ 外,这个压力函数与 x 不成线性关系。在气井试井分析中,通常采用等温情况 $m=1$。m 值的其他模型在特定的储层中可能有不同的热力学过程。对于前缘移动,对压力微分则得:

$$\frac{\mathrm{d}p}{\mathrm{d}x} = \frac{(P_r^{m+1} - P_l^{m+1})x}{(m+1)L}p^{-m}(x) \tag{7.4b}$$

因此:

$$q = -\frac{K}{\mu}\frac{\mathrm{d}p(x)}{\mathrm{d}x} = -\frac{K}{\mu}\frac{(P_r^{m+1} - P_l^{m+1})x}{(m+1)L}p^{-m}(x)$$

前缘位置 $x(t)$ 满足,使压力梯度满足 $\dfrac{\mathrm{d}x}{\mathrm{d}t} = q/\phi$,代数式显示:

$$\frac{L}{(P_r^{m+1} - P_l^{m+1})}\left[\frac{(P_r^{m+1} - P_l^{m+1})x}{L} + P_l^{m+1}\right]^{(2m+1)/(m+1)} = -\frac{Kt}{\mu}\frac{(P_r^{m+1} - P_l^{m+1})x}{(m+1)L} + 常数$$

$$\tag{17.5}$$

其中常数由标记粒子的初始位置确定。函数 $x(t)$ 可以通过将等式(17.5)的两边指数提高到 $(m+1)/(2m+1)$ 次幂,然后求解 x 作为 t 的函数。与液体的结果不同,前缘运动不是随时间恒定的。它的运动必须随时间而变化,因为 q 需要在空间上变化以保持质量,准确的变化取决于气藏的 m。考虑到气藏的热力学环境,必须谨慎处理对气藏的时移分析。请注意,此结果不适用于存在多种流体、滤饼或几何扩散的情况。当滤饼压实和侵蚀这些影响重要时,必须要进行数值模拟。

17.1.5 平面裂缝流

第2章研究了液体和气体流入或流出均质、各向异性介质中平面裂缝的流动,重点研究了产量。油藏工程师也对产生流体的来源感兴趣,同时刺激工程师对注入的压裂液如何流动感兴趣。先前的(无支撑剂)压裂解仍然有效,为了描述侵入,必须对其进行不同的解释。与定义拉格朗日轨迹的非线性常微分方程结合,它可以用于跟踪 $t=0$ 时的任何标记粒子 (x_0, y_0)。假定液体在各向同性介质中的流动,从压力积分,可以得到 $\dfrac{\partial p(x,y)}{\partial x} = \int f(\xi)(x-\xi)/[(x-\xi)^2 + y^2]\mathrm{d}\xi$ 和 $\dfrac{\partial p(x,y)}{\partial y} = y\int f(\xi)/[(x-\xi)^2 + y^2]\mathrm{d}\xi$。然后,定义 $\dfrac{\mathrm{d}X}{\mathrm{d}t} = -\dfrac{K}{\phi\mu}$

$\dfrac{\partial P(X,Y)}{\partial X}$，$\dfrac{\mathrm{d}Y}{\mathrm{d}t} = -\dfrac{K}{\phi\mu}\dfrac{\partial P(X,Y)}{\partial Y}$，这里 t 是有量纲的,导致:

$$\frac{\mathrm{d}X}{\mathrm{d}t} = -\frac{KP_{\text{ref}}}{\phi\mu c}\int f(\xi)(x-\xi)/[(x-\xi)^2 + y^2]\mathrm{d}\xi \tag{17.6a}$$

$$\frac{\mathrm{d}Y}{\mathrm{d}t} = -\frac{KP_{\text{ref}}}{\phi\mu c}y\int f(\xi)/[(x-\xi)^2 + y^2]\mathrm{d}\xi \tag{17.6b}$$

方程(17.7a)至方程(17.7d)的这些路径方程显示了方程中递归公式给出的时间积分。假设无量纲(x_i , y_i)由初始时刻裂缝长度 c 归一化得到。这些值可用于评估方程(17.7a)、方程(17.7b)产生瞬时粒子速度。那么,方程(17.7c)、方程(17.7d)用于更新位置,以在时间步长 $\Delta t > 0$ 结束时获得(x_f , y_f)。

$$\frac{\mathrm{d}x_i}{\mathrm{d}t} = -\frac{KP_{\text{ref}}}{\phi\mu c^2}\int f(\xi)(x_i-\xi)/[(x_i-\xi)^2 + y_i^2]\mathrm{d}\xi \tag{17.7a}$$

$$\frac{\mathrm{d}y_i}{\mathrm{d}t} = -\frac{KP_{\text{ref}}}{\phi\mu c^2}y_i\int f(\xi)/[(x_i-\xi)^2 + y_i^2]\mathrm{d}\xi \tag{17.7b}$$

$$x_f = x_i + (\mathrm{d}x_i/\mathrm{d}t)\Delta t \tag{17.7c}$$

$$y_f = y_i + (\mathrm{d}y_i/\mathrm{d}t)\Delta t \tag{17.7d}$$

这个递归应用,从任何初始值($X_0/c , Y_0/c$)开始,并且可以无限期地继续。积分时间步长越细,物理分辨率越大。在文献中有更精确的积分方法可用于第2章中的所有裂缝求解。与基于偏微分方程的有限差分格式不同,该格式的收敛性和稳定性取决于截断误差的形式,尤其是 Δt ,方程(17.7a)至方程(17.7d)可在时间上向后积分,所需的时间为 $\Delta t < 0$ 。这提供了追踪粒子来源和目的地的能力,可很好地求出环境应用中的污染源。

17.2　具有移动边界的流动

继续讨论具有一定重要性的外部和内部移动边界的流动。首先考虑滤饼上的线性滤饼堆积,然后研究两种不同的液体在没有滤饼的线性岩心中的塞流。这两个例子为滤饼发育、地层性质和侵入前缘运动动态耦合的问题做好了准备,这将在下面的章节中得到严谨的处理。

17.2.1　滤纸上的线性滤饼堆积

在前一节中,考虑了地层侵入,但没有滤饼的缓凝作用。为了清楚地理解物理本质,研究孤立的滤饼发育问题,如在图17.4中的实验室线性流实验装置中所获得的那样。考虑一个一维实验,其中钻井液(本质上是黏土颗粒在水中的悬浮)被允许流过滤纸。最初,流速很快。但随着时间的推移,固体颗粒(通常是轻到重的钻井液体积

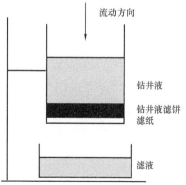

图17.4　简单滤饼堆积实验

的5%），比如重晶石，沉积在纸的表面上，形成一种反渗透剂。反过来，由于滤饼的流动阻力，减缓了钻井液滤液的通过。

因此，预计滤液体积流量和滤饼生长速率随时间而减少，而滤液体积和滤饼厚度继续增加，但速度较慢。因为问题是基于定义良好的物理过程，这些定性的概念可以准确地用公式表达。其一，在过滤过程中，均质钻井液的成分没有变化：其固体比例总是恒定的。其二，滤饼内的流动是达西流，因此由油藏工程师所使用的方程来控制。然而，唯一的问题是移动边界的存在，即，将滤饼从钻井液中分离出来的位置界面，最终通过它并不断增加其厚度。因此，物理问题是一个过渡过程，需要用到与偏微分方程课程所教的不同的数学方程。

滤饼在现实中可能是可压缩的，也就是说，它们的机械性能可能随着施加的压差而变化，如图 14.7 所示。以后可以借鉴油藏工程方法进行沉降和地层压实。目前，不可压缩滤饼形成的简单模型，即多孔但刚性滤饼对固体颗粒悬浮液的过滤，可由第一原理建立。首先，让 $x_c(t) = 0$ 表示滤饼厚度随时间的变化，其中 $x_c = 0$ 表示初始厚度为零。同时，让 V_s 和 V_1 表示钻井液悬浮液中固体和液体的体积，让 f_s 表示由 $f_s = V_s/(V_s + V_1)$ 定义的固体比例。因为这在整个过滤过程中不会改变，所以必须去除它的时间导数。如果设置 $\dfrac{df_s}{dt} = \dfrac{(V_s + V_1)^{-1}dV_s}{dt} -$

$V_s(V_s + V_1)^{-2}\left(\dfrac{dV_s}{dt} + \dfrac{dV_1}{dt}\right) = 0$，可以证明 $dV_s = (V_s/V_1)dV_1$。但是由于 $\dfrac{V_s}{V_1} = f_s/(1 - f_s)$，因此可以得出 $dV_s = f_s/(1 - f_s)dV_1$。

这是对固体颗粒构成淤泥悬浮物的物质守恒定律，还没有体现与滤饼堆积有关的任何假设。通常，可能会注意到，钻井液在钻井过程中会变稠或变稀；如果是这样，那么这里导出的方程应该用 $f_s = f_s(t)$ 及其相应的随时间变化的压降来重新处理。

为了引入滤饼动力学，观察到在无限小时间 dt 上沉积在滤纸基本面积 dA 上的固体 dV_s 的总体积是 $dV_s = (1 - \phi_c)dAdx_c$，其中 ϕ_c 是滤饼孔隙度。在这段时间内，流经滤纸的滤液体积为 $dV_1 = |v_n|dAdt$，其中 $|v_n|$ 是滤液通过滤饼和滤纸的达西速度。现在，将 dV_s 的两个表达式设置为 相等，$[f_s/(1 - f_s)]dV_1 = (1 - \phi_c)dAdx_c$，并用 $|v_n|dAdt$ 替换 dV_1，从而获得 $[f_s/(1 - f_s)]|v_n|dAdt = (1 - \phi_c)dAdx_c$。两边约掉 dA，得到了一个控制滤饼发育的通用方程。特别地，滤饼厚度 $x_c(t)$ 满足常微分方程：

$$\frac{dx_c(t)}{dt} = \{f_s/[(1 - f_s)(1 - \phi_c)]\}|v_n| \tag{17.8a}$$

现在，如前一节的第一个例子，假设一维恒定密度单一液体流动。对于这种流动，恒定达西速度为 $(K/\mu)(\Delta p/L)$，其中 $\Delta p > 0$ 是通过长度 L 的岩心的压降。目前问题的对应速度为 $|v_n| = (K/\mu)(\Delta p/x_c)$，其中 K 是滤饼渗透率，μ 是滤液黏度。替换等式(17.8a)得到：

$$\frac{dx_c(t)}{dt} = \{Kf_s\Delta p/[\mu(1 - f_s)(1 - \phi_c)]\}/x_c \tag{17.8b}$$

如果滤饼厚度在 $t = 0$ 处是无限薄的，则使用 $x_c(0) = 0$，可对公式(17.8b)积分，结果是：

$$x_c(t) = \sqrt{\{2Kf_s\Delta p/[\mu(1 - f_s)(1 - \phi_c)]\}t} \tag{17.9}$$

　　这表明滤饼在线状流动中的厚度随时间的增加而增加,但随着时间的推移,它的增长速度越来越慢,因为增加的厚度意味着增加对滤液的阻力。因此,滤液的积聚也会减慢。

　　为了获得产液量,结合 $dV_1 = |v_n| dA dt$ 和 $|v_n| = \left(\dfrac{K}{\mu}\right)\left(\dfrac{\Delta p}{x_c}\right)$,形成 $dV_1 = (K\Delta p dA/\mu)x_c^{-1}dt$。使用式(17.9),$dV_1 = \left(\dfrac{K\Delta p dA}{\mu}\right)\{2Kf_s\Delta p/[\mu(1-f_s)(1-\phi_c)]\}^{-1/2}t^{-1/2}$。直接积分,假设初始滤液为零,得到:

$$V_1(t) = 2\left(\frac{K\Delta p dA}{\mu}\right)\{2Kf_s\Delta p/[\mu(1-f_s)(1-\phi_c)]\}^{-\frac{1}{2}}t^{-\frac{1}{2}}$$

$$= \sqrt{2Kf_s\Delta p(1-f_s)(1-\phi_c)/(\mu f_s)}\sqrt{t}dA$$

$$(17.10)$$

　　Chin 等人(1986)和最近的论文需要详细、乏味的实验室滤饼测量参数的 f_s、ϕ_c 和 K,这可能会带来操作上的困难。事实证明,这个过程是不必要的:它们的值可以从第 19 章后面讨论的简单可实施的表面过滤实验的结果推断出来。

　　到目前为止,遇到了两种类型的 $\sqrt{t}$ 行为,一种是无滤饼的恒定密度径向单相流,另一种是无底部岩石的线性滤饼堆积和过滤产生,它们正好相反。结果表明,还有另一种类型的 $\sqrt{t}$ 行为,通过考虑两种连续流体通过无滤饼(下一步处理)的线性岩心的恒定密度流而获得。因此,至少有三种类型的 $\sqrt{t}$ 行为,每种行为由不同的流动参数或物理过程控制,因此,至少有三种不同的 $\sqrt{t}$ 时间尺度!因此,至少可以说,测井解释具有挑战性。

17.2.2　两种液体在无滤饼线性岩心中的塞流

　　考虑达西流通过一个单一的线性岩心,其中一种液体以活塞状、栓塞流或塞状的方式置换第二种液体,如图 17.5 所示。假设每个流体的渗透性是相同的,因此单个渗透率 K 就足够了。压力 P_1 和 P_r 固定在左右两侧,$P_1 > P_r$,使流体系统从左向右流动,没有滤饼。对于线性的液体流动,$\dfrac{\partial^2 p(x,t)}{\partial x^2} = \dfrac{\phi\mu c}{K}\dfrac{\partial p}{\partial t}$ 描述了瞬变的、可压缩的液体,其中 ϕ、μ、c、K 表示岩石孔隙度、流体黏度、流体岩石压缩性和渗透率。这解决了侵入液体取代先前存在的地层液体的问题,其黏度分别为 μ_1 和 μ_2。

　　本示例的第二个目标是提出模拟内部移动界面的数学技术,例如,如图 17.5 所示的前缘位置 $x = x_f(t)$。不过,现在可以把压力问题看作一个纯粹的静态问题。对于此处假设的不可压缩流体,去掉压缩系数 c,第 1 层和第 2 层中的压力常微分方程变为 $\dfrac{\partial^2 p_1(x)}{\partial x^2} = 0$ 和 $\dfrac{\partial^2 p_2(x)}{\partial x^2} = 0$,它们有各自的解

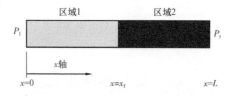

图 17.5　两种不同流体的简单线性流

$p_1(x) = Ax + B$ 和 $p_2(x) = Cx + D$,其中 A,B,C,D 是完全由端部压力边界条件 $p_1(0) = P_1$ 和 $p_2(L) = P_r$,以及 $x = x_f$ 时,$p_1(x_f) = p_2(x_f)$ 的界面条件确定的积分常数。压力连续性方程假定界面张力很小。另一方面,速度匹配是一种运动学陈述,说明局部速度是单值的,也就是

说,它只有一个值。如第 16 章所述,运动界面是用这个速度进行对流的。

现在,由于 $K_1 = K_2 = K$,达西速度满足 $q_1 = -\dfrac{\left(\dfrac{K_1}{\mu_1}\right)\mathrm{d}p_1(x)}{\mathrm{d}x} = -\left(\dfrac{K}{\mu_1}\right)A$ 和 $q_2 = -\dfrac{\left(\dfrac{K_2}{\mu_2}\right)\mathrm{d}p_2(x)}{\mathrm{d}x} =$

$-\left(\dfrac{K}{\mu_2}\right)C$,因此 $\dfrac{A}{\mu_1} = \dfrac{C}{\mu_2}$。这导致 $0 < x < x_f$ 内的压力解为:

$$p_1(x) = \frac{\left(\dfrac{\mu_1}{\mu_2}\right)(P_r - P_1)x}{L + x_f\left(\dfrac{\mu_1}{\mu_2} - 1\right)} + P_1 \qquad (17.11)$$

$x_f < x < L$ 内的压力解为:

$$p_2(x) = \frac{(P_r - P_1)(x - L)}{L + x_f\left(\dfrac{\mu_1}{\mu_2} - 1\right)} + P_r \qquad (17.12)$$

如前面所有的例子所示,通过设置 $\dfrac{\mathrm{d}x_f}{\mathrm{d}t} = q_1/\phi$ 来确定侵入前缘,假设孔隙度是恒定的。现

在使用式(17.11)得到 $\dfrac{\mathrm{d}x_f}{\mathrm{d}t} = \dfrac{-\left(\dfrac{K}{\phi\mu_1}\right)\left(\dfrac{\mu_1}{\mu_2}\right)(P_r - P_1)}{L + x_f\left(\dfrac{\mu_1}{\mu_2} - 1\right)}$。如果遵循由初始条件 $x_f(0) = x_{f,0}$ 来定

义的初始标记粒子位置,可以得到精确积分:

$$\left(\dfrac{\mu_1}{\mu_2} - 1\right)x_f + L = \left\{\left[\left(\dfrac{\mu_1}{\mu_2} - 1\right)x_{f,0}\right]^2 + \dfrac{2K(P_1 - P_r)}{\phi\mu_2}\left(\dfrac{\mu_1}{\mu_2} - 1\right)t\right\}^{1/2} \qquad (17.13)$$

根据 μ_1 和 μ_2 的相对值,驱替前缘可以加速或减速(例 20.1 将给出详细的计算,其中该问题用有限差分法重新表述和求解)。很容易调整上述分析以处理在整个岩心上施加的总压差的时间依赖性。如果($P_1 - P_r$)是 t 的函数,则微分方程可以相应地积分,例如取 $\int(P_r - P_1)\mathrm{d}t =$

$P_r t - \int P_1(t)\mathrm{d}t$。类似的建议适用于 $\phi = \phi(x)$ 的情况。这些变化导致分析更复杂,这再次激发了对数值模型的需求。

17.3   耦合动力学问题:滤饼与地层相互作用

在这里,得到了线性流和径向流的精确、封闭形式的解析解,其中滤饼的发育和侵入前缘的推进是强耦合的。Chin 等人(1986)给出了第一个解决方案。但当时的径向解并没有模拟喷射流,而且需要数值分析。本书在这里第一次提出完整解决方案。

17.3.1   线性岩心中同时存在滤饼堆积和滤液侵入(液体流动)

考虑一个现实的例子,即用液态钻井液滤液驱替具有不同黏度的地层水。在进行这一过

程的同时,滤饼厚度不断增加,因此滤液流入率也随之降低。假设滤液到地层流体驱替前缘总是向右移动。在这个问题中,滤饼发育的动力性与侵入前缘运动密切相关。在本文的推导过程中,并没有假设滤饼的渗透性明显低于地层(通常采用这种假设来简化分析)。在这方面,本文的工作使得分析更准确,因为滤饼、侵入带和原始地层之间的相对流动性作为独立的参数用于后续评估。Chin 等人(1986)给出这一重要的公式、求解过程以及线性液体流动的精确、封闭形式的解析解。下面,将使用笔者公布的方程重新构建步骤,并再现先前的精确解。

在图 17.6 中,第 1 层表示滤饼,第 2 层和第 3 层分别表示滤液侵入和原始含油地层。原点 $x = 0$ 是固定的饼—岩界面,$x_c > 0$ 代表饼层厚度,$x_f > 0$ 是区分侵入带和原始地层的界面。瞬态可压缩流动方程假设恒定的液体和岩石性质是经典的抛物线型偏微分方

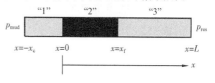

图 17.6　三层线性流

程,例如,对于第 1 层,$\dfrac{\partial^2 p_1(x,t)}{\partial x^2} = (\phi_1 \mu_1 c_1 / K_1) \dfrac{\partial p_1}{\partial t}$。如果忽略所有的压缩性,实际上考虑到具有 $c = 0$ 的不可压缩液体,分层方程将简化为 $\dfrac{\partial^2 p_i(x,t)}{\partial x^2} = 0$,其中 $i = 1, 2, 3$。这些问题与压力边界条件 $p_1(-x_c) = p_m$, $p_2(-x_L) = p_r$ 一起求解,其中 p_m 和 p_r 表示钻井液和储层压力。压力在界面处相等,即 $p_1(0) = p_2(0)$ 和 $p_2(x_f) = p_3(x_f)$,加上速度在界面处相等,即 $(K_1/\mu_1) \mathrm{d}p_1(0)/\mathrm{d}x = (K_2/\mu_2) \mathrm{d}p_2(0)/\mathrm{d}x$ 和 $(K_2/\mu_2) \mathrm{d}p_2(x_f)/\mathrm{d}x = (K_3/\mu_3) \mathrm{d}p_3(x_f)/\mathrm{d}x$。

注意,如第 16 章所述,在这些方程中保留了三个独立的渗透率 K_1、K_2 和 K_3。当然,K_1 代表滤饼的渗透率。然而,虽然只有一个单一的岩心,以单一的渗透性为特征,将得出 K_2 和 K_3 两个值的结果。这种灵活性允许设置 $K_2 = K_3 = K_{rock}$,如果需要,可以允许它们不同,以分别表示侵入带和原始岩石(同时存在不可动原生水)的渗透率。这种特定的模型允许在一个简单的段塞驱替方式架构内模拟两相流相对渗透率的影响。还注意到,虽然为了完整性,明确有三种黏度 μ_1、μ_2 和 μ_3,但事实上假设钻井液滤液的黏度为 $\mu_1 = \mu_2 = \mu_f$,因为第 1 层和第 2 层中的液体滤液是相同的。此外,稍后用 $\mu_3 = \mu_o$ 表示油的黏度,即被驱替的地层流体的黏度。现在,压力常微分方程的解是 $p_1(0) = p_i(x) = \alpha_i x + \beta$,$i = 1, 2, 3$。常数可以确定为:

$$\alpha_1 = (p_m - p_r) \bigg/ \left[\left(\frac{\mu_3 K_1}{\mu_2 K_3} - \frac{K_1}{K_2} \right) x_f - \frac{\mu_3 K_1 L}{\mu_2 K_3} - x_c \right] \tag{17.14a}$$

$$\beta_1 = p_m + (p_m - p_r) x_c \bigg/ \left[\left(\frac{\mu_3 K_1}{\mu_2 K_3} - \frac{K_1}{K_2} \right) x_f - \frac{\mu_3 K_1 L}{\mu_2 K_3} - x_c \right] \tag{17.14b}$$

$$\alpha_2 = (K_1/K_2)(p_m - p_r) \bigg/ \left[\left(\frac{\mu_3 K_1}{\mu_2 K_3} - \frac{K_1}{K_2} \right) x_f - \frac{\mu_3 K_1 L}{\mu_2 K_3} - x_c \right] \tag{17.14c}$$

$$\beta_2 = p_m + (p_m - p_r) x_c \bigg/ \left[\left(\frac{\mu_3 K_1}{\mu_2 K_3} - \frac{K_1}{K_2} \right) x_f - \frac{\mu_3 K_1 L}{\mu_2 K_3} - x_c \right] \tag{17.14d}$$

$$\alpha_3 = \left(\frac{\mu_3 K_1}{\mu_2 K_3} \right)(p_m - p_r) \bigg/ \left[\left(\frac{\mu_3 K_1}{\mu_2 K_3} - \frac{K_1}{K_2} \right) x_f - \frac{\mu_3 K_1 L}{\mu_2 K_3} - x_c \right] \tag{17.14e}$$

$$\beta_3 = p_\mathrm{m} + \frac{(p_\mathrm{m} - p_\mathrm{r})x_\mathrm{c}}{\left(\dfrac{\mu_3 K_1}{\mu_2 K_3} - \dfrac{K_1}{K_2}\right)x_\mathrm{f} - \dfrac{\mu_3 K_1 L}{\mu_2 K_3} - x_\mathrm{c}} + x_\mathrm{f}\left(\frac{K_1}{K_2} - \frac{\mu_3 K_1}{\mu_2 K_3}\right)(p_\mathrm{m} - p_\mathrm{r}) \Big/ \left[\left(\frac{\mu_3 K_1}{\mu_2 K_3} - \frac{K_1}{K_2}\right)x_\mathrm{f} - \frac{\mu_3 K_1 L}{\mu_2 K_3} - x_\mathrm{c}\right]$$

$$(17.14\mathrm{f})$$

方程(17.14a)至方程(17.14f)完全定义了层1、层2和层3内的空间压力分布。然而,由于位置 x_c 和 x_f 是满足其他约束的未知时变函数,因此侵入问题的解是不完整的。先想想滤饼,以前的滤饼发育微分方程为:

$$\frac{\mathrm{d}x_\mathrm{c}}{\mathrm{d}t} = \{f_\mathrm{s}/[(1 - f_\mathrm{s})(1 - \phi_\mathrm{c})]\}\,|v_n|$$

$$= -f_\mathrm{s}/[(1 - f_\mathrm{s})(1 - \phi_\mathrm{c})] = (K_1/K_2)(p_\mathrm{m} - p_\mathrm{r})\Big/\left[\left(\frac{\mu_3 K_1}{\mu_2 K_3} - \frac{K_1}{K_2}\right)x_\mathrm{f} - \frac{\mu_3 K_1 L}{\mu_2 K_3} - x_\mathrm{c}\right]$$

$$(17.15)$$

但这个是不可积分的,因为它依赖于满足自身动力学方程的驱替前缘位置 $x_\mathrm{f}(t)$。为了得到它,用现在已知的达西速度来评价界面运动速度:

$$\frac{\mathrm{d}x_f}{\mathrm{d}t} = \phi_\mathrm{eff}^{-1}(K_2/\mu_2)\,\mathrm{d}p_2(x)/\mathrm{d}x = \left(\frac{K_1}{\mu_2\,\phi_\mathrm{eff}}\right)(p_\mathrm{m} - p_\mathrm{r})\Big/\left[\left(\frac{\mu_3 K_1}{\mu_2 K_3} - \frac{K_1}{K_2}\right)x_\mathrm{f} - \frac{\mu_3 K_1 L}{\mu_2 K_3} - x_\mathrm{c}\right]$$

$$(17.16)$$

这里, ϕ_eff 表示第2层滤液前缘通过后留下不流动流体情况下的有效孔隙率。这种用法在单相流理论的框架中提供了一定程度的灵活性来模拟两相流相对渗透率。不过,方程(17.15)和方程(17.16)是耦合的。首先,似乎有必要求助于数值分析。但幸运的是情况并非如此,结果表明可以得到精确的解析解。假设钻井液喷射初始条件 $x_\mathrm{f}(t = 0) = x_\mathrm{f,o} > 0$,而且 $x_\mathrm{c} = 0$,直到 $x_\mathrm{c}(t) > 0$ 时, $x_\mathrm{f} = x_\mathrm{f,o} > 0$。在 $x_\mathrm{f} > x_\mathrm{f,o}$ 时,Chin 等人(1986)得到如下解:

$$x_\mathrm{f}(t) = -H + \sqrt{H^2 + 2\left(Hx_\mathrm{f,o} + \frac{1}{2}x_\mathrm{f,o}^2 + Gt\right)} \qquad (17.17)$$

其中

$$G = -\left(\frac{K_1(p_\mathrm{m} - p_\mathrm{r})}{\mu_\mathrm{f}\,\phi_\mathrm{eff}}\right)\Big/\left[\frac{\mu_\mathrm{o}K_1}{\mu_\mathrm{f}K_3} - \frac{K_1}{K_2} - \phi_\mathrm{eff}f_\mathrm{s}/(1 - f_\mathrm{s})(1 - \phi_\mathrm{c})\right] \qquad (17.18)$$

$$H = -\left[\frac{x_\mathrm{f,o}\,\phi_\mathrm{eff}f_\mathrm{s}}{(1 - f_\mathrm{s})(1 - \phi_\mathrm{c})} - \frac{\mu_\mathrm{o}K_1 L}{\mu_\mathrm{f}K_3}\right]\Big/\frac{\mu_\mathrm{o}K_1}{\mu_\mathrm{f}K_3} - \frac{K_1}{K_2} - \phi_\mathrm{eff}f_\mathrm{s}/(1 - f_\mathrm{s})(1 - \phi_\mathrm{c}) \qquad (17.19)$$

方程(17.17)至方程(17.19)全面描述侵入前缘的进展,因为它受到滤液和储层液体黏度、滤饼特性和发育的影响。滤饼发育的相应方程为:

$$x_\mathrm{c}(t) = \{\phi_\mathrm{eff}f_\mathrm{s}/[(1 - f_\mathrm{s})(1 - \phi_\mathrm{c})]\}(x_\mathrm{f} - x_\mathrm{f,o}) \qquad (17.20)$$

其中$\dfrac{\mathrm{d}x_c}{\mathrm{d}x_f} = \dfrac{\phi_{\mathrm{eff}}f_s}{(1-f_s)(1-\phi_c)} > 0$。这说明$x_f$随着$x_c$的增加而增加。有趣的是,比例因子只取决于几何参数,而不取决于传输变量,如黏度和渗透率。一般来说,并不总是得到纯$\sqrt{t}$行为,尽管它确实在非常大的t时存在。读者在之前的泰勒级数练习之后,应该确定当发现纯$\sqrt{t}$行为时大无量纲时间的确切意义。最后,请注意下面方程可以在极限条件(岩心的流动性大大超过滤饼的流动性)时得到:

$$x_f(t) - x_{f,o} = \phi_{\mathrm{eff}}^{-1}\sqrt{2K_1(1-f_s)(1-\phi_c)(p_m-p_r)t/(\mu_f f_s)} \tag{17.21}$$

这是文献中通常考虑的限制性条件。同样,本文的解没有引用任何关于滤饼与地层相对流动性的限制性假设。最后,这些结果要求用三个独立的参数来表征滤饼,即固体比例f_s、孔隙率度ϕ_c和滤饼渗透率K。Chin等人在1986年的工作和在最近的行业研究中,需要这样的经验投入和精心设计的实验室。结果表明,这一切都是不必要的,只需要一个简单的、省事的标准滤纸线性过滤实验定义的参数集即可。这些想法将在第19章中继续阐述。

17.3.2　径向结构中同时存在滤饼堆积和滤液侵入(液体流动)

这里,将重新考虑刚才讨论的滤饼同时堆积和滤液侵入问题,但使用实际的径向坐标。注意Chin等人(1986)的精确线性流解包括钻井液喷射的所有重要影响。但是,尽管该论文暗示了向着径向解发展,但由于数学复杂性,当时的工作根本没有考虑喷射。而且,最后不得已都用数值求解。因此,没有得到有用解,任何时移分析的应用都要等待进一步的进展。之后,经过努力终于获得了解析解。本章会详细描述此解和推导过程。有了解析解,加上滤饼特性的简单方程,使得时延分析更接近现实。

考虑一个现实的例子,其中不可压缩的液体钻井液滤液取代了具有不同黏度的不可压缩地层液体(第20章中会讨论气体驱替)。这种流体在均匀各向同性介质中流动,满足拉普拉斯压力方程。在进行这一过程的同时,滤饼厚度不断增加,因此滤液流入速度也随之降低。假设模型中滤液总是向地层流体驱替前缘向右移动。在这个问题上,正如在线性问题中一样,滤饼发育的动力特征与侵入前缘运动密切相关。在本文的推导过程中,并没有假设滤饼的渗透性明显低于地层(通常采用这种假设来简化分析)。同样,一开始没假定存在$\sqrt{t}$行为,这么假设是错误的。在这方面,笔者的工作使得分析更准确,因为滤饼、侵入带和原始地层之间的相对流动性作为独立的参数用于后续评估。

在图17.7中,让第1层表示滤饼,第2层和第3层分别表示滤液侵入和原始含油地层。在这个轴对称问题中,原点$r=0$是井眼中心线。这里,$r=R_2$代表固定的饼—岩界面;R_2等于井眼半径。值得注意的是,$R_1(t)$代表滤饼界面随时间变化的径向位置,而$R_3(t)$代表随时间变化的侵入前缘位置。最后,R_4表示储层孔隙压力p_r规定的固定有效半径。驱替压差为(p_m-p_r),其中p_m是井筒压力。恒定液体和岩石性质的瞬态可压缩流动方程为标准抛物线形式,例如对于第1层,为$\dfrac{\partial^2 p_1(r,t)}{\partial r^2} + (1/r)\dfrac{\partial p_1}{\partial r} = (\phi_1\mu_1 c_1/K_1)\dfrac{\partial p_1}{\partial t}$。但由于忽略了所有流体的压缩性,实际上考虑到具有$c=0$的恒密度液体,方程简化为微分方程$\dfrac{\partial^2 p_i(r,t)}{\partial r^2} + (1/r)\dfrac{\partial p_i}{\partial r} = 0$,

$i = 1,2,3$,它们的解是 $p_i = \alpha_i + \lg r + \beta_i$,$i = 1,2,3$。

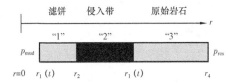

图 17.7 三层径向流("mud"用下标 m 表示,"res"用下标 r 表示)

如前例所示,积分常数可由端部压力边界条件 $p_1(R_1) = p_m$,$p_3(R_4) = p_r$ 确定。此外,还需要利用压力在界面处相等 $p_1(R_2) = p_2(R_2)$ 和 $p_2(R_3) = p_3(R_3)$,以及速度在界面处相等 $(K_1/\mu_1) \mathrm{d}p_1(R_2)/\mathrm{d}r = (K_2/\mu_2) \mathrm{d}p_2(R_2)/\mathrm{d}r$ 和 $(K_2/\mu_2) \mathrm{d}p_2(R_3)/\mathrm{d}r = (K_3/\mu_3) \mathrm{d}p_3(R_3)/\mathrm{d}r$。注意,在这些方程中保留了三个独立的渗透率,即 K_1、K_2 和 K_3。当然,K_1 代表滤饼的渗透率。然而,虽然只有一个径向岩心,其特征是单一渗透性,但将得出两个值 K_2 和 K_3 的结果。这种灵活性允许设置 $K_2 = K_3 = K_{rock}$,如果需要的话,可以允许它们不同,以分别代表侵入带和原始岩石渗透率。请注意,可以得到三种黏度 μ_1、μ_2 和 μ_3,即使流过第 1 层和第 2 层的是相同的液体,黏度 $\mu_1 = \mu_2$(在之前的例子里,也假设了 $\mu_1 = \mu_2$)。这个特别的模型考虑前面提到的 ϕ_{eff},允许在更简单的段塞驱替方法框架内模拟两相流相对渗透率效应(见第 16 章)。使用初等代数很容易得到六个积分常数,结果如下:

$$\alpha_1 = (K_2/\mu_2)(p_m - p_r)/\lg\left[(R_2/R_1)^{K_2/\mu_2} (R_3/R_2)^{K_1/\mu_1} (R_4/R_3)^{K_1 K_2 \mu_3/\mu_1 \mu_2 K_3} \right] \quad (17.22a)$$

$$\beta_1 = p_m - \alpha_1 \lg R_1 \quad (17.22b)$$

$$\alpha_2 = (K_1 \mu_2/\mu_1 K_2) \alpha_1 \quad (17.22c)$$

$$\beta_2 = p_m + \alpha_1 \lg(R_2/R_1) - \alpha_2 \lg R_2 \quad (17.22d)$$

$$\alpha_3 = (K_1 \mu_3/\mu_1 K_3) \alpha_1 \quad (17.22e)$$

$$\beta_3 = p_m + \alpha_1 \lg(R_2/R_1) + \alpha_2 \lg(R_3/R_2) - \alpha_3 \lg R_3 \quad (17.22f)$$

其中所有对数都是自然对数。似乎已经定义了第 1 层、第 2 层和第 3 层中的空间压力分布。然而,由于位置前缘 $R_1(t)$ 和 $R_3(t)$ 是 t 的未知函数,侵入问题的解是不完全的。和以前一样,必须假定滤饼生长和位移前缘运动方程。对于滤饼发育,有:

$$-\frac{\mathrm{d}R_1}{\mathrm{d}t} = \frac{f_s}{(1-f_s)(1-\phi_c)} |v_n| = \frac{f_s}{(1-f_s)(1-\phi_c)}](K_1/\mu_1)\mathrm{d}p_1\mathrm{d}r$$

$$= \frac{\dfrac{f_s}{(1-f_s)(1-\phi_c)}\left(\dfrac{K_1}{\mu_1}\right)\alpha_1}{r} = \frac{\dfrac{f_s}{(1-f_s)(1-\phi_c)}\dfrac{K_1}{\mu_1}\alpha_1(R_1,R_3)}{R_3} \quad (17.23)$$

类似可以得到驱替前缘运动方程:

$$\frac{\mathrm{d}R_3}{\mathrm{d}t} = -\frac{K_2}{\mu_2 \phi_{eff}}\mathrm{d}p_2\mathrm{d}r = -\frac{\dfrac{K_2}{\mu_2 \phi_{eff}}\alpha_2}{r} = -\frac{\dfrac{K_2}{\mu_2 \phi_{eff}}\alpha_2(R_1,R_3)}{R_3} \quad (17.24)$$

这些非线性常微分方程和线性方程一样是耦合的。但是,对于一般的初始条件,可以用封闭的解析形式将它们积分。如果假设 $R_3 = R_{\text{spur}} \geqslant R_2$,当 $t = 0$ 时, $R_1 = R_2$ (即没有滤饼),驱替前缘 $R_3(t)$ 满足:

$$\left(\frac{K_1 R_2^2}{\mu_1}\right)\left[\frac{1}{2\left(\frac{R_3}{R_2}\right)^2 \lg\left(\frac{R_3}{R_2}\right)} - \frac{1}{4\left(\frac{R_3}{R_2}\right)^2} - \frac{1}{2\left(\frac{R_{\text{spur}}}{R_2}\right)^2 \lg\left(\frac{R_{\text{spur}}}{R_2}\right)} + \frac{1}{4\left(\frac{R_{\text{spur}}}{R_2}\right)^2}\right]$$

$$+ \left(K_1 K_2 \mu_3 R_4^2 / \mu_1 \mu_2 K_3\right)\left[\frac{1}{2\left(\frac{R_{\text{spur}}}{R_4}\right)^2 \lg\left(\frac{R_{\text{spur}}}{R_4}\right)} - \frac{1}{4\left(\frac{R_{\text{spur}}}{R_4}\right)^2} - \frac{1}{2\left(\frac{R_3}{R_4}\right)^2 \lg\left(\frac{R_3}{R_4}\right)} + \frac{1}{4\left(\frac{R_3}{R_4}\right)^2}\right]$$

$$+ \left(\frac{K_2 R_2^2}{4\mu_2 \phi_{\text{eff}}}\right)\left[(1-f_{\text{s}})(1-\phi_{\text{c}})/f_{\text{s}}\right]$$

$$\times \left(\lg\left\{1 + \frac{f_{\text{s}} \phi_{\text{eff}}\left[\left(\frac{R_{\text{spur}}}{R_2}\right)^2 - \left(\frac{R_3}{R_2}\right)^2\right]}{(1-f_{\text{s}})(1-\phi_{\text{c}})}\right\} - \frac{f_{\text{s}} \phi_{\text{eff}}\left[\left(\frac{R_{\text{spur}}}{R_2}\right)^2 - \left(\frac{R_3}{R_2}\right)^2\right]}{(1-f_{\text{s}})(1-\phi_{\text{c}})} + \frac{f_{\text{s}} \phi_{\text{eff}}\left[\left(\frac{R_{\text{spur}}}{R_2}\right)^2 - \left(\frac{R_3}{R_2}\right)^2\right]}{(1-f_{\text{s}})(1-\phi_{\text{c}})}\right.$$

$$\left.\times \lg\left\{1 + \frac{f_{\text{s}} \phi_{\text{eff}}\left[\left(\frac{R_{\text{spur}}}{R_2}\right)^2 - \left(\frac{R_3}{R_2}\right)^2\right]}{(1-f_{\text{s}})(1-\phi_{\text{c}})}\right\}\right) = \left[K_1 K_2 (p_m - p_r)/(\mu_1 \mu_2 \phi_{\text{eff}})\right]t \qquad (17.25)$$

这通常不遵循 $\sqrt{t}$ 行为(例如,见 Outmans 于 1963 年成果)。这个精确的公式在随钻测井应用中特别有用,在测量之前需要估计地层侵入的程度。公式(17.25)可以通过假设 R_3 的值并计算相应的次数来求解。相关的滤饼半径函数 $R_1(t)$ 从方程(17.26)中获得:

$$R_1^2 = R_2^2 + (R_{\text{spur}}^2 - R_3^2)(f_{\text{s}} \phi_{\text{eff}})/[(1-f_{\text{s}})(1-\phi_{\text{c}})] \qquad (17.26)$$

此方程也可写为:

$$\frac{\mathrm{d}R_1^2}{\mathrm{d}R_3^2} = -\frac{f_{\text{s}}}{(1-f_{\text{s}})(1-\phi_{\text{c}})}\phi_{\text{eff}} < 0 \qquad (17.27)$$

这个方程表明,随着滤入前缘的推进,随着 R_3^2 的增大,半径的平方 R_1^2 减小。根据图 17.7 所示的示意图,这种减少表明滤饼厚度持续增长。方程(17.27)是一个拉格朗日质量守恒方程,它与渗透率和黏度等影响流动的参数无关。

与先前研究的线性滤饼问题不同的是,在原理上,随着时间的推移,厚度可以无限增加,在这个径向例子中,可以达到的最大径向厚度是由 $R_1(t_{\text{max}}) = 0$ 确定的,并且 $t = t_{\text{max}}$。这时,所有的流体运动都停止了,至少在本章所研究的活塞式位移的框架内,分子扩散随后成为主导的物理行为。为了确定最大径向位移 $R_{3,\text{max}}$ 及其对应的时间尺度 t_{max},将等式(17.26)中的 $R_1(t)$ 设为零以获得:

$$R_{3,\text{max}} = \sqrt{R_{\text{spur}}^2 + [(1-f_{\text{s}})(1-\phi_{\text{c}})/(f_{\text{s}} \phi_{\text{eff}})]R_2^2} \qquad (17.28)$$

将 $R_{3,\max}$ 代入方程(17.25)得到 $t_{\max}$,也就是:

$$
\left(\frac{K_1 R_2^2}{\mu_1}\right)\left[\frac{1}{2\left(\frac{R_{3,\max}}{R_2}\right)^2 \lg\left(\frac{R_{3,\max}}{R_2}\right)} - \frac{1}{4\left(\frac{R_{3,\max}}{R_2}\right)^2} - \frac{1}{2\left(\frac{R_{\text{spur}}}{R_2}\right)^2 \lg\left(\frac{R_{\text{spur}}}{R_2}\right)} + \frac{1}{4\left(\frac{R_{\text{spur}}}{R_2}\right)^2}\right]
$$

$$
+ (K_1 K_2 \mu_3 R_4^2 / \mu_1 \mu_2 K_3)\left[\frac{1}{2\left(\frac{R_{\text{spur}}}{R_4}\right)^2 \lg\left(\frac{R_{\text{spur}}}{R_4}\right)} - \frac{1}{4\left(\frac{R_{\text{spur}}}{R_4}\right)^2} - \frac{1}{2\left(\frac{R_{3,\max}}{R_4}\right)^2 \lg\left(\frac{R_{3,\max}}{R_4}\right)} + \frac{1}{4\left(\frac{R_{3,\max}}{R_4}\right)^2}\right]
$$

$$
+ \left(\frac{K_2 R_2^2}{4\mu_2 \phi_{\text{eff}}}\right)\left[(1-f_s)(1-\phi_c)/f_s\right] \times \left(\lg\left\{1 + \frac{f_s \phi_{\text{eff}}\left[\left(\frac{R_{\text{spur}}}{R_2}\right)^2 - \left(\frac{R_{3,\max}}{R_2}\right)^2\right]}{(1-f_s)(1-\phi_c)}\right\}\right.
$$

$$
- \frac{f_s \phi_{\text{eff}}\left[\left(\frac{R_{\text{spur}}}{R_2}\right)^2 - \left(\frac{R_{3,\max}}{R_2}\right)^2\right]}{(1-f_s)(1-\phi_c)} + \frac{f_s \phi_{\text{eff}}\left[\left(\frac{R_{\text{spur}}}{R_2}\right)^2 - \left(\frac{R_{3,\max}}{R_2}\right)^2\right]}{(1-f_s)(1-\phi_c)}
$$

$$
\times \lg\left\{1 + \frac{f_s \phi_{\text{eff}}\left[\left(\frac{R_{\text{spur}}}{R_2}\right)^2 - \left(\frac{R_{3,\max}}{R_2}\right)^2\right]}{(1-f_s)(1-\phi_c)}\right\}\right) = \left[K_1 K_2 (p_m - p_r)/(\mu_1 \mu_2 \phi_{\text{eff}})\right] t_{\max} \qquad (17.29)
$$

实际上,井眼堵塞受到井眼流动冲蚀的限制,这是动态滤入过程的一个基本要素,这一过程将很快进行详细讨论和建模。

17.3.3 流体压缩性

现在研究流体压缩性对侵入的影响。这不应与滤饼和岩石压缩性相混淆,它们代表不同的物理现象。考虑了一个简单的线性流示例,在第 18 章中,将介绍一个在现代地层评价中有用的、重要而复杂的地层测试仪的解。重新考虑了之前处理过的液体和气体线性流,但这次,包括了在没有滤饼的均质岩心中由于流体可压缩性而产生的瞬态效应。压力 $P(x,t)$ 现在取决于 x 和 t 。相关几何结构如图 17.8 所示,其中左侧和右侧压力边界条件为 $P(0,t) = P_1$ 和 $P(L,t) = P_r$,L 为岩心长度。假设初始压力为 $P(x,0) = P_o$ 。先研究液体,然后重写方程和求解气体问题。

图 17.8 线性流

对于可压缩液体,控制压力的偏微分方程为 $\frac{\partial^2 p(x,t)}{\partial x^2} = (\phi\mu c/K)\frac{\partial p}{\partial t}$,其中 ϕ 、μ 、c 和 K 是孔隙度、黏度、压缩率和渗透率。辅助压力条件为 $P(0,t) = P_1$,$P(L,t) = P_r$ 和 $P(x,0) = P_o$ 。该公式与具有给定端部温度和任意初始温度的杆的经典传热初边值问题的公式相同(Carlsaw and Jaeger,1946;Tychonov and Samarski,1964)。在储层应用中,通常有 $P_o = P_r$,但保留一般公式,因为其结果可能在特殊实验情况下有用。这可以用分离变量和傅立叶级数的解析解来解决(Hildebrand,1948),但是不需要重现标准推导。准确的答案是:

$$P(x,t) = \frac{(P_r - P_1)x}{L} + P_1 + (2/\pi) \sum \left(\frac{1}{n}\right) \left[P_o - P_1 + (P_r - P_o)(-1)^n\right]$$

$$\times \exp\left[-\pi^2 n^2 Kt/(L^2\phi\mu c)\right]\sin(n\pi x/L) \tag{17.30}$$

式中，$n=1$ 到 ∞ 的求和是可以理解的。$\left[P_o - P_1 + (P_r - P_o)(-1)^n\right]$ 给出了稳态响应；$\exp\left[-\pi^2 n^2 Kt/(L^2\phi\mu c)\right]\sin(n\pi x/L)$ 是瞬态可压缩响应。对式(17.30)的最大瞬态贡献来自 $n=1$ 项，该项具有振幅衰减系数 $\exp\left[-\pi^2 n^2 Kt/(L^2\phi\mu c)\right]$。仅当 $\frac{\pi^2 Kt}{L^2\phi\mu c} \to \infty$，也就是说，$t \gg L^2\phi\mu c/(\pi^2 Kt)$ 通过振幅因子 $\left[P_o - P_1 + (P_r - P_o)(-1)^n\right]$ 实现的压缩性和初始条件的影响在 $n=1$ 时消失了。如果只考虑稳定解 $P(x,t) = \frac{(P_r - P_1)x}{L} + P_1$，则前缘位置满足方程 $\frac{dx}{dt} = -\left(\frac{K}{\phi\mu}\right)\frac{\partial p(x,t)}{\partial x} = -\left(\frac{K}{\phi\mu}\right)(P_r - P_1)/L$。其时间尺度由商 $L/(dx/dt)$ 确定，即 $L^2\phi\mu/[K(P_1 - P_r)]$。压缩率提出时间尺度与 $L^2\phi\mu c/(\pi^2 Kt)$ 成比例。

具有恒定特性的可压缩、线性、均匀气体流动的偏微分方程是非线性的，满足 $\frac{\partial^2 P(x,t)}{\partial x^2} = \left(\frac{\phi\mu c^*}{K}\right)\frac{\partial P^{m+1}}{\partial t}$，其中术语已在前面定义。函数 P^{m+1} 的初始条件和边界值为：

$$\frac{\partial^2 P^{m+1}(x,t)}{\partial x^2} = \left(\frac{\phi\mu c^*}{PK}\right)\frac{\partial P^{m+1}}{\partial t} \tag{17.31a}$$

$$P^{m+1}(0,t) = P_1^{m+l} \tag{17.31b}$$

$$P^{m+1}(L,t) = P_r^{m+l} \tag{17.31c}$$

$$P^{m+1}(x,0) = P_o^{m+l} \tag{17.31d}$$

上面方程看起来像可压缩液体的线性方程，只是将 P 替换为 P^{m+1}。但是这两组方程是不同的，因为液体公式中的常数项 $\frac{\phi\mu c^*}{K}$ 替换为函数 $\frac{\phi\mu c^*}{PK}$，跟解 $P(x,t)$ 有关。液体问题是线性的，单个解和本身就是一个解，用傅立叶级数表示叠加是可能的(试井程序同样使用叠加技术)。但后一种形式由于依赖于压力，是非线性的，除了最简单的问题外，解析解是不可能的。然而，如果用恒定的 $\frac{\phi\mu c^*}{P_{avg}K}$ 近似非线性系数，可以提出压缩率的时间尺度的概念，其中 $P_r < P_{avg} < P_1$，并且如果另外假设 P_o 位于相同的范围内。然后比较这两个公式，可以求出令人满意的解：

$$P^{m+1}(x,t) \approx \frac{(P_r^{m+1} - P_1^{m+1})x}{L} + P_1^{m+1} + (2/\pi) \sum \left(\frac{1}{n}\right)\left[P_o^{m+1} - P_1^{m+1} + (P_r^{m+1} - P_o^{m+1})(-1)^n\right]$$

$$\times \exp\left[-\pi^2 n^2 Kt/(L^2\phi\mu c)\right]\sin(n\pi x/L) \tag{17.32}$$

这是对实际解的非常粗略的近似。但是这个形式化的过程确实提示了一些关于控制瞬态衰变的时间尺度。如果现在把上面的每边提高到 $1/(m+1)$ 次方，以求解瞬态压力 $P(x,t)$。结合代数，可以得到 $\exp\left[-\dfrac{\pi^2 K t P_{avg}}{L^2 \phi \mu m(m+1)}\right]$ 项。$n=1$ 项显示的时间尺度与线性液体的时间尺度大不相同，并通过常数 m 来表征储层热力学的作用。压缩率对气体流动很重要，但即使对于液体，压力的解析解相对简单，也很难确定其前缘运动。

比如，考虑液体流动。由于线性前缘运动轨迹满足：

$$\frac{dx}{dt} = -\left(\frac{K}{\phi\mu}\right)\frac{\partial p}{\partial x} = -\left(\frac{K}{\phi\mu}\right)\left\{\frac{(P_r - P_1)}{L} + (2/L)\sum\left[P_o - P_1 + (P_r - P_o)(-1)^n\right]\right.$$

$$\left. \times \exp\left[-\pi^2 n^2 K t/(L^2 \phi\mu c)\right]\cos(n\pi x/L)\right\} \tag{17.33}$$

检查一下在流入端 $x=0$ 的初始的流体分子。然后，方程（17.33）的 $\cos(n\pi x/L)$ 项变为1。如果只保留 $n=1$ 的贡献，可以得到近似解：

$$dx \approx -\left(\frac{K}{\phi\mu}\right)\left\{\frac{(P_r - P_1)}{L} + \left(\frac{2}{L}\right)\sum\left[P_o - P_1 + (P_r - P_o)\right] \times \exp\left[-\frac{\pi^2 K t}{L^2 \phi\mu c}\right]\right\}dt \tag{17.34}$$

继而：

$$x \approx -\left(\frac{K}{\phi\mu}\right)\left\{\frac{(P_r - P_1)t}{L} + 2(2P_o - P_1 - P_r)\left[\frac{\pi^2 K t}{L^2 \phi\mu c}\right]\left(-1 + \exp\left[-\frac{\pi^2 K t}{L^2 \phi\mu c}\right]\right)\right\} \tag{17.35}$$

这个解满足 $x(0)=0$。因此，假设 $P_r = P_o$，对于小的时间，压缩率的作用随着 $(P_1 - P_r)\left[\dfrac{L^2 \phi\mu c}{\pi^2 K}\right]$ 变大或变小。

本章获得的准确解析解揭示了滤入前缘和滤饼发育公式非常依赖许多参数组，这些参数可以通过量纲分析或动态相似性预测到。在最重要的问题中，也就是滤饼径向流分析中，推导过程中没有对三种不同分层流中的相对流动性做出任何假设。因此，它在公式框架内是完全通用的。但其结果仅限于等密度液体滤液和液态地层流体，即非气体，然后仅限于不可压缩滤饼。大体上，$\sqrt{t}$ 行为是普遍中的例外，稍后将给出数值计算示例。在这些限制条件下，一旦 R_1 和 R_3 被称为时间函数，就可以评估导出的压力公式，以在任何需要的时间瞬间提供完整的空间压力分布。在现代随钻测量和时移分析应用中，压力分布没有地层孔隙度、渗透率和流动性本身的值有实际意义。当然，压力和空间压力梯度在流体生产中是很重要的，也就是说，$P_m(t)$ 值对生产的必要性的反问题在规定的流速下很重要。

17.4　动态滤入与井筒流变学

本节将用解析法和数值法介绍动态滤入，将用到最新开发的井眼和管道流动模型。这些问题在《水平井、斜井和垂直井的井眼流动模型》（Chin，1992）和《管道和环空流动的计算流变学》（Chin，2001）中进行了广泛讨论。然而，这些参考资料并没有开发出油藏关注所需的将井眼流动与地层中达西流耦合起来。动态过滤对侵入非常重要，因为与环形钻井液流相关的侵蚀效应限制了根据径向静态过滤理论预测的井眼堵塞。这反过来会影响流入或流出油藏的流量。一旦滤饼厚度达到平衡，井眼内的动力问题就变为稳态。当然，油藏内的流动不一定是稳态的。例如，侵入可能以一个恒定的速率继续。非混相两相流中的饱和度可能在时间上继续不稳定地重新分布，并且它们的动态耦合压力也将随之变化。

许多钻井液是由水或油和加重材料混合形成的。这些混合物与深层的牛顿流体（水或油）不同，具有非牛顿性质。当地层侵入发生时，固体留在砂面形成滤饼，而深层的牛顿流体进入地层。因此，出现了两个流体流动问题：牛顿流体在储层中的流动（本书的主题），以及非牛顿流体在井眼环空中的流动（本节的重点）。当非流动井中的流体进入地层时，会发生静态过滤，而动态过滤则会在井筒内有流动时发生。在后者中，流体运动既平行又垂直于井眼轴线。井眼环空流动很难模拟，因为流体是非牛顿流体，或者换句话说，流变模型涉及的剪切应力和剪切速率之间的关系是非线性的。钻井液常用的流变模型有幂律、宾汉塑性和 Herschel–Bulkley。例如，对于这种非线性模型（与线性牛顿模型不同），将压力梯度加倍并不会使流速加倍，因此使非牛顿流体更难处理，也更不直观。这些钻井液模型很简单，因为它们只是非牛顿的。如果基液中含有聚合物，那么井眼和储层的流动将是非牛顿的，需要使用更专门的分析方法。这些超出了本书的范围。关于非牛顿流体模型的更多讨论，请参阅前面引用的笔者的参考书。

17.4.1　剪应力侵蚀

动态滤失问题，即环形流侵蚀减缓滤饼的发育，在侵入文献中是众所周知的。但是，尽管在过去的几十年里它很突出，但是没有人提出任何解析模型，大概是因为对复杂的侵蚀过程的理解都是基于经验层面的。而且情况越来越严重。例如，Fordham 等人（1991）引入临界侵入率的概念，超过临界侵入率滤饼将停止发育，而 Holditch 和 Dewan（1991）则提出一种神秘的黏附分量，该分量可以控制着滤饼增厚过程。无论术语是什么，它们仅在定义上承认侵蚀的重要性，却对物理问题的解决没有帮助。然而，重要的见解正在浮现，并且明显集中在有希望的研究领域，它强调了黏性剪切应力的重要性。例如，Fordham 等人（1991）描述了服务公司最近的研究成果。表明滤饼表面的水力剪切应力限制了滤饼的生长。不过，此文没有构建所需的模型。有趣的是，笔者在1990年的一系列海洋杂志文章中首次提出了同样的河床侵蚀剪应力原理，主要应用于大斜度井的岩屑床侵蚀和井眼清洗。研究表明，床面黏性应力是床层侵蚀与颗粒运移物理意义的相关参数（这项工作在井眼流动模型和计算流变学中进行了总结，在此基础上，开发了其他物理和模型概念，并进行了经验验证）。笔者研究团队成功地把使用水基钻井液的受控实验室实验以及使用所有油泥和倒置乳化液的现场操作中获得的数据进行了关联。稍后将详细讨论这些结果，但目前注意到，床层（或滤饼）屈服剪应力的作用显然对滤饼动态平衡的厚度预测模型都很重要。在此基础上,会建立几种基于剪应力标准的动态平衡厚度分析模型。本节将首先讨论牛顿流,主要是因为简单的分析能够清晰地提出数学概念。首先考虑非旋转环形流;然后,提出将修改后的结果扩展到旋转流和固体含量增加的流体。请注意到两个物理渐近线,即早期时间限制,主要是径向过滤进入地层,以及晚期过程,其中稳态环形流满足无滑动速度边界条件。然后,修改了幂律流体模型的牛顿流标准,该模型更准确地描述了真实钻井液,首先使用基于 Fredrickson 和 Bird(1958)经典解的精确数值方法,该方法不简化几何假设,接着,使用近似的"窄环空"方法,可以很容易处理旋转的钻杆。这些方法仅适用于同心环空。最后,在回顾计算流变的主要思想后,概述了适用于含有不同类型钻井液流变液的高偏心孔的特殊技术,以供进一步发展。

17.4.2　牛顿流体中的动态过滤

虽然井眼环空流动很少是牛顿流体(例如水或空气等流体,它们的黏性应力与应变率成正比),但许多钻井液是稀而咸的,有时只是水。因此,为了分析目的,牛顿流动的研究不仅仅是学术性的。此外,该方法数学上的简单性使人们对存在侵蚀性环形流时影响平衡滤饼厚度值的参数有了一定的了解。无论环形流是牛顿流还是幂律流,同心流还是偏心流,考虑两种基本的渐近流体动力学模型都是非常重要的。第一种情况适用于短时间内钻井液作为滤液沿径向进入地层,这种流入随着时间的推移而减速;第二种情况适用于长时间范围内,当侵入速度太慢,基本上具有经典的无滑动速度边界条件时。假设钻杆不转动,首先考虑小的时间限制。

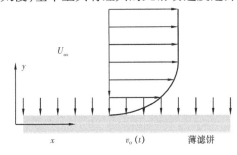

图 17.9　早期通过滤饼的平面流

初始阶段,跟井眼半径比起来,滤饼厚度较小,而且这个近似平面问题可以用简单的直角坐标表示。特别是图 17.9 中所示的二维黏性流,其中迎面而来的均匀环形流体平行于滤饼表面流动,只以垂直过滤速度 $v_o(t)$ 被抽回地层。控制常密度、黏性、非定常、牛顿流的纳维—斯托克斯动量方程为方程组(17.36)和(17.37),而质量守恒的相应要求由式(17.38)给出:

$$\rho(u_t + uu_x + vu_y) = -p_x + \mu(u_{xx} + u_{yy}) \tag{17.36}$$

$$\rho(v_t + uu_x + vu_y) = -p_y + \mu(v_{xx} + v_{yy}) \tag{17.37}$$

$$u_x + u_y = 0 \tag{17.38}$$

这里,$u(x,y,t)$ 和 $v(x,y,t)$ 是 x 和 y 方向上的欧拉速度,t 是时间,$p(x,y,t)$ 代表压力,ρ 是质量密度,μ 是黏度。

注意到方程(17.36)至方程(17.38)适用于井筒,不适用于多孔介质中的流动。类似地,达西定律[即,$u = -(K/\mu)p_x$,$v = -(K/\mu)p_y$]适用于储层,而不适用于井筒。对于图 17.9 中的问题,将在方程(17.36)至方程(17.38)基础上增加速度边界条件,见方程(17.39a)、方程(17.39b)。

$$u(x,\infty,t) = U_\infty(常数) \tag{17.39a}$$

$$v(x,0,t) = v_o(t) < 0 \tag{17.39a}$$

这里，$v(x,y,t) = v_o(t)$ 是规定的过滤速率，比如根据 $\sqrt{t}$ 定律或其径向延伸确定。虽然将 U_∞ 定义为非旋转流中平行于孔轴的环形速度，但可以更一般地将其视为旋转流中的最大速度（当同时存在轴向速度和周向速度时），从而提高了建模的灵活性。这个问题的解析解是：

$$u(x,y,t) = U_\infty \{1 - \exp[v_o(t)y/\nu]\} \tag{17.40}$$

$$v(x,y,t) = v_o(t) \tag{17.41}$$

$$p(x,y,t) = -\rho v_{o,t}(t)y \tag{17.42}$$

式中，ν 为运动黏度 μ/ρ。方程(17.40)，方程(17.41)可以代入方程(17.38)中的 u 和 v。方程(17.40)至方程(17.42)代入方程(17.37)后表明方程(17.42)提供了环空中产生过滤速度 $v_o(t)$ 所需的(径向)压力梯度。最后，方程(17.40)至方程(17.42)代入(17.36)后表明本文的假设确实能产生解，只要：

$$v_o(t)y \approx 0 \tag{17.43}$$

当然是这样，因为滤液加速度 $dv_o(t)dt$ 很小，滤饼表面的 y 可以忽略不计。当限制 $v_o(t)$ 为常数时，方程(17.40)至方程(17.42)减少到渐近吸力剖面的经典边界层解(Schlichting, 1968)。很容易确定滤饼表面 $y=0$ 处的剪切应力，并发现：

$$\tau = \mu u_y = -\rho U_\infty v_{o,t}(t) \tag{17.44}$$

这与黏度 μ 无关。因此，在滤饼形成的初始阶段，当滤饼尚未经历显著的压实时，仅由环形流的密度和平均速度以及过滤速率确定滤饼暴露表面的剪切应力。如果在方程(17.44)中给出的剪切应力超过新形成的滤饼的屈服应力(或者，可能是在形成滤饼的孔隙空间中起重要作用的凝胶强度)，那么滤饼堆积终止，达到平衡的井眼条件；当然，滤液继续进入储层。

时间较大时，可以得到渐近解。对于大的时间，环形径向几何形状和充分发展的层流或湍流速度剖面的细节变得重要。为了简单起见，考虑图 17.10 所示的同心流动截面。再次，假设钻杆不旋转，现在，引入恒定轴向压力梯度 dp/dz，其中 z 沿井眼轴线方向。当滤饼发育充分并稳定后，过滤速度(径向)非常小，且平行于井筒轴线的环空流速满足滤饼表面 R_c 的无滑移速度边界条件(这是除了管道半径 R_p 处的无滑动强制之外)。图 17.9 中假定的矩形坐标不再适用，因为流体的圆柱形径向特性占主导地位。幸运的是，这个问题有一个精确解。根据井筒流动模型，平行于井筒轴线的假设为层流的轴向速度 $v_z(r)$ 为：

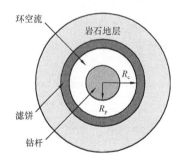

图 17.10 圆柱形流动截面图

$$v_z(r) = (4\mu)^{-1}dp/dz\{r^2 - R_p^2 + [(R_c^2 - R_p^2)/\lg(R_p/R_c)]\lg(r/R_p)\} \tag{17.45}$$

它满足边界条件 $v_z(R_p) = v_z(R_c) = 0$。泵送的总环空体积流量 Q 是通过将 $v_z(r)$ 积分在同心面积环上得到的，增量面积为 $2\pi rdr$，导致：

$$Q = \int_{R_p}^{R_c} v_z(r) 2\pi r \mathrm{d}r$$

$$= \left(\frac{\pi}{2\mu}\right)\left(\frac{\mathrm{d}p}{\mathrm{d}z}\right)\left\{\frac{1}{4(R_c^2 - R_p^2)} - \frac{R_p^2(R_c^2 - R_p^2)}{\lg(R_c/R_p)}\left[1/2\,(R_c/R_p)^2\lg(R_c/R_p) - \frac{1}{4\left(\frac{R_c}{R_p}\right)^2} + 1/4\right]\right\}$$

$$(17.46)$$

注意,用方程(17.45)可得到滤饼外面的黏性剪切应力为:

$$\tau(R_c) = \mu\left(\frac{\mathrm{d}v_z}{\mathrm{d}r}\right)R_c = 1/4\{2R_c + \{(R_c^2 - R_p^2)/[R_c\lg(R_p/R_c)]\}\}\left(\frac{\mathrm{d}p}{\mathrm{d}z}\right) \qquad (17.47)$$

因此,轴向压力梯度满足:

$$\frac{\mathrm{d}p}{\mathrm{d}z} = 4\tau(R_c)/\{2R_c + (R_c^2 - R_p^2)/[R_c\lg(R_p/R_c)]\} \qquad (17.48)$$

如果将方程(17.48)代入方程(17.46),则得:

$$Q = 2\pi\mu^{-1}(\tau(R_c)/\{2R_c + (R_c^2 - R_p^2)/[R_c\lg(R_p/R_c)]\})$$

$$\times\left\{\frac{(R_c^2 - R_p^2)^2}{4} - \frac{R_p^2(R_c^2 - R_p^2)}{\lg(R_c/R_p)}\left[1/2\,(R_c/R_p)^2\lg(R_c/R_p) - \frac{\left(\frac{R_c}{R_p}\right)^2}{4} + 1/4\right]\right\}$$

$$(17.49)$$

Q 是滤饼半径 R_c、钻杆半径 R_p、黏度 μ、滤饼表面剪切应力 $\tau(R_c)$ 的函数。给定 Q、R_p 和 μ,并且从动态侵蚀测试得到屈服剪应力经验值 τ_{yield} 时,方程(17.49)可以给出滤饼动态平衡半径 $R_{c,eq}$ 的非线性超越方程,也就是:

$$Q = 2\pi\mu^{-1}(\tau_{\text{yield}}/\{2R_{c,eq} + (R_{c,eq}^2 - R_p^2)/[R_{c,eq}\lg(R_p/R_c)]\})$$

$$\times\left\{\frac{(R_{c,eq}^2 - R_p^2)^2}{4} - \frac{R_p^2(R_{c,eq}^2 - R_p^2)}{\lg(R_{c,eq}/R_p)}\left[1/2\,(R_{c,eq}/R_p)^2\lg(R_{c,eq}/R_p) - \frac{\left(\frac{R_{c,eq}}{R_p}\right)^2}{4} + 1/4\right]\right\}$$

$$(17.50)$$

这个方程里的 $R_{c,eq}$ 没法简单求解,但是由于 $R_{\text{well}} > R_{c,eq} > R_p$,其中 R_{well} 是井的半径,从数值的角度来说,测试满足几何约束的所有可能的半径都是微不足道的。这样,就可以直接确定滤饼平衡半径。求解过程要求将公式(17.49)改写为:

$$\tau(R_c) = \left(\frac{Q\mu}{2\pi}\right)\{2R_c + (R_c^2 - R_p^2)/[R_c\lg(R_p/R_c)]\}$$

$$\Bigg/\left\{\frac{(R_c^2 - R_p^2)^2}{4} - \frac{R_p^2(R_c^2 - R_p^2)}{\lg(R_c/R_p)}\left[1/2\ (R_c/R_p)^2\lg(R_c/R_p)\ -\ \frac{\left(\dfrac{R_c}{R_p}\right)^2}{4} + 1/4\right]\right\} \quad (17.51)$$

上面方程与流体密度 ρ 无关。对于任何已知的一组解 Q、μ 和 R_p，可以改变滤饼半径 R_c，就可以算出一系列滤饼表面剪应力 $\tau(R_c)$。如果已知滤饼屈服剪应力，则可通过参考表格立即得到滤饼平衡半径。

图 17.11 显示了一个计算结果，假设钻井液是水，流量为 400gal/min。钻杆半径取值为 0.2ft。以下输入中显示的井半径与计算无关，因为它没有出现在主方程中（只有钻杆和滤饼半径之间的环形空间在动态上是重要的），它仅用于提供滤饼厚度的变化。计算结果正确地显示了剪切应力是如何随着滤饼半径（即环形尺寸）的减小而增加的。例如，如果从独立侵蚀实验得知滤饼屈服应力为 0.0001psi，则表中的结果表明，相应的滤饼半径（从钻杆中心的原点起）为 0.27ft。该限制（流体侵蚀的结果）可防止之前讨论的假设为静态滤失的完全堵孔。图 17.11 还提供了在无滑动假设下获得的典型剪切应力大小的计算结果，这里是 0psi。使用公式 (17.44) 确定预测值也是有意义的。再次在半径为 0.2～0.4ft 的环空中测量 400gal/min 的水流，得出平均自由流速度 U_∞ 为 2.34ft/s。如果假设过滤速度 v_o 为 1ft/d，则发现表面剪应力为 3.65×10^{-7}psi，这看起来有点小。但在短的时间内，当滤饼产生了不可逆转的压实作用，滤饼屈服强度可能明显小于较长时间的屈服强度。

```
INPUT PARAMETER SUMMARY:
Total volume flow rate (gpm): .4000E+03
Viscosity, drilling mud (cp): .1000E+01
Radius of drill pipe  (feet): .2000E+00
Radius  of bore hole  (feet): .4000E+00

Rcake =  .3900E+00 ft, Thickn =  .1000E-01 ft, Shear =  .1070E-04 psi
Rcake =  .3800E+00 ft, Thickn =  .2000E-01 ft, Shear =  .1216E-04 psi
Rcake =  .3700E+00 ft, Thickn =  .3000E-01 ft, Shear =  .1391E-04 psi
Rcake =  .3600E+00 ft, Thickn =  .4000E-01 ft, Shear =  .1603E-04 psi
Rcake =  .3500E+00 ft, Thickn =  .5000E-01 ft, Shear =  .1864E-04 psi
Rcake =  .3400E+00 ft, Thickn =  .6000E-01 ft, Shear =  .2186E-04 psi
Rcake =  .3300E+00 ft, Thickn =  .7000E-01 ft, Shear =  .2593E-04 psi
Rcake =  .3200E+00 ft, Thickn =  .8000E-01 ft, Shear =  .3113E-04 psi
Rcake =  .3100E+00 ft, Thickn =  .9000E-01 ft, Shear =  .3792E-04 psi
Rcake =  .3000E+00 ft, Thickn =  .1000E+00 ft, Shear =  .4700E-04 psi
Rcake =  .2900E+00 ft, Thickn =  .1100E+00 ft, Shear =  .5947E-04 psi
Rcake =  .2800E+00 ft, Thickn =  .1200E+00 ft, Shear =  .7720E-04 psi
Rcake =  .2700E+00 ft, Thickn =  .1300E+00 ft, Shear =  .1035E-03 psi
Rcake =  .2600E+00 ft, Thickn =  .1400E+00 ft, Shear =  .1447E-03 psi
Rcake =  .2500E+00 ft, Thickn =  .1500E+00 ft, Shear =  .2141E-03 psi
Rcake =  .2400E+00 ft, Thickn =  .1600E+00 ft, Shear =  .3443E-03 psi
Rcake =  .2300E+00 ft, Thickn =  .1700E+00 ft, Shear =  .6303E-03 psi
Rcake =  .2200E+00 ft, Thickn =  .1800E+00 ft, Shear =  .1462E-02 psi
Rcake =  .2100E+00 ft, Thickn =  .1900E+00 ft, Shear =  .6033E-02 psi
```

图 17.11　滤饼表面剪应力

因此，可以修改先前提供的滤饼发育方程。在静态过滤基础上确定的瞬时滤饼半径 $R_c(t)$ 等于计算的 $R_{c,eq}$ 后，可以通过在 $R_{c,eq}$ 半径处固定滤饼位置来进一步限制滤饼发育（实际上，这种侵蚀剪应力是连续作用的！）。当然，侵入液将继续进入地层，但速度较慢和不稳定,这取决于三层模型,其中唯一的移动边界是分离两种不同流体的驱替前缘。

所讨论的滤饼的屈服应力 τ_{yield} 可能取决于许多因素,其中包括压差、固体含量、增黏剂类型、化学成分和温度。Fordham 等人(1991)提出的临界侵入率只是最小体积流量 Q ,对于特定钻井液和钻杆尺寸,会在滤饼表面产生超过 τ_{yield} 的黏性剪切应力。注意,牛顿流体中的黏性应力和总体积流量是线性相关的。后文将看到,这种直接线性相关在幂律流体中消失。

17.4.3 钻杆旋转的修正

到目前为止,只考虑非旋转钻杆。通过钻杆旋转,引入了两种附加物理效应。首先,非零方位角速度将改变作用于钻井液表面的应力状态;其次,旋转流动将导致向心压力梯度作用于径向,这有助于额外的过滤。无量纲参数钻杆表面的切向旋转速度除以环空内的平均轴流速度决定旋转的重要程度。平行于井眼速度的轴向速度由公式(17.45)给出,即非旋转钻杆的精确环空流解:

$$v_z(r) = (4\mu)^{-1}\mathrm{d}p/\mathrm{d}z\{r^2 - R_p^2 + [(R_c^2 - R_p^2)/\lg(R_p/R_c)]\lg(r/R_p)\} \qquad (17.45)$$

经典流体力学(Schlichting,1968)提供了无轴流旋转管道问题的解。对于这个问题,采用径向圆柱坐标的 Navier – Stokes 方程的精确解如下:

$$v_\theta(r) = \omega (R_c^2 - R_p^2)^{-1}\left(\frac{R_p^2 R_c^2}{r} - rR_p^2\right) \qquad (17.52)$$

该圆周速度在滤饼外半径 $r = R_c$ 处消失,并满足无滑脱条件。在钻杆 $r = R_p$ 处,切向速度:

$$v_\theta(R_p) = \omega (R_c^2 - R_p^2)^{-1}(R_p R_c^2 - R_p^3) = \omega R_p \qquad (17.53)$$

它与转速 ω 成线性相关。而方程(17.45)、方程(17.52)分别满足非线性 Navier – Stokes 方程,两个解可以线性叠加以产生动态的正确解,这并不是显而易见的。但这是因为同心几何引起的偶然简化导致非线性对流项相抵消而消失!因此,由方程(17.45)、方程(17.52)得出的矢量和可以简单相加以产生总速度场,正如井筒流动模型中严格证明的那样。但这种叠加不适用于偏心牛顿流,因为对流项不会消失,也不适用于同心或偏心非牛顿流。现在,环向应力 τ_θ 可以通过计算得到:

$$\tau_\theta(r) = \frac{\mu r\mathrm{d}\left[\dfrac{v_\theta(r)}{r}\right]}{\mathrm{d}r} = -2\mu\omega R_p^2 R_c^2/[r^2(R_c^2 - R_p^2)] \qquad (17.54)$$

因此,在滤饼表面, $\tau_\theta(r)$ 为:

$$\tau_{\theta,R_c} = -2\mu\omega R_p^2 R_c^2/[R_c^2(R_c^2 - R_p^2)] \qquad (17.55)$$

滤饼表面总应力满足:

$$\tau_{\text{total}} = \sqrt{\tau_{R_c}^2 + \tau_{\theta,R_c}^2} \qquad (17.56)$$

然后,可以用公式(17.56)重复图 17.11 中表格构造的数值步骤序列,并将额外的钻杆旋

转速率 ω 输入计算中。除了剪切应力改变外,钻杆的旋转还改变了作用于滤饼表面的径向压力梯度,从而对静态过滤有一定的影响。该效应可根据向心加速度公式 $\dfrac{\mathrm{d}p}{\mathrm{d}r} = \rho\, v_\theta(r)^2/r$ 计算,其中 ρ 表示钻井液的质量密度。

17.4.4　固体浓度的影响

在钻井液中,为了控制地层压力,会加入细颗粒以增加钻井液重量。使用特殊的增黏剂将这些固体悬浮在钻井液中,结果证明,所产生的流体具有非牛顿的特性。只要可能,应使用公认的实验室技术来测量相关钻井液的准确流变特性。不过,引用爱因斯坦的黏度修正公式是有历史意义的,该公式是 1906 年根据他对布朗运动的研究(如,见 Landau 和 Lifshitz 在 1959 年的研究)推导出来的。

如果考虑到具有更大特征长度的现象,那么许多细颗粒悬浮在其中的流体可视为均匀介质。设 c 代表悬浮液的浓度,即单位体积的颗粒数。同时,设 μ_0 和 μ 分别表示修正流体的原始黏度和有效黏度。如果粒子可以近似为半径为 R 的小球体,爱因斯坦发现对前导阶有 $\mu \approx \mu_0(1 + 10/3\pi R^3 c)$。当然,并非所有钻井液的行为都是均匀的,因为在常规作业中,当钻井中断时,总是会出现密度分层。计算流变学详细描述了这些行为的结果。在物理上最有问题和最有趣的是环空中形成的循环涡流区,它阻碍了岩屑的输送。本书给出了解析解和相关无量纲参数(这些在休斯敦 M – I 钻井液的实验室实验中得到了验证)。

17.4.5　湍流与层流

湍流与层流在油田作业上很重要,尽管在过去几十年取得了一些进展,但湍流仍然是基于经验的,并代表着一门研究学科。不应将环形流研究扩展到湍流状态,除非提到目前讨论的想法(以及后面要讨论的幂律流想法)可以应用到适当的曲线拟合速度剖面。

17.5　同心幂律无钻杆旋转流动

在牛顿流体中,如水和空气,剪应力 τ 与应变率呈线性关系。在前面的例子中,应变率为 $\mu\mathrm{d}v_z(r)/\mathrm{d}r$,可以写出 $\tau = \mu\mathrm{d}v_z(r)/\mathrm{d}r$,其中比例常数 μ 为黏度。大多数钻井液的行为与牛顿流体不同,流变学研究的重点是不同流体在不同剪切速率下的应力行为(注意,进入地层的过滤流体(水)是牛顿的)。常见模型是幂律流体模型。在最简单的情况下,其本构方程的形式为:

$$\tau = K\left[\,\mathrm{d}v_z(r)/\mathrm{d}r\,\right]^n \tag{17.57}$$

其中流体指数 n 和稠度系数 K(不要与达西渗透率相混淆)是表征流体本身的常数。对于 $n=1$,稠度系数减小到牛顿黏度 μ。一般来说,K 的单位取决于 n 的值(n 和 K 都可以通过使用标准实验室技术的黏度计测量确定)。

重要的是,n 和 K 是表征流体的恒定性质,并且无论流体问题如何,它们都保持不变。然而,流量的表观黏度在整个流量几何的横截面上会有所不同,并且还随压力梯度或总流量变化而变化。换句话说,幂律流的表观黏度随问题的不同而变化,而 n 和 K 则不一样。这一事实在钻井工程中没被受到重视。测量流体参数的表面黏度计值通常会在常规现场使用,这些流体参数可能没什么科学价值。因此,毫不奇怪,至少在岩屑输送分析中它们不与可测量参数(如井眼清洗效率)相关。

还有其他类型的流体,如 Herschel Bulkley 流体和宾汉塑性流体,它们遵循不同的应力—应变关系,有时在不同的钻井和固井应用中有用。对三维效应的讨论和应力张量的严格分析,读者可参考计算流变学。目前,将继续讨论滤饼剪切应力,但将注意力转向幂律流体。即使对于方程(17.57)中给出的简单形式的关系,运动的控制偏微分方程也是非线性的,因此很少适用于简单的数学解。例如,圆柱径向流中的轴向速度 $v_z(r)$ 满足:

$$r^{-1}\mathrm{d}[K\,(\mathrm{d}v_z/\mathrm{d}r)^{n-1}r\,\mathrm{d}v_z(r)/\mathrm{d}r]/\mathrm{d}r = \mathrm{d}p/\mathrm{d}z \qquad (17.58)$$

它虽然形式上简单,但由于是非线性的,很难求解。然而,精确的环空流动解可用于非旋转钻杆。因此,原则上,类似于方程(17.51)的公式可用于计算滤饼边缘剪切应力、总体积流量、钻杆半径和流体性质。Fredrickson 和 Bird(1958)采用数值方法解决了同心、非旋转、环形流动的问题。如果 R_i 和 R_o 是内半径和外半径,其中 Δp 是压降,L 是特征长度,q 是环空体积流量,这些作者表明:

$$\frac{R_o\Delta P}{2L} = K\left\{(2n+1)Q/[n\pi R_o^3 Y(1-R_i/R_o)^{(2n+1)/n}]\right\}^n \qquad (17.59)$$

在滤饼外径 $r = R_o$ 处,剪切应力为:

$$\tau_o = (1-\lambda^2)R_o\Delta P/(2L) \qquad (17.60)$$

方程(17.59)、方程(17.60)中的 Y 和 λ(化学工程中被熟知的 Fredrickson – Bird Y 函数和 λ 函数)分别只取决于 n 和 R_i/R_o。图 17.12 和图 17.13 分别是它们对应关系的压缩表格。

				R_i/R_o			
n	0.01	0.1	0.2	0.4	0.6	0.8	0.9
1.00	0.6051	0.5908	0.6237	0.7094	0.8034	0.9008	0.9502
0.50	0.6929	0.6270	0.6445	0.7179	0.8064	0.9015	0.9504
0.33	0.7468	0.6547	0.6612	0.7246	0.8081	0.9022	0.9506
0.20	0.8064	0.6924	0.6838	0.7342	0.8128	0.9032	0.9510
0.10	0.8673	0.7367	0.7130	0.7462	0.8124	0.9054	0.9519

图 17.12 Fredrickson – Bird Y 函数(压缩格式)

				R_i/R_o			
n	0.01	0.1	0.2	0.4	0.6	0.8	0.9
1.00	0.3295	0.4637	0.5461	0.6770	0.7915	0.8981	0.9495
0.50	0.2318	0.4192	0.5189	0.6655	0.7872	0.8972	0.9493
0.33	0.1817	0.3932	0.5030	0.6587	0.7847	0.8967	0.9492
0.20	0.1503	0.3712	0.4856	0.6509	0.7818	0.8960	0.9491
0.10	0.1237	0.3442	0.4687	0.6429	0.7784	0.8953	0.9489

图 17.13 Fredrickson – Bird λ 函数(压缩格式)

如果现在消除方程(17.59)、方程(17.60)的 $R_o\Delta P/(2L)$,会获得所需结果:

$$\tau_o = (1-\lambda^2)K\left\{(2n+1)Q/[n\pi R_o^3 Y(1-R_i/R_o)^{(2n+1)/n}]\right\}^n \qquad (17.61)$$

它与滤饼边缘剪切应力、体积流量、钻杆半径和流体性质有关。方程(17.61)可重写为:

$$\tau(R_c) = (1 - \lambda^2)K\{(2n+1)Q/[n\pi R_c^3 Y(1 - R_p/R_c)^{(2n+1)/n}]\}^n \tag{17.62}$$

对于任意一对 n 和 R_p/R_c 值,可从图 17.12 和图 17.13 中获得相应的 Y 函数和 λ 函数。然后,方程(17.62)右侧的剩余部分可使用 n、K、R_c 和规定的环空体积流量 Q 进行评估。平衡滤饼厚度由与之前一样的 $\tau(R_c) = \tau_{yield}$ 条件定义,临界侵入速度计算流程与之前讨论的是一样的。

17.6 同心幂律随钻杆旋转流动

幂律流体的 Fredrickson - Bird 解是精确解,因为没有进行几何或动力学简化。然而,对于更一般的问题(包括钻杆旋转),它的类似解无法简洁地表达,即使使用表格进行数值计算,因为非线性使得计算结果具有高迭代性。为了获得关于旋转效应的一些定性概念,有必要采用窄环空假设。这样,就可以得到轴向和圆周速度以及黏性应力的显式解析解。在本节中,利用计算流变学的结果,扩展了先前讨论中提出的程序,并再次尝试将平衡状态下滤饼半径与规定的屈服应力联系起来。如前所述,R_c 和 R_p 表示滤饼半径和钻管半径;n 和 K 表示幂律系数,dp/dz 表示井眼轴向压力梯度。根据惯例,$\omega < 0$ 是旋转速率。引用的文章中对一般同心旋转流问题的解进行了整体推导。在应用这些结果时,采用本章的符号,引入常数:

$$E_1 = -1/8 (R_c + R_p)^2 dp/dz \tag{17.63}$$

$$E_2 = K[\omega(R_p - R_c)]^n[(R_p + R_c)/2]^{n+2} \tag{17.64}$$

然后,平行于井眼轴向的速度为:

$$v_z(r) = [(r + R_p)/2]^2\left[E_1 + 1/2\left(\frac{r + R_p}{2}\right)^2 dp/dz\right]/E_2 \times \left(\frac{E_2}{K}\right)^{\frac{1}{n}}$$

$$\left\{\left(\frac{r + R_p}{2}\right)^{\frac{2n+4}{n+1}} + \left(\frac{r + R_p}{2}\right)^{\frac{4n+2}{n-1}}\left[\left(E_1 + 1/2\left(\frac{r + R_p}{2}\right)^2 dp/dz\right)/E_2\right]^2\right\}^{(1-n)/2n}(r - R_p) \tag{17.65}$$

当圆周速度 $v_\theta(r)$ 满足 $v_\theta(r) = r\Omega(r)$ 时,角速度变量 $\Omega(r)$ 由方程(17.66)确定:

$$\Omega(r) = \left(\frac{E_2}{K}\right)^{\frac{1}{n}}(r - R_c)\left\{\left(\frac{r + R_c}{2}\right)^{\frac{2n+4}{n+1}} + \left(\frac{r + R_c}{2}\right)^{\frac{4n+2}{n-1}}\left[\left(E_1 + 1/8\left(\frac{r + R_c}{2}\right)^2 dp/dz\right)/E_2\right]^2\right\}^{(1-n)/2n} \tag{17.66}$$

它们相应的黏性应力 S_{rz} 和 $S_{r\theta}$ 可根据计算流变学里的符号可从下面方程计算得到:

$$S_{rz} = S_{zr} = [0.5r - (R_p + R_c)^2/(8r)]dp/dz \tag{17.67}$$

$$S_{r\theta} = S_{\theta r} = K[\omega(R_p - R_c)]^n[(R_p + R_c)/2]^{n+2}r^{-2} \tag{17.68}$$

由方程(17.67)和方程(17.68)可得到总应力 S_{total},它由常见方式 $S_{total} = \sqrt{S_{rz}^2 + S_{r\theta}^2}$ 定

义。现在的目标是在总环形容积流量表达式中消除 dp/dz 以计算 S_{total}。这允许根据指定的滤饼屈服应力来确定平衡滤饼半径。为此,首先将最后一个结果重写为 $S_{rz}^2 = S_{total}^2 - S_{r\theta}^2$ 格式。替换方程(17.67)、方程(17.68)得到:

$$[0.5r - (R_p + R_c)^2/(8r)]^2 (dp/dz)^2 = S_{total}^2 - K^2[\omega(R_p - R_c)]^{2n}[(R_p + R_c)/2]^{2n+4}r^{-4}$$

$$(17.69)$$

其中已经评价了 $r = R_c$ 处的情况。因此,简单变形可以得到轴向压力梯度:

$$\frac{dp}{dz} = \sqrt{S_{total}^2 - K^2[\omega(R_p - R_c)]^{2n}\{[(R_p + R_c)/2]^{2n+4}r^{-4}\}/[0.5r - (R_p + R_c)^2/(8r)]^2}$$

$$(17.70)$$

因此,以压力梯度 dp/dz 表达 $v_z(r)$ 的方程(17.65)可以用作用于滤饼表面的总应力来重写。像以前一样,体积流量可以用方程(17.71)表示:

$$Q = \int_{R_p}^{R_c} v_z(r)2\pi r dr = Q(n, K, \omega, R_p, R_c, S_{total})$$

$$(17.71)$$

如果在等式(17.71)中固定 Q 的大小,那么如果已知参数 n、K、ω 和 R_p 的值,可以将 R_c 以列表的形式作为 S_{total} 的函数,或者如果需要,将 S_{total} 以列表的形式作为 R_c 的函数。因此,对于任意一个滤饼屈服应力 $S_{yield} = S_{total}$,可以明确地得到平衡滤饼半径 $R_{c,eq}$。如果接下来在 Q_s 范围内重复这些计算,则得到能产生足够剪切应力以侵蚀滤饼的最小 Q 值,它代表临界侵入率。

17.7　平衡状态滤饼厚度下的地层侵入

在此之前,考虑了由滤饼、冲洗带和未侵入带组成的三层径向侵入问题,得到了滤饼发育与驱替前缘运动耦合的解。在这里,重新讨论这个问题,但是现在假设滤饼不再随时间而发育,因为它已经达到了动态平衡。尽管如此,这种情况近井地带仍然有三层,即滤饼层、冲洗层和非侵入层。许多论文引用了一个经典的侵入模型作为进一步研究的基础,这个侵入模型通过求解三个耦合的压力方程得到(例如,见 Muskat 于 1937 年发表的成果),每个压力方程的形式为 $\frac{\partial^2 p}{\partial r^2} + (1/r)\frac{\partial p}{\partial r} = 0$。然而,该方程严格适用于单一流体通过具有不同渗透性的三层非移动岩石的同心径向流动。当一个内边界移动时,公式不适用。对于此类问题,引用的压力边界值问题是不完整的,正如在本章前面提到的,因为公式中必须包含移动边界处的界面方程。

同样,之前的径向滤饼例子处理的是两个移动边界,即泥—滤饼界面和隔离地层内两种不同流体的驱替前缘。本节所考虑的问题比较简单,因为滤饼已达到动态平衡,不再发育。因此,应将其厚度视为在时间上静态固定。读者应该回到之前的推导,回顾一下基本假设和方法。在那里,系数函数 $\alpha_2(R_1, R_3)$ 中的滤饼半径 R_1 是一个未知的时间函数,将作为解的一部分来确定。在这里,将 R_1 视为一个常数,一旦使用前面讨论的剪应力标准,这个常数就可以被视为是已知的。因此,径向位移前缘方程的积分过程更简单。经过一些代数运算,得到了精确解:

$$1/2\,(K_2/\mu_2)\,R_3{}^2\lg(R_2/R_1) + (K_1/\mu_1)\,R_2{}^2\Big[1/2\left(\frac{R_3}{R_2}\right)^2\lg\left(\frac{R_3}{R_2}\right) - 1/4\left(\frac{R_3}{R_2}\right)^2\Big]$$

$$- (K_1K_2\mu_3/\mu_1\mu_2K_3)\,R_4^2\Big[1/2\left(\frac{R_3}{R_4}\right)^2\lg\left(\frac{R_3}{R_4}\right) - 1/4\left(\frac{R_3}{R_4}\right)^2\Big]$$

$$= - K_1K_2(p_r - p_m)\,t/(\mu_1\mu_2\,\phi_{\text{eff}}) + 常数 \tag{17.72}$$

式(17.72)中的积分常数是根据初始条件确定的,如平衡解所建议的那样,平衡解将从静态过滤解中获得,并用侵蚀环空效应修正。

在本文对过滤过程的讨论中,有一个简单的观点,即静态过滤将持续到滤饼厚度达到之前推导出的平衡厚度为止。此时,滤饼停止发育,但根据等式(17.72)确定的前缘运动继续进行。这只是一个大概想法,仅用于讨论。实际中,井筒中的剪切应力在滤饼形成过程中不断作用于滤饼,使滤饼发育、储层达西流和井筒环空流之间的相互作用变得复杂。本文并不假装要解决这个更现实的问题,但笔者相信静态和动态过滤过程的主要因素已经得到了令人满意的识别。

17.8 偏心钻孔动态过滤

此处重申一些关于井筒流动模型的基本思想。简单地说,当储层岩石具有渗透性时,井壁上的滤饼控制着进入地层的过滤速度。了解滤饼是如何演变的很重要,因为良好的延时测井需要了解控制关键物理过程的时间尺度。例如,钻井过程中侵入不断,储层达西流的前缘运动取决于黏度和孔隙度。比如说,如果想确定两个时间点的电阻率测量值,应该在什么时候读取读数?了解滤饼在静态和动态条件下如何演变至关重要,这样读数就不会太近以至于无法区分,或者距离太远以至于测井工具无法准确响应。当地层和滤饼渗透率具有可比性时,滤饼发育与储层流量具有很强的耦合关系,在建模中存在额外的不确定性(这一问题在本书后面的章节中会用数值方法求解)。

还有一个问题是井眼的几何形状。在现代水平井和多分支井中,钻杆位于井眼的低部位,如图17.14所示。无论流体是牛顿流体还是非牛顿流体,高部位的环空速度都要高得多。剪切应力等物理量也很重要,因为它们会影响动态过滤中的侵蚀,因此会从不同方位改变进入油藏的过滤速率(图17.15)。因为各种原因,偏心井眼中的速度、表观黏度、剪切速率和黏性剪切应力的计算是必要的(例如泵功率要求和岩屑输送效率),并且可以使用第8章和第9章研究的边界一致的曲线网格系统进行精确求解。该方法在管道和环形流计算流变学中的应用得到了发展(Chin,2001)。典型计算量的图片如图17.16所示。

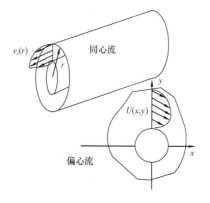

图17.14 同心流与偏心流

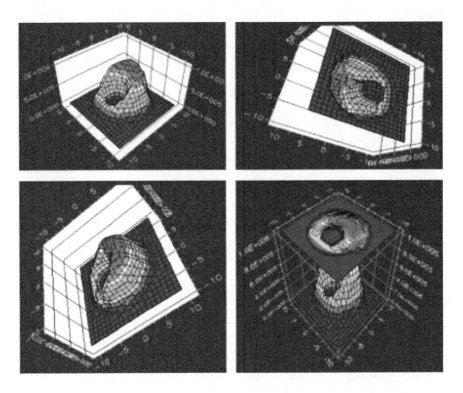

图 17.15　高偏心环空中的速度场

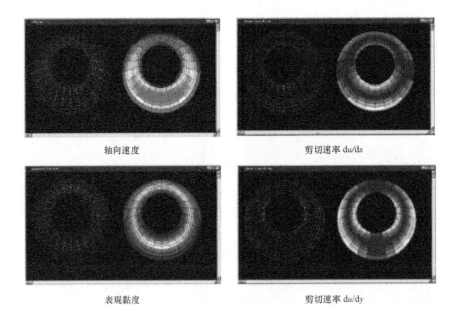

轴向速度　　　　　　　　　　剪切速率 du/dx

表观黏度　　　　　　　　　　剪切速率 du/dy

图 17.16　典型计算量

问题和练习

1. 在本章中,假设已知滤饼的屈服剪应力,且流体为层流和牛顿流体,给出了滤饼平衡状态下厚度的隐式解。将该解推广到(1)湍流牛顿流体,(2)层流幂律流体和(3)湍流幂律流体。

2. 对于线性流,方程(17.30)至方程(17.35)给出了可压缩流体瞬变的时间尺度。将这些结果扩展到径向流(有关基本解决方案,请参阅试井资料)。

第18章　地层测试仪的应用

　　地层测试仪是一种在钻井作业停止期间从井中提取储层流体样本的测量仪器。当它们的管嘴被压在井壁上,泵活塞被抽回时,石油液体就会进入油管和储存容器。这些样本(有时在地下进行分析)随后在地面进行化学研究,为地层评价、经济规划和炼油需求提供有用信息。重要的是,它们提供了对生产有用的信息,比如"储层流体真的是石油吗?""岩石渗透率或流动性如何?""各向异性显著么?",这些问题不能通过电阻率、核磁共振或声波测井来间接回答。本质上,"所见及所得"。在本章中,将概述在操作和解释问题的背景下出现的流体动力学问题,并且提供数学模型和软件算法来解决问题。本章的总结是全面的,但是远远不够详细。这个主题基本全部是由笔者及其同事们开发的,并在已发表的专利、论文以及要引用的书籍中进行了详细的描述。

18.1　背景和工程概况

　　虽然存在许多地层测试管嘴的配置,如探头的数量、管嘴的类型(泵送与被动压力测量)、探头的分离与角定向、压力瞬态模式(稳态、压降—压力恢复或振荡活塞),但通用的测试管嘴有两种。如图 18.1A 所示的是"单探头",单探头抽取流体,同时监测流线压力瞬态。如图 18.1B 所示的是"双探头"装置,由泵出探头(测量源压力)和固定轴向距离的被动压力测量探头组成。无论哪种情况,流场都是球形的(如果各向同性)和椭球形的(如果横向各向同性),而不是在井中应用中遇到的圆柱形流场。

(A)　　　　　　　　　　　　　　　(B)

图 18.1　(A)单探头地层测试仪(喷嘴嵌在面板里),(B)双探头地层测试仪(泵 + 无源探头)

现实问题来了。钻井过程中,钻井液滤液侵入地层,与烃类流体混合。根据钻井液类型的不同(如水基钻井液与油基钻井液),所得到的混合物可以是非混相或混相的多相流体。流体取样的目的是提取干净的样本。

因此,操作人员会问,"为了获得真正的地层流体而不是钻井液滤液污染物,泵必须运行多长时间?"当然,这取决于油藏工程参数,如相对渗透率和毛细管压力,以及控制滤液侵入速度的动态滤饼发育特性。这个多相混合的问题在 Chin 和 Proett(2005)以及最近在 Chin(2014)中讨论过,将不在本书讨论范围内,不过会给出显示随时间动态变化的样本计算结果。

不过,本文将介绍压力瞬态分析的主要结果,并将这些结果与 20 年前使用的、过时的方法联系起来。在 20 世纪 60 年代中期,工人们意识到单探头工具可以在地层测试作业中提供渗透率(或者更准确地说,流动性)。基本上,稳定减少流量一直持续到获得稳态压力为止。然后,用球形流量公式来计算渗透率(或流度)。在 20 世纪 90 年代,服务公司开发了双探头工具,可以在泵处或有源探头上监测压力,也可以在远距离观测探头上监测压力。在这里,通过测量得到了稳定的压降,但现在可以同时得到 K_h 和 K_v(笔者将哈里伯顿算法推广到任意倾角)。当然,各向异性对水力压裂、井筒稳定性、加密钻井和生产规划都很重要。

尽管这些方法取得了初步的成功,但随着勘探工作进入 90 年代,渗透率越来越低已成为常态。这些"致密"带(即低渗透、高黏度或两者兼而有之)在世界范围内越来越多,再也无法经济合算地获得稳态压力测量值。等待时间去取得稳定压力数据通常需要几个小时,有时甚至几天。这不仅带来了经济效益问题,而且显著增加了工具卡在井中的风险。因此操作上需要不同的测量程序。20 世纪 90 年代末,哈里伯顿开发了一套有趣的测试和解释程序。在不需要压力平衡数据的情况下,采用经验"指数公式"来快速完成压降—压恢行为。之前通常需要几分钟或几小时的渗透率预测和孔隙压力估计,现在可以在几秒钟内令人满意地完成。但是,为什么这种方法有效以及如何改进,都是无法回答的问题。对于各向同性流动,本文将建立完整的瞬态压力边值问题,并以封闭形式进行解析求解。分析得到了几个有趣的结果。首先,"指数公式"作为一般解的一种特殊极限出现了,因此,它的极限和基本假设现在都得到了理解。其次,由于现在只有一个公式描述了所有时间的压力变化,因此测井分析人员不再需要面对"早期、中期和晚期"的含混不清,而"早期、中期和晚期"的试井术语本身依赖于未知的渗透率或流动性。

2004 年,美国能源部通过其小企业创新研究(SBIR)部门,在所有能源领域,如核物理、等离子体动力学、空调、绿色和风能等,颁发了大约 200 项技术奖项。其中四项涉及化石燃料,笔者(通过笔者的注册公司 Stratamagmagnetic Software LLC)赢得了两项,都是在地层测试领域。这些高风险研究的重点是致密气砂岩地层测试仪渗透率预测和水平层状岩层地层测试仪非混相流动响应。在随后的十年中,笔者与中国海洋石油集团股份有限公司(CNOOC)建立了有意义的合作关系来支持自由开放的思想交流。这些活动导致国际科学出版商 John Wiley & Sons 出版了 Chin 等人(2014,2015)两本重要的书,其中所有新技术的发布都是为了石油行业。

这些书讨论了单相流和多相流,后者在分析滤液污染和清洗问题时需要,以及通过检查瞬态压力可以回答的问题。例如,"有什么方法可以从致密区获得短时间(秒)数据预测渗透率(流度)和孔隙压力?""有可能同时获得 K_h 和 K_v 吗?""在高渗透率或低渗透率区域,泵的功率要求是如何变化的?""电阻率或电磁测井中的方法能应用于地层测试吗?""有没有可能设计直接的非迭代方法来解决'反问题',也就是说,不需要业界常见的'反复尝试'方法?"刚才提到的两本书回答了所有这些问题——本章提供了可供业界使用的大量材料的概述。

在压力瞬态分析中使用的数学公式有两种,一种是在给定地层参数和泵出参数求压力随时间变化的"直接"问题,另一种是在求地层属性时使用压力响应作为输入的"间接"或"逆向"问题。理解后者需要开发出严格的直接解,而事实证明,有四个单独的公式控制着直接问题。在下一节中,将对"管线存储及表皮效应的各向异性介质"进行详细分析。其他限制情况包括"管线存储及有表皮效应的各向同性""管线存储及无表皮效应的各向异性"和"管线存储与无表皮效应的各向同性"。不同方程的必要性可能不是很明显。首先考虑质量—弹簧—阻尼器振动的类比。模型 $\frac{d^2y}{dt^2} + b\frac{dy}{dt} + Ky = 0, y(0) = y_0, \frac{dy(0)}{dt} = y_{t,0}$ 是一个适应的二阶微分方程模型,满足两个初始条件。研究小值的"m",不能简单地设置 $m=0$,因为其中一个初始条件无法满足。这种类似情况发生在表皮效应上:"有表皮效应"模型需要二阶导数项,而"没有表皮效应"方法中不存在这一项,这两种方法产生对比但互补的解。此外,由于积分体积的不同,各向同性模型与各向异性模型本质上是不同的。开发逆模型需要理解这些细微之处。

18.2 考虑储存效应和表皮效应的横观各向同性流动的解析闭式解

18.2.1 控制偏微分方程

瞬态流动中弱可压缩液体的各向异性偏微分方程是:

$$K_v\frac{\partial^2 P}{\partial z^2} + K_h\left(\frac{\partial^2 P}{\partial x^2} + \frac{\partial^2 P}{\partial y^2}\right) = \phi\mu c\frac{\partial P}{\partial t} \tag{18.1}$$

其中 P 为压力,t 为时间,x、y 和 z 表示笛卡儿坐标,其轴与渗透率张量的主轴平行。垂直渗透率 K_v 取 z 方向,水平渗透率 K_h 取 x 和 y 方向。该横向各向同性模型用于研究沉积层的各向异性。

方程(18.1)非常普遍,但由于流动中没有障碍或其他不均匀性,需要寻求更有针对性的结果。在许多瞬态应用中,假设存在均匀的初始压力 P_0,其值也与远处的压力相同。此外,假设沿椭球面的压力是恒定的,即 $x^2/K_h + y^2/K_h + z^2/K_v =$ 常数。即使源表面(即测试仪工具接触喷嘴)不是椭球体,只要消除几个喷嘴直径,这个方程也适用。在油藏工程中也有类似的结果。例如,在平面各向异性油藏中,即使井是圆形的,并且含有裂缝缺陷,等压线在远离井的地方也是椭圆形的。图18.2总结了几个基本的几何元素。

因此,可以方便地引入以下无量纲,即:

$$p^*(r^*, t^*) = [P(x,y,z,t) - P_0]/P_{ref} \tag{18.2}$$

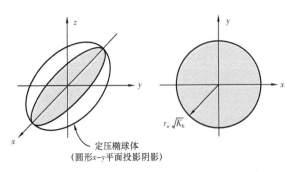

图18.2 椭球体流动假设

$$r^* = \left[x^2/K_h + y^2/K_h + z^2/K_v \right]^{1/2} \tag{18.3}$$

$$t^* = t/t_{ref} \tag{18.4}$$

其中,尚未定义的量纲常量 P_{ref} 和 t_{ref} 将被用来简化数学形式。压力的选择允许在初始时刻和在远处边界将 $p^*(r^*, t^*) = \left[P(x, y, z, t) - P_0 \right]$ 设置为零。把方程(18.2)至方程(18.4)代入方程(18.1),经过代数运算,得到一个简单的偏微分方程,即:

$$\frac{\partial^2 p^*}{\partial r^{*2}} + 2/r^* \frac{\partial p^*}{\partial r^*} = \phi\mu c/t_{ref} \frac{\partial p^*}{\partial t^*} \tag{18.5}$$

它的形状和各向同性球型流的形状一样!单凭这一点,还无法得出数学上的类似,因为边界条件必须进行类似的变换。

18.2.2　椭球面总速度通量

可以定义两种物理边界值问题模型,这两种都适用于椭球面源表面的辅助条件的模型,由无量纲井半径 r^* 定义(此处不考虑理想的"点源",因为它们没包括储集模型)。

$$x^2/K_h + y^2/K_h + z^2/K_v = r_w^{*2} \tag{18.6}$$

第一个模型指定压力 $p^*(r_w^*, t^*)$,其解的目标是通过椭球面公式(18.6)获得总生产体积流率(VFR)。第二个模型定义了 $VFR(t)$,涉及复杂的待讨论的表面积分。在这种情况下,解是瞬态井压历史,考虑了井筒储存的影响。椭球半径 r_w^* 与实际喷嘴之间的物理关系很微妙。许多作者使用与等效水力面积、体积、流量等相关联的特殊参数,但这些方法不能被证明是正确的,而且常常是错误的。就目前的目的而言,观察到 r_w^* 可以严格地与工具响应以及流体和岩层的某些特性相关。

在这两个方程中,VFR 的表达式都是必需的,可以从简单的几何考虑中获得。方程(18.6)中,Σ 表示整个椭球表面积,dS 表示 Σ 上的微分表面积。那么,如果 n 是垂直于 dS 的局部单位法向,q 是达西速度矢量,那么有:

$$VFR(t) = -\int_{\Sigma} q \cdot n\,dS \tag{18.7}$$

然而,对这个表达式的计算需要小心,因为 q、n 和 dS 都必须正确描述。结果表明,用原始的 x,y,z 坐标计算局部通量 $q \cdot n$ 是最方便的。现在,速度的达西表达式是:

$$q = -K_h/\mu \frac{\partial p}{\partial x_i} - K_h/\mu \frac{\partial p}{\partial y_j} - K_v/\mu \frac{\partial p}{\partial z_k} \tag{18.8}$$

其中 i、j 和 k 是 x、y 和 z 方向上的单位向量。如果表面 Σ 表示为:

$$F(x, y, z; r_w^*) = \frac{x^2}{K_h} + \frac{y^2}{K_h} + \frac{z^2}{K_v} - r_w^{*2} = 0 \tag{18.9}$$

然后,$n = (\partial F/\partial x i + \partial F/\partial y j + \partial F/\partial z k)/\sqrt{(\partial F/\partial x)^2 + (\partial F/\partial y)^2 + (\partial F/\partial z)^2}$
可得出:

$$n = (x/K_h i + y/K_h j + z/K_v k)/\sqrt{x^2/K_h^2 + y^2/K_h^2 + z^2/K_v^2} \tag{18.10}$$

从方程(18.9)、方程(18.10)可得到:

$$\boldsymbol{q} \cdot \boldsymbol{n} = -(1/\mu)(x\partial p/\partial x + y\partial p/\partial y + z\partial p/\partial z)/$$
$$\sqrt{x^2/K_h^2 + y^2/K_h^2 + K_v^{-1}(r_w^{*2} - x^2/K_h - y^2/K_h)} \tag{18.11}$$

接下来,通过在 $x-y$ 平面(用 $R(x,y)$ 表示)上 Σ 的投影(参考图18.2)上积分增量表面积构造 $dS = \sqrt{1 + (\partial z/\partial x)^2 + (\partial z/\partial y)^2}\,dxdy$,其中 $z = z(x,y)$ 使用方程(18.9)求解。例如,考虑上半平面 $z > 0$ 的典型椭球体的方程,也就是:

$$z(x,y) = K_v^{1/2}\sqrt{r_w^{*2} - x^2/K_h - y^2/K_h} \tag{18.12}$$

接着有:

$$dS = K_v^{1/2}\sqrt{x^2/K_h^2 + y^2/K_h^2 + K_v^{-1}(r_w^{*2} - x^2/K_h - y^2/K_h)}\,dxdy/\sqrt{r_w^{*2} - x^2/K_h - y^2/K_h} \tag{18.13}$$

结合方程(18.11)和方程(18.13)得到:

$$\boldsymbol{q} \cdot \boldsymbol{n}dS = -(K_v^{\frac{1}{2}}/\mu)(x\partial p/\partial x + y\partial p/\partial y + z\partial p/\partial z)dxdy/\sqrt{r_w^{*2} - x^2/K_h - y^2/K_h} \tag{18.14}$$

现在, $x\partial p/\partial x + y\partial p/\partial y + z\partial p/\partial z$ 可以被重新表达为 $P_{ref}r_w^*(\partial p^*/\partial r^*)_w$,而且它仅是 r^* 的函数。这样的话,在 $r^* = r_w^*$ 时它必为常数。因此,这个量可以通过任何积分转移到方程(18.11)上。因为限制在 $z > 0$,所以 $VFR^+(t)$ 就很简单:

$$VFR^+(t) = -\int_{z>0} \boldsymbol{q} \cdot \boldsymbol{n}dS = (P_{ref}K_v^{\frac{1}{2}}K_h/\mu)r_w^*(\partial p^*/\partial r^*)_w \iint_R d\xi d\eta/\sqrt{r_w^{*2} - \xi^2 - \eta^2} \tag{18.15}$$

这里 R 是椭球体在 $x-y$ 平面上的投影。为了简化积分,引入了极坐标变换 $\xi = \rho\cos\theta$ 和 $\eta = \rho\sin\theta$。在下面的第二个二重积分中,在 $0 \leqslant \theta \leqslant 2\pi$ 和 $0 \leqslant \rho \leqslant r_w^*$ 范围内进行积分。这使得:

$$\iint_R d\xi d\eta/\sqrt{r_w^{*2} - \xi^2 - \eta^2} = \iint \rho d\rho d\theta/\sqrt{r_w^{*2} - \rho^2} = 2\pi r_w^* \tag{18.16}$$

包括椭球体上半球和下半球的总 VFR 是 $VFR^+(t)$ 的两倍,也就是:

$$VFR(t) = (4\pi r_w^{*2}K_v^{\frac{1}{2}}K_h/\mu)(\partial p^*/\partial r^*)_w \tag{18.17}$$

方程(18.17)是用无量纲压力梯度 $(\partial p^*/\partial r^*)_w$ 来表示的。这个结果不同于传统的球形各向同性流动的结果,其中 $VFR(t) = 4\pi R_w^2 K/\mu \partial p/\partial r$,它是表面积 $4\pi R_w^2$ 和所有方向的各向同性速度常数 $K/\mu \partial p/\partial r$ 的乘积。之所以产生这种差异,是因为 $\partial p/\partial r$ 是有量纲的,而 $\partial p^*/\partial r^*$

不是,这也不应该引起混淆。同样,$K_v^{\frac{1}{2}}K_h$ 与任何有效渗透率都没有直接关系,因为 K_v 和 K_h 没有完全向外扩展。例如,它们出现在 r^* 的定义中。方程(18.17)中总体积与速率的表达式同样适用于横切各向同性介质中的一般斜井。本文所考虑的椭球模型可以定义两个自然边界值问题,即通常的压力和流量公式。

18.2.3　压力边值问题

沿方程(18.6)定义的椭球面规定了实际压力 $p^*(r^*,t^*)$,并用下面方程求解边界值:

$$\frac{\partial^2 p^*}{\partial r^{*2}} + 2/r^* \frac{\partial p^*}{\partial r^*} = \phi\mu c/t_{ref}\frac{\partial p^*}{\partial t^*} \tag{18.18a}$$

$$p^*(r^*,0) = 0 \tag{18.18b}$$

$$p^*(r^* \to \infty,t^*) = 0 \tag{18.18c}$$

$$p^*(r_w^*,t^*) = p_w^*(t^*) \tag{18.18d}$$

一旦得到 $p^*(r^*,t^*)$ 的解,就可以对式(18.17)进行计算得到有量纲 VFR。为简单起见,时间标度 t_{ref} 可选为与 $\phi\mu c$ 相等,即 $\phi\mu c/t_{ref} = 1$。这个问题可以用拉普拉斯变换来解决。例如,当 p_w^* 为常数时,解为:

$$p^*(r^*,t^*) = p_w^*\left(\frac{r_w^*}{r^*}\right)erft\left[1/2\left(\frac{r^*}{r_w^*} - 1\right)/\sqrt{t^*/r_w^{*2}}\right] \tag{18.18e}$$

在时间 t^* 的任何一点上,都可以确定导数 $\partial p^*/\partial r^*$,也很容易计算 VFR。如果 p_w^* 随时间变化,则可以使用拉普拉斯变换方法,根据方程(18.18e)中的初等解,导出闭合形式的叠加积分。在本书中,压力边界值问题没有流量边界值问题重要。现在来谈谈这个公式。

18.2.4　无表皮效应的体积流量问题

在这类问题中,方程(18.18a)至方程(18.18c)是适用的,但定义的是椭球源的总体积流量 $Q(t)$,而不是方程(18.18d)中的压力。除非井筒储存效应完全消失,否则该流量通常不等于达西 VFR(t)。物理体积平衡方程要求考虑更一般的 $VFR(t) - VC\partial p/\partial t = Q(t)$,其中 V 是储存体积,C 是井筒流体的压缩率。为了方便起见,将使用下面形式的有量纲产量 $Q(t)$:

$$Q(t) = Q_0 F(t^*) \tag{18.19}$$

常数 Q_0 是有量纲 VFR,而定义的函数 $F(t^*)$ 是无量纲的。然后,前文的问题可表示为下面形式:

$$\frac{\partial^2 p^*}{\partial r^{*2}} + 2/r^* \frac{\partial p^*}{\partial r^*} = \phi\mu c/t_{ref}\frac{\partial p^*}{\partial t^*} \tag{18.20a}$$

$$p^*(r^*,0) = 0 \tag{18.20b}$$

$$p^*(r^* \to \infty,t^*) = 0 \tag{18.20c}$$

$$(4\pi r_w^{*2}P_{ref}K_v^{\frac{1}{2}}K_h/\mu)(\partial p^*/\partial r^*)_w - VCP_{ref}/t_{ref}\partial p^*/\partial t^* \tag{18.20d}$$

18.2.5　有表皮的流速问题

方程(18.20d)为无表皮效应的流量问题提供了边界条件,并可得到封闭解析形式的精确解(Proett and Chin,1998)。然而,对于包括表皮效应在内的更困难的问题,也有可能获得精确的解决方案(Proett and Chin,2000)。由于已经有了这个更一般的解,将不会在本书中讨论无表皮模型。正确地用数学描述问题的最大困难可能在于所使用的表皮模型的形式。传统上,在试井过程中调用了特别表皮模型 $p_w = p - SR_w \partial p / \partial r$,并在不了解其背后的假设和局限性的情况下就理所当然地认为它是正确的。应推导它,并证明它是由污染带和地层的平面界面上的速度连续性(即质量守恒近似)的不一致引起的。推导表明,它仅适用于线性流。然后,本节将传统的表皮模型扩展到包含多维各向异性流。

在图18.3中,很大的岩层或沙面附近是厚度 δ 的薄层。地层中的达西速度为 $-(K_r/\mu) \partial p / \partial r$,其中 K_r 为地层渗透率,μ 为流体黏度。这个速度必须与表皮内的达西速度相同,表皮内的达西速度可近似为 $-(K_s/\mu)(p - p_w)/\delta$,其中 K_s 为表皮的渗透率。使这两个速度相等得到 $p_w = p - SR_w \partial p / \partial r$,其中 $S = \delta K_r/(R_w K_s)$。这种推导有作用是因为两个原因。首先,它提供了表皮厚度和污染带渗透性之间的直接关系。其次,它指出 $p_w = p - SR_w \partial p / \partial r$ 远不止是一个假设依赖于空间导数的描述表皮效应的经验模型。因为它实际上是质量守恒的结果,所以基本原理实际上可以扩展到更复杂的问题。

现在推导扩展模型。在继续之前,先陈述基本的物理假设。假设所考虑的表皮效应来自滤饼或侵入伤害,而且表皮的渗透性远小于地层的渗透性。在这种情况下,地层性质只会对表皮或滤饼的发育起微小的影响。也就是说,尽管地层具有各向异性特征,但在确定滤饼发育或表征表皮时,可以忽略地层的渗透性。因此,即使 K_h 和 K_v 非常不同,滤饼接触不到地层;因此,假设表皮渗透率 K_s 是各向同性的也是合适的,即使地层是各向异性的。还是假设表皮厚度 δ 在平面上是均匀的。同样,由于岩石性质对导前阶不重要,因此没有理由认为 δ 仅仅是在图18.4所示的椭球面至地层界面周围的常数。

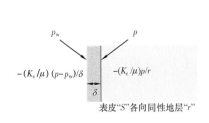

图18.3　线性各向同性流动

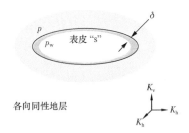

图18.4　椭球体各向异性流动

现在将推导 $p_w = p - SR_w \partial p / \partial r$ 的方法变得更通用化。在薄表皮内部,通过椭球面界面的总 *VFR* 可以表示为标准达西速度和总表面积 $\sum$ 的乘积。这必须等于地层中的法向速度 $\boldsymbol{q} \cdot \boldsymbol{n}$ 对 $\mathrm{d}S$ 的总积分,其中 $\mathrm{d}S$ 表示 $\sum$ 的增量表面积。

$$-(K_s/\mu)\left[(p - p_w)/\delta\right] \sum = \int_{\sum} \boldsymbol{q} \cdot \boldsymbol{n} \mathrm{d}S \qquad (18.21)$$

方程(18.21)右边的面积积分之前已经计算过。从方程(18.15)、方程(18.17)中发现方程(18.21)右边现在采用 $-(4\pi r_w^{*2}P_{ref}K_v^{\frac{1}{2}}K_h/\mu)(\partial p^*/\partial r^*)_w$,那么有:

$$(K_s/\mu)[(p-p_w)/\delta]\sum = (4\pi r_w^{*2}P_{ref}K_v^{\frac{1}{2}}K_h/\mu)(\partial p^*/\partial r^*)_w \quad (18.22)$$

因此,可以得到:

$$p_w = p - [4\pi r_w^{*2}P_{ref}K_v^{\frac{1}{2}}K_h\delta/(K_s\sum)](\partial p^*/\partial r^*)_w \quad (18.23)$$

这样,就使得线性各向同性流获得的 $p_w = p - (\delta K_r/K_s)\partial p/\partial r$ 更通用。现在,请回忆之前用过的椭球体表面近井边界条件 $x^2/K_h + y^2/K_h + z^2/K_v = r_w^{*2}$。方程(18.23)中的表面积 $\sum$ 表达式可在数学文献中找到,它取决于垂直渗透率和水平渗透率的相对值。

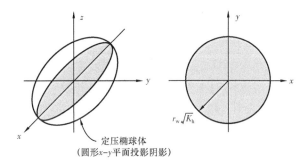

图 18.5 椭球体流动假设

如果和通常情况一样,渗透率满足 $K_h > K_v$,因此椭球体成为扁球体,可以用公式(18.24)表达:

$$\sum = 2\pi K_h r_w^{*2} + \pi K_v r_w^{*2}\varepsilon^{-1}\ln[(1+\varepsilon)/(1-\varepsilon)] \quad (18.24a)$$

$$\varepsilon = \sqrt{1 - K_v/K_h} \quad (18.24b)$$

另外,如果渗透率满足 $K_h < K_v$,使椭球体成为长椭球体,可以用公式(8.25)表达:

$$\sum = 2\pi K_h r_w^{*2} + 2\pi K_v r_w^{*2}(\sqrt{K_hK_v})\varepsilon^{-1}\arcsin\varepsilon \quad (18.25a)$$

$$\varepsilon = \sqrt{1 - K_h/K_v} \quad (18.25b)$$

在极限 $K_h \to K_v$,无量纲参数 ε 接近于零。使用 L'Hospital 规则表明,方程(18.24a)、方程(18.25a)中的面积会减少到各向同性流动的 $2\pi R_w^2$。椭圆流动假设如图18.5所示。

18.2.6 一般流量问题公式

如果现在回到方程(18.20a)至方程(18.20d)并回顾基本方程,很明显,只需要将公式(18.20d)更改为表皮模型。如果将方程(18.20d)改写为 $(4\pi r_w^{*2}P_{ref}K_v^{\frac{1}{2}}K_h/\mu)(\partial p^*/\partial r^*)_w - VC\partial p/\partial t = Q_0F(t^*)$,很明显,$\partial p/\partial t$ 必须替换为 $\partial p_w/\partial t$,以区分砂面内压力和井内压力。这样,得到了推广的定律:

$$(4\pi r_w^{*2} P_{ref} K_v^{\frac{1}{2}} K_h/\mu)(\partial p^*/\partial r^*)_w - VC\partial p_w/\partial t = Q_0 F(t^*) \tag{18.26}$$

结合方程(18.23)、方程(18.26),可以得到:

$$(4\pi r_w^{*2} P_{ref} K_v^{\frac{1}{2}} K_h/\mu)(\partial p^*/\partial r^*)_w - VCP_{ref}/t_{ref}\partial p^*/\partial t^*$$

$$+ \left[4\pi r_w^{*2} P_{ref} K_v^{\frac{1}{2}} K_h \delta/(K_s \sum t_{ref}) \right] \left[\partial^2 p^*/(\partial r^* \partial t^*) \right]_w = Q_0 F(t^*) \tag{18.27}$$

两个变换将各向异性笛卡儿方程映射为球对称形式。如果将方程(18.2)至方程(18.4)和方程(18.28a)至方程(18.28c)、(18.29a)至方程(18.30),也就是:

$$p^*(r^*,t^*) = p(r,t) \tag{18.28a}$$

$$r = ar^* \tag{18.28b}$$

$$t = t^* \tag{18.28c}$$

$$a = 4\pi\phi c K_v^{\frac{1}{2}} K_h r_w^{*2}/(VC) \tag{18.29}$$

$$t_{ref} = \mu V^2 C^2/(16\pi^2\phi c K_v K_h^2 r_w^{*4}) \tag{18.30}$$

$$P_{ref} = \mu Q_0 VC/(16\pi^2\phi c K_v K_h^2 r_w^{*4}) \tag{18.31}$$

应用到方程(18.27),这里 a 是无量纲量,可以直接得到:

$$\partial^2 p/\partial r^2 + 2/r\partial p/\partial r = \partial p/\partial t \tag{18.32}$$

$$p(r,t=0) = 0 \tag{18.33}$$

$$p(r \to \infty, t) = 0 \tag{18.34}$$

$$\partial p(r_w,t)/\partial r - \partial p/\partial t + \xi \partial^2 p/(\partial r \partial t) = F(t) \tag{18.35}$$

其中

$$r_w = ar_w^* = 4\pi\phi c K_v^{\frac{1}{2}} K_h r_w^{*3}/(VC) \tag{18.36a}$$

$$\xi = 16\pi^2\phi c K_v K_h^2 r_w^{*4}\delta/(K_s \sum VC) \tag{18.36b}$$

请注意,没有像之前对压力边界值问题做法那样选择 $t_{ref} = \phi\mu c$。相反,明智地选择了 t_{ref} 和 P_{ref},这样得到的规范化问题只需求解一次,从而消除了生成大量典型曲线的需要,典型曲线在试井中是典型做法。

18.2.7 通解

利用变换方法可以得到方程(18.30)的精确、封闭形式的解析解。如果 $p(r,s)$ 表示 $p(r,t)$ 的拉普拉斯变换,标准操作如下:

$$p(r,s) = -F(s) r_w^2 \exp[(r_w - r)\sqrt{s}]/\{r[r_w s + (1+\eta s)(1+r_w\sqrt{s})]\} \tag{18.37}$$

考虑恒定流速增大或减小,并设置 $F(t) = 1$,以便 $F(s) = 1/s$。计算在有效井半径 r_w 情况下,有:

$$p(r_w,s) = -r_w/\{s[r_w s + (1+\eta s)(1+r_w\sqrt{s})]\} \tag{18.38}$$

方程(18.38)不能通过简单的表格来反向查找。然而,解析解可以通过使用一些代数来求解。先重写方程(18.38)的形式:

$$p(r_w,s) = -1/[\eta s(s^{\frac{3}{2}} + a_1 s + a_2 s^{\frac{1}{2}} + a_3)] \tag{18.39a}$$

其中

$$a_1 = (r_w + \eta)/(r_w\eta) \tag{18.39b}$$

$$a_2 = 1/\eta \tag{18.39c}$$

$$a_3 = 1/(r_w\eta) \tag{18.39d}$$

然后将方程(18.39a)转化为:

$$p(r_w,s) = -1/[\eta s(s^{\frac{1}{2}} - x_1)(s^{\frac{1}{2}} - x_2)(s^{\frac{1}{2}} - x_3)] \tag{18.40}$$

其中 x_1、x_2 和 x_3 是下面 $s^{\frac{1}{2}}$ 的三次多项式方程的根:

$$s^{\frac{3}{2}} + a_1 s + a_2 s^{\frac{1}{2}} + a_3 = 0 \tag{18.41}$$

这些根可以很容易地用 a_1、a_2 和 a_3 来表示。现在介绍辅助量:

$$Q = (3a_2 - a_1^2)/9 \tag{18.42a}$$

$$R = (9a_1 a_2 - 27a_3 - 2a_1^3) = 0 \tag{18.42b}$$

然后定义:

$$D = Q^3 + R^2 \tag{18.42c}$$

$$S = (R + \sqrt{D})^{1/3} \tag{18.42d}$$

$$T = (R - \sqrt{D})^{1/3} \tag{18.42e}$$

然后,这些根可被写为:

$$x_1 = (S+T) - a_1/3 \tag{18.43a}$$

$$x_2 = -(S+T)/2 - a_1/3 + i^{1/2}\sqrt{3(S-T)} \tag{18.43a}$$

$$x_3 = -(S+T)/2 - a_1/3 - i^{1/2}\sqrt{3(S-T)} \tag{18.43a}$$

使用部分分数展开式,可以重写方程(18.40):

$$p(r_w,s) = -\{1/[\eta(x_1-x_2)(x_1-x_3)]\}\{1/[s(s^{\frac{1}{2}}-x_1)]\} - \{1/[\eta(x_2-x_1)(x_2-x_3)]\}$$

$$\{1/[s(s^{\frac{1}{2}}-x_2)]\} - \{1/[\eta(x_3-x_1)(x_3-x_2)]\}\{1/[s(s^{\frac{1}{2}}-x_3)]\} \tag{18.44}$$

接下来,观察到拉普拉斯变换 $1/[s(s^{\frac{1}{2}}+a)]$ 的逆是 $[1-\exp(a^2 t)\mathrm{erfc}(a\sqrt{t})]/a$,因此,无量纲达西压力满足:

$$p(r_w, t) = [1 - \exp(x_1^2 t)\,\mathrm{erfc}(-x_1\sqrt{t})]/[\eta x_1(x_1 - x_2)(x_1 - x_3)]$$

$$+ [1 - \exp(x_2^2 t)\,\mathrm{erfc}(-x_2\sqrt{t})]/[\eta x_2(x_2 - x_1)(x_2 - x_3)] \qquad (18.45)$$

$$+ [1 - \exp(x_3^2 t)\,\mathrm{erfc}(-x_3\sqrt{t})]/[\eta x_3(x_3 - x_1)(x_3 - x_2)]$$

$p(r_w, t)$ 的这个表达式只适用于地层,因为它不包括通过表皮的压降,它用于公式 (18.23)右边的第一项,表明井上的压力需要与公式(18.37)得出的与 $(\partial p^* / \partial r^*)_w$ 有关的贡献。上述模型说明了各向异性地层中可压缩液体的瞬态侵入问题是如何用几何变换简化的。该解决远非学术练习,而是现代多探头地层测试仪工具解释方法的支柱,该工具已在现场被证明是成功的(Chin et al.,2014,2015)。上述可压缩流体模型的扩展包括地层非均质性、混相和非混相流体。

18.3 快速流动性和孔隙压力预测的新方法

快速、直接地测量孔隙压力和流动性对准确的地层评价、经济分析和钻井安全至关重要。通过地层试井压力瞬变分析可以得到实时预测结果。然而,在致密砂岩和重油环境中,传统方法受到阻碍,这些方法需要稳态压力响应,可能需要数小时的等待时间。这意味着高昂的海上成本,增加了工具卡住和丢失的风险。这些方法源自数十年前的公式,这些公式适用于快速平衡的高流动性地层。现在假设高水平的压力扩散,引入的新数学模型只需要几秒钟就可以测得可接受的孔隙压力,以及垂直渗透率和水平渗透率。这些技术增强了传统方法,提供了一套涵盖所有渗透率的压力评估工具。此外,除了调整井下固件外,不需要改变现有工具。对于双探头工具,发展了类似于电阻率测井的方法:泵活塞呈正弦振荡,用达西定律解释在观测探头处监测到的压力相位和振幅变化。其次,同时考虑了声波测井:允许活塞突然撞击地层,并将观测探头处测得的信号到达时间转换为流动性。最后,对于双探头和单探头系统,不使用指数、超越或复杂误差函数,而是使用有效有理多项式展开的快速“单独下降”和“下降累积”方法。详细例子和验证证明了实时和作业计划使用的新方法背后的强大功能和多功能性。快速计算支持增加使用井下数据,从而增强实时能力。它们腾出了支持其他随钻测量/随钻测井功能所需的资源。

18.4 简介

地层测试器最初是为收集流体而开发的,现在广泛用于描述储层,提供与渗透率、流动性、各向异性和孔隙压力有关的详细近井信息。这些目标是通过压力瞬态分析方法来实现的,该方法通过专门设计的数学模型和操作测试程序来解释非稳定流线变化。

现在有不同的硬件设计可供使用。图18.6为中国海洋石油总公司及其油田服务分公司近期开发的工具剖面图。如图18.6A左上角所示的是单探头工具,由于其简单而坚固的机械设计,单探头工具在随钻测量和测井(MWD/LWD)中是首选工具。在被称为“随钻地层测试”或FTWD的压力测试应用中,实时孔隙压力和“球形流动性”(即 $K_h^{2/3} K_v^{1/3}$)是从短期压降恢复测试中推算出来的。解释模型考虑了早期重要的管线储存和高流动阻力效应。但是由于数据有限,无法获得每个水平的和垂直的流度或渗透率(如果黏度已知)。

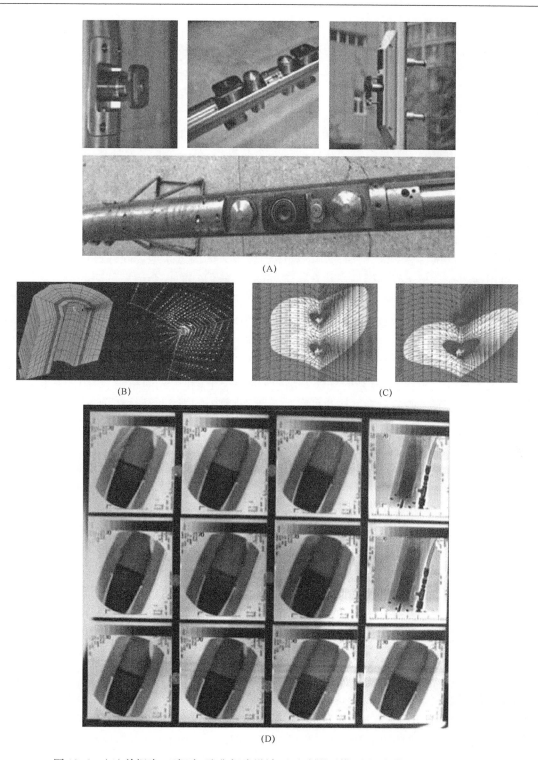

图 18.6　（A）单探头、双探头、聚焦探头设计，（B）有限元模型，探头附近流向矢量图，
（C）双源探头（左）和单源探头（右）压降压力等值线图

图18.6A中间照片中的双探头测试仪通常用于电缆测井。理想情况下,从泵抽取恒流量流体使得在源和观测探头处均有不变压降的稳态剖面。它们的值用于预测水平流度和垂直流度。然而,在致密或低流度区域,通常超过数小时的漫长等待时间是很费钱的,还会造成工具卡住和经济损失。在本章末尾,描述了一种只需要几秒钟压力数据的快速方法,该方法结合了电磁测井的相位延迟概念。

图18.6A右上角的和底部特写镜头的聚焦探头相对出现较晚,它们引入了对压力测试、取样和采集都很重要的流量特性。流体通过两个孔排出,第一个孔是外环孔,第二个孔是类似于单探头工具的探头。这些流量由单独的液压系统驱动。环流提供了一个圆柱形的屏障,使滤液通过滤饼进入。中心探头现在会"看到"早期的清理工作,能够更快地与原油藏流体接触。因此,采集的样品更清洁,更能代表储层。在压力测试中,预测的流度"K/μ"表征储层流体,因为黏度μ更多地代表油的黏度,而不是滤液和油的混合物的黏度。

虽然压力测试目标明确,但所采用的程序仍有很大的改进余地。硬件设计通常由复杂模型的可用性驱动。虽然好的模型当然意味着好的解释,但它们也会激发创新的设计改变。对低流度应用中早期解释的有效分析方法的关注不断驱使重新审视旧的和新的工具设计方法。

这里介绍一套综合的地层测试正、反向分析工具,用于电缆和随钻(FTWD)在硬件设计和压力瞬变解释中的应用。这些方法基于严格的达西流公式,在可能的情况下以封闭形式进行解析求解,并在不同的范围内进行交叉检查,以确保物理一致性和准确性。

在假设椭球面源(使用复杂的补误差函数)的情况下,利用先前精确、封闭的解析形式求解的任意倾角下具有管线储存和表皮的各向异性介质中地层试井液体压力响应的瞬态问题,导出了已知倾角、震源和观测探头压降时求渗透率的几个反问题的地层试井液体压力响应的精确解。

第一,在恒速泵抽的稳态情况下求出零表皮正向解,导出所有水平渗透率和垂直渗透率及倾角的显式逆向公式。利用正向模拟得到的不同倾角下的压降,用导出的公式预测两种假定的渗透率,证明它们在野外解释中的实用性。忽略倾角会导致各向异性预测产生较大误差。此外,还存在多值逆解:对于给定的一组压降,发现了三个需要从附加测井数据中求解的渗透率对。

第二,在恒速泵抽的稳态条件下,对"有表皮"正向解进行评价,建立源和观测探头压降、垂直渗透率和水平渗透率以及表皮系数的计算公式。导出已知压力降时,在任意倾角下,渗透率和表皮的可能解的算法。由于假设只有两个压力数据点,因此需要额外的测井信息来进行唯一性确定。

第三,观测探头处的短时间"脉冲相互作用"被用于确定各向异性(类似于声学工具发出的脉冲)。在以扩散为主的低渗透率条件下,它们是最强大和最有利的。短脉冲、高频率的内容提供了详细信息。具有不同流速、脉冲持续时间和间隔的多脉冲波序列可在钻井现场实现多个快速测试套件,并且不需要新硬件。这些方法是准确的、经济的,并减少在致密地层的卡钻风险。

第四,描述类似于电磁测井方法的"相位延迟"渗透率预测方法。在泵探头处产生正弦压力瞬变。在一个或多个观测探头上测量它们的振幅和相位,并使用达西分析模型进行解释。与脉冲相互作用方法一样,相位延迟方法允许进行经济、安全且具有高信噪比特征的短时测试。

第五,给出层状介质中的单探头、双探头、双封隔器和带实芯轴的长垫工具全三维水平井模型,同时计算结果显示了方位角和岩层边界对压力响应的影响及对渗透率预测的意义。源模型需要双探头数据进行反演,而全三维模型可以与单探头 FTWD 工具(测量方位压力)一起使用,以提供与渗透率、各向异性和地层厚度相关的线索。

最后讨论了 FTWD 实时孔隙压力和流动性预测。这些问题是钻井安全和快速经济评价的关键,涉及因管道储存效应而扭曲的瞬态数据。使用最小压力数据有可能进行准确预测。笔者开发的有理多项式展开方法不需要指数、实数或复杂的互补误差函数,而且,也不使用回归或最小二乘平滑过滤,而是在达西定律隐含的假设之外引入扩散假设。快速分析腾出了钻井过程中所需的其他重要控制和解释功能的微处理器资源。

18.5 基础模型综述

在地层测试仪压力瞬变分析中,出现了两种应用,即"正演模拟"(在给定流体、地层和工具参数的情况下,寻找源和观测探头的响应)以及"反演模拟"(给出所有其他参数时,求出 K_h 和 K_v 渗透率,也可能需要求孔隙压力)。正演模拟已经发展到高度的复杂程度。近二十年前,Proett 和 Chin(1996)发表了第一篇完整的三维有限元分析,其中假设了具有垫块、探头、芯轴、管线储存和层理效应的真实井眼环境。这些情况都在 Chin 等人(2014,2015)的书中进行了研究,其中还扩展了包括耦合动态滤饼增长和增压修正。

Chin 和 Proett(2005)提出了早期的有限差分模型,包括多相混相和非混相效应。在井下取样时,泵抽至获得干净的地层流体所需的时间非常重要。这个时间尺度与压力瞬变解释的时间尺度不同。早期 Proett 和 Chin 参考的图 18.6B 和图 18.6C 展示了用于设计新工具和解释在复杂环境中获得的瞬态数据的能力。图 18.6D 显示了先前在具有不同渗透率的线性岩心中测量动态滤饼生长的 CT 扫描实验。这对于增压和污染校正非常重要。

虽然全三维模型本身就很重要,但它们确实需要复杂的输入、数值模拟专业知识,更不用说支持高开销软件和长时间计算的复杂而昂贵的计算环境了。此外,它们不容易揭示出对流度和储集系数等参数的明确依赖性。

因此,保留物理基本元素的快速方法是可取的,特别是用于现场办公室和实时井下分析。也可能使用一些简单的公式。这些模型包括从基本的点源模型(不幸的是在"$r=0$"原点"爆炸")到有限半径模型,本章中应用管线存储和表皮边界条件的球形源表面(横切面上各向同性流的椭球体)。

本章还会介绍利用 Chin 等人(2014)首创的数学模型进行压力瞬变解释的新物理概念。为了清楚地解释这些想法,省略了数学细节而进行了举例,也简短地进行了总结。对于对分析方法和数值模拟方法细节感兴趣的读者,可根据要求提供技术报告。有几个新的功能和模块可供使用,为了方便起见,用"FT"表示地层测试。

18.5.1 模块 FT-00

该模块处理的是均匀各向异性介质中液体的精确瞬态响应。它求解了在横切面上各向同性无限均匀介质中考虑完整表皮效应和管线存储边界条件的椭球源表面的非稳定达西压力场。这种"非零半径源"模型比有限点源模型更强大,因为它能处理近场边界条件,而不像点源模型那样在原点变成奇异点这种现象。要强调的是,圆柱形井眼效应和钻井液侵入并没有直接结合在一起。早期的解析解是用复杂的互补误差函数 erfc(z) 提出的,适用于单一的下降或上升,并且仅限于零倾角。为了有效地用于作业计划和逆向应用(如本文所述),需要对模型进行改进。

(1)大多数科学软件库中的 erfc 函数不收敛于某些范围的复杂参数,不幸的是,那些与管线存储相关的函数影响了真实地层测试工具中遇到的那些参数的顺序(存储扭曲了压力瞬变,理解这点对压力和流度解释很重要)。使用的新的、快速和准确的子程序范围更广的复杂参数是收敛的。具有 14 位十进制数字精度的快速响应保证了稳健和稳定的数值性能。

(2)虽然起初的工作已正式应用于所有点的压力,即除了源点之外的所有观测点,但实际上前者无法计算,因为涉及非常大和非常小的数的乘积。这相当于意味着无法精确计算不同流量的时间叠加(建模多流量泵所必需的)。这里,不直接处理 erfc,而是考虑了 erfc 的一个函数,即 " $\exp(-z^2)\mathrm{erfc}(-\mathrm{i}z)$ ",其中 $z = x + \mathrm{i}y$,从而避免了前面的复杂情况。因此,可以在任何观测位置计算压力,也能模拟多流量泵的应用。利用这一扩展能力,原理论被扩展到包括所有非零倾角。

(3)该模型仅适用于液体,不适用于非线性响应气体(气体泵会有热力学和高压缩性问题)。稍后将在 FT - 06 中简要介绍此区域的工作。

(4)该模型适用于横切面上各向同性均匀介质中的椭球源(各向同性介质中的球源)。这意味着没有圆柱形钻孔,也没有层或屏障。通过"表皮效应",在假设的椭球面源表面上可以找到常规伤害机制。这在物理上与钻井液通过圆柱孔侵入时出现的地层伤害有关。

(5)由于 FT - 00 模块用于在有准确压力数据情况下反求孔隙压力和渗透率预测解释,因此在此对其进行讨论。同样重要的是,当有稳定的双探针压力数据时,这种笼统的公式为第一个逆模块 FT - 01(具体解决渗透率和各向异性)提供了基础。FT - 01 是建立在严格的数学基础上的。FT - 00 方程在渐近大时间内以解析解形式进行计算,以开发与孔隙度、流体压缩性和流量无关的压力响应公式。将这些公式反推导出 K_h、K_v 和 $K_\mathrm{h}/K_\mathrm{v}$ 的代数控制方程,这些方程可以根据源和观测探头的压降来精确求解。

因此,在文献中通常意味着重复运行前向模拟器的逆问题的解,实际上是通过显式法和完全使用非迭代方法求解的。FT - 01 假设有稳态双探头压力数据可用。低渗透地层通常不会有这样的数据。对于这样的问题,开发了一种短时"脉冲相互作用"方法,该方法以 FT - 00 作为主要的历史匹配工具。正如将要解释的,脉冲相互作用在致密地层中最有效,因为高的扩散导致单个泵脉冲相互作用强烈。这种相互作用强烈地依赖于地层各向异性。脉冲相互作用法随后得到了"相位延迟"和"快速压降—压恢"分析的补充。这些方法结合起来会有广泛的应用。

18.5.2 模块 FT - 01

本节提供了与新的稳态反演方法有关的更多细节。虽然液体中的压力响应是线性的,并且应用了叠加,但对该表达式的渐进评估在大的时间尺度上产生了对渗透性的不可忽视的依赖性,从而导致 K_h、K_v 和各向异性 $K_\mathrm{h}/K_\mathrm{v}$ 的方程不同(但数学上一致且正确)。事实上,得到了立方形式的方程 $K_\mathrm{h}^3 + (\ )K_\mathrm{h} + (\ ) = 0, K_\mathrm{v}^{3/2} + (\ )K_\mathrm{v} + (\ ) = 0, (K_\mathrm{h}/K_\mathrm{v}) + (K_\mathrm{h}/K_\mathrm{v})^{1/3} + (\ ) = 0$,这里()表示取决于压降、流体和地层特性的各种合并参数。由于 K_h 一般大于 K_v,其解更可靠,噪声污染更少。

如代数所知,多项式 K_h 方程可以有三个实根,也可以有一个实根和两个复共轭根。只有 K_h 的正实解才有物理意义,如果找到几个正实根,则需要其他测井数据来进行唯一性确定。另一方面,负渗透率没有意义。然而,较小的虚部并不排除根(具有正实部)的可用性,因为这些根通常来自未平衡压力数据或与达西方程不一致数据的使用,例如衬垫滑移、传感器校准和热效应。

18.5.3　模块 FT – 02

适用于单相气体流动的正演和反演应用的新的模拟模块解决的是气体泵送、热力学输入和流动非线性问题。定性描述和软件输入界面与 FT – 01 类似,为简洁起见,此处不予讨论。在非常规天然气资源开发中,这类应用越来越重要。本模块提供了更精确的特征描述。

18.5.4　模块 FT – 03

FT – 00 和 FT – 01 来自同一个宽泛的数学源公式,这里使用的正解和反解是"精确的",因为它们遵循封闭形式的解析解。然而,这并不意味着它们在物理意义上是精确的。源解具有球对称性(各向异性介质中的椭球对称性),虽然理论上很好,但并不代表真正的工具,即安装在实心芯轴上的衬垫喷嘴。

考虑真实的测试仪,比如一个单探头 FTWD 工具,在横切面上各向同性介质中对水平井进行测井。顶部安装的压力传感器将"看到"本质上的 K_v,而侧面安装的压力传感器将基本上看到 K_h(实际上,两者的复杂功能适用于任何特定的方位角)。很明显,在两个不同角度获得的压降可用于确定 K_h 和 K_v,前提是有三维模型用来进行历史拟合。

这种能力目前是存在的:作为钻杆扭矩和非扭矩,它通过一系列扭转角度来缠绕和展开。需要强调的是,与假设轴向位移压力测量的传统的双探头解释方法相比,如果使用三维算法进行方位角解释,则可以使用单探头工具确定 K_h 和 K_v。模块 FT – 03 提供了这种能力,允许方便地表征衬垫和封隔器源、多探头的任意方位和轴向放置以及床层效应建模。

其他模块,FT – 02 和 FT – 04 至 FT – 10,在 Chin 等人(2014,2015)的论述中进行了讨论,例如非线性气体响应和热力学效应、高度瞬态(相对于恒定或分段恒定多速率)泵送、两相流等。在继续之前,暂时偏离了基本模型概述,并通过实例介绍了新的渗透率预测方法。首先介绍新的正向模拟器 FT – 00 的功能。

18.5.5　正向模型应用,模块 FT – 00

通过复制图 18.7A 所示的软件屏幕来总结所需的输入参数。有几个块是明显的,即"流体和地层参数""工具属性"和"泵抽计划"。

图 18.7A 显示了具有长时间和短时间持续的混合生产和注入的多流量泵计划的输入参数。这支持恒定流量泵抽、脉冲相互作用和相位延迟建模。模拟速度非常快,通常最多需要几秒钟。使用的泵抽计划如图 18.7B 所示。源和观测探头瞬态压力响应如图 18.7C 和图 18.7D 所示。观察源压力的快速平衡及其与流量之间的密切相关性(即,比较图 18.7B 和图 18.7C)。在观察探头处,如图 18.7D 所示,发现由于扩散而导致的缓慢平衡和涂抹。一般来说,渗透率越低,扩散越大。

这种扩散既不好也好。当需要稳定压降输入稳定流模型进行渗透率预测时,这是"不好"的。然而,当有专门设计的瞬态解释方法时,这是"好的"。对于低渗透地层,短时间压力脉冲之间的动力相互作用强烈,且高度依赖于各向异性。此外,相位延迟更为明显,因此在低流度应用中非常有用。

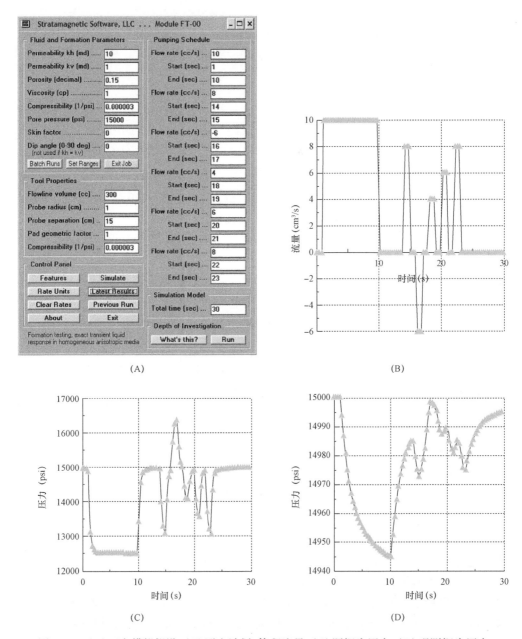

图18.7 (A)正向模拟假设,(B)泵出计划,体积流量,(C)源探头压力,(D)观测探头压力

18.5.6 逆模型应用,模块 FT-01

在接下来的运行中,保留图18.7A 中的流体、地层和工具参数,但倾角从 0°变为 45°,并始终假设恒定的 10cm³/s 泵速。源探头(左)和观测探头(右)的压力瞬态响应如图 18.8A 所示——再次观察扩散如何将平衡减缓到距源仅 15cm 的稳态。

计算 Δp(探头压力减去动态上不重要的孔隙压力)如下:

时间 (s)	Δp_{source} (psi)	Δp_{observ} (psi)
0.100E+02	-0.24948E+04	-0.85789E+02
0.200E+02	-0.25001E+04	-0.91263E+02
0.500E+02	-0.25045E+04	-0.96208E+02
0.100E+05	-0.25116E+04	-0.10421E+03

现在考虑逆问题,假设压力对数据(上表)是从双探头工具获得的。图 18.7A 中的输入屏幕假设表皮系数为 $S = 0$;因此,图 18.8B 中 FT – 01 的软件屏幕中始终假设表皮为零。首先检查 10000s(3h)数据。精确计算显示有三种可能的解,即:

```
Tentative permeabilities (md) ...

Complex KH root # 1:  -10.97 +   0.00 i, KV:   0.83
Complex KH root # 2:   10.07 +   0.00 i, KV:   0.99
Complex KH root # 3:    0.91 +   0.00 i, KV: 121.96
```

在这种情况下,很容易排除其中两个根;第一个 K_h 为负,而第三个 K_h 在很大程度上小于 K_v。剩下的 K_h 为 10.07mD 和 K_v 为 0.99mD 时,几乎与创建数据的正向模拟中假设的 10mD 和 1mD 相同。该方法准确地再现了本次计算中的假定的渗透率。这次成功是一件不平凡的事。FT – 00 求解全瞬态模型(通过具有管线存储和倾角的复杂互补误差函数公式),而 FT – 01 求解仅在稳态下有效的解析推导 FT 的多项式方程。这两种方法的吻合性和一致性保证了正确的数学、物理和软件逻辑。因此,这个大时间尺度验证案例对这两个模型都提供了严格的测试。

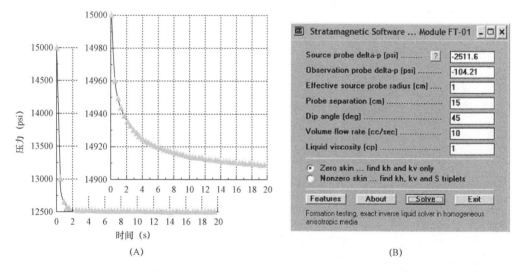

图 18.8　(A)源探头(底部)和观测探头(顶部)压力响应,(B)逆稳态解法器

在现场应用中,由于成本考虑和卡钻风险,可能会使用与数学模型不一致的不稳态数据。在这种情况下,使用 10s 压力数据得出 K_h = 12.49mD 和 K_v = 0.65mD。20s 压力数据得出 K_h = 11.68mD 和 K_v = 0.74mD。50s 压力数据得出 K_h = 11.02mD 和 K_v = 0.83mD。相对于 FT – 00 中假设的 10mD 和 1mD,上面的计算结果是可以接受的。这种精度是可能的,因为地层是相对渗透的。在图 18.8B 的屏幕上,核查了"非零表皮",它使用的是自由度增加的限制较少的数学模型。在本计算中,代数算法会得到可能的系列解,即,(K_h,K_v,S)三个一组,连同在下面表的右下角列出的对应的球面渗透率 K_s(上面得到的零表皮解以红色突出)。

K_h (mD)	K_v (mD)	S	K_s (mD)
7.00	8.00	0.62	7.32
7.00	9.00	0.63	7.61
7.00	10.00	0.64	7.88
8.00	5.00	0.52	6.84
8.00	6.00	0.56	7.27
8.00	7.00	0.59	7.65
9.00	3.00	0.36	6.24
9.00	4.00	0.44	6.87
10.00	1.00	0.01	4.64
10.00	2.00	0.21	5.85

18.5.7 倾角的影响

倾角的影响在物理上是众所周知的。例如,在零倾角时,测试器从各个方向"看到" K_h,而在90°时,测试器从左右"看到" K_h,也从顶部和底部"看到" K_v(实际上,这两个复杂函数都适用于每个方位角)。由于 $K_h > K_v$,垂直井的实测压降小于水平井或斜井的实测压降。例如,首先考虑图18.9A中的正向模拟,倾角为0°和泵速一直固定在10cm³/s。

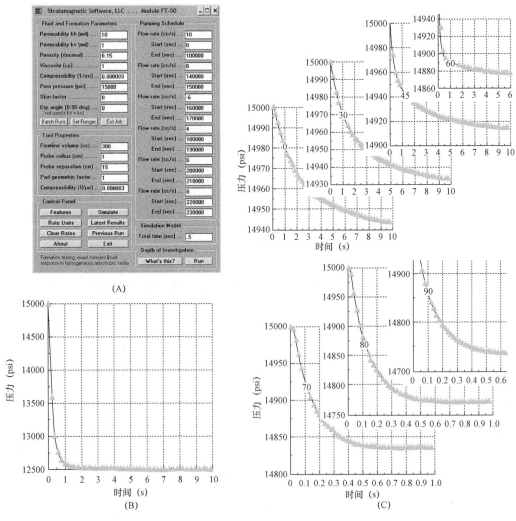

图18.9 (A)定流量泵抽案例,(B)源探头响应,(C)不同倾角下的观测探头响应

改变倾角从0°到90°不等，其他参数不变。每次运算的源压力响应是相同的，因为它们仅取决于球形渗透率 K_s，如图18.9B所示。但是，如预期的那样，瞬态观测探头响应（按倾角编号）在大小和形状上都有所不同，如图18.9C所示。例如，对于 $K_h = 10$mD，$K_v = 1$mD，随着倾角的增加，压力降低在200psi范围内变化。同样，这些结果是准确的。

可以从相反的角度来看待上述结论。假设斜井是在45°倾角下钻的。45°倾角，零表皮正演模拟在震源处产生2512psi的长时间（100000s）压降，在远处的探头处产生104.6psi的压降；相应的反演计算得出一致准确的 $K_h = 10.02$mD 和 $K_v = 1.00$mD（与前面FT-00模拟中假设的渗透率相同）。但是，对于这个测量的压力对，如果没有精确的FT-01逆解算器呢？如果使用传统的行业标准公式（暗含假设条件是零倾角），可以计算出 $K_h = 7.43$mD，$K_v = 1.81$mD，这样 K_v/K_h 为0.244而不是精确值0.1。如此大的误差意味着生产和经济方案会出现严重后果。在下表中，利用FT-01对渗透率进行了反计算，在一定倾角范围内利用上述压力来显示井眼斜度的重要性。

Dip	K_h	K_v	K_v/K_h
0	7.43	1.81	0.244
30	8.35	1.44	0.172
45	10.02	1.00	0.100
60	14.13	0.50	0.035
70	20.88	0.23	0.011
80	41.89	0.06	0.001
90	424.89	0.00	0.000

18.5.8　基于FT-00的逆脉冲相互作用方法

上述逆方法要求在源探头和观测探头处获得完全平衡的稳态压降数据。在高渗透性环境中，这不是严重问题。如前所述，如果数据完整性不是问题，那么在某些条件下，20s的数据就足够了。然而，在"致密"地层中，稳定的观测探头响应可能在数小时或数天内也不可能实现。即使钻机成本不是问题，工具卡钻的风险却是问题，人们会寻求响应早期动态数据的渗透率预测方法。

使用稳定公式解释渗透率是一种人为的限制，仅使数学上易于处理。如前所述，在渗透率较高的地层中，通常可以实现稳定条件，因此此类模型有时是有用的。

在低渗透区，现场经验和精确计算（使用FT-00）表明，源探头响应平衡非常迅速。由于它们仅取决于球形渗透率 K_s（而不是 K_h 或 K_v），因此从源探头压降推断的 K_s 值是一个用于解释的准确值。传统的定常流量渗透率公式 $K_s = Q\mu/[4\pi R_w(P_o - P_s)]$ 同样可以用来约束 K_h 和 K_v 之间的关系（这里，Q 是 VFR，μ 是黏度，R_w 是有效探针半径，"$P_o - P_s$"是源探针压降）。为了量化 K_h 和 K_v，需要额外的信息。与FT-01的方法不同，不用依赖在观测探头上获得的稳态压力数据。

在下面的说明性示例中，固定 K_s 为4.642mD（对应于先前的 $K_h = 10$mD，$K_v = 1$mD 和 $S = 40$ 情况），并且使用 K_h 和 K_v 的不同组合执行模拟。同样，三次运行的源探针结果相同，但观测探针的瞬时压力是可以相互区分的。图18.10A和图18.10B明显不同，前者有高度拖尾，而后者的脉冲保持清晰。峰值压降（从打印FT-00输出看不出来）为19psi（图18.10A）和159psi（图18.10B）。同样，这些差异从早期瞬态行为可以看出。

图18.10B和图18.10C中的观测探头压力瞬态波形相似，至少是在标准化的基础上是这样子的。然而，它们在数量上是非常不同的。从打印的FT-00输出，峰值压降分别为159psi

和787psi。观测探头特性的明显差异表明,利用短脉冲干扰而不是长时间稳态压降可以有效地看出渗透率对比度。动力学相互作用强烈地依赖于各向异性。

　　在什么情况下,"脉冲相互作用法"会表现良好?有趣的是,渗透率越低,精度就越高——这是一种与稳态方法的经验相悖的反直观情况。解释很简单:在低流度下,扩散占主导地位,因此高频短脉冲之间的动力学相互作用最强。从而实现了历史拟合的高信噪比。

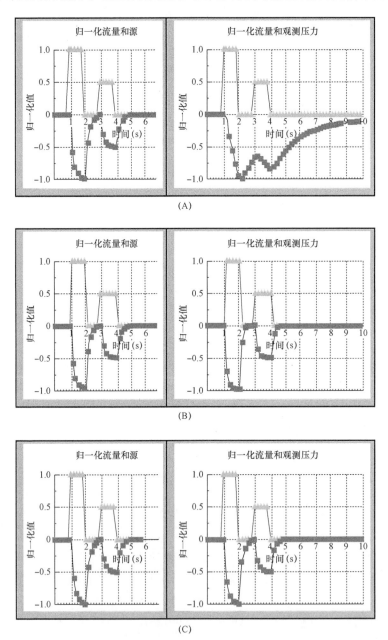

图18.10　(A)$K_h = 10mD$,$K_v = 1mD$(也就是$K_h > K_v$),
(B)$K_h = K_v = 4.642mD$(也就是各向同性),(C)$K_h = 1md$,$K_v = 10mD$(也就是$K_h < K_v$)

　　当扩散占主导地位时,干扰效应在低渗透时最为明显,正是与长等待时间、高钻井成本和增加工具卡住风险相关的现场条件相对应。相比之下,与定流量压降法相关的大时间压力响应只产生小的压力降,这可能无法准确测量。需要强调的是,在早期,确实会出现孔隙度、压缩率和管线体积的影响,因此使用不同脉冲类型、不同持续时间、振幅和时间间隔的计算是可取的。

　　目前,更多的研究旨在优化所使用的脉冲序列,例如,评估脉冲幅度、宽度、间隔和数量的不同组合。必须强调的是,脉冲相互作用分析不需要新的硬件。FT-00 可用于无限均匀介质,但在层理效应很重要的应用中,适用稍后讨论的 FT-03 模拟器。

　　由于正在评估与扩散本身相关联的流动差异,重要的是主数学模型不引入与截断误差相关的数值扩散效应。即使采用二阶到四阶格式,这些被称为"人工黏性"的效应在有限差分和有限元模拟中非常突出。因此,应使用精确的分析模型(如 FT-00)来解释脉冲相互作用。

18.5.9　计算笔记

　　短期数据包含孔隙度、压缩率和井筒储集效应。FT-00 中的精确解用复数互补误差函数 $\text{erfc}(z)$ 表示,其中 $z = x + iy$ 是复数(x 和 y 与流体、地层和工具参数有关,不表示空间坐标)。

　　在典型的函数求解中,例如科学程序库中提供的函数求值中,只有一小范围的小虚值才有可能得到接近于零的小实值的解,这不幸地限制了精确解的可用性(对于大于 40 的实数参数,所有虚数的解都是可能的)。这种限制对于具有井筒体积的工具应用(如通常在日志记录中遇到的体积)最为严重。

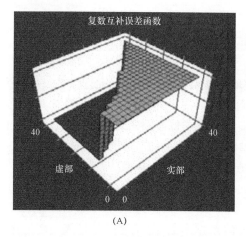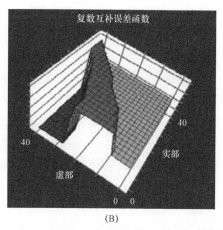

图 18.11　(A)对于 $x > 0, y > 0$ 的标准 $\text{erfc}(z)$,(B)改进的 erfc 函数计算

　　图 18.11A 给出了第一象限 z 范围,其中 $x > 0, y > 0$,$\text{erfc}(x + iy)$ 一部分可以由标准(IMSL)算法计算,一部分不可以。左下方(蓝色)区域显示由于数值溢出而无法求解,而右上方(绿色)区域突出显示可以求解。蓝区区域包含的参数中,井筒体积效应非常重要。现在这种情况有了改进。

　　为了使方法有用,现在可以进行更稳健的数值计算,从而使更广泛的参数范围能够成功计算,如图 18.11B 所示。最左边(蓝色)区域仍然表示无法求解;幸运的是,相应的参数确实不代表实际地层测试中常用的参数。最右边的(绿色)区域表示使用传统方法可能得到解,而新的和可扩展的中间(红色)区域表示 erfc(z)的新增加的可计算范围。该方法强调准确性和速度,例如在典型的个人计算机上每秒进行数百次计算。在本讨论中,重点讨论了零表皮情况。空间限制排除了对非零表皮结果的类似讨论。然而,脉冲相互作用方法的基本思想和结果没有改变。

18.5.10 源模型限制

文献(包括笔者的出版物)中经常使用的"精确"一词表达了一种名不副实的信任和精确的感觉。就本章而言,"精确"是指正、逆模型的闭式解析解,这是一项重大的努力,但仅适用于测试仪的近似源公式。虽然所使用的源模型(在椭球面上应用边界条件,即具有非零的小半径和大半径,并且不像点源模型那样"爆炸")在这方面是有用的,但该模型在物理意义上是近似的。

换言之,模型"看到"了一种球面对称性,而实际上,真正的地层测试仪喷嘴安装在真正的芯轴上"看到"了前方很大一部分,但被固体材料挡住了后方。因此,各向异性地层中的真实工具将在传感器绕工具轴方位旋转时测量不同的压力响应。考虑到实际工具几何形状和层面效应的完整三维模型可以用作历史拟合工具,从不同角度收集的压力数据中确定 K_h 和 K_v。这些数据在实地实践中是可能的。由于钻柱在操作过程中会产生扭矩和无扭矩,因此它会缠绕和展开,从而提供记录不同方位压力的机会。

虽然前面的例子强调使用双探头工具,但上述想法适用于单探头工具,如简单电缆和 FT-WD 应用中的工具。基本思想很简单:需要两个压力测量值来提供两个渗透率。这些可以从轴向或方位移动的探头中获取,或同时从三种探头工具中获取。这就引出了一个问题,"如何构建一个能够满足这些逆向和作业计划需求的模拟器?"

18.5.11 全三维模型

FT-03 模块求解横切面上各向同性介质的位于与工具相交横平面上的边界整合曲线网格上的瞬态达西偏微分方程。利用"包裹"的内部网格提供井筒的高分辨率,而远场网格符合地层边界。一个原点以衬垫喷嘴或椭圆形衬垫为中心或位于封隔器的中心代数展开的网格,提供了良好的轴向分辨率。计算域如图 18.12A 所示。瞬态方程通过有限差分法求解,采用交替方向隐式(ADI)格式进行正时推进,以实现快速和数值稳定性。

本文专注于关键的模拟结果,并考虑图 18.12B 中的图表。左边两个显示均质横切面上各向同性地层中水平方向的井筒,右边一个显示的是同一井筒,只不过上面和下面各有一个非渗透层(同时描述了压力或非流动条件)。同样,A 点本质上"看到"的是 K_h,B 点主要看到 K_v,而一般的 C 点看到两者的复杂函数。如果 A 点、B 点或 C 点中任意两个的压力测量值可用,则可以使用三维模拟器(如 FT-03)通过历史拟合来确定两种渗透率。

参考图 18.12C,并使用低渗透率作为典型油田参数。A 处的源探头 ΔP 为 18psi(因为它"看到"的 K_h 较高),而 B 处的源探头 ΔP 为 54psi(它看到的 K_v 较低)。这种较大的差异是在源探头上检测到的,可以用来估计各向异性。只要进行方位测量,就可以使用单探头工具来确定 K_h 和 K_v。图 18.12C 显示了观测探头的结果,假设源探头和观测探头轴向一致(一般模拟中不需要这样做)。临近的层理效应和中心化的影响是微妙的,得不出一般的结论。然而,模拟器解释了这些情况,因为它们影响方位传感器的位置。

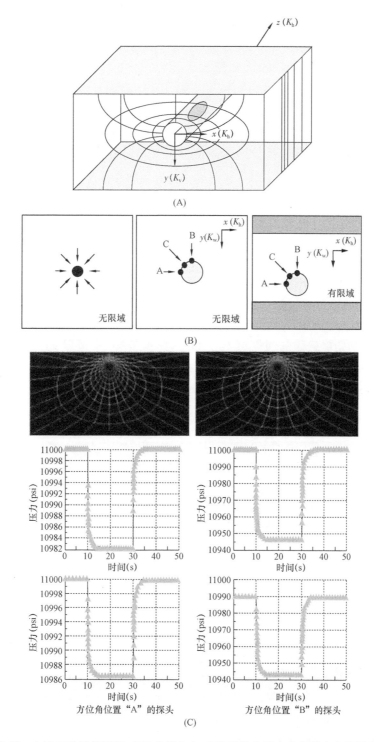

图 18.12　(A)三维计算网格,(B)井筒方向,(C)层状介质中方位角方向的压力响应

18.6 高级模型摘要

18.6.1 相位延迟分析,模块 FT-04

脉冲相互作用法在低渗透率情况下最为有效,它与"相位延迟"分析的动力学模型密切相关。在电磁测井中,利用发射端和接收端的波幅差和相位延迟,利用麦克斯韦方程推断出电阻率各向异性。有一个简单的地层测试类比。如果泵活塞周期性地工作,并记录源探头和观测探头之间的压力振幅差和时间延迟,则可使用三维达西模拟器从历史拟合中获得 K_h 和 K_v。Chin 等人(2014,2015)给出了用于简单地层的作为振幅和相位延迟函数的渗透率公式。一般来说,渗透率越低,扩散越大,相延迟越长。更大的延迟意味着更精确的时间测量,因此更好的预测。

该模型已扩展到用于倾角工具应用的层状各向异性介质,如图 18.13A 所示。这种复杂性意味着没有简单的公式,必须采用数值方法进行解释。

图 18.13B 显示了使用图 18.13A 的 FT-04 模拟器在震源(红色)和观测(绿色)探头处计算的典型瞬态压力响应。波幅的下降较大是低渗透岩石的典型特征,但观测探头处的小的压力水平可能难以准确测量。另一方面,时间延迟更容易和更精确。相位延迟可以使用任意数量的模型来计算,例如理想化的源模型 FT-00、"真实工具"模拟器 FT-03 或 FT-04 中的"分层介质中的源"模型。

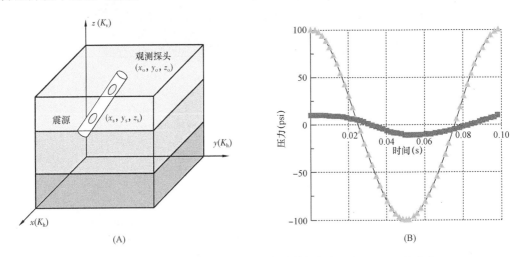

图 18.13 (A)在分层的各向异性介质中的倾角工具,(B)压力响应

18.6.2 压降——压恢,模块 FT-PTA-DDBU

在深海井中,井筒侵入和压裂之间的压力窗口较窄,因此准确的实时孔隙压力和流动性预测对安全至关重要。FT-00 等精确模型提供了正演分析,在给出流体、地层和工具特性时计算瞬态压力。为了给安全目标提供孔隙压力,给流体识别提供梯度分析,以及给经济和生产规划提供流动性分析,FTWD 或"随钻测压"(PWD)要求快速反演方法。

这些预测在钻井过程中是实时需要的。支持 FTWD 目标的方程可以从 FT-00 得到精确的解析解中。由于"随钻"数据通常是早期的(出于成本和工具卡住的考虑),通常是在低流度应用中获得的,或者即使是早期的也是低流度情况下的,因此所使用的公式必须考虑高度瞬态行为和井筒储集效应,这会扭曲和掩盖存在于压降和压恢数据中的流动性。

现有方法采用指数、实数或复补误差函数、复杂积分等,结合回归方法进行解释。例如,"最小二乘"拟合经常被使用。虽然合理,但它们引入了超越达西扩散定律的任意平滑假设。模型不调用额外的流动近似是至关重要的。

本文的逆解是通过有理多项式展开式得到的,它减少了与超越函数相关的计算开销。这样就可以在给定的时间范围内完成更多的数据处理,从而为其他重要的解释和井下控制功能腾出宝贵的微处理器资源。导出并使用了解析解,从而没必要使用数值回归和卡方方法。

已经开发了两个关键模型用于"仅压降"和"压降—压恢"应用。这两种方法都适用于因井筒储集效应而扭曲的瞬态压力数据,当较高流度或长测试时间可达到稳态压力时,也可使用子集模型(其在流度预测方面运行速度大大加快)。

与传统模型不同,本文的模型只需要沿压降或压恢曲线的三个压力—时间数据点,如图18.14A 所示,加上与测试设置相关的辅助数据。为了简洁起见,这里展示的例子使用的是压恢数据,并注意可以根据要求提供详细的报告。

在图 18.14B 中,使用精确的 FT – 00 正向解算器创建所示的源探头瞬态压力数据。根据输入界面,孔隙压力为 10000psi,流度为 0.1mD/(mPa · s)。

图 18.14C 显示的是 FT – PTA – DDBU 的输入,取 10s、15s 和 20s 时的压力。快速计算得到 9951psi 和 0.11mD/(mPa · s),接近准确值。使用其他时间数据点进行的灵敏度分析只产生微小的变化。在图 18.14D 中,试着为两个不同流量的预测生成压力数据。

图 18.14E 和图 18.14F 使用第一测试数据和第二预测试数据提供了 9988psi 和 0.11mD/(mPa · s),以及 9960psi 和 0.11mD/(mPa · s)的预测,数值非常接近假设值。而且,这些运算非常迅速,它们都是解析解,易于编程。例如,10 ~ 15 行源代码就可以完成,具体取决于主编译器语言。此外,由于不涉及迭代,因此有效地利用了井下计算机微处理器资源,节约的计算资源可用于其他解释和控制功能。本文已经完成算法,并验证了"仅压降"以及压力恢复测试周期。

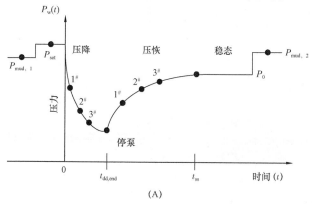

图 18.14 (A)瞬态压力分析的专业词汇,(B)从单个预测试进行 FT – 00 正向模拟(假设井筒体积不大),
(C)预测的孔隙压力和流度,(D)从两个连续预测试进行 FT – 00 正向模拟,
(E)预测(第一个预测试),(F)预测(第二个预测试)

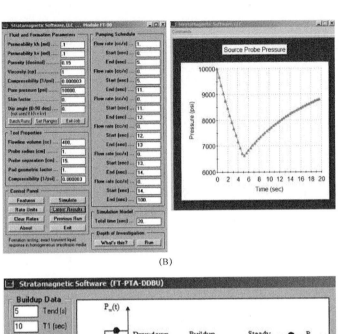

(B)

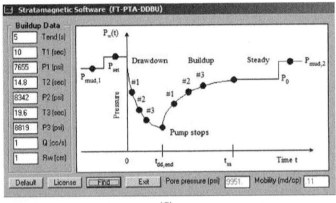

(C)

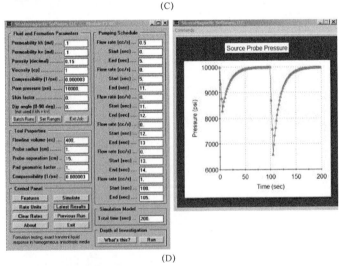

(D)

图 18.14 (A)瞬态压力分析的专业词汇,(B)从单个预测试进行 FT－00 正向模拟(假设井筒体积不大),
(C)预测的孔隙压力和流度,(D)从两个连续预测试进行 FT－00 正向模拟,
(E)预测(第一个预测试),(F)预测(第二个预测试)(续)

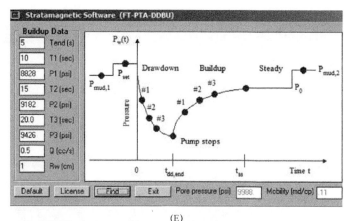

(E)

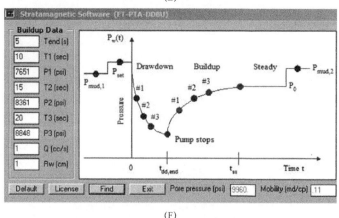

(F)

图 18.14　(A)瞬态压力分析的专业词汇,(B)从单个预测试进行 FT – 00 正向模拟(假设井筒体积不大),
(C)预测的孔隙压力和流度,(D)从两个连续预测试进行 FT – 00 正向模拟,
(E)预测(第一个预测试),(F)预测(第二个预测试)(续)

18.6.3　实际泵送,模块 FT – 06

在实际应用中,流量与时间的函数从来不是常数或分段常数。流量总是上升和下降,这样的影响在泵抽气体时更为显著。必须对这些特征进行数值模拟,而不可能采用解析方法。图 18.15A展示了支持流量函数(例如,如图 18.15B 中的梯形)的液气模拟器的界面,它与图 18.7B中的分段矩形函数不同。还给出了源探头和观测探头的压力。

18.6.4　K_h 和 K_v 的斜井解释

斜井相位的表达式比振幅的表达式要简单得多。事实上,如果观测探头距离源探头中心距离为 L 处的相位 θ_L 已知,则可以证明:

$$\theta_L \approx L \sqrt{(\phi\mu c\omega/2)(\sin^2\delta/K_h + \cos^2\delta/K_v)} \qquad (18.46a)$$

因此,对于假定的倾角 δ,需要两个方程中的一个来求 K_h 和 K_v。如果需要同时求水平渗透率和垂直渗透率,可以采用两种方法,强调这两种方法适用于早期采集数据的低流度情况。

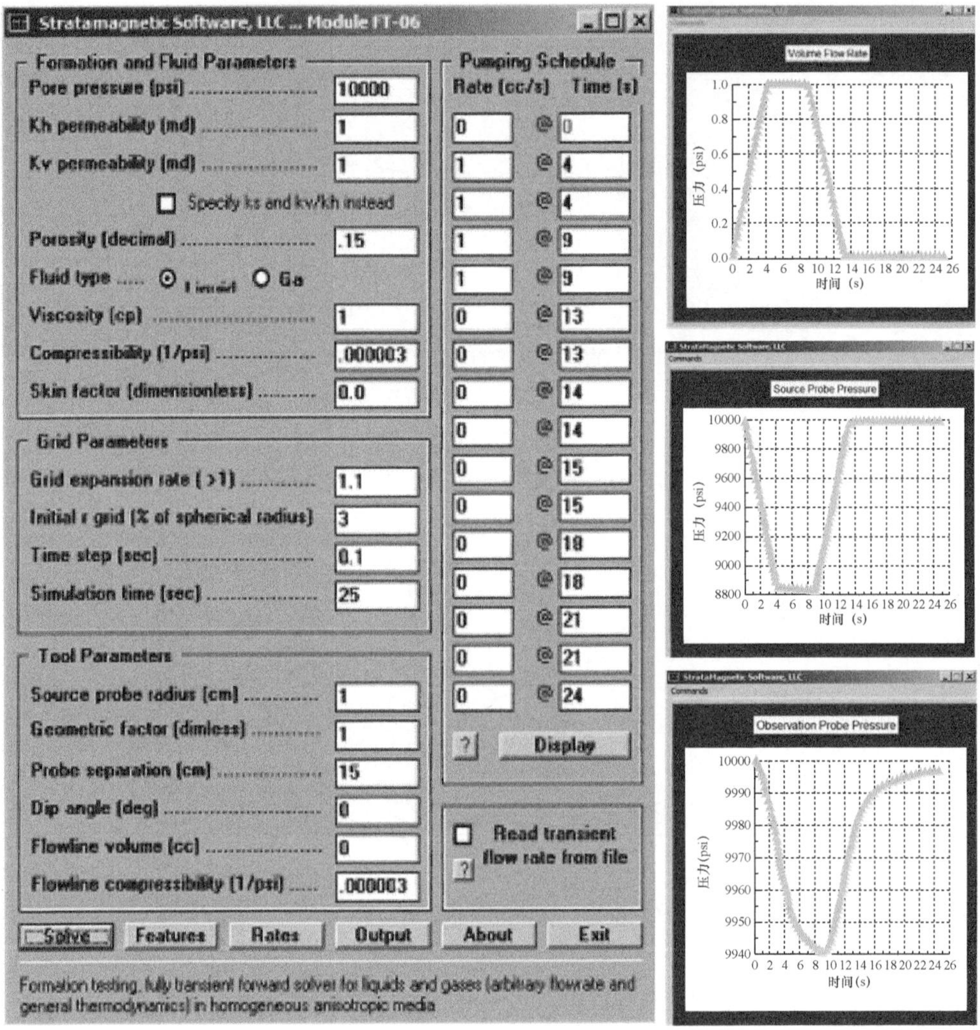

(A)   (B)

图 18.15 (A)FT-06 模块气液模拟器的输入,(B)FT-06 模块的泵速和压力解

首先,假设有一个很厚的均匀层,地层测试仪位于旋转或改变方向的钻杆中。然后,方程(18.46a)可以在两个不同的倾角 δ_a 和 δ_b 下进行计算,从而得到两个线性独立的方程:

$$\theta_{L,a} \approx L \sqrt{(\phi\mu c\omega/2)(\sin^2 \delta_a/K_h + \cos^2 \delta_a/K_v)} \qquad (18.46b)$$

$$\theta_{L,b} \approx L \sqrt{(\phi\mu c\omega/2)(\sin^2 \delta_b/K_h + \cos^2 \delta_b/K_v)} \qquad (18.46c)$$

那么,方程(18.46b)、方程(18.46c)给出了含有两个未知参数 K_h 和 K_v 的两个耦合方程,可以直接求解。简单代数的结果是:

$$K_h = (L^2\phi\mu c\omega/2)(\sin^2 \delta_a \cos^2 \delta_b - \sin^2 \delta_b \cos^2 \delta_a)/(\theta_a^2 \cos^2 \delta_b - \theta_b^2 \cos^2 \delta_a)$$

$$(18.46d)$$

$$K_v = (L^2 \phi \mu c \omega / 2)(\sin^2 \delta_a \cos^2 \delta_b - \sin^2 \delta_b \cos^2 \delta_a)/(\theta_b^2 \sin^2 \delta_a - \theta_a^2 \sin^2 \delta_b)$$

$$(18.46e)$$

需要强调的是,方程(18.46d)、方程(18.46e)表示在不同倾角下获得的两个方程,假设地层厚度足以在钻杆改变方向时进行测量。为了验证,设置 $\delta_a = 0°$ 和 $\delta_b = 90°$,会导致前面导出的更简单公式。

当然,在薄地质层中,从钻井的角度来看,在与对于不同的倾角的方程(18.46b)、方程(18.46c)里相同的测井点上第二个方程式在物理上是不可能的。因此,如上所述的"两个方程中的两个未知数"是不可能实现的。然而,仍然可以得到垂直渗透率和水平渗透率如下。在本章的前面,介绍了一种用于低流度情况的单探头、压降—压恢方法,该方法使用早期瞬时压力数据,将其称为"DDBU"方法。将此方法与相位延迟方法结合使用。

在第二种方法中,回到方程(18.46a),它提供了连接 K_h 和 K_v 的相位 θ_L 和倾角 δ 测量值的关系。要唯一确定水平渗透率和垂直渗透率,需要第二个约束。这是由 DDBU 模型提供的,其中球形渗透系数 K_s 是根据早期瞬时压力数据预测的,因此知道 $K_s = K_h^{2/3} K_v^{1/3}$。将其与方程(18.46a)结合,得出水平渗透率 K_h 和垂直渗透率 K_v 的关系,即:

$$\cos^2 \delta\, K_h^3 - [2\theta_L^2 K_s^3/(L^2 \phi \mu c \omega)]K_h + \sin^2 \delta\, K_s^3 = 0 \qquad (18.46f)$$

$$\tan^2 \delta K_v^{3/2} - [2\theta_L^2 K_s^{3/2}/(L^2 \phi \mu c \omega \cos^2 \delta)]K_v + K_s^{3/2} = 0 \qquad (18.46g)$$

$$\tan^2 \delta \lambda - [2\theta_L^2 K_s/(L^2 \phi \mu c \omega \cos^2 \delta)]\lambda^{2/3} + 1 = 0 \qquad (18.46h)$$

其中

$$\lambda = K_v/K_h \qquad (18.46i)$$

它表示所谓的"各向异性"或各向异性比。上述为 K_h、$K_v^{1/2}$ 和 $\lambda^{1/3}$ 的三次多项式方程,可由标准代数公式精确求解。不同的方程式适用于不同的情况。在某些情况下,如果 K_h 较大,则最好先求 K_h,因为它将提供更高的数值精度。方程(18.46f)解出后,垂直渗透率可从 $K_s = K_h^{2/3} K_v^{1/3}$ 或方程(18.46a)中获得。类似的建议也适用于方程(18.46g)、方程(18.46h)。重要的是,在使用压降—压恢方法获得 K_s 时,也从早期数据预测孔隙压力。

还要注意的是,斜井应用与同一组输入参数的多渗透解有关。三次方程提供两种类型的解,即:(1)所有实根(其中一些可能是负的);(2)复根(有一个实根和一个共轭根对)。被噪声污染的输入数据,例如,松动的衬垫、喷嘴喉道中的沙子、带气泡的溶液等,可能导致虚假的假想部分,计算时必须小心解释。这种方法需要一个双探头工具,因为需要相位延迟测量。

与 Chin 等人(2014)《地层测试手册》第 6 章所述的双探头稳态压降法(实际上需要更高的流动性)相比较,本方法非常适合低流动性(低渗透地层的稳定状态可能需要等待数小时才能达到平衡)。DDBU 是为低流度应用而设计的。在目前的相位延迟法中,渗透率越低,延迟时间越大,测量越容易。因此,流度越低,信噪比越好,对两种渗透率的预测也越准确。

18.7 多相流清污模拟器

在这最后一节中，将介绍多相流分析，并给出了压力场和含油饱和度（或地层流体浓度）场的计算结果展示。考虑图 18.16A，其中包含两个油田混相模拟图，左侧是压力，右侧是浓度（对于非混相模拟，浓度图由含油饱和度图代替）。对于图 18.16A 中的每一幅图，左垂直面对应于井壁的砂面，右垂直面对应于径向远场。顶部和底部水平线与油藏顶部和底部一致。因此，这些横截面在 $r-z$ 平面上显示了 Chin 等人（2015）考虑的轴对称公式的计算结果。

左压力图在垂直方向上是均匀的，表示所有 z 具有的相同压力分布。左边的红色表示较高的钻井液压力，而右边的蓝色地层压力较低。正确的浓度图再次显示了没有 z 方向上变化的纯径向流。侵入的蓝色钻井液滤液正在取代红色的地层流体。在两种情况下，蓝色和红色之间的多色区代表扩散混合区。钻井时发生柱状径向侵入。有时侵入时间短，有时超过一天。对于较长的侵入时间，无须模拟非常长的时间。本文等效地模拟了较高渗透性钻井液在较短时间内的侵入。等效公式在 Chin 的文献（1995，2002）中给出。图 18.16A 和图 18.16B 中相对较短的时间模拟 24h 侵入。注意钻井液压力和滤液侵入的影响如何在"1min"时比在"0.33s"时更深，正如物理上预期的那样。

在用户指定的某个时间点，地层测试仪开始泵抽，它可以根据多流量计划从储层中提取流体或将流体注入储层。图 18.16C 中的左边压力图显示了流体抽取的影响，即典型流体取样，在这种情况下，通过单中心喷嘴进行（通常，允许使用单、双和跨隔式封隔器探头，探头可沿砂面任意放置）。图 18.16C 中间压力图的左侧显示了与喷嘴处低压相关的蓝绿色区域。在这个区域的上方和下方是红色的压力，表示与超平衡有关相关的更高压力，也就是说，随着喷嘴抽出液体，高压钻井液通过滤饼侵入地层。压力图中未显示的是反向流流线，该流线将标记地层测试器喷嘴的滤液泵抽。

图 18.16C 中的右图显示了相应的浓度分布。蓝色区域表示已渗透地层的钻井液滤液，其深度现在比图 18.16B 所示的要深。图 18.16D 和图 18.16E 说明了之后类似的现象。再次，注意喷嘴上方和下方的高超平衡压力，这表明当测试仪喷嘴试图提取干净样品时，滤液继续侵入。这是否是假设的输入参数，这可能是模拟所要解决的一个问题。有几个相关的目标。可能是干净的样品吗？如果是，地层必须被泵抽多长时间？如果不是，钻井液性能和重量会有什么变化？充分清污的时间尺度不同于瞬时压力解释的时间尺度。为了确保有渗透率和各向异性预测的良好压力数据而不冒工具卡住的风险，工具必须在井筒停留多久？当然，即使钻井液滤液没被抽干净，也可以获得良好的渗透率预测所需的压力数据。因此，对于不采集样本的工具（例如，随钻地层测试工具），作业计划模拟器可用于研究瞬时压力，而对于电缆地层测试仪，模拟器可用于清污和测试瞬时压力的双重目标。

图 18.16C 的左图显示了探头的存在，因为其低压力与高压力由于超平衡形成强烈对比。在右边，一个与探头相关的绿色小区域嵌入到蓝色滤液中。这个小区域不是红色的，因为液体仍然受到污染。使用的可变网格允许在探测器附近进行高分辨率模拟。

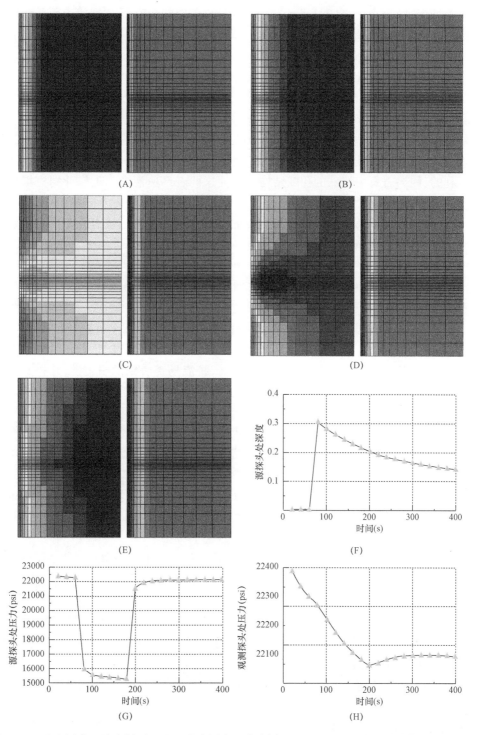

图 18.16　(A)压力—浓度剖面,0.33s,(B)压力—浓度剖面,1.00s,(C)压力—浓度剖面,3.33min,
(D)压力—浓度剖面,3.67min,(E)压力—浓度剖面,5.67min,(F)源探头处的地层流体浓度压力,
(G)源探头处瞬时压力历史,(H)观测探头处瞬时压力历史

在模拟结束时(用户定义的时间点),可以在软件的"电影模式"中回放上面显示的压力—浓度剖面图。此回放功能增强了现场工程师对所考虑的地层的物理直观感受。此外,自动显示三个曲线图,方便地汇总源和观测探头的计算结果。图18.16F 显示了源探头处地层流体的浓度。根据本次模拟中假设的输入参数,结果并不令人鼓舞(稍后将给出更乐观的结果)。起初,浓度为零,因为喷嘴没有泵抽。一旦开始泵抽,地层流体的浓度会增加到最大值的 0.3 或 30%,而不是油层物理学家认为的 90% ~ 95% 才足够。

稀释度低可能有几个原因。图18.16A ~ E 显示了喷嘴泵抽时的高超平衡压力。事实上,喷嘴可能泵抽刚刚进入地层的滤液。但是,即使不是这样,滤液和地层流体之间的快速扩散也可能是不利的,因为岩石中特殊的孔隙结构会促使这两者迅速混合。工作计划模拟器的一个目的是确定样本污染的原因并推荐修复方法。

图18.16G 显示了为假定的输入参数计算的压降和压力恢复。压力瞬变预测总是与精确的分析结果进行核对,以确保空间和时间网格参数产生准确的结果。在本文的例子中,使用了Proett 和 Chin(2000)的复杂互补误差函数解。该解假设一个纯球形(椭球)源模型,因此不模拟井壁流体侵入。因此,假设网格根据完全密封钻孔的精确结果进行校准。

本章的工作计划模拟器同时模拟了流体混合和非稳态压力分析(由于流体压缩性),该方法是可取的,因为它很方便,但更重要的,使用同一个软件实现了两个目标,从而减少了使用多个模拟器导致的不确定性。此外,由于这里使用的方程与油藏工程中的方程相同,因此同样的软件可以用于油藏工程产量预测,方法是关闭井筒,将流场扩展到油田规模,并将井筒压力降低到生产情况下的井筒压力。

最后,如图18.16H 所示,软件也在用户定义的任何观测探头位置产生非稳态压力输出。需要强调的是,不一定要在工具中有观测探头才能使用软件里的模型,也就是说,该软件可以与单喷嘴工具 FTWD 应用程序一起使用,以确定探测深度或穿透深度。当然,在双探头应用中,利用源和观测探头处的压降可以预测水平渗透率和垂直渗透率。值得注意的是,对于本次模拟,图18.16H 中的扩散水平比图18.16G 中的扩散水平要高。这些指标有助于确定在所谓的"mini – DST"应用中可能实现的成功概率。可在距离源探头任何距离(如 7in 或 10ft)处选择观测探头。

本章介绍了地层测试压力建模和渗透率解释的新思路。正向和逆向方法适用于所有服务公司工具,例如,在单探头、双探头或封隔器操作模式下的电缆或"随钻"。此外,还建立了对流体取得干净样品所需泵抽时间重要的多相流模型。所述方法在不同的物理极限下进行了交叉检查和验证,以确保准确性和一致性。特别要注意的是吸引人的用户界面设计(自动色彩和线条图形),以便在最少培训的情况下方便现场使用。有关进一步的细节,读者可以参考Chin 等人(2014,2015)最近著作。

问题和练习

1. 各向异性地层的表皮模型假定地层液体被侵入滤液置换。扩展此模型到使液体替换指数为 m 的地层气体。

2. 第17章用柱状流模型描述了钻井过程中的地层侵入。给定钻井过程中不同阶段典型井的总侵入液量的实用估算。本章中的地层测试器模型假设为椭球流。在对储层流体取样之前,如何使用此解来估计清除侵入钻井液滤液所需的泵出时间? 写一个简单的程序,注意方程(18.43a)至方程(18.43c)的根是复杂的。

3. 方程(18.45)的输出解释了 $(\partial p^*/\partial r^*)_w$ 的必要性。根据方程(18.37)计算,以提供完整的井的解。

4. 本章中的欧拉解描述了某一点的流动。利用该方程,导出描述可压缩球流侵入前缘推进过程的 dr/dt 常微分方程。在适当的初始条件下,及时对该结果进行数值积分。解释你的结果。

5. 在地层测试实践中发现了不同的物理时间尺度。对于不稳态压力试井,在渗透率预测方面,稳态方法与早期的压降—压恢方法有何不同? 在多相流清污分析中,在现场收集流体之前,侵入的钻井液滤液将被去除,混相流和不混相流之间所需的时间尺度有什么不同?

第 19 章　延时测井分析方法

本章继续研究地层侵入模型,并提供 Chin 等人(1986)的实验结果来支持模拟工作。重要的是,将介绍描述滤饼发育和前缘推进运动的推导公式的实际应用,特别是,开发了基于时移分析的物理原理和油藏流动分析。这项工作迄今为止是在活塞式前缘模型的框架内进行的。第 21 章将考虑扩展到混相和非混相多相流效应的逆向预测方法。在那一章,首先开发了强大的方法来消除扩散和几何扭曲,以恢复原始的清晰的台阶轮廓,从而适用于本章中的逆活塞流模型。此外,还提出了从非混相油水流中提取平滑饱和度前缘的方法,恢复原始的平滑流,以便对其进行准确的分析来获取地层信息。

19.1　实验模型验证

Chin 等人(1986)的文献"使用重复随钻测量进行地层评估"总结了旨在评估时移分析可行性的多年成果。那篇文章中不稳定前缘方程被简化为假定岩石—滤饼高渗透率比的条件下进行进一步评价,从而使岩石孔隙度成为唯一的地层参数。因此,可以根据前缘移动位置、时间和滤饼属性来求出孔隙度。这项工作的目的部分在于通过与已知的岩心测量值和其他类型的孔隙度测井值相比来确定孔隙度的准确度。

19.1.1　静态过滤实验程序

为了了解静态过滤过程,在数小时内对发育中滤饼的径向和线性岩心中的流量进行了 CT 扫描测量,在连续实验中,压力和钻井液重量系统地发生变化。塑料的、半透明的、径向和线性流动实验固定装置的照片见第 14 章。有时由于密度对比性差而无法清楚确定凝胶状钻井液—滤饼边界,这是由于在钻井液和滤饼中有重晶石的存在,这种情况通过在钻井液中加入增亮剂来提高可见性。贝雷亚(Berea)砂岩岩心中的盐水与所用的淡水滤液对比良好,因此岩石内部的流动不需要特殊的可视化方法。通过数月的工作,获得了不同滤饼和压差下滤饼厚度、线性和径向驱替前缘位置随时间的关系的信息数据库。滤饼密度和压实度也作为与岩石距离的函数进行测量,并及时监测(例如,见第 14 章)。Collins(1961)描述的最初研究和此处使用的滤饼模型是一种众所周知的水钻井液堆积模型。通过 CT 扫描测量得到的滤饼厚度与预测值一致,因此该模型也有可能用于压差卡钻。

19.1.2　动态过滤实验

现在采用闭路循环流动对动态过滤进行研究。测试岩心是 1ft 长、2in 内直径的环形贝雷亚砂岩岩心,钻井液从岩心流过。在 50~150psi 的压差下,钻井液滤液造成一部分循环流体损失,循环流体径向进入岩心,随后进入一个通往压力可调节腔室的收集罐。选择 1ft 环形实验岩心这个尺寸是为了减少端部效应,从而允许在岩心中间部位有纯径向流动。实验夹具允许独立控制穿过岩石和滤饼的压差、环路中的绝对压力和平均流速。该速度通过超声波监测,而恒定的系统温度则由热交换器控制。压力由蓄能器调节,由补充钻井液供应引入的气泡取代了损失的滤液,通过机械分离器去除。实验装置的尺寸也受到限制,以便在流动时方便地进行计算机轴向断层成像扫描记录。初步报告的结果表明,在层流条件下,滤饼厚度最终保持不变,表明剪切应力引起的表面侵蚀确实导致了动态平衡。对于紊流,实验中形成的滤饼被侵蚀,可能是因为所用的低压差没有充分压实滤饼。在这些实验中只获得了有限的数据,并没有得出一般结论。

19.1.3　滤饼属性的测量

滤饼模型需要用到实验室测量的渗透率、孔隙度和固体含量。这意味着需要进行烦琐、耗时的工作,包括称重、干燥、分类等,这些程序与其他作者提到的程序是一样的(例如 Holditch 和 Dewan 于 1991 年发表的文章,Dewan 和 Chenevert 于 1993 年发表的文章)。这些测试中存在的不准确性对实际的现场实施形成障碍,因为滤饼属性的准确性决定了地层预测的准确性。由于预测结果的敏感性依赖于滤饼属性测量,早期的许多工作都着力于解决这些敏感性问题。目前还没有找到解决这一问题的方法,但事实证明,单次测量滤液体积和滤饼厚度可以获得动态等效信息,这将在后面进行解释。

19.1.4　根据侵入资料进行地层评价

实验时,没有一种封闭的径向前缘溶液能作为滤饼属性、滤液和地层流体黏度、钻井液和孔隙压力、岩石孔隙度和渗透率以及喷射损失的函数。因此,无法确定从前缘数据预测岩石渗透率、孔隙压力和石油黏度的精确条件。最终方法论的形式也不是已知的,它承载着这样的计算:缺乏确切的功能关系。因此,原来的工作只关注岩石的孔隙度,因为它的作用是显而易见的:当滤饼控制净滤失速度时,侵入前缘仅取决于孔隙度这个简单的几何体积变量。从这个意义上讲,早期的研究更侧重于评价滤饼属性误差导致的不确定性,而不是评价地层本身。为了确定这些敏感性,采用直接岩心分析法测量了贝雷亚砂岩岩心的准确孔隙度,发现其变化范围为 22% ~ 24%。摘自 Chin 等人 1986 年的成果的图 19.1 显示了开始径向侵入后作为时间函数的预测孔隙度。短时间的错误是由两个独立的影响造成的。首先是滤饼还没怎么形成。第二个原因是在导出的径向流公式中忽略了喷射,或者更准确地说,忽略了零喷射的错误假设。为了解释由于喷射损失引起的大量初始侵入,其响应结果就是预测的孔隙度异常偏低,大概会偏低 10% 的绝对孔隙度。随着时间的推移,这种效应会自我修正,因为随着时间的推移,有限的喷射量变得不重要,因为径向前缘会几何扩展。至少在公开的测试中,此校正所需的时间刻度约为 1h。如果已有准确的径向流解,并且可以估计喷射损失,则等待时间可以减少到 10min。

时间 (min)	孔隙度 (%)	时间 (min)	孔隙度 (%)
1.2	10	49.1	22
3.9	14	64.1	22
9.0	17	81.0	23
16.1	20	100	23
25.6	21	121	23
36.1	21	144	23

图 19.1　径向流测试,15lb/gal 钻井液,$\Delta p = 150$psi

如前所述,不稳定的滤饼发育和侵入前缘在时间上被监测和捕捉到 Catscan 图像。例如,在第 14 章中,显示了一系列线性流动实验设备,实验花了好几个小时。文中还给出了一个径向流实验设备,该图显示了含有一个滤饼环的中心实验截面,以及一个移动到岩心中的圆形前缘。从 9 ~ 15lb/gal 水基钻井液的线性流动和径向流动结果和预测被证明可重复性是非常高的。

19.1.5　现场应用

利用标准多层电磁模拟方法,分析了在得克萨斯州基特曼(Quitman)的 Woodbine 砂岩储层中多次随钻测量获得的重复电阻率数据。根据电阻率时间历程,这些计算确定了侵入前缘半径。然后,利用反流体方法确定孔隙度,并在不同深度重复该程序。典型的含水层砂岩渗透率和孔隙度分别为 200mD 和 25%。在 30min、1d 和 31d 时进行电阻率测量。保留 9lb/gal 水基钻井液样品用于实验室滤饼评价。多层电磁编码是专门针对四层,分别包括工具、泥、侵入和原始岩石。半径 r_i 将后两个区域隔开。该半径是迭代获得的,正确的值是在规定了测井电阻 R_t 和 R_{xo} 时重现已知的工具读数。原始文章给出了按若干深度间隔计算的测井曲线,并与相应的中子和密度孔隙度测井曲线并排显示(例如,见第 14 章)。有效孔隙度或侵入孔隙度测井与中子孔隙度和密度测井一致,具有定性和定量双重特征。由于后者在垂直方向上平均了一部分信号,并以很快的速度进行了采集,因此预计不会有确切的一致性;所使用的高垂直分辨率电阻率工具拍摄了瞬时地层快照,并由此产生了准确的读数。本文说的孔隙指的是为流体流动提供管道的连通孔隙。

在现场试验中,经典的 $\sqrt{t}$ 位移定律严格适用于线性侵入,由于大量地层液流入,几天后破裂,使得(简化)径向流建模成为强制性的。同样,早期的工作没有涉及除孔隙度以外的地层性质,只注意到定量结果可能对油气黏度、地层孔隙度和渗透率产生影响。人们意识到,这些特性的主要困难是隐晦的。在渗透率大于几毫米的地层中,滤饼形成迅速,在几分钟内控制了侵入过程。如上所述,侵入前缘在很大程度上取决于孔隙度。

为了确定油气黏度、岩石渗透率和流度比,很明显,滤饼中的流度比必须与地层中的流度比相比较,以便在两个流动之间建立重要的动力耦合,由此可导出或推断反演模型中所需的信息。不严格地说,渗透性地层应使用渗透性滤饼进行探测,而不渗透性地层则需要类似的不渗透性滤饼。从这个意义上讲,当渗透率预测值非常低时,渗透率预测成功的机会最大。然而,关于连续电阻率读数之间所需的时间间隔的问题需要澄清。最后,必须解决在底部没有不渗透岩层的线性实验室流动实验中所确定的滤饼特性在径向时移分析中的应用问题。接下来将讨论这些问题,其中准确径向滤饼侵入解将作为时间推移分析的基础。

19.2　滤饼特性的表征

第 17 章的侵入建模结果要求用三个独立的参数来描述滤饼,即固体含量 f_s、孔隙度 ϕ_c 和滤饼渗透率 K。Chin 等人(1986)和 Collins(1961)的理论研究需要这些经验值的输入,并制订了详细的实验室程序来支持所需的体积和达西流动阻力测量。结果表明,如果将基本时间推移分析的原理应用于滤饼特性预测,使用在表面进行的简单线性滤液实验,在没有底层岩石的情况下流过标准滤纸,所有这些都是不必要的。关键思想在于,对于不可压缩的滤饼,上述参数仅通过两个集总参数 μ/K 和 $f_s/(1-f_s)(1-\phi_c)$ 影响过滤,其中 μ 是滤液黏度。

19.2.1　滤饼特性的简单外推

在对滤纸上线性滤饼堆积的研究中,发现滤饼厚度可以写为:$x_c(t) = \sqrt{2Kf_s\Delta p[\mu(1-f_s)(1-\phi_c)]}\sqrt{t}$。为了简单起见,考虑具有与芯样横截面相同面积 dA 的收集容器(对于线性流,可以用整个区域 A 代替 dA)。然后,液柱的滤液高度 $h(t) = V_1(t)/dA$ 简单地为 $h(t) = v_1(t)/dA = \sqrt{2K\Delta p(1-f_s)(1-\phi_c)/(\mu f_s)}\sqrt{t}$:将第一个方程除以第二个方程:

$$f_s/[(1-f_s)(1-\phi_c)] = x_c(t)/h(t) \tag{19.1}$$

代入 $h(t)$ 的开方方程得到:

$$\mu/K = 2\Delta p[t/h^2(t)](1-f_s)(1-\phi_c)/f_s \tag{19.2}$$

因此,如果 $x_c(t)$ 和 $h(t)$ 在某个时间 t 已知,则完全可以确定集合量 $f_s/[(1-f_s)(1-\phi_c)]$ 和 μ/K,对滤液高度 $h(t)$ 的定义不包括钻井液喷射影响。

K 和 $f_s/[(1-f_s)(1-\phi_c)]$ 是特定滤饼固有的与材料相关的常数或本构常数。后者是一个无量纲数,仅取决于构成滤饼的固体颗粒的填充方式,而这反过来又取决于瞬时压力梯度和动态过滤的剪切效应(如果存在)。这些常数与工程分析中使用的其他常数并无不同,例如润滑剂的黏度或钢试样的屈服应力。正因为如此,它们的值可以从刚刚描述的简单线性压力恢复实验中获得,并应用于更通用的圆柱形径向或球形流动公式,该公式是针对滤饼和地层相互作用较强的问题推导的。

在评价地层损害时,经常会出现滤饼渗透率问题,例如,在油藏工程中,滤饼渗透率通过减少产量或在瞬变试井期间通过表皮效应表现出来。许多研究人员通过在压力下迫使干净的水通过隔离的滤饼(从过滤容器中提取)来解决这个问题,从而确保在滤饼不再发育的地方进行控制性实验;通过已知的压差、横截面积、滤液体积和水黏度来计算渗透率。这是用于确定岩心渗透率的标准实验室程序,但它在滤饼分析中的应用不方便,因为它很费力,而且常常导致滤饼损坏和撕裂。如果观察这个方程,这个过程就可以避免。方程(19.1)、方程(19.2)表明滤饼渗透率 K 取值:

$$K = \mu h(t)x_c(t)/(2t\Delta p) \tag{19.3}$$

式(19.3)中的 K 值通过上述测试的数据完全可以确定。因此,很明显,不需要单独进行滤饼渗透率预测的流量测试,因为刚才描述的测试提供了所需的信息。为了减少与滤饼特性相关的实验误差,样品时间 t 应足够大,以使最初不均匀滤饼定义导致的误差最小化。这意味着等待 30~60min;事实上,对应于越来越长等待时间的一系列测量可能有些用途,这些测量只有当滤饼特性的计算结果收敛到稳定值时才会终止。当然,假定在必要时使用适当的高温和压力过滤容器来模拟深孔中的滤饼生长。实验表明,钻井液与滤饼的界面可能有时不清楚,且呈凝胶状,因此将误差引入时间推移分析。如果反向应用成功的话,很可能需要制订出易于确定滤饼厚度的特殊钻井液。

19.2.2　圆柱形滤纸上径向滤饼发育

许多作者假定 $\sqrt{t}$ 滤饼过滤行为在大多数情况下具有普遍性;这有时在线性流中有效。然

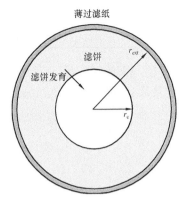

图 19.2　滤纸上径向滤饼发育

而,正如在第 17 章中从一般径向滤饼流结果中看到的那样,这种假设可能存在风险。滤饼发育的确切性质不仅对解释很重要:滤饼厚度是一个有用的指标,它既能反映地层损害,又能反映差异黏性的可能性。虽然 $\sqrt{t}$ 行为提供了"包络线背面"的猜测,但当滤饼堆积明显呈径向时,例如当滤饼厚度占孔半径的很大一部分时,以及在较新的小井眼中,这些情况的堆积过程可能存在不确定时,会出现一些问题。在这个例子中,将研究薄的圆柱形滤纸形成的径向流动容器中滤饼的生长,如图 19.2 所示。虽然可以把这个问题作为三层解决方案的形式极限来研究,但从第一原理重新考虑它的公式是有指导意义的。如前所示,不可压缩、各向同性、均匀、圆柱形径向达西流的控制常微分方程为 $d^2 p(r)/dr^2 + (1/r)\,dp/dr = 0$。然后,该方程的一般解的形式为 $p(r) = A\lg r + B$。

对于这种径向流,在发育的滤饼界面边缘施加钻井液压力 P_m,在缠绕的滤纸上施加外部压力 P_{ext}。因此,作用在滤饼环上的压差为 $P_m - P_{ext}$。边界条件是 $p(r_c) = P_m$ 和 $p(r_{ext}) = P_{ext}$。如果现在把这些代入一般解中,积分常数 A 满足 $A = (P_m - P_{ext})/(\lg r_c/r_{ext})$。第 17 章中推导的滤饼堆积的微分方程,对于所用的坐标,采用以下形式:

$$dr_c(t)/dt = -\{f_s/[(1-f_s)(1-\phi_c)]\}\,|\,v_n\,|$$

$$= \{f_s/[(1-f_s)(1-\phi_c)]\}(K/\mu)\,dp(r_c)/dr$$

$$= \{f_s/[(1-f_s)(1-\phi_c)]\}(K/\mu)A/r_c \tag{19.4}$$

其中 A 又是 $\lg r_c$ 的函数。这种非线性常微分方程可以用精确的解析解形式求解。为了固定积分常数,假设 $t = 0$ 时不存在滤饼。也就是说,滤饼半径与图 19.2 所示相同,有 $r_c(t = 0) = r_{ext}$。然后,得到了作为时间函数的径向滤饼发育的精确隐式解。

$$\frac{1}{2}(r_c/r_{ext})^2 \lg(r_c/r_{ext}) - \frac{1}{4}(r_c/r_{ext})^2 + \frac{1}{4} = \{Kf_s(P_m - P_{ext})/[\mu(1-f_s)(1-\phi_c)r_{ext}^2]\}t \tag{19.5}$$

在推导公式(19.5)时,假设 P_m 是常数。如果它是时间的函数,积分 $\int P_m(t)\,dt$ 将代替 $P_m t$ 出现。

现在考虑一下,在什么条件下,这个通解会减少到符合线性 $\sqrt{t}$ 定律。这是通过引入 $r_c = r_{ext} - \Delta r$ 实现,$\Delta r > 0$,即 $r_c/r_{ext} = 1 - \Delta r/r_{ext} = 1 - \delta$ 和 $\delta > 0$。然后,以小 δ 的泰勒级数展开公式(19.5)的等号左边 $LHS = \frac{1}{2}(1-\delta)^2 \lg(1-\delta) - \frac{1}{4}(1-\delta)^2 + \frac{1}{4} \approx \frac{1}{2}\delta^2 = \frac{1}{2}(\Delta r/r_{ext})^2$。代入公式(19.5)并去掉普通项,得出滤饼厚度:

$$\Delta r \approx \sqrt{\{2Kf_s(P_m - P_{ext})/[\mu(1-f_s)(1-\phi_c)]\}t} > 0 \tag{19.6}$$

式(19.6)符合线性理论。用表的形式将这些函数与 δ 进行对比,发现展开项 $\frac{1}{2}(1-\delta)^2 \lg(1-\delta) - \frac{1}{4}(1-\delta)^2 + \frac{1}{4}$ 约等于 $\frac{1}{2}\delta^2$,注意 $\delta = \Delta r/r_{\text{ext}}$,如图19.3所示。结果表明, $\Delta r/r_{\text{ext}} < 0.20$ 时 $\sqrt{t}$ 定律是令人满意的。这仅适用于无阻滤纸上的径向和线性滤饼堆积,不适用于在相似流动性地层上的滤饼形成。

尽管 $\Delta r/r_{\text{ext}} > 0.20$ 的厚滤饼可能不常见,至少在常规钻井中不常见,线性近似法可用性很强,但精确的时延分析应用可能确实需要更厚的滤饼。这是因为上面讨论的滤饼特性测试,以及前面提到 $K\sqrt{s}$ 和 ϕ_c 的直接测量,最终要求以某种形式或其他形式测量滤饼厚度。可测量的

$\Delta r/r_{\text{ext}}$	LHS(exact)	Lineal
.0500	.0012	.0013
.1000	.0048	.0050
.1500	.0107	.0113
.2000	.0186	.0200
.2500	.0285	.0313
.3000	.0401	.0450
.3500	.0534	.0613
.4000	.0681	.0800
.4500	.0840	.1013
.5000	.1009	.1250
.5500	.1185	.1513
.6000	.1367	.1800
.6500	.1551	.2113
.7000	.1733	.2450
.7500	.1911	.2813
.8000	.2078	.3200
.8500	.2230	.3613
.9000	.2360	.4050
.9500	.2456	.4513

图19.3　滤纸上径向滤饼发育

较厚滤饼,理想情况下是由具有良好质地的固体形成,滤饼可确保可识别的滤饼边界,可降低钻杆卡住风险,可降低了实验的不确定性水平。最后,需要注意的是,在静态过滤的假设下,钻井所需的时间是滤饼完全堵塞油井所需的时间。所需公式可用于评价在小井眼钻井的实验钻井液。当孔堵塞时,得到 $r_c = 0$ 。然后,方程(19.5)中的代换产生简单关系 $\frac{1}{4}\{Kf_s(P_m - P_{\text{ext}})/[\mu(1-f_s)(1-\phi_c)r_{\text{ext}}^2]\}t$ 。堵塞时间为:

$$t_{\text{plus}} = \mu(1-f_s)(1-\phi_c)r_{\text{ext}}^2/[4Kf_s(P_m - P_{\text{ext}})] \tag{19.7}$$

这个公式提供了时间尺度的估计,在这个时间尺度上,堵塞可能变得重要,并且在卡钻的考虑中可能有用。再说,方程(19.5)、方程(19.7)出现在准确径向流理论的结果中。

19.3　孔隙度、渗透率、原油黏度和孔隙压力的测定

在这里,按照复杂度增加的顺序,使用三个模型来提出时延分析。首先,处理滤饼控制整体侵入时的孔隙度预测。其次,考虑了不存在滤饼的流体侵入,并确定了孔隙压力、地层渗透率和油气黏度。最后,考虑了相同的地层性质,但不忽略滤饼的复杂作用。下文会给出数值算例,并说明基本思想。

19.3.1　简单孔隙度测定

在滤饼控制流入地层的总流量且满足 $\Delta r/r_{\text{ext}} < 0.20$ 的油井中,线性滤饼模型就够用了。因此,打开黏附在井筒上的滤饼层,将形成过程视为符合 $\sqrt{t}$ 定律的线性过程。当然,侵入地层是高度径向的:在这个远场中,为了质量守恒,必须考虑井眼几何和流线发散的影响。现在考虑一口井,其半径为 r_{well} ,轴向井筒长度为 L ,其中未包裹滤饼层的表面积 dA 为 $2\pi r_{\text{well}}L$ 。根据第17章的结果,在时间 $t = t^*$ 通过滤饼的总滤液体积为:

$$V_1(t^*) = \sqrt{2K\Delta p(1-f_s)(1-\phi_c)/(\mu f_s)}\sqrt{t^*}\,dA$$

$$= 2\pi r_{\text{well}}L \sqrt{[2K\Delta p(1-f_{\text{s}})(1-\phi_{\text{c}})/(\mu f_{\text{s}})]t^*} \tag{19.8}$$

对于不可压缩流,这等于滤液储集的地层体积,即 $\pi(r_{\text{f}}^2 - r_{\text{well}}^2)L\phi_{\text{eff}}$,式中 ϕ_{eff} 为有效孔隙度。因此,我们可以求解有效孔隙度为:

$$\phi_{\text{eff}} = 2r_{\text{well}}[r_{\text{f}}(t^*)^2]^{-1} \sqrt{[2k\Delta p(1-f_{\text{s}})(1-\phi_{\text{c}})/(\mu f_{\text{s}})]t^*} \tag{19.9}$$

理想情况下,等式(19.9)的右侧与时间 t^* 无关。但实际上,由于滤饼厚度尚不明确(例如,图 19.1 的讨论),预计小时间段的测量误差较大。

19.3.2　无滤饼情况下的径向侵入

在前面的例子中,说明了滤饼控制进入油藏的流量时如何根据纯几何考虑因素计算地层孔隙度。有时候,反向限制适用:对于浅层井眼和特殊钻井场合,有时会采用盐水作为循环流体。下文将阐明此类问题的原理,然后,说明如何透过时移分析直接预测地层性质。

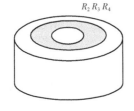

图 19.4　没有滤饼时的径向侵入

现在,看图 19.4。在图 19.4 中, R_2 表示固定的井筒半径,这里作用的钻井液压力为 P_{m}, R_4 表示固定的有效半径,这里作用的油藏孔隙压力为 P_{r}、R_3 表示移动中的侵入前缘。以柱面径向坐标表示的可压缩流体流完整方程形式为 $\partial^2 p(r,t)/\partial r^2 + (1/r)\partial p/\partial r = (\phi\mu c/K)\partial p/\partial t$。由于研究恒密流,故有 $d^2 p_i(r)/dr^2 + (1/r)dp_i/dr = 0, i = 1,2$。注意,下标 1 表示 $R_2 < r < R_3$,而下标 2 表示 $R_3 < r < R_4$。普通差分方程的解是 $p_1(r) = A\lg r + B$ 和 $p_2(r) = C\lg r + D$,其中, A、B、C 和 D 通过边界条件和拟合条件确定。这些条件分别为 $p_1(R_2) = p_{\text{m}}$、$p_2(R_4) = p_{\text{r}}$, $p_1(R_3) = p_2(R_3)$ 和 $(K_1/\mu_1)dp_1(R_3)/dr = (K_2/\mu_2)dp_2(R_3)/dr$(见第 17 章)。

在推导过程中,允许渗透率可变,这样,推导结果可模拟非混相两相流中相对渗透率的影响。可以证明, $A = (p_{\text{r}} - p_{\text{m}})/\lg[(R_3/R_2)(R_3/R_4)^{-K_1\mu_2/K_2\mu_1}]$、$B = p_{\text{m}} - A\lg R_2$、$C = (K_1\mu_2/K_2\mu_1)A$ 和 $D = p_{\text{r}} - C\lg R_4$。然后,像往常一样,利用 $dR_3(t)/dt = -[K_1/(\mu_1\phi)] \times dp_1/dr = -[K_1/(\mu_1\phi)]A/R_3$ 求得径向前缘移动的差分方程。这个普通的非线性差分方程可以以解析解形式进行准确积分。如果假定压力降落不随时间推移而发生变化且有初始条件 $R_3(0) = R_2$(即,假定刚开始时径向侵入前缘与井筒半径重合),则对于径向前缘 $R_3(t)$ 有以下方程:

$$[(p_{\text{m}} - p_{\text{r}})t/(\mu_1 R_2^2)](K_1/\phi) + \left[\frac{1}{2}(R_3/R_2)^2\lg(R_3/R_4)\right.$$

$$\left. - \frac{1}{4}(R_3/R_2)^2 - 1/2(R_2/R_4) + \frac{1}{4}\right](K_1\mu_2/K_2\mu_1)$$

$$= \frac{1}{2}(R_3/R_2)^2\lg(R_3/R_2) - \frac{1}{4}(R_3/R_2)^2 + \frac{1}{4} \tag{19.10}$$

这个结果本可作为第 17 章所述的三层径向解的极限求得,但其根据基本原理进行的完整推导本身即具有指导意义,是有用的。

现在,提出刚讨论的段塞流驱替模型的时移分析量化依据,以确定岩石渗透率、原油黏度和孔隙压力。在问题 1 中,考虑同时预测油藏渗透率和原油黏度,而在问题 2 中,在这些未知量基础上增加对地层孔隙压力的预测。为了阐明概念,在方程(19.10)中,设 $K_1 = K_2 = K$,这种情况是油藏工程师关心的。如果用钻井液黏度 μ_1 乘以方程(19.10),则得基本主方程:

$$\left[(p_m - p_r)t/R_2^2 \right](K/\phi) + \left\{ \frac{1}{2}(R_3/R_2)^2 \lg(R_3/R_4) - \frac{1}{4}(R_3/R_2)^2 - \frac{1}{2}(R_2/R_4) + \frac{1}{4} \right\}\mu_2$$

$$= \mu_1 \left\{ \frac{1}{2}(R_3/R_2)^2 \lg(R_3/R_2) - \frac{1}{4}(R_3/R_2)^2 + \frac{1}{4} \right\} \tag{19.11}$$

对于问题 1,假定两个时刻的前缘位置 $r = R_3(t)$ 是已知的,即, $t = t^*$ 时 $r = R_3^*$, $t = t^{**}$ 时 $r = R_3^{**}$,比如通过多层电磁分析确定(见 Chin 等人 1986 年的著作)。由于 p_m、p_r、R_2、R_4 和 μ_1 是已知的,所以,可以利用所获得的两个时刻的数据评价方程(19.11)两次,故有:

$$\left[(p_m - p_r)t^*/R_2^2 \right](K/\phi) + \left\{ \frac{1}{2}(R_3^*/R_2)^2 \lg(R_3^*/R_4) - \frac{1}{4}(R_3^*/R_2)^2 - \frac{1}{2}\lg(R_2/R_4) + \frac{1}{4} \right\}\mu_2$$

$$= \mu_1 \left\{ \frac{1}{2}(R_3^*/R_2)^2 \lg(R_3^*/R_2) - \frac{1}{4}(R_3^*/R_2)^2 + \frac{1}{4} \right\} \tag{19.12a}$$

和

$$\left[(p_m - p_r)t^{**}/R_2^2 \right](K/\phi) + \left\{ \frac{1}{2}(R_3^{**}/R_2)^2 \lg(R_3^{**}/R_4) - \frac{1}{4}(R_3^{**}/R_2)^2 - \frac{1}{2}\lg(R_2/R_4) + \frac{1}{4} \right\}\mu_2$$

$$= \mu_1 \left\{ \frac{1}{2}(R_3^{**}/R_2)^2 \lg(R_3^{**}/R_2) - \frac{1}{4}(R_3^{**}/R_2)^2 + \frac{1}{4} \right\} \tag{19.12b}$$

用速记法表示,令 RHS 表示右侧的量,则方程(19.12a)和方程(19.12b)变成:

$$[\ ]^*(K/\phi) + \{\}^*\mu_2 = RHS^* \tag{19.13a}$$

$$[\ ]^{**}(K/\phi) + \{\}^{**}\mu_2 = RHS^{**} \tag{19.13b}$$

这样,得到两个含未知量 K/μ 和黏度 μ_2 的线性方程, K/μ 是一个有用的岩性指标,与著名的 Leverett J 函数有关。这个简单的 2×2 方程组可利用初等代数求解。如果地层孔隙度通过单独的测井得到或基于晚期侵入的孔隙度外推得到,那么,这些方程会产生地层渗透率和原油黏度的解。

为了测试逆向时移概念,先通过为正演模拟假定适当的地层与流体性质而形成假想前缘驱替数据与时间的关系。在方程(19.11)中,令半径 R_3 发生参数变化并计算对应的侵入时间 t。正演模拟结果如图 19.5 所示,其中所选参数仅以说明为目的(为简洁起见,仅提供部分数值结果)。

```
INPUT PARAMETER SUMMARY:
Rock core permeability (darcies): .1000E-02
Rock core porosity (decimal nbr): .2000E+00
Viscosity of invading fluid (cp): .1000E+01
Viscosity, displaced  fluid (cp): .2000E+01
Pressure at well boundary (psi): .1000E+04
Pressure, effective radius (psi): .9000E+03
Radius  of the  well bore (feet): .2000E+00
Reservoir, effective radius (ft): .2000E+01
Maximum allowed  number of hours: .1000E+03

T =  .0000E+00 sec, Rf =  .2000E+00 ft
T =  .2978E+04 sec, Rf =  .3000E+00 ft
T =  .6830E+04 sec, Rf =  .4000E+00 ft
T =  .1148E+05 sec, Rf =  .5000E+00 ft
T =  .1685E+05 sec, Rf =  .6000E+00 ft
T =  .2292E+05 sec, Rf =  .7000E+00 ft
T =  .2962E+05 sec, Rf =  .8000E+00 ft
T =  .3693E+05 sec, Rf =  .9000E+00 ft
T =  .4481E+05 sec, Rf =  .1000E+01 ft
T =  .5323E+05 sec, Rf =  .1100E+01 ft
T =  .6217E+05 sec, Rf =  .1200E+01 ft
T =  .7161E+05 sec, Rf =  .1300E+01 ft
T =  .8151E+05 sec, Rf =  .1400E+01 ft
T =  .9187E+05 sec, Rf =  .1500E+01 ft
T =  .1027E+06 sec, Rf =  .1600E+01 ft
T =  .1139E+06 sec, Rf =  .1700E+01 ft
T =  .1255E+06 sec, Rf =  .1800E+01 ft
T =  .1375E+06 sec, Rf =  .1900E+01 ft
T =  .1498E+06 sec, Rf =  .2000E+01 ft
```

图 19.5 正演模拟结果

现在,运用之前提出的逆向法,具体采用图 19.6 给出的输入参数。

```
INPUT PARAMETER SUMMARY:
Cake-rock "delta pressure" (psi): .1000E+03
Rock core porosity (decimal nbr): .2000E+00
Viscosity of  mud  filtrate (cp): .1000E+01
Radius  of the  well bore (feet): .2000E+00
Reservoir, effective radius (ft): .2000E+01
```

图 19.6　逆向法所用输入参数

在现场情况下,之前的(粗体)输入数据代表着最佳估值。接下来,列出三次单独计算的结果;关于径向侵入前缘位置与时间关系的其他最佳估值以粗体显示,而预测的地层性质以斜体表示(图 19.7)。

```
TIME LAPSE ANALYSIS PREDICTIONS:

Trial No. 1:
Time of the 1st data point (sec): .6830E+04
Radius  of invasion front (feet): .4000E+00
Time of the 2nd data point (sec): .2962E+05
Radius  of invasion front (feet): .8000E+00
Formation permeability (darcies): .1000E-02
Viscosity, formation  fluid (cp): .2000E+01

Trial No. 2:
Time of the 1st data point (sec): .2962E+05
Radius  of invasion front (feet): .8000E+00
Time of the 2nd data point (sec): .6217E+05
Radius  of invasion front (feet): .1200E+01
Formation permeability (darcies): .1000E-02
Viscosity, formation  fluid (cp): .2000E+01

Trial No. 3:
Time of the 1st data point (sec): .6830E+04
Radius  of invasion front (feet): .4000E+00
Time of the 2nd data point (sec): .6217E+05
Radius  of invasion front (feet): .1200E+01
Formation permeability (darcies): .1000E-02
Viscosity, formation  fluid (cp): .2000E+01
```

图 19.7　三次单独计算结果

该示例重复运行后显示,对于不同的输入数据误差,渗透率与地层流体黏度预测结果非常稳定。实际上,假定的参数发生非常大变化时流体黏度保持稳定,不过,尚不确定这种幸运的情况背后的确切原因。

接下来,对于问题 2,假定孔隙压力 p_r 是未知的,也是所需要的。现在,将方程(19.11)的基本结果写成以下形式:

$$\left[\,(p_m)t/R_2^2\,\right](K/\phi) + (-\,t/R_2^2)(p_r K/\phi)$$

$$+ \left\{\frac{1}{2}\,(R_3/R_2)^2 \lg(R_3/R_4) - \frac{1}{4}\,(R_3/R_2)^2 - \frac{1}{2}\lg(R_2/R_4) + \frac{1}{4}\right\}\mu_2$$

$$= \mu_1\left\{\frac{1}{2}\,(R_3/R_2)^2\lg(R_3/R_2) - \frac{1}{4}\,(R_3/R_2)^2 + \frac{1}{4}\right\} \tag{19.14}$$

评价三个时刻的方程(19.14),即 t^*、t^{**} 和 t^{***},形成 3×3 代数方程组,具体如下。

$$\{\}^*(K/\phi) + ()^*(p_r K/\phi) + \{\}^*\mu_2 = RHS^* \qquad (19.15a)$$

$$\{\}^{**}(K/\phi) + ()^{**}(p_r K/\phi) + \{\}^{**}\mu_2 = RHS^{**} \qquad (19.15b)$$

$$\{\}^{***}(K/\phi) + ()^{***}(p_r K/\phi) + \{\}^{***}\mu_2 = RHS^{***} \qquad (19.15c)$$

利用初等代数,该方程组也容易求解。这三个线性方程完全确定三个未知量: K/ϕ、$p_r K/\phi$ 和 μ_2。一旦知道 K/ϕ 和 $p_r K/\phi$ 的值,孔隙压力 p_r 便可通过简单消除法求得。然后,很快就可以得到 K/ϕ,p_r 和 μ_2。

选择时刻 t^*、t^{**} 和 t^{***} 及其对应的半径 $R_3(t^*)$、$R_3(t^{**})$ 和 $R_3(t^{***})$ 时要确保所得到的联立方程从线性代数角度讲是非病态的。如果因为侵入数据点选取的时间过于接近而使得有方程过于相似,则系数矩阵的行列式有可能为零,出现不确定或不正确的解。比如解 $x + y = 4$ 和 $x + 1.01y = 4$,虽然数学上具有唯一性,但实际中不可能是有用的,因为结果不稳定。确保正态的一种方法是突然改变钻井液压力 $p_m(t)$。但是,压力的急剧下降或升高可导致危险的欠平衡钻井或不希望出现的地层破裂,不良后果超过对实时地层信息的需要。

19.3.3　常用钻井液的时延分析

现在,考虑第17章模拟的完整径向流侵入问题,其中考虑通常的滤饼与地层互动。此模型动态耦合了钻井液滤液侵入、同时发生的水驱或油驱以及随时间推移而增加的滤饼堆积。在这个应用中,推导径向侵入前缘位置方程(17.25)的解析解,径向侵入前缘位置是压差、滤饼性质、岩石性质、被驱替液体性质和时间的函数。受前述逆向结果启发,将利用此解作为时间推移分析的主模型方程。首先将方程(17.25)写成以下形式会很方便:

$$
\begin{aligned}
&\Big[\{R_2^2(1-\phi_c)(1-\phi_s)/4\mu_2\phi_{eff}f_s \\
&\times \{\lg\{1 + f_s\phi_{eff}\{(R_{spurt}/R_2)^2 - (R_3/R_2)^2\}/\{1-\phi_c)(1-f_s)\}\} \\
&\quad - f_s\phi_{eff}\{(R_{spurt}/R_2)^2 - (R_3/R_2)^2\}/\{(1-\phi_c)(1-f_s)\} \\
&\quad + f_s\phi_{eff}\{(R_{spurt}/R_2)^2 - (R_3/R_2)^2\}/\{(1-\phi_c)(1-f_s)\} \\
&\times \lg\{1 + f_s\phi_{eff}\{(R_{spurt}/R_2)^2 - (R_3/R_2)^2\}/\{1-\phi_c)(1-f_s)\}\} \\
&\quad - K_1(p_m - p_r)t/(\mu_1\mu_2\phi_{eff})\Big]K_2 \\
&+ \Big\{(K_1K_2R_4{}^2/\mu_1\mu_2K_3)\Big[\frac{1}{2}(R_{spurt}/R_4)^2\lg(R_{spurt}/R_4) - \frac{1}{4}(R_{spurt}/R_4)^2 \\
&\quad - \frac{1}{2}(R_3/R_4)^2\lg(R_3/R_4) + \frac{1}{4}(R_3/R_4)^2\Big]\Big\}\mu_3 \\
&= \Big((-K_1R_2^2/\mu_1)\Big[\frac{1}{2}(R_3/R_2)^2\lg(R_3/R_2) - \frac{1}{4}(R_3/R_2)^2 \\
&\quad - \frac{1}{2}(R_{spurt}/R_2)^2\lg(R_{spurt}/R_2) + \frac{1}{4}(R_{spurt}/R_2)^2\Big]\Big) \qquad (19.16)
\end{aligned}
$$

推导方程(17.25)时,假定 $K_2 \neq K_3$ 和 $\mu_1 \neq \mu_2$。应用过程中并非如此。因此,将方程

(19.16)简化写成更有意义的形式,设 $K_2 = K_3 = K_r$、$K_1 = K_c$,$\mu_1 = \mu_2 = \mu_m$ 和 $\mu_3 = \mu_o$,其中,K_r 表示岩石渗透率,K_c 表示滤饼渗透率,μ_m 表示滤液黏度,μ_o 表示油或被驱替液体的黏度。修改后,方程(19.16)变成:

$$
\begin{aligned}
&\big[\,\{R_2^2(1-\phi_c)(1-f_s)/4\mu_m\phi_{eff}f_s \\
&\times \{\lg\{1+f_s\phi_{eff}\{(R_{spurt}/R_2)^2-(R_3/R_2)^2\}/\{1-\phi_c)(1-f_s)\}\} \\
&\quad -f_s\phi_{eff}\{(R_{spurt}/R_2)^2-(R_3/R_2)^2\}/\{(1-\phi_c)(1-f_s)\} \\
&\quad +f_s\phi_{eff}\{(R_{spurt}/R_2)^2-(R_3/R_2)^2\}/\{(1-\phi_c)(1-f_s)\} \\
&\times \lg\{1+f_s\phi_{eff}\{(R_{spurt}/R_2)^2-(R_3/R_2)^2\}/\{1-\phi_c)(1-f_s)\}\} \\
&\quad -K_c(p_m-p_r)t/(\mu_m^2\phi_{eff})\,\big]K_r \\
&+\Big\{(K_cR_4^2/\mu_m^2)\Big[\frac{1}{2}(R_{spurt}/R_4)^2\lg(R_{spurt}/R_4)-\frac{1}{4}(R_{spurt}/R_4)^2 \\
&\quad -\frac{1}{2}(R_3/R_4)^2\lg(R_3/R_4)+\frac{1}{4}(R_3/R_4)^2\Big]\Big\}\mu_o \\
&=\Big(\,(-K_cR_2^2/\mu_m)\Big[\frac{1}{2}(R_3/R_2)^2\lg(R_3/R_2)-\frac{1}{4}(R_3/R_2)^2 \\
&\quad -\frac{1}{2}(R_{spurt}/R_2)^2\lg(R_{spurt}/R_2)+\frac{1}{4}(R_{spurt}/R_2)^2\Big]\Big)
\end{aligned}
\tag{19.17}
$$

同上一个示例一样,考虑两套具体的时移分析公式表述。在第一套公式表述中,假定所采用的压差是已知的,只求地层渗透率和原油黏度。在第二套公式表述中,试图同时确定油藏孔隙压力、地层渗透率和原油黏度。

对于问题1,现在,看方程(19.17)中粗体括号内的物理量。首先,总体滤饼参数被视为已知,因为这些参数可通过前面定义的简单表面过滤实验求得。即,参数 $f_s[(1-f_s)(1-\phi_c)] = x_c(t^*)/h(t^*)$、滤饼渗透率 $K_c = \mu_m h(t^*)x_c(t^*)/(2\Delta p t^*)$、滤液实验中采用的压差 Δp 和滤饼滤液黏度 μ_m 可通过井场测量确定。此外,井筒半径 R_2 和有效半径 R_4 被视为已知,初始喷涌半径 R_{spurt} 也被视为已知。初始喷涌半径随时间推移而减小,因为其对总侵入深度的影响会下降,无须准确指定。最后,地层有效孔隙度 ϕ_{eff} 可根据第一个示例中的长时间测试加以确定,也可根据其他测井测量数据假定为已知,而滤饼和地层间的压差($p_m - p_r$)假定已经给出。这样,除了时间 t 和侵入深度 $R_3(t)$ 以外,粗体括号中的所有物理量均为已知参数。如前所述,利用两个时刻的侵入数据评价方程(19.17),即,t^* 时的半径 R_3^*,t^{**} 时的半径 R_3^{**}。方程(19.17)的这两个数值实例分别为:

$$
[\quad]^* K_r + \{\quad\}^* \mu_o = (\quad)^* \tag{19.18a}
$$

$$
[\quad]^{**} K_r + \{\quad\}^{**} \mu_o = (\quad)^{**} \tag{19.18b}
$$

这两个方程构成了一个针对地层渗透率 K_r 和原油黏度 μ_o 的 2×2 代数方程组。而且,之前关于病态方程的说明依然适用;实际上这意味着,t^* 和 t^{**} 不能太近,也不能太远。

对于问题 2,地层孔隙压力 p_r 被视为附加的未知量,将主侵入方程写成一种不考虑孔隙压力影响的形式,即:

$$
\begin{aligned}
&\big[\,\{R_2^2(1-\phi_c)(1-f_s)/4\mu_m\phi_{eff}f_s \\
&\quad\times\{\lg\{1+f_s\phi_{eff}\{(R_{spurt}/R_2)^2-(R_3/R_2)^2\}/\{1-\phi_c)(1-f_s)\}\} \\
&\quad-f_s\phi_{eff}\{(R_{spurt}/R_2)^2-(R_3/R_2)^2\}/\{(1-\phi_c)(1-f_s)\} \\
&\quad+f_s\phi_{eff}\{(R_{spurt}/R_2)^2-(R_3/R_2)^2\}/\{(1-\phi_c)(1-f_s)\} \\
&\quad\times\lg\{1+f_s\phi_{eff}\{(R_{spurt}/R_2)^2-(R_3/R_2)^2\}/\{1-\phi_c)(1-f_s)\}\} \\
&\quad-K_c p_m t/(\mu_m{}^2\phi_{eff})\big]K_r-\big[\,[K_c t/(\mu_m{}^2\phi_{eff})]\,\big]p_r K_r \\
&\quad+\Big\{(K_c R_4^2/\mu_m{}^2)\Big[\tfrac{1}{2}(R_{spurt}/R_4)^2\lg(R_{spurt}/R_4)-\tfrac{1}{4}(R_{spurt}/R_4)^2 \\
&\quad-\tfrac{1}{2}(R_3/R_4)^2\lg(R_3/R_4)+\tfrac{1}{4}(R_3/R_4)^2\Big]\Big\}\mu_o \\
&=\Big((-K_c R_2^2/\mu_m)\Big[\tfrac{1}{2}(R_3/R_2)^2\lg(R_3/R_2)-\tfrac{1}{4}(R_3/R_2)^2 \\
&\quad-\tfrac{1}{2}(R_{spurt}/R_2)^2\lg(R_{spurt}/R_2)+\tfrac{1}{4}(R_{spurt}/R_2)^2\Big]\Big)
\end{aligned}
\tag{19.19}
$$

跟第一个问题一样,利用三个不同时刻的侵入半径数据评价方程(19.17),即,t^* 时的半径 $R_3{}^*$,t^{**} 时的半径 $R_3{}^{**}$,t^{***} 时的半径 $R_3{}^{***}$。因此,方程(19.19)的三个实例如下:

$$[\ ]^* K_r+[[\ ]]^* p_r K_r+\{\}^*\mu_o=(\ )^* \tag{19.20a}$$

$$[\ ]^{**} K_r+[[\ ]]^{**} p_r K_r+\{\}^{**}\mu_o=(\ )^{**} \tag{19.20b}$$

$$[\ ]^{***} K_r+[[\ ]]^{***} p_r K_r+\{\}^{***}\mu_o=(\ )^{***} \tag{19.20c}$$

这三个方程构成了一个针对地层渗透率 K_r、乘积 $p_r K_r$ 和原油黏度 μ_o 的 3×3 代数方程组。K_r 和 $p_r K_r$ 一旦已知,p_r 即可求得。与之前一样,可采用基于初等代数的简单行列式反演方法。之前关于病态方程和地层参数计算稳定性的说明同样适用;这意味着,实际中,时间 t^*、t^{**} 和 t^{***} 不能选得太近。更确切地说,驱替前缘间隔不能过近,这样才会有明显的动态效应差异。

19.4 时延分析示例

虽然已经证明了如何独特地获得感兴趣的量,如渗透性、孔隙度、油气黏度和孔隙压力,但至少从满足活塞式流体位移方程的侵入深度数据来看,即使对于这里考虑的简单流体动力学模型,实际问题也远未得到解决。其一,从电阻率读数中准确推断侵入深度的默认假设并不完全正确。目前,侵入半径由通常假设同心分层电阻率的电阻率图推断出来,这一假设最多是简化的近似值。第二,由于工具响应和数据解释引入了额外的不确定性,更不用说井筒中未知的三维地质效应,时移分析可能在不久的将来仍然是一个迭代、主观和定性的过程。有了这些声明,现在通过数值例子演示了如何在实际油田中根据侵入前缘半径确定地层参数。

19.4.1　地层渗透率和油气黏度

在本例和下例中,将首先使用方程(17.25)给出的正向侵入模拟模型来计算动态耦合的滤饼发育和径向驱替前缘运动,其中钻井液滤液置换黏度更高的地层流体。将计算径向前缘位置和滤饼边界作为时间的函数,然后利用这些前缘信息尝试反向反演过程,从中得到地层渗透率和油气黏度值。换言之,为了恢复原始地层和流体性质,将生成综合侵入前缘位移数据,并将计算数据进行反演。这种哲学方法在地球物理学中是众所周知的,在地球物理学中,已知地质构造的合成纵波数据是由电脑控制引爆产生的,而接收到的地表信号则是为了确定构造。这验证了前向和反向模拟,证明了数学至少是正确和一致的。显然,这并不能保证这能在油田成功应用,因为对于不同的输入数据,预测值在理想情况下应该是稳定的。

典型径向流正向模拟的输入和输出结果如图19.8所示(粗体印刷表示输入量)。假设有一个1mD、20%孔隙度的岩石和一个有0.001mD渗透率、10%的孔隙度和30%的固体含量的

```
INPUT PARAMETER SUMMARY:
Rock core permeability (darcies): .1000E-02
Rock core porosity (decimal nbr): .2000E+00
Mud cake permeability  (darcies): .1000E-05
Mud cake porosity  (decimal nbr): .1000E+00
Mud solid fraction (decimal nbr): .3000E+00
Viscosity of invading fluid (cp): .1000E+01
Viscosity, displaced  fluid (cp): .2000E+01
Pressure at well boundary  (psi): .1000E+03
Pressure, effective radius  (psi): .0000E+00
Radius  of the  well bore (feet): .5000E+00
Reservoir, effective radius (ft): .1000E+03
Rspurt > Rwell radius @ t=0 (ft): .6000E+00
Maximum allowed  number of hours: .1000E+07

T =  .9521E+00 sec, Rf =  .6000E+00 ft, Rc =  .5000E+00 ft
T =  .3242E+05 sec, Rf =  .7000E+00 ft, Rc =  .4875E+00 ft
T =  .1270E+06 sec, Rf =  .8000E+00 ft, Rc =  .4726E+00 ft
T =  .3132E+06 sec, Rf =  .9000E+00 ft, Rc =  .4551E+00 ft
T =  .6284E+06 sec, Rf =  .1000E+01 ft, Rc =  .4348E+00 ft
T =  .1121E+07 sec, Rf =  .1100E+01 ft, Rc =  .4112E+00 ft
T =  .1856E+07 sec, Rf =  .1200E+01 ft, Rc =  .3836E+00 ft
T =  .2921E+07 sec, Rf =  .1300E+01 ft, Rc =  .3512E+00 ft
T =  .4445E+07 sec, Rf =  .1400E+01 ft, Rc =  .3124E+00 ft
T =  .6630E+07 sec, Rf =  .1500E+01 ft, Rc =  .2646E+00 ft
T =  .9862E+07 sec, Rf =  .1600E+01 ft, Rc =  .2012E+00 ft
T =  .1525E+08 sec, Rf =  .1700E+01 ft, Rc =  .9510E-01 ft
T =  .1565E+08 sec, Rf =  .1705E+01 ft, Rc =  .8616E-01 ft
T =  .1607E+08 sec, Rf =  .1710E+01 ft, Rc =  .7614E-01 ft
T =  .1653E+08 sec, Rf =  .1715E+01 ft, Rc =  .6454E-01 ft
T =  .1704E+08 sec, Rf =  .1720E+01 ft, Rc =  .5030E-01 ft
T =  .1763E+08 sec, Rf =  .1725E+01 ft, Rc =  .2982E-01 ft
T =  .1776E+08 sec, Rf =  .1726E+01 ft, Rc =  .2368E-01 ft
T =  .1792E+08 sec, Rf =  .1727E+01 ft, Rc =  .1523E-01 ft
Borehole plugged by mudcake ... run terminated.
```

图19.8　正向侵入模拟数值结果

滤饼。钻井液滤液为水,黏度为 1mPa·s,地层油黏度假定为 2mPa·s。这里,井底压力取 100psi,地层孔隙压力假定为 0psi,井底压力作用于井筒,有效半径分别为 0.5ft 和 10ft(本例中,只有压差才是重要的)。数值计算表明,钻孔在 17920000s(即 4978h 或 207d)后完全被滤饼堵塞,此时侵入前缘半径在 1.727ft 处停住。

现在应用方程(19.17)、方程(19.18a)和方程(19.18b)中概述的时移分析方法。假设以下计算中用黑体字显示的性质,然后利用在两个不同时间点获取的侵入半径信息确定地层渗透率和油气黏度,如图 19.8 所示。将分别尝试三次,以证明该方法的实用性。

图 19.9 显示,在第一次尝试中,获得了 0.9573mD 和 1.911mPa·s;在第二次和第三次尝试中,分别有 1.059mD 和 2.131mPa·s,以及 1.016mD 和 2.033mPa·s。这些值与图 19.8 中所示的假定的 1mD 和 2mPa·s 对比是非常接近的。由于图 19.8 中只使用了四个小数位的信息,所以产生了分歧。同样,必须进行敏感性研究,以证明已知的地层属性值在输入滤饼假设中保持稳定在误差很小的状态。在滤饼存在的情况下进行时移分析时,滤饼和地层流动性之间的显著差异会提高这种敏感性。只有当两者具有可比性时,例如滤饼建立在同样低渗透性岩石上时,此类预测才能证明是可靠、可重复和准确的。

```
INPUT PARAMETER SUMMARY:
Cake-rock "delta pressure" (psi): .1000E+03
Rock core porosity (decimal nbr): .2000E+00
Mud cake permeability   (darcies): .1000E-05
Mud cake porosity  (decimal nbr): .1000E+00
Mud solid fraction (decimal nbr): .3000E+00
Viscosity of  mud  filtrate (cp): .1000E+01
Radius  of the  well bore (feet): .5000E+00
Reservoir, effective radius (ft): .1000E+02
Rspurt > Rwell radius @ t=0 (ft): .6000E+00

TIME LAPSE ANALYSIS PREDICTIONS:

Trial No. 1:
Time of the 1st data point (sec): .3242E+05
Radius  of invasion front (feet): .7000E+00
Time of the 2nd data point (sec): .3132E+06
Radius  of invasion front (feet): .9000E+00
Formation permeability (darcies): .9573E-03
Viscosity, formation  fluid (cp): .1911E+01

Trial No. 2:
Time of the 1st data point (sec): .3132E+06
Radius  of invasion front (feet): .9000E+00
Time of the 2nd data point (sec): .1856E+07
Radius  of invasion front (feet): .1200E+01
Formation permeability (darcies): .1059E-02
Viscosity, formation  fluid (cp): .2131E+01

Trial No. 3:
Time of the 1st data point (sec): .1856E+07
Radius  of invasion front (feet): .1200E+01
Time of the 2nd data point (sec): .3242E+05
Radius  of invasion front (feet): .7000E+00
Formation permeability (darcies): .1016E-02
Viscosity, formation  fluid (cp): .2033E+01
```

图 19.9　逆向侵入模拟数值结果

19.4.2　孔隙压力、岩石渗透率和流体黏度

在这个例子中,将重新运行刚才执行的正向模拟练习,除非将输入的压力(图 19.10):

```
Pressure at well boundary  (psi): .1000E+03
Pressure, effective radius (psi): .0000E+00
```

图 19.10　输入压力

替换为图 19.11:

```
Pressure at well boundary  (psi): .5000E+03
Pressure, effective radius (psi): .4000E+03
```

图 19.11　替换后电子输入压力

由于两种情况下的压差(100psi)保持不变,因此预计能得到相同的驱替前缘和滤饼堆积历史。如图 19.12 所示,本文做到了。

```
INPUT PARAMETER SUMMARY:
Mud pressure  in bore hole (psi): .5000E+03
Rock core porosity (decimal nbr): .2000E+00
Mud cake permeability  (darcies): .1000E-05
Mud cake porosity  (decimal nbr): .1000E+00
Mud solid fraction (decimal nbr): .3000E+00
Viscosity of  mud  filtrate (cp): .1000E+01
Radius  of the  well bore (feet): .5000E+00
Reservoir, effective radius (ft): .1000E+03
Rspurt > Rwell radius @ t=0 (ft): .6000E+00

TIME LAPSE ANALYSIS PREDICTIONS:

Trial No. 1:
Time of the 1st data point (sec): .3242E+05
Radius  of invasion front (feet): .7000E+00
Time of the 2nd data point (sec): .3132E+06
Radius  of invasion front (feet): .9000E+00
Time of the 3rd data point (sec): .1856E+07
Radius  of invasion front (feet): .1200E+01
Formation permeability (darcies): .8404E-03
Viscosity, formation  fluid (cp): .1670E+01
Pore pressure in reservoir (psi): .3999E+03

Trial No. 2:
Time of the 1st data point (sec): .3242E+05
Radius  of invasion front (feet): .7000E+00
Time of the 2nd data point (sec): .1856E+07
Radius  of invasion front (feet): .1200E+01
Time of the 3rd data point (sec): .1525E+08
Radius  of invasion front (feet): .1700E+01
Formation permeability (darcies): .1008E-02
Viscosity, formation  fluid (cp): .2017E+01
Pore pressure in reservoir (psi): .4000E+03
```

图 19.12　逆向侵入模拟数值结果

本文希望说明利用反时移分析模型推断出的方程(19.19)、方程(19.20a)、方程(19.20b)和方程(19.20c)。一旦输入了图 19.12 所示输入参数汇总中的已知信息(包括井筒压力),将尝试使用两组不同的时间相关的前缘驱替数据对同时的孔隙压力、地层渗透率和油气黏度进行两次预测。然而,与图 19.12 中的反演例子不同,由于引入了额外的未知量,每一组数据现在由三个读数组成,而不是两个读数。

观察渗透率的计算值,0.8404mD 和 1.008mD,与假设的 1mD 一致;计算的油气黏度1.670mPa·s 和 2.017mPa·s 与假设的 2mPa·s 一致;最后,计算的孔隙压力 399.9psi 和400.0psi 与图 19.9 中的假设 400psi 一致。由于本文所考虑的反演过程中唯一的误差是三个小数位精确假设中的截断误差,因此本文和上一个例子中的计算结果提供了计算灵敏度的一些指示。上述结果表明,至少在这一有限的研究中,可以通过时延分析准确地获得孔隙压力。如果要成功进行时延分析,则需要继续进行敏感性分析研究。更可能的是,那些被证明不稳定的预测参数应该通过其他测井方法获得;这种测量有助于开发这个工具。本文已经开发出了时移分析方法,这取决于清晰的前缘和过渡带是否存在。然而,处理电阻率解释和龙卷风图的测井分析人员正确地批评了使用多层阶梯甚至直线倾斜剖面建模电阻率变化时出现的明显缺陷。前者中使用的半径是用眼睛随意选择的,而后者的渐变轮廓与真实的具有平滑角的扩散轮廓不同。后来,借鉴地震偏移的思想,利用抛物线方程对地下地层进行成像,解决了电阻率偏移问题。模糊的、瞬时的浓度分布没有扩散或及时向后移动,以产生原始的阶跃不连续性。所获得的不同的前缘半径可与由此导出的活塞式流动的时移分析公式一起使用(利用计算机生成的合成线性和径向流数据对该方法进行了测试)。同样,可以激起两相不混相流中饱和度不连续性的变化,以恢复原始的平滑流进行进一步的研究,这在数值上得到了证明。

问题和练习

1. 储层中存在不同的流体瞬变,如:(1)流体压缩性引起的非定常效应;(2)两相油水比例变化引起的时变效应、恒密度、不混溶流;(3)不可压缩流中混相混合引起的瞬变效应。为了成功地进行延时测井,必须确定正确的流体动力学过程,以便使用合适的解释模型。定义这样的策略,假设你可以访问其他日志记录工具的数据。

2. 利用第18章推导的横观各向同性介质中可压缩液体瞬态椭球流的精确解,建立一种解释方法,以确定 K_h 和 K_v,假设源探头和另一个观测探头的压力历史可用。对于典型的地层测试仪泵送速率,最大压力分辨率的最佳"收发"探头分别是什么?

3. 在本章讨论的延时测井实例中,假定不同的流体前缘位置为时间的函数。在实践中,这些距离将从不同时间点的电阻率读数中推断出来,例如,钻井时、起下钻时以及30d后。在不久的将来,这种可能性有多大?有哪些类型的电阻率工具可用,何时使用?它们的调查深度和垂直分辨率是什么?电阻率工具实际上测量的是体积平均量,而不是某一点的性质。将平均量转换为点值时,涉及哪些建模和计算问题?

4. 在电磁测井中,利用发送器和接收器之间的相位延迟来预测电阻率。从方程(18.5)所暗示的扩散模型开始,类似地,可以使用测试器活塞振荡与观测探针之间的时间延迟来预测渗透率(Proett and Chin,2000)。

第20章　复杂侵入问题:数值模拟

在本章中,将介绍求解复杂侵入问题的数值方法,具体将采用现代有限差分方程模拟。根据基本原则推导基本概念,先是稳态问题的基本概念,然后是有移动边界问题的基本概念。在数学、数值和物理方面的讨论是全面的,是以易于读懂的方式呈现的。首先,推导与第17章给出的恒密流解析模型对应的数值模拟,该模拟以 Fortran 语言编写、编译和执行。然后给出计算结果,说明模拟过程及其实际的正确性。这些模型包括线性和径向不可压缩流,包括有滤饼的情况和无滤饼的情况。一旦理解基本的移动边界值问题解决方法,即数值模拟,就可以将数值模型扩展到包括其他实际效应的情况。这些效应包括流体可压缩性引起的瞬态、液体驱替气体和滤饼可压缩性和压实作用。继续讨论第17章提出的单相流段塞或类段塞驱替。在第21章中,此模拟过程中推导的数值概念被推广至混相流和非混相流。本书中关于侵入动态和数值模拟的内容是全面的,这些内容在为数不多的石油刊物中有讲述。所用的模拟概念不仅很有效,计算机实现起来也相当简单。次要先决条件包括初等微积分知识和本科阶段的油藏流分析知识。

20.1　有限差分模拟

实际工程问题用精确解析解法比较罕见,经常需要求助于数值求解。利用有限元法、边界积分法(也叫 Panel 法)和有限差分方法求解复杂的工程问题一直都很成功。最近,石油行业出现了新的有限差分技术。在 Chin(1992a,b,2001a,b)的著作中,这些方法被用于环形井筒流和管道模拟,而在 Chin(1993a,b)的著作中,则介绍了严谨的油藏流模拟概念。在 Chin(1994)的著作中,采用了有限差分方法解决波传播问题,比如钻杆柱振动、MWD 遥测和抽汲效应。本章中,将第7章中介绍的有限差分技术推广到更难解决的油藏流问题。实际上,这些极为有效的方法只需一点点高等数学知识,即可掌握,需具有简易微积分背景知识即可。这样,便可推导基本概念并迅速过渡到求解稳态和瞬态侵入问题的最先进算法。

20.1.1　基本公式

现在,考虑位于三个连续等距位置 x_{i-1}、x_i 和 x_{i+1} 的可求导函数 $f(x)$,其中,$i-1$、i 和 $i+1$ 为下标参数。这里,假定所有网格均匀分隔,网格块距离 Δx 恒定。现在,根据图 20.1 所示,x_{i-1} 和 x_i 之间的中间点 A 处的一阶导数明显为:

$$\mathrm{d}f(x_A)/\mathrm{d}x = (x_i - x_{i-1})/\Delta x \qquad (20.1)$$

而 x_i 和 x_{i+1} 之间的中间点 B 处的一阶导数是:

$$\mathrm{d}f(x_B)/\mathrm{d}x = (x_{i+1} - x_i)/\Delta x \qquad (20.2)$$

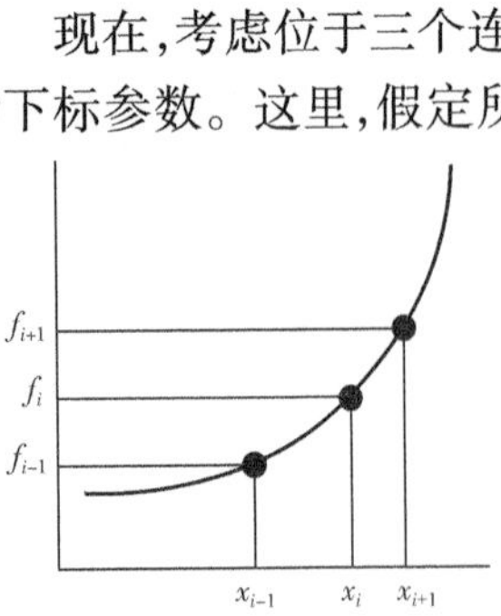

因此,x_i 处 $f(x)$ 的二阶导数满足:

$$\mathrm{d}^2 f(x_i)/\mathrm{d}x^2 = [\mathrm{d}f(x_B)/\mathrm{d}x - \mathrm{d}f(x_A)/\mathrm{d}x]/\Delta x \qquad (20.3)$$

图 20.1　有限差分离散化

或者

$$d^2f(x_i)/dx^2 = (f_{i-1} - 2f_i + f_{i+1})/(\Delta x)^2 + O(\Delta x)^2 \qquad (20.4)$$

泰勒级数分析显示,方程(20.4)是 Δx 二阶精确的。$O(\Delta x)^2$ 概念描述了截断误差的阶数。如果 Δx 值小,那么,$O(\Delta x)^2$ 可被视为极小。同样,众所周知,方程(20.5)是二阶精确的。

$$df(x_i)/dx = (f_{i+1} - f_{i-1})/(2\Delta x) + O(\Delta x)^2 \qquad (20.5)$$

方程(20.4)和方程(20.5)是各量在 x_i 处的中心差分表达式,因为左右两侧含 x_{i-1} 和 x_{i+1} 处的量。注意,下面这个二阶导数后向差分公式不是错误的。

$$d^2f(x_i)/dx^2 = (f_i - 2f_{i-1} + f_{i-2})/(\Delta x)^2 + O(\Delta x) \qquad (20.6)$$

但是,其精确度不如中心差分公式,因为它是一阶精确,误差只能稍小。类似说明适用于前向差分。

$$d^2f(x_i)/dx^2 = (f_i - 2f_{i+1} + f_{i+2})/(\Delta x)^2 + O(\Delta x) \qquad (20.7)$$

其他一阶导数表达式是一阶精确的后向和前向差分公式。

$$df(x_i)/dx = (f_i - f_{i-1})/\Delta x + O(\Delta x) \qquad (20.8)$$

$$df(x_i)/dx = (f_{i+1} - f_i)/\Delta x + O(\Delta x) \qquad (20.9)$$

虽然其精度较低,但由于实际原因通常采用后向和前向差分公式。比如,计算域边界处采用这些公式。在此类边界处,中心差分公式[方程(20.4)和方程(20.5)]需要位于域外因而没有定义的 i 值。虽然高阶精确的后向和前向差分公式可用,但使用时通常迫使将不适合进行有效反演的简单矩阵结构变成数值形式。

20.1.2　模型恒密流分析

通过方程(20.10)解读差分方程数值求解背后的基本概念:

$$d^2p(x)/dx^2 = 0 \qquad (20.10)$$

其中,解 $p(x) = Ax + B$ 通过两侧约束条件确定。假定用以下左右边界条件对方程(20.10)进行补充:

$$p(0) = P_1 \qquad (20.11)$$

$$p(x = L) = P_r \qquad (20.12)$$

适用于均质岩心中恒密线性液体流的稳态压力解是:

$$p(x) = (P_r - P_1)x/L + P_1 \qquad (20.13)$$

假定希望以数值方式求解方程(20.10)。沿 x 轴引入下标 $i = 1, 2, 3, \cdots, i_{max-1}, i_{max}$,其中, $i = 1$ 和 $i = i_{max}$ 对应于左侧和右侧的岩心端面 $x = 0$ 和 $x = L$(比如参见图20.1)。由于这个约定,所用的横宽网格块尺寸 Δx 取值 $\Delta x = L/(i_{max} - 1)$。现在,在任意位置 x_i 或 i 处,方程(20.10)中的二阶导数可采用方程(20.4)近似求得,即:

$$d^2p(x_i)/dx^2 = (p_{i-1} - 2p_i + p_{i+1})/(\Delta x)^2 + O(\Delta x)^2 = 0 \quad (20.14)$$

结果,微分方程有限差分模型变成:

$$p_{i-1} - 2p_i + p_{i+1} = 0 \quad (20.15)$$

通过写出每个内部节点 $i = 2,3,\cdots,\max-1$ 的方程(20.15)确定节点 $i = 1,2,\cdots,\max$ 处的压力 $p_1,p_2,\cdots,p_{imax}$。结果产生 $i_{\max}-2$ 个线性代数方程组,方程组个数比未知量个数 $i_{\max}$ 少两个。这两个所需的附加方程根据边界条件求得,在这种情况下,即方程(20.11)和方程(20.12);具体地,将 $p(0) = P_1$ 和 $p(L) = P_r$ 写成 $p_1 = P_1$ 和 $p_{imax} = P_r$ 形式。为了说明这个过程,考虑有五个节点的简单示例,即,四个网格块,取 $i_{\max} = 5$,网格尺寸 $\Delta x = L/(i_{\max}-1) = L/4$。因此,有:

$$p_1 \qquad\qquad = P_1 \quad (20.16a)$$
$$i = 2: \quad p_1 - 2p_2 + p_3 \qquad = 0 \quad (20.16b)$$
$$i = 3: \qquad p_2 - 2p_3 + p_4 \qquad = 0 \quad (20.16c)$$
$$i = 4: \qquad\qquad p_3 - 2p_4 + p_5 = 0 \quad (20.16d)$$
$$p_5 = P_r \quad (20.16e)$$

方程(20.16a,b,c,d,e)为有五个未知量的五个方程,利用标准行列式(冗长)或基于初等代数的高斯消除法易于求解。现在,可以停下来,进一步取方程(20.16a,b,c,d,e)的解,以便推导高效的求解法。这里所示的简易性间接表明,可将方程组(20.16a,b,c,d,e)写成矩阵或线性代数形式:

$$\begin{vmatrix} 1 & 0 & & & \\ 1 & -2 & 1 & & \\ & 1 & -2 & 1 & \\ & & 1 & -2 & 1 \\ & & & 0 & 1 \end{vmatrix} \begin{vmatrix} p_1 \\ p_2 \\ p_3 \\ p_4 \\ p_5 \end{vmatrix} = \begin{vmatrix} P_1 \\ 0 \\ 0 \\ 0 \\ P_r \end{vmatrix} \quad (20.17)$$

与未知矢量 p 相乘的左侧系数矩阵是带状的,因为矩阵元素位于矩阵对角线带内。所示乘积等于方程(20.17)非零的右侧,其中含驱动达西流的压力降落($\Delta p = P_1 - P_r$)。在数学上,施加在整个岩心上的这个 Δp 显然控制着三对角主矩阵方程的第一行和最后一行。

另外有意思的是,注意采用中心差分意味着物理上每个点处的压力取决于其左右两点处的压力,结果,耦合方程必然会出现。对于高速空气动力学领域的某些超音速流问题,情况并非如此,这类问题通过双曲线偏微分方程加以控制,其中,某些空间变量的类时性质实际上有可能需要采用后向差分。此外要注意,方程(20.17)的系数矩阵是稀疏(或空)的,每个方程含最多三个未知量。如果每个方程有 $i_{\max}$ 个未知量,就说此系数矩阵是满的。此外要注意,带状矩阵有一个简单的三对角结构,适合于快速求解。这里,就不回顾三对角求解程序了。在线性代数中,三对角求解程序是标准求解程序,只需注意方程(20.17)是以下未知矢量 V 的方程的一个特例。

$$
\begin{vmatrix}
B_1 & C_1 & & & & \\
A_2 & B_2 & C_2 & & & \\
 & A_3 & B_3 & C_3 & & \\
 & & \cdots\cdots & & & \\
 & & A_{i_{\max}-1} & B_{i_{\max}-1} & C_{i_{\max}-1} \\
 & & & A_{i_{\max}} & B_{i_{\max}}
\end{vmatrix}
\begin{vmatrix}
V_1 \\ V_2 \\ V_3 \\ \cdots \\ V_{i_{\max}-1} \\ V_{i_{\max}}
\end{vmatrix}
=
\begin{vmatrix}
W_1 \\ W_2 \\ W_3 \\ \cdots \\ W_{i_{\max}-1} \\ W_{i_{\max}}
\end{vmatrix}
\tag{20.18}
$$

该方程以 Fortran 语言编写时,通过调用图 20.2 所示的子程序 TRIDI 容易求解。

```
      SUBROUTINE TRIDI(A,B,C,V,W,N)
      DIMENSION A(1000), B(1000), C(1000), V(1000), W(1000)
      A(N) = A(N)/B(N)
      W(N) = W(N)/B(N)
      DO 100  I = 2,N
      II = -I+N+2
      BN = 1./(B(II-1)-A(II)*C(II-1))
      A(II-1) = A(II-1)*BN
      W(II-1) = (W(II-1)-C(II-1)*W(II))*BN
100   CONTINUE
      V(1) = W(1)
      DO 200  I = 2,N
      V(I) = W(I)-A(I)*V(I-1)
200   CONTINUE
      RETURN
      END
```

图 20.2　三对角方程求解程序

因此,一旦在计算机程序正文中定义了系数矩阵 A、B、C 和 W,$B_1 = 1$,$C_1 = 0$,$W_1 = P_1$,$A_2 = A_3 = A_4 = 1$,$B_2 = B_3 = B_4 = -2$,$C_2 = C_3 = C_4 = 1$,$W_2 = W_3 = W_4 = 0$,$A_5 = 0$,$B_5 = 1$,$W_5 = P_r$,语句 CALL TRIDI(A,B,C,P,W,5)将解出压力解并将其保存在 P 的元素内。机器运行时,通常会使用 A(1) = 99 和 C(IMAX) = 99 初始化内存,注意,这两个值对解不构成影响。一般来说,利用代码段容易定义内部系数,以下代码段是对三对角矩阵求解程序的子例程调用:

```
      DO 200  I=2,IMAXM1
      A(I) =  1.
      B(I) = -2.
      C(I) =  1.
      W(I) =  0.
200   CONTINUE
```

在 Fortran 程序中,IMAXM1 表示 IMAX − 1。在本章中,研究上述 Fortran 语言中的引擎针对不同问题是如何变化的。对于 $d^2 p(x)/dx^2 = 0$ 来说,对于任意选定的网格数目,始终都会得到精确的线性压力变化;遗憾的是,对于复杂的方程和公式,并非如此。对于 Fortran 语言不熟悉的读者,应就这个简单示例编写并执行一下程序,并做到理解。这个程序以及第 21 章中给出的程序都以此构建,稍微有些复杂。

20.1.3 瞬态可压缩流的模拟

均质岩心中瞬态可压缩单相液体流的控制方程由传统的热方程给出。

$$\partial^2 p(x,t)/\partial x^2 = (\phi\mu c/K)\,\partial p/\partial t \tag{20.19}$$

方程(20.19)是介绍基本概念和检验前向模拟或时间推进所用差分方法的有效途径,即在模拟事件过程中,在给定参数和辅助条件下差分方法随时间不断演化。同之前一样,利用坐标线网节点处的代数方程以逼近法解方程(20.19),但现在,还必须按均匀时间间隔将时间坐标进行离散化处理。因此,研究 $x-t$ 平面内的数值解。用由离散空间点 $x_i = i\Delta x(i=1,2,3,\cdots,i_{max})$ 和离散时间点 $t_n = n\Delta t(n=1,2,\cdots)$ 构成的独立变量替换空间—时间连续体。将函数 $p(x,t)$ 写成 $P_{i,n}$。希望任意时刻 t_n 任意点 x_i 处的函数 $P_{i,n}$ 会受其左右临近两点所影响,使以下中心差分方程成立。

$$p_{xx}(x_i,t_n) = (P_{i+1,n} - 2P_{i,n} + P_{i-1,n})/(\Delta x)^2 \tag{20.20}$$

然而,中心差分无法用于时间导数。由于因果关系要求事件必须基于过去而非未来,故后向差分适用。这样,根据方程(20.8),须写出方程(20.21):

$$p_t(x_i,t_n) = (P_{i,n} - P_{i,n-1})/\Delta t \tag{20.21}$$

然后,将方程(20.20)和方程(20.21)代入方程(20.19),得主偏微分方程的差分逼近方程如下:

$$(P_{i+1,n} - 2P_{i,n} + P_{i-1,n})/(\Delta x)^2 = (\phi\mu c/K)(P_{i,n} - P_{i,n-1})/\Delta t \tag{20.22}$$

其中,空间上 $O[(\Delta x)^2]$ 精确,但时间上仅 $O(\Delta t)$ 精确。现在,可将方程(20.22)写成 $P_{i+1,n} - 2P_{i,n} + P_{i-1,n} = [\phi\mu c(\Delta x)^2/(K\Delta t)](P_{i,n} - P_{i,n-1})$ 形式,故有:

$$P_{i-1,n} - [2 + \phi\mu c(\Delta x)^2/(K\Delta t)]P_{i,n} + P_{i+1,n} = -[\phi\mu c(\Delta x)^2/K\Delta t]P_{i,n-1} \tag{20.23}$$

但是,除了两个不重要的方面以外,方程(20.23)等同于方程(20.15),即等同于 $p_{i-1} - 2p_i + p_{i+1} = 0$。较简单有限差分方程中的 2 被 $2 + \phi\mu c(\Delta x)^2/(K\Delta t)$ 取代,而右侧的 0 被项 $-[\phi\mu c(\Delta x)^2/(K\Delta t)]P_{i,n-1}$ 取代,假定项 $-[\phi\mu c(\Delta x)^2/(K\Delta t)]P_{i,n-1}$ 可根据之前一个时步内的计算解求得。对于 $n=2$，$P_{i,2-1}$ 或 $P_{i,1}$ 解即是所规定的初始条件 $p(x,0)$。t_n 解像前述示例中那样求得;即,写出每个内部节点 $i=2,3,\cdots,i_{max}-1$ 处的方程(20.23)。引入左右两侧边界条件的目的是补足所得到的不完整代数方程组。利用三对角子例程求作为空间函数的 t_n 解。一旦求得此解,即可用此解评价方程(20.23)的右侧,然后再次以递推方式求左侧,以求得后续时步的压力解。

在时间 t_n 的方程(20.22)中,评价第 n 时间层次的 $\partial^2 p/\partial x^2$ 和 $\partial p/\partial t$。这使得采用矩阵求解程序,因为所有得到的节点方程都是代数耦合。需要矩阵逆转的有限差分法被称作隐式法。另一方面,如果以逼近法求第 $(n-1)$ 次时步的导数 $\partial^2 p/\partial x^2$,则早就得到了。

$$(P_{i+1,n-1} - 2P_{i,n-1} + P_{i+1,n})/(\Delta x)^2 = (\phi\mu c/K)(P_{i,n} - P_{i,n-1})/\Delta t \tag{20.24}$$

根据方程(20.24)显然有:$P_{i,n}$ 可通过显式法利用 $P_{i-1,n-1}$、$P_{i,n-1}$ 和 $P_{i+1,n-1}$ 手动求解,进而

使矩阵逆转没有必要。然后,利用简单的计算器直接更新每个内部 i 的 $P_{i,n}$。此类显式方法在计算机不常见的地方是有用的,其稳定性不如隐式方法,但也有例外。

20.1.4　数值稳定性

对于研究人员和从业者来说,模拟方面最大的担忧就是数值的不稳定。数值不稳定性出现的标志是压力上升或下降曲线、出乎意料的空间起伏压力分布和 $O(10^{10}\,\text{psi})$ 溢出消息中存在不符合实际的波动。在开发过程中如何避免不稳定性呢? 一个有用的办法是纽曼稳定性试验。在进行消耗资源的编程工作之前,数值分析师利用稳定性测试评价候选算法。后续将详细研究稳定性,但现在,考虑模型热方程 $u_t = u_{xx}[u = u(x,t)]$。假设离散的 u 可通过 $v(x_i, t_n)$ 逼近求得,其中,$v_{i,n}$ 满足显式模型 $(v_{i,n+1} - v_{i,n})/\Delta t = (v_{i-1,n} - 2v_{i,n} + v_{i+1,n})/(\Delta x)^2$,其中,$\Delta t$ 和 Δx 分别是时间增量和空间增量。

但这个明显的差分近似法有多大用处呢? 为了得到一些数学见解,分离变量,然后考虑一个基础的傅立叶基波组分 $v_{i,n} = \psi(t)\,e^{j\beta x}$,其中,$j = \sqrt{-1}$。然后,代入得 $[\psi(t + \Delta t)\,e^{j\beta x} - \psi(t)\,e^{j\beta x}]/\Delta t = \psi(t)[e^{j\beta(x-\Delta x)} - 2e^{j\beta x} + e^{j\beta(x+\Delta x)}]/(\Delta x)^2$。这样,$\psi(t + \Delta t) = \psi(t)(1 - 4\lambda \sin^2\beta\Delta x/2)$,其中,$\lambda = \Delta t/(\Delta x)^2$。由于 $\psi(0) = 1$,有解 $\psi(t) = (1 - 4\lambda \sin^2\beta\Delta x/2)^{t/\Delta t}$。为了保证稳定性,$\psi(t)$ 必须继续以 Δt 为边界,因此,Δx 接近于零。这要求绝对值 $|1 - 4\lambda \sin^2\beta\Delta x/2| < 1$,进而确定将 Δx 和 Δt 联系起来的明确要求。当然,无须求解 $\psi(t)$。比如,也可根据原始方程定义一个放大系数 $\alpha = |\psi(t + \Delta t)/\psi(t)|$ 并确定 $\alpha = |1 - 4\lambda \sin^2\beta\Delta x/2| < 1$,从而得到相同的要求。此外注意观察,对于大数值的 $\lambda = \Delta t/(\Delta x)^2$,时间推进法会变得不稳定,即,显式方法是条件稳定的。在本章后续部分,针对以柱面和球面径向坐标表示的热方程设计了绝对或无条件稳定的隐式方法。到时候,笔者会证明它具有纽曼稳定性。

20.1.5　收敛

对 $u(x,t)$ 进行差分时,用 $v_{i,n}$ 表示其数值表达式;实际上,u 有可能不等于 v,这种用法间接表明了这一点。在计算流体动力学领域,形式上小的截断误差的精确函数形式是非常重要的,因为它确定了控制着解结构的高阶导数项的类型。这确定了计算解实际反映给定偏微分方程解的良好程度。这一点是在第 13 章推导的:如果不评价描述扩散与分散效应始终存在于计算解内的被忽略项的导数类型,则显式差分方法实际模拟差分方程的程度便无法确定。

此外重要的是,方程(20.23)中的三对角结构是对角为主的,即,中间对角系数 $2 + \phi\mu c(\Delta x)^2/(K\Delta t) > 2 = 1 + 1$ 的绝对值超过两侧对角系数的和。这个特性适合用于实现数值稳定,这意味着,迭代解不可能作为截断误差和舍入误差的结果出现。这不会确保计算解是正确的,但会加强这个公认但值得怀疑的观点:有解比没解好。根据方程(20.23)显然应该有:在任何给定的点,只需保存解的一个额外时间层次,因此,总计需要两层信息。这样,只利用二维标量数组 PN(1000) 和 PNM1(1000) 即可写出与本文的方法相关的 Fortran 程序,PN(1000) 和 PNM1(1000) 分别表示 $P_{i,n}$ 和 $P_{i,n-1}$,其中,Fortran 维度 1000 可表示 1000 个空间上靠近的节点。在每个时步的末尾,将 PN 拷贝到 PNM1 内,并重复应用时间递推过程直到终止。

将计算机 RAM 内存分配给完整的压力场 P(1000,500) 没有必要或不建议就这么做,P(1000,500) 表示 1000 个节点,500 个时步。中间结果(比如驱替前缘位置、滤饼厚度和压力分布)可写入输出文件,以便后续后处理和显示。此外应注意,无须为了后续时步而计算系数 A、

B 和 C,因为它们是一次性定义的恒定值。图 20.2 所示的矩阵求解程序 TRIDI 在每次逆转结束时会破坏 A、B、C 和 W,结果,每次积分前需要重新定义。以内存需求增加为代价保留输入值的其他求解程序也是可以采用的。

20.1.6　多个实际的时间尺度和空间尺度

在第 17 章中,考虑了瞬态前缘的运动,其时间尺度取决于侵入和被驱替流体的相对黏度。除了这些时间尺度以外,现在还存在与多种压缩系数不同流体共存有关的额外尺度。使用计算机程序(比如这里推导的程序和行业内可用的类似程序)时,应认识到计算解是否反映所有与这些时间尺度有关的物理现象将取决于所用网格的过滤效果,即,取决于 Δx、Δt 及其比值。遗憾的是,没有明显的答案,而且,与现实世界问题有关的具体计算解的工程评价会带来最大的挑战。在本书中,只说明如何构建算法和程序。不做网格敏感性研究和类似的验证工作,因为本书的目标完全以指导为目的。而且,对参数的选择以简便和比较为目的,没想代表任何具体油藏。现在,用反映广泛物理问题的若干示例介绍数值侵入模拟。独立的方程参数包括:(1)线性、柱状和球状流域;(2)恒密可压缩流;(3)地层内可能不同的流体;(4)气体和液体问题;(5)压实或无压实滤饼的存在。

20.2　示例 20.1　无滤饼情况下的线性液体驱替

前文已经说明了如何简单地求解 $\mathrm{d}^2 p(x)/\mathrm{d}x^2 = 0$。现在,回顾一下早前的一个示例:渗透率为 K 的均质线性岩性中两种黏度不同恒密液体的类活塞达西驱替。瞬态驱替取决于最初流体的相对比例及其所占据的岩心部分(即上游或下游)。现在,$\mathrm{d}^2 p(x)/\mathrm{d}x^2 = 0$ 适用于恒密液体,但解中参数对时间的依赖是允许的。在这个问题中,由于存在两种液体,所以需要两个此类方程,一个针对第一段(左侧),一个针对第二段(右侧)。

$$\mathrm{d}^2 p_i(x)/\mathrm{d}x^2 = 0, i = 1,2 \tag{20.25}$$

从数值角度讲,通过方程(20.26)定义一个未知的大写字母解矢量 $P(x)$ 会比较方便:

$$\begin{cases} P(x) = p_1(x), 0 < x < x_\mathrm{f} \\ P(x) = p_2(x), x_\mathrm{f} < x < L \end{cases} \tag{20.26}$$

其中,$x = x_\mathrm{f}(t)$ 表示不稳定移动前缘的位置。$\mathrm{d}^2 P(x)/\mathrm{d}x^2 = 0$ 的边界值问题满足左右侧压力边界条件:

$$p_1(0) = P_1 \tag{20.27a}$$

$$p_2(L) = P_\mathrm{r} \tag{20.27b}$$

如前所述,这两个方程容易写成程序。现在,与 $x = x_\mathrm{f}$ 时 $\mathrm{d}^2 P(x)/\mathrm{d}x^2 = 0$ 对应的差分方程不适用,因为用差分方程描述在两种不同流体边界处(压力梯度无须连续)的移动是无效的。因此,用一个含界面拟合条件需要的其他表达式来替代此方程。

$$p_1(x_\mathrm{f}) = P_2(x_\mathrm{f}) \tag{20.28a}$$

$$q_1(x_f) = q_2(x_f) \tag{20.28b}$$

实现这一点有多种方法,但最好的选择是这样一种方法:无须修改即可适用于瞬态可压缩流,且允许保留前面推导出的时间推移方法的对角为主特征。最终结果容易求得。

首先,方程(20.28b)需要作为达西定律 $q = -(K/\mu)\mathrm{d}p(x)/\mathrm{d}x$ 结果的 $-(K_1/\mu_1)\mathrm{d}p_1(x_f)/\mathrm{d}x = -(K_2/\mu_2)\mathrm{d}p_2(x_f)/\mathrm{d}x$。但是,由于 $K_1 = K_2$,这个表达式简化成 $(1/\mu_1)\mathrm{d}p_1(x_f)/\mathrm{d}x = (1/\mu_2)\mathrm{d}p_2(x_f)/\mathrm{d}x$。现在,用 $if-$ 和 $if+$ 表示无限接近前缘 $x = x_f$ 左侧和右侧的空间位置,$x = x_f$ 对应的下标为 $i = if$。注意:此下标在节点约定中满足 $if = x_f/\Delta x + 1$。然后,在第一段,可采用后向差分近似求得压力梯度 $\mathrm{d}p_1(x_f)/\mathrm{d}x$,而在第二段,可应用前向差分(界面位置也还是禁止微分,因为这里压力梯度有突变)。这导致 $(1/\mu_1)(p_{if-} - p_{if-1})/\Delta x = (1/\mu_2)(p_{if+1} - p_{if+})/\Delta x$,但两侧 Δx 消除后得 $(1/\mu_1)(p_{if-} - p_{if-1}) = (1/\mu_2)(p_{if+1} - p_{if+})$。假定表面张力不重要,则方程(20.28a)要求压力是连续的,有 $p_{if-} = p_{if+}$ 或 p_{if}。这样,在界面处,方程(20.29)适用。

$$(1/\mu_1)p_{if-1} - (1/\mu_1 + 1/\mu_2)p_{if} + (1/\mu_2)p_{if+1} = 0 \tag{20.29}$$

然而,与差分方程的差分逼近法(为二阶精确)不同,推导方程(20.29)过程中采用了后向差分和前向差分,这使得该方程仅为 $O(\Delta x)$ 精确。在推导方程(20.29)过程中,对于前缘的左右两侧,采用了相同网格尺寸。如果两个黏度相当,则这在物理上是允许的,但倘若黏度不相当,则明显是错误的;后续模拟滤饼流时会发现,问题中存在显著流度差异时会要求采用双网格系统。

然而有意思的是,可以将方程(20.29)写成 $p_{if-1} - (1 + \mu_1/\mu_2)p_{if} + (\mu_1/\mu_2)p_{if+1} = 0$。在 $\mu_1 = \mu_2$ 的单流体问题中,这个拟合条件简化成 $p_{if-1} - 2p_{if} + p_{if+1} = 0$,这个方程与方程(20.15)相同,均可作为精确的差分方程。这种偶然情形不适用于可压缩瞬态流或径向流。至此,关于求解空间压力分布方程(20.25)至方程(20.28b)的讨论(其中假设先规定前缘位置 x_f)就结束了。但是,前缘是随着时间推移而移动的,本文的方程表述需考虑到这一事实。此物理问题属于初始值问题,属于瞬态方程表述,即便表述随时间变化的压力的方程(20.25)不含时间导数,界面(初始位置是 $x = x_{f,o}$)也会随着时间推移而移动!

可通过以下步骤解决这个非稳定问题:先构建所述的压力分布,然后更新前缘位置 $x = x_f$,接着按照要求重复这个递推过程。更新公式通过第一段中的以下运动学要求求得:

$$\mathrm{d}x_f/\mathrm{d}t = \mu/\phi = -(K/\mu_1\phi)\mathrm{d}p_1/\mathrm{d}x = -(K/\mu_1\phi)(p_{if} - p_{if-1})/\Delta x \tag{20.30}$$

这个运动学表达式是在第16章中正式推导出来的,广泛用于第17章所述的解析法侵入模拟。如果用刚刚求得的压力解(p 和 x_f 的现有解,为旧解)评价方程(20.30)的右侧,则新的 x_f 通过逼近方程(20.30)求得:

$$x_{f,new} - x_{f,old} = -(K/\mu_1\phi)(p_{if} - p_{if-1})_{old}/\Delta x \tag{20.31}$$

或者

$$x_{f,new} = x_{f,old} - [K\Delta t/(\mu_1\phi\Delta x)](p_{if} - p_{if-1})_{old} \tag{20.32}$$

随着新的前缘位置的确定,再次求压力、更新前缘位置等。图20.3给出了显示递推算法结构组件的 Fortran 清单。

```
C       INITIAL SETUP
        IMAX = XCORE/DX +1
        IMAXM1 = IMAX-1
        IFRONT = XFRONT/DX +1
        .
        N = 0
        T = 0.
        NSTOP = 0
        MINDEX = 1
        TIME(1) = 0.
        XPLOT(1) = XFRONT
C
C       START TIME INTEGRATION
        DO 300  N=1,NMAX
        T = T+DT
        DO 200  I=2,IMAXM1
        A(I) = 1.
        B(I) = -2.
        C(I) = 1.
        W(I) = 0.
 200    CONTINUE
        A(1) = 99.
        B(1) = 1.
        C(1) = 0.
        W(1) = PLEFT

        A(IMAX) = 0.
        B(IMAX) = 1.
        C(IMAX) = 99.
        W(IMAX) = PRIGHT
        IF(VISCIN.EQ.VISCDP) GO TO 240
        A(IFRONT) =  1./VISCL
        B(IFRONT) = -1./VISCL -1./VISCR
        C(IFRONT) =  1./VISCR
        W(IFRONT) =  0.
 240    CALL TRIDI(A,B,C,VECTOR,W,IMAX)
        DO 250  I=1,IMAX
        P(I) = VECTOR(I)
 250    CONTINUE
        PGRAD = (P(IFRONT)-P(IFRONT-1))/DX
        XFRONT = XFRONT - (K*DT/(PHI*VISCL))*PGRAD
        IFRONT = XFRONT/DX +1
        IF(XFRONT.GE.XMAX.OR.XFRONT.LE.XMIN) NSTOP=1
        .
        .
        WRITE(*,280) N,T,XFRONT,IFRONT
 280    FORMAT(1X,'T(',I4,')= ',E8.3,' sec, Xf= ',E8.3,' ft, I= ',I3)
        MINDEX = MINDEX+1
        TIME(MINDEX) = T
        XPLOT(MINDEX) = XFRONT
 300    CONTINUE
 400    WRITE(*,10)
        CALL GRFIX(XPLOT,TIME,MINDEX)
        STOP
        END
                                (A)
```

图 20.3　(A)Fortran 源代码(示例 20.1),(B)数值结果一(示例 20.1),(C)数值结果二(示例 20.1)

```
INPUT PARAMETER SUMMARY:
Rock core permeability (darcies): .100E+00
Rock core porosity (decimal nbr): .200E+00
Viscosity of invading fluid (cp): .100E+02
Viscosity, displaced  fluid (cp): .100E+01
Pressure at left boundary   (psi): .100E+03
Pressure at right boundary  (psi): .000E+00
Length of rock core sample  (ft): .100E+01
Initial "xfront" position (feet): .500E+00
Integration space step size (ft): .200E-02
Integration time step size (sec): .100E+01
Maximum allowed  number of steps: .200E+04
```

```
Time (sec)  Position (ft)
 .000E+00     .500E+00      |                    *
 .600E+02     .539E+00      |                     *
 .120E+03     .576E+00      |                      *
 .180E+03     .611E+00      |                       *
 .240E+03     .644E+00      |                        *
 .300E+03     .676E+00      |                         *
 .360E+03     .706E+00      |                          *
 .420E+03     .736E+00      |                           *
 .480E+03     .764E+00      |                            *
 .540E+03     .792E+00      |                             *
 .600E+03     .818E+00      |                              *
 .660E+03     .844E+00      |                               *
 .720E+03     .870E+00      |                                *
 .780E+03     .895E+00      |                                 *
 .840E+03     .919E+00      |                                  *
 .900E+03     .942E+00      |                                   *
 .960E+03     .965E+00      |                                    *
 .102E+04     .988E+00      |                                     *
```

(B)

```
INPUT PARAMETER SUMMARY:
Rock core permeability (darcies): .100E+00
Rock core porosity (decimal nbr): .200E+00
Viscosity of invading fluid (cp): .100E+01
Viscosity, displaced  fluid (cp): .100E+02
Pressure at left boundary   (psi): .100E+03
Pressure at right boundary (psi): .000E+00
Length of rock core sample  (ft): .100E+01
Initial "xfront" position (feet): .500E+00
Integration space step size (ft): .200E-02
Integration time step size (sec): .100E+01
Maximum allowed  number of steps: .200E+04
```

```
Time (sec)  Position (ft)
 .000E+00     .500E+00      |                    *
 .600E+02     .542E+00      |                     *
 .120E+03     .586E+00      |                      *
 .180E+03     .635E+00      |                        *
 .240E+03     .690E+00      |                          *
 .300E+03     .753E+00      |                            *
 .360E+03     .830E+00      |                              *
 .420E+03     .938E+00      |                                 *
```

(C)

图 20.3　(A)Fortran 源代码(示例 20.1),(B)数值结果一(示例 20.1),(C)数值结果二(示例 20.1)(续)

　　前缘拟合条件和位置更新逻辑部分见粗体字内容。出于简便起见,关于尺寸描述、交互式输入询问、打印语句等的细节都省略了。只有那些与算法有关的重要特征复制了过来。注意,由于 IFRONT 是 Fortran 整数变量,所以,Fortran 语句 IFRONT = XFRONT/DX + 1 会舍掉右侧除法的小数部分。这意味着,如果前进步幅不够大,则该算法不会让 IFRONT 从当前时步移到下一个时步。从这个意义上讲,此方法并非真正地与边界吻合;但容易修改,只是会增加编程的复杂性。一般地,应采用小尺寸网格模拟侵入前缘的移动。

考虑两个描述类活塞液体驱替物理现象的计算极限以及程序的正确性。作为第一个示例,考虑图 20.3B 所示的模拟输入和求解。注意,侵入流体相对于被驱替流体来说黏度相对较高。图表结果正确地显示了前缘移动速度随时间推移而变慢。这是因为高黏度流体驱替低黏度流体,随着低黏度流体从岩心右侧流出,前者相对比例随时间推移而增加。因此,预计会有持续减速,实际上也是如此。在第二个示例中,调换两种流体的角色,令低黏度流体驱替黏度高得多的流体。随着高黏度流体被迫通过岩心并清空,低黏度流体占据高黏度流体原有位置,结果,低黏度流体通过岩心时速度自然提高。同样,本文的计算结果实际是正确的;此外也要注意两个问题时标上的差异。

显而易见,本文的计算产生了具有实际意义的结果。当然,在有解析解的当前问题中,无须采用数值方法。但由于该解允许研究网格选择的影响,即 Δx 和 Δt 在影响计算解过程中的作用,故此解是有用的。上述计算提供了驱替流所特有的时标。两个前缘都始于岩心的中点,两个模拟也都终止于岩心末端附近。其总通过时间有明显不同。正如前面所述的以下解析解所示,这些时标取决于明确分类定义的许多参数。

$$(\mu_1/\mu_2 - 1)x_f + L = \{[(u_1/u_2 - 1)x_{f,o} + L]^2 + [2K(P_1 - P_r)/(\phi\mu_2)](\mu_1/\mu_2 - 1)t\}^{1/2}$$

$$(17.13)$$

比如,$(\mu_1/\mu_2 - 1)$ 和 $2K(P_1 - P_r)t/(\phi\mu_2)$ 是重要的。

当然,数值模型若表述良好效果自然有,且有可能做简单的扩展。比如,如果左侧边界压力 PLEFT 和右侧边界压力 PRIGHT 是时间的规定函数,则这些常数容易用 Fortran 函数语句取代。同样,左侧侵入流体黏度 VISCL 中的时间相关关系容易加入。对于实际钻井场合,这些推广并不罕见。通过改变钻井液相对密度(改变井筒压力)控制地层;这些改变通过固相和增黏剂含量实现。最后,关于该方法计算效率的某些说法是正确的。利用 20 世纪 90 年代生产的老牌奔腾电脑,1000 个时步大约需要两秒钟解决一个有 500 个网格块的问题,屏幕上全程显示中间解。显示中间解是整个过程最慢的部分,为了提高速度,可取消这部分。最大有1000 个网格块的编译代码需要 40000 个内存字节。相比之下,设计用于解决通常 3D 问题的有限元模拟程序完成相同数目时步所需的计算时间要长几个数量级。

20.3　示例 20.2 无滤饼时的柱状径向液体驱替

现在,重新考虑前述问题,并修改其公式表述,以处理柱状径向流。因此,用柱状径向流的拉普拉斯方程代替方程(20.10),即,$\mathrm{d}^2 p(x)/\mathrm{d}x^2 = 0$。

$$\mathrm{d}^2 p(r)/\mathrm{d}r^2 + (1/r)\mathrm{d}p(r)/\mathrm{d}r = 0 \qquad (20.33)$$

所需修改很小。根据方程(20.14)发现,通过简单的符号变化可得 $\mathrm{d}^2 p(r_i)/\mathrm{d}r^2 = (p_{i-1} - 2p_i + p_{i+1})/(\Delta r)^2 + O(\Delta r)^2$。同样,根据方程(20.5)有 $\mathrm{d}p(r_i)/\mathrm{d}r = (p_{i+1} - p_{i-1})/(2\Delta r) + O(\Delta r)^2$。定义径向变量 $r = R_{\text{well}} + (i-1)\Delta r$,使 $i = 1$ 对应于计算网格的左侧边界。然后,代

入方程(20.33)并稍做调整得:

$$\left\{1 - \frac{1}{2}\Delta r/\left[R_{\text{well}} + (i-1)\Delta r\right]\right\}p_{i-1} - 2p_i + \left\{1 + \frac{1}{2}\Delta r/\left[R_{\text{well}} + (i-1)\Delta r\right]\right\}p_{i+1} = 0$$

$$(20.34)$$

线性流模型 $d^2p(x)/dx^2 = 0$ (从 $[1]p_{i-1} - 2p_i + [1]p_{i+1} = 0$ 提取得到)的有限差分方程矩阵系数 A、B、C 和 W 通过以下代码段定义:

```
         DO 200 I=2,IMAXM1
         A(I) =  1.
         B(I) = -2.
         C(I) =  1.
         W(I) =  0.
     200 CONTINUE
```

同方程(20.34)进行比较显示,为了模拟全径向流效果而需要做的唯一修正是对矩阵系数 C 和 A 进行修正 $\pm\frac{1}{2}\Delta r/\left[R_{\text{well}} + (i-1)\Delta r\right]$。即,用以下代码代替前述代码:

```
         DO 200  I=2,IMAXM1
         CORRECT = 0.5*DX/(WELRAD + (I-1)*DX)
         A(I) =  1. - CORRECT
         B(I) = -2.
         C(I) =  1. + CORRECT
         W(I) =  0.
     200 CONTINUE
```

当然,会有额外的输入和输出术语变化,需要井筒和远场半径、前缘初始半径等。为了确保可读性,保留 DX 表示径向网格长度 Δr,以限制印刷排版修改次数;WELRAD 表示井筒半径。这个示例的 Fortran 源代码采用与线性流相同的前缘拟合逻辑,如图 20.4A 所示。

考虑两个描述径向驱替流物理现象的计算极限以及计算机程序的正确性。对于第一个示例,假定模拟输入参数与示例 20.1 中第一次运行所用的模拟输入参数相同,且令井筒半径和远场半径分别为 100ft 和 101ft,这样,净径向长度 1ft 等于前述示例的岩心长度。

这个大半径使得程序能够模拟纯线性流;将此计算结果与纯线性流的计算结果进行比较。对于此类大半径,径向项的影响应不大。如果是这样,则计算得到的径向前缘位置应同图 20.3C 所示的相同。与图 20.3C 所示有三个小数位粗体数字比较时,图 20.4B 所示有两个小数位的粗体数字说明获得了与预期相同的水驱油结果。

这提供了有用的计算和编程检查。接下来,考虑径向扩散几何效应必然重要的一种物理情况,相应地,选小井眼半径 0.1ft,远场半径为 1.1ft。因此,由于这些选择,岩心长度确定为 1ft。同样,还是将前缘位置进行初始化,使其位于岩心样品的中心。计算结果说明存在重要的几何效应。从 $t = 360s$ 到 $t = 420s$,径向前缘从 $r = 0.906$ft 位置向前移动到 $r = 0.967$ft 位置,总的移动距离为 0.061ft。如果参考图 20.3C 的线性结果,则会发现在同一时期,前缘从 $x = 0.830$ft 位置移动到 $x = 0.938$ft 位置,总移动距离为 0.108ft。径向情况下出现的距离减少显然是几何扩散的结果,两倍变化表示此类影响对于小井眼来说可能会很显著。这些变化对于电阻率解释与模拟来说是非常重要的。

```
C       INITIAL SETUP
        IMAX = (XCORE-WELRAD)/DX +1
        IMAXM1 = IMAX-1
        IFRONT = (XFRONT-WELRAD)/DX +1
        .
        N = 0
        T = 0.
        NSTOP = 0
        MINDEX=1
        TIME(1) = 0.
        XPLOT(1) = XFRONT
C
C       START TIME INTEGRATION
        DO 300  N=1,NMAX
        T = T+DT
        DO 200   I=2,IMAXM1
        CORRECT = 0.5*DX/(WELRAD + (I-1)*DX)
        A(I) =  1. - CORRECT
        B(I) = -2.
        C(I) =  1. + CORRECT
        W(I) =  0.
200     CONTINUE
        A(1) = 99.
        B(1) = 1.
        C(1) = 0.
        W(1) = PLEFT
                    (A)
        A(IMAX) = 0.
        B(IMAX) = 1.
        C(IMAX) = 99.
        W(IMAX) = PRIGHT
        IF(VISCIN.EQ.VISCDP) GO TO 240
        A(IFRONT) =  1./VISCL
        B(IFRONT) = -1./VISCL -1./VISCR
        C(IFRONT) =  1./VISCR
        W(IFRONT) =  0.
240     CALL TRIDI(A,B,C,VECTOR,W,IMAX)
        DO 250   I=1,IMAX
        P(I) = VECTOR(I)
250     CONTINUE
        PGRAD = (P(IFRONT)-P(IFRONT-1))/DX
        XFRONT = XFRONT - (K*DT/(PHI*VISCL))*PGRAD
        IFRONT = (XFRONT-WELRAD)/DX +1
        .
        WRITE(*,280) N,T,XFRONT,IFRONT
280     FORMAT(1X,'T(',I4,')= ',E8.3,' sec, Rf= ',E10.5,' ft,I= ',I3)
        MINDEX = MINDEX+1
        TIME(MINDEX) = T
        XPLOT(MINDEX) = XFRONT
300     CONTINUE
400     WRITE(*,10)
        CALL GRFIX(XPLOT,TIME,MINDEX)
        STOP
        END
            INPUT PARAMETER SUMMARY:
            Rock core permeability (darcies): .100E+00
            Rock core porosity (decimal nbr): .200E+00
            Viscosity of invading fluid (cp): .100E+01
            Viscosity, displaced  fluid (cp): .100E+02
            Pressure at well boundary  (psi): .100E+03
            Pressure, effective radius  (psi): .000E+00
            Radius  of  the  bore  hole (ft): .100E+03
            Reservoir effective radius  (ft): .101E+03
            Initial "Rfront" position (feet): .101E+03 (i.e., 100.5)
            Integration space step size (ft): .200E-02
            Integration time step size (sec): .100E+01
            Maximum allowed  number of steps: .200E+04
            Number spatial DR grids selected: .500E+03

            COMPUTED RESULTS:
            T(   0)= .000E+00 sec, Rf= .10050E+03 ft, I= 250
            T(  60)= .600E+02 sec, Rf= .10054E+03 ft, I= 271
            T( 120)= .120E+03 sec, Rf= .10059E+03 ft, I= 294
            T( 180)= .180E+03 sec, Rf= .10064E+03 ft, I= 318
            T( 240)= .240E+03 sec, Rf= .10069E+03 ft, I= 346
            T( 300)= .300E+03 sec, Rf= .10075E+03 ft, I= 377
            T( 360)= .360E+03 sec, Rf= .10083E+03 ft, I= 416
            T( 420)= .420E+03 sec, Rf= .10094E+03 ft, I= 470
                            (B)
```

图 20.4　(A)Fortran 源代码(示例 20.2),(B)数值结果一(示例 20.2),(C)数值结果二(示例 20.2)

```
INPUT PARAMETER SUMMARY:
Rock core permeability (darcies): .100E+00
Rock core porosity (decimal nbr): .200E+00
Viscosity of invading fluid (cp): .100E+01
Viscosity, displaced  fluid (cp): .100E+02
Pressure at well boundary  (psi): .100E+03
Pressure, effective radius (psi): .000E+00
Radius  of  the  bore  hole (ft): .100E+00
Reservoir effective radius (ft): .110E+01
Initial "Rfront" position (feet): .600E+00
Integration space step size (ft): .200E-02
Integration time step size (sec): .100E+01
Maximum allowed  number of steps: .200E+04
Number spatial DR grids selected: .500E+03
```

```
Time (sec)   Position (ft)

 .000E+00    .600E+00     |              *
 .600E+02    .647E+00     |               *
 .120E+03    .695E+00     |                *
 .180E+03    .745E+00     |                 *
 .240E+03    .796E+00     |                  *
 .300E+03    .849E+00     |                   *
 .360E+03    .906E+00     |                    *
 .420E+03    .967E+00     |                     *
 .480E+03    .104E+01     |                      *
```

(C)

图 20.4 　(A)Fortran 源代码(示例 20.2),(B)数值结果一(示例 20.2),(C)数值结果二(示例 20.2)(续)

20.4　示例 20.3　无滤饼时的球状径向液体驱替

现在,重新考虑前述的柱状径向问题,修改解析和数值公式,以使其处理球状径向流。此类公式模拟钻头处的侵入,并频繁将流入流体导入地层测试器。用以下球状流方程代替柱状径向流的控制方程,即方程(20.33)中的 $d^2p(r)/dr^2 + (1/r)dp(r)/dr = 0$。

$$d^2p(r)/dr^2 + (2/r)dp(r)/dr = 0 \qquad (20.35)$$

同样,讨论仍限制在均质岩石内恒密流范围内。这些所需修改是微小的,因为只是用变量系数 $2/r$ 取代了 $1/r$。方程(20.34)变成:

$$\{1 - \Delta r/[R_{well} + (i-1)\Delta r]\}p_{i-1} - 2p_i + \{1 + \Delta r/[R_{well} + (i-1)\Delta r]\}p_{i+1} = 0 \quad (20.36)$$

原来的代码如下:

```
        DO 200  I=2,IMAXM1
        CORRECT = 0.5*DX/(WELRAD + (I-1)*DX)
        A(I) =  1. - CORRECT
        B(I) = -2.
        C(I) =  1. + CORRECT
        W(I) =  0.
   200  CONTINUE
```

为了实现方程(20.36),柱状径向流程序内的上述代码段仅要求做1行变动,结果如下:

```
DO 200  I=2,IMAXM1
CORRECT = DX/(WELRAD + (I-1)*DX)
A(I) =  1. - CORRECT
B(I) = -2.
C(I) =  1. + CORRECT
W(I) =  0.
200  CONTINUE
```

如前所述,会有明显的输入和输出术语变化,需要钻头和远场半径、前缘初始半径等。还是为了确保可读性,保留了 DX 表示径向网格长度 Δr。这段源代码与图 20.4A 所示的类似,不同的只有刚描述的那一行。为了说明柱状和球状径向流间的差异,假定了与示例 20.2 第二次运行中所用参数相同的参数。$t=480\mathrm{s}$ 时,柱状径向位置为 1.04ft,而在同一时刻,球状径向位置为 0.852ft,比前者少了不少。正如图 20.5A 和图 20.5B 所示计算结果显示的,球状前缘抵达有效半径 $r=1.1\mathrm{ft}$ 的远场边界需要更多时间。由于几何扩散增强,其移动速度比前一个示例中的移动速度要低。

```
INPUT PARAMETER SUMMARY:
Rock core permeability (darcies): .100E+00
Rock core porosity (decimal nbr): .200E+00
Viscosity of invading fluid (cp): .100E+01
Viscosity, displaced   fluid (cp): .100E+02
Pressure at "bit" boundary (psi): .100E+03
Pressure, effective radius (psi): .000E+00
Radius   at   the   drill   bit (ft): .100E+00
Reservoir effective radius   (ft): .110E+01
Initial "Rfront" position (feet): .600E+00
Integration space step size (ft): .200E-02
Integration time step size (sec): .100E+01
Maximum allowed  number of steps: .200E+04
Number spatial DR grids selected: .500E+03
```

(A)

```
Time (sec)  Position (ft)

.000E+00    .600E+00       |              *
.600E+02    .637E+00       |               *
.120E+03    .673E+00       |                *
.180E+03    .706E+00       |                 *
.240E+03    .738E+00       |                  *
.300E+03    .768E+00       |                   *
.360E+03    .797E+00       |                    *
.420E+03    .825E+00       |                    *
.480E+03    .852E+00       |                     *
.540E+03    .878E+00       |                      *
.600E+03    .904E+00       |                       *
.660E+03    .928E+00       |                       *
.720E+03    .952E+00       |                        *
.780E+03    .975E+00       |                         *
.840E+03    .998E+00       |                         *
.900E+03    .102E+01       |                          *
.960E+03    .104E+01       |                          *
.102E+04    .106E+01       |                           *
.108E+04    .108E+01       |                            *
```

(B)

图 20.5 (A)数值结果一(示例 20.3),(B)数值结果二(示例 20.3)

20.5 示例 20.4 没有滤饼时的线性液体(含瞬态可压缩流)驱替

在这个示例中,继续研究示例 20.1,但其中考虑了非零流体压缩系数的额外影响。鉴于这种情况,$d^2p/dx^2 = 0$ 不再是控制方程。相反,控制性的偏微分方程是以下热方程:

$$\partial^2 p(x,t) \partial x^2 = (\phi\mu c/K) \partial p/\partial t \tag{20.19}$$

此方程要求提供前缘位置初始条件和空间压力分布初始条件。正如之前推导的,其有限差分逼近采取以下形式:

$$P_{i-1,n} - [2 + \phi\mu c (\Delta x)^2/(K\Delta t)] P_{i,n} + P_{i+1,n}$$
$$= - [\phi\mu c (\Delta x)^2/(K\Delta t)] P_{i,n-1} \tag{20.23}$$

而非以 $d^2p/dx^2 = 0$ 为目标推导出来的较简单方程:

$$(1) P_{i-1} - 2P_i + (1) P_{i+1} = 0 \tag{20.37}$$

示例 20.1 的有限差分程序可修改成能够处理与流体压缩系数有关的瞬态。首先,方程(20.23)右侧表示,为了能够求解三对角方程,需先取得前一个时步里的压力信息。因此,需要初始条件,程序用户须输入初始压力。

穿透一个新的地层时,初始压力始终等于油藏孔隙压力。然而,在本书和代码中,为了代码的灵活性以及程序可用于特殊的试验条件,令此参数输入值是完全通用的。一旦确定特定时步的空间压力场,则必须将其拷贝到之前的压力阵列内,然后方可进行压力递推并对时间进行压力积分。记录早前压力阵列意味着需要一个额外的 Fortran 维数语句以及更多的分配内存。除了流体压缩系数所需的新输入语句以外,还需修改方程(20.23)和方程(20.37)所需的矩阵系数 B 和 W。即,用方程(20.23)中的项 $-2 - \phi\mu c (\Delta x)^2/(K\Delta t)$ 代替方程(20.37)中的 -2,用方程(20.23)中的项 $- [\phi\mu c (\Delta x)^2/(K\Delta t)] P_{i,n-1}$ 代替方程(20.37)中的 0。注意,之前的修改会因增强对角为主而增加数值稳定性。示例 20.1 中推导的界面速度拟合条件不改变。但必须理解乘积 μc 的含义:前缘两侧是不同的,前缘随着时步推移而移动。所需的 Fortran 源代码修改如图 20.6A 中粗体所示。PNM1 表示数组 $P_{i,n-1}$,初始压力是 PINIT。为了确定流体压缩系数的瞬态影响,重新考虑示例 20.1 中所用的一个数据集,其中,以水驱黏度十倍于水的油。对应的压缩系数取 $3 \times 10^{-6} psi^{-1}$ 和 $50 \times 10^{-6} psi^{-1}$,同时假定初始压力等于右侧的油藏压力。如果将计算结果(现在包括与流体压缩系数和移动前缘有关的时标)与示例 20.1 中的计算结果(图 20.3C)比较,就会发现,在当前的运行过程中,可压缩流的瞬态对驱替前缘位置的影响是极小的。Fortran 语言有一个细微之处值得详细推敲。200do-loop 定义了两个独立的分别针对前缘左侧和右侧流的差分方程,但 W(I) = -TERM * PNM1(I) 指单一压力。只要前缘移动在一个时步内不超过一个网格,便不存在因将水压拷贝成油压或将油压拷贝成水压导致的错误(比如,参见260loop);压力连续性确保了两个部分含有相等的压力。

```
                .
        C       INITIAL SETUP
                IMAX = XCORE/DX +1
                IMAXM1 = IMAX-1
                IFRONT = XFRONT/DX +1
                N = 0
                T = 0.
                DO 100   I=1,IMAX
                PNM1(I) = PINIT
        100     CONTINUE
                NSTOP = 0
                MINDEX=1
                TIME(1) = 0.
                XPLOT(1) = XFRONT
        C
        C       START TIME INTEGRATION
                DO 300   N=1,NMAX
                T = T+DT
                DO 200   I=2,IMAXM1
                IF(I.LT.IFRONT) COMP = COMPL
                IF(I.GE.IFRONT) COMP = COMPR
                IF(I.LT.IFRONT) VISC = VISCL
                IF(I.GE.IFRONT) VISC = VISCR
                TERM = PHI*VISC*COMP*DX*DX/(K*DT)
                A(I) =   1.
                B(I) = -2.-TERM
                C(I) =   1.
                W(I) =   -TERM*PNM1(I)
        200     CONTINUE
                A(1) = 99.
                B(1) = 1.
                C(1) = 0.
                W(1) = PLEFT

                          (A)
                A(IMAX) = 0.
                B(IMAX) = 1.
                C(IMAX) = 99.
                W(IMAX) = PRIGHT
                IF(VISCIN.EQ.VISCDP) GO TO 240
                A(IFRONT) =   1./VISCL
                B(IFRONT) = -1./VISCL -1./VISCR
                C(IFRONT) =   1./VISCR
                W(IFRONT) =   0.
        240     CALL TRIDI(A,B,C,VECTOR,W,IMAX)
                DO 250   I=1,IMAX
                P(I) = VECTOR(I)
        250     CONTINUE
                PGRAD = (P(IFRONT)-P(IFRONT-1))/DX
                XFRONT = XFRONT - (K*DT/(PHI*VISCL))*PGRAD
                IFRONT = XFRONT/DX +1
                DO 260   I=1,IMAX
                PNM1(I) = P(I)
        260     CONTINUE
                WRITE(*,280) N,T,XFRONT,IFRONT
        280     FORMAT(1X,'T(',I4,')= ',E8.3,' sec, Xf= ',E8.3,' ft, I= ',I3)
                MINDEX = MINDEX+1
                TIME(MINDEX) = T
                XPLOT(MINDEX) = XFRONT
        300     CONTINUE
        400     WRITE(*,10)
                WRITE(4,10)
                CALL GRFIX(XPLOT,TIME,MINDEX)
                STOP
                END
```

```
                                   INPUT PARAMETER SUMMARY:
                                   Rock core permeability (darcies): .100E+00
                                   Rock core porosity (decimal nbr): .200E+00
                                   Viscosity of invading fluid (cp): .100E+01
                                   Viscosity, displaced  fluid (cp): .100E+02
                                   Compr ... invading fluid (1/psi): .300E-05
                                   Compr .. displaced fluid (1/psi): .500E-04
                                   Pressure at left boundary  (psi): .100E+03
                                   Pressure at right boundary (psi): .000E+00
                                   Pressure, initial time t=0 (psi): .000E+00
                                   Length of rock core sample  (ft): .100E+01
                                   Initial "xfront" position (feet): .500E+00
                                   Integration space step size (ft): .200E-02
                                   Integration time step size (sec): .100E+01
                                   Maximum allowed  number of steps: .200E+04
                                   Number spatial DX grids selected: .500E+03

                Time (sec)  Position (ft)
                .000E+00    .500E+00    +--------------------*
                .600E+02    .542E+00    |              *
                .120E+03    .587E+00    |                *
                .180E+03    .637E+00    |                   *
                .240E+03    .692E+00    |                     *
                .300E+03    .755E+00    |                       *
                .360E+03    .833E+00    |                         *
                .420E+03    .944E+00    |                            *
                                (B)
```

图 20.6 (A)Fortran 源代码(示例 20.4),(B)数值结果(示例 20.4)

20.6　示例 20.5 隐式时间法的纽曼稳定性

经证实,示例 20.4 中给出的隐式时间法是数值稳定的,而研究其针对更广泛瞬态流公式范畴的纽曼特性是有意义的。具体地,考虑融合线性、柱状和球状径向范围的公式,即:

$$\partial^2 p(x,t)/\partial x^2 = (\phi\mu c/K)\partial p/\partial t \tag{20.38}$$

$$\partial^2 p/\partial r^2 + 1/r\partial p/\partial r = (\phi\mu c/K)\partial p/\partial t \tag{20.39}$$

$$\partial^2 p/\partial r^2 + 2/r\partial p/\partial r = (\phi\mu c/K)\partial p/\partial t \tag{20.40}$$

并专门研究:

$$\partial^2 p/\partial r^2 + N/r\partial p/\partial r = (\phi\mu c/K)\partial p/\partial t \tag{20.41}$$

其中,$N=0$、1 或 2,具体根据流域是线性、柱状还是球状而做选取。N 的其他值属于非常规分形描述,非常规分形描述一直以来都是近期油藏描述研究的课题。现在,如方程(20.22)所示对方程(20.41)进行差分,利用中心差分公式 $(P_{i+1,n} - P_{i-1,n})/(2\Delta r)$ 逼近 $\partial p/\partial r$,同时评价中心点 i 处的倒数 $1/r$。结果有:

$$(P_{i-1,n} - 2P_{i,n} + P_{i+1,n})/(\Delta r)^2 + (N/r_i)(P_{i+1,n} - P_{i-1,n})/(2\Delta r) = (\phi\mu c/K)(P_{i,n} - P_{i,n-1})/\Delta t \tag{20.42}$$

或者

$$[1 - N\Delta r/(2r_i)]P_{i-1,n} - [2 + \phi\mu c(\Delta r)^2/(K\Delta t)]P_{i,n}$$
$$+ [1 + N\Delta r/(2r_i)]P_{i+1,n} = -[\phi\mu c(\Delta r)^2/(K\Delta t)]P_{i,n-1} \tag{20.43}$$

此方程直接说明如何修改前述示例中给出的线性流算法以处理柱状径向流和球状流的影响。即,现在有综合的矩阵系数 $A = A_i = 1 - N\Delta r/(2ri)$ 和 $C = Ci = 1 + N\Delta r/(2ri)$ 取代单位系数。这意味着这是唯一所需的修改。为了确定其数值稳定性,研究具有以下形式的傅立叶波组分。

$$P_{i,n} = \zeta^n e^{j\beta(i\Delta r)} \tag{20.44}$$

其中,$j = \sqrt{-1}$,β 是干扰波数(关于更详细的讨论,可参见 Chin 于 1994 年的著作),ζ 表示之前介绍过的放大因数。代入方程(20.43)有:

$$\zeta = 1/(1 + \{4K\Delta t/[\phi\mu c(\Delta r)^2]\}\sin^2\beta\Delta r/2 - jKN\Delta t/(\phi\mu cr_i\Delta r)) \tag{20.45}$$

为了确保稳定性,需要 $|\zeta|<1$。假如满足以下条件,则这是可以实现的:

$$(1 + \{4K\Delta t/[\phi\mu c(\Delta r)^2]\}\sin^2\beta\Delta r/2)^2 + [KN\Delta t/(\phi\mu cr_i\Delta r)]^2 > 1 \tag{20.46}$$

由于 $\sin^2\beta\Delta r/2 > 0$,如果 $\Delta t > 0$,则不等式恒成立,从而确保稳定性。当然,网格尺寸必须要小,以便减少截断误差,同时确保收敛于偏微分方程的解。与之前研究过的属于条件稳定的显式方法不同,这个隐式方法是无条件稳定的,只需三对角矩阵逆转。在达到这种稳定性的过程中,心照不宣地假定了一个正数的时间步长 $\Delta t > 0$,这是一种通常的情况。但在第 21 章中,将介绍反向时间积分,其中 $\Delta t < 0$。对于此类应用,稳定性要求会有变化,数值截断误差的本质也有变化。

20.7 示例20.6 无滤饼时线状岩心内的液体驱替气体(考虑瞬态可压缩流)

液体滤液似活塞驱替地层气时,求解存在非常大的数学障碍,就算没有令问题复杂化的滤饼,也是如此。第21章中会继续讨论更精确的非混相两相流模拟。据笔者所知,虽然这个问题在研究致密含气砂岩中的流方面是重要的,但文献中从未正确解决过这个问题。许多研究人员都简单地假设:

$$\partial^2 p(x,t)/\partial x^2 = (\phi\mu c/K)\,\partial p/\partial t \tag{20.47}$$

该方程仅适用于液体,但若 c 取值合适,也适用于气体(注意,$c_{water} \approx 0.000003\text{psi}^{-1}$,而气体的值高度依赖于压力,可能是此值的数百倍)。但实际上,正如所指出的,针对气体的相关方程是:

$$\partial^2 p^{m+1}(x,t)/\partial x^2 = [\phi\mu m/(Kp)]\,\partial p^{m+1}/\partial t \tag{20.48}$$

其中,m 是 Muskat 热动力学指数。方程(20.47)和方程(20.48)均以线状各向同性流为假设前提。注意:对于等温问题,$m=1$,而对于绝热流,许多气体都有 $m = C_v/C_p \approx 0.7$。先通过研究不可压缩液体驱替不可压缩气体这种基本情形说明这些复杂性的本质。然后,直接得到模拟这种常见的液体驱替气体情况的方程表述,其中考虑移动前缘和不可忽略的瞬态压缩效应。这项研究会突出数值方法的重要性,此外,利用示例20.5的纽曼稳定性结果说明如何根据看似无关的信息片段洞察稳定稳健计算算法的设计。

20.7.1 不可压缩的问题

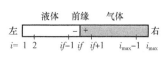

图 20.7 液体驱替气体

以参考为目的,考虑图20.7所示的流域。在不可压缩范围内,方程(20.47)简化成 $\mathrm{d}^2 p_1(x)/\mathrm{d}x^2 = 0$,而方程(20.48)变成 $\mathrm{d}^2 p_2^{m+1}(x)/\mathrm{d}x^2 = 0$。引入下标1和2,目的是分别表示左侧液体流和右侧气体流;这些下标也提醒读者,这两个流满足彼此差异很大的普通微分方程。这些二阶方程有解 $p_1(x) = Ax + B$ 和 $p_2^{m+1}(x) = Cx + D$。对于气体流,应理解发生线性变化的不是压力 $p_2(x)$,而是函数 $p_2^{m+1}(x)$。现在,满足条件 $p_1(0) = P_L$ 的 $p_1(x)$ 的解是 $p_1(x) = Ax + P_L$,而满足右侧压力边界条件 $p_2(L) = P_R$ 的 $p_2^{m+1}(x)$ 的解是 $p_2^{m+1}(x) = C(x-L) + P_R^{m+1}$。同样,$L$ 是岩心的长度。到目前为止,A 和 C 是未知的,但大体上它们通过确保 $x = x_f$ 处的压力和速度连续性确定。由于 $p_2(x) = [C(x-L) + P_R^{m+1}]^{1/(m+1)}$,压力连续性要求有 $Ax_f + P_L = [C(x_f-L) + P_R^{m+1}]^{1/(m+1)}$。接下来,评价导数 $\mathrm{d}p_2(x)/\mathrm{d}x = [C/(m+1)][C(x-L) + P_r^{m+1}]^{-m/(m+1)}$。这样,速度连续性要求有 $(1/\mu_1)\mathrm{d}p_1(x_f)/\mathrm{d}x = (1/\mu_2)\mathrm{d}p_2(x_f)/\mathrm{d}x$ 或 $A/\mu_1 = (1/\mu_2)[C/(m+1)][C(x_f-L) + P_R^{m+1}]^{-m/(m+1)}$,因为渗透率全部是一致的。总之,以解析方式求解以下方程:

$$Ax_f + P_L = [C(x_f-L) + p_R^{m+1}]^{1/(m+1)} \tag{20.49a}$$

$$A/\mu_1 = (1/\mu_2)[C/(m+1)][C(x_f-L) + p_R^{m+1}]^{1/(m+1)} \tag{20.49b}$$

显然,方程(20.49a)和方程(20.49b)中的 A 可以消去,但这会出现难以求解的 C 的非线性方程。即使得到 A 和 C 的显式表达式,对驱替前缘方程 $dx_f/dt = -K/(\mu\phi)dp_1(x_f)/dx = -KA/(\mu\phi)$ 进行积分也会造成复杂性。必须模拟由于可压缩性引起的瞬态效应时,情况会更加复杂。因此,希望利用示例 20.4 的成果和示例 20.5 中得到的稳定性信息以数值方式对问题进行公式表述。

20.7.2　瞬态可压缩的问题

前文已讨论过模拟方程(20.47)所需的有限差分,在示例 20.4 中,实际上考虑了黏度和可压缩性均不同的不同液体的驱替。而且,所出现的瞬态现象有两种,即,试井中遇到的常见可压缩瞬态以及基于流度差异的前缘移动所引起的瞬态。鉴于方程(20.48)同方程(20.47)相似,如果读者发现之前表达式中右侧系数 $\phi\mu m/(Kp)$ 或 $\phi\mu c^*/K$ 不是常数但依赖于 $p(x,t)$,则方程(20.48)可以以同样方式进行差分,$p(x,t)$ 随时间推移连续发生变化。从数值角度讲,这个压力可在前一时步评价,在前向时间积分过程中的任何时刻评价。回忆一下,示例 20.4 是通过用方程(20.23)逼近方程(20.47)成功求解的。

$$P_{i-1,n} - \left[2 + \phi\mu c(\Delta x)^2/(K\Delta t)\right]P_{i,n} + P_{i+1,n} = -\left[\phi\mu c(\Delta x)^2/K\Delta t\right]P_{i,n-1} \quad (20.23)$$

此方程仍适用于图 20.7 所示的移动前缘左侧,移动前缘处存在侵入液体。然而,在前缘的右侧,方程(20.48)适用。由于具有方程(20.42)所给形式的隐式有限差分方程是非条件稳定的,所以,试着以利用这种稳定性的方式对方程(20.48)进行差分。为此,$\partial^2 p^{m+1}(x,t)/\partial x^2 = \left[\phi\mu m/(Kp)\right]\partial p^{m+1}/\partial t$ 可扩展到:

$$\partial^2 p(x,t)/\partial x^2 + (m/p)(\partial p/\partial x)^2 = \left[\phi\mu m/(Kp)\right]\partial p/\partial t \quad (20.50)$$

如果完全像之前那样对所有旧项进行差分,同时逼近 $O(\Delta x)^2$ 精确的以下公式中的新项:

$$(m/p)(\partial p/\partial x)^2 = (m/P_{i,n-1})\left[(P_{i+1,n-1} - P_{i-1,n-1})/(2\Delta x)\right] \times \left[(P_{i+1,n} - P_{i-1,n})/(2\Delta x)\right] \quad (20.51)$$

$$\phi\mu m/(Kp) = \phi\mu m/(KP_{i,n-1}) \quad (20.52)$$

则有:

$$\{1 - m(\Delta x)(\partial p/\partial x)_{i,n-1}/(2P_{i,n-1})\}P_{i-1,n} - \left[2 + \{\phi\mu m(\Delta x)^2/(KP_{i,n-1}\Delta t)\}\right]P_{i,n}$$
$$+ \{1 + m(\Delta x)(\partial p/\partial x)_{i,n-1}/(2P_{i,n-1})\}P_{i+1,n} = -\phi\mu m(\Delta x)^2/(K\Delta t) \quad (20.53)$$

因此,可轻松修改示例 20.4 中给出的模拟不同液体驱替的 Fortran 源代码,以处理液体对气体的驱替,对于前缘的右侧,则采用方程(20.53)。前缘拟合条件仍适用于每个时步;而且,它仍会体现压力和速度的连续性且与流体压缩系数无关。

$$(1/\mu_1)p_{if-1} - (1/\mu_1 + 1/\mu_2)p_{if} + (1/\mu_2)p_{if+1} = 0 \quad (20.29)$$

在图 20.8A 所示的修改后的源代码中,Muskat 指数 m 用 EM 表示。图 20.8B 和图 20.8C 所示的数值结果是在两种不同孔隙度值情况下求得的,所有其他参数均保持不变。

Fortran 语言有一个细微之处值得详细推敲。200do - loop 定义了两个独立的分别针对前缘左侧和右侧流的差分方程,但 260do - loop 中的压力更新指单一压力。只要前缘在一个时步内移动不超过一个网格,便不存在因将液体压力拷贝成气体压力或将气体压力拷贝成液体压力导致的错误(假定毛细管压力很小)。压力连续性确保两个网格块将含相同压力。

```
C       START TIME INTEGRATION
        DO 300  N=1,NMAX
        T = T+DT
        DO 200  I=2,IMAXM1
        IF(I.LT.IFRONT) A(I) = 1.
        IF(I.LT.IFRONT) B(I) =-2.-PHI*VISCL*COMPL*DX*DX/(K*DT)
        IF(I.LT.IFRONT) C(I) = 1.
        IF(I.LT.IFRONT) W(I) =-(PHI*VISCL*COMPL*DX*DX/(K*DT))*PNM1(I)
        IF(I.GE.IFRONT) DPDX = (PNM1(I+1)-PNM1(I-1))/(2.*DX)
        IF(I.GE.IFRONT) A(I) = 1. -EM*DX*DPDX/(2.*PNM1(I))
        IF(I.GE.IFRONT) B(I) =-2.-PHI*VISCR*EM*DX*DX/(K*DT*PNM1(I))
        IF(I.GE.IFRONT) C(I) = 1. +EM*DX*DPDX/(2.*PNM1(I))
        IF(I.GE.IFRONT) W(I) =-(PHI*VISCR*EM*DX*DX/(K*DT)
200     CONTINUE
        A(1) = 99.
        B(1) = 1.
        C(1) = 0.
        W(1) = PLEFT
        A(IMAX) = 0.
        B(IMAX) = 1.
        C(IMAX) = 99.
        W(IMAX) = PRIGHT
        IF(VISCIN.EQ.VISCDP) GO TO 240

        A(IFRONT) =  1./VISCL
        B(IFRONT) = -1./VISCL -1./VISCR
        C(IFRONT) =  1./VISCR
        W(IFRONT) =  0.
240     CALL TRIDI(A,B,C,VECTOR,W,IMAX)
        DO 250  I=1,IMAX
        P(I) = VECTOR(I)
250     CONTINUE
        PGRAD = (P(IFRONT)-P(IFRONT-1))/DX
        XFRONT = XFRONT - (K*DT/(PHI*VISCL))*PGRAD
        IFRONT = XFRONT/DX +1
        DO 260  I=1,IMAX
        PNM1(I) = P(I)
260     CONTINUE
        .
```

(A)

```
INPUT PARAMETER SUMMARY:
Rock core permeability (darcies): .100E-02
Rock core porosity (decimal nbr): .100E+00
Viscosity, invading  liquid (cp): .100E+01
Viscosity of  displaced gas (cp): .200E-01
Compr .. invading liquid (1/psi): .300E-05
Muskat m exponent of gas (real#): .700E+00
Pressure at left boundary  (psi): .200E+03
Pressure at right boundary (psi): .100E+03
Pressure, initial time t=0 (psi): .100E+03
Length of rock core sample  (ft): .100E+01
Initial "xfront" position (feet): .200E+00
Integration space step size (ft): .100E-01
Integration time step size (sec): .100E+01
Maximum allowed  number of steps: .100E+05
Number spatial DX grids selected: .101E+03
```

```
    Time (sec)  Position (ft)
    .000E+00     .200E+00     |    *
    .600E+02     .221E+00     |    *
    .120E+03     .239E+00     |     *
    .180E+03     .256E+00     |     *
    .240E+03     .272E+00     |     *
    .300E+03     .287E+00     |      *
    .360E+03     .302E+00     |      *
    .420E+03     .316E+00     |      *
    .480E+03     .329E+00     |       *
    .540E+03     .342E+00     |       *
    .600E+03     .354E+00     |        *
    .660E+03     .366E+00     |        *
    .720E+03     .378E+00     |        *
    .780E+03     .389E+00     |         *
    .840E+03     .400E+00     |         *
    .900E+03     .411E+00     |         *
    .960E+03     .421E+00     |          *
    .102E+04     .431E+00     |          *
       .
    .192E+04     .563E+00     |              *
    .198E+04     .571E+00     |              *
    .204E+04     .578E+00     |               *
    .210E+04     .586E+00     |               *
    .216E+04     .593E+00     |               *
    .222E+04     .601E+00     |               *
    .228E+04     .608E+00     |                *
    .234E+04     .615E+00     |                *
    .240E+04     .622E+00     |                *
    .246E+04     .629E+00     |                *
    .252E+04     .636E+00     |                *
    .258E+04     .643E+00     |                 *
    .264E+04     .650E+00     |                 *
    .270E+04     .656E+00     |                 *
```

(B)

图 20.8　(A)Fortran 源代码(示例 20.6),(B)数值结果一(示例 20.6),(C)数值结果二(示例 20.6)

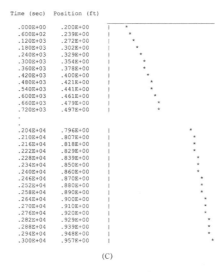

```
INPUT PARAMETER SUMMARY:
Rock core permeability (darcies): .100E-02
Rock core porosity (decimal nbr): .500E-01
Viscosity, invading   liquid (cp): .100E+01
Viscosity of  displaced gas (cp): .200E-01
Compr .. invading liquid (1/psi): .300E-05
Muskat m exponent of gas (real#): .700E+00
Pressure at left boundary  (psi): .200E+03
Pressure at right boundary (psi): .100E+03
Pressure, initial time t=0 (psi): .100E+03
Length of rock core sample  (ft): .100E+01
Initial "xfront" position (feet): .200E+00
Integration space step size (ft): .100E-01
Integration time step size (sec): .100E+01
Maximum allowed  number of steps: .100E+05
Number spatial DX grids selected: .101E+03

        Time (sec)   Position (ft)
         .000E+00     .200E+00     |     *
         .600E+02     .239E+00     |      *
         .120E+03     .272E+00     |       *
         .180E+03     .302E+00     |        *
         .240E+03     .329E+00     |        *
         .300E+03     .354E+00     |         *
         .360E+03     .378E+00     |         *
         .420E+03     .400E+00     |          *
         .480E+03     .421E+00     |           *
         .540E+03     .441E+00     |           *
         .600E+03     .461E+00     |            *
         .660E+03     .479E+00     |            *
         .720E+03     .497E+00     |             *
            .
            .
         .204E+04     .796E+00     |                          *
         .210E+04     .807E+00     |                           *
         .216E+04     .818E+00     |                           *
         .222E+04     .829E+00     |                           *
         .228E+04     .839E+00     |                            *
         .234E+04     .850E+00     |                            *
         .240E+04     .860E+00     |                             *
         .246E+04     .870E+00     |                             *
         .252E+04     .880E+00     |                              *
         .258E+04     .890E+00     |                              *
         .264E+04     .900E+00     |                               *
         .270E+04     .910E+00     |                               *
         .276E+04     .920E+00     |                               *
         .282E+04     .929E+00     |                                *
         .288E+04     .939E+00     |                                *
         .294E+04     .948E+00     |                                 *
         .300E+04     .957E+00     |                                 *
                                   (C)
```

图 20.8　(A)Fortran 源代码(示例 20.6),(B)数值结果一(示例 20.6),(C)数值结果二(示例 20.6)(续)

20.8　示例 20.7 同时发生的不可压缩液体流滤饼堆积与驱替前缘移动

在上一个示例中,重新考虑了线性流侵入前缘移动与滤饼增厚动态耦合问题;第 17 章曾以解析方式研究过这个问题,当时是以解析解形式求解的,但现在要以数值方式逼近其解。继续研究这个问题原因有几个。首先,笔者希望说明如何构建具有移动边界和完全不同空间尺度的问题的公式表述并以有限差分方式求解。其次,最终需要计算方法,因为当需要考虑滤饼压实、压力随时间变化以及地层非均质性时,这种方法更为简便。由于目前问题可用解析方式描述,所以,至少有一个评价更近似求解方法质量的工具。在前述示例中强调了如何以数值方式模拟流体可压缩性所引发瞬态的效应以及液体驱替气体的非线性效应。现在,为了说明主要概念,回过头看简单的不可压缩液体流,从而无须讨论令问题复杂化但简单直接的效应。这里设有两个移动边界:岩石内的驱替前缘以及滤饼面,后者移动时会增加滤饼厚度。因此,需要对本文的方法进行解析和计算修改。此外,完全不同的空间尺度以一种微妙的方式进入数值公式表述:滤饼与滤液进入地层的长度相比是薄的。问题域如图 20.9A 所示。

为了简洁起见,假设滤饼和岩石内渗透率 K_c 和 K_r 恒定不变,但 $K_c \neq K_r$。因此,不管从 $d(K_c dp/dx)/dx = 0$ 入手还是从 $d(K_r dp/dx)/dx = 0$ 入手,渗透率参数都会消掉,故有:

$$\mathrm{d}^2 p(x)/\mathrm{d}x^2 = 0 \qquad (20.10)$$

现在,用之前所用的中心差分公式逼近方程(20.10),即:

$$\mathrm{d}^2 p(x_i)/\mathrm{d}x^2 = [p_{i-1} - 2p_i + p_{i+1}]/(\Delta x)^2 + O(\Delta x)^2 = 0 \qquad (20.14)$$

滤饼增厚与驱替前缘移动耦合问题有着明显完全不同的长度尺度,所以,它不可能属于传统流体力学中的边界层或激波层流问题。即,滤饼是非常薄的,而前缘移动尺寸超出滤饼厚度几个数量级:利用相同长度度量单位描述这两种流都有可能导致不精确。因此,像往常那样选 Δx ,而不是滤饼的 Δx_c , $\Delta x_c \le \Delta x$ 。幸运的是,这不会造成数值复杂性,因为对方程(20.10)应用方程(20.14)时这个网格长度完全无效。这不是径向流的情况,也不是瞬态可压缩流的情况,对于径向流或瞬态可压缩流的情况,需要做些微小修正。

因此,已经推导出来的方程(20.15)在具有不同渗透率和网格尺寸的通常情况下,适用于整个流域范围。

$$p_{i-1} - 2p_i + p_{i+1} = 0 \qquad (20.15)$$

这并不意味着不需要修正;反而需要修正,对此后续马上将有讨论。现在,正如之前示例所示,写出每个内部节点 $i = 2, 3, \cdots, i_{max} - 1$ 处的方程(20.15),进而确定节点 $i = 1, 2, 3, \cdots, i_{max}$ 处的压力 $p_1, p_2, \cdots, p_{imax}$,其中有两个显著的例外,有待讨论。这样形成了 $i_{max} - 2$ 个线性方程,方程数目比未知量数目 i_{max} 少2。这两个额外的所需方程根据边界条件确定;在这种情况下,对钻井液和远场油藏有:

$$p(-x_c) = P_{mud}, x_c > 0 \qquad (20.54)$$

$$p(L) = P_{res} \qquad (20.55)$$

即,假定 $p_1 = P_{mud}$ 和 $p_{imax} = P_{res}$,其中,L 是岩心长度。结果形成以下与简单液体流方程类似的耦合方程:

$$
\begin{aligned}
i = 2: \quad & p_1 & = P_{mud} \\
i = 3: \quad & p_1 - 2p_2 + p_3 & = 0 \\
i = 4: \quad & p_2 - 2p_3 + p_4 & = 0 \\
& p_3 - 2p_4 + p_5 & = 0 \\
i = i_{wall} & & \\
i = i_{front} \text{ or if}: \quad & p_{i_{max}-3} - 2p_{i_{max}-2} + p_{i_{max}-1} & = 0 \\
i = i_{max} - 2: \quad & p_{i_{max}-2} - 2p_{i_{amx}-1} + p_{i_{max}} & = 0 \\
i = i_{max} - 1: \quad & p_{i_{max}} = P_{res} &
\end{aligned} \qquad (20.56)
$$

或者

$$
\begin{vmatrix}
1 & 0 & & & & & & \\
1 & -2 & 1 & & & & & \\
& & 1 & -2 & 1 & & & \\
\cdots & & & & & & & \\
\cdots & & & & & & & \\
\cdots & & & & & & & \\
\cdots & & & & & & & \\
& & & & 1 & -2 & 1 & \\
& & & & & 1 & -2 & 1 \\
& & & & & & 0 & 1
\end{vmatrix}
\begin{vmatrix}
p_1 \\
p_2 \\
p_3 \\
\\
\vdots \\
\\
\\
p_{i_{\max}-2} \\
p_{i_{\max}-1} \\
p_{i_{\max}}
\end{vmatrix}
\begin{matrix}
= \\
= \\
= \\
= \\
= \\
= \\
= \\
= \\
= \\
=
\end{matrix}
\begin{vmatrix}
P_{\text{mud}} \\
0 \\
0 \\
\cdots \\
\cdots \\
\cdots \\
\cdots \\
0 \\
0 \\
P_{\text{rec}}
\end{vmatrix}
\tag{20.57}
$$

然而,主要差异来源于需要在钻井液—滤饼界面和驱替前缘界面处施加的拟合条件。下标 c 和 r 表示滤饼和岩石性质,而 mf 和 o 表示钻井液滤液和地层油或被驱替流体。在侵入液体和被驱替液体间的前缘界面处,速度连续性要求前缘左侧的 $-(K_r/\mu_{\text{mf}})\mathrm{d}p_r(x_{f-})/\mathrm{d}x$ 等于前缘右侧的 $-(K_r/\mu_o)\mathrm{d}p_r(x_{f+})/\mathrm{d}x$。

20.8.1　驱替前缘处的拟合条件

由于岩石渗透率消掉,有 $(1/\mu_{\text{mf}})\mathrm{d}p(x_{f-})/\mathrm{d}x = (1/\mu_o)\mathrm{d}p(x_{f+})/\mathrm{d}x$。现在,用 $if-$ 和 $if+$ 表示无限接近前缘 $x = x_f$ 左侧和右侧的空间位置,$x = x_f$ 对应的下标为 $i = if$。然后,可采用后向差分逼近压力梯度 $\mathrm{d}p(x_{f-})/\mathrm{d}x$,而压力梯度 $\mathrm{d}p(x_{f+})/\mathrm{d}x$ 可通过前向差分模拟。由于界面处压力梯度通常是突变的,所以,界面处仍然不得进行微分。这会导致 $(1/\mu_{\text{mf}})(p_{if-} - p_{if-1})/\Delta x = (1/\mu_o)(p_{if+1} - p_{if+})/\Delta x$ 或 $(1/\mu_{\text{mf}})(p_{if-} - p_{if-1}) = (1/\mu_o)(p_{if+1} - p_{if+})$。现在,由于界面张力不是重要的,故压力连续性要求有 $p_{if-} = p_{if+}$ 或 p_{if}。这样,在界面处,如下拟合条件适用,在 $i = i_{\text{front}}$ 定义的那一行简单修改方程(20.56)和方程(20.57)。

$$(1/\mu_{\text{mf}})p_{if-1} - (1/\mu_{\text{mf}} + 1/\mu_o)p_{if} + (1/\mu_o)p_{if+1} = 0 \tag{20.58}$$

与中心差分逼近法(为二阶精确)不同,推导方程(20.58)过程中采用了后向差分和前向差分,这使得该方程仅为 O(Δx) 精确。

20.8.2　滤饼—岩石界面处的拟合条件

在下标 $i = i_{\text{wall}}$(表示滤饼—岩石界面)处援引类似参数是具有诱惑力的,修改方程(20.58),以考虑滤饼和岩石渗透率的差异。这样,有:

$$K_c p_{i_{\text{wall}}-1} - (K_c + K_r)p_{i_{\text{wall}}} + K_r p_{i_{\text{wall}}+1} = 0 \tag{20.59}$$

在方程(20.59)中,黏度同样消去,因为流过滤饼和岩石内冲刷区的滤液是相同的。然而,采用方程(20.59)会产生重大数值误差且滤饼中物理分辨率很差,因为在其导数中暗含着相同的网格尺寸 Δx。此外,方程(20.59)不像 $p_{i-1} - 2p_i + p_{i+1} = 0$ 那样数值稳定,如果算法扩展至瞬态可压缩流,则会造成不精确。因此,需要回顾基本概念,考虑更通用的表述:

$$-(K_c/\mu_{\text{mf}})\mathrm{d}p(x_{\text{wall}-})/\mathrm{d}x = -(K_r/\mu_{\text{mf}})\mathrm{d}p(x_{\text{wall}+})/\mathrm{d}x \tag{20.60}$$

由于滤饼中的物理长度规模比岩石中的物理长度规模要小得多,所以,希望构建向后差分和向前差分过程中在滤饼内采用 Δx_s,而在岩石内采用通常的 Δx,且 $\Delta x_s \leqslant \Delta x$。故有拟合条件:

$$(K_c/\Delta x_s)p_{i_{wall}-1} - (K_c/\Delta x_s + K_r/\Delta x)p_{i_{wall}} + (K_r/\Delta x)p_{i_{wall}+1} = 0 \quad (20.61)$$

因为 $p_{i_{wall}-} = p_{i_{wall}+}$。如果选择 $K_c \propto \Delta x_s$ 和 $K_r \propto \Delta x_s$,则根据该差分方程直接导出希望的 $p_{i_{wall}-1} - 2p_{i_{wall}} + p_{i_{wall}+1} = 0$!这样,在方程(20.56)和方程(20.57)中采用方程(20.61),将滤饼和被冲洗区内的流的有限差分方程块分开;该拟合条件适用于与 $i = i_{wall}$ 对应的矩阵行。

20.8.3 代码修改

理论上,方程(20.58)和方程(20.61)表示最重要的修改版本,但有些同样重要的细节必须探讨一下。在每个时步的结尾,都会利用方程(20.30)至方程(20.32)将驱替前缘往前推进,就像示例20.1所示。在目前这个示例中,有:

$$x_{f,new} = x_{f,old} - [K_r\Delta t/(\mu_{mf}\phi\Delta x)](p_{if} - p_{if-1})_{old} \quad (20.62)$$

其中,p 指冲洗区内的压力。利用前面的滤饼增厚公式更新钻井液—滤饼边界 $x = x_c(t)$,然后进行修改以符合图20.9A所示的符号规定,即:

$$dx_c/dt = - \{f_s/[(1-f_s)(1-\phi_c)]\} |v_n| < 0 \quad (20.63)$$

其中,$|v_n|$ 与滤饼界面处的达西速度 $(K_c/\mu_{mf})dp(x_c)/dx$ 成比例。因此,与方程(20.62)相对应的滤饼方程是:

$$x_{c,new} = x_{c,old} + \{f_s/[(1-f_s)(1-\phi_c)]\}[K_c\Delta t/(\mu_{mf}\Delta x)](p_2 - p_1)_{old} \quad (20.64)$$

数值上,正如方程(20.56)所表明的,需要三个彼此分开的矩阵状态(通过两个拟合条件分开)。最初,图20.9A所示的下标 i_{wall} 必须至少等于3;在这个最低配置中,$i = 1$ 对应于左侧钻井液压力边界条件,$i = 3$ 对应于方程(20.61),而 $i = 2$ 对应于 $i = 2$ 时的单个有限差分方程 $p_{i-1} - 2p_i + p_{i+1} = 0$。当然,存在更多的初始滤饼网格会造成不精确,因为滤饼厚度在开始时越来越小(当然,网格尺寸显著减少的情况除外)。建议取值3使能够随着时间推移而让滤饼向外增厚。最后,注意将在每个时步动态调整网格。首个下标 $i = 1$ 始终都分配给移动的钻井液—滤饼边界。然后,令滤饼—岩石界面位于 $i_{wall} = |x_c|/\Delta x + 3$(如果 $x_c = 0$,$i_{wall} = 3$),且 $if = x_f/\Delta x + i_{wall}$。此外,方程(20.63)明显要求滤饼性质 f_s、ϕ_c 和 K_c 已确定和可用时,根据第19章知道,可利用其中制订的地表过滤实验获得的总体参数取代它们,其效果相当。图20.9B给出了设计用来实现前述修改的 Fortran 源代码的相关部分,其中,笔者按照需要添加了描述性语句。关于笔者目前强调的概念的关键注释,见粗体部分。最后,图20.9C给出了典型的计算结果。

20.8.4 模拟地层非均质性

岩石非均质性,比如内部滤饼或污染区,通过令 K_r 随 x 变化而变化容易模拟。如果如此,则微分方程 $d^2p(x)/dx^2 = 0$ 不再适用,因为其推导仅针对恒定的渗透率。取而代之的,必须考虑:

$$d(K_r dp/dx)/dx = 0 \quad (20.65)$$

(A)

```
C     Mudcake properties can be entered as shown, but lumped data
C     from the  filtration  test  in Chapter 4 is more convenient.
      WRITE(*,36)
 36   FORMAT(' Mud cake  permeability (darcies):  ',$)
      READ(*,32) KCAKE
      WRITE(*,37)
 37   FORMAT(' Mud cake porosity  (decimal nbr):  ',$)
      READ(*,32) PHIMUD
      WRITE(*,38)
 38   FORMAT(' Mud solid fraction (decimal nbr):  ',$)
      READ(*,32) FS
      .
C     INITIAL SETUP
      IWALL = 3
      IMAX  = XCORE/DX + IWALL
      IMAXM1 = IMAX-1
      IFRONT = XFRONT/DX + IWALL
      .
      N = 0
      T = 0.
      XCAKE = 0.
      .
C     START TIME INTEGRATION
      DO 300  N=1,NMAX
      T = T+DT
      DO 200  I=2,IMAXM1
      A(I) =  1.
      B(I) = -2.
      C(I) =  1.
      W(I) =  0.
 200  CONTINUE
      A(1) = 99.
      B(1) = 1.
      C(1) = 0.
      W(1) = PLEFT
      A(IMAX) = 0.
      B(IMAX) = 1.
      C(IMAX) = 99.
      W(IMAX) = PRIGHT
      IF(VISCIN.EQ.VISCDP) GO TO 240
      A(IFRONT) =  1./VISCL
      B(IFRONT) = -1./VISCL -1./VISCR
      C(IFRONT) =  1./VISCR
      W(IFRONT) =  0.
 240  A(IWALL) =  KC/DXCAKE
      B(IWALL) = -KC/DXCAKE -K/DX
      C(IWALL) =  K/DX
      W(IWALL) =  0.
      CALL TRIDI(A,B,C,VECTOR,W,IMAX)
      DO 250  I=1,IMAX
      P(I) = VECTOR(I)
 250  CONTINUE
      PGRAD  = (P(IFRONT)-P(IFRONT-1))/DX
      XFRONT = XFRONT - (K*DT/(PHI*VISCL))*PGRAD
      PGRADC = (P(2)-P(1))/DXCAKE
      XCAKE  = XCAKE+(FS/((1.-PHIMUD)
     1        *(1.-FS)))*(KC/VISCL)*PGRADC*DT
```

(B)

图 20.9 (A)三层线性流问题(续),(B)Fortran 源代码(示例 20.7),(C)数值结果(示例 20.7)

```
IWALL  = -XCAKE/DXCAKE + 3
IFRONT = XFRONT/DX + IWALL
IMAX   = XCORE/DX + IWALL
.
WRITE(*,280) N,T,XFRONT,IFRONT,XCAKE,IWALL
MINDEX = MINDEX+1
TIME(MINDEX) = T
XPLOT(MINDEX) = XFRONT
XC(MINDEX) = -XCAKE
300  CONTINUE
.

INPUT PARAMETER SUMMARY:
Rock core permeability (darcies): .100E+01
Rock core porosity (decimal nbr): .100E+00
Mud cake permeability  (darcies): .100E-02
Mud cake porosity (decimal nbr): .100E+00
Mud solid fraction (decimal nbr): .100E+00
Viscosity of invading fluid (cp): .100E+01
Viscosity, displaced  fluid (cp): .100E+01
Pressure at left boundary  (psi): .100E+03
Pressure at right boundary (psi): .000E+00
Length of rock core sample  (ft): .100E+01
Initial "xfront" position (feet): .100E+00
DX grid size in rock sample (ft): .200E-02
DX grid size in the mudcake (ft): .200E-03
Integration time step size (sec): .100E+00
Maximum allowed  number of steps: .100E+04
```

```
INVASION FRONT POSITION VERSUS TIME:
Time (sec)  Position (ft)

     .000E+00     .100E+00     | *
     .600E+01     .283E+00     |      *
     .120E+02     .388E+00     |          *
     .180E+02     .470E+00     |            *
     .240E+02     .540E+00     |              *
     .300E+02     .602E+00     |                *
     .360E+02     .659E+00     |                  *
     .420E+02     .710E+00     |                    *
     .480E+02     .759E+00     |                     *
     .540E+02     .804E+00     |                       *
     .600E+02     .847E+00     |                        *
     .660E+02     .888E+00     |                          *
     .720E+02     .927E+00     |                            *
     .780E+02     .965E+00     |                              *

MUD CAKE THICKNESS VERSUS TIME:
Time (sec)  Position (ft)

     .000E+00     .000E+00     |
     .600E+01     .226E-02     |    *
     .120E+02     .356E-02     |       *
     .180E+02     .457E-02     |          *
     .240E+02     .544E-02     |            *
     .300E+02     .620E-02     |              *
     .360E+02     .690E-02     |                *
     .420E+02     .753E-02     |                  *
     .480E+02     .813E-02     |                   *
     .540E+02     .869E-02     |                     *
     .600E+02     .922E-02     |                      *
     .660E+02     .973E-02     |                        *
     .720E+02     .102E-01     |                          *
     .780E+02     .107E-01     |                           *
```

(C)

图 20.9 (A)三层线性流问题(续),(B)Fortran 源代码(示例 20.7),(C)数值结果(示例 20.7)(续)

$$K_r(x)\,\mathrm{d}^2 p(x)/\mathrm{d}x^2 + (\mathrm{d}K_r/\mathrm{d}x)\,\mathrm{d}p/\mathrm{d}x = 0 \qquad (20.66)$$

然后,中心差分逼近:

$$K_r(x_i)(p_{i-1} - 2p_i + p_{i-1})/(\Delta x)^2 + \left[(K_{r,i+1} - K_{r,i-1})/(2\Delta x)\right]\left[(p_{i+1} - p_{i-1})/(2\Delta x)\right] = 0$$

$$(20.67)$$

形成:

$$(p_{i-1} - 2p_i + p_{i-1}) + \{(K_{r,i+1} - K_{r,i-1})/[4K_r(x_i)]\}(p_{i+1} - p_{i-1}) = 0 \qquad (20.68)$$

或者

$$(1 - \{(K_{r,i+1} - K_{r,i-1})/[4K_r(x_i)]\})p_{i-1} - 2p_i + (1 + \{(K_{r,i+1} - K_{r,i-1})/[4K_r(x_i)]\})p_{i+1} = 0$$

$$(20.69)$$

这样,当 $K_r(x)$ 是 x 的明确规定函数时唯一所需的修改是用方程(20.69)代替 $p_{i-1} - 2p_i + p_{i+1} = 0$。当 $K_r(p)$ 是 p 的函数且后者依赖于 x,则需做物理修改以及后续讨论的算法修改。

20.8.5　滤饼压实与可压缩性

滤饼压实意味着渗透率和孔隙度取决于压力,容易处理。比如,如果 $K_c = K_c(p)$,滤饼中主压力方程:

$$\mathrm{d}(K_c\mathrm{d}p/\mathrm{d}x)/\mathrm{d}x = 0 \qquad (20.70)$$

变成:

$$K_c(p)\mathrm{d}^2p(x)/\mathrm{d}x^2 + (\mathrm{d}K_c/\mathrm{d}p)(\mathrm{d}p/\mathrm{d}x)^2 = 0 \qquad (20.71)$$

根据前述示例,方程(20.71)可围绕前一个时步获得的压力值进行线性化,结果有:

$$K_c(p_{\mathrm{old}})\mathrm{d}^2p(x)/\mathrm{d}x^2 + [(\mathrm{d}K_c/\mathrm{d}p)(\mathrm{d}p/\mathrm{d}x)]_{\mathrm{old}}(\mathrm{d}p/\mathrm{d}x) = 0 \qquad (20.72)$$

这就是方程(20.66),只是 $K_r(x)$ 被 $K_c(p_{\mathrm{old}})$ 取代,$(\mathrm{d}K_r/\mathrm{d}x)$ 被 $[(\mathrm{d}K_c/\mathrm{d}p)(\mathrm{d}p/\mathrm{d}x)]_{\mathrm{old}}$ 取代。因此,容易求得与方程(20.69)类似的方程。方程(20.64)中的函数 $K_c(p)$ 和函数 $\phi_c(p)$ 可按意愿硬编码至主程序内或作为子例程或语句函数加以声明。最后,利用示例20.4中推导的概念容易模拟滤饼压缩系数瞬态。对于此类问题,求解的并非非线性的常微分方程 $\mathrm{d}(K_c\mathrm{d}p/\mathrm{d}x)/\mathrm{d}x = 0$,而是非线性抛物线方程:

$$\partial[(K_c(p)/\mu)\partial p(x,t)]/\partial x = \partial[\phi_c(p)\mu c(p)p(x,t)]/\partial t \qquad (20.73)$$

其中,引入了与压力有关的压缩系数 $c(p)$。所需的 Fortran 程序修改留给感兴趣的读者。

20.8.6　模拟井筒活动

本文已经详细阐述了假定线性流的前述示例,但正如所说明的,扩展至柱状径向流需要修改两行 Fortran 语句。这两行语句具体是对矩阵系数 A 和 C 的重新定义,如示例20.2所示。此外,钻井期间经常提高或降低钻井液相对密度,且改变钻井液相对密度时通过添加或去除固相颗粒(比如重晶石)并改变增黏剂(比如膨润土)实现。钻井液压力 PLEFT 和侵入滤液黏度 VISCIN 可作为通常的与时间有关的 Fortran 语句函数重新定义。这能够实现模拟的灵活性,采用精确的解析解法时无法实现这种灵活性。最后应注意,可利用动态渗滤的侵蚀效应将径向滤饼增厚限制到一个平衡值,方法是引入一个 if – then 编程逻辑(比如,如果 $x_c > X_{c,\mathrm{equil}}$,不更新 x_c)。

本文选了一组示例,从不考虑滤饼时的恒密双流体流到考虑滤饼随时间推移而变化的可压缩性瞬态流,应有尽有。当然,其他问题组合,比如线性、径向和球状几何形状、地层内含单种或多种流体、可压缩滤饼、总体瞬态效应等,可通过组合适当理论和源代码进行模拟。最后,笔者提醒套装计算流体力学软件的潜在用户,其中有可能存在公式误差。在具有高分辨率图形和用户友好屏幕界面的环境内,应清楚求解哪些方程以及所采用的方法。在商用求解程序中,地层侵入应用方面典型的高度专业问题不可能事先编入;用户应向开发人员而不是销售人员咨询技术问题。

<h2 align="center">问题和练习</h2>

1. 污染区很大时,第 18 章推导的针对井筒破坏的表皮模型并不适用。对于此类问题,必须同时求解两个完全耦合的偏微分模型(即两个热方程)。用公式表述这个柱状径向流问题,然后以数值方式求解。评价表皮模型在典型试井应用中的适用范围(或不适用范围)。

2. 第 17 章针对线性和径向问题以解析方式求解了三层类活塞驱替侵入模型。以数值方式求解这些问题,并将所得解与精确解进行比较。

第 21 章　正向与反向多相流模型

在这最后一章,就地层侵入和时间推移分析提出关于非混相流和混相流模拟的新概念。先研究正演模拟方法,其中考虑了初始状态随时间推移而动态演化。然后,侧重于逆向时间推移分析应用,根据试井仪器采集的数据揭示地层评价信息。前述模型假定类活塞流,流体性质呈现不连续阶跃变化,而本章的混相流和非混相流正演和反演模型一般都考虑了扩散(几何扩散),以饱和度激波前缘急剧变化为特征。本章提出一个笔者称之为电阻率偏移的问题,重要的是还要解决它,其中,采用类似于地震偏移抛物形波动法通过逆向扩散还原受影响的指定剖面发生变化之前的清晰前缘。此外,还说明如何对非混相水—油流中饱和度急剧突变进行去激波化处理,以此还原最初平滑的饱和度分布,从而做进一步信息处理。关于本章中的工作内容,虽然所有推导都是根据基本原理得到的,但并不是多相流教程。本书对油藏流分析有一定介绍,比如,达西定律、混相流、相对渗透率和毛细管压力等概念,但没有揭露数值模拟方面的研究文献或经验。

在无毛细管压力的 Buckley – Leverett 范围内讨论非混相两相流,然后针对前期近井侵入问题提供精确的解析解,该问题可用平面流模拟。此外,由于钻井液渗滤速度高,故毛细管压力效应可忽略不计。对于饱和度冲击形式的问题,采用激波拟合获取正确的物理解。然后,将注意力转向混相流,其中,对流与扩散的效应是重要的。此模型可用于细化非混相讨论中的水相描述。这里给出新的解析解并推导数值模型。通过这些模型,采用线性和径向流示例,介绍电阻率偏移和逆向扩散相关的基本概念。

完成这些讨论后,考虑另外两个难题。首先,考虑可能具有最低渗滤速度的深部后期侵入;径向几何扩散和毛细管压力的影响不可忽略不计。构建一个两相流模型,其中假定高度不渗透的滤饼控制着进入冲洗区的渗滤速度。以数值方法求解该模型,模型中采用了一系列参数,随着参数的变化,惯性力与毛细管压力之比从非常低到非常高不等,非常高时的情形显示了如何还原 Buckley – Leverett 范围(毛细管压力为零)所指的激波形成。本文将说明如何利用高阶精确的数值有限差分模型复原几乎间断的饱和度解或去除其中的冲击。其次,考虑钻井液滤液侵入径向岩心的非混相流问题,但不做通常的这个假设:高度不渗透滤饼控制着进入岩心的渗滤速度。因此,此模型适用于进入极低渗透油气混合带的钻井液滤液侵入。这个耦合的解析与计算模型是借助第 20 章中设计的数值滤饼增厚模型对两相流公式进行积分获得的概念推导出来的。最后,由于存在内在的数学难点,两相流模拟工作中有很多是必须数值性的,故引导读者参见前面第 13 章关于假设黏度、数值扩散和收敛于正确解的讨论。

21. 1　不考虑毛细管压力时的非混相 Buckley – Leverett 线性流

在本节中,将研究通过均质线性岩心的非混相恒密流,其中,毛细管压力的影响因为不重要而忽略不计。具体地,推导单岩心正演模拟问题的精确解析解。这些解包括饱和度、压力和激波前缘速度的解以及任意相对渗透率和分相流函数的解。将确定可推断的地层性质,假定

存在扩散前缘且前缘移动速度已知。达西速度为:

$$q_w = -(K_w/\mu_w)\partial P_w/\partial x \tag{21.1}$$

$$q_{nw} = -(K_{nw}/\mu_{nw})\partial P_{nw}/\partial x \tag{21.2}$$

其中,μ_w 和 μ_{nw} 是黏度,K_w 和 K_{nw} 是相对渗透率,此处下标 w 和 nw 表示润湿相和非润湿相。出于数学上的简化,假定毛细管压力为零,$P_c = 0$,故有:

$$P_{nw} - P_w = P_c = 0 \tag{21.3}$$

对于注水问题,这意味着假定了驱替是快速的或惯性主导,界面张力可以忽略不计;然而,生产井见水时,这个假设局部不成立。在地层侵入过程中,这个毛细管压力为零的假设在有高入渗速度的早期近井侵入时期有可能是成立的,因为滤饼提供的阻力是最小的。当流速慢下来时,毛细管压力是重要的;但在模型背景下,通常必须以无量纲方式描述快与慢。由于 $P_{nw} = P_w$ 成立,所以,方程(21.1)和方程(21.2)中的压力梯度项相同。如果用方程(21.2)除以方程(21.1),则这些项被消掉,得:

$$q_{nw} = (K_{nw}\mu_w/K_w\mu_{nw})q_w \tag{21.4}$$

考虑质量守恒,出于简洁起见,假定流为恒密的不可压缩流。故有以下方程:

$$\partial q_w/\partial x = -\phi\partial S_w/\partial t \tag{21.5}$$

$$\partial q_{nw}/\partial x = -\phi\partial S_{nw}/\partial t \tag{21.6}$$

其中,S_w 和 S_{nw} 分别为润湿相和非润湿相饱和度。由于流体是不可压缩的,所以,这些饱和度必须加起来等于1,即:

$$S_w + S_{nw} = 1 \tag{21.7}$$

然后,将方程(21.5)和方程(21.6)加在一起并用方程(21.7)进行简化,结果得:

$$\partial(q_w + q_{nw})/\partial x = 0 \tag{21.8}$$

如此,得出结论,不考虑毛细管压力时的一维线性恒密流具有以下通常的速度总量:

$$q_w + q_{nw} = q(t) \tag{21.9}$$

其中,任意对时间的函数依赖关系都是允许的。至此,尚未说明 $q(t)$ 是什么或 $q(t)$ 将怎么确定,这个关键的问题后续会详细讨论。通过以下这个商定义润湿相的分相流量函数 f_w 很方便:

$$f_w = q_w/q \tag{21.10}$$

然后,对非润湿相,可得:

$$f_{nw} = q_{nw}/q = (q - q_w)/q = 1 - f_w \tag{21.11}$$

其中,用到了方程(21.9)。方程(21.10)和方程(21.11)可写成:

$$q_w = qf_w \tag{21.12}$$

$$q_{nw} = q(1 - f_w) \qquad (21.13)$$

代入方程(21.4),函数 $q(t)$ 消去,结果有:

$$1 - f_w = (K_{nw}\mu_w/K_w\mu_{nw})f_w \qquad (21.14)$$

$$f_w(S_w,\mu_w/\mu_{nw}) = 1/[1 + (K_{nw}\mu_w/K_w\mu_{nw})] \qquad (21.15)$$

方程(21.15)中的函数 $f_w(S_w,\mu_w/\mu_{nw})$ 是恒定黏度比 μ_w/μ_{nw} 和饱和度函数 S_w 的函数。根据方程(21.12),q_w 必须也是 S_w 的函数。因此,将方程(21.5)写成如下,其中加入了这个参数。

$$\partial S_w/\partial t = -\phi^{-1}\partial q_w/\partial x$$
$$= -\phi^{-1}q\partial f_w(S_w,\mu_w/\mu_{nw})/\partial x$$
$$= -\phi^{-1}q\,df_w(S_w,\mu_w/\mu_{nw})/S_w\partial S_w/\partial x \qquad (21.16)$$

或者

$$\partial S_w/\partial t + [q(t)/\phi]df_w(S_w,\mu_w/\mu_{nw})/dS_w\partial S_w/\partial x = 0 \qquad (21.17)$$

方程(21.17)是饱和度 $S_w(x,t)$ 的一阶非线性偏微分方程。利用初等微积分,其通解可容易构建。函数 $S_w(x,t)$ 的全微分 dS_w 可写成:

$$dS_w = \partial S_w/\partial t\,dt + \partial S_w/\partial x\,dx \qquad (21.18)$$

如果用方程(21.18)除以 dt,则有:

$$dS_w/dt = \partial S_w/\partial t + dx/dt\partial S_w \qquad (21.19)$$

同方程(21.17)进行比较后发现,一定可以设:

$$dS_w/dt = 0 \qquad (21.20)$$

但前提得有:

$$dx/dt = [q(t)/\phi]df_w(S_w,\mu_w/\mu_{nw})/dS_w \qquad (21.21)$$

方程(21.20)说明,饱和度 S_w 沿井眼轨迹是恒定的,其速度由方程(21.21)定义。井眼轨迹不同,此常数也不同。对于两相非混相流,重要的是特征速度 $dx/dt = [q(t)/\phi]df_w(S_w,\mu_w/\mu_{nw})/dS_w$,而不是针对单相流推导出来的简单的 $dx/dt = q(t)/\phi$。但当激波形成时,方程(21.39)适用。

21.1.1 示例边界值问题

如果渗滤速度 $q(t)$ 是常数,比如 q_o,则方程(21.21)形式如下:

$$dx/dt = [q_o/\phi]df_w(S_w,\mu_w/\mu_{nw})/dS_w \qquad (21.22)$$

由于导数 $df_w(S_w,\mu_w/\mu_{nw})/dS_w$ 沿着井眼轨迹也是恒定的,源于方程(21.20),仅取决于参数 S_w 和 μ_w/μ_{nw},所以,对方程(21.22)可以采用以下形式进行积分:

$$x - [(q_o/\phi)\mathrm{d}f_w(S_w,\mu_w/\mu_{nw})/\mathrm{d}S_w]t = 常数 \tag{21.23}$$

$x - \{\cdots\}t$ 是常数时,S_w 是常数且可表示成:

$$S_w(x,t) = G\{x - [(q_o/\phi)\mathrm{d}f_w(S_w,\mu_w/\mu_{nw})/\mathrm{d}S_w]t\} \tag{21.24}$$

其中,G 是一般函数。注意,推导方程(21.24)的方法叫作特征法(Hildebrand,1948)。

(1) 一般的初始值问题。

现在,研究方程(21.24)的含义。设方程(21.24)中 $t=0$。然后有:

$$S_w(x,0) = G(x) \tag{21.25}$$

换句话说,方程(21.17)在 $q(t) = q_o$ 时的饱和度通解由方程(21.24)给出!该通解满足 $S_w(x,0) = G(x)$,其中,G 是规定的初始函数。

这样,显而易见,某些学者提出的有限差分数值解实际上并非必要,因为不考虑毛细管压力的问题可以以解析方式求解。实际上,此类计算解的破坏性比起用处更大,因为假定黏度与截断误差和舍入误差引起的数值扩散会损坏作为方程(21.17)精确结果的某些奇异性(或无穷大)。此类数值扩散是仅作为有限差分法和有限元法结果出现的,采用计算更密集型的特征法可以避免。如果回顾一下这些概念,参见第13章,正如后续将说明的,奇异性出现时毛细管压力效应变得重要;正确模拟这些效应对于修正强度和激波位置预测是关键的。

为了研究这些奇异性是如何出现在方程(21.17)的解中的,对方程(21.24)取 x 的偏微分,结果有:

$$\partial S_w(x,t)/\partial x = G'[(1 - t(q_o/\phi)\mathrm{d}^2f_w/\mathrm{d}S_w^2\partial S_w(x,t)/\partial x] \tag{21.26}$$

解 $\partial S_w(x,t) = \partial x$ 得:

$$\partial S_w(x,t)/\partial x = G'/[1 + t(q_o/\phi)(G')\mathrm{d}^2f_w/\mathrm{d}S_w^2] \tag{21.27}$$

如今,分相流函数 $f_w(S_w,\mu_w/\mu_{nw})$ 通常根据室内测量求得,分析时先行规定。现在,观察方程(21.27)的分母。如果该分母保持为正数,则空间导数 $\partial S_w(x,t) = \partial x$ 会一直表现良好。然而,如果 $(q_o/\phi)(G')\mathrm{d}^2f_w = \mathrm{d}S_w^2 < 0$,则在有限的突破时间内分母变为零,突破时间由方程(21.28)给出:

$$t_{\text{breakthrough}} = -\phi/(q_o G'\mathrm{d}^2f_w/S_w) \tag{21.28}$$

在这个时间点,饱和度空间导数 $\partial S_w(x,t)/\partial x \to \infty$ 变得奇异,接近无穷大,增大而没有边界。在油藏工程中,这个概念有各种各样的术语说法,其中包括水窜、激波或饱和度突变。由于 S_w 变化非常快,所以也说多值或双值。在零毛细管压力分析范围中,实际是否存在这种突变是无法确定的。饱和度梯度变大时,忽略不计的毛细管压力有可能变得重要,在任何分析中都不能不加区分地排除在外。就像这里,饱和度梯度无穷大时,低阶理论不适用,需要用到提供更细物理分辨率的模型。

(2) 无穷岩心的通常边界值问题。

注意,方程(21.24)的解中出现的参数 $G\{\}$ 采取通用形式 $x - [\phi\mathrm{d}f_w(S_w\mu_w/\mu_{nw})/\mathrm{d}S_w]t$。关于这个表达式,可用它乘以 2、5 或 $-\phi/(q_o\mathrm{d}f_w/\mathrm{d}S_w)$。选择最后一个时,可将方程(21.24)

写成：

$$S_w(x,t) = H[t - \phi x/(q_o df_w/dS_w)] \tag{21.29}$$

如果设方程(21.29)中 $x = 0$，则会发现 $S_w(0,t) = H(t)$。这样，方程(21.17)的满足边界条件 $S_w(0,t) = H(t)$ 的饱和度解通过方程(21.29)给出，其中，H 是规定的函数。

（3）变量 $q(t)$。

如果渗滤速度 $q(t)$ 是时间的一般函数，回过头看方程(21.21)，并将其写成微分形式：

$$dx = [q(t)/\phi] df_w(S_w, \mu_w/\mu_{nw})/dS_w dt \tag{21.30}$$

由于方程(21.20)说明 S_w 沿井眼轨迹仍为恒定不变，所以，项 $df_w(S_w, \mu_w/\mu_{nw})/dS_w$ 同样也恒定不变。这样，方程(21.30)的积分就是：

$$x - \phi^{-1} df_w(S_w, \mu_w/\mu_{nw})/dS_w \int q(t) dt = 常数 \tag{21.31}$$

其中，$\int q(t) dt$ 表示不定积分，比如对于恒流量问题有 $q_o dt = q_o t$。按照与方程(21.24)推导思路类似的推理路线，由于方程(21.31)左侧恒定不变时 S_w 也恒定不变，所以，有以下等效的函数表达式：

$$S_w(x,t) = G(x - \phi^{-1} df_w(S_w, \mu_w/\mu_{nw})/dS_w \int q(t) dt \tag{21.32}$$

方程(21.32)是随时间变化的 $q(t)$ 的饱和度通解。如果积分函数 $\int q(t) dt$ 在 $t = 0$ 时为零，则该解满足方程(21.25)规定的初始条件。如果该函数不为零，则需要少量运算求得正确形式。

21.1.2 由滤饼主导的侵入

目前为止，尚未说明如何确定速度可能是动态的 $q(t)$。如果假定线性岩心入口的流由滤饼所控制（实际上也经常是这种情况），则岩心内的流体动态对于确定 $q(t)$ 来说是不重要的。在本章最后示例中已经删掉了这个假设。然后，由第 17 章所述的单相滤液流通用滤饼模型提供所需的 $q(t)$。实际上，忽略喷涌效应和地层存在时，有：

$$x_f(t) = \phi_{eff}^{-1} \sqrt{2K_1(1 - \phi_c)(1 - f_s)(p_m - p_r)t/(\mu_f f_s)} \tag{21.33}$$

因此，流体经滤饼的流入流量 $q(t)$ 由方程(21.34)给出：

$$q(t) = \phi_{eff} dx_f(t)/dt = \frac{1}{2} t^{\frac{1}{2}} \sqrt{2K_1(1 - \phi_c)(1 - f_s)(p_m - p_r)/(\mu_f f_s)} \tag{21.34}$$

该方程可代入以下非线性饱和度方程：

$$\partial S_w/\partial t + [q(t)/\phi] df_w(S_w, \mu_w/\mu_{nw})/dS_w \partial S_w/\partial x = 0 \tag{21.35}$$

方程(21.35)可直接采用特征法进行积分。只要不形成奇异性和饱和度前缘，作为空间和时间函数求得的饱和度就是平滑的，激波不会出现。

21.1.3 激波速度

考虑饱和度激波形成时出现的问题。带平滑但快速变化性质的问题在毛细管压力分析中研究。为了讨论饱和度突变和很陡的梯度,必须规定初始条件和边界条件,完成公式化表述。假定 $t = 0$ 时,整个岩心含水饱和度 S_w^i 保持恒定,其中,i 表示初始条件。在左边界 $x = 0$,流体流入的地方,假定含水饱和度保持恒定值 S_w^l,其中 l 表示左侧。通常,对于滤失水而言,这个值是 1,但对于某些水油钻井液来说可能会不同。取:

$$S_w(x,0) = S_w^i \tag{21.36}$$

$$S_w(0,t) = S_w^l \tag{21.37}$$

正如所讨论的,根据分相流函数的准确形式与值以及初始条件,可期待激波和饱和度陡变及时形成。假设具体函数不会导致离井筒很近的地方有类活塞激波的形成。刚刚提到的激波边界值问题可以以解析解解决,实际上是对传统非线性信令问题($x > 0$ 和 $t = 0$ 时, $\rho_t + c(\rho)$ $\rho_x = 0, \rho = \rho_o$; $t > 0$ 和 $x = 0$ 时, $\rho = g(t)$)的石油工程模拟,Whitham 曾在其 1974 年出版的波动力学著作中讨论过这个问题。此处不重新做数学推导,只是利用 Whitham 的结果。出于简洁起见,定义以下函数:

$$Q(S_w) = [q(t)/\phi]df_w(S_w,\mu_w/\mu_{nw})/dS_w \tag{21.38}$$

其中,$q(t)$ 通过方程(21.34)给出。经证实,激波扩散速度等于:

$$v_{shock} = [Q_w(S_w^l) - Q_w(S_w^i)]/(S_w^l - S_w^i) \tag{21.39}$$

如果注水量 $q(t)$、岩心孔隙度 ϕ 和前缘激波速度 v_{shock}(区分饱和度 S_w^l 和 S_w^i)已知,则由于岩心入口处 S_w^l 可得到,故根据方程(21.38)和方程(21.39)获得将初始地层饱和度 S_w^i 与分相流导数 $df_w(S_w,\mu_w/\mu_{nw})/dS_w$ 关联起来的信息。方程(21.15)显示,分相函数满足 $f_w(S_w\mu_w/\mu_{nw}) = 1/(1 + K_{nw}\mu_w/K_w\mu_{nw})$。因此,如果关于相对渗透率函数形式有更多岩性信息可用,则可求得黏度比 μ_w/μ_{nw},进而求得 μ_{nw}。非线性饱和度问题的此解不适用于红色水驱替蓝色水的线性单相流。

21.1.4 压力解

下面推导相应瞬态压力场的解。将方程(21.1)和方程(21.2)(即达西定律 $q_w = -(K_w/\mu_w)\partial P_w/\partial x$ 和 $q_{nw} = -(K_{nw}/\mu_{nw})\partial P_{nw}/\partial x$)代入方程(21.9)(或 $q_w + q_{nw} = q(t)$)。此外,根据方程(21.3),发现有 $P_{nw} = P_w$。这样,得到主压力方程:

$$[(K_w(S_w)/\mu_w) + (K_{nw}(S_w)/\mu_{nw})]\partial P_w/\partial x = -q(t) \tag{21.40}$$

压力梯度满足:

$$\partial P_w/\partial x = -q(t)/[(K_w(S_w)/\mu_w) + (K_{nw}(S_w)/\mu_{nw})] \tag{21.41}$$

由于饱和度 $S_w(x,t)$ 在 Whitham 解决信号传输问题后是一个 x 方向的简单阶跃函数,其峰值以激波速度移动,方程(21.41)中的压力梯度取两个恒定值中的一个,具体取决于 S_w 局部是等于 S_w^i 还是 S_w^l。因此,时间保持不变时,激波前缘两侧有不同的线性压力随空间变化。这种情况如图 21.1 所示。在激波前缘位置，由于假设毛细管压力为零，要求压力是连续且单值的，这对于唯一定义随时间变化的岩心压力分布绰绰有余。

现在，简要描述计算过程。根据上一段的论证，在岩心的左侧，饱和度 S_w^l 完全确定着线性变化 $\partial P_w(S_w^l)/\partial x$ 的值。由于假定压力 P^l 在 $x = 0$ 时（即岩心与滤饼间的界面）的精确值是已知的，所以，在知道压力变化率的恒定值时，便完全确定从 $x = 0$ 开始的压力变化。与油藏工程问题不同，不为了计

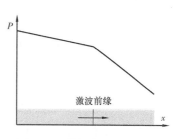

图 21.1　线性岩性中的压力

算流量而针对岩心提出压力问题；流量完全由滤饼确定。在这个问题中，饱和度约束条件确定了两个压力梯度，而压力梯度又确定了右侧压力。如果将这个方法扩展至径向流，则可估算油藏孔隙压力。

在没有滤饼的有限长度岩心流中，适合规定左右两侧压力 P^l 和 P^r 并确定对应的 $q(t)$。由于 $q(t)$ 现在是未知的，所以不能不加分析地写出激波速度，因此，饱和度扩散分布求解方式是不确定的。求得压力和饱和度的非线性强耦合方程，且需要进行迭代数值求解，后面会讨论这个内容。在开始研究带毛细管压力的径向流之前，先看混相流体的多相流，其中，扩散过程起主要作用。

21.2　液体流中的分子扩散

液体流如单相流中的那样无须纯粹均质，也不需要多相非混相流那样通过清晰的可识别性质差异进行界定。出于简洁起见，考虑只有两个组分的混合物；混合物组分用浓度 C 表述，指给定体积单元内流体某组分的质量与流体总质量的比值。随着时间的流逝，这个浓度以两种方式变化。流体有宏观移动时，存在流的机械混合；忽略热传导和内摩擦时，这个变化是热动力学可逆的，不会造成能量散逸。但是，由于分子从流体一个部分运移至另一部分，组分变化也会发生。这个直接组分变化导致的浓度平衡过程叫作扩散。扩散是一个不可逆的过程；与热传导和内部黏性摩擦一样，扩散是流体混合物中能量散逸的起因之一。如果用 ρ 表示流体总密度，则针对整个流体质量的质量连续性方程依然是：

$$\partial \rho / \partial t + \nabla \cdot (\rho q) = 0 \qquad (21.42)$$

其中，q 是速度矢量，∇ 表示来自矢量计算的梯度算子。对应的动量或达西方程保持不变。不考虑扩散时，流体到处移动时，任何给定流体单元的组分都保持不变。即，全导数 $\mathrm{d}C/\mathrm{d}t$ 是零，$\mathrm{d}C/\mathrm{d}t = \phi \partial C/\partial t + q \cdot C = 0$，根据质量连续性方程(21.42)，可写成以下形式：

$$\phi \partial (\rho C)/\partial t + \nabla \cdot (\rho q C) = 0 \qquad (21.43)$$

方程(21.43)是混合物组分的连续性方程。但出现扩散时，除了当前被研究组分的流量 $\rho q C$ 以外，还有另一个流量导致组分出现运移，即使流体质量作为一个整体静止时也是如此。描述质量转移和扩散的浓度通式形式(Peaceman, 1977)如下：

$$\phi \partial C/\partial t + q \cdot \nabla C = \kappa \nabla^2 C \qquad (21.44)$$

其中，κ 是扩散系数。以柱面径向坐标表示时，方程（21.44）可写成：

$$\phi \partial C / \partial t + v(r) \partial C / \partial r = \kappa [\partial^2 C / \partial r^2 + (1/r) \partial C / \partial r] \qquad (21.45)$$

其中，$v(r)$ 是作为基础的径向达西速度，比如，第 17 章和第 20 章中求得的，或：

$$\phi \partial C / \partial t + (v(r) - \kappa / r) \partial C / \partial r = \kappa \partial^2 C / \partial r^2 \qquad (21.46)$$

κ 的典型值是多少？比如，Peaceman 和 Rachford 曾于 1962 年假定 $\kappa = 10^{-3} \text{cm}^2/\text{s}$。此值对应于一种实验情况，其中，油被等密溶剂所驱替，等密溶剂用一个狭长的长方形有机玻璃槽施放，槽内装有渥太华的沙子。后续会对方程（21.46）有更详细的讨论，但现在，考虑有精确解析解的线性流，这是有用的。

21.2.1 精确的线性流解

对于一维线性流，速度 U 恒定时的对流—扩散方程形式如下：

$$\phi \partial C / \partial t + U \partial C / \partial x = \kappa \partial^2 C / \partial x^2 \qquad (21.47)$$

假设 $t = 0$ 时浓度随 x 呈线性变化，形式为 $C_0 + \alpha x$ ，而在入口边界 $x = 0$ 处，形式为 $C_1 + \beta t$。虽然线性变化有点局限性，但对于更常见的初始条件和边界条件来说一般可解读成一阶泰勒级数表达式。数学形式如下：

$$C(x > 0, 0) = C_0 + \alpha x \qquad (21.48)$$

$$C(0, t > 0) = C_1 + \beta t \qquad (21.49)$$

这个初始—边界值问题的精确解直接通过拉普拉斯变换求得，具体如下：

$$C(x, t) = C_0 + \alpha(x - Ut/\phi)$$

$$+ \frac{1}{2}(C_1 - C_0) \left[\text{erfc} \frac{1}{2}(x - Ut/\phi)/(\kappa t) \frac{1}{2} + e^{Ux/\kappa} \text{erfc} \frac{1}{2}(x + Ut/\phi)/(\kappa t) \frac{1}{2} \right]$$

$$+ \left[(\beta + \alpha U/\phi)(2U/\phi) \right] \left[(x + Ut/\phi) e^{Ux/\kappa} \text{erfc} \frac{1}{2}(x + Ut/\phi)/(\kappa t) \frac{1}{2} \right.$$

$$\left. + (x - Ut/\phi) \text{erfc} \frac{1}{2}(x - Ut/\phi)/(\kappa t) \frac{1}{2} \right] \qquad (21.50)$$

其中，erfc 表示互补误差函数。这些解说明，在一个以速度 U 运移的坐标系内，过渡区宽度随时间推移而增加并浸润（Marle，1981）。立即想到了方程（21.50）的几个极限。如果 $\alpha = \beta = 0$ ，则有：

$$C(x, t) = C_0 + \frac{1}{2}(C_1 - C_0)$$

$$\times \left[\text{erfc} \frac{1}{2}(x - Ut/\phi)/(\kappa t) \frac{1}{2} + e^{Ux/\kappa} \text{erfc} \frac{1}{2}(x + Ut/\phi)/(\kappa t) \frac{1}{2} \right] (21.51)$$

另外，如果 $U = 0$ ，则有：

$$C(x,t) = C_0 + \frac{1}{2}(C_1 - C_0)\left[\mathrm{erfc}\,\frac{1}{2}x/(\kappa t)\,\frac{1}{2} + \mathrm{erfc}\,\frac{1}{2}x/(\kappa t)\,\frac{1}{2}\right] \quad (21.52)$$

这个解（至少是线性流）描述了厚滤饼问题中的长时特性，厚滤饼有效阻隔了滤液的流入。

21.2.2 数值分析

方程(21.47)给出的类热方程 $\phi\partial C/\partial t + U\partial C/\partial x = \kappa\partial^2 C/\partial x^2$ 的数值表述方式与方程(20.19)或 $\partial^2 p(x,t)/\partial x^2 = (\phi\mu c/K)\partial p/\partial t$ 的相同，因为前者可写成以下形式（在 $U=0$ 范围内）：

$$\partial^2 C/\partial x^2 = \beta/\kappa\partial C/\partial t \quad (21.53)$$

在此范围内，方程(20.22)和方程(20.23)适用，无须修正。如果用 C 代替方程(20.23)中的 P，用 ϕ/κ 代替 $\phi\mu c/K$，则有：

$$C_{i-1,n} - \{2 + [\phi(\Delta x)^2/(\kappa\Delta t)]\}C_{i,n} + C_{i+1,n} = -[\phi(\Delta x)^2/(\kappa\Delta t)]C_{i,n-1} \quad (21.54)$$

然后，针对可压缩瞬态流的算法和 Fortran 源代码适用，无须修正。在这个范围内，U 不为零，将主偏微分方程写成

$$\partial^2 C/\partial x^2 = \phi/\kappa\partial C/\partial t + U/\kappa\partial C/\partial x \quad (21.55\mathrm{a})$$

或

$$\partial^2 C/\partial x^2 - U/\kappa\partial C/\partial x = \phi/\kappa\partial C/\partial t \quad (21.55\mathrm{b})$$

对所有空间导数进行中心差分，对一阶时间导数进行后向差分，得：

$$(C_{i-1,n} - 2C_{i,n} + C_{i+1,n})/\Delta x^2 - (U/\kappa)(C_{i+1,n} - C_{i-1,n})/(2\Delta x) = \phi/\kappa(C_{i,n} - C_{i,n-1})/\Delta t \quad (21.56)$$

或者

$$C_{i-1,n} - 2C_{i,n} + C_{i+1,n} - (U\Delta x^2/\kappa)(C_{i+1,n} - C_{i-1,n})/(2\Delta x) = [(\phi\Delta x^2)/(\kappa\Delta t)](C_{i,n} - C_{i-1,n-1}) \quad (21.57)$$

因此，再次得到熟悉的三对角差分方程：

$$(1 + U\Delta x/2\kappa)C_{i-1,n} - [2 + (\phi\Delta x^2)/(\kappa\Delta t)]C_{i,n}$$
$$+ (1 - U\Delta x/2\kappa)C_{i+1,n} = -[(\phi\Delta x^2)/(\kappa\Delta t)]C_{i,n-1} \quad (21.58)$$

方程(21.58)看起来像径向流压力方程。1962 年，Peaceman 和 Rachford 进行混相油藏流模拟研究时曾讨论过这个模型。另外，Lantz(1972)的著作里有关于数值扩散的非常富有启发性的讨论，其中还特别研究了各种离散化方法中出现的数值扩散和截断误差类型。比如，如果一阶导数方程(21.56)中不用中心差分，可假定：

$$\partial C/\partial x \approx (U/\kappa)(C_{i+1,n} - C_{i,n})/\Delta x \quad (21.59\mathrm{a})$$

$$\partial C/\partial x \approx (U/\kappa)(C_{i,n} - C_{i-1,n})/\Delta x \quad (21.59\mathrm{b})$$

$$\partial C / \partial x \approx (U / \kappa)(C_{i+1,n-1} - C_{i,n-1}) / \Delta x \tag{21.59c}$$

或者

$$\partial C / \partial x \approx (U / \kappa)(C_{i,n-1} - C_{i-1,n-1}) / \Delta x \tag{21.59d}$$

注意:里面有不准确的问题。正如第 13 章中所指出的,计算的扩散系数并非实际扩散系数 κ,而是实际扩散系数与截断误差引起的数值扩散之和。

21.2.3 滤饼主导流中的扩散

近井地带,含扩散的饱和度突变的非混相流可能存在。但经常获得的是不含激波的流。这些流包括有毛细管压力和没有毛细管压力的非混相流以及被高度扩散过程所控制的混相流,其中,突变从未形成。

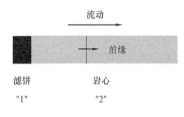

图 21.2 扩散前缘的移动

对于纯粹扩散流,始终都存在突变(淡水和盐水电阻率)。此类流的动态在测井解释中非常重要。对于这类问题,正如在第 17 章中所说明的,一旦滤饼在井壁上形成,淡水—盐水界面移动速度即显著放慢。对于径向流的情况,尤其如此,其中几何扩散显著拉慢了前缘移动。对于此类问题,下层流 U 的速度过些时间后扩散主导时可忽略不计。这个问题如图 21.2 所示。

21.2.4 电阻率偏移

假设基本的电磁波电阻率工具可用且能够确定地层中电学性质的精确、连续或非连续变化,这些变化在同心问题中是径向坐标 r 的函数。电阻率与浓度彼此可以互换使用,因为通过测井工具的测量两者具有相关性。

为了利用第 19 章中针对时间推移分析所假设的类活塞驱替结果,须根据电阻率大体连续分布推断具有恒定半径的前缘。通常,实现方式有多种:肉眼观察、算术平均、几何计算、调和平均或第 19 章中讨论的 Chin 等人的改进方法,所有这些方法都是专用性质的。实际上,简单精确地解决这个问题是可以实现的。在特定时刻,若有受影响的浓度剖面大体随径向位置变化而变化,则想做的事情是往回外推剖面至前缘确实不连续的 $t = 0$ 时刻。此问题的公式表述看似不可思议,因为扩散实际上不可以逆转。比如,在热传递过程中,瞬时点状热源的效应就是一个宽度随时间推移而变化的扩散;扩散后的温度分布从来不会往回演化,形成点源。然而,虽然物理扩散是不可逆的,但计算过程却是可逆的。经证实,可利用逆向扩散令受影响前缘经历逆向扩散过程,然后利用主扩散方程通过向后演进复原最初的突然转变。当然,初始剖面必须具备足够的瞬态特点,因为稳态剖面明显体现不出历史变化。此类偏移方法用于地震成像和地球物理学方面。特别是基于波动方程的方法,会导出只是热方程伪装的抛物线波动方程,这些方法由 Claerbout(1985a,b)在麻省理工学院和斯坦福大学提出,其公式表述由 Chin(1994)通过多尺度分析提出。

通过采用这些针对受影响浓度的方法,可恢复任何实际存在的明显间断。恢复时,得到径向前缘位置,前缘位置用于第 17 章和第 19 章推导并使用的段塞流时间推移分析方程。除了这个前缘位置以外,在进行逆时间积分时还可得到逆向扩散过程的时标。核心思想是简单的:

演化微分方程的确存在,且应用于反褶积并非罕见。然而,尚有一些问题。由于末端起始条件有可能是空间的复杂函数,通过离散点确定,所以,逆向扩散必须以数值方式完成。但有限差分方法会产生截断误差和舍入误差,这些误差与其热动力学不可逆性和熵的产生有关。因此,该方法必须设计成完美可逆,可用于时间推移分析。这一点通过保留第 20 章中忽略的次最高阶有限差分作用实现。

(1) 线性扩散与逆向扩散示例。

出于简洁起见,考虑淡水—盐水侵入问题,其中,入口位置有滤饼形成和增厚。首先,滤饼滤液的移动是非常快的,流体移动主导着对流—扩散过程。然而,随着滤饼形成,滤液流入量随时间推移而迅速下降,最终,扩散主导动态。首先研究径向几何扩散影响不重要的线性流。在本示例中,由于流体对流是可以忽略的,故考虑 $\kappa \partial^2 C / \partial x^2 = \phi \partial C / \partial t$。出于数值目的,将左侧浓度($x=1$)定于 $C=10\%$,而右侧保持在 $C=90\%$。为了直观清晰,$x=6$ 时左侧的所有浓度最初都是 10%,而右侧所有值都是 90%。

继续讨论这里描述的测试示例,其目标有几个。其一,如果时间反演启动时初始值问题变成了稳态直线条件,则显而易见,所有瞬态信息会丢失,由于无逆向扩散量,稳态系统不会还原成初始阶状剖面。稳态解通过解 $\mathrm{d}^2 C / \mathrm{d} x^2 = 0$ 获得,取左右边界 C 值所在的直线。因此,影响程度与稳态百分比是重要的待研究问题。其二,在证实该方法成功适用于线性流后,需要确定该方法是否适用于径向流。此目标重要是因为任何径向确定的空间浓度分布都是扩散与几何扩散的产物。几何扩散会破坏逆向扩散过程,因为扩散效应会变得不太明显。如果要初始阶状剖面得到正确复原,则该方法必须考虑两种机理。在以下结果中,不强调数值输入自身的作用;注意,选了 10 个 1ft 网格块,往前 500 步,往后 500 步。当然,具有计算意义的实际参数是影响截断误差的无量纲量。利用简单的 ASCII 文本绘图工具将解制成了表和图;绘图工具中的波形来源于字符间距和字体控制,而非不稳定性,如结果列表清晰所示。观察所用 $C(x,t)$ 剖面中明显的初始间断。图 21.3A 底部所示的解表示最终空间剖面,该剖面是在进行逆向时间积分前获得的。该剖面是被影响的剖面,几乎达到了获得直线稳态解的程度。研究图 21.3B 所示的逆向扩散结果。

虽然 1000 步后有截断误差,但图 21.3B 所示的最后图表显示已经以三种方式重新捕获了阶状初始条件:①得到了左右精确的浓度值,为 10% 和 90%;②得到了节点 $x=5$ 和 $x=6$ 间过渡边界的正确成像;③通过与正演步数相同的反演步数求得刚刚提到的那两个解。在时间推移分析中,在最后一张图中获得的前缘位置可用作第 7 章和第 19 章中推导的活塞驱替公式的输入数据。径向流可获得类似的结果。

(2) 径向扩散与逆向扩散示例。

这里,重复研究前述的问题,计算参数相同,差别在于用柱面径向坐标表示的方程 $\kappa(\partial^2 C / \partial r^2 + 1/r \partial C / \partial r) = \phi \partial C / \partial t$ 代替线性方程 $\kappa \partial^2 C / \partial x^2 = \phi \partial C / \partial t$。相对于 1ft 网格块,假定一个较小的井筒半径,0.25ft,借此强力引入发散的径向效应。仍然对差分格式积分 500 步,然后再执行 500 步,及时对受到影响和几何扭曲的浓度剖面进行逆向扩散处理。计算结果再一次间接表明,受到影响的电阻率剖面可成功进行反褶积,形成初始的明显前缘。图 21.4A 中最后一幅分图表示逆向时间积分开始前获得的最终径向剖面。时间反演计算如图 21.4B 所示。

```
Concentration vs distance @ time .5000E+00 sec.
  Position (ft)     C%

    .100E+01      .100E+02     | *                                    __
    .200E+01      .100E+02     | *
    .300E+01      .100E+02     | *
    .400E+01      .100E+02     | *
    .500E+01      .103E+02     | *
    .600E+01      .897E+02     |                                   *
    .700E+01      .900E+02     |                                   *
    .800E+01      .900E+02     |                                   *
    .900E+01      .900E+02     |                                     *
    .100E+02      .900E+02     |                                   *
    .110E+02      .900E+02     |                                     *


Concentration vs distance @ time .1000E+02 sec.
  Position (ft)     C%

    .100E+01      .100E+02     | *                                    __
    .200E+01      .100E+02     | *
    .300E+01      .100E+02     | *
    .400E+01      .102E+02     | *
    .500E+01      .153E+02     |   *
    .600E+01      .847E+02     |                                 *
    .700E+01      .898E+02     |                                   *
    .800E+01      .900E+02     |                                   *
    .900E+01      .900E+02     |                                   *
    .100E+02      .900E+02     |                                   *
    .110E+02      .900E+02     |                                     *


Concentration vs distance @ time .1000E+03 sec.
  Position (ft)     C%

    .100E+01      .100E+02     | *                                    __
    .200E+01      .103E+02     | *
    .300E+01      .117E+02     | *
    .400E+01      .176E+02     |    *
    .500E+01      .351E+02     |             *
    .600E+01      .649E+02     |                        *
    .700E+01      .824E+02     |                              *
    .800E+01      .883E+02     |                                 *
    .900E+01      .897E+02     |                                   *
    .100E+02      .900E+02     |                                   *
    .110E+02      .900E+02     |                                     *


Concentration vs distance @ time .2495E+03 sec.
  Position (ft)     C%

    .100E+01      .100E+02     | *                                    __
    .200E+01      .124E+02     |  *
    .300E+01      .172E+02     |    *
    .400E+01      .265E+02     |        *
    .500E+01      .413E+02     |              *
    .600E+01      .587E+02     |                     *
    .700E+01      .735E+02     |                          *
    .800E+01      .828E+02     |                               *
    .900E+01      .874E+02     |                                 *
    .100E+02      .892E+02     |                                   *
    .110E+02      .900E+02     |                                     *
```

(A)

图21.3　(A)正向扩散的线性流,(B)逆向扩散的线性流

```
Concentration vs distance @ time .2000E+03 sec.
   Position (ft)     C%

   .100E+01     .100E+02    | *_____
   .200E+01     .116E+02    | *
   .300E+01     .154E+02    |    *
   .400E+01     .243E+02    |         *
   .500E+01     .401E+02    |              *
   .600E+01     .599E+02    |                   *
   .700E+01     .757E+02    |                        *
   .800E+01     .846E+02    |                          *
   .900E+01     .883E+02    |                          *
   .100E+02     .896E+02    |                          *
   .110E+02     .900E+02    |                            *
```

```
Concentration vs distance @ time .1000E+03 sec.
   Position (ft)     C%

   .100E+01     .100E+02    | *_____
   .200E+01     .103E+02    | *
   .300E+01     .117E+02    | *
   .400E+01     .176E+02    |    *
   .500E+01     .350E+02    |             *
   .600E+01     .650E+02    |                      *
   .700E+01     .824E+02    |                           *
   .800E+01     .883E+02    |                            *
   .900E+01     .897E+02    |                            *
   .100E+02     .899E+02    |                            *
   .110E+02     .900E+02    |                              *
```

```
Concentration vs distance @ time .8000E+01 sec.
   Position (ft)     C%

   .100E+01     .100E+02    | *_____
   .200E+01     .999E+01    | *
   .300E+01     .100E+02    | *
   .400E+01     .105E+02    | *
   .500E+01     .130E+02    |   *
   .600E+01     .870E+02    |                             *
   .700E+01     .895E+02    |                             *
   .800E+01     .899E+02    |                             *
   .900E+01     .900E+02    |                              *
   .100E+02     .900E+02    |                             *
   .110E+02     .900E+02    |                             *
```

```
Concentration vs distance @ time .0000E+00 sec.
   Position (ft)     C%

   .100E+01     .100E+02    | *_____
   .200E+01     .999E+01    | *
   .300E+01     .100E+02    | *
   .400E+01     .106E+02    | *
   .500E+01     .833E+01    |*
   .600E+01     .917E+02    |                                    *
   .700E+01     .894E+02    |                              *
   .800E+01     .900E+02    |                              *
   .900E+01     .900E+02    |                              *
   .100E+02     .900E+02    |                              *
   .110E+02     .900E+02    |                              *
```

(B)

图 21.3 (A)正向扩散的线性流,(B)逆向扩散的线性流(续)

```
Concentration vs distance @ time .5000E+00 sec.
  Position (ft)    C%

    .100E+01     .100E+02    | *
    .200E+01     .100E+02    | *
    .300E+01     .100E+02    | *
    .400E+01     .100E+02    | *
    .500E+01     .103E+02    | *
    .600E+01     .897E+02    |                              *
    .700E+01     .900E+02    |                              *
    .800E+01     .900E+02    |                              *
    .900E+01     .900E+02    |                              *
    .100E+02     .900E+02    |                              *
    .110E+02     .900E+02    |                               *
Concentration vs distance @ time .1000E+01 sec.
  Position (ft)    C%

    .100E+01     .100E+02    | *
    .200E+01     .100E+02    | *
    .300E+01     .100E+02    | *
    .400E+01     .100E+02    | *
    .500E+01     .107E+02    | *
    .600E+01     .895E+02    |                             *
    .700E+01     .900E+02    |                              *
    .800E+01     .900E+02    |                              *
    .900E+01     .900E+02    |                              *
    .100E+02     .900E+02    |                              *
    .110E+02     .900E+02    |                               *
Concentration vs distance @ time .1000E+02 sec.
  Position (ft)    C%

    .100E+01     .100E+02    | *
    .200E+01     .100E+02    | *
    .300E+01     .100E+02    | *
    .400E+01     .103E+02    | *
    .500E+01     .159E+02    |   *
    .600E+01     .853E+02    |                             *
    .700E+01     .898E+02    |                              *
    .800E+01     .900E+02    |                              *
    .900E+01     .900E+02    |                              *
    .100E+02     .900E+02    |                              *
    .110E+02     .900E+02    |                               *
Concentration vs distance @ time .1000E+03 sec.
  Position (ft)    C%

    .100E+01     .100E+02    | *
    .200E+01     .107E+02    | *
    .300E+01     .128E+02    |  *
    .400E+01     .202E+02    |      *
    .500E+01     .393E+02    |            *
    .600E+01     .685E+02    |                      *
    .700E+01     .839E+02    |                           *
    .800E+01     .887E+02    |                             *
    .900E+01     .898E+02    |                              *
    .100E+02     .900E+02    |                              *
    .110E+02     .900E+02    |                               *
Concentration vs distance @ time .2000E+03 sec.
  Position (ft)    C%

    .100E+01     .100E+02    | *
    .200E+01     .141E+02    |  *
    .300E+01     .194E+02    |     *
    .400E+01     .299E+02    |         *
    .500E+01     .466E+02    |                *
    .600E+01     .652E+02    |                     *
    .700E+01     .789E+02    |                          *
    .800E+01     .860E+02    |                            *
    .900E+01     .888E+02    |                             *
    .100E+02     .897E+02    |                              *
    .110E+02     .900E+02    |                               *
Concentration vs distance @ time .2495E+03 sec.
  Position (ft)    C%

    .100E+01     .100E+02    | *
    .200E+01     .163E+02    |   *
    .300E+01     .226E+02    |      *
    .400E+01     .334E+02    |          *
    .500E+01     .486E+02    |                *
    .600E+01     .648E+02    |                     *
    .700E+01     .774E+02    |                          *
    .800E+01     .848E+02    |                            *
    .900E+01     .882E+02    |                             *
    .100E+02     .895E+02    |                             *
    .110E+02     .900E+02    |                               *
```

(A)

图 21.4　（A）正向扩散的径向流，（B）逆向扩散的径向流

```
Concentration vs distance @ time .2000E+03 sec.
    Position (ft)      C%

    .100E+01      .100E+02      | *
    .200E+01      .141E+02      |   *
    .300E+01      .194E+02      |      *
    .400E+01      .299E+02      |          *
    .500E+01      .466E+02      |               *
    .600E+01      .653E+02      |                   *
    .700E+01      .789E+02      |                      *
    .800E+01      .860E+02      |                         *
    .900E+01      .888E+02      |                          *
    .100E+02      .897E+02      |                          *
    .110E+02      .900E+02      |                           *


Concentration vs distance @ time .5000E+02 sec.
    Position (ft)      C%

    .100E+01      .100E+02      | *
    .200E+01      .101E+02      | *
    .300E+01      .107E+02      | *
    .400E+01      .141E+02      |   *
    .500E+01      .303E+02      |            *
    .600E+01      .745E+02      |                        *
    .700E+01      .875E+02      |                           *
    .800E+01      .897E+02      |                           *
    .900E+01      .900E+02      |                           *
    .100E+02      .900E+02      |                           *
    .110E+02      .900E+02      |                            *


Concentration vs distance @ time .4000E+01 sec.
    Position (ft)      C%

    .100E+01      .100E+02      | *
    .200E+01      .100E+02      | *
    .300E+01      .999E+01      | *
    .400E+01      .107E+02      | *
    .500E+01      .109E+02      | *
    .600E+01      .894E+02      |                            *
    .700E+01      .896E+02      |                            *
    .800E+01      .900E+02      |                            *
    .900E+01      .900E+02      |                             *
    .100E+02      .900E+02      |                             *
    .110E+02      .900E+02      |                             *


Concentration vs distance @ time .0000E+00 sec.
    Position (ft)      C%

    .100E+01      .100E+02      | *
    .200E+01      .100E+02      | *
    .300E+01      .996E+01      | *
    .400E+01      .108E+02      | *
    .500E+01      .815E+01      |*
    .600E+01      .916E+02      |                             *
    .700E+01      .895E+02      |                             *
    .800E+01      .900E+02      |                             *
    .900E+01      .900E+02      |                             *
    .100E+02      .900E+02      |                             *
    .110E+02      .900E+02      |                             *
```

(B)

图 21.4　（A）正向扩散的径向流,（B）逆向扩散的径向流（续）

　　与之前一样,重新捕获了精确的初始阶跃浓度剖面,其中包括浓度值、突变位置以及逆向扩散的总时间。初始径向浓度剖面受到相当影响且与图 21.3A 所示此点的线性流解有显著差异时,这表明再次顺利地对初始流进行了逆向扩散处理。

21.3　考虑毛细管压力和规定滤饼厚度的非混相径向流

　　在本节中,我们将考虑有毛细管压力和规定滤饼厚度的非混相径向流。特别是,将推导相关控制方程,推导数值有限差分算法和 Fortran 实现程序,并以正演和反演模式展示计算模型。

21.3.1 主饱和度方程

现在重复之前给出的线性流推导过程,但这次考虑径向几何扩散和非零毛细管压力的影响。同样,达西定律依然适用,即:

$$q_w = -(K_w/\mu_w)\partial P_w/\partial r \tag{21.60}$$

$$q_{nw} = -(K_{nw}/\mu_{nw})\partial P_{nw}/\partial r \tag{21.61}$$

与直角坐标系中的流不同,以柱面径向坐标表示的质量连续性方程具有以下形式:

$$\partial q_w/\partial r + q_w/r = -\phi\partial S_w/\partial t \tag{21.62}$$

$$\partial q_{nw}/\partial r + q_{nw}/r = -\phi\partial S_{nw}/\partial t \tag{21.63}$$

添加方程(21.62)和方程(21.63),然后会发现:

$$S_w + S_{nw} = 1 \tag{21.64}$$

对于可压缩流来说是恒定不变的,故有:

$$r\partial(q_w + q_{nw})/\partial r + (q_w + q_{nw}) = 0 \tag{21.65}$$

或者,$[r(q_w + q_{nw})]r = 0$,结果有:

$$r(q_w + q_{nw}) = Q(t) \tag{21.66}$$

这里,函数 $Q(t)$ 表示单位时间内长度的平方(不要同体积流量混淆),通过井筒砂层面处的值确定。特别是由于只获得了钻井液滤液,所以有:

$$Q(t) = R_{well}q(t) \tag{21.67}$$

其中,R_{well} 是井筒半径,$q(t)$ 是在线性流基础上获得的通过滤饼的流量,由本章前面推导的表达式给出,即:

$$q(t) = \phi_{eff}dx_f(t)/dt = \frac{1}{2}t\frac{1}{2}\sqrt{2K_1(1-\phi_c)(1-f_s)(p_m-p_r)/(\mu_t f_s)} \tag{21.34}$$

处理 $t = 0$ 时平方根具有奇异性的方法后面再给出。注意,对于厚滤饼,$q(t)$ 可利用第19章推导出来的径向滤饼厚度公式求得。此时,宜引入毛细管压力函数 P_c,并将其写成含水饱和度 S_w 的函数,具体如下:

$$P_c(S_w) = P_{nw} - P_w \tag{21.68}$$

然后,方程(21.61)中的非润湿流量可写成 $q_{nw} = -(K_{nw}/\mu_{nw})\partial P_{nw}/\partial r = -(K_{nw}/\mu_{nw})\partial(P_c + P_w)/\partial r$ 这种形式。如果将该方程和方程(21.60)代入方程(21.66),则有:

$$r(K_w/\mu_w + K_{nw}/\mu_{nw})\partial P_w/\partial r + r(K_{nw}/\mu_{nw})\partial P_c/\partial r = -Q(t) \tag{21.69}$$

或者,更精确地有:

$$r(K_w/\mu_w + K_{nw}/\mu_{nw})\partial P_w/\partial r + r(K_{nw}/\mu_{nw})\partial P_c'(S_w)\partial S_w/\partial r = -Q(t) \tag{21.70}$$

结果得到:

$$\partial P_w / \partial r = -\left[Q(t) + r(K_{nw}/\mu_{nw}) \partial P'_c(S_w) \partial S_w / \partial r\right] / \left[r(K_w/\mu_w + K_{nw}/\mu_{nw})\right] \quad (21.71)$$

这样,方程(21.60)变成:

$$q_w = (K_w/\mu_w)\left[Q(t) + r(K_{nw}/\mu_{nw}) \partial P'_c(S_w) \partial S_w / \partial r\right] / \left[r(K_w/\mu_w + K_{nw}/\mu_{nw})\right] \quad (21.72)$$

如果合并方程(21.72)和方程(21.62),即,$\partial q_w / \partial r + q_w / r = -\phi \partial S_w / \partial t$,则有:

$$-\phi \partial S_w / \partial t = (\partial / \partial r + 1/r)(K_w/\mu_w)\left[Q(t) \right. \\ \left. + r(K_{nw}/\mu_{nw}) \partial P'_c(S_w) \partial S_w / \partial r\right] / \left[r(K_w/\mu_w + K_{nw}/\mu_{nw})\right] \quad (21.73)$$

其中,相对渗透率 K_w 和 K_{nw} 当然都是 S_w 的规定函数。这是含水饱和度的非线性控制方程。一旦 S_w 已知,含油饱和度 S_{nw} 即可根据方程(21.64)求得:$S_{nw} = 1 - S_w$。为了简化概念,再次引入首次在方程(21.15)中使用的分相流函数,即:

$$F(S_w) = 1/(1 + \mu_w K_{nw}/\mu_{nw} K_w) \quad (21.74)$$

以及以下函数:

$$G(S_w) = (K_{nw}/\mu_{nw}) F(S_w) P'_c(S_w) \quad (21.75)$$

然后,方程(21.73)可简要地写成以下形式:

$$-\phi \partial S_w / \partial t - \left[Q(t) F'(S_w) + G(S_w)\right] / r \partial S_w / \partial r = G'(S_w)(\partial S_w / \partial r)^2 + G(S_w) \partial^2 S_w / \partial r^2 \quad (21.76)$$

21.3.2 数值分析

还是采用有限差分时间推移方法,方程(21.76)求解容易。就节点(r_i, t_n)来说,始终对一阶和二阶空间导数进行中心差分,而在时间上进行后向差分。而且,在前面的时间值评价所有与饱和度有关的非线性系数。结果有:

$$\left[1 - (Q_n F'_{i,n-1} + G_{i,n-1} r_i) \Delta r / (2 G_{i,n-1} r_i) - G'_{i,n-1}(\partial S_w / \partial r)_{i,n-1} \Delta r / (2 G_{i,n-1})\right] S_{wi-1,n} \\ + \left[-2 + \phi(\Delta r)^2 / (G_{i,n-1} \Delta t)\right] S_{wi,n} + \left[1 + (Q_n F'_{i,n-1} + G_{i,n-1}) \Delta r / (2 G_{i,n-1} r_i) \right. \\ \left. + G'_{i,n-1}(\partial S_w / \partial r)_{i,n-1} \Delta r / (2 G_{i,n-1})\right] S_{wi+1,n} = \phi(\Delta r)^2 S_{w,n-1} / (G_{i,n-1} \Delta t) \quad (21.77)$$

该方程假设快速矩阵逆转采取三对角形式,而空间上保持 $O(\Delta x)^2$ 精确,这一点很重要。注意,$r_i = R_{well} + (i-1)\Delta r$。直接的纽曼分析说明,方程(21.77)暗含的与时间有关的方法是条件稳定的,精确的时步限制取决于相对渗透率和毛细管压力函数的形式。根据第20章确立的规则,写出内部节点 $i = 2, 3, \cdots, i_{max} - 1$ 的方程(21.77),并添加得到的带以下钻井液滤液边界条件的线性方程组:$S_{w1,n} = S_w^1 = 1$(100%含水)和 $S_{wi_{max},n} = S_{wr} < 1$(较远的有效半径处)。为了开始进行时间推移计算,方程(21.77)右侧假定对于时间下标 n 的第

一个值为 $S_{wi,n-1} = S_{wr} < 1$。在这个讨论中，S_{wr} 也表示油藏中初始的均匀含水饱和度。一旦利用三对角矩阵求解程序 TRIDI 逆转方程(21.77)左侧，则 $S_{wi,n}$ 即拷贝至右侧的 $S_{wi,n-1}$ 中，计算以递推方式继续。

21.3.3   Fortran 实现

方程(21.77)容易写成 Fortran 程序。由于隐式方法在空间上是二阶精确的，进而强制这个公式表述中考虑毛细管压力效应的扩散性质，所以，得不到饱和度激波的波动或经常提到的饱和度过冲($S_w > 1$)。图 21.5 和后续给出的几个函数语句中给出了产生后续所示结果的精确 Fortran 程序。出于方便起见，饱和度导数 $F'(S_w)$ 和 $G'(S_w)$ 以 FP 和 GP 表示，P 表示导数的一阶。

```
C       START RECURSIVE TIME INTEGRATION
        DO 300  N=1,NMAX
        T = T+DT
        THOURS = T/3600.
        DO 200  I=2,IMAXM1
        RI = WELRAD+(I-1)*DR
        SW = SNM1(I)
        DSDR =(SNM1(I+1)-SNM1(I-1))/(2.*DR)
        TERM1=((Q(T)*FP(SW)+G(SW))*DR)/(2.*G(SW)*RI)
        TERM2=  DR*DR*PHI/(G(SW)*DT)
        TERM3= (GP(SW)*DR/G(SW))*DSDR/2.
        A(I) =  1.- TERM1-TERM3
        B(I) = -2.+ TERM2
        C(I) =  1.+ TERM1+TERM3
        W(I) =  TERM2*SNM1(I)
200     CONTINUE
        A(1) = 99.
        B(1) = 1.
        C(1) = 0.
        W(1) = SL
        A(IMAX) = 0.
        B(IMAX) = 1.
        C(IMAX) = 99.
        W(IMAX) = SR
        CALL TRIDI(A,B,C,VECTOR,W,IMAX)
        DO 250  I=1,IMAX
        S(I) = VECTOR(I)
250     CONTINUE
        DO 260  I=1,IMAX
        SNM1(I) = S(I)
260     CONTINUE
        CALL GRFIX(S,XPLOT,IMAX)
300     CONTINUE
```

图 21.5   非线性饱和度求解程序

21.3.4   典型计算

在本节中，将执行一套验证，意在展示两相流算法的稳定性和物理正确性。计算过程中，假定井筒半径 0.2ft，油藏有效半径 2ft。井筒砂层面含水饱和度假定为 1，因为完全由水基钻井液滤液构成。在远场边界或有效半径位置，含水饱和度取 0.10。此外，也假定这个值是初始的油藏饱和度。此外，利用 0.1ft 网格将径向坐标离散化，假定时间步长 0.001s，岩石孔隙度取 20%。注意，在通常的个人电脑上，对于有 20 个网格块的网格系统，执行 1000 时步需要大约 1s 的时间。多相流性质用 Fortran 函数语句可轻松定义。在本次计算中,相对渗透率曲线和分相流函数在以下代码段内规定:

```
FUNCTION F(SW)
REAL KDARCY,KABS,KW,KNW
KDARCY = 0.001
KABS = KDARCY*0.00000001/(12.*12.*2.54*2.54)
KW = KABS * SW**2.
KNW = KABS*(SW-1.)**2.
VISCIN = 1.
VISCDP = 2.
VISCL  = 0.0000211*VISCIN
VISCR  = 0.0000211*VISCDP
F = 1. +VISCL*KNW/(VISCR*KW)
F = 1./F
RETURN
END
```

在前面的计算中,假定地层绝对渗透率为 0.001mD,出于简要起见,润湿相和非润湿相相对渗透率函数取 $K_w = S_w^2$ 和 $K_{nw} = (S_w - 1)^2$ 形式(利用含水饱和度进行定义)。假设水和油的黏度分别取 1mPa·s 和 2mPa·s。刚才定义的分相流函数当然与绝对渗透率无关,只与黏度比有关。类似地,函数 $G(S_w)$ 定义如下:

```
FUNCTION G(SW)
REAL KDARCY,KABS,KNW
KDARCY = 0.001
KABS = KDARCY*0.00000001/(12.*12.*2.54*2.54)
KNW = KABS*(SW-1.)**2.
VISCDP = 2.
VISCR  = 0.0000211*VISCDP
G = KNW*F(SW)*PCP(SW)/VISCR
RETURN
END
```

同样是出于简要起见,毛细管压力函数通过以下函数块定义为 $P_c = 35(1 - S_w)\,\mathrm{psi}$:

```
FUNCTION PC(SW)
PC = 1.-SW
PC = 144.*35.*PC
RETURN
END
```

通过引入定义微分过程的函数语句,P_c、F 和 G 对含水饱和度的导数可轻松取得。现在讨论典型计算,这些计算意在测试方法的性能,比如饱和度过冲、不稳定的波动等。给出的算法具有物理一致性。比如,不会产生超过 1 或低于 0 的含水饱和度;因此,油既不会生成,也不会被毁灭,这一点至少不明显。与许多商用 IMPES 模型(有待讨论)中所用的显式方法不同,完全隐式方法在激波源头不会出现数值波动。但是,当饱和度激波反映出始于假设的 $i = i_{max}$ 有效半径边界的向上回流时,不稳定性出现;然而,这些不稳定性与本次的模拟无关。最后,当钻井液滤液完全关闭时,水油饱和度前缘不移动,必须保持静止状态——这是几种商用模拟器由于数值舍入而不具备的特性。

下面讨论具体计算。在第一个示例中,利用以下函数语句将钻井液滤液侵入速度设为零。图 21.6A 所示的近井节点部分结果表明,虽然执行了 1000 个时步,但水的前缘仍按正常状态保持静止,计算域中其余部分未受扰动。

```
FUNCTION Q(T)
Q = 0.
RETURN
END
```

而且注意到,Q 并非体积流量,而是井径与砂层面处径向达西速度的乘积。对于假定的半径 0.2ft,可假定典型速度为 0.1ft/h,故有 $Q = (0.2\text{ft}) \times (0.1\text{ft/h}) = 0.0000055\text{ft}^2/\text{s}$。现在确定计算侵入速度是否实际合理,在这个过程中,研究算法的稳定性。在图 21.6B 中,取 50000 个时步,每个时步 0.001s,需要 1min 的计算时间,且其中给出了样品初期和后期结果。对于这种稳定的方法,截断误差可以忽略不计。

对比毛细管压力影响测量惯性影响时,流量 Q 的大小问题在无量纲时才有意义。由于这些问题的函数形式都不一样(因相对渗透率和毛细管压力曲线通常差异很大),简单或精简如基础牛顿流体力学中的雷诺数这样的参数通常都无法使用。但幸运的是,通过研究当前问题的不同参数范围,可以理解数值方法的稳定性能。显然,根据前述的两次运行,惯性并非重要,因为实际上移动的流体很少。在第二个示例中,为了模拟油藏工程师熟悉的水窜,假定取一个相对较大的恒定值,$Q = 1$。

大的 Q 值模拟注入水的快速流入,应产生突然的饱和度变化;对于此类问题,由于毛细管压力的原因,激波处很少受到影响。这并不是说毛细管压力不重要;毛细管压力在定义正确的饱和度突变方面起着特别的作用,所以是重要的。在 Buckley-Leverett 求解过程中所用的激波拟合在当前的高阶方程中是不必要的。对于图 21.6 所示的 $Q = 1$、2 和 3 时的计算,采用 3000 个时步,每个时步 0.001s。在图 21.6C 至图 21.6E 中,注意在斜率平缓的曲线上如何捕获径向几何扩散的效应,而很陡的饱和度梯度作为突变计算。

此外应注意,所示计算是极其稳定的,结果中无数值波动。此外,没有获得在 $O(\Delta x^2)$ 精确的隐式方法中超过 1 的含水饱和度。然而不稳定性出现在激波抵达远场计算边界并反射后。在此之前,计算没有物理意义,所以,这种不稳定性的存在与应用没有关系。

```
Water saturation at time (hrs): .167E-04
Position node Water Sat

    .100E+01     .100E+01    |                                    *
    .200E+01     .100E+00    |  *
    .300E+01     .100E+00    |  *
    .400E+01     .100E+00    |  *
    .500E+01     .100E+00    |  *
    .600E+01     .100E+00    |  *
    .700E+01     .100E+00    |  *


Water saturation at time (hrs): .150E-03
Position node Water Sat

    .100E+01     .100E+01    |                                    *
    .200E+01     .100E+00    |  *
    .300E+01     .100E+00    |  *
    .400E+01     .100E+00    |  *
    .500E+01     .100E+00    |  *
    .600E+01     .100E+00    |  *
    .700E+01     .100E+00    |  *


Water saturation at time (hrs): .267E-03
Position node Water Sat

    .100E+01     .100E+01    |                                    *
    .200E+01     .100E+00    |  *
    .300E+01     .100E+00    |  *
    .400E+01     .100E+00    |  *
    .500E+01     .100E+00    |  *
    .600E+01     .100E+00    |  *
    .700E+01     .100E+00    |  *
```

(A)

图 21.6 (A)钻井液滤液流入量为零,(B)极低的恒定注入量,
(C)$Q = 1$ 的恒速高惯性流,(D)$Q = 2$ 的恒速高惯性流,(E)$Q = 3$ 的恒速高惯性流

```
Water saturation at time (hrs): .167E-04
Position node Water Sat


 .100E+01     .100E+01    |                                    *
 .200E+01     .100E+00    | *
 .300E+01     .100E+00    | *
 .400E+01     .100E+00    | *
 .500E+01     .100E+00    | *
 .
 .
 .150E+02     .100E+00    | *
 .160E+02     .100E+00    | *
 .170E+02     .100E+00    | *
 .180E+02     .100E+00    | *


Water saturation at time (hrs): .903E-02
Position node Water Sat


 .100E+01     .100E+01    |                                    *
 .200E+01     .110E+00    | *
 .300E+01     .100E+00    | *
 .400E+01     .100E+00    | *
 .500E+01     .100E+00    | *
 .
 .
 .150E+02     .100E+00    | *
 .160E+02     .100E+00    | *
 .170E+02     .100E+00    | *
 .180E+02     .100E+00    | *


Water saturation at time (hrs): .126E-01
Position node Water Sat


 .100E+01     .100E+01    |                                    *
 .200E+01     .114E+00    | *
 .300E+01     .100E+00    | *
 .400E+01     .100E+00    | *
 .500E+01     .100E+00    | *
 .600E+01     .100E+00    | *
 .700E+01     .100E+00    | *
 .800E+01     .100E+00    | *
 .900E+01     .100E+00    | *
 .100E+02     .100E+00    | *
 .110E+02     .100E+00    | *
 .120E+02     .100E+00    | *
 .130E+02     .100E+00    | *
 .140E+02     .100E+00    | *
 .150E+02     .100E+00    | *
 .160E+02     .100E+00    | *
 .170E+02     .100E+00    | *
 .180E+02     .100E+00    | *
```

(B)

图 21.6　(A)钻井液滤液流入量为零,(B)极低的恒定注入量,
(C)$Q=1$ 的恒速高惯性流,(D)$Q=2$ 的恒速高惯性流,(E)$Q=3$ 的恒速高惯性流(续)

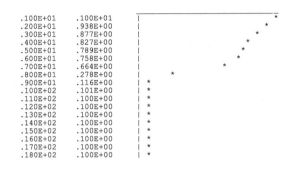

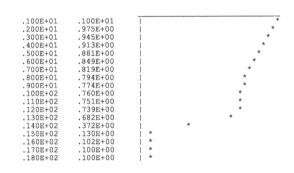

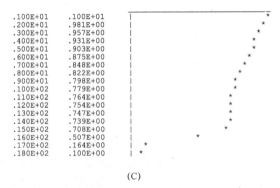

(C)

图21.6　(A)钻井液滤液流入量为零,(B)极低的恒定注入量,
(C)$Q=1$的恒速高惯性流,(D)$Q=2$的恒速高惯性流,(E)$Q=3$的恒速高惯性流(续)

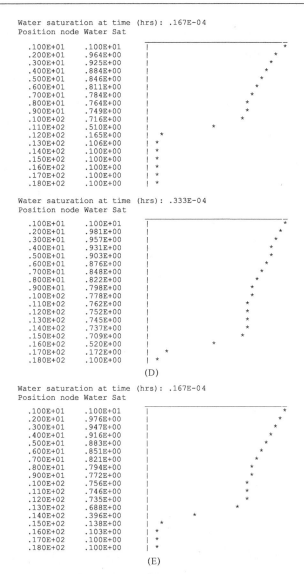

图 21.6　（A）钻井液滤液流入量为零,(B)极低的恒定注入量,

(C)$Q=1$ 的恒速高惯性流,(D)$Q=2$ 的恒速高惯性流,(E)$Q=3$ 的恒速高惯性流(续)

21.3.5　滤饼主导的流

下面考虑真实滤饼形成的随时间变化的流入流。早前发现,$t=0$ 时的侵入速度是无限的,情况像 $t^{-1/2}$ 时。此类奇异性,若精确实现,则会造成有限差分方法的不稳定性。幸运的是,可以通过考虑非零钻井液喷涌的影响来绕过这个难点,无须引入人工设备。根据第 17 章,线性流中的过滤厚度 $x(t)$ 变化如 $\mathrm{d}x/\mathrm{d}t=\alpha/x$,其中,α 是常数。如果 $x(0)=x_{\mathrm{spurt}}$,则有 $x(t)=\sqrt{2\alpha t+x_{\mathrm{spurt}}^2}$;然后,速度 $\mathrm{d}x/\mathrm{d}t=\alpha/\sqrt{2\alpha t+x_{\mathrm{spurt}}^2}$ 和 $q(t)=\phi\mathrm{d}x/\mathrm{d}t=\alpha\phi/\sqrt{2\alpha t+x_{\mathrm{spurt}}^2}$ 不会是无限的。之所以采用这个线性模型是因为控制性滤饼以线性方式形成;当然,在小井眼应用中,可采用径向模型。喷涌模型通过 Fortran 函数定义实现(图 21.7)。

```
           FUNCTION Q(T)
C      MUDCAKE MODEL, ALPHA = 1.
       PHI = 0.2
       WELRAD = 0.2
       SPURT =0.1
       SPURT2 = SPURT**2
       ALPHA = 1.
       Q = WELRAD*ALPHA*PHI/SQRT(SPURT2+2.*ALPHA*T)
       RETURN
       END
```

图 21.7 由滤饼主导的侵入

在图 21.8A 至图 21.8C 所示的快照序列中,显示了高、极高和极低侵入速率下饱和度激波的形成与移动,时步全部采用 0.001s。同样,完全稳定,没有数值上的饱和度波动。

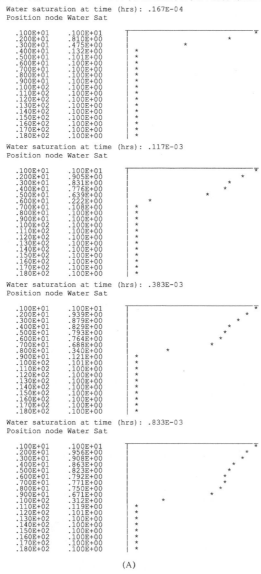

(A)

图 21.8 (A)高渗滤速度滤饼模型($\alpha=1$),(B)超高渗滤速度滤饼模型($\alpha=5$),
(C)超低渗滤速度滤饼模型($\alpha=0.001$)

```
Water saturation at time (hrs): .167E-04
Position node Water Sat
                                  _____
   .100E+01    .100E+01    |                              *
   .200E+01    .891E+00    |                          *
   .300E+01    .813E+00    |                      *
   .400E+01    .726E+00    |                  *
   .500E+01    .385E+00    |          *
   .600E+01    .125E+00    | *
   .700E+01    .101E+00    | *
   .800E+01    .100E+00    | *
   .900E+01    .100E+00    | *
   .100E+02    .100E+00    | *
   .110E+02    .100E+00    | *
   .120E+02    .100E+00    | *
   .130E+02    .100E+00    | *
   .140E+02    .100E+00    | *
   .150E+02    .100E+00    | *
   .160E+02    .100E+00    | *
   .170E+02    .100E+00    | *
   .180E+02    .100E+00    | *

Water saturation at time (hrs): .150E-03
Position node Water Sat
                                  _____
   .100E+01    .100E+01    |                              *
   .200E+01    .953E+00    |                          *
   .300E+01    .904E+00    |                         *
   .400E+01    .857E+00    |                      *
   .500E+01    .817E+00    |                    *
   .600E+01    .788E+00    |                  *
   .700E+01    .767E+00    |                  *
   .800E+01    .738E+00    |                *
   .900E+01    .595E+00    |          *
   .100E+02    .202E+00    |  *
   .110E+02    .108E+00    | *
   .120E+02    .100E+00    | *
   .130E+02    .100E+00    | *
   .140E+02    .100E+00    | *
   .150E+02    .100E+00    | *
   .160E+02    .100E+00    | *
   .170E+02    .100E+00    | *
   .180E+02    .100E+00    | *

Water saturation at time (hrs): .833E-03
Position node Water Sat
                                  _____
   .100E+01    .100E+01    |                              *
   .200E+01    .978E+00    |                             *
   .300E+01    .952E+00    |                           *
   .400E+01    .924E+00    |                          *
   .500E+01    .894E+00    |                         *
   .600E+01    .864E+00    |                       *
   .700E+01    .836E+00    |                      *
   .800E+01    .810E+00    |                     *
   .900E+01    .788E+00    |                    *
   .100E+02    .772E+00    |                   *
   .110E+02    .760E+00    |                   *
   .120E+02    .752E+00    |                   *
   .130E+02    .743E+00    |                   *
   .140E+02    .711E+00    |                  *
   .150E+02    .511E+00    |         *
   .160E+02    .162E+00    | *
   .170E+02    .105E+00    | *
   .180E+02    .100E+00    | *
```

(B)

图 21.8　(A)高渗滤速度滤饼模型($\alpha=1$)，(B)超高渗滤速度滤饼模型($\alpha=5$)，

(C)超低渗滤速度滤饼模型($\alpha=0.001$)(续)

```
Water saturation at time (hrs): .167E-04
Position node Water Sat

    .100E+01    .100E+01    |                                        *
    .200E+01    .101E+00    |  *
    .300E+01    .100E+00    |  *
    .400E+01    .100E+00    |  *
    .500E+01    .100E+00    |  *
    .600E+01    .100E+00    |  *
    .700E+01    .100E+00    |  *
    .800E+01    .100E+00    |  *
    .900E+01    .100E+00    |  *
    .100E+02    .100E+00    |  *
    .110E+02    .100E+00    |  *
    .120E+02    .100E+00    |  *
    .130E+02    .100E+00    |  *
    .140E+02    .100E+00    |  *
    .150E+02    .100E+00    |  *
    .160E+02    .100E+00    |  *
    .170E+02    .100E+00    |  *
    .180E+02    .100E+00    |  *

Water saturation at time (hrs): .120E-02
Position node Water Sat

    .100E+01    .100E+01    |                                        *
    .200E+01    .186E+00    |     *
    .300E+01    .102E+00    |  *
    .400E+01    .100E+00    |  *
    .500E+01    .100E+00    |  *
    .600E+01    .100E+00    |  *
    .700E+01    .100E+00    |  *
    .800E+01    .100E+00    |  *
    .900E+01    .100E+00    |  *
    .100E+02    .100E+00    |  *
    .110E+02    .100E+00    |  *
    .120E+02    .100E+00    |  *
    .130E+02    .100E+00    |  *
    .140E+02    .100E+00    |  *
    .150E+02    .100E+00    |  *
    .160E+02    .100E+00    |  *
    .170E+02    .100E+00    |  *
    .180E+02    .100E+00    |  *

Water saturation at time (hrs): .167E-02
Position node Water Sat

    .100E+01    .100E+01    |                                        *
    .200E+01    .231E+00    |      *
    .300E+01    .104E+00    |  *
    .400E+01    .100E+00    |  *
    .500E+01    .100E+00    |  *
    .600E+01    .100E+00    |  *
    .700E+01    .100E+00    |  *
    .800E+01    .100E+00    |  *
    .900E+01    .100E+00    |  *
    .100E+02    .100E+00    |  *
    .110E+02    .100E+00    |  *
    .120E+02    .100E+00    |  *
    .130E+02    .100E+00    |  *
    .140E+02    .100E+00    |  *
    .150E+02    .100E+00    |  *
    .160E+02    .100E+00    |  *
    .170E+02    .100E+00    |  *
    .180E+02    .100E+00    |  *
                          (C)
```

图 21.8 (A)高渗滤速度滤饼模型($\alpha=1$),(B)超高渗滤速度滤饼模型($\alpha=5$),
(C)超低渗滤速度滤饼模型($\alpha=0.001$)(续)

21.3.6 饱和度突变的去激波化

在时间推移分析中,可检测到移动的饱和度前缘,为了取得额外的流体动力学信息,希望研究或清楚迅速形成的流。这里,电阻率偏移意味着使激波变缓,小心地追踪激波的历史,这与毛细管压力和非线性相对渗透率函数保持动态一致。与主要物理过程涉及扩散前缘影响去除的混相流问题不同,当前问题有几个复杂点。首先,径向扩散再次出现。但现在与毛细管压力而非分子扩散有关的高阶导数项有双重功用:使混相流流经整个流域,且有助于控制激波形成。记住,在混相流问题中激波不存在。

是否可以去除这些两相流的所有影响呢? 答案貌似是确定的"是"。为了评价这个数值可逆性,执行 2000 步的程序,假定 $\alpha = 1$,然后,逆转时间方向和滤液移动方向,如图 21.9 中
源代码粗体修改内容所示。正演模拟结果如图 21.10A 所示,而成功完成偏移或去激波的结
果如图 21.10B 所示。这个重要能力的应用潜力实在巨大,目前正处于研究阶段。

```
 .
C        START TIME INTEGRATION
         DO 300  N=1,NMAX
         IF(N.LT.2000) T = T+DT
         IF(N.GE.2000) T = T-DT
         THOURS = T/3600.
         DO 200  I=2,IMAXM1
         RI = WELRAD+(I-1)*DR
         SW = SNM1(I)
         DSDR =(SNM1(I+1)-SNM1(I-1))/(2.*DR)
         IF(N.LT.2000) TERM1=((Q(T)*FP(SW)+G(SW))*DR)/(2.*G(SW)*RI)
         IF(N.GE.2000) TERM1=((-Q(T)*FP(SW)+G(SW))*DR)/(2.*G(SW)*RI)
         TERM2=  DR*DR*PHI/(G(SW)*DT)
         TERM3= (GP(SW)*DR/G(SW))*DSDR/2.
         A(I) =  1.- TERM1-TERM3
         B(I) = -2.+ TERM2
         C(I) =  1.+ TERM1+TERM3
         W(I) =  TERM2*SNM1(I)
 200  CONTINUE
         .
 300  CONTINUE
```

图 21.9　陡梯度的去激波化

(A)

图 21.10　(A)正演激波形成,(B)反演激波偏移

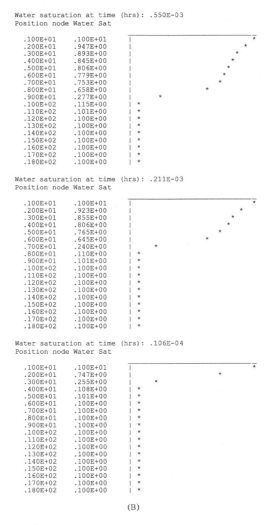

(B)

图 21.10　(A)正演激波形成,(B)反演激波偏移(续)

21.4　考虑毛细管压力和滤饼增厚(动态耦合)的非混相流

在前述公式中,假定 $q(t)$ 可根据滤饼性质求得,然后求解了得到的岩石中两相流。当然,通常情况下并非如此。考虑岩石上无滤饼形成的范围:这里,通过岩石的随时间变化的流由入口和出口边界处的饱和度和压力确定。对于刚才所述的不考虑滤饼的问题,控制饱和度和压力的偏导数方程属于非线性耦合,通过岩心的随时间变化的流量必须以迭代方式确定。此外,滤饼中流度与地层中流度相仿时也是这种情况,但情况更复杂。对于此类问题,滤饼增厚必须作为求解的一部分额外确定;滤饼增厚并非单独决定着滤液流入量,很大程度上取决于岩石中的两相流细节。

21.4.1　没有滤饼时的流

为了解决后面这个问题,先对前面那个问题进行公式表述并讨论是有指导意义的。为此,推导后面需要用到的完整的两相流方程组,然后说明一些基本概念。前文曾确定:

$$r(K_w/\mu_w + K_{nw}/\mu_{nw})\partial P_w/\partial r + r(K_{nw}/\mu_{nw})\partial P'_c(S_w)\partial S_w/\partial r = -Q(t) \tag{21.70}$$

在前一节,假定 $Q(t)$ 是已知的;既然如此,推导出来的饱和度方程可不利用压力方程求解,因此无须用到压力差分方程。现在,希望任意推导的主压力方程在单相流范围内可简化成 $\partial^2 P_w = \partial r^2 + (1/r)\partial P_w/\partial r = 0$。简化方法方面,可将方程(21.70)对径向坐标求导;求导后消除 $Q(t)$ 的显式形式,此时,$Q(t)$ 还是未知的。由于 $K_w = K_w(S_w)$ 和 $K_{nw} = K_{nw}(S_w)$,直接计算,可写出想要的方程:

$$\partial^2 P_w/\partial r^2 + \{1/r + [(K'_w/\mu_w + K'_{nw}/\mu_{nw})/(K_w/\mu_w + K_{nw}/\mu_{nw})]\partial S_w/\partial r\}$$
$$\times \partial P_w/\partial r = -[(\partial^2 S_w/\partial r^2 + 1/rS_w/\partial r)(\mu_w K_{nw}/\mu_{nw}K_w)P'_c(S_w)$$
$$+ [(\mu_w K'_{nw}/\mu_{nw}K_w)P'_c(S_w) + (\mu_w K_{nw}/\mu_{nw}K_w)P''_c(S_w)]$$
$$\times (\partial S_w/\partial r)^2]/[1 + (\mu_w K_{nw}/\mu_{nw}K_w)] \tag{21.78}$$

当前问题中有两个因变量,即压力和饱和度。压力由方程(21.78)确定,而饱和度满足方程(21.73)。

$$-\phi\partial S_w/\partial t = (\partial/\partial r + 1/r)(K_w/\mu_w)[Q(t)$$
$$+ r(K_{nw}/\mu_{nw})\partial P'_c(S_w)\partial S_w/\partial r]/[r(K_w/\mu_w + K_{nw}/\mu_{nw})] \tag{21.73}$$

其中,$Q(t)$ 现在不是规定的函数,根据方程(21.70),$Q(t)$ 显然仅表示函数组合:

$$Q(t) = -r(K_w/\mu_w + K_{nw}/\mu_{nw})\partial P_w/\partial r - r(K_{nw}/\mu_{nw})P'_c(S_w)\partial S_w/\partial r \tag{21.79}$$

如果规定 P_w 和 S_w 的初始空间分布,则有一个合理的数值求解过程,可在一个时步内按顺序求解方程(21.78)和方程(21.73),然后再进行下一个时步。实际上,必须采取这个过程。饱和度求解过程已经讨论过了,利用方程(21.77)实现。对于当前问题,仍采取这个过程。对于压力求解,为了简化符号,将方程(21.78)写成形式:

$$\partial^2 P_w/\partial r^2 + COEF\partial P_w/\partial r = RHS \tag{21.80}$$

其中,*COEF* 和 *RHS* 表示系数和右侧项。然后,利用中心差分近似法($P_{wi-1} - 2P_{wi} + P_{wi+1})/\Delta r^2 + COEF_i(P_{wi+1} - P_{wi-1})/(2\Delta r) = RHS_i$,将方程(21.80)写成:

$$(1 - COEF_i\Delta r/2)P_{wi-1} - 2P_{wi} + (1 + COEF_i\Delta r/2)P_{wi+1} = RHS_i\Delta r^2 \tag{21.81}$$

就三对角求解程序 *TRIDI* 而言,系数 A、B、C 和 W 对于各内部节点 $i=2,3,\cdots,i_{max}-1$ 形式分别为 $A_i = (1 - COEF_i\Delta r/2)$,$B_i = -2$,$C_i = (1 + COEF_i\Delta r/2)$,和 $W_i = RHS_i\Delta r^2$。此外有 $A(1) = 99, B(1) = 1, C(1) = 0, W(1) = P_{left}, A(IMAX) = 0, B(IMAX) = 1, C(IMAX) = 99$ 和 $W(IMAX) = P_{right}$,其中,P_{left} 和 P_{right} 表示入口和出口边界处的规定压力。注意观察,*COEF* 和 *RHS* 始终通过前一个时步的二阶精确的空间中心差分进行评价。另外,需要用到初始压力分布,初始压力分布与饱和度初始条件类似。从实现这个算法所需的 Fortran 源代码引擎中选择的代码段如图 21.11 所示。这些代码段通过简单修改前面的以求解流量是时间规定函数时的两相流为设计初衷的程序而得到。最后注意观察,并未采用 Collins(1961)的出口饱和度边界条件,因为出口是假想的计算边界,对油藏而言位于内部。

注意,M. A. Proett、W. C. Chin、M. Manohar、R. Sigal 和 J. Wu 合著的 SPE 论文"Multiple Factors That Influence Wireline Formation Tester Pressure Measurements and Fluid Contact Estimates"(论文编号 SPE71566)将本章所述的工作扩展至更高层次,确保了饱和度明显中断位置质量精确守恒,该论文发布于 2001 年 9 月 30 日至 10 月 3 日在路易斯安那州新奥尔良召开的 2001 年 SPE 年度科技会展上。有关该论文的更多信息或副本,建议读者直接写信联系作者(wilsonchin@ aol. com)。

```
                     .
                     .
        C       INITIALIZATION
                T = 0.
                DO 100   I=1,IMAX
                SNM1(I) = SZERO
                XPLOT(I) = WELRAD+(I-1)*DR
                P(I) = PINIT
          100   CONTINUE
        C
        C       START TIME INTEGRATION
                DO 300  N=1,NMAX
                T = T+DT
                THOURS = T/3600.
        C
        C       PRESSURE EQUATION
                DO 150   I=2,IMAXM1
                RI = WELRAD+(I-1)*DR
                SW = SNM1(I)
                DSDR    = (SNM1(I+1)-SNM1(I-1))/(2.*DR)
                DSDR2   = DSDR**2.
                D2SDR2  = (SNM1(I-1)-2.*SNM1(I)+SNM1(I+1))/(DR*DR)
                DEL2S   =   D2SDR2+(1./RI)*DSDR
                COEF = 1./RI
             1  +((KWP(SW)/VISCL+KNWP(SW)/VISCR)/
             2   (KW(SW) /VISCL+KNW(SW) /VISCR))*DSDR
                RHS = PCP(SW)*DEL2S*(VISCL*KNW(SW)/(VISCR*KW(SW)))
             1       +DSDR2*VISCL*KNWP(SW)*PCP(SW)/(VISCR*KW(SW))
             2       +DSDR2*PCPP(SW)*(VISCL*KNW(SW)/(VISCR*KW(SW)))
                RHS = -RHS*F(SW)
                A(I) = 1.-COEF*DR/2.
                B(I) = -2.
                C(I) = 1.+COEF*DR/2.
                W(I) = RHS*DR*DR
          150   CONTINUE
                A(1) = 99.
                B(1) = 1.
                C(1) = 0.
                W(1) = PLEFT
                A(IMAX) = 0.
                B(IMAX) = 1.
                C(IMAX) = 99.
                W(IMAX) = PRIGHT
                CALL TRIDI(A,B,C,VECTOR,W,IMAX)
                DO 160   I=1,IMAX
                P(I) = VECTOR(I)
          160   CONTINUE
        C
        C       SATURATION EQUATION
                DO 200   I=2,IMAXM1
                RI = WELRAD+(I-1)*DR
                SW = SNM1(I)
                DSDR = (SNM1(I+1)-SNM1(I-1))/(2.*DR)
                DPDR = (P(I+1)-P(I-1))/(2.*DR)
                Q = -RI*(KW(SW)/VISCL+KNW(SW)/VISCR)*DPDR
             1    -RI*(KNW(SW)/VISCR)*PCP(SW)*DSDR
                TERM1=((Q*FP(SW)+G(SW))*DR)/(2.*G(SW)*RI)
                TERM2=  DR*DR*PHI/(G(SW)*DT)
                TERM3= (GP(SW)*DR/G(SW))*DSDR/2.
                A(I) =  1.- TERM1-TERM3
                B(I) = -2.+ TERM2
```

图 21.11   隐式压力—隐式饱和度求解程序

```
             C(I) =   1.+ TERM1+TERM3
             W(I) =   TERM2*SNM1(I)
      200    CONTINUE
             A(1) = 99.
             B(1) = 1.
             C(1) = 0.
             W(1) = SL
             A(IMAX) = 0.
             B(IMAX) = 1.
             C(IMAX) = 99.
             W(IMAX) = SR
             CALL TRIDI(A,B,C,VECTOR,W,IMAX)
             DO 250   I=1,IMAX
             S(I) = VECTOR(I)
      250    CONTINUE
             DO 260   I=1,IMAX
             SNM1(I) = S(I)
      260    CONTINUE
             IF(MOD(N,60).NE.0) GO TO 300
             WRITE(*,10)
             WRITE(4,10)
             WRITE(*,280) THOURS
             WRITE(4,280) THOURS
      280    FORMAT('   Water saturation at time (hrs):' E9.3)
             CALL GRFIX(S,XPLOT,IMAX,1)
             WRITE(*,281) THOURS
             WRITE(4,281) THOURS
      281    FORMAT('   Pressure versus r @ time (hrs):' E9.3)
             CALL GRFIX(P,XPLOT,IMAX,2)
      300    CONTINUE
             .
             .
             STOP
             END
      C
             FUNCTION F(SW)
             REAL KDARCY,KABS,KW,KNW
             KDARCY = 0.001
             KABS = KDARCY*0.00000001/(12.*12.*2.54*2.54)
             KW = KABS * SW**2.
             KNW = KABS*(SW-1.)**2.
             VISCIN = 1.
             VISCDP = 2.
             VISCL = 0.0000211*VISCIN
             VISCR  = 0.0000211*VISCDP
             F = 1. +VISCL*KNW/(VISCR*KW)
             F = 1./F
             RETURN
             END
```

图 21.11 隐式压力—隐式饱和度求解程序(续)

在接下来的计算过程中,给出了两份每个时刻的数据表,第一份是空间饱和度分布数据,第二份是压力数据。所示的压力与时间单位对于本文的讨论来说并不合适,因为选择这些单位是为了再现整个惯性力至毛细管压力的影响范围(由弱至强),图 21.12A 至图 21.12C 给出了列成表格的解集。

图 21.12A 所示的前期饱和度解表明惯性效应尚不强烈。这一点是显而易见的,因为通过参考给出的源代码可以看出,本文将压力场初始化成恒定值,此时,流是静止不动的。$t = 0 +$ 时,突然引入一个压差(即 $P_{LEFT} - P_{RIGHT} > 0$),流体开始移动。然而,饱和度激波尚未形成,流体受控于毛细管压力。注意计算压力为什么会与第 17 章假定的压力不同而有较小的斜率不连续。

图 21.12B 给出了饱和度激波的开始形成,这一点与本书前面假定的类活塞驱替是不同的。有意思的是,观察到非混相两相流理论会预测类活塞前缘,但类活塞前缘不存在时,会形成平稳

流动。因此,非混相流理论更具有广义性,更有效。但是,其实际缺点也有若干。计算几乎始终都是数值计算,直观了解少;此外,所需的相对渗透率和毛细管压力函数有可能了解得不准确。

最后应注意的是,虽然图 21.12A 至图 21.12C 所示的饱和度剖面从计算开始到结束有很大变化,但压力剖面却是不随时间变化的。这说明,问题中存在两个全局时标,一个控制压力,另一个控制饱和度。此外,压力梯度剖面是温和断续的,饱和度剖面是强烈断续的。未预料到压力解没有随时间而变化,但这种情况并非始终出现。由于稳态全水压力分布与稳态全油压力分布对于给定的压差来说是相同的,可预料中间的混合流体压力状态不会与单相流剖面偏离很多。因此,可利用后面的解对压力求解程序进行初始化,以实现快速收敛。

收敛解中含水—油界面上所需的扩散斜率不连续性。此类直观参数若是合理,便可在研究方面促成更有效的数值方法。重要的是要注意观察,瞬态饱和度方程本质上是抛物线方程或双曲线方程(比如参见 Hildebrand 于 1948 年发表的著作),具体是哪种方程取决于毛细管压力项相对于对流项的重要性。方程(21.76)给出的方程形式非常清楚地说明了这个差异。毛细管压力重要时, $G(S_w) \partial^2 S_w / \partial r^2$ 项必须予以保留,因而是类热的。

$$- \phi \partial S_w / \partial t - [Q(t) F'(S_w) + G(S_w)] / r \partial S_w / \partial r = G'(S_w)(\partial S_w / \partial r)^2 + G(S_w) \partial^2 S_w / \partial r^2$$

$$(21.76)$$

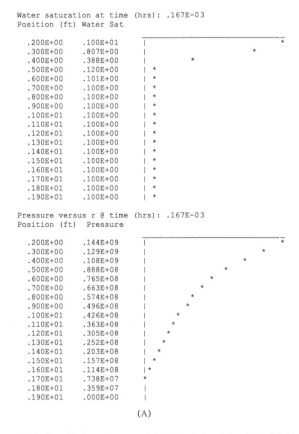

(A)

图 21.12 (A)前期饱和度与压力,(B)中期饱和度与压力,(C)后期饱和度与压力

```
Water saturation at time (hrs): .667E-03
Position (ft) Water Sat

   .200E+00    .100E+01    |                                        *
   .300E+00    .919E+00    |                                    *
   .400E+00    .854E+00    |                                  *
   .500E+00    .811E+00    |                                *
   .600E+00    .756E+00    |                            *
   .700E+00    .491E+00    |                   *
   .800E+00    .149E+00    |  *
   .900E+00    .103E+00    | *
   .100E+01    .100E+00    | *
   .110E+01    .100E+00    | *
   .120E+01    .100E+00    | *
   .130E+01    .100E+00    | *
   .140E+01    .100E+00    | *
   .150E+01    .100E+00    | *
   .160E+01    .100E+00    | *
   .170E+01    .100E+00    | *
   .180E+01    .100E+00    | *
   .190E+01    .100E+00    | *


Pressure versus r @ time (hrs): .667E-03
Position (ft)  Pressure

   .200E+00    .144E+09    |                                        *
   .300E+00    .129E+09    |                                    *
   .400E+00    .117E+09    |                                 *
   .500E+00    .106E+09    |                              *
   .600E+00    .962E+08    |                           *
   .700E+00    .845E+08    |                        *
   .800E+00    .697E+08    |                     *
   .900E+00    .599E+08    |                  *
   .100E+01    .514E+08    |               *
   .110E+01    .438E+08    |             *
   .120E+01    .368E+08    |          *
   .130E+01    .304E+08    |         *
   .140E+01    .245E+08    |       *
   .150E+01    .189E+08    |   *
   .160E+01    .138E+08    | *
   .170E+01    .891E+07    *
   .180E+01    .433E+07    |
   .190E+01    .000E+00    |
```

(B)

```
Water saturation at time (hrs): .283E-02

Position (ft) Water Sat

   .200E+00    .100E+01    |                                        *
   .300E+00    .978E+00    |                                      *
   .400E+00    .951E+00    |                                     *
   .500E+00    .921E+00    |                                   *
   .600E+00    .891E+00    |                                  *
   .700E+00    .861E+00    |                                 *
   .800E+00    .834E+00    |                                *
   .900E+00    .811E+00    |                              *
   .100E+01    .793E+00    |                            *
   .110E+01    .780E+00    |                           *
   .120E+01    .772E+00    |                           *
   .130E+01    .765E+00    |                          *
   .140E+01    .755E+00    |                          *
   .150E+01    .691E+00    |                       *
   .160E+01    .359E+00    |             *
   .170E+01    .127E+00    | *
   .180E+01    .102E+00    | *
   .190E+01    .100E+00    | *
Pressure versus r @ time (hrs): .283E-02
Position (ft)  Pressure

   .200E+00    .144E+09    |                                        *
   .300E+00    .125E+09    |                                    *
   .400E+00    .111E+09    |                                 *
   .500E+00    .100E+09    |                              *
   .600E+00    .899E+08    |                            *
   .700E+00    .809E+08    |                          *
   .800E+00    .726E+08    |                        *
   .900E+00    .648E+08    |                      *
   .100E+01    .576E+08    |                    *
   .110E+01    .508E+08    |                  *
   .120E+01    .445E+08    |               *
   .130E+01    .386E+08    |             *
   .140E+01    .331E+08    |           *
   .150E+01    .275E+08    |        *
   .160E+01    .196E+08    |     *
   .170E+01    .117E+08    | *
   .180E+01    .562E+07    *
   .190E+01    .000E+00    |
```

(C)

图 21.12 　(A)前期饱和度与压力,(B)中期饱和度与压力,(C)后期饱和度与压力(续)

方程 $\partial S_w/\partial t \propto \partial^2 S_w/\partial r^2$ 是明显扩散的,与瞬态可压缩试井模拟所用的压力扩散方程(见第 20 章)不同。但当惯性更重要时,可忽略二阶导数项 $\partial^2 S_w/\partial r^2$,至少在激波形成前可以忽略。

忽略此项时,方程(21.76)简化成一阶波动方程。

$$-\phi\partial S_w/\partial t - [Q(t)F'(S_w) + G(S_w)]/r\partial S_w/\partial r = G'(S_w)(\partial S_w/\partial r)^2 \qquad (21.82)$$

方程(21.82)是早前针对线性流而研究的 Buckley–Leverett 方程的径向形式。不管饱和度方程是抛物线方程还是双曲线方程,压力方程:

$$\partial^2 P_w/\partial r^2 + COEF\partial P_w/\partial r = RHS \qquad (21.80)$$

始终都是类椭圆方程且不随时间推移而变化,至少达到在前一个时步评价变量 $COEF$ 和 RHS 的程度。任何情况下,控制方程(21.76)和方程(21.80)都包含二阶空间导数项,并与明确定义的边界值问题和边界条件有关。

在刚刚介绍的工作中,这些方程是采用二阶精确的隐式方法求解的;即,采用的方法是压力隐式饱和度隐式的。这种方法与业界流行的压力隐式饱和度显式代码形成对比,后者只是条件稳定的。第 20 章中考虑了隐式和显式方法的纽曼稳定性。这个所谓的 IMPES 方法以及其带来的稳定性问题形成了不希望有的饱和度波动和过冲,饱和度波动和过冲通常通过对空间导数进行逆流(即后向)差分确定。但实际上,这个解决方法所带来的问题要比其解决的问题要多。正如 Lantz(1971)的说明,该方法稳定了数值问题,但却以截断项增加了假设黏度为代价。这样,方程(21.76)中 $G(S_w)\partial^2 S_w/\partial r^2$ 项里具有物理意义的扩散系数 G 不再是问题中唯一的扩散;其中引入了规模堪比 G 的数值扩散,而这个数值扩散会给计算解带来糟糕的影响。其中有将饱和度激波位置放错并错误计算饱和度不连续的程度。在航空航天工业领域,这些问题众所周知并被解决了,它们出现在高速机翼设计过程中。数学问题应在该方程自身范围内得到解决。然而,这些基本问题(Chin,1993a)仍然被过分关注现场一致性的石油研究人员所忽视。

21.4.2 模拟滤饼耦合

既然知道了非混相流两相流的公式表述(解析的和数值的),现在,来解决径向几何形状入口处存在滤饼达西流的问题。此流满足其压力差分方程,通过移动的钻井液—滤饼边界和固定的滤饼—岩石界面描述。这个问题如图 21.13 所示,其中,x 同时适用于线性流和径向流。为了解决这个耦合问题,必须将第 20 章示例 20.7 中推导的算法与刚刚讨论的非混相问题结合起来。

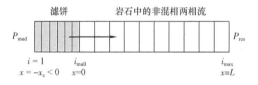

图 21.13 双层滤饼—岩石非混相流模型

先回顾一下之前推导的滤饼方程。滤饼中的流仍假定为单相流,由于忽略了可压缩性,故压力分布 $P(x,t)$ 满足:

$$\mathrm{d}(K_\mathrm{c}\mathrm{d}p/\mathrm{d}x)/\mathrm{d}x = 0 \tag{21.83}$$

其中,滤饼绝对渗透率 K_c 可规定为 x 的函数,或作为 P 的函数给出,或出于简要起见,将其视为常数。为了方便性,选择后者,故以下简单的常差分方程适用:

$$\mathrm{d}^2P/\mathrm{d}x = 0 \tag{21.84}$$

注意,虽然方程(21.84)中没有具有时间相关性的导数,但参数 $P(x,t)$ 具有时间相关性,将允许有一个移动的边界。此外,假定钻井液滤液和地层水是相同的,只有两种流体需要模拟。也可以采用其他方程,但这里不做讨论。如果采用油基钻井液,则必须考虑到三种流体,即:油滤液、地层原油和原生水。如果存在两种不同类型的水,比如淡水和盐水,则有可能必须考虑重力影响。而且,如果考虑水油混合钻井液,则滤饼流方程表述必须是两相表述,一如地层中那样。这些方程加剧了数值复杂性,但没有引入新的概念。

如何将增厚滤饼中单相流的方程(21.84)与描述岩石中非混相两相流的方程(21.78)、方程(21.73)和方程(21.79)耦合在一起?显而易见,不能采用示例20.7中所用的网格扩展方法(如图21.13所示):滤饼增厚时,节点数目随时间推移而增加,但饱和度的解 $S_{i,n}$ 需要之前不存在的空间节点处的信息。幸运的是,该问题有一个基本解可用,这个基本解要求首先将滤饼的边界值问题转化成岩石内流的边界条件。由于方程(21.84)适用(其中 x 实际上是指径向坐标),精确解 $P = Ar + B$ 适用。然后,简单解 $P = A(r - R_\mathrm{cake}) + P_\mathrm{left}$ 满足:$r = R_\mathrm{cake}$ 时 $P = P_\mathrm{left}$。这里,P_left 是井筒钻井液压力,作用在 $r = R_\mathrm{cake}$ 处滤饼的暴露面上。

滤饼—岩石界面处的压力由表达式 $P = A(R_\mathrm{well} - R_\mathrm{cake}) + P_\mathrm{left}$ 给出,其中,$r = R_\mathrm{well}$ 是无滤饼时的井筒半径。滤饼—岩石界面处的流体速度是 $K_\mathrm{cake}\mathrm{d}P/\mathrm{d}r$ 或 $K_\mathrm{cake}A$。这个速度必须等于根据两相流解计算出的达西速度 $K_\mathrm{rock}(P_{\mathrm{w2},n} - P_{\mathrm{w1},n})/\Delta r$。设这两个速度相等,即,$K_\mathrm{cake}A = K_\mathrm{rock}(P_{\mathrm{w2},n} - P_{\mathrm{w1},n})/\Delta r$,并注意压力连续性要求有 $P_{\mathrm{w1},n} = A(R_\mathrm{well} - R_\mathrm{cake})$,结果有以下事实:

$$\left[K_\mathrm{cake}\Delta r + K_\mathrm{rock}(R_\mathrm{well} - R_\mathrm{cake})\right]P_{\mathrm{w1},n} - K_\mathrm{rock}(R_\mathrm{well} - R_\mathrm{cake})P_{\mathrm{w2},n} = K_\mathrm{cake}P_\mathrm{left}\Delta r \tag{21.85}$$

其中,删掉了常数 A,P_w 是润湿相压力。由于滤饼—岩石界面完全被水饱和,所以,渗透率 K_rock 正好是绝对渗透率。

21.4.3　不变的滤饼厚度

在动态渗滤过程中,一旦井筒内达到平衡状态,滤饼便停止增厚(见第18章)。这个侵入过程通过规定为不随时间变化的常数的滤饼厚度来模拟。然后,对前一节中 Fortran 代码唯一的这个算法修改要求将:

```
A(1) = 99.
B(1) = 1.
C(1) = 0.
W(1) = PLEFT
```

换成:

```
KCAKE = 0.001
KC = KCAKE*0.00000001/(12.*12.*2.54*2.54)
RCAKE = 0.01/12.
 .
 .
A(1) = 99.
B(1) = KC*DR + K*(WELRAD-RCAKE)
C(1) = -K*(WELRAD-RCAKE)
W(1) = KC*PLEFT*DR
```

　　图 21.14A 至图 21.14C 所示的前期、中期和后期典型饱和度和压力说明了激波形成与扩散。选择这些参数意在涵盖整个惯性力—毛细管力比值范围。

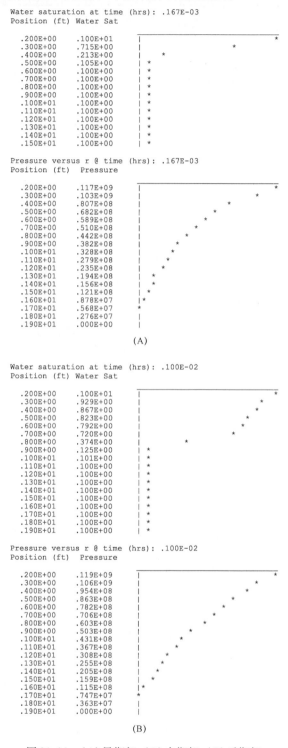

图 21.14 　(A)早期解,(B)中期解,(C)后期解

```
Water saturation at time (hrs): .267E-02
Position (ft) Water Sat
    .200E+00    .100E+01    |                                    *
    .300E+00    .971E+00    |                                 *
    .400E+00    .936E+00    |                              *
    .500E+00    .900E+00    |                            *
    .600E+00    .866E+00    |                          *
    .700E+00    .835E+00    |                         *
    .800E+00    .809E+00    |                       *
    .900E+00    .791E+00    |                      *
    .100E+01    .779E+00    |                      *
    .110E+01    .770E+00    |                      *
    .120E+01    .752E+00    |                     *
    .130E+01    .634E+00    |                 *
    .140E+01    .249E+00    |         *
    .150E+01    .112E+00    | *
    .160E+01    .101E+00    | *
    .170E+01    .100E+00    | *
    .180E+01    .100E+00    | *
    .190E+01    .100E+00    | *

Pressure versus r @ time (hrs): .267E-02
Position (ft)  Pressure
    .200E+00    .116E+09    |                                    *
    .300E+00    .102E+09    |                               *
    .400E+00    .907E+08    |                            *
    .500E+00    .816E+08    |                          *
    .600E+00    .736E+08    |                        *
    .700E+00    .664E+08    |                      *
    .800E+00    .597E+08    |                    *
    .900E+00    .536E+08    |                   *
    .100E+01    .479E+08    |                 *
    .110E+01    .426E+08    |                *
    .120E+01    .377E+08    |              *
    .130E+01    .324E+08    |             *
    .140E+01    .244E+08    |           *
    .150E+01    .183E+08    |         *
    .160E+01    .133E+08    |  *
    .170E+01    .861E+07    | *
    .180E+01    .418E+07    *
    .190E+01    .000E+00    *
```

(C)

图 21.14　(A)早期解,(B)中期解,(C)后期解(续)

21.4.4　瞬态滤饼增厚

允许有瞬态滤饼增厚时,比如,静态过滤或不平衡动态过滤,需要进行概念上的简单代码修改。滤饼—井筒半径比很小时,线性滤饼增厚模型适用,其中,$|v_n|$ 与滤饼界面处的达西速度 $(K_c/\mu_{mf})\mathrm{d}p(x_c)/\mathrm{d}x$ 成比例。

$$\mathrm{d}x_c/\mathrm{d}t = - \{f_s/[(1-f_s)(1-\phi_c)]\} | v_n | < 0 \qquad (20.63)$$

注意,这里不采用描述岩石内驱替前缘的方程(20.62),因为允许非混相流中自然形成饱和度的不连续性。

方程(20.63)的近似表达式为:

$$x_{c,\text{new}} = x_{c,\text{old}} + \{f_s/[(1-f_s)(1-\phi_c)]\}[K_c\Delta t/(\mu_{mf}\Delta x)](p_2-p_1)_{\text{old}} \qquad (20.64)$$

其中,$(p_2-p_1)_{\text{old}}/\Delta x$ 表示滤饼内的压力梯度。但是,滤饼压力解 $P = Ar + B$ 说明,$\mathrm{d}P/\mathrm{d}r = A$ 不依赖于位置,且在任何时候都是一个不会发生变化的常量。既然是这种情况,其值可根据速度拟合界面条件 $K_{\text{cake}}\mathrm{d}P/\mathrm{d}r = K_{\text{rock}}(P_{w2,n}-P_{w1,n})/\Delta r$ 以外推法求得。

$$\mathrm{d}P/\mathrm{d}r = (K_{\text{rock}}/K_{\text{cake}})(P_{w2,n}-P_{w1,n})/\Delta r \qquad (21.86)$$

这样,对于刚才的 Fortran 代码,唯一需要添加的内容就是下面以粗体字显示的最新程序内容:

```
C      INITIAL SETUP
       RCAKE = WELRAD
       KCAKE = 0.001
       KC = KCAKE*0.00000001/(12.*12.*2.54*2.54)
       FS=0.2
       PHIMUD=0.2
       .
       .

C      Update cake position immediately after pressure integration.
       RATIO  = K/KC
       PGRADC = RATIO*(P(2)-P(1))/DR
       RCAKE  = RCAKE+(FS/((1.-PHIMUD)*(1.-FS)))*(KC/VISCL)*PGRADC*DT
       .
       .
       A(1) = 99.
       B(1) = KC*DR + K*(WELRAD-RCAKE)
       C(1) = -K*(WELRAD-RCAKE)
       W(1) = KC*PLEFT*DR
```

最上面那行表示滤饼初始条件;即, t = 0 时,无穷薄滤饼表面与井筒半径重合。图 21.15A 至图 21.15C 中的计算参数与图 21.14A 至图 21.14C 中的计算参数相同,但前者的滤饼厚度从零开始变化,而后者一直将滤饼厚度定位 0.01in。由于任何时候图 21.15 中考虑的滤饼通常比图 21.14 中的都要薄,所以,预计侵入量相对更大。

```
Water saturation at time (hrs): .167E-03
Position (ft) Water Sat

   .200E+00    .100E+01    |                                    *
   .300E+00    .803E+00    |                          *
   .400E+00    .373E+00    |              *
   .500E+00    .118E+00    | *
   .600E+00    .101E+00    | *
   .700E+00    .100E+00    | *
   .800E+00    .100E+00    | *
   .900E+00    .100E+00    | *
   .100E+01    .100E+00    | *
   .110E+01    .100E+00    | *
   .120E+01    .100E+00    | *
   .130E+01    .100E+00    | *
   .140E+01    .100E+00    | *
   .150E+01    .100E+00    | *
   .160E+01    .100E+00    | *
   .170E+01    .100E+00    | *
   .180E+01    .100E+00    | *
   .190E+01    .100E+00    | *


Pressure versus r @ time (hrs): .167E-03
Position (ft)  Pressure

   .200E+00    .141E+09    |                                    *
   .300E+00    .125E+09    |                              *
   .400E+00    .104E+09    |                        *
   .500E+00    .862E+08    |                     *
   .600E+00    .743E+08    |                  *
   .700E+00    .644E+08    |                *
   .800E+00    .558E+08    |              *
   .900E+00    .482E+08    |            *
   .100E+01    .414E+08    |          *
   .110E+01    .352E+08    |         *
   .120E+01    .296E+08    |        *
   .130E+01    .245E+08    |      *
   .140E+01    .197E+08    |     *
   .150E+01    .152E+08    |   *
   .160E+01    .111E+08    | *
   .170E+01    .717E+07    *
   .180E+01    .349E+07    |
   .190E+01    .000E+00    |
```

(A)

图 21.15　(A)早期解,(B)中期解,(C)后期解

```
Water saturation at time (hrs): .100E-02
Position (ft) Water Sat

   .200E+00    .100E+01   |                                        *
   .300E+00    .937E+00   |                                    *
   .400E+00    .879E+00   |                                *
   .500E+00    .833E+00   |                            *
   .600E+00    .803E+00   |                          *
   .700E+00    .774E+00   |                        *
   .800E+00    .650E+00   |                 *
   .900E+00    .249E+00   |       *
   .100E+01    .111E+00   | *
   .110E+01    .101E+00   | *
   .120E+01    .100E+00   | *
   .130E+01    .100E+00   | *
   .140E+01    .100E+00   | *
   .150E+01    .100E+00   | *
   .160E+01    .100E+00   | *
   .170E+01    .100E+00   | *
   .180E+01    .100E+00   | *
   .190E+01    .100E+00   | *
```

```
Pressure versus r @ time (hrs): .100E-02
Position (ft)  Pressure

   .200E+00    .131E+09   |                                        *
   .300E+00    .117E+09   |                                  *
   .400E+00    .105E+09   |                               *
   .500E+00    .947E+08   |                            *
   .600E+00    .857E+08   |                         *
   .700E+00    .776E+08   |                       *
   .800E+00    .693E+08   |                    *
   .900E+00    .570E+08   |                 *
   .100E+01    .481E+08   |              *
   .110E+01    .409E+08   |           *
   .120E+01    .344E+08   |         *
   .130E+01    .284E+08   |        *
   .140E+01    .228E+08   |       *
   .150E+01    .177E+08   |     *
   .160E+01    .129E+08   |*
   .170E+01    .832E+07   *
   .180E+01    .404E+07   |
   .190E+01    .000E+00   |
```

(B)

```
Water saturation at time (hrs): .267E-02
Position (ft) Water Sat

   .200E+00    .100E+01   |                                        *
   .300E+00    .973E+00   |                                      *
   .400E+00    .941E+00   |                                     *
   .500E+00    .907E+00   |                                   *
   .600E+00    .874E+00   |                                 *
   .700E+00    .843E+00   |                               *
   .800E+00    .816E+00   |                              *
   .900E+00    .796E+00   |                             *
   .100E+01    .783E+00   |                             *
   .110E+01    .773E+00   |                            *
   .120E+01    .764E+00   |                           *
   .130E+01    .734E+00   |                          *
   .140E+01    .525E+00   |                  *
   .150E+01    .170E+00   |    *
   .160E+01    .105E+00   | *
   .170E+01    .100E+00   | *
   .180E+01    .100E+00   | *
   .190E+01    .100E+00   | *
```

```
Pressure versus r @ time (hrs): .267E-02
Position (ft)  Pressure

   .200E+00    .113E+09   |                                        *
   .300E+00    .987E+08   |                                  *
   .400E+00    .882E+08   |                               *
   .500E+00    .794E+08   |                             *
   .600E+00    .717E+08   |                           *
   .700E+00    .647E+08   |                         *
   .800E+00    .583E+08   |                       *
   .900E+00    .523E+08   |                    *
   .100E+01    .468E+08   |                  *
   .110E+01    .417E+08   |                *
   .120E+01    .369E+08   |             *
   .130E+01    .323E+08   |           *
   .140E+01    .269E+08   |          *
   .150E+01    .192E+08   |      *
   .160E+01    .137E+08   |    *
   .170E+01    .885E+07   |*
   .180E+01    .430E+07   *
   .190E+01    .000E+00   |
```

(C)

图 21.15 (A)早期解,(B)中期解,(C)后期解(续)

实际上,确实观察到含水饱和度有所增加,饱和度激波进入岩石的深度变深。还有一个有意思的观察是关于径向岩心样品内不同点压力降落计算值的。假定井筒处滤饼边缘有 P_{left} = 0.144×10^9,而右侧远处有效半径位置有 P_{right} = 0,以所选择的统一单位表示。图 21.15C 指出滤饼—岩石界面处压力计算值为 0.113×10^9。在这个计算过程中,在整个压力降落中占据最大比例的因素是岩石,而不是滤饼。这里持续讨论的计算,以不严谨的话说,模拟了有极致密地层和高渗透滤饼问题中的侵入。此处强调,采用二阶精确的空间中心差分法(无须引入特殊的上风算子)已经得到了稳定的数值结果,其中无饱和度过冲和局部波动。因为它们基于三对角方程所推导的这些方法是稳定的,所需的计算量最少。关于数值模拟几个微妙方面(影响混相扩散和非混相饱和度激波形成)的讨论,见第 13 章。

21.4.5 非混相流通用模型

前面说明了为什么一阶非线性方程对于非混相两相流是成立的。推导了方程(21.17),即一维饱和度方程 $\partial S_w / \partial t + [q(t)/\phi] df_w(S_w, \mu_w/\mu_{nw})/dS_w \partial S_w / \partial x = 0$,并指出该方程适用于毛细管压力可忽略不计的高速侵入问题。至少在饱和度激波和陡流梯度出现之前,该方程是精确的。出现之后,低阶描述会局部失效,但若引入满足简单方程范围外一定外部约束条件,它仍可采用。实际上,质量守恒要求取方程(21.39)给出的激波速度形式,即: v_{shock} = $[Q_w(S_w^l) - Q_w(S_w^i)]/(S_w^l - S_w^i)$。但修正后的解是不完整的,因为无法再现激波的结构与厚度。

为了得到流的完整细节,有必要采用考虑到毛细管压力的高阶偏微分方程。在径向流中,所需的方程(21.76)说明更详细的物理模型是 $-\phi \partial S_w / \partial t - [Q(t)F'(S_w) + G(S_w)]/r \partial S_w / \partial r$ = $G'(S_w)(\partial S_w / \partial r)^2 + G(S_w) \partial^2 S_w / \partial r^2$。正如所看到的(比如参见图 21.6C), $G(S_w) \partial^2 S_w / \partial r^2$ 项是极其重要的,因为此项自然形成了激波结构;此外,它也会稍微影响扩散速度,以此得到的激波速度不同于这里给出的 v_{shock}。另外,这个二阶导数完全确定了激波中保留的具体流量,且其中隐含着决定激波形成方式的熵条件。这个关键概念即是高阶导数项所起的关键作用;该概念可暂时忽略,但到了激波位置时这个值很大,因此必须正确考虑。既然是这种情况,那么必须模拟正确的高阶项,所含的项仍然不得有不希望有的数值扩散。

在本章中,动态滤饼增厚与非混相流体流的耦合是作为纯径向问题进行研究的。为了将在第 13 章中首次介绍的扩散概念扩展到更广阔的两相流问题,进行了理想化处理。在实际应用中,地层中同时有许多物理机理发挥作用,比如,油藏非均质性、轴向变化和混相混合。同时,适用于测井工具的辅助条件并不简单。考虑随钻地层测试。钻井过程中,滤饼形成时出现两相流侵入;通过这个耦合,可确立流体采样开始时适用的初始条件。测前取样时,首先将活塞处的滤饼除掉,然后采用模拟表皮效应和流线存储效应的复杂三维边界条件(比如,参见第 18 章关于测试器模拟的初步讨论)。采用本书所述的构建模块可详细模拟这个操作过程。针对测试器应用,已经开发了一个综合数值模型。该模型可预测三项内容:(1)清理近井有钻井液滤液地层时出现未污染石油流体前需要的泵抽次数;(2)与泵抽过程有关的工具功率需求;(3)根据可压缩和不可压缩流体流压力动态持续细化的地层评价参数。关于这项模拟工作,见 M. Proett、D. Belanger、M. Manohar 和笔者合著的 SPE 论文"Sample Quality Prediction with Integrated Oil and Water – Based Mud Invasion Modeling"(论文编号 SPE77964),该论文发布于 2002 年月 10 月在澳大利亚墨尔本召开的 SPE 亚太油气会展(APOGCE)上。

问题和练习

1. 选择几个可用的非混相两相流模拟器,然后确定有限时间内出现水窜的条件。假设几个不同的毛细管压力函数。水窜次数和位置如何受到影响? 饱和度不连续处质量是否守恒? 令毛细管压力为零,重新运行程序,然后比较结果。

2. 针对这里考虑的一维非混相流方程,写出比较后向、中心和前向差分近似法及其对质量守恒影响的程序。从中可得出怎样的普适性结论?

参 考 文 献

Aguilera,R. ,1980. Naturally Fractured Reservoirs. PennWell Publishing Company,Tulsa.

Aguilera,R. ,Artindale,J. S. , Cordell, G. M. , Ng, M. C. , Nicholl, G. W. , Runions, G. A. ,1991. Horizontal Wells—Formation Evaluation,Drilling,and Production. Gulf Publishing,Houston.

Allen,D. , Auzerais, F. , Dussan, E. , Goode, P. , Ramakrishnan, T. S. , Schwartz, L. , Wilkinson, D. , Fordham, E. , Hammond,P. ,Williams,R. ,1991. Invasion revisited. Schlumberger Oilfield Rev. ,10 – 23.

Allen,D. F. ,Jacobsen,S. J. ,1987. Resistivity profiling with a multi – frequency induction Sonde. In: SPWLA 28th Annual Logging Symposium,London,June 29 – July 2.

Allen,M. B. ,Pinder,G. F. ,1982. The convergence of upstream collocation in the Buckley – Leverettproblem. SPE Paper No. 10978,In: 57th Annual Fall Technical Conference and Exhibition of the Society of Petroleum Engineers, New Orleans,La. ,September 26 – 29.

Ames,W. F. ,1977. Numerical Methods for Partial Differential Equations. Academic Press,New York.

Ashley,H. ,Landahl,M. T. ,1965. Aerodynamics of Wings and Bodies. Addison – Wesley,Reading,MA.

Aziz,K. ,Settari,A. ,1979. Petroleum Reservoir Simulation. Applied Science Publishers,London.

Batchelor,G. K. ,1970. An Introduction to Fluid Dynamics. Cambridge University Press,London.

Bear,J. ,1972. Dynamics of Fluids in Porous Media. American Elsevier Publishing,Inc. ,New York.

Bisplinghoff,R. L. ,Ashley,H. ,Halfman,R. ,1955. Aeroelasticity. Addison – Wesley,Reading,MA.

Broussard,S. ,1989. The annulus effect. Schlumberger Tech. Rev. 37(1) ,41 – 47.

Cardwell,W. T. ,1959. The meaning of the triple value in noncapillary Buckley – Leverett theory. Pet. Trans. AIME 216,271 – 276.

Carnahan,B. ,Luther,H. A. ,Wilkes,J. O. ,1969. Applied Numerical Methods. John Wiley & Sons,New York.

Carrier,G. F. ,Krook,M. ,Pearson,C. E. ,1966. Functions of a Complex Variable. McGraw – Hill,New York.

Carslaw,H. S. ,Jaeger,J. C. ,1946,1959. Conduction of Heat in Solids. Oxford University Press,London.

Chappelear,J. E. ,Williamson,A. S. ,1981. Representing wells in numerical reservoir simulation: Part 2 – Implementation. Soc. Petrol. Eng. J. ,339 – 344.

Chen – Charpentier, B. , Kojouharov, H. V. ,2001. Modeling of Subsurface Biobarrier Formation. In: Erickson, L. E. (Ed.),Proceedings of the 2000 Conference on Hazardous Waste Research. Great Plains/Rocky Mountain Hazardous Substance Research Center,Manhattan,KS,pp. 228 – 237.

Cherry,J. A. ,Freeze,R. A. ,1979. Groundwater. Prentice – Hall,Englewood Cliffs,NJ.

Chin,W. C. ,1977. Numerical solution for viscous transonic flow. AIAA J. ,1360 – 1362.

Chin,W. C. ,1978a. Pseudo – transonicequation with a diffusion term. AIAA J. ,87 – 88.

Chin,W. C. ,1978b. Algorithm for inviscid flow using the viscous transonic equation. AIAA J. ,848 – 849.

Chin,W. C. ,1978c. Type – independent solutions for mixed compressible flows. AIAA J. ,854 – 856.

Chin,W. C. ,1978d. Aerodynamics of Wings and Bodies I,II and III,Course Notes. Boeing Commercial Airplane Company,Seattle.

Chin,W. C. ,1979. On the design of thin subsonic airfoils. ASME J. Appl. Mech. ,6 – 8.

Chin,W. C. ,1981. Direct approach to aerodynamic design problems. ASME J. Appl. Mech. ,721 – 726.

Chin,W. C. ,1984. Thin airfoil theory for planar inviscid shear flow. ASME J. Appl. Mech. ,19 – 26.

Chin,W. C. ,1988. Simulating horizontal well fracture flow. Offshore,49 – 52.

Chin,W. C. ,1992a. Borehole Flow Modeling in Horizontal,Deviated and Vertical Wells. Gulf Publishing,Houston.

Chin, W. C. , 1992b. Petrocalc 14: Horizontal and Vertical Annular Flow Modeling, Petroleum Engineering Software for the IBM PC and Compatibles. Gulf Publishing, Houston.

Chin, W. C. , 1993a. Modern Reservoir Flow and Well Transient Analysis. Gulf Publishing, Houston.

Chin, W. C. , 1993b. 3D/SIM: 3D Petroleum Reservoir Simulation for Vertical, Horizontal, and Deviated Wells, Petroleum Engineering Software for the IBM PC and Compatibles. Gulf Publishing, Houston.

Chin, W. C. , 1994. Wave Propagation in Petroleum Engineering, with Applications to Drillstring Vibrations, Measurement – While – Drilling, Swab – Surge and Geophysics. Gulf Publishing, Houston.

Chin, W. C. , 1995. FormationInvasion, With Applications to Measurement – While – Drilling, Time Lapse Analysis and Formation Damage. Gulf Publishing, Houston.

Chin, W. C. , 2000. General three – dimensional electromagnetic model for nondipolar transmitters in layered anisotropic media with dip. Well Logging Technol. J. 24, 262 – 278.

Chin, W. C. , 2001a. Computational Rheology for Pipeline and Annular Flow. Butterworth – Heinemann, Boston, MA.

Chin, W. C. , 2001b. RheoSim 2. 0: Advanced Rheological Flow Simulator. Butterworth – Heinemann, Boston, MA.

Chin, W. C. , 2002. Quantitative Methods in Reservoir Engineering, first ed. Elsevier Science, Woburn, MA.

Chin, W. C. , 2008. Formation Testing Pressure Transient and Contamination Analysis. E&P Press, Houston.

Chin, W. C. , 2012a. FTWD – Processing – Algorithms – V56a. Stratamagnetic Software Internal Report. July.

Chin, W. C. , 2012b. Managed Pressure Drilling: Modeling, Strategy and Planning. Elsevier Science, Woburn, MA.

Chin, W. C. , 2013. Formation tester flow analysis in anisotropic media with flowline storage and skin at arbitrary dip. Well Logging Technol. J. 37, 1 – 12.

Chin, W. C. , 2014a. Electromagnetic Well Logging: Models for MWD/LWD Interpretation and Tool Design. John Wiley & Sons, Hoboken, NJ(a).

Chin, W. C. , 2014b. Wave Propagation in Drilling, Well Logging and Reservoir Applications. John Wiley & Sons, Hoboken, NJ.

Chin, W. C. , 2015a. Formation Evaluation Using Phase Shift Periodic Pressure Pulse Testing in Anisotropic Media. United States Provisional Patent Application No. 62172120, June 7.

Chin, W. C. , 2015b. Multiple Drawdown Pressure Transient Analysis for Low Mobility Formation Testing. United States Provisional Patent Application No. 62175549, June 15.

Chin, W. C. , 2016a. Quantitative Methods in Reservoir Engineering, Second Edition—With New Topics in Formation Testing and Multilateral Well Flow Analysis. Elsevier Science, Woburn, MA.

Chin, W. C. , 2016b. Reservoir Engineering in Modern Oilfields: Vertical, Deviated, Horizontal and Multilateral Well Systems. John Wiley & Sons, Hoboken, NJ.

Chin, W. C. , 2016c. Resistivity Modeling: Propagation, Laterolog and Micro – Pad Analysis. John Wiley & Sons, Hoboken, NJ.

Chin, W. C. , Proett, M. A. , 1997. Formation Evaluation Using Phase Shift Periodic Pressure Pulse Testing. United States Patent No. 5,672,819 issued Sept. 30.

Chin, W. C. , Proett, M. A. , 2005. Formation tester immiscible and miscible flow modeling for job planning applications. In: SPWLA 46th Annual Logging Symposium, New Orleans, Louisiana, June 26 – 29.

Chin, W. C. , Rizzetta, D. P. , 1979. Airfoil design in subcritical and supercritical flow. ASME J. Appl. Mech. , 761 – 766.

Chin, W. C. , Su, Y. , Sheng, L. , Li, L. , Bian, H. , Shi, R. , 2014a. Measurement – While – Drilling Signal Analysis, Optimization and Design. John Wiley & Sons, Hoboken, NJ.

Chin, W. C. , Suresh, A. , Holbrook, P. , Affleck, L. , Robertson, H. , 1986. Formation evaluation using repeated MWD logging measurements. Paper No. U, In: SPWLA 27th Annual Logging Symposium, Houston, TX, June 9 – 13.

Chin, W. C. , Zhou, Y. , Feng, Y. , Yu, Q. , 2015. Formation Testing: Low Mobility Pressure Transient Analysis. John Wiley & Sons, Hoboken, NJ.

Chin, W. C. , Zhou, Y. , Feng, Y. , Yu, Q. , Zhao, L. , 2014b. Formation Testing Pressure Transient and Contamination Analysis. John Wiley & Sons, Hoboken, NJ.

Chin, W. C. , Zhuang, X. , 2007. Formation tester inverse permeability interpretation for liquids in anisotropic media with flowline storage and skin at arbitrary dip. In: SPWLA 48th Annual

Logging Symposium, Austin, Texas, June 3 – 6.

Churchill, R. V. , 1960. Complex Variables and Applications. McGraw – Hill, New York.

Claerbout, J. F. , 1985a. Fundamentals of Geophysical Data Processing. Blackwell Scientific Publishers, Oxford.

Claerbout, J. F. , 1985b. Imaging the Earth's Interior. Blackwell Scientific Publishers, Oxford.

Cobern, M. E. , Nuckols, E. B. , 1985. Application of MWD resistivity relogs to evaluation of formation invasion. In: SPWLA 26th Annual Logging Symposium, June 17 – 20.

Cole, J. D. , 1949. Problems in Transonic Flow(Ph. D. Thesis). California Institute of Technology, Pasadena, CA.

Cole, J. D. , 1968. Perturbation Methods in Applied Mathematics. Blaisdell Publishing, Massachusetts.

Collins, R. E. , 1961. Flow of Fluids Through Porous Materials. Reinhold Publishing, New York.

Courant, R. , Friedrichs, K. O. , 1948. Supersonic Flow and Shock Waves. Springer – Verlag, Berlin.

Craig, F. F. , 1971. The Reservoir Engineering Aspects of Waterflooding, SPE Monograph Series. Society of Petroleum Engineers, Dallas.

Dahlquist, G. , Bjorck, A. , 1974. Numerical Methods. Prentice – Hall, Englewood Cliffs, NJ.

Dake, L. P. , 1978. Fundamentals of Reservoir Engineering. Elsevier Scientific Publishing, Amsterdam.

Dewan, J. T. , Chenevert, M. E. , 1993. Mudcake buildup and invasion in low permeability formations: application to permeability determination by measurement while drilling, Paper NN.

In: SPWLA 34th Annual Logging Symposium, June 13 – 16.

Dewan, J. T. , Holditch, S. A. , 1992. Radial Response Functions for Borehole Logging Tools. Topical Report, Contract No. 5089 – 260 – 1861, Gas Research Institute.

Ding, D. Y. , Wu, Y. S. , Farah, N. , Wang, C. , Bourbiaus, B. , 2014. Numerical simulation of low permeability unconventional gas reservoirs. In: SPE Paper 167711, SPE/EAGE European

Unconventional Conference and Exhibition, Vienna, Austria, February 25 – 27.

Doll, H. G. , 1955. Filtrate invasion in highly permeable sands. Pet. Eng. , B – 53 – B – 66.

Douglas, J. , Blair, P. M. , Wagner, R. J. , 1958. Calculation of linear waterflood behavior including the effects of capillary pressure. Pet. Trans. AIME 213, 96 – 102.

Douglas, J. , Peaceman, D. W. , Rachford, H. H. , 1959. A method for calculating multi – dimensional immiscible displacement. Pet. Trans. AIME 216, 297 – 306.

Durlofsky, L. J. , Aziz, K. , 2004. Advanced Techniques for Reservoir Simulation and Modeling of Nonconventional Wells. Final Report, DOE Award DE – AC26 – 99BC15213, Department of

Petroleum Engineering, Stanford University.

Durst, D. G. , Vento, M. C. , 2012. Unconventional shale play selective fracturing using multilateral technology. In: SPE Paper 151989 – MS, SPE/EAGE European Unconventional Resources Conference and Exhibition, Vienna, Austria, March 20 – 22.

Economides, M. J. , Nolte, K. G. , 1987. Reservoir Stimulation. Schlumberger Educational Services, Houston.

Estrada, R. , Kanwal, R. P. , 1987. The Carleman type singular integral equations. SIAM Rev. 29(2), 263 – 290.

Fayers,F. J. ,Sheldon,J. W. ,1959. The effect of capillary pressure and gravity on two – phase fluid flow in a porous medium. Pet. Trans. AIME 216,147 – 155.

Fordham,E. J. ,Allen,D. F. ,Ladva,H. K. J. ,Alderman,N. J. ,1991. The principle of a critical invasion rate and its implications for log interpretation. SPE Paper No. 22539,In: 66th Annual Technical Conference and Exhibition of the Society of Petroleum Engineers,Dallas,TX,October 6 – 9.

Fraser, L. , Williamson, D. , Haydel, S. , 1994. MMH fluids reduce formation damage in horizontal wells. Pet. Eng. Int. ,44 – 49.

Fredrickson,A. G. ,Bird,R. B. ,1958. Non – Newtonian flow in annuli. Ind. Eng. Chem. 50,347.

Gakhov,F. D. ,1966. Boundary Value Problems. Pergamon Press,London.

Garabedian,P. R. ,1964. Partial Differential Equations. John Wiley & Sons,New York.

Gerald,C. F. ,1980. Applied Numerical Analysis. Addison – Wesley,Reading,MA.

Gondouin,M. ,Heim,A. ,1964. Experimentally determined resistivity profiles in invadedwater and oil sands for linear flows. J. Pet. Technol. ,337 – 348.

Gradshteyn,I. S. ,Ryzhik,I. M. ,1965. Table of Integrals,Series,and Products. Academic Press,New York.

Heckman,T. ,Olsen,G. ,Scott,K. ,Seiller,B. ,Simpson,M. ,Blasingame,T. ,2013. Best practices for reserves estimation in conventional reservoirs—present and future considerations. In: SPE Unconventional Resources Conference, The Woodlands,Texas,April 10 – 12.

Hildebrand,F. B. ,1948. Advanced Calculus for Applications. Prentice – Hall,Englewood Cliffs,NJ.

Hildebrand,F. B. ,1965. Methods of Applied Mathematics. Prentice – Hall,Englewood Cliffs,NJ.

Holditch,S. A. ,Dewan,J. T. ,1991. The Evaluation of Formation Permeability Using Time Lapse Logging Measurements During and After Drilling. Annual Report,Contract No. 5089 – 260 – 1861,Gas Research Institute.

Hovanessian,S. A. ,Fayers,F. J. ,1961. Linear water flood with gravity and capillary effects. Soc. Petrol. Eng. J. ,32 – 36.

Jameson,A. ,1975. Numerical computation of transonic flows withshock waves. In: Oswatitsch,K. ,Rues,D. (Eds.), Symposium Transsonicum II,Proceedings,September 8 – 13. International Union of Theoretical and Applied Mechanics,Gottingen.

Kober,H. ,1957. Dictionary of Conformal Representations. Dover Publications,New York.

Lamb,H. ,1945. Hydrodynamics. Dover Press,New York.

Landau,L. D. ,Lifshitz,E. M. ,1959. Fluid Mechanics. Pergamon Press,London.

Lane,H. S. ,1993. Numerical simulation of mud filtrate invasion and dissipation,Paper D. In: SPWLA 34th Annual Logging Symposium,June 13 – 16.

Lantz,R. B. ,1971. Quantitative evaluation of numerical diffusion(truncation error). Soc. Petrol. Eng. J. ,315 – 320.

Lapidus,L. , Pinder, G. F. , 1982. Numerical Solution of Partial Differential Equations in Science and Engineering. John Wiley & Sons,New York.

Latil,M. ,1980. Enhanced Oil Recovery. Gulf Publishing,Houston.

Lee,E. H. ,Fayers,F. J. ,1959. The use of the method of characteristics in determining boundary conditions for problems in reservoir analysis. Pet. Trans. AIME216,284 – 289.

Lee,S. H. ,Milliken,W. J. ,1993. The productivity index of an inclined well in finite difference reservoir simulation. Paper No. SPE – 25247 – MS,In: SPE Symposium on Reservoir Simulation, New Orleans,LA,February 28 to March 3.

Liepmann,H. W. ,Roshko,A. ,1957. Elements of Gasdynamics. John Wiley & Sons,New York.

Lighthill,M. J. ,1958. Fourier Analysis and Generalised Functions. Cambridge University Press,London.

Lighthill, M. J. , 1945. A Mathematical Method of Cascade Design. Memo No. 2104, British Aeronautical Research Council Reports.

Marle, C. M. , 1981. Multiphase Flow in Porous Media. Gulf Publishing, Houston.

Matthews, C. S. , Russell, D. G. , 1967. Pressure Buildup and Flow Tests in Wells, SPE Monograph Series. Society of Petroleum Engineers, Dallas.

McEwen, C. R. , 1959. A numerical solution of the linear displacement equation with capillary pressure. Pet. Trans. AIME 216, 412 – 415.

Messenger, J. U. , 1981. Lost Circulation. PennWell Books, Tulsa, OK.

Mikhlin, S. G. , 1965. Multidimensional Singular Integrals and Integral Equations. Pergamon Press, London.

Milne – Thomson, L. M. , 1940. Hydrodynamical images. Proc. Camb. Philos. Soc. 36, 246 – 247.

Milne – Thomson, L. M. , 1958. Theoretical Aerodynamics. Macmillan & Co. , London.

Milne – Thomson, L. M. , 1968. Theoretical Hydrodynamics. Macmillan Co. , New York.

Moretti, G. , Salas, M. D. , 1972. Numerical analysis of viscous one – dimensional flows. In: Numerical Methods in Fluid Dynamics: AGARD Lecture Series No. 48. Advisory Group for Aerospace Research and Development, North Atlantic Treaty Organization, von Karman Institute, Rhode – Saint – Genese, Belgium.

Muskat, M. , 1937. Flow of Homogeneous Fluids Through Porous Media. McGraw – Hill, New York.

Muskat, M. , 1949. Physical Principles of Oil Production. McGraw – Hill, New York.

Muskhelishvili, N. I. , 1953. Singular Integral Equations. P. Noordhoff N. V, Holland.

Nayfeh, A. , 1973. Perturbation Methods. John Wiley & Sons, New York.

Oates, G. C. , 1978. The Aerothermodynamics of Aircraft GasTurbine Engines. Technical Report AFAPL – TR – 78 – 52, Air Force Aero Propulsion Laboratory.

Outmans, H. D. , 1963. Mechanics of static and dynamic filtration in the borehole. Soc. Petrol. Eng. J. , 236 – 244.

Peaceman, D. W. , 1977. Fundamentals of Numerical Reservoir Simulation. Elsevier Scientific Publishing, Amsterdam.

Peaceman, D. W. , 1978. Interpretation of well – block pressures in numerical reservoir simulation. Soc. Petrol. Eng. J. , 183 – 194.

Peaceman, D. W. , 1983. Interpretation of well – block pressures in numerical reservoir simulation with nonsquare grid blocks and anisotropic permeability. Soc. Petrol. Eng. J. , 531 – 543.

Peaceman, D. W. , Rachford, H. H. , 1962. Numerical calculation of multidimensional miscible displacement. Soc. Petrol. Eng. J. , 327 – 339.

Phelps, G. D. , Stewart, G. , Peden, J. M. , 1984. The analysis of the invaded zone characteristics and their influence on wireline log and well – test interpretation. SPE Paper No. 13287, In: 59th Annual Technical Conference and Exhibition, Houston, TX, September 16 – 19.

Proett, M. A. , Belanger, D. , Manohar, M. , Chin, W. C. , 2002. Sample quality prediction with integrated oil and water – based mud invasion modeling. SPE Paper No. 77964, In: SPE

Asia Pacific Oil & Gas Conference and Exhibition(APOGCE) , October 2002, Melbourne, Australia.

Proett, M. A. , Chin, W. C. , 1996. Supercharge pressure compensation with new wireline formation testing method. In: 37th Annual SPWLA Symposium, New Orleans, Louisiana, June 16 – 19.

Proett, M. A. , Chin, W. C. , 1998. Exact spherical flow solution with storage for early – time test interpretation. SPE J. Pet. Technol. 50, 34 – 36.

Proett, M. A. , Chin, W. C. , 2000. Advanced permeability and anisotropy measurements while testing and sampling in real – time using a dual probe formation tester. SPE Paper No. 64650, In: Seventh

International Oil & Gas Conference and Exhibition, November 2000, Beijing, China.

Proett, M. A. , Chin, W. C. , Manohar, M. , Sigal, R. , Wu, J. , 2001. Multiple factors that influence wireline formation tester pressure measurements and fluid contact estimates. SPE Paper No. 71566,

In: 2001 SPE Annual Technical Conference and Exhibition, New Orleans, LA, September 30 to October 3.

Richtmyer, R. D. , Morton, K. W. , 1957. Difference Methods for Initial Value Problems. Interscience Publishers, New York.

Roache, P. J. , 1972. Computational Fluid Dynamics. Hermosa Publishers, Albuquerque, NM.

Saad, M. A. , 1966. Thermodynamics for Engineers. Prentice – Hall, Englewood Cliffs, NJ.

Sabet, M. A. , 1991. Well Test Analysis. Gulf Publishing, Houston.

Scheidegger, A. E. , 1957. The Physics of Flow Through Porous Media. University of Toronto Press, Toronto.

Schlichting, H. , 1968. Boundary Layer Theory. McGraw – Hill, New York.

Scholz, N. , 1977. Aerodynamics of Cascades. Advisory Group for Aerospace Research and Development(AGARD), North Atlantic Treaty Organization(NATO), Neuilly sur Seine, France.

Semmelbeck, M. E. , Holditch, S. A. , 1988. The effects of mud – filtrate invasion on the interpretation of induction logs. SPE Form. Eval. , 386 – 392.

Sharpe, H. N. , Anderson, D. A. , 1991. Orthogonal curvilinear grid generation with preset internal boundaries for reservoir simulation. Paper No. 21235, In: Eleventh SPE Symposium on Reservoir Simulation, Anaheim, CA, February 17 – 20.

Sheldon, J. W. , Zondek, B. , Cardwell, W. T. , 1959. One – dimensional, incompressible, noncapillary, two – phase fluid flow in a porous medium. Pet. Trans. AIME 216, 290 – 296.

Sichel, M. , 1966. The effect of longitudinal viscosity on the flow at a nozzle throat. J. Fluid Mech. , 769 – 786.

Slattery, J. C. , 1981. Momentum, Energy, and Mass Transfer in Continua. Robert E. Krieger Publishing Company, New York.

Spiegel, M. R. , 1964. Schaum's Outline Series: Complex Variables. McGraw – Hill, New York.

Spreiter, J. R. , 1950. The Aerodynamic Forces on Slender Plane and Cruciform Wing and Body Combinations. NACA Report No. 962.

Stakgold, I. , 1968. Boundary Value Problems of Mathematical Physics, vol. II Macmillan Company, New York.

Streeter, V. L. , 1961. Handbook of Fluid Dynamics. McGraw – Hill, New York.

Streltsova, T. D. , 1988. Well Testing in Heterogeneous Formations. John Wiley & Sons, New York.

Tamamidis, P. , Assanis, D. N. , 1991. Generation of orthogonal grids with control of spacing. J. Comput. Phys. 94, 437 – 453.

Thomas, G. B. , 1960. Calculus and Analytic Geometry. Addison – Wesley, Reading, MA.

Thomas, G. W. , 1982a. Principles of Hydrocarbon Reservoir Simulation. International Human Resources Development Corporation, Boston.

Thomas, P. D. , 1982b. Composite three – dimensional grids generated by elliptic systems. AIAA J. , 1195 – 1202.

Thomas, P. D. , Middlecoff, J. F. , 1980. Direct control of the grid point distribution in meshes generated by elliptic equations. AIAA J. , 652 – 656.

Thompson, J. F. , 1978. Numerical Solution of Flow Problems Using Body – Fitted Coordinate Systems. Lecture Series 1978 – 4. von Karman Institute for Fluid Dynamics, Brussels, Belgium.

Thompson, J. F. , 1984. Grid generation techniques in computational fluid dynamics. AIAA J. , 1505 – 1523.

Thompson, J. F. , Warsi, Z. U. A. , Mastin, C. W. , 1985. Numerical Grid Generation. Elsevier SciencePublishing, New York.

Thwaites, B. , 1960. Incompressible Aerodynamics. Oxford Press, Oxford.

Tobola, D. P. , Holditch, S. A. , 1989. Determination of reservoir permeability from repeated induction logging. SPE Paper No. 19606, In: 64th Annual Technical Conference and Exhibition of the Society of Petroleum Engineers, San Antonio, Texas, October 8 – 11.

Tychonov, A. N. , Samarski, A. A. , 1964. Partial Differential Equations of Mathematical Physics, vol. I Holden – Day, San Francisco.

Tychonov, A. N. , Samarski, A. A. , 1967. Partial Differential Equations of Mathematical Physics, vol. II Holden – Day, San Francisco.

van Dyke, M. D. , 1956. Second – Order Subsonic Airfoil Theory Including Edge Effects. NACA Report No. 1274, National Advisory Committee for Aeronautics.

van Dyke, M. , 1964. Perturbation Methods in Fluid Mechanics. Academic Press, New York.

van Everdingen, A. F. , Hurst, W. , 1949. The application of the Laplace transformation to flow problems in reservoirs. Trans. AIME 186, 305 – 324.

van Golf – Racht, T. D. , 1982. Fundamentals of Fractured Reservoir Engineering. Elsevier Scientific Publishing, Amsterdam.

van Poollen, H. K. , Breitenbach, E. A. , Thurnau, D. H. , 1968. Treatment of individual wells and grids in reservoir modeling. Soc. Petrol. Eng. J. , 341 – 346.

Weinig, F. S. , 1964. Theory of two – dimensional flow through cascades. In: Hawthorne, W. R. (Ed.) , High Speed Aerodynamics and Jet Propulsion, Vol. X: Aerodynamics of Turbines and Compressors. Princeton University Press, Princeton, NJ.

Wesseling, P. , 1992. An Introduction to Multigrid Methods. John Wiley & Sons, Chichester.

White, J. W. , 1982. General mapping procedure for variable area duct acoustics. AIAA J. , 880 – 884.

Whitham, G. B. , 1974. Linear and Nonlinear Waves. John Wiley & Sons, New York.

Williamson, A. S. , Chappelear, J. E. , 1981. Representing wells in numerical reservoir simulation:

Part 1 – Theory. Soc. Petrol. Eng. J. , 323 – 338.

Wolfsteiner, C. , Durlofsky, L. J. , Aziz, K. , 2003. Calculation of well index for nonconventional wells on arbitrary grids. Comput. Geosci. 7, 61 – 82.

Woods, L. C. , 1961. The Theory of Subsonic Plane Flow. Cambridge University Press, Cambridge.

Yih, C. S. , 1969. Fluid Mechanics. McGraw – Hill, New York.

Zarnowski, R. , Hoff, D. , 1991. A finite difference scheme for the Navier – Stokes equations of one – dimensional, isentropic, compressible flow. SIAM J. Numer. Anal. , 78 – 112.

Zhou, Y. , Hao, Z. , Feng, Y. , Yu, Q. , Chin, W. C. , 2014a. Formation testing: new methods for rapid mobility and pore pressure prediction. Paper No. OTC 24890 – MS, In: Offshore Technology Conference Asia, Kuala Lumpur, Malaysia, March 25 – 28.

Zhou, Y. , Zhao, L. , Feng, Y. , Yu, Q. , Chin, W. C. , 2014b. Formation testing: new methods for rapid mobility and pore pressure prediction. Paper No. IPTC 17214 – MS, In: International Petroleum TechnologyConference, Doha, Qatar, January 20 – 22.

国外油气勘探开发新进展丛书（一）

书号：3592
定价：56.00元

书号：3663
定价：120.00元

书号：3700
定价：110.00元

书号：3718
定价：145.00元

书号：3722
定价：90.00元

国外油气勘探开发新进展丛书（二）

书号：4217
定价：96.00元

书号：4226
定价：60.00元

书号：4352
定价：32.00元

书号：4334
定价：115.00元

书号：4297
定价：28.00元

国外油气勘探开发新进展丛书（三）

书号：4539
定价：120.00元

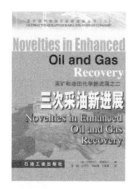

书号：4725
定价：88.00元

书号：4707
定价：60.00元

书号：4681
定价：48.00元

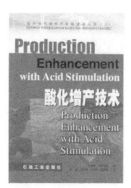

书号：4689
定价：50.00元

书号：4764
定价：78.00元

国外油气勘探开发新进展丛书（四）

书号：5554
定价：78.00元

书号：5429
定价：35.00元

书号：5599
定价：98.00元

书号：5702
定价：120.00元

书号：5676
定价：48.00元

书号：5750
定价：68.00元

国外油气勘探开发新进展丛书（五）

书号：6449
定价：52.00元

书号：5929
定价：70.00元

书号：6471
定价：128.00元

书号：6402
定价：96.00元

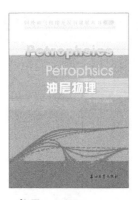

书号：6309
定价：185.00元

书号：6718
定价：150.00元

国外油气勘探开发新进展丛书（六）

书号：7055
定价：290.00元

书号：7000
定价：50.00元

书号：7035
定价：32.00元

书号：7075
定价：128.00元

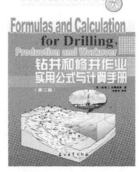

书号：6966
定价：42.00元

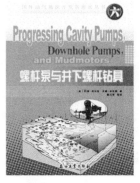

书号：6967
定价：32.00元

国外油气勘探开发新进展丛书（七）

书号：7533
定价：65.00元

书号：7802
定价：110.00元

书号：7555
定价：60.00元

书号：7290
定价：98.00元

书号：7088
定价：120.00元

书号：7690
定价：93.00元

国外油气勘探开发新进展丛书（八）

书号：7446
定价：38.00元

书号：8065
定价：98.00元

书号：8356
定价：98.00元

书号：8092
定价：38.00元

书号：8804
定价：38.00元

书号：9483
定价：140.00元

国外油气勘探开发新进展丛书（九）

书号：8351
定价：68.00元

书号：8782
定价：180.00元

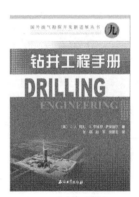

书号：8336
定价：80.00元

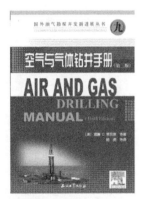

书号：8899
定价：150.00元

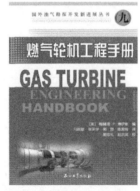

书号：9013
定价：160.00元

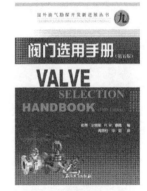

书号：7634
定价：65.00元

国外油气勘探开发新进展丛书（十）

书号：9009
定价：110.00元

书号：9989
定价：110.00元

书号：9574
定价：80.00元

书号：9024
定价：96.00元

书号：9322
定价：96.00元

书号：9576
定价：96.00元

国外油气勘探开发新进展丛书（十一）

书号：0042
定价：120.00元

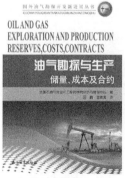

书号：9943
定价：75.00元

书号：0732
定价：75.00元

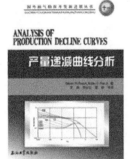

书号：0916
定价：80.00元

书号：0867
定价：65.00元

书号：0732
定价：75.00元

国外油气勘探开发新进展丛书（十二）

书号：0661
定价：80.00元

书号：0870
定价：116.00元

书号：0851
定价：120.00元

书号：1172
定价：120.00元

书号：0958
定价：66.00元

书号：1529
定价：66.00元

国外油气勘探开发新进展丛书（十三）

书号：1046
定价：158.00元

书号：1167
定价：165.00元

书号：1645
定价：70.00元

书号：1259
定价：60.00元

书号：1875
定价：158.00元

书号：1477
定价：256.00元

国外油气勘探开发新进展丛书（十四）

书号：1456
定价：128.00元

书号：1855
定价：60.00元

书号：1874
定价：280.00元

书号：2857
定价：80.00元

书号：2362
定价：76.00元

国外油气勘探开发新进展丛书（十五）

书号：3053
定价：260.00元

书号：3682
定价：180.00元

书号：2216
定价：180.00元

书号：3052
定价：260.00元

书号：2703
定价：280.00元

书号：2419
定价：300.00元

国外油气勘探开发新进展丛书（十六）

书号：2274
定价：68.00元

书号：2428
定价：168.00元

书号：1979
定价：65.00元

书号：3450
定价：280.00元

书号：3384
定价：168.00元

国外油气勘探开发新进展丛书（十七）

书号：2862
定价：160.00元

书号：3081
定价：86.00元

书号：3514
定价：96.00元

书号：3512
定价：298.00元

书号：3980
定价：220.00元

国外油气勘探开发新进展丛书（十八）

书号：3702
定价：75.00元

书号：3734
定价：200.00元

书号：3693
定价：48.00元

书号：3513
定价：278.00元

书号：3772
定价：80.00元

书号：3792
定价：68.00元

国外油气勘探开发新进展丛书（十九）

书号：3834
定价：200.00元

书号：3991
定价：180.00元

书号：3988
定价：96.00元

书号：3979
定价：120.00元

书号：4043
定价：100.00元

书号：4259
定价：150.00元

国外油气勘探开发新进展丛书（二十）

书号：4071
定价：160.00元

书号：4192
定价：75.00元

书号：4764
定价：100.00元

国外油气勘探开发新进展丛书（二十一）

书号：4005
定价：150.00元

书号：4013
定价：45.00元

书号：4075
定价：100.00元

书号：4008
定价：130.00元

国外油气勘探开发新进展丛书（二十二）

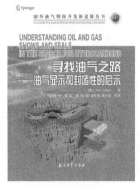

书号：4296
定价：220.00元

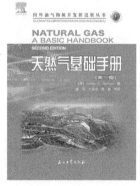

书号：4324
定价：150.00元

书号：4399
定价：100.00元